内容简介

本书结合电工工作实际，全面介绍了高低压电工应掌握的基本知识和操作技能。全书兼顾了电工基础入门到低压电工检测和高压电工操作，以及电动机、PLC、变频器控制应用的全部知识点和技能，总结了高低压电工常见电气设备故障检修和常用技术数据。包括：电工基础、公式、定律，电工线路识图，常用电工材料、电工仪表、仪用互感器的使用与性能、数据，常用低压电器、PLC 的应用、变频器、三相交流异步电动机、单相异步电动机、常用生产机械电气控制电路、常用高压电器、高压继电保护电路、变配电安全运行、照明技术、高压倒闸操作、接零与防雷、电工安全与触电急救等。

书中配有二维码，视频演示各项电工操作与维修技能，适合广大电工、初学者、电气维修和操作人员阅读，也可供相关专业师生参考。

图书在版编目（CIP）数据

高低压电工手册／赵发主编．—北京：化学工业出版社，2020.8（2023.1重印）
ISBN 978-7-122-37071-6

Ⅰ.①高… Ⅱ.①赵… Ⅲ.①高电压－电工技术－技术手册②低电压－电工技术－技术手册 Ⅳ.①TM-62

中国版本图书馆CIP数据核字（2020）第089904号

责任编辑：刘丽宏　　文字编辑：吴开亮
责任校对：张雨彤　　装帧设计：王晓宇

出版发行：化学工业出版社（北京市东城区青年湖南街13号　邮政编码100011）
印　　装：北京虎彩文化传播有限公司
710mm×1000mm　1/16　印张41　字数800千字　2023年1月北京第1版第2次印刷

购书咨询：010-64518888　　售后服务：010-64518899
网　　址：http：//www.cip.com.cn
凡购买本书，如有缺损质量问题，本社销售中心负责调换。

定　　价：128.00元

高低压电工手册

赵发　主　编
张亮　副主编

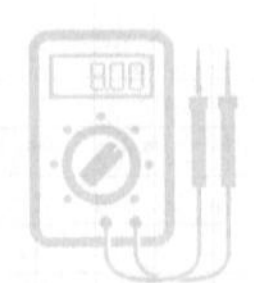

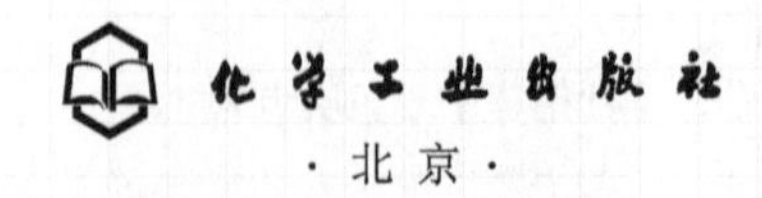

·北京·

前言

随着工业自动化技术发展的日新月异，各大企业对电工的需求在不断地增长。为了方便广大电气维修人员、操作人员全面学习电工基础知识和技能，掌握和了解各类型电气设备的运行、维护和检修方法，工作中及时查阅有关数据和资料，编写了本手册。

手册内容具有如下特点。

1. 高低压电工基础和技能全面覆盖，引导电工快速入门，并全面学习高低压电工各项知识和技能，包括：电工基础、公式、定律，电工线路识图，常用电工材料、电工仪表、仪用互感器的使用与性能、数据，常用低压电器、PLC的应用、变频器、三相交流异步电动机、单相异步电动机、常用生产机械电气控制电路、常用高压电器、高压继电保护电路、变配电安全运行、照明技术、高压倒闸操作、接零与防雷、电工安全与触点急救等。

2. 电工工具使用、电子元器件检测、控制电路识图、高低压电工安装维修操作视频讲解，如同有老师亲临电工工作现场指导。

3. 电动机、变压器、照明配电、变频节能、电线电缆、工厂用电常用计算算例随时学：附录以及正文相应章节提供典型计算实例，读者可以举一反三，解决计算难题。

本书由赵发主编，张亮副主编，参加编写的还有张振文、曹振华、赵书芬、张伯龙、张胤涵、张校珩、曹祥、孔凡桂、焦凤敏、张校铭、张书敏、王桂英、曹铮、蔺书兰、孔祥涛、齐炬朋、张亮、周新、王俊华、李宁、谢永昌、刘杰、刘克生、杨金峰、杨影、贾振中、张伯虎等。

限于水平所限，书中不足之处难免，恳请广大读者批评指正（欢迎关注下方二维码交流）。

编者

目录

目录

视频页码
396

目录

二维码讲解目录

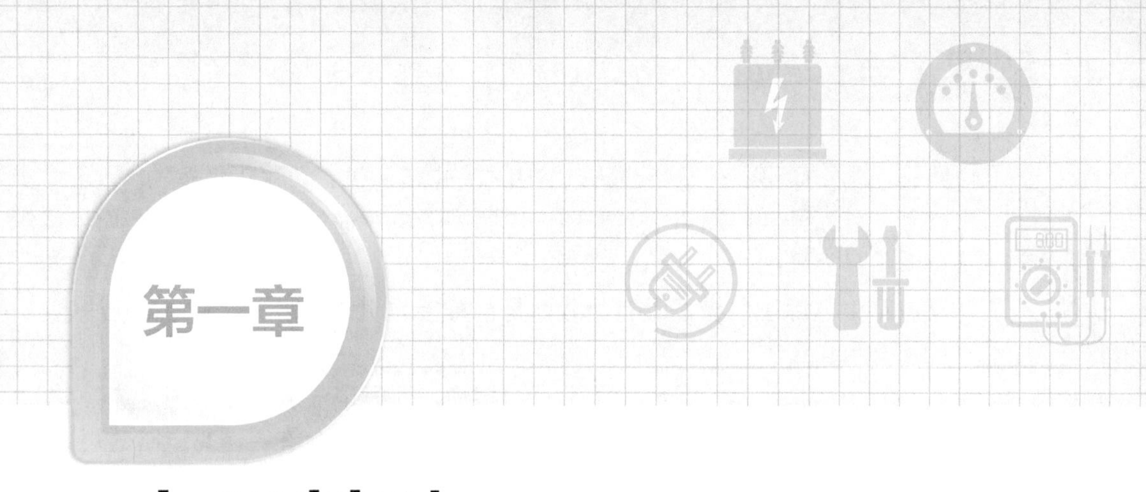

电工基础

第一节 电路及电工常用公式、定律

一、电路、电位、电流、电压、电阻

1. 电路

电流流过的回路叫作电路，又称导电回路。最简单的电路，由电源、用电器（负载）、导线、开关等元器件组成。如图 1-1 所示是电路的实物图及电路原理图。对于直流电通过的电路称为“直流电路”；交流电通过的电路称为“交流电路”。

(a) 直流电路

(b) 交流供电电路

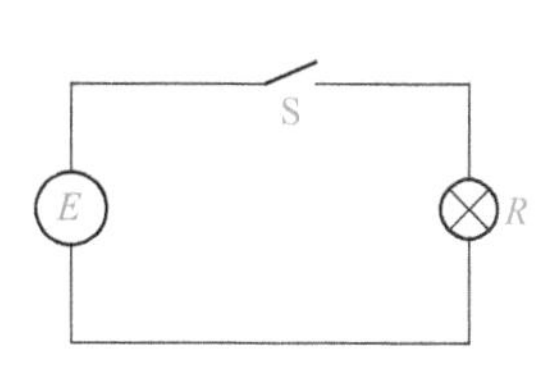

(c) 电路原理图

图 1-1　电路实物图及电路原理图

电路导通叫作通路。只有通路，电路中才有电流通过，负载可以做功。

电路某一处断开叫作断路或者开路。电路中无电流通过，负载不工作，开路（或断路）是允许的。

如果电路中电源正负极间没有负载而是直接接通叫作短路，这种情况是决不允许的，会引起火灾。

另有一种短路是指某个元件的两端直接接通，此时电流从直接接通处流经而不会经过该元件，这种情况叫作该元件短路。短路决不允许，因为电路的短路会导致电源、用电器、电流表被烧坏等现象的发生。

2. 电位

电位即电势，是衡量电荷在电路中某点所具有的能量的物理量。在数值上，电路中某点的电位，等于正电荷在该点所具有的能量与电荷所带电荷量的比。电位是相对的，电路中某点电位的大小，与参考点（即零电位点）的选择有关，这就像地球上某点的高度，与起点选择有关。电位是电能的强度因素，它的单位是伏特。

电位指单位电荷在静电场中的某一点所具有的电势能。它的大小取决于电势零点的选取，其数值只具有相对的意义。通常，选取无穷远处为电势零点，这时，其数值等于电荷从该处经过任意路径移动到无穷远处所做的功（人为假定无穷远处的势能为零）与电荷量的比值。电位常用的符号为 φ，在国际单位制中的单位是伏特（V）（简称伏，用 V 表示）。

当单位正电荷通过一个物质相 A 的相界面时，因在 A 的相界面上存在着表面电势，是不定值，故一个物质相中某一位置的“绝对”电位无法确定，也不能测量，人们能测量的只是相同的物相内，两个不同位置的电位差 $\Delta\varphi$ 或电势 E。例如，用电位差计或电压表所测量的是它的两端接线柱（均为成分相同的黄铜相）间的电势。在英语中电位和电势这两个概念用了同一个词，potential，汉译时往往混淆。实际上当人们遇到“电位”“电势”或“电压”等词时，一般都是指“电位降”，即电势；只有在理论探讨时，“电位”这一概念才有用。

另外，在电子学中电位常指某点到参考点的电压降。其中，参考点可任意选择但常选在电路的公共接点处，不一定是接地点。然而一般都把参考点当成零电位点，便于电位的计算。

电位有个很重要的特性就是等电位点。所谓等电位点，是指电路中电位相同的点。它的特点：等电位点之间电压差等于 0。若用导线或电阻将等电位点连接起来其中没有电流通过，不影响电路原来的工作状态。

3．电压

电压，也称作电势差或电位差，是衡量单位电荷在静电场中由于电势不同所产生的能量差的物理量。此概念与水位高低所造成的“水压”相似。需要指出的是，“电压”一词一般只用于电路当中，“电势差”和“电位差”则普遍应用于一切电现象当中。

电压是指电路中两点A、B之间的电位差（简称为电压），其大小等于单位正电荷因受电场力作用从A点移动到B点所做的功，电压的方向规定为从高电位指向低电位的方向。电压的国际制单位为伏特（V），常用的电压单位：伏（V）、千伏（kV）、毫伏（mV）、微伏（μV）。

1kV=1000V；

1V=1000mV；

1mV=1000μV。

4．电流

导体中的自由电荷在电场力的作用下做有规则的定向运动就形成了电流。

电源的电动势形成了电压，继而产生了电场力，在电场力的作用下，处于电场内的电荷发生定向移动，形成了电流。每秒通过1库仑的电量称为1安培（A）。安培是国际单位制中所有电流的基本单位。常用的单位还有千安（kA）、毫安（mA）、微安（μA）。电学上规定：正电荷定向流动的方向为电流方向。

换算方法：

1kA=1000A；

1A=1000mA；

1mA=1000μA；

1μA=1000nA；

1nA=1000pA。

5．电阻

电荷在导体中运动时，会受到分子和原子等其他粒子的碰撞与摩擦，碰撞和摩擦的结果形成了导体对电流的阻碍，这种阻碍作用最明显的特征是导体消耗电能而发热（或发光）。物体对电流的这种阻碍作用，称为该物体的电阻。

电阻从大到小的单位有：MΩ（兆欧）、kΩ（千欧）、Ω（欧）、mΩ（毫欧）、μΩ（微欧）。

1MΩ=1000kΩ；

1kΩ=1000Ω；

1Ω=1000mΩ；

1mΩ=1000μΩ。

二、欧姆定律

（1）部分电路的欧姆定律 如图 1-2 所示为一段不含电源的电阻电路，又称部分电路。通过实验用万用表测量图 1-1 所示的电压 U、电流 I 和电阻 R，可以知道：电路中的电流，与电阻两端的电压 U 成正比，与电阻 R 成反比。这个规律叫作部分电路的欧姆定律，可以用公式表示为：

$$I=\frac{U}{R}$$

式中，I 为电路中的电流强度，A；U 为电阻两端的电压，V；R 为电阻，Ω。

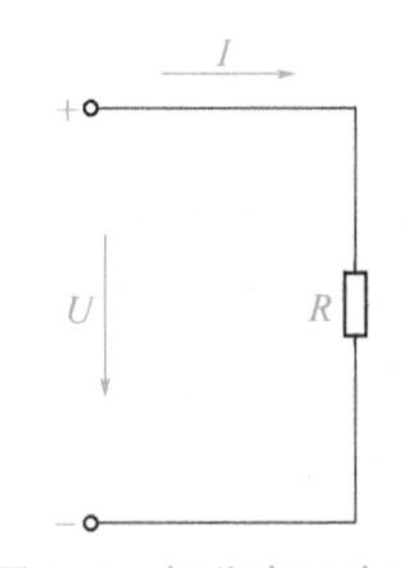

图 1-2 部分电阻电路

电流与电压间的正比关系，可以用伏安特性曲线来表示。伏安特性曲线是以电压 U 为横坐标，以电流 I 为纵坐标画出的关系曲线。电阻元件的伏安特性曲线如图 1-3（a）所示，伏安特性曲线是直线时，称为线性电阻；线性电阻组成的电路叫线性电路。欧姆定律只适用于线性电路。

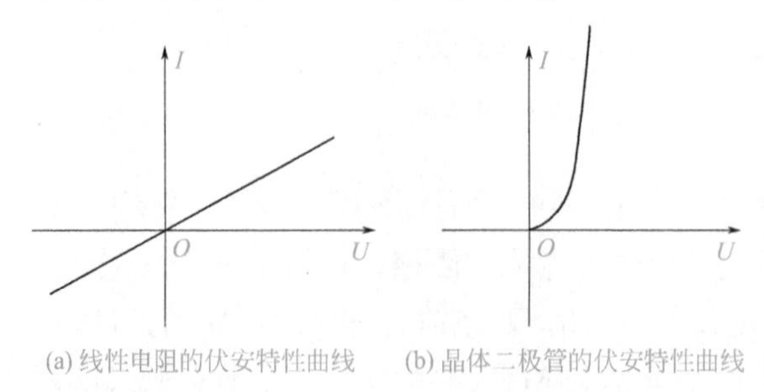

图 1-3 伏安特性曲线

如果不是直线，则称为非线性电阻。如一些晶体二极管的等效电阻就属于非线性电阻，如图 1-3（b）中伏安特性曲线所示。

(2)全电路欧姆定律　全电路是指由电源和负载组成的闭合电路，如图 1-4 所示。电路中电源的电动势为 E；电源内部具有电阻 r，称为电源的内电阻；电路中的外电阻为 R。通常把虚框内电源内部的电路叫作内电路，虚框外电源外部的电路叫作外电路。当开关 S 闭合时，通过实验得知，在全电路中的电流，与电源电动势 E 成正比，与外电路电阻和内电阻之和（$R+r$）成反比，这个规律称为全电路欧姆定律，用公式表示为：

$$I=\frac{E}{R+r}$$

式中，I 为闭合电路的电流，A；E 为电源电动势，V；r 为电源内阻，Ω；R 为负载电阻，Ω。

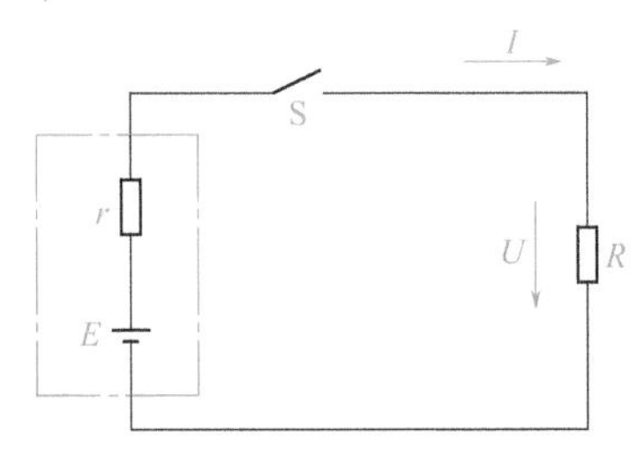

图 1-4　全电路

三、电功与电功率

(1)电功　电流通过负载时，将电能转变为另一种其他不同形式的能量，如电流通过电炉时，电炉会发热，电流通过电灯时，电灯会发光（当然也要发热）。这些能量的转换现象都是电流做功的表现。因此，在电场力作用下电荷定向移动形成的电流所做的功，称为电功，也称为电能。

前面曾经讲过，如果 a、b 两点间的电压为 U，则将电量为 q 的电荷从 a 点移到 b 点时电场力所做的功为：$W=Uq$。

因为：　$I=\frac{q}{t}\quad q=It$

所以：　$W=UIt=I^2Rt=\frac{U^2}{R}t$

式中，电压单位为 V，电流单位为 A，电阻单位为 Ω，时间单位为 s，则电功单位为 J。

在实际应用中，电功还有一个常用单位是 kW · h。

（2）电功率 电功率是描述电流做功快慢的物理量。电流在单位时间内所做的功叫作电功率。如果在时间 t 内，电流通过导体所做的功为 W，那么电功率为：

$$P=\frac{W}{t}$$

式中，P 为电功率，W；W 为电能，J；t 为电流做功所用的时间，s。

在国际单位制中电功率的单位是瓦特，简称瓦，符号是 W。如果在 1s 时间内，电流通过导体所做的功为 1J，电功率就是 1W。电功率的常用单位还有千瓦（kW）和毫瓦（mW），它们之间的关系为：

$$1\text{kW}=10^3\text{W} \qquad 1\text{W}=10^3\text{mW}$$

对于纯电阻电路，电功率的公式为：

$$P=UI=I^2R=\frac{U^2}{R}$$

四、电路基尔霍夫定律

运用基尔霍夫定律进行电路分析时，仅与电路的连接方式有关，而与构成该电路的元器件具有什么样的性质无关。

1．基尔霍夫定律中的几个概念

① 支路：一个二端元件视为一条支路，其电流和电压分别称为支路电流和支路电压。如图 1-5 所示电路共有 6 条支路

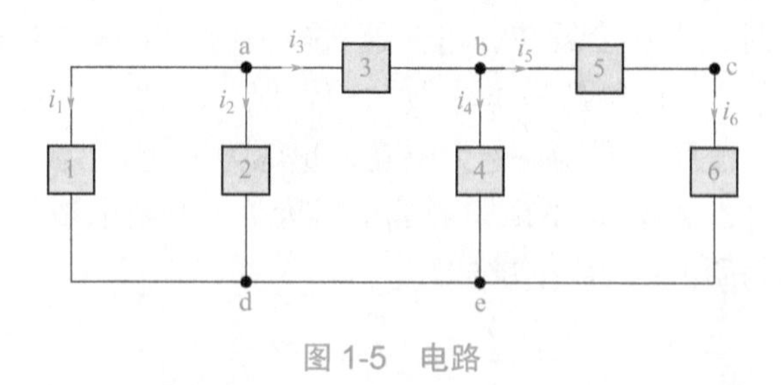

图 1-5 电路

② 结点：电路元件的连接点称为结点。图 1-5 所示电路中，a、b、c 点是结点，d 点和 e 点间由理想导线相连，应视为一个结点。该电路共有 4 个结点。

③ 回路：由支路组成的闭合路径称为回路。

④ 网孔：将电路画在平面上内部不含有支路的回路，称为网孔。图 1-5 所示电路中的 {1，2}、{2，3，4} 和 {4，5，6} 回路都是网孔。

2. 基尔霍夫定律

基尔霍夫定律包括电流定律（KCL）和电压定律（KVL），前者应用于电路中的节点而后者应用于电路中的回路。

（1）基尔霍夫第一定律（KCL） 基尔霍夫第一定律（图 1-6）又称基尔霍夫电流定律，简记为 KCL，是电流的连续性在集总参数电路上的体现，其物理背景是电荷守恒公理。基尔霍夫电流定律是确定电路中任意节点处各支路电流之间关系的定律，因此又称为节点电流定律。

对电路中的任何一个结点来说，在任意一时刻，流入该结点的电流总和等于流出该结点的电流的总和。

$$\sum I_{入}=\sum I_{出}$$

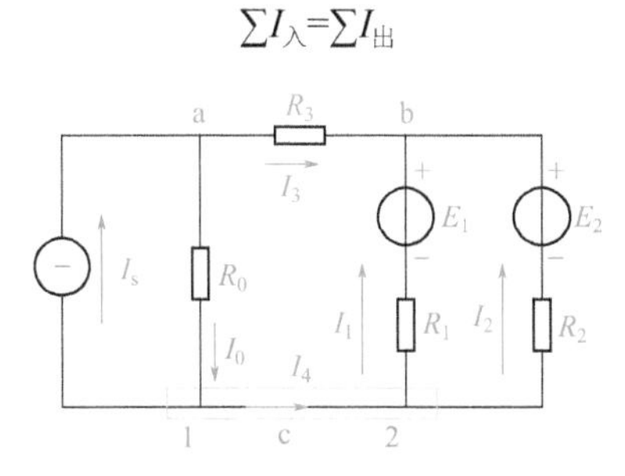

图 1-6　基尔霍夫第一定律

a点 $I_S=I_0+I_3$

b点 $I_3+I_1+I_2=0$

c点 $I_0=I_1+I_2+I_S=0$

整理上述等式：

$$I_S-I_0-I_3=0;$$

$$I_1+I_2+I_3=0;$$

$$I_0-I_1-I_2-I_S=0。$$

用公式表达：

$$\sum I_{入}=0\ (或\sum I_{出}=0)$$

对电路中的任何一个结点来说，在任意一时刻，流入（或流出）该结点的电流代数和等于零。

提示： 对电流“代数和”做出规定：如果以流入结点的电流为正，则流出结点的电流为负。

（2）基尔霍夫第二定律（KVL） 基尔霍夫第二定律又称基尔霍夫电压定律，简记为 KVL，是电场为位场时电位的单值性在集总参数电路上的体现，其物理背景是能量守恒。基尔霍夫电压定律是确定电路中任意回路内各电压之间关系的定律，因此又称为回路电压定律。

在元件构成的回路中，KVL的内容是：在任意瞬时，沿任一闭合回路绕行一圈，所有电压升的代数和等于电压降的代数。

$$\sum U_{升}=\sum U_{降}$$

如图1-7，若从b点出发，沿顺时针方向绕行一周，回到b点，电位变化的情况。

从b到e电位降：U_{S2}；

从e到c电位升：I_2R_2；

从c到f电位降：I_1R_1；

从f到b电位升：U_{S1}。

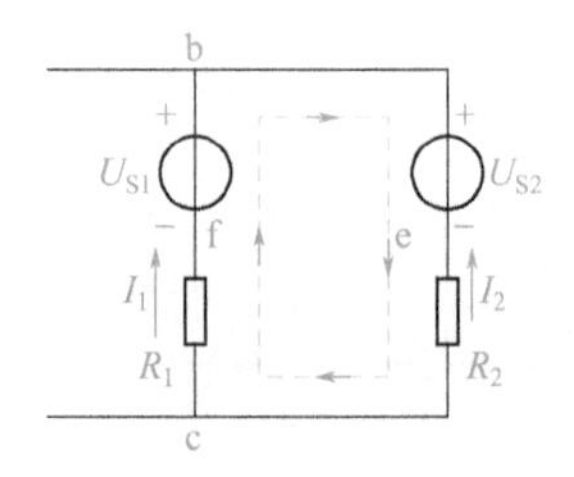

图1-7　基尔霍夫第二定律

五、左手定则与右手定则

（1）磁感应强度　磁体和电流可以产生磁场，由磁感线可见，磁场既有大小，又有方向。为了表示磁场的强弱和方向，引入磁感应强度的概念。

如图1-8所示，把一段通电导线垂直地放入磁场中，实验表明：导线长度L一定时，电流I越大，导线受到的磁场力F也越大；电流一定时，导线长度L越长，导线受到的磁场力F也越大。在磁场中确定的点，不论I和L如何变化，比值$F/(IL)$始终保持不变，是一个恒量。在磁场中不同的地方，这个比值可以是不同的。这个比值越大的地方，那里的磁场越强。因此可以用这个比值来表示磁场的强弱。

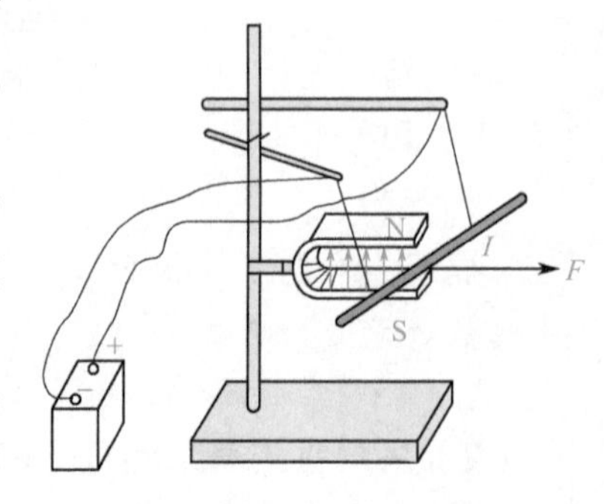

图1-8　磁感应强度实验

在磁场中垂直于磁场方向的通电导线，所受到的磁场力 F 与电流 I 和导线长度 L 的乘积 IL 的比值叫作通电导线所在处的磁感应强度。磁感应强度用 B 表示，那么：

$$B=\frac{F}{IL}$$

磁感应强度是矢量，大小如上式所示，它的方向就是该点的磁场方向。它的单位由 F、I 和 L 的单位决定，在国际单位制中，磁感应强度的单位称为特斯拉（T）。

磁感应强度 B 可以用高斯计来测量。用磁感线的疏密程度也可以形象地表示磁感应强度的大小。在磁感应强度大的地方磁感线密集，在磁感应强度小的地方磁感线稀疏。

根据通电导体在磁场中受到电磁力的作用，定义了磁感应强度。把磁感应强度的定义式变形，就得到磁场对通电导体的作用力公式：

$$F=BIL$$

由上式可见，导体在磁场中受到的磁场力与磁感应强度、导体中电流的大小以及导体的长度成正比。磁场力的大小由上式来计算，磁场力的方向可以用左手定则来判断。如图 1-9 所示。

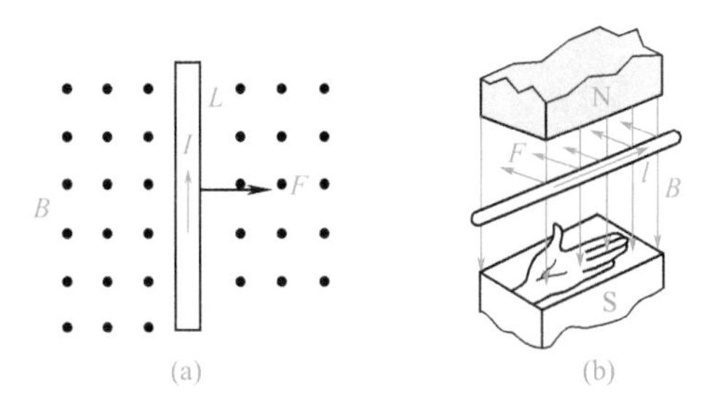

图 1-9　左手定则

左手定则：伸出左手，使大拇指跟其余四个手指垂直并且在一个平面内，让磁感线垂直进入手心，四指指向电流方向，则大拇指所指的方向就是通电导线在磁场中受力的方向。

处于磁场中的通电导体，当导体与磁场方向垂直时受到的磁场力最大；当导体与磁场方向平行时受到的磁场力最小为零，即通电导体不受力；当导体与磁场方向成 α 角时（如图 1-10 所示），所受到的磁场力为：

$$F=BIL\sin\alpha$$

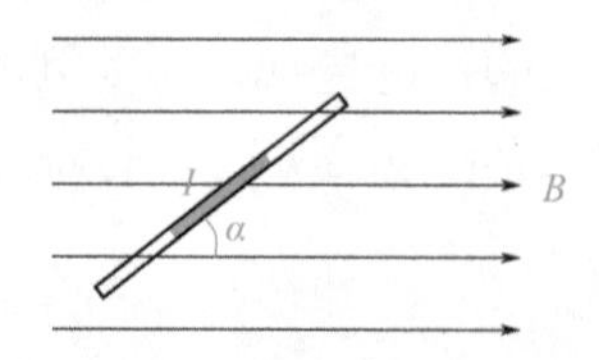

图 1-10　导体与磁场方向成 α 角

（2）磁通　在匀强磁场中，假设有一个与磁场方向垂直的平面，磁场的磁感应强度为 B，平面的面积为 S，磁感应强度 B 与面积 S 的乘积，称为通过该面积的磁通量（简称磁通），用 Φ 表示磁通，那么：

$$\Phi=BS$$

在国际单位制中，磁通的单位称为韦［伯］（Wb）。

将磁通定义式变为：

$$B=\frac{\Phi}{S}$$

可见，磁感应强度在数值上可以看成与磁场方向相垂直的单位面积所通过的磁通，因此磁感应强度又称为磁通密度，用 Wb/m^2 作单位。

（3）磁导率　如图 1-11 所示，在一个空心线圈中通入电流 I，在线圈的下部放铁片，观察铁片的情况；当通入电流不变，在线圈中插入一铁棒，再观察铁片的情况，发现铁片被吸住。这一现象说明：同一线圈通过同一电流，磁场中的导磁物质不同（空气和铁），则其产生的磁场强弱不同。

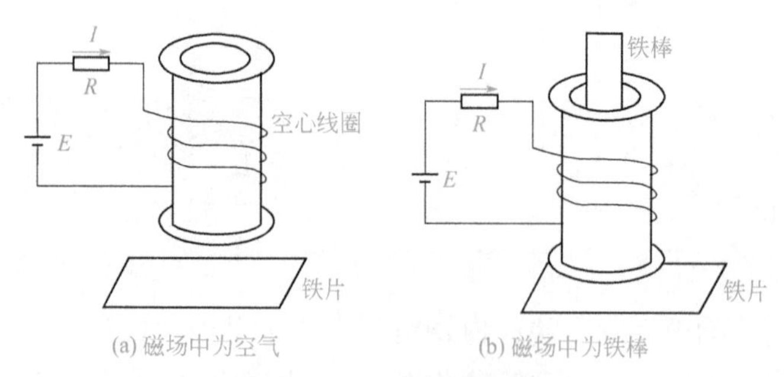

图 1-11　磁导率实验

在通电空心线圈中放入铁、钴、镍等，线圈中的磁感应强度将大大增强；若放入铜、铝等，则线圈中的磁感应强度几乎不变。这说明，线圈中磁场的强弱与磁场内媒质的导磁性能有关。磁导率 μ 就是一个用来表示磁场媒质导磁性能的物理量，也就是衡量物质导磁能力大小的物理量。导磁物质的 μ 越大，其导磁性能越好，产生的附加磁场越强；μ 越小，导磁性能越差，产生的附加磁场越弱。

不同的媒质有不同的磁导率。磁导率的单位为亨 / 米（H/m）。真空中的磁导率用 μ_0 表示，为一常数，即：

$$\mu_0=4\pi\times10^{-7}\text{（H/m）}$$

（4）磁场强度　当通电线圈的匝数和电流不变时，线圈中的磁场强弱与线圈中的导磁物质有关。这就使磁场的计算比较复杂，为了使磁场的计算简单，引入了磁场强度这个物理量来表示磁场的性质。其定义为：磁场中某点的磁感应强度 B 与同一点的磁导率 μ 的比值称为该点的磁场强度，磁场强度用 H 来表示，公式表示为：

$$H=B/\mu \text{或} B=\mu H$$

磁场强度的单位是安 / 米（A/m）。磁场强度是矢量，其方向与该点的电磁感应强度的方向相同。这样磁场中各点的磁场强度的大小只与电流的大小和导体的形状有关，而与媒质的性质无关。

穿过闭合回路的磁通量发生变化，闭合回路中就有电流产生，这就是电磁感应现象。由电磁感应现象产生的电流称为感应电流。

① 感应电流的方向——右手定则。当闭合电路的一部分导体做切割磁感线的运动时，感应电流的方向用右手定则来判定。伸开右手，使大拇指与其余四指垂直并且在一个平面内，让磁感线垂直进入手心，大拇指指向导体运动的方向，这时四指所指的方向就是感应电流的方向。如图 1-12 所示。

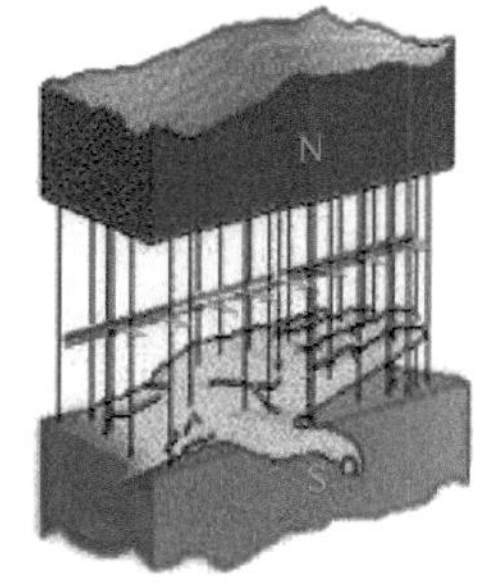

图 1-12　右手定则

② 感应电动势的计算。闭合回路中产生感应电流，则回路中必然存在电动势，在电磁感应现象中产生的电动势称为感应电动势。不管外电路是否闭合，只要穿过电路的磁通发生变化，电路中就有感应电动势产生。如果外电路是闭合的就会有感应电流；如果外电路是断开的就没有感应电流，但仍然有感应电动势。下面学习感应电动势的计算方法。

a. 切割磁感线产生感应电动势。如图 1-13 所示，当处在匀强磁场 B 中的直导线 L 以速度 v 垂直于磁场方向做切割磁感线的运动时，导线中便产生感应电动势，其表达式为：

$$E=BLv$$

式中　E——导体中的感应电动势，V；

B——磁感应强度，T；

L——磁场中导体的有效长度，m；

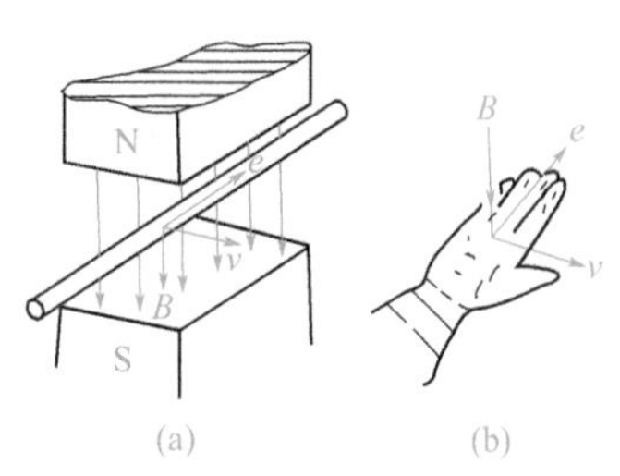

图 1-13　导体中的感应电动势

v——导体运动的速度，m/s。

b. 法拉第电磁感应定律。当穿过线圈的磁通量发生变化时，产生的感应电动势用法拉第电磁感应定律来计算。线圈中感应电动势的大小与穿过线圈的磁通的变化率成正比。用公式表示为：

$$E=\Delta\Phi/\Delta t$$

式中 $\Delta\Phi$——穿过线圈的磁通的变化量，Wb；

Δt——时间变化量，s；

E——线圈中的感应电动势，V。

如果线圈有N匝，每匝线圈内的磁通变化都相同，则产生的感应电动势为：

$$E=N(\Delta\Phi/\Delta t)$$

公式变形为：

$$E=N(\Phi_2-\Phi_1)/\Delta t=(N\Phi_2-N\Phi_1)/\Delta t$$

$N\Phi$ 表示磁通与线圈匝数的乘积，叫作磁链，用 Ψ 表示，即：

$$\Psi=N\Phi$$

六、电路常用计算

电路常用计算方法与实例可扫二维码学习。

电路常用计算

第二节 电气图常用图形符号与文字符号

一、电气设备常用基本文字符号与用法

文字符号是表示电气设备，装置，电气元件的名称、状态和特征的字符代码。在电气图中，一般标注在电气设备、装置、电气元件上或其近旁。电气图中常用的文字符号见表 1-1。

表1-1　电气图中常用的文字符号

单字母符号		双字母符号		
符号	种　类	举　例	符号	类　别
D	二进制逻辑单元延迟器件、存储器件	数字集成电路和器件、延迟线、双稳态元件、单稳态元件、磁性存储器、寄存器磁带记录机、盒式记录机		
E	其他元器件	本表其他地方未提及的元件		
		光器件、热器件	EH	发热器件
			EL	照明灯
			EV	空气调节器
F	保护器件	熔断器、避雷器、过电压放电器件	FA	具有瞬时动作的限流保护器件
			FR	具有延时动作的限流保护器件
			FS	具有瞬时和延时动作的限流保护器件
			FU	熔断器
			FV	限压保护器件
G	信号发生器、发电机、电源	旋转发电机、旋转变频机、电池、振荡器、石英晶体振荡器	GS	同步发电机
			GA	异步发电机
			GB	蓄电池
			GF	变频机
H	信号器件	光指示器、声响指示器、指示灯	HA	声光指示器
			HL	光指示器
			HL	指示灯
K	继电器、接触器	电流继电器、中间继电器	KA	电流继电器
			KA	中间继电器
			KL	闭锁接触继电器
			KL	双稳态继电器
			KM	接触器
			KP	压力继电器
			KT	时间继电器
			KH	热继电器
			KR	簧片继电器

续表

单字母符号		双字母符号		
符号	种　类	举　例	符号	类　别
L	电感器、电抗器	感应线圈、线路限流器、电抗器（并联和串联）	LC	限流电抗器
			LS	启动电抗器
			LF	滤波电抗器
M	电动机	直流电动机、交流电动机	MD	直流电动机
			MA	交流电动机
			MS	同步电动机
			MV	伺服电动机
N	模拟集成电路	运算放大器、模拟 / 数字混合器件		
P	测量设备、试验设备	指示、记录、计算、测量设备，信号发生器、时钟	PA	电流表
			PC	（脉冲）计数据
			PJ	电能表
			PS	记录仪器
			PV	电压表
			PT	时钟、操作时间表
Q	电力电路的开关	断路、隔离开关	QF	断路器
			QM	电动机保护开关
			QS	隔离开关
			QL	负荷开关
R	电阻器	电位器、变阻器、可变电阻器、热敏电阻、测量分流器	RP	电位器
			RS	测量分流器
			RT	热敏电阻
			RV	压敏电阻
S	控制、记忆、信号电路的开关器件	控制开关、按钮、选择开关、限制开关	SA	控制开关
			SB	按钮
			SP	压力传感器
			SQ	位置传感器（包括接近传感器）
			SR	转速传感器
			ST	温度传感器

续表

单字母符号		双字母符号		
符号	种　类	举　例	符号	类　别
T	变压器	电压互感器、电流互感器	TA	电流互感器
			TM	电力变压器
			TS	磁稳压器
			TC	控制电路电力变压器
			TV	电压互感器

1. 常用文字符号用途及辅助文字符号

（1）文字符号的用途

① 为项目代号提供电气设备、装置和电气元件各类字符代码和功能代码。

② 作为限定符号与一般图形符号组合使用，以派生新的图形符号。

③ 在技术文件或电气设备中表示电气设备及电路的功能、状态和特征。

未列入大类分类的各种电气元件、设备，可以用字母“E”来表示。

双字母符号由表 1-1 的左边部分所列的一个表示种类的单字母符号与另一个字母组成，其组合形式以单字母符号在前，另一字母在后的次序标出，见表 1-1 的右边部分。双字母符号可以较详细和更具体地表达电气设备、装置、电气元件的名称。双字母符号中的另一个字母通常选用该类电气设备、装置、电气元件的英文单词的首位字母，或常用的缩略语，或约定的习惯用字母。例如，“G”表示电源类，“GB”表示蓄电池，“B”为蓄电池的英文名称（battery）的首位字母。

标准给出的双字母符号若仍不够用时，可以自行增补。自行增补的双字母代号，可以按照专业需要编制成相应的标准，在较大范围内使用；也可以用设计说明书的形式在小范围内约定俗成，只应用于某个单位、部门或某项设计中。

（2）辅助文字符号　电气设备、装置和电气元件的各类名称用基本文字符号表示，而它们的功能、状态和特征用辅助文字符号表示，通常用表示功能、状态和特征的英文单词的前一或两位字母构成，也可采用缩略语或约定俗成的习惯用法构成，一般不能超过三位字母。例如，表示“启动”，采用“START”的前两位字母“ST”作为辅助文字符号；而表示“停止（STOP）”的辅助文字符号必须再加一个字母，为“STP”。

辅助文字符号也可放在表示单字母符号后边组合成双字母符号，此时辅助文字符号一般采用表示功能、状态和特征的英文单词的第一个字母，如“GS”表示同步发电机，“YB”表示制动电磁铁等。

某些辅助文字符号本身具有独立的、确切的意义，也可以单独使用。例如，“N”表示交流电源的中性线，“DC”表示直流电，“AC”表示交流电，“AUT”表示自动，“ON”表示开启，“OFF”表示关闭等。常用的辅助文字符号见表 1-2。

表1-2　常用的辅助文字符号

H	高	RD	红	ADD	附加
L	低	GN	绿	ASY	异步
U	升	YE	黄	SYN	同步
D	降	WH	白	A（AUT）	自动
M	主	BL	蓝	M（MAN）	手动
AUX	辅	BK	黑	ST	启动
N	中	DC	直流	STP	停止
FW	正	AC	交流	C	控制
R	反	V	电压	S	停号
ON	开启	A	电流	IN	输入
OFF	关闭	T	时间	OUT	输出

（3）数字代码　数字代码的使用方法主要有两种：

① 数字代码单独使用　数字代码单独使用时，表示各种电气元件、装置的种类或功能，须按序编号，还要在技术说明中对代码意义加以说明。例如，电气设备中有继电器、电阻器、电容器等，可用数字来代表电气元件的各类，如“1”代表继电器,“2”代表电阻器,“3”代表电容器。再如，开关有“开”和“关”两种功能，可以用“1”表示“开”，用“2”表示“关”。

电路图中电气图形符号的连线处经常有数字，这些数字称为线号。线号是区别电路接线的重要标志。

② 数字代码与字母符号组合使用　将数字代码与字母符号组合起来使用，可说明同一类电气设备、电气元件的不同编号。数字代码可放在电气设备、装置或电气元件的前面或后面，若放在前面应与文字符号大小相同，放在后面一

般应作为下标，例如，3 个相同的继电器可以表示为“1KA、2KA、3KA”或“KA_1、KA_2、KA_3”。

（4）文字符号的使用

① 一般情况下，编制电气图及编制电气技术文件时，应优先选用基本文字符号、辅助文字符号以及它们的组合。而在基本文字符号中，应优先选取单字母符号，只有当单字母符号不能满足要求时方可采用双字母符号。基本文字符号不能超过两位字母，辅助文字符号不能超过 3 位字母。

② 辅助文字符号可单独使用，也可将首位字母放在表示项目种类的单字母符号后面组成双字母符号。

③ 当基本文字符号和辅助文字符号不够用时，可按有关电气名词术语国家标准或专业标准中规定的英文术语缩写进行补充。

④ 由于字母“I”“O”易与数字“1”“0”混淆，因此不允许用这两个字母作文字符号。

⑤ 文字符号可作为限定符号与其他图形符号组合使用，以派生出新的图形符号。

⑥ 文字符号一般标在电气设备、装置或电气元件的图形符号上或其近旁。

⑦ 文字符号不适于电气产品型号编制与命名。

2. 电工电路中端子代号

端子代号是指项目（如成套柜、屏）内、外电路进行电气连接的接线端子的代号。电气图中端子代号的字母必须大写。

电气接线端子与特定导线（包括绝缘导线）相连接时，规定有专门的标记方法。例如，三相交流电机的接线端子若与相位有关系时，字母代号必须是“U”“V”“W”，并且与交流三相导线“L_1”“L_2”“L_3”一一对应。电气接线端子的标记见表 1-3，特定导线的标记见表 1-4。

表1-3　电气接线端子的标记

电气接线端子的名称		标记符号	电气接线端子的名称	标记符号
交流系统	1 相	U	接地	E
	2 相	V	无噪声接地	TE
	3 相	W	机壳或机架	MM
	中性线	N	等电位	CC
保护接地		PE	—	—

表1-4 特定导线的标记

电气接线端子的名称		标记符号	电气接线端子的名称	标记符号
交流系统	1相	L_1	保护接线	PE
	2相	L_2	不接地的保护导线	PU
	3相	L_3	保护接地线和中性线公用一线	PEN
	中性线	N	接地线	E
直流系统的电源	正	L_+	无噪声接地线	TE
	负	L_-	机壳或机架	MM
	中性线	L_M	等电位	CC

3. 电工电路中回路标号

电路图中用来表示各回路种类、特征的文字和数字统称回路标号，也称回路线号，其用途为便于接线和查线。

（1）回路标号的一般原则

① 回路标号按照“等电位”原则进行标注，即电路中连接在同一点上的所有导线具有同一电位而应标注相同的回路标号。

② 由电气设备的线圈、绕组、电阻、电容、各类开关、触点等电气元件分隔开的线段，应视为不同的线段，标注不同的回路标号。

③ 在一般情况下，回路标号由3位或3位以下的数字组成。

（2）直流回路标号 在直流一次回路中，用个位数字的奇、偶数来区别回路的极性，用十位数字的顺序来区分回路中的不同线段，如正极回路用11、21、31、…顺序标号。用百位数字来区分不同供电电源的回路，如电源A的正、负极回路分别标注101、111、121、131…和102、112、122、132…；电源B的正、负极回路分别标注201、211、221、231…和202、212、222、232…。

在直流二次回路中，正极回路的线段按奇数顺序标号，如1、3、5…；负极回路用偶数顺序标号，如2、4、6…。

（3）交流回路标号 在交流一次回路中，用个位数字的顺序来区别回路的相别，用十位数字的顺序来区分回路中的线段。第一相按11、21、31…顺序标号，第二相按12、22、32…顺序标号，第三相按13、23、33…顺序标号。对于不同供电电源的回路，也可用百位数字来区分不同供电电源的回路。

交流二次回路的标号原则与直流二次回路的标号原则相似。回路的主要降压元件两侧的不同线段分别按奇数、偶数的顺序标号，如一侧按 1、3、5…标号，另一侧按 2、4、6…标号。

当要表明电路中的相别或某些主要特征时，可在数字标号的前面或后面增注文字符号，文字符号用大写字母表示，并与数字标号并列。在机床电气控制电路图中，回路标号实际上是导线的线号。

（4）电力拖动、自动控制电路的标号

① 主（一次）回路的标号。主回路的标号由文字标号和数字标号两部分组成。文字标号用来表示主回路中电气元件和线路的种类和特征，如三相交流电动机绕组用 U、V、W 表示；三相交流电源端用 L_1、L_2、L_3 表示；直流电路电源正、负极导线和中间线分别用 L_+、L_-、L_M 标记；保护接地线用 PE 标记。数字标号由 3 位数字构成，用来区分同一文字标号回路中的不同线段，并遵循回路标号的一般原则。

主回路的标号方法如图 1-14 所示，三相交流电源端用 L_1、L_2、L_3 表示，“1”“2”“3”分别表示三相电源的相别；由于电源开关 QS_1 两端属于不同线段，因此，经电源开关 QS_1 后，标号为 L_{11}、L_{12}、L_{13}。

带 9 个接线端子的三相用电器（如电动机），首端分别用 U_1、V_1、W_1 标记；尾端分别用 U_2、V_2、W_2 标记；中间抽头分别用 U_3、V_3、W_3 标记。

对于同类型的三相用电器，在其首端、尾端标记字母 U、V、W 前冠以数字来区别，即用 $1U_1$、$1V_1$、$1W_1$ 与 $2U_1$、$2V_1$、$2W_1$ 来标记两个同类型的三相用电器的首端，用 $1U_2$、$1V_2$、$1W_2$ 与 $2U_2$、$2V_2$、$2W_2$ 来标记两个同类型的三相用电器的尾端。

电动机动力电路的标号应从电动机绕组开始，自下而上标号。以电动机 M_1 的回路为例，电动机定子绕组的标号为 $1U_1$、$1V_1$、$1W_1$，热继电器 FR_1 的上接线端为另一组导线，标号为 $1U_{11}$、$1V_{11}$、$1W_{11}$；经接触器 KM 主触点的静触点，标号变为 $1U_{21}$、$1V_{21}$、$1W_{21}$；再与熔断器 FU_1 和电源开关的动触点相接，并分别与 L_{11}、L_{12}、L_{13} 同电位，因此不再标号。电动机 M_2 的主回路的标号可依次类推。由于电动机 M_1、M_2 的主回路共用一个电源，因此省去了其中的百位数字。若主电路为直流回路，则按数字的个位数的奇偶性来区分回路的极性，正电源则用奇数，负电源则用偶数。

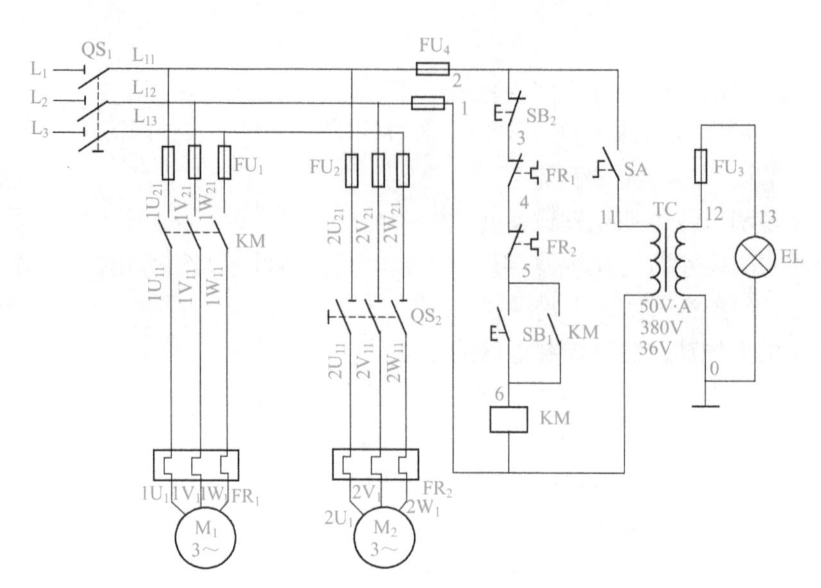

图 1-14　机床控制电路图中的线号标记

② 辅助（二次）回路的标号。以压降元件为分界，其两侧的不同线段分别按其个位数的奇偶数来依次标号，压降元件包括继电器线圈、接触器线圈、电阻、照明灯和电铃等。有时回路较多，标号可连续递增两位奇偶数，如："11、13、15…""12、14、16…"等。

在垂直绘制的回路中，标号采用自上至中、自下至中的方式标号，这里的"中"指压降元件所在位置，标号一般标在连接线的右侧。在水平绘制的回路中，标号采用自左至中、自右至中的方式标号，这里的"中"同样指压降元件所在位置，标号一般标在连接线的上方。如图 1-14 所示的垂直绘制的辅助电路中，KM 为压降元件，因此，它们上、下两侧的标号分别为奇、偶数。

二、强电电工常用图形符号

电气图中常用的图形符号见表 1-5。

表1-5　电气图中常用的图形符号

图形符号	说明及应用	图形符号	说明及应用
G	发电机		双绕组变压器

续表

图形符号	说明及应用	图形符号	说明及应用
 M 3～	三相笼型感应电动机	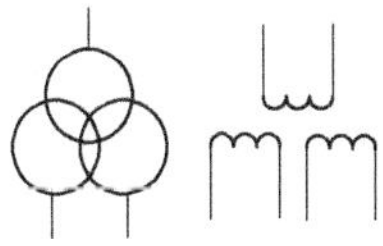	三绕组变压器
 M 1～	单相笼型感应电动机	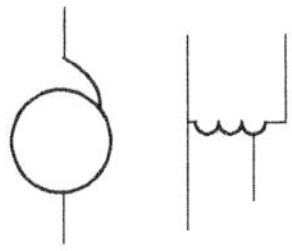	自耦变压器
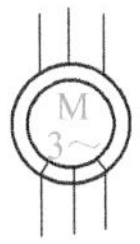 M 3～	三相绕线转子感应电动机	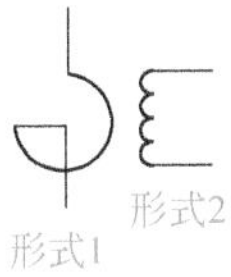 形式1 形式2	扼流圈、电抗器
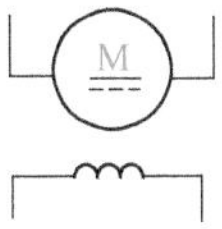 M	直流他励电动机	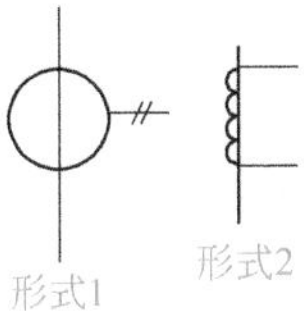 形式1 形式2	电流互感器 脉冲变压器
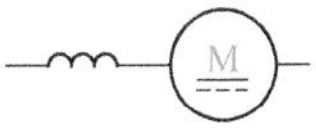 M	直流串励电动机	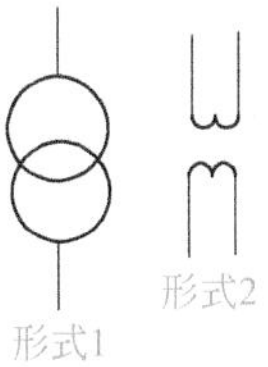 形式1 形式2	电压互感器
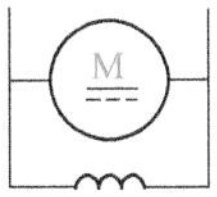 M	直流并励电动机	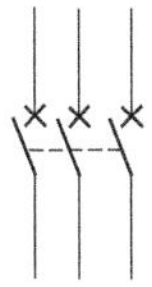	断路器
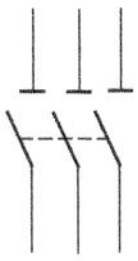	隔离开关	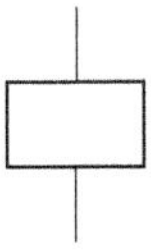	操作器件的一般符号 继电器、接触器的一般符号 具有几个绕组的操作器件，在符号内画与绕组数相等的斜线
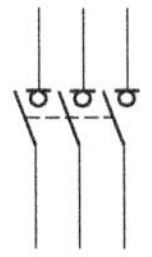	负荷开关		接触器主动合触点

续表

图形符号	说明及应用	图形符号	说明及应用
	具有内装的测量继电器或脱扣器触发的自动释放功能的负荷开关		接触器主动断触点
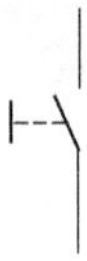	手动操作开关的一般符号		动合（常开）触点 该符号可作开关一般的符号
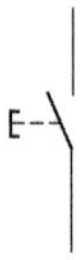	具有动合触点且自动复位的按钮开关		动断（常闭）触点
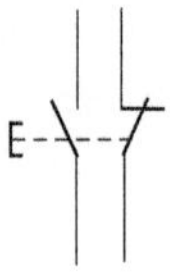	具有复合触点且自动复位的按钮开关	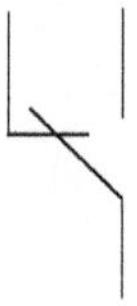	先断后合的转换触点
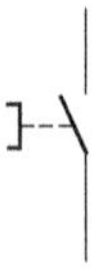	具有动合触点且自动复位的拉拔开关		位置开关的动合触点
	具有动合触点但无自动复位的旋转开关	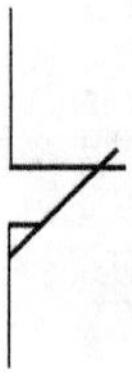	位置开关的动断触点
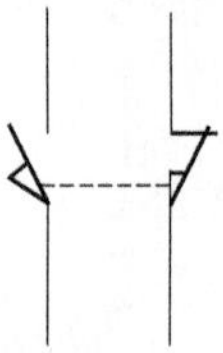	位置开关先断后合的复合触点	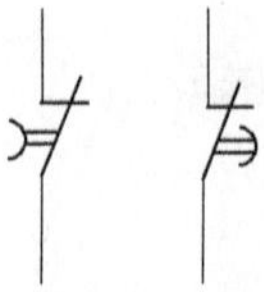	延时断开的动断触点
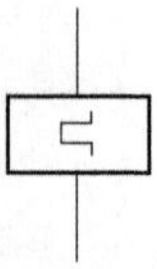	热继电器的热元件	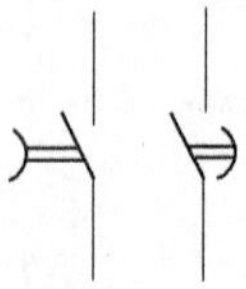	延时断开的动合触点

续表

图形符号	说明及应用	图形符号	说明及应用
	热继电器的动合触点		接触敏感开关的动合触点
	热继电器的动断触点		接近开关的动合触点
	通电延时时间继电器线圈		磁铁接近动作的接近开关的动合触点
	延时闭合的动合触点		熔断器的一般符号
	延时闭合的动断触点		熔断器式开关
	断电延时时间继电器线圈		熔断器式隔离开关
	熔断器式负荷开关		火花间隙
	灯和信号灯的一般符号		避雷器

三、弱电常用图形符号

弱电常用图形符号见表1-6。

表1-6　弱电常用图形符号

天线		客房床头控制柜		指示灯	
调幅调频收音机	AM/FM	火灾事故广播扬声器箱		先断后合的转换开关或触点	
双卡录放音机		音频变压器		动合开关或触点	
自动放音机	AT	音量控制器		动断开关或触点	
自动录音机	AR	分路广播控制盘	RS	二级多位开关	
激光唱机		带火灾事故广播的分路广播控制盘	RFS	变阻器	
传声机		火灾事故广播切换器	QT	匹配电阻、匹配负载	
呼叫站		火灾事故广播联动控制信号源	FCS	电阻器、变阻器	R
放大器		蓄电池组		直流继电器	KD
功率放大器		直流配电盘		控制开关、选择开关	SA
扩音机		直流稳压电源	DCGV	调幅	AM
监听器		广播分线箱	B	调频	FM

续表

扬声器		端子箱	XT	指示灯	HL
吊顶内扬声器箱		端子板	1 2 3 4 5 6 7	调谐器、无线电接收机	
扬声器箱、音箱、声柱		继电器线圈		放音机、唱机	
高音号筒式扬声器		电平控制器		继电器线圈	
保安器		广播线路	B	变压器	
出门按钮		报警喇叭		紧急脚挑开关	
门磁开关		巡更站		报警喇叭	
振动感应器		保安控制器		可视对讲户外机	
电控门锁		对讲门口主机	DMZH p	可视对讲机	
对讲门口主机		保安巡逻打卡器		可视电话机	
彩色电视接收机		对讲电话分机		报警警铃	
楼宇对讲电控防盗门主机		声光报警器		报警闪灯	
电视摄像机		频道放大器		有室外防护罩的摄像机	OH

续表

彩色电视摄像机		具有反向通路的放大器		图像分割器	
带云台的摄像机		解码器	R/D	有源混合器（示出五路输入）	
网络摄像机	IP	光发送机		解码器	DE
红外摄像机摄像机	IR	光接收机		放大器一般符号	
红外带照明灯摄像机	IR⊗	分配器（两路）		球形摄像机	
全球摄像机	R	微波天线		监视立柜	MI
球形摄像机		光缆		混合网络	
半球形摄像机	H	传声器		超声波探测器	U
磁带录音机		监听器		微波探测器	M
彩色磁带录音机		扬声器		感烟探测器	
电视、视频		防盗探测器		气体火灾探测器（点式）	
彩色电视		防盗报警控制器		报警通信接口	ACI
电视监视器		计算机	CPU	报警警铃	

续表

彩色电视监视器		计算机操作键盘	KY	门磁开关	
电视接收机		显示器	CRT	感温探测器	
彩色电视接收机		打印机	PRT	报警闪灯	
调制器		通信接口	CI	紧急按钮开关	
混合器		监视墙壁	MS	气体火灾探测器（点式）	
语音信息点	TP	数据信息点	PC	室外分线盒	
有线电视信息点	TV	电话出线座	TP	光连接器（插头 - 插座）	
防盗探测器		电磁门锁		对讲门口子机	DMD
防盗报警控制器		出门按钮		可视对讲门口主机	KVD
电控门锁	EL	报警按钮		按键式自动电话机	
电磁门锁	ML	脚挑报警开关		室内对讲机	DZ
对射式主动红外线探测器（发射）		磁卡读卡机		室内可视对讲机	KYDZ

续表

对射式主动红外线探测器（接收）		指纹读入机		操作键盘	KY
层接线箱		非接触式读卡机		—	—

四、电工电子器件符号

电工电子器件符号见表1-7。

表1-7　电工电子器件符号

图形符号	说明及应用	图形符号	说明及应用
	电铃		半导体二极管的一般符号
	具有热元件的气体放电管 荧光灯启动器	θ	热敏二极管
	电阻器的一般符号		光敏二极管
	可变（调）电阻器		发光二极管
	稳压二极管		双向晶闸管
	双向击穿二极管		N沟道结型场效应晶体管
	双向二极管		P沟道结型场效应晶体管
	具有P型基极的单结晶体管		N沟道耗尽型绝缘栅场效应晶体管
	具有N型基极的单结晶体管		P沟道耗尽型绝缘栅场效应晶体管
	NPN型晶体管		N沟道增强型绝缘栅场效应晶体管

续表

图形符号	说明及应用	图形符号	说明及应用
	PNP 型晶体管		P 沟道增强型绝缘栅场效应晶体管
	反向晶体管		桥式整流器
	可变电容	θ	热敏电阻器
U	压敏电阻器		光敏电阻器
	灯和信号灯的一般符号		电容器的一般符号
	扬声器	+	极性电容器

第三节

电工识图

电路图的识读方法与技巧可扫二维码学习。

电路图识读方法与技巧

电工操作、仪表与工具

第一节 万用表的使用

一、万用表的种类

万用表主要分为指针型（机械型）、数字、台式万用表三大类。

指针型万用表又可分为单旋钮型万用表和双旋钮型万用表两类，常见的指针型万用表有MF47、MF500等，如图2-1所示。在实际使用中建议使用单旋钮多量程万用表。

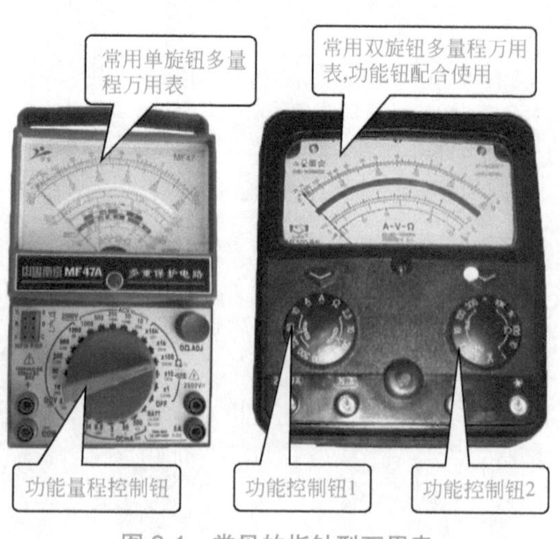

图 2-1　常见的指针型万用表

数字万用表又分为多量程万用表和自动量程识别万用表，多量程万用表常见的有DT9205、DT9208型万用表等，如图2-2所示。需要测量时，旋转到相应功能的适当量程即可测量。

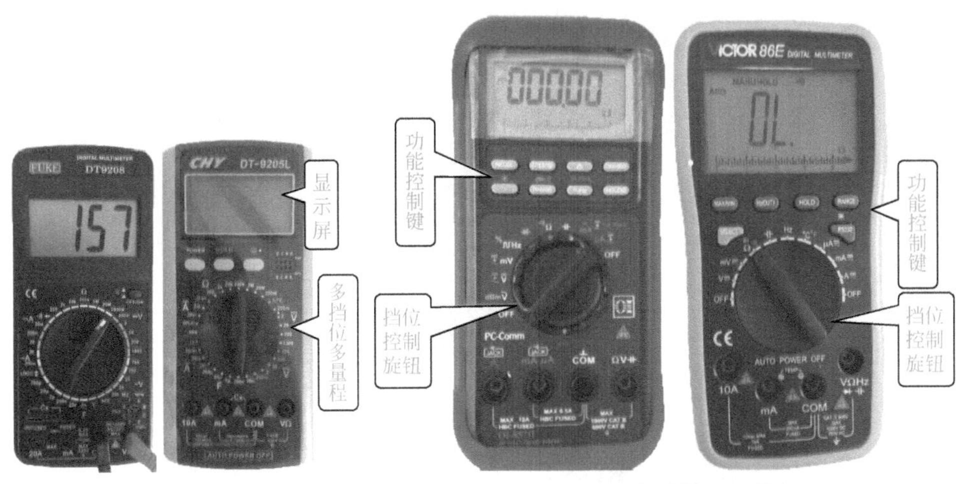

图 2-2　多量程万用表　　　　图 2-3　自动量程万用表

自动量程万用表常见型号有 QI857、R86E 等型号，在测量时只要将功能旋钮旋转到相应的功能位置即可测量，其量程大小可自动选择，如图 2-3 所示。

数字万用表中还有一种高精度多功能台式万用表，主要用于高精度电子电路的测量，常见有福禄克及安捷伦台式万用表，台式万用表如图 2-4 所示。

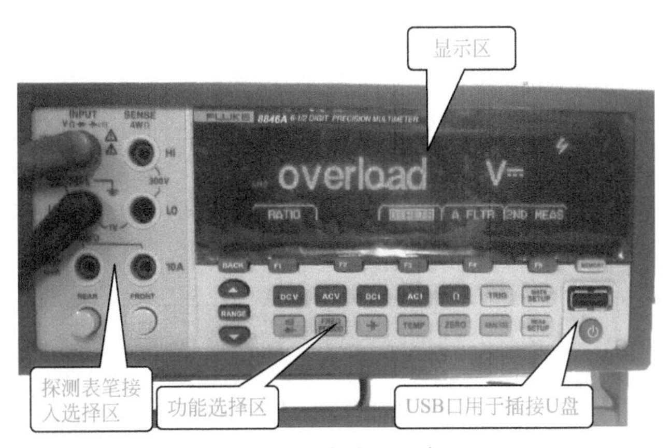

图 2-4　台式万用表

二、数字万用表

数字式万用表（见图 2-5）是利用模拟 / 数字转换原理，将被测量模拟电量参数转换成数字电量参数，并以数字形式显示的仪表。它比指针式万用表具有精度高、速度快、输入阻抗高、对电路的影响小、读数方便准确等优点。数字式万用表的使用可扫二维码学习。

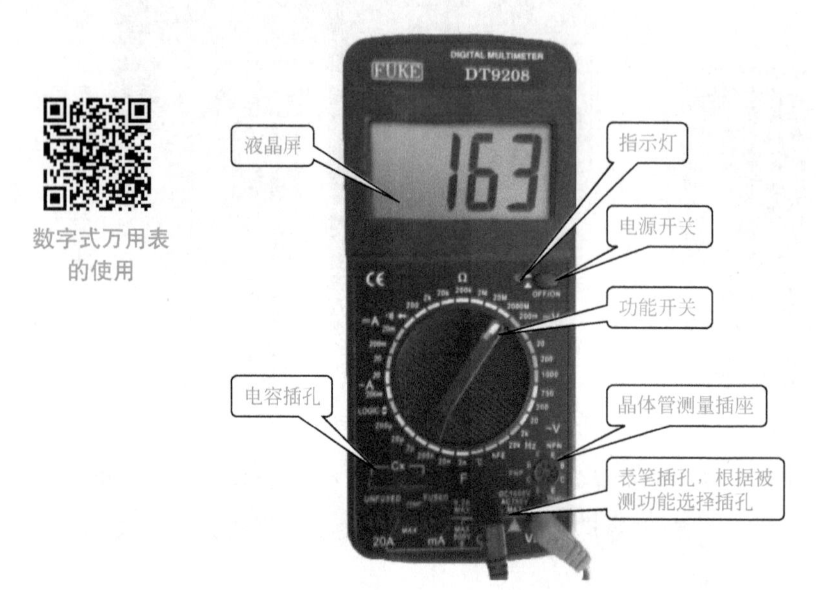

图 2-5　DT9208 型数字式万用表

(1)数字式万用表的使用　首先打开电源，将黑表笔插入“COM”插孔，红表笔插入“V · Ω”插孔。

① 电阻测量。将转换开关调节到 Ω 挡，将表笔测量端接于电阻两端，即可显示相应示值。如显示最大值“1”(溢出符号)，必须向高电阻值挡位调整，直到显示为有效值为止。

为了保证测量准确性，在路测量电阻时，最好断开电阻的一端，以免在测量电阻时在电路中形成回路，影响测量结果。

注意：不允许在通电的情况下进行在线测量，测量前必须先切断电源，并将大容量电容放电。

② “DCV”——直流电压测量。表笔测试端必须与测试端可靠接触(并联测量)。原则上由高电压挡位逐渐往低电压挡位调节测量，直到该挡位示值的 1/3 ～ 2/3 为止，此时的示值才是一个比较准确的值。

注意：严禁以小电压挡位测量大电压。不允许在通电状态下调整转换开关。

③“ACV”——交流电压测量。表笔测试端必须与测试端可靠接触（并联测量）。原则上由高电压挡位逐渐往低电压挡位调节测量，直到该挡位示值的1/3～2/3为止，此时的示值才是一个比较准确的值。

注意：严禁以小电压挡位测量大电压。不允许在通电状态下调整转换开关。

④ 二极管测量。将转换开关调至二极管挡位，黑表笔接二极管负极，红表笔接二极管正极，即可测量出正向压降值。

⑤ 晶体管电流放大系数 h_{FE} 的测量。将转换开关调至 h_{FE} 挡，根据被测晶体管选择“PNP”或“NPN”位置，将晶体管正确地插入测试插座即可测量到晶体管的 h_{FE} 值。

⑥ 开路检测。将转换开关调至有蜂鸣器符号的挡位，表笔测试端可靠的接触测试点，若两者在（20±10）Ω，蜂鸣器就会响起来，表示该线路是通的，不响则该线路不通。

注意：不允许在被测量电路通电的情况下进行检测。

⑦“DCA”——直流电流测量。小于200mA时红表笔插入mA插孔，大于200mA时红表笔插入A插孔，表笔测试端必须与测试端可靠接触（串联测量）。原则上由高电流挡位逐渐往低电流挡位调节测量，直到该挡位示值的1/3～2/3为止，此时的示值才是一个比较准确的值。

注意：严禁以小电流挡位测量大电流。不允许在通电状态下调整转换开关。

⑧“ACA”——交流电流测量。低于200mA时红表笔插入mA插孔，高于200mA时红表笔插入A插孔，表笔测试端必须与测试端可靠接触（串联测量）。原则上由高电流挡位逐渐往低电流挡位调节测量，直到该挡位示值的1/3～2/3为止，此时的示值才是一个比较准确的值。

注意：严禁以小电流挡位测量大电流。不允许在通电状态下调整转换开关。

（2）数字式万用表常见故障与检修

① 仪表没有显示。首先检查电池电压是否正常（一般用的是 9V 电池，新的也要测量）。其次检查熔丝是否正常，若不正常则予以更换；检查稳压块是否正常，若不正常则予以更换；限流电阻是否开路，若开路则予以更换。再查：检电电路板上的线路是否有腐蚀或短路、断路现象（特别是主电源电路线），若有则应清洗电路板，并及时做好干燥和焊接工作。如果一切正常，测量显示集成块的电源输入的两脚，测试电压是否正常，若正常则该集成块损坏，必须更换该集成块；若不正常则检查其他有没有短路点，若有则要及时处理好；若没有或处理好后还不正常，说明该集成块已经内部短路，则必须更换。

② 电阻挡无法测量。首先从外观上检查电路板，在电阻挡回路中有没有连接电阻烧坏，若有则必须立即更换；若没有则要对每一个连接元件进行测量，有坏的及时更换；若外围都正常，则说明测量集成块损坏，必须更换。

③ 电压挡在测量高压时示值不准，或测量稍长时间示值不准甚至不稳定。此类故障大多是由于某一个或几个元件工作功率不足引起的。若在停止测量的几秒内，检查时会发现这些元件发烫，这是由于功率不足而产生了热效应所造成的，同时形成了元件的变值（集成块也是如此），则必须更换该元件（或集成块）。

④ 电流挡无法测量。此故障多数是由于操作不当引起的，检查限流电阻和分压电阻是否烧坏，若烧坏则应予以更换；检查到放大器的连线是否损坏，若损坏则应重新连接好；若不正常，则更换放大器。

⑤ 示值不稳，有跳字现象。检查整体电路板是否受潮或有漏电现象，若有则必须清洗电路板并做好干燥处理；输入回路中有没有接触不良或虚焊现象（包括测试笔），若有则必须重新焊接；检查有没有电阻变质或刚测试后有没有元件发生超正常的烫手现象（这种现象是由于其功率降低引起的），若有则应更换该元件。

⑥ 示值不准。这种现象主要是由测量通路中的电阻值或电容失效引起的，则更换该电容或电阻；检查该通路中的电阻阻值（包括热反应中的阻值），若阻值变值或热反应变值，则予以更换该电阻；检查 A/D 转换器的基准电压回路中的电阻、电容是否损坏，若损坏则予以更换。

三、指针型万用表

指针型万用表多使用MF47型万用表，其外形如图2-6所示。指针型万用表由表头、测量选择开关、欧姆调零旋钮、表笔插孔、三极管插孔等部分构成。

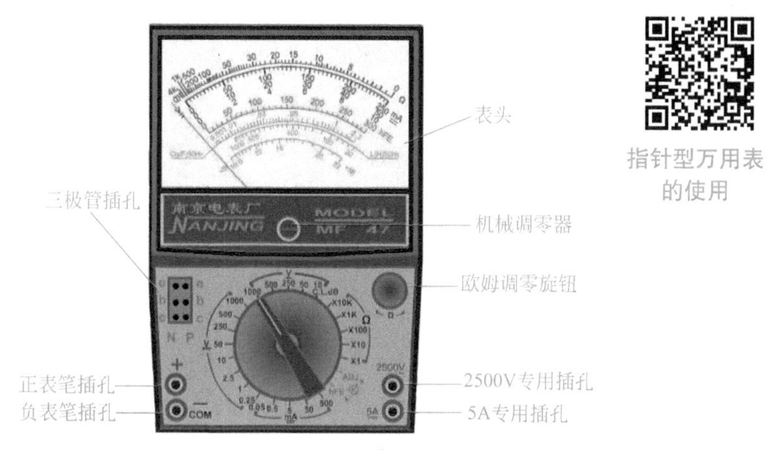

图2-6　MF47型万用表的外形

（1）转换开关的使用

① 测量电阻时转换开关拨至R×1～R×10k挡位。

② 测交流电压时转换开关拨至10～1000V挡位。

③ 测直流电压时转换开关拨至0.25～1000V挡位。若测高电压，则将表笔插入2500V插孔即可。

④ 测直流电流时转换开关拨至0.25～247mA挡位。若测量大的电流，应把正（红）表笔插入“+5A”孔内，此时负（黑）表笔还应插在原来的位置。

⑤ 测三极管放大倍数时转换开关先拨至ADJ挡调零，使指针指向右边零位，再将转换开关拨至h_{FE}挡，将三极管插入NPN或PNP插孔，读第五条线的数值，即为三极管放大倍数值。

⑥ 测负载电流I和负载电压V，使用电阻挡的任何一个挡位均可。

⑦ 测音频电频dB时应使用交流电压挡。

（2）指针型 万用表的使用（可扫上方二维码学习）

① 使用万用表之前，应先注意指针是否指在“∞（无穷大）”的位置。如果指针不正对此位置，应用螺丝刀（螺钉旋具）调整机械调零钮，使指针正好处在无穷大的位置。

注意：此调零钮只能调半圈，否则有可能会损坏，以致无法调整。

② 在测量前，应首先明确测试的物理量，并将转换开关拨至相应的挡位上，同时还要考虑好表笔的接法；然后进行测试，以免因误操作而造成万用表的损坏。

③ 将红表笔插入“+”孔内，黑表笔插入“-”或“*”孔内。如需测大电流、高电压，可以将红表笔分别插入 2500V 或 5A 插孔。

④ 测电阻之前，都应先将红黑表笔对接，调整“调零电位器 Ω”，使指针正好指在零位，而后进行测量，否则测得的阻值误差太大。

注意：每换一次挡，都要先进行一次调零，再将表笔接在被测物的两端测量电阻值。

电阻值的读法：将开关所指的数值与表盘上的读数相乘，就是被测电阻的阻值。例如，用 R×100 挡测量一只电阻，指针指在“10”的位置，那么这只电阻的阻值是 10×100=1000Ω=1kΩ；如果指针指在“1”的位置，其电阻值为 100Ω；若指针指在“100”的位置，则电阻值为 10kΩ，以此类推。

⑤ 测电压时，应将万用表调到电压挡并将两表笔并联在电路中进行测量。测量交流电压时，表笔可以不分正负极；测量直流电压时，红表笔接电源的正极，黑表笔接电源的负极（如果接反，表笔会向相反的方向摆动）。如果测量前不能估测出被测电路电压的大小，应用较大的量程去试测，如果指针摆动很小，再将转换开关拨到较小量程的位置；如果指针迅速摆到零位，应该马上把表笔从电路中移开，加大量程后再去测量。

注意：测量电压时，应一边观察指针的摆动情况，一边用表笔试着进行测量，以防电压太高把指针打弯或把万用表烧毁。

⑥ 测直流电流时，将表笔串联在电路中进行测量（将电路断开）。红表笔接电路的正极，黑表笔接电路中的负极。测量时应该先用高挡位，如果指针摆动很小，再换低挡位。如需测量大电流，应该用扩展挡。

注意：万用表的电流挡是最容易被烧毁的，在测量时千万注意。

⑦ 测三极管放大倍数（h_{FE}）时先把转换开关转到 ADJ 挡（没有 ADJ 挡位时，其他型号可用 R×1k 挡）调零，再把转换开关转到 h_{FE} 挡进行测量。将三极管的 b、c、e 三个极分别插入万用表上的 b、c、e 三个插孔内，PNP 型三极管插入 PNP 位置，读第四条刻度线上的数值；NPN 型三极管插入 NPN 位置，读第五条刻度线的数值（均按实数读）。

⑧ 测穿透电流时按照三极管放大倍数（h_{FE}）的测量方法将三极管插入对应的插孔内，但三极管的 b 极不插入，这时指针将有一个很小的摆动，根据指针摆动的大小来估测穿透电流的大小。指针摆动幅度越大，说明穿透电流越大，否则就小。

由于万用表 CUF、LUH 刻度线及 dB 刻度线应用得很少，在此不再赘述，可参见使用说明。

（3）指针型万用表使用注意事项

① 不能在红黑表笔对接时或测量时旋转转换开关，以免旋转到 h_{FE} 挡位时指针迅速摆动，将指针打弯，并且有可能烧坏万用表。

② 在测量电压、电流时，应先选用大量程的挡位测量一下，再选择合适的量程去测量。

③ 不能在通电的状态下测量电阻，否则会烧坏万用表。测量电阻时，应断开电阻的一端进行测试（准确度高），测完后再焊好。

④ 每次使用完万用表，都应该将转换开关调到交流最高挡位，以防止由于第二次使用不注意或外行人乱动烧坏万用表。

⑤ 在每次测量之前，应先看转换开关的挡位。严禁不看挡位就进行测量，这样有可能损坏万用表，这是一个从初学时就应养成的良好习惯。

⑥ 万用表不能受到剧烈震动，否则会使万用表的灵敏度下降。

⑦ 使用万用表时应远离磁场，以免影响表的性能。

⑧ 万用表长期不用时，应该把表内的电池取出，以免腐蚀表内的元器件。

（4）指针型万用表常见故障的检修 以 MF47 型万用表为例，介绍指针型万用表常见故障的检修。

① 磁电式表头故障。

a. 摆动表头，指针摆幅很大且没有阻尼作用。此故障原因为可动线圈断路、游丝脱焊。

b. 指示不稳定。此故障原因为表头接线端松动或动圈引出线、游丝、分流电阻等脱焊或接触不良。

c. 零点变化大，通电检查误差大。此故障原因可能是轴承与轴承配合不妥当，轴尖磨损比较严重，致使摩擦误差增加；游丝严重变形，游丝太脏而粘圈；游丝弹性疲劳；磁间隙中有异物等。

② 直流电流挡故障。

a. 测量时，指针没有偏转。此故障原因多为：表头回路断路，使电流等于零；表头分流电阻短路，从而使绝大部分电流流不过表头；接线端脱焊，从而使表头中没有电流流过。

b. 部分量程不通或误差大。此故障原因是分流电阻断路、短路或变值。常见为 R×10Ω 挡。

c. 测量误差大。此故障原因是分流电阻变值（阻值变化大，导致正误差超差；阻值变小，导致负误差）。

d. 指示没有规律，量程难以控制。此故障原因多为转换开关位置窜动（调整位置，安装正确后即可解决）。

③ 直流电压挡故障。

a. 指针不偏转，示值始终为零。此故障原因为分压附加电阻断线或表笔断线。

b. 误差大。此故障原因是附加电阻的阻值增加引起示值的正误差，阻值减小引起示值的负误差。

c. 正误差超差并随着电压量程变大而严重。此故障原因为表内电压电路元件受潮而漏电，电路元件或其他元件漏电，印制电路板受污、受潮、击穿、电击炭化等引起漏电。修理时，刮去烧焦的纤维板，清除粉尘，用酒精清洗电路后烘干处理。严重时，应用小刀割铜箔与铜箔之间的电路板，从而使绝缘良好。

d. 不通电时指针有偏转，小量程时更为明显。此故障原因是受潮和污染严重，使电压测量电路与内置电池形成漏电回路。处理方法同上。

④ 交流电压、电流挡故障。

a. 在交流挡时指针不偏转、示值为零或很小。此故障原因多为整流元件短路或断路，或引脚脱焊。检查整流元件，如有损坏应更换，有虚焊时应重焊。

b. 在交流挡时示值减少一半。此故障是由整流电路故障引起的，即全波整流电路局部失效而变成半波整流电路，使输出电压降低。更换整流元件，故障即可排除。

c. 在交流电压挡时指示值超差。此故障是串联电阻阻值变化超过元件允许误差而引起的。当串联电阻阻值降低、绝缘电阻降低、转换开关漏电时，将导致指示值偏高。相反，当串联电阻阻值变大时，将使指示值偏低而超差。应采用更换元件、烘干和修复转换开关的办法排除故障。

d. 在交流电流挡时指示值超差。此故障原因为分流电阻阻值变化或电流互感器发生匝间短路。更换元器件或调整修复元器件排除故障。

e. 在交流挡时指针抖动。此故障原因为表头的轴尖配合太松，修理时指针安装不紧，转动部分质量改变等，由于其固有频率刚好与外加交流电频率相同，从而引起共振。尤其是当电路中的旁路电容变质失效而没有滤波作用时更为明显。排除故障的办法是修复表头或更换旁路电容。

⑤ 电阻挡故障。

a. 电阻常见故障是各挡位电阻损坏（原因多为使用不当，用电阻挡误测电压造成）。使用前，用手捏两表笔，如指针摆动则说明对应挡电阻烧坏，应予以更换。

b. R×1 挡两表笔短接之后，调节调零电位器不能使指针偏转到零位。此故障多是由于万用表内置电池电压不足或电极触簧受电池漏液腐蚀生锈，从而造成接触不良导致的。此类故障在仪表长期不更换电池情况下出现最多。如果电池电压正常，接触良好，调节调零电位器后指针偏转不稳定，没有办法调到欧姆零位，则多是调零电位器损坏。

c. 在 R×1 挡可以调零，其他量程挡调不到零，或只是 R×10k、R×100k 挡调不到零。此故障的原因是分流电阻阻值变小，或者高阻量程的内置电池电压不足。更换电阻元件或叠层电池，故障就可排除。

d. 在 R×1、R×10、R×100 挡测量误差大。在 R×100 挡调零不顺利，即使调到零，但经几次测量后零位调节又变为不正常。出现这种故障是由于转换开关触点上有黑色污垢，使接触电阻增加且不稳定，使各挡开关触点露出银白色，保证其接触良好，可排除故障。

e. 表笔短路，表头指示不稳定。此故障原因多是由于线路中有假焊点、电池接触不良或表笔引线内部断线导致的。修复时应从最容易排除的故障做起，即先保证电池接触良好，表笔正常；如果表头指示仍然不稳定，就需要寻找线路中的假焊点加以修复。

f. 在某一量程挡测量电阻时严重失准，而其余各挡正常。此故障往往是由于转换开关所指的表箱内对应电阻已经烧毁或断线所致的。

g. 指针不偏转，电阻示值总是无穷大。此故障原因大多是由于表笔断线，转换开关接触不良，电池电极与引出簧片之间接触不良，电池日久失效已没有电压，调零电位器断路所致的。找到具体故障原因之后作针对性的修复，或更换内置电池，故障即可排除。

（5）指针型万用表的选用 万用表的型号很多，而不同型号之间功能也存在差异。因此在选购万用表时，通常要注意以下几个方面。

① 若用于检修无线电等弱电子设备，在选用万用表时一定要注意以下三个方面。

a. 万用表的灵敏度不能低于20kΩ/V，否则在测试直流电压时，万用表对电路的影响太大，而且测试数据也不准。

b. 对于装修电工，应选外形稍小的万用表，如50型U201等即可满足要求。如需要选择好一点的表，可选择NMF47或MF50型万用表。

c. 频率特性选择（俗称是否抗峰值）方法是：用直流电压挡测高频电路（如彩色电视机的行输出电路电压）看是否显示标称值，如是则说明频率特性高，如指示值偏高则说明频率特性差（不抗峰值），则此表不能用于高频电路的检测（最好不要选择此种类）。此项对于装修电工来说，选择时不是太重要，因为装修电工测试的多为50Hz交流电。

② 检修电力设备（如电动机、空调、冰箱等）时，选用的万用表一定要有交流电流测试挡。

③ 检查表头的阻尼平衡。首先进行机械调零，将表在水平、垂直方向来回晃动，指针不应该有明显的摆动；将表水平旋转和竖直放置时，指针偏转不应该超过一小格；将表旋转360°时，指针应该始终在零附近均匀摆动。如果达到了上述要求，就说明表头在平衡和阻尼方面达到了标准。

第二节 钳形电流表及兆欧表

一、钳形表

钳形电流表可用于测量焊机电流，由电流表头和电流互感线圈等组成。外形及使用方法如图2-7所示。

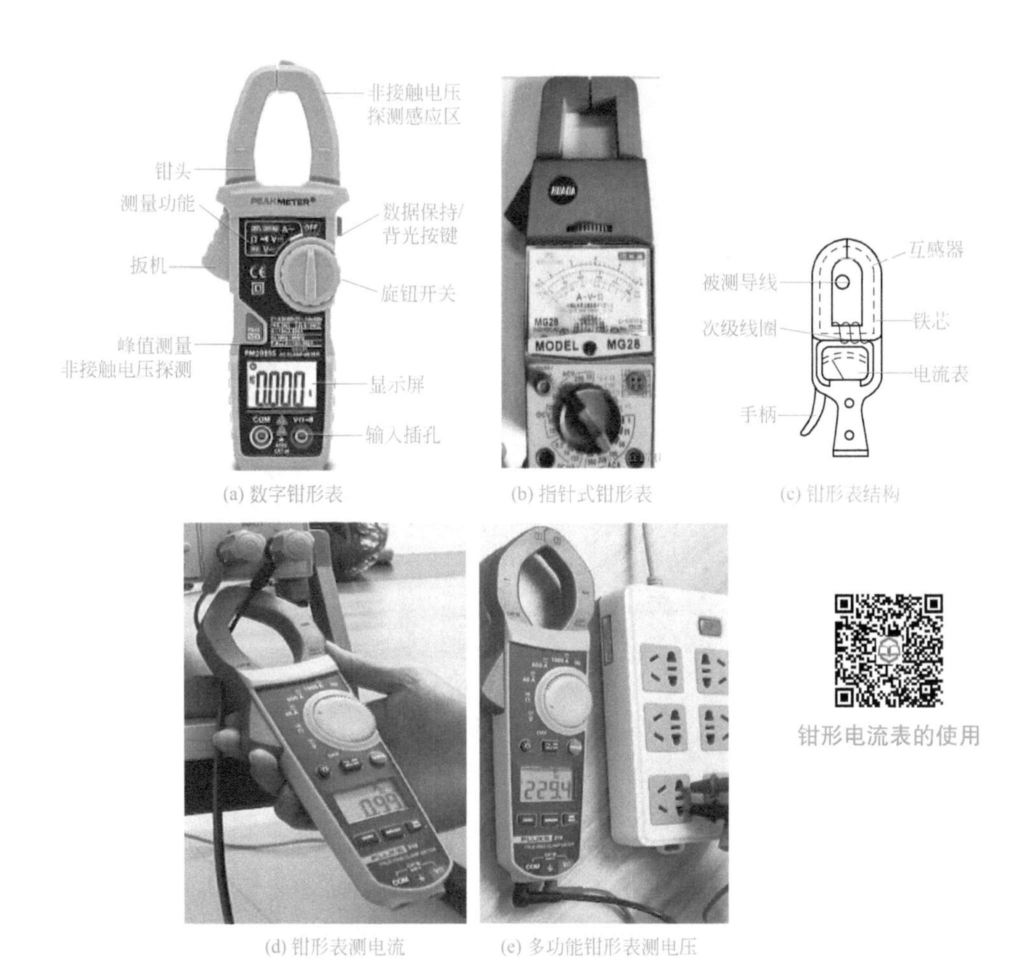

(a) 数字钳形表 (b) 指针式钳形表 (c) 钳形表结构

(d) 钳形表测电流 (e) 多功能钳形表测电压

图 2-7 钳形电流表外形及使用

钳形电流表的使用：

① 在使用钳形电流表时，要正确选择钳形电流表的挡位位置。测量前，根据负载的大小粗估一下电流数值，然后从大挡往小挡切换，换挡时，被测导线要置于钳形电流表卡口之外。

② 检查表针在不测量电流时是否指向零位，若未指零，应用小螺丝刀（螺钉旋具）调整表头上的调零螺栓使表针指向零位。

③ 测量电动机电流时，扳开钳口，将一根电源线放在钳口中央位置，然后松手使钳口闭合。如果钳口接触不好，应检查是否弹簧损坏或有脏污。

④ 在使用钳形电流表时，要尽量远离强磁场。

⑤ 测量小电流时，如果钳形电流表量程较大，可将被测导线在钳形电流表口内多绕几圈，然后读数。实际的电流值应为仪表读数除以导线在钳形电流表

上绕的匝数。

二、兆欧表

1. 兆欧表的结构

兆欧表俗称摇表，如图 2-8 所示。兆欧表主要用来测量设备的绝缘电阻，检查设备或线路有没有漏电现象、绝缘损坏或短路。

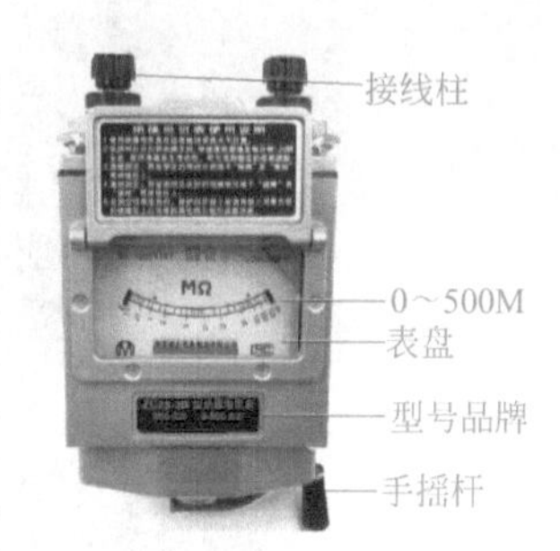

图 2-8　兆欧表外形

与兆欧表表针相连的有两个线圈，其中之一同表内的附加电阻 R_F 串联，另外一个和被测电阻 R 串联，然后一起接到手摇发电机上。用手摇动发电机时，两个线圈中同时有电流通过，使两个线圈上产生方向相反的转矩，表针就随着两个转矩的合成转矩的大小而偏转某一角度，这个偏转角度决定于两个电流的比值，附加电阻是不变的，所以电流值仅取决于待测电阻的大小。图 2-9 所示为兆欧表的工作原理与线路。

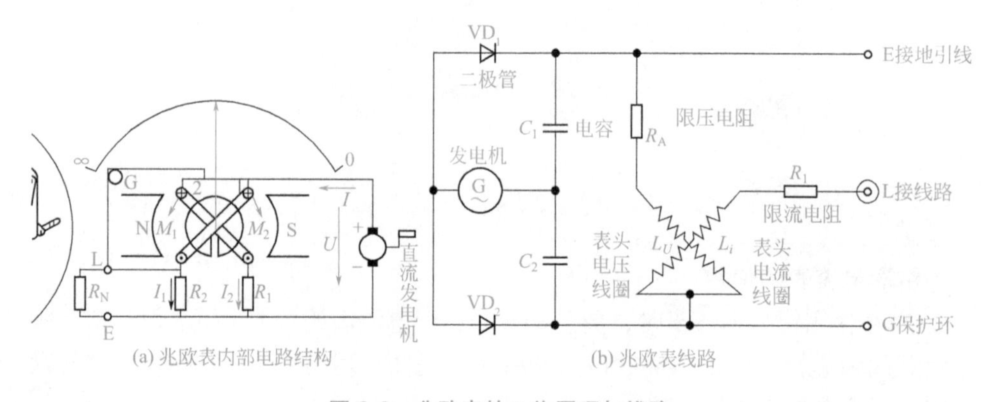

图 2-9　兆欧表的工作原理与线路

注意： 在测量额定电压在 500V 以上的电气设备的绝缘电阻时，必须选用 1000 ～ 2500V 的兆欧表。测量 500V 以下电压的电气设备，则应选用 500V 摇表。

2. 兆欧表的使用方法

兆欧表的接线柱有三个，上端两个较大的接线柱上分别标有“接地”（E）和“线路”（L），在下方较小的一个接线柱上标有（G）是“保护环”（或“屏蔽”端）。

（1）使用兆欧表测量线路对地的绝缘电阻方法如下　将兆欧表的“接地”接线柱（即E接线柱）可靠地接地，将“线路”接线柱（即L接线柱）接到被测线路上。连接好两个端子后，手握摇柄顺时针摇动兆欧表，并且转速逐渐加快，要保持在约120r/min后保持匀速摇动，当转速稳定，表的指针也稳定下来后，指针所指示的数值即为被测物的绝缘电阻值。手摇方法如图2-10所示。

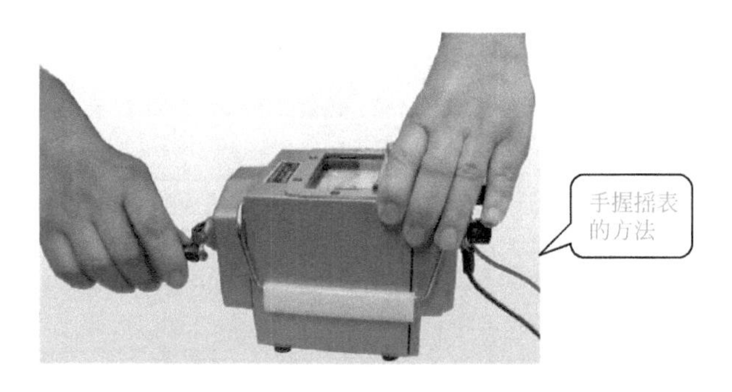

图2-10　兆欧表手摇方法

在实际使用当中，E、L两个接线柱也可以任意连接，即E可以与被测物相连接，L可以与接地体连接（即接地），但G接线柱千万不能接错。

(a) 电机相间电阻　　(b) 电机对地电阻

图2-11　兆欧表测量电机相间通断和相对地电阻

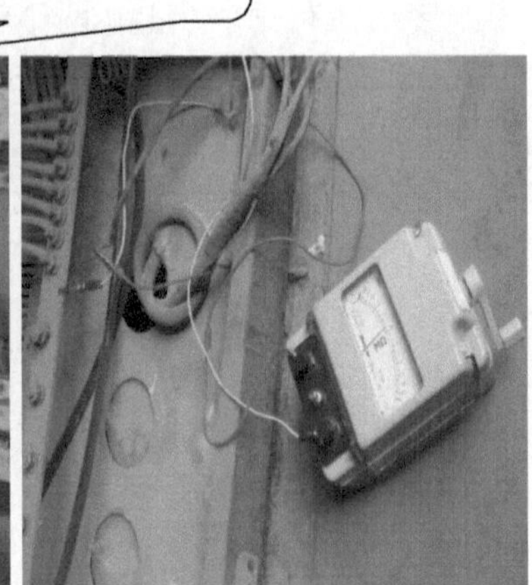

(a) A相对地电阻　　(b) 相线对地电阻

图 2-12　兆欧表测量线路间绝缘电阻

（2）使用兆欧表测量电动机的绝缘电阻　将兆欧表 E 接线柱接机壳（即接地），L 接线柱接到电动机某一相的绕组上，如图 2-11 所示，测出的绝缘电阻值就是某一相的对地绝缘电阻值。

（3）使用兆欧表测量电缆或线路的绝缘电阻　测量电缆的导电线芯与电缆外接地绝缘电阻时，将接线柱 E 与电缆外壳相连接，接线柱 L 与线芯连接，如图 2-12 所示。

3. 兆欧表的使用注意事项

① 我们在使用兆欧表前必须要做开路和短路试验。方法是：使 L、E 两接线柱处在断开状态，摇动兆欧表，指针应指向“∞”；将 L 和 E 两个接线柱短接，慢慢地转动，指针应指向在“0”处。只有这两项都满足要求，才说明兆欧表是好的。

② 在检查电气设备和测量电气设备的绝缘电阻时，首先必须切断电源，然后对设备进行放电，来保证测量结果的准确性。

③ 使用兆欧表对电气设备测量时应把兆欧表水平放置，并且用手按住兆欧表，来防止我们在摇动手柄时兆欧表的晃动，一般摇动的频率保持在转速为 120r/min。

④ 对于兆欧表的引接线应采用多股软线，并要求绝缘性能良好，两根引线不能绞在一起，否则会造成测量数据的不准确。

⑤ 在对电气线路测量完时要立即对被测设备和线路放电，在摇表的摇把未

停止转动和被测物未放电前，不可用手去触及被测物的测量部分或拆除导线，以防触电。

第三节 常用工具的使用

电工常用工具的使用

视频电工工具的使用

电工常用工具的使用方法与技巧可扫二维码学习。

第四节 导线剥削与连接工艺

一、剥削导线绝缘层

1. 剥削导线

剥削线芯绝缘层常用的工具有电工刀、克丝钳和剥皮钳。一般 $4mm^2$ 以下的导线原则上使用剥皮钳。使用电工刀时，不允许用刀在导线周围转圈剥削绝缘层，以免破坏线芯。剥削线芯绝缘层的方法如图 2-13 所示。

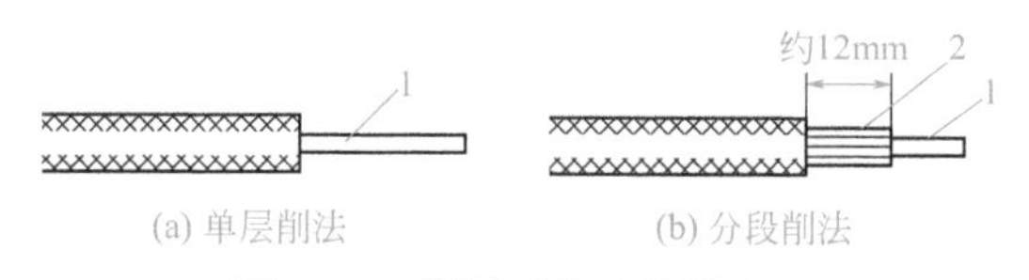

图 2-13 剥削线芯绝缘的方法

1—导体；2—橡皮

（1）单层削法 不允许采用电工刀转圈剥削绝缘层，应使用剥皮钳。

（2）分段削法 一般适用于多层绝缘导线剥削，如编制橡皮绝缘导线，用电工刀先削去外层编织层，并留有 12mm 的绝缘层，线芯长度随接线方法和要求的机械强度而定。

（3）用钢丝钳剥离绝缘层的方法 首先用左手拇指和食指捏住线头，按连接所需长度，用钳头刀口轻切绝缘层。再迅速移动钢丝钳握位，从柄部移至头部。在移位过程中不可松动已切破绝缘层的钳头。同时，左手食指应围绕一圈导线，并握拳捏住导线。然后两手反向同时用力，左手抽、右手勒，即可使端部绝缘层脱离线芯。如图 2-14 所示。

注意：只要切破绝缘层即可，千万不可用力过大，使切痕过深，因软线每股线芯较细，极易被切断，哪怕隔着未被切破的绝缘层，往往也会被切断。

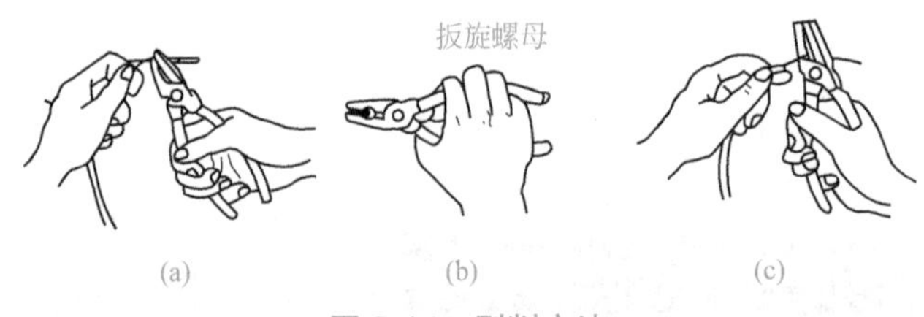

图 2-14 剥削方法

2. 塑料绝缘硬线

（1）端头绝缘层的剥离 通常采用电工刀进行剥离，但 $4mm^2$ 及以下的硬线绝缘层，可用剥线钳或钢丝钳进行剥离。

用电工刀剥离的方法如图 2-15 所示。用电工刀以 45° 倾斜切入绝缘层，当切近线芯时就应停止用力，接着应使刀子倾斜角度为 15° 左右，沿着线芯表面向前头端部推出，然后把残存的绝缘层剥离线芯，用刀口插入背部以 45° 角削断。

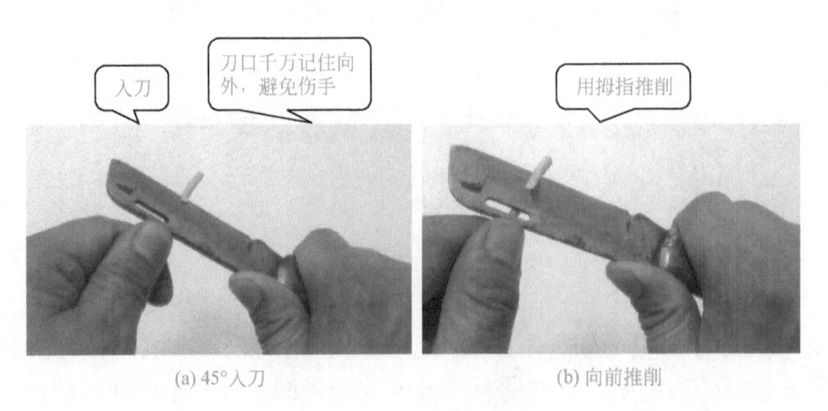

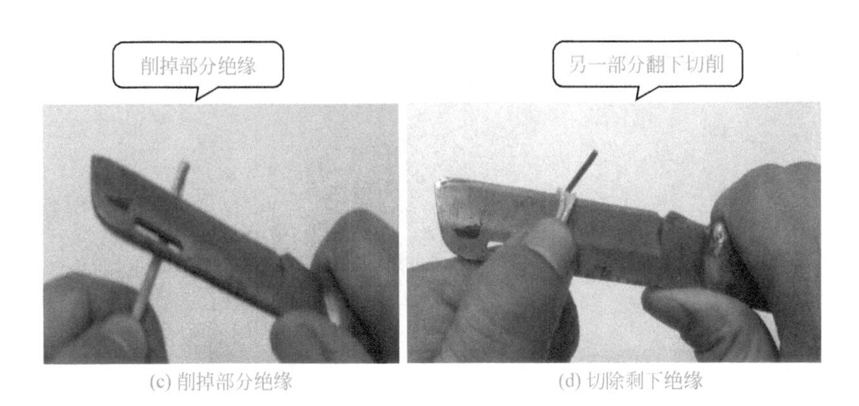

(c) 削掉部分绝缘　　(d) 切除剩下绝缘

图 2-15　塑料绝缘硬线端头绝缘层的剥离

（2）中间绝缘层的剥离　中间绝缘层只能用电工刀剥离，方法如图 2-16 所示。

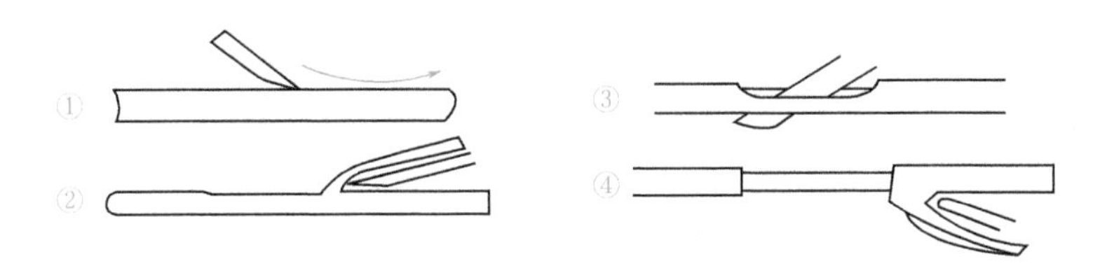

图 2-16　塑料绝缘硬线中间绝缘层的剥离

在连接所需的线段上，依照上述端头绝缘层的剥离方法，推刀至连接所需长度为止，把已剥离部分绝缘层切断，用刀尖把余下的绝缘层挑开，并把刀身伸入已挑开的缝中，接着用刀口切断一端，再切断另一端。

3. 剥线钳剥线

剥线钳为内线电工、电机修理电工、仪器仪表电工常用的工具之一，它适宜于塑料橡胶绝缘电磁线、电缆线芯的剥皮，使用方法如图 2-17 所示：将待剥皮的线头置于钳头的刀口中，用手将钳柄一捏，然后再一松，绝缘皮便与线芯脱开。

① 根据线缆的粗细型号，选择相应的剥线刀口。

② 将准备好的电缆放在剥线工具的刀刃中间，选择好要剥线的长度。

③ 握住剥线工具手柄，将电缆夹住，缓缓用力使电缆外表皮慢慢剥落。

④ 松开工具手柄，取出电缆线，这时电缆金属整齐露出外面，其余绝缘塑料完全脱落。

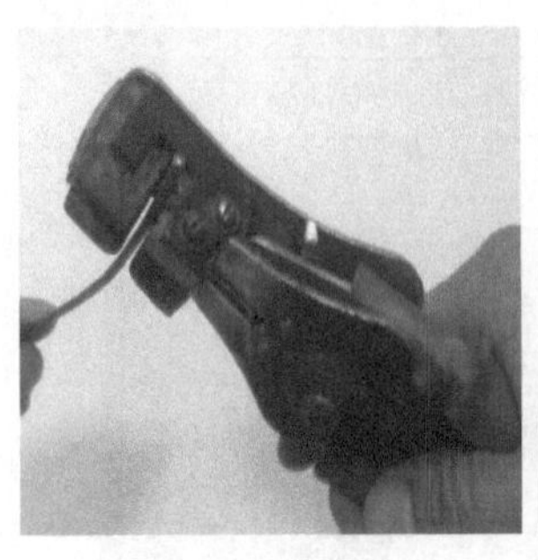

图 2-17　剥线钳的使用方法

4. 塑料护套线

这种导线只能进行端头连接，不允许进行中间连接。它有两层绝缘结构，外层统包着两根（双芯）或三根（三芯）同规格绝缘硬线，称护套层。在剥离线芯绝缘层前应先剥离护套层。

（1）护套层的剥离方法　通常都采用电工刀进行剥离，方法如图2-18所示。

用电工刀尖从所需长度界线上开始，从两线芯凹缝中划破护套层，剥开已划破的护套层。向切口根部扳翻，并切断。

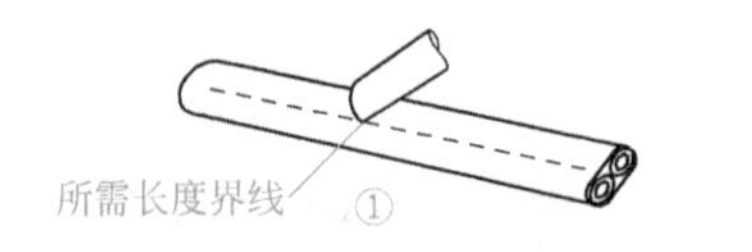

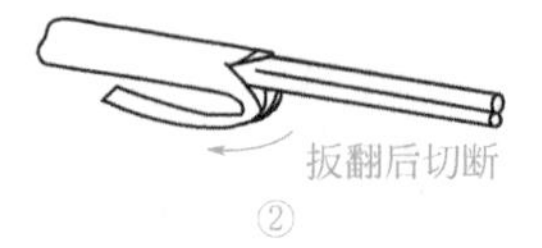

图 2-18　塑料护套线护套层的剥离

注意：在剥离过程中，务必防止损伤线芯绝缘层，操作时，应始终沿着两线芯凹缝划去，切勿偏离，以免切着线芯绝缘层。

（2）线芯绝缘层的剥离方法　与塑料绝缘硬线端头绝缘层剥离方法完全相同，但切口相距护套层至少 10mm（如图 2-19 所示）。所以，实际连接所需长度应以绝缘层切口为准，护套层切口长度应加上这段错开长度。

注意：实际错开长度应按连接处具体情况而定。如导线进木台后 10mm 处即可剥离护套层，而线芯绝缘层却需通过木台并穿入灯开关（或灯座、插座）后才可剥离。这样，两者错开长度往往需要 40mm 以上。

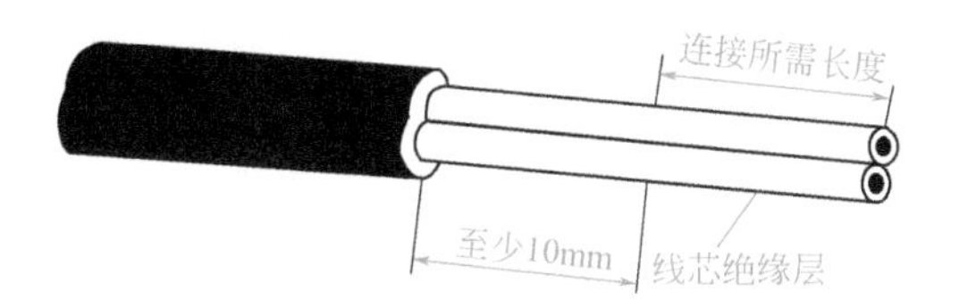

图 2-19　塑料护套线线芯绝缘层的剥离

5. 软电缆（又称橡胶护套线，习惯称橡皮软线）

（1）外护套层的剥离方法　用电工刀从端头任意两线芯缝隙中割破部分护套层，把割破且可分成两片的护套层连同线芯（分成两组）同时进行反向分拉来撕破护套层，当撕拉难以破开护套层时，再用电工刀补割，直到所需长度为止，扳翻已被分割的护套层，在根部分别切断。

（2）麻线扣结方法　软电缆或是作为电动机的电源引线使用，或是作为田间临时电源馈线等使用，因而受外界的拉力较大，故在护套层内除有线芯外，尚有 2 ～ 5 根加强麻线。这些麻线不应在护套层切口根部剪去，应扣结加固，余端也应固定在插头或电器内的防拉压板中，以使这些麻线能承受外界拉力，保证导线端头不遭破坏。

把全部线芯捆扎住后扣结，位置应尽量靠在护套层切口根部。余端压入防拉压板后扣结。

（3）绝缘层的剥离方法　每根线芯绝缘层可按剥离塑料绝缘软线的方法剥离。但护套层与绝缘层之间也应错开，要求和注意事项与塑料护套线相同。

二、导线连接工艺

1. 单股多股硬导线的缠绕连接

（1）对接

① 单股线对接。单股线对接的连接方法如图 2-20 所示，先按线芯直径约 40 倍长剥去线端绝缘层，并拉直线芯。

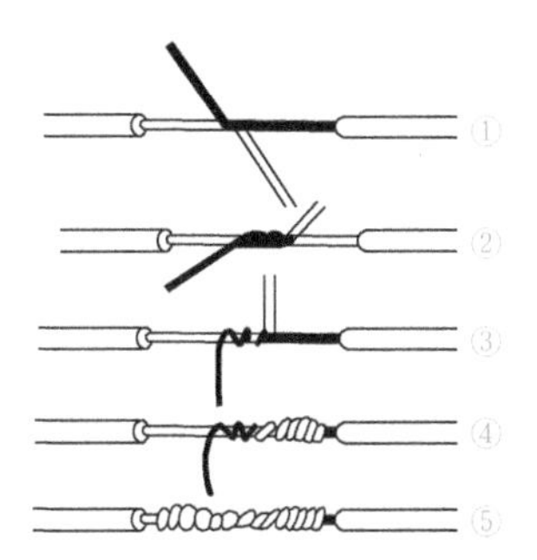

图 2-20　铜硬导线单股线对接

把两根线头在离线芯根部的 1/3 处呈“X”状交叉，如麻花状互相紧绞两圈，先把一根线头扳起与另一根处于下边的线头保持垂直，把扳起的线头按顺时针方向在另一根线头上紧缠 6 ～ 8 圈，圈间不应有缝隙，且应垂直排绕，缠毕切去线芯余端，并钳平切口，不准留有切口毛刺，另一端头的加工方法同上。

多种单芯铜导线的直接连接可参照图 2-21 的方法连接，所有铜导线连接后均应挂锡，防止氧化并增大电导率。

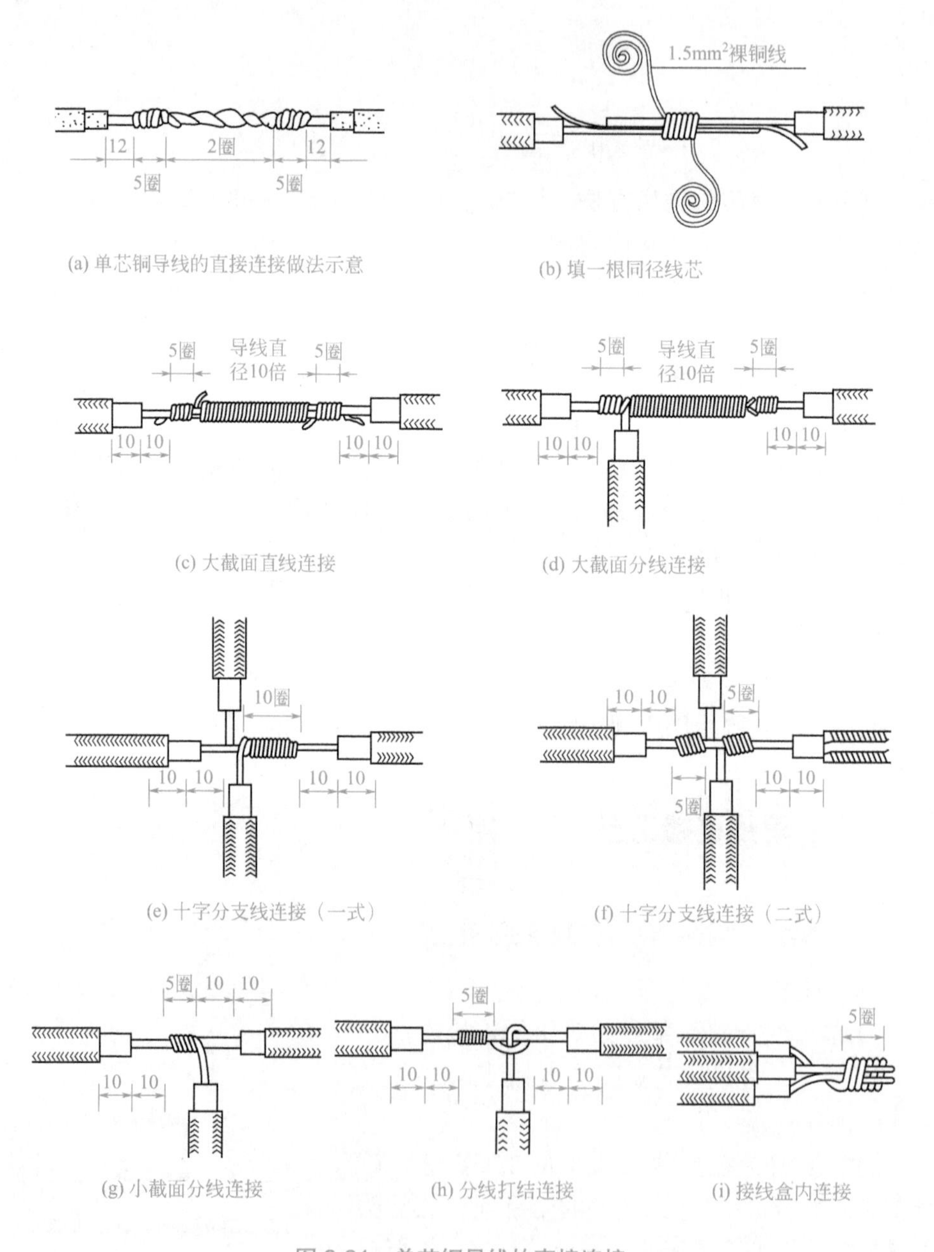

图 2-21　单芯铜导线的直接连接

② 多股线对接。多股线对接方法如图 2-22 所示。

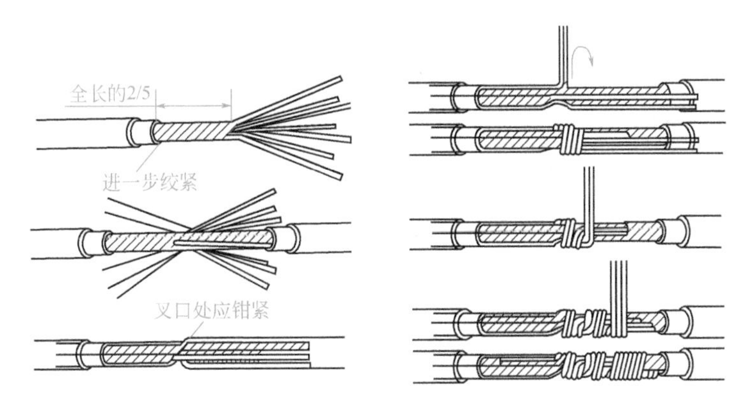

图 2-22 铜硬导线多股线对接

按该多股线中的单股线芯直径的 100 ～ 150 倍长度，剥离两线端绝缘层。在离绝缘层切口约为全长 2/5 处的线芯，应做进一步绞紧，接着应把余下 3/5 线芯松散后每股分开，成伞骨状，然后勒直每股线芯。把两伞骨状线端隔股对叉，必须相对插到底。

捏平叉入后的两侧所有线芯，理直每股线芯并使每股线芯的间隔均匀；同时用钢丝钳钳紧叉口处，消除空隙。在一端，把邻近两股线芯在距叉口中线约 3 根单股线芯直径宽度处折起，并形成 90°，接着把这两股线芯按顺时针方向紧缠两圈后，再折回 90° 并平卧在扳起前的轴线位置上。接着把处于紧挨平卧前临近的两根线芯折成 90°，并按前面的方法加工。把余下的三根线芯缠绕至第 2 圈时，把前四根线芯在根部分别切断，并钳平；接着把三根线芯缠足三圈，然后剪去余端，钳平切口，不留毛刺。另一端加工方法同上。

注意：缠绕的每圈直径均应垂直于下边线芯的轴线，并应使每两圈（或三圈）间紧缠紧挨。

其他多芯铜导线的直接连接可参照图 2-23 的连接方式，所有多芯铜导线连接应挂锡，防止氧化并增大电导率。

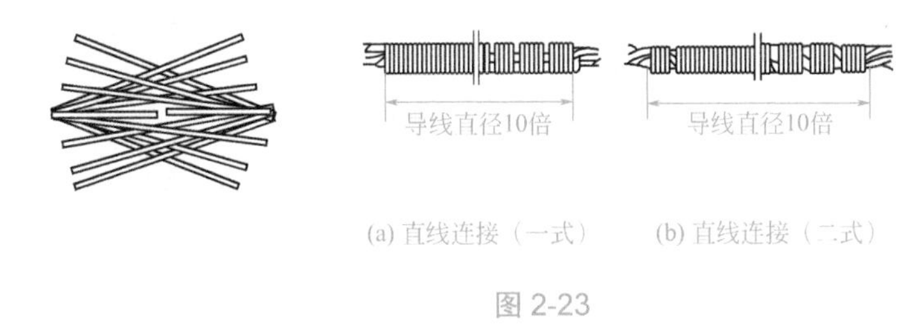

(a) 直线连接（一式）　(b) 直线连接（二式）

图 2-23

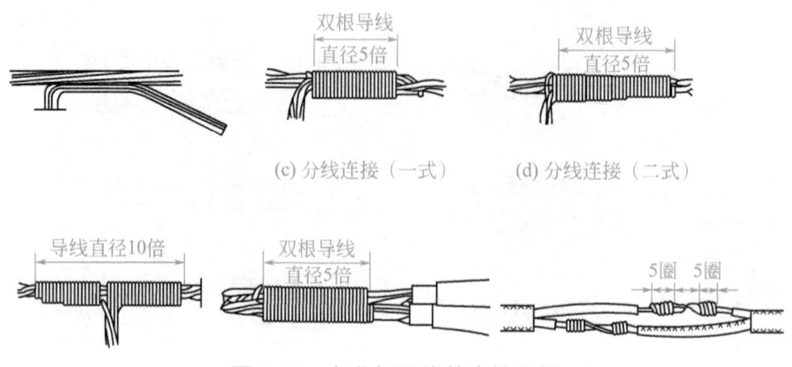

图 2-23　多芯铜导线的直接连接

③ 双线芯双根线的连接。双根线的连接如图 2-24 所示，双线芯连接时，将两根待连接的线头中颜色一致的线芯按小截面直线连接方式连接。同样，将另一颜色的线芯连接在一起。

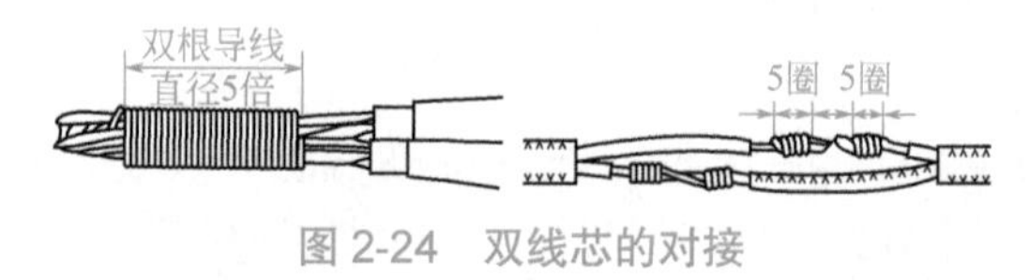

图 2-24　双线芯的对接

（2）单股线与多股线的分支连接

① 应用于分支线路与干线之间的连接。连接方法如图 2-25 所示。先按单股线芯直径约 20 倍的长度剥除多股线连接处的中间绝缘层，再按多股线的单股线芯直径的 100 倍左右长度剥去单股线的线端绝缘层，并勒直线芯。

在离多股线的左端绝缘层切口 3 ～ 5mm 处的线芯上，用螺钉旋具把多股线芯分成较均匀的两组（如 7 股线的线芯按 3 股、4 股来分）。把单股线芯插入多股线的两组线芯中间，但单股线线芯不可插到底，应使绝缘层切口离多股线芯约 3mm 左右。同时，应尽可能使单股线芯向多股线芯的左端靠近，到距多股线芯绝缘层切口不大于 5mm。接着用钢丝钳把多股线的插缝钳平、钳紧。把单股线芯按顺时针方向紧缠在多股线芯上，务必要使每圈直径垂直于多股线线芯的轴心，并应使圈与圈紧挨，应绕足 10

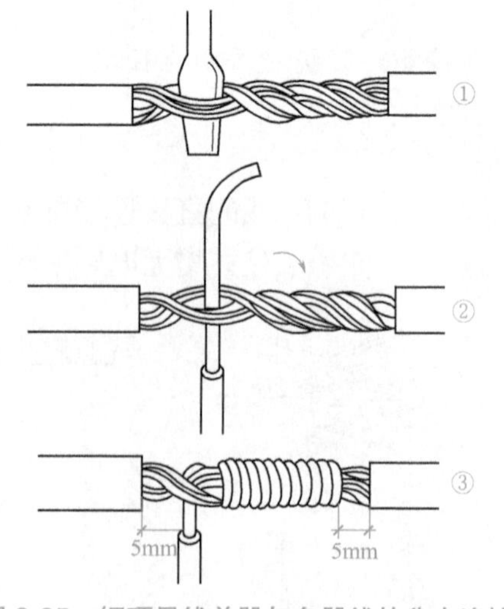

图 2-25　铜硬导线单股与多股线的分支连接

圈，然后切断余端，钳平切口毛刺。若绕足 10 圈后另一端多股线线芯裸露超过 5mm 时，且单股线芯尚有余端，则可继续缠绕，直至多股线芯裸露约 5mm 为止。

② 多股线与多股线的分支连接。适用于一般容量且干支线均由多股线构成的分支连接处。在连接处，干线线头剥去绝缘层的长度约为支线单根线芯直径的 60 倍，支线线头绝缘层的剥离长度约为干线单根线芯直径的 80 倍。然后按图 2-26 所示步骤操作。

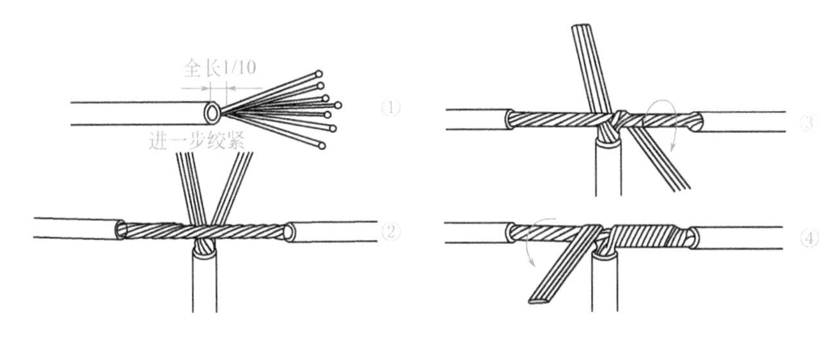

图 2-26 铜硬导线多股线的分支连接

把支线线头离绝缘层切口根部约 1/10 的一段线芯进一步绞紧；并把余下的线芯头松散，逐根勒直后分成较均匀且排成并列的两组（如 7 股线按 3 股、4 股分）。在干线线芯中间略偏一端部位，用螺钉旋具插入线芯股间，也要分成较均匀的两组；接着把支线略多的一组线芯头（如 7 股线中 4 股的一组）插入干线线芯的缝隙中（即插至进一步绞紧的 1/10 处）同时移正位置。使干线线芯约以 2/5 和 3/5 的比例分段。其中 2/5 的一段供支线线芯较少的一组（3 股）缠绕，3/5 的一段供支线线芯较多的一组（4 股）缠绕。先钳紧干线线芯插口处，接着把支线 3 股线芯在干线线芯上按顺时针方向垂直地紧紧排缠至 3 圈，但缠至两圈半时，即应剪去多余的每股线芯端头，缠毕应钳平端头，不留切口毛刺。

另 4 股支线线芯头缠法也一样，但要缠足四圈，线芯端口也应不留毛刺。

注意： 两端若已缠足 3 或 4 圈而干线线芯裸露尚较多，支线线芯又尚有余量时，可继续缠绕，缠至各离绝缘层切口处 5mm 左右为止。

（3）多根单股线并头连接

① 导线自缠法。在照明电路或较小容量的动力电路上，多个负载电路的线头往往需要并联在一起形成一条支路。把多个线头并联一体的加工，俗

称并头。并头连接只适用于单股线，并严格规定：凡导线截面积等于或大于 $2.5mm^2$，并头连接点应焊锡加固。但加工时前两个步骤的方法相同，它们是把每根导线的绝缘层剥去，所需长度约 30 mm，并逐一勒直每根线芯端。把多用导线捏合成束，并使线芯端彼此贴紧，然后用钢丝钳把成束的线芯端按顺时针方向绞紧，使之呈麻花状。

其加工方法可分为两种情况：

截面积 $2.5mm^2$ 以下的，应把已绞成一体的多根线芯端剪齐，但线芯端净长不应小于 25 mm；接着在其 1/2 处用钢丝钳折弯。在已折弯的多根绞合线芯端头，用钢丝钳再绞紧一下，然后继续弯曲，使两线芯呈并列状，并用钢丝钳钳紧，使之处处紧贴。如图 2-27 所示。

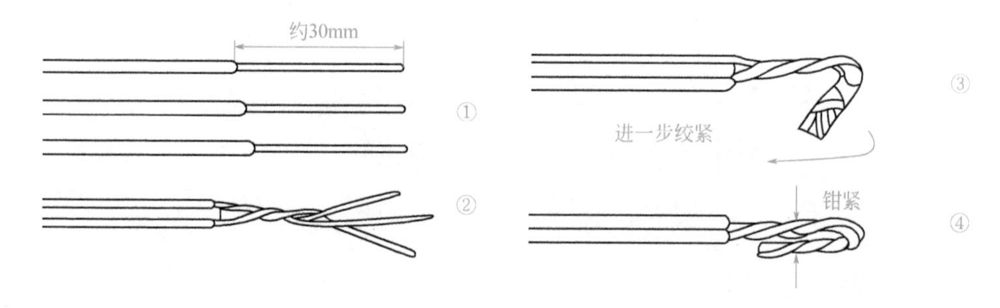

图 2-27　截面积 $2.5mm^2$ 以下铜硬导线多根单股线并头

截面积 $2.5mm^2$ 以上的，应把已绞成一体的多根线芯端剪齐，但线芯端上的净长不小于 20mm，在绞紧的线芯端头上用电烙铁焊锡。必须使锡液充分渗入线芯每个缝隙中，锡层表面应光滑，不留毛刺。然后彻底擦净端头上残留的焊膏，以免日后腐蚀线芯，如图 2-28 所示。

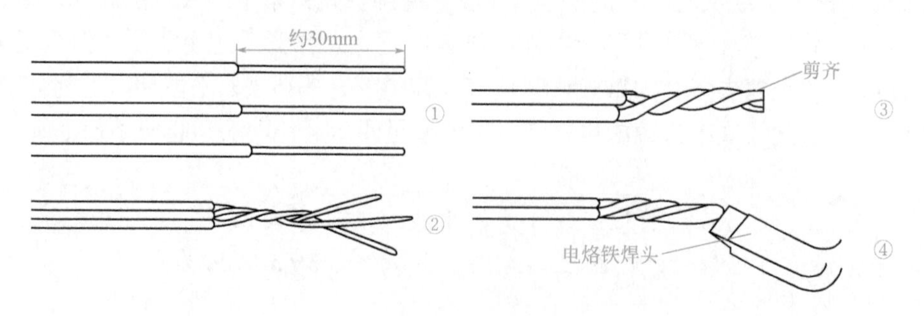

图 2-28　截面积 $2.5mm^2$ 以上铜硬导线多根单股线并头

② 多股线的倒人字连接。将两根线头剖削一定长度，再准备一根 $1.5mm^2$ 的绑线。连接时将绑线的一端与两根连接线芯并在一起，在靠近导线绝缘层处起绕。缠绕长度为导线直径的 10 倍，然后将绑线的两个线头打结，再在距离

绑线最后一圈 10mm 处把两根线芯和打完结的绑线线头一同剪断。

③ 用压线帽压接。用压线帽压接要使用压线帽和压接钳，压线帽外为尼龙壳，内为镀锌铜套或铝合金套管，压线帽如图 2-29 所示。

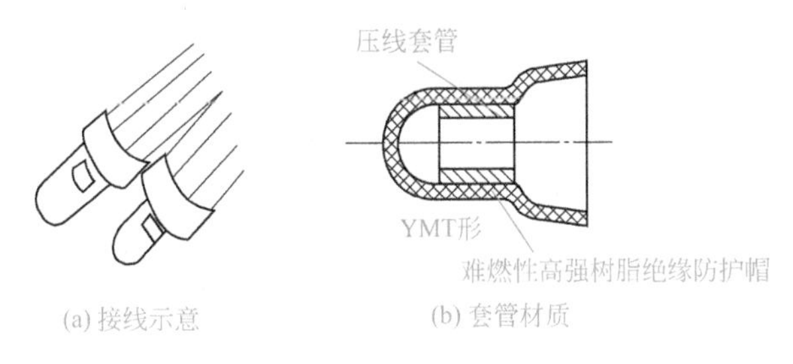

图 2-29　压线帽

单线芯连接：用一字或十字螺钉压接，盘圈开口不应该大于 2mm。按顺时针方向压接。

多股铜芯导线用螺钉压接时，应将软线芯做成单眼圈状，挂锡后，将其压平再用螺钉垫紧。

导线与针孔式接线桩连接：把要连接的线芯插入接线桩针孔内，导线裸露出针孔 1 ～ 2mm，针孔大于导线直径 1 倍时需要折回插入压接。

2. 单芯铝导线冷压接

① 用电工刀或剥线钳削去单芯铝导线的绝缘层，并清除裸铝导线上的污物和氧化铝，使其露出金属光泽。铝导线的削光长度视配用的铝套管长度而定，一般约 30mm。

② 削去绝缘层后，铝导线表面应光滑，不允许有折叠、气泡和腐蚀点，以及超过允许偏差的划伤、碰伤、擦伤和压陷等缺陷。

③ 按预先规定的标记分清相线、零线和各回路，将所需连接的导线合拢并绞扭成合股线（如图 2-30 所示），但不能扭结过度。然后，应及时在多股裸导线头子上涂一层防腐油膏，以免裸线头子再度被氧化。

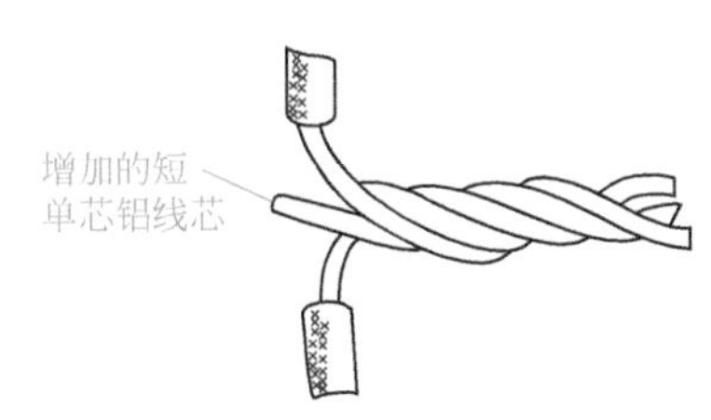

图 2-30　单芯铝导线槽板配线裸线头合拢绞扭图

④ 对单芯铝导线压接用铝套管要进行检查：

a. 要有铝材材质资料；

b. 铝套管要求尺寸准确，壁厚均匀一致；

c. 套管管口光滑平整，且内外侧没有毛

边、毛刺，端面应垂直于套管轴中心线；

d. 套管内壁应清洁，没有污染，否则应清理干净后方准使用。

⑤ 将合股的线头插入检验合格的铝套管，使铝导线穿出铝套管端头1～3mm。套管应依据单芯铝导线合拢成合股线头的根数选用。

⑥ 根据套管的规格，使用相应的压接钳对铝套管施压。每个接头可在铝套管同一边压三道坑（如图2-31所示），一压到位，如ϕ8mm铝套管施压后窄向为6～6.2mm。压坑中心线必须在纵向同一直线上。一般情况下，尽量采用正反向压接法，且正反向相差180°，不得随意错向压接，如图2-32所示。

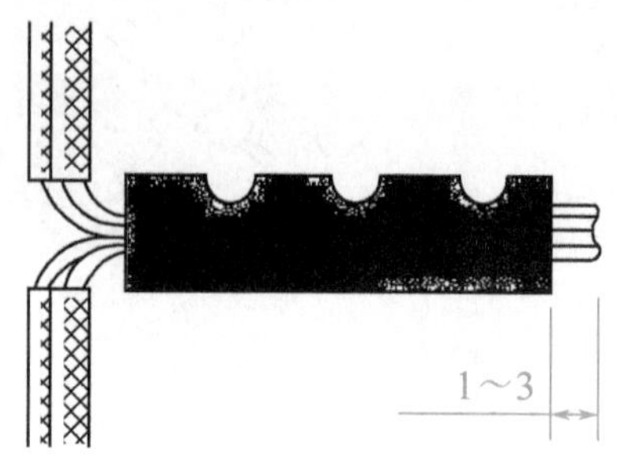

图2-31　单芯铝导线接头同向压接图

⑦ 单芯铝导线压接后，在缠绕绝缘带之前，应对其进行检查。压接接头应当到位，铝套管没有裂纹，三道压坑间距应一致，抽动单根导线没有松动的现象。

图2-32　单芯铝导线接头正反向压接图

⑧ 根据压坑数目及深度判断铝导线压接合格后，恢复裸露部分绝缘，包缠绝缘带两层，绝缘带包缠应均匀、紧密，不露裸线及铝套管。

⑨ 在绝缘层外面再包缠黑胶布（或聚氯乙烯薄膜胶带等）两层，采取半叠包法，并应将绝缘层完全遮盖，黑胶布的缠绕方向与绝缘带缠绕方向一致。整个绝缘层的耐压强度不得低于绝缘导线本身绝缘层的耐压强度。

⑩ 将压接接头用塑料接线盒封盖。

3. 焊接法连接铝导线

焊接方法主要有钎焊、电阻焊和气焊等。

（1）钎焊　适用于单股铝导线。钎焊的操作方法与铜导线的锡焊方法相似。铝导线焊接前将铝导线线芯破开顺直合拢，用绑线把连接处做临时绑缠。导线绝缘层处用浸过水的石棉绳包好，以防烧坏。导线焊接所用的焊剂：一种是$\omega_{锌}$为58.5%、$\omega_{铅}$为40%、$\omega_{铜}$为1.5%的焊剂；另一种是$\omega_{锌}$为80%、$\omega_{铅}$为20%的焊剂；还有一种由纯度99%以上的锡（60%）和纯度98%以上的锌（40%）配制而成。

焊接时先用砂纸磨去铝导线表面的一层氧化膜，并使线芯表面毛糙，以利于焊接；然后用功率较大的电烙铁在铝导线上搪上一层焊料，再把两导线头相互缠绕3圈，剪掉多余线头，用电烙铁蘸上焊料，一边焊，一边用烙铁头摩擦导线，把接头沟槽搪满焊料，焊好一面待冷却后再焊另一面，使焊料均匀密实填满缝隙即可。

单芯铝导线钎焊接头如图2-33所示。线芯端部搭叠长度见表2-1。

表2-1　线芯端部搭叠长度

导线截面/mm²	剥除绝缘层长度/mm	搭接长度 L/mm
2.5～4	60	20
6～10	80	30

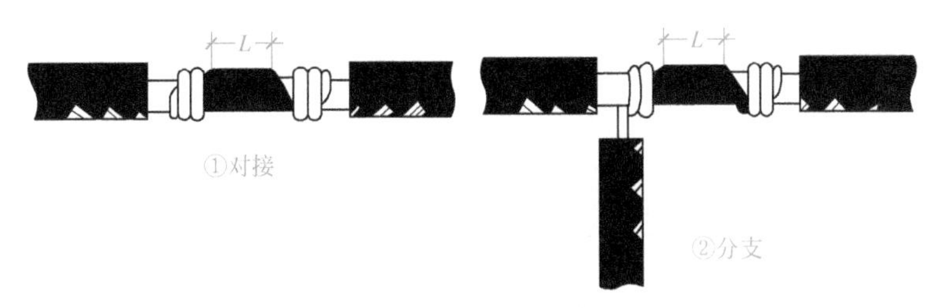

图2-33　单芯铝导线钎焊接头

（2）电阻焊　适用于单芯或多芯不同截面的铝导线的并接。焊接时需要一台容量为1 kV·A的焊接变压器，二次电压为6～12V，并配以焊钳。焊钳上两根炭棒极的直径为8mm，焊极头端有一定的锥度，焊钳引线采用10mm²的铜芯橡皮绝缘线。焊料由30％氯化钠、50％氯化钾和20％冰晶石粉配制而成。

焊接时，先将铝导线头绞扭在一起，并将端部剪齐，涂上焊料，然后接通电源，先使炭棒短路发红，迅速夹紧线头。等线头焊料开始融化时，焊钳慢慢地向线端方向移动，待线端头熔透后随即撤去焊钳，使焊点形成圆球状。冷却后用钢丝刷刷去接头上的焊渣，用干净的湿布擦去多余焊料，再在接头表面涂一层速干性沥青用以绝缘，沥青干后包缠上绝缘胶带即可。

焊接所需的电压、电流和持续时间可参照表2-2。

表2-2　单股铝导线电阻焊所需电压、电流和持续时间

导线截面/mm²	二次电压/V	二次电流/A	焊接持续时间/s
2.5	6	50～60	8
4	9	100～110	12
6	12	150～160	12
10	12	170～190	13

（3）气焊 适用于多根单芯或多芯铝导线的连接。焊接前，先将铝线芯用铁丝缠绕牢，以防止导线松散；导线的绝缘层用湿石棉带包好，以防烧坏。焊接时火焰的焰心离焊接点 2 ～ 3mm，当加热到熔点（653℃）时，即可加入铝焊粉，使焊接处的铝芯相互融合；焊完后要趁热清除焊渣。

单芯和多芯铝导线气焊连接长度分别见表 2-3 和表 2-4。

表 2-3 单芯铝导线气焊连接长度

导线截面 /mm^2	连接长度 L/mm	导线截面 /mm^2	连接长度 L/mm
2.5	20	6	30
4	25	10	40

表2-4 多芯铝导线气焊连接长度

导线截面 /mm^2	连接长度 L/mm	导线截面 /mm^2	连接长度 L/mm
16	60	50	90
25	70	70	100
35	80	95	120

4. 铜导线与铝导线的连接

铜铝是两种不同的金属，它们有着不同的电化顺序，若把铜和铝简单地连接在一起，在“原电池”的作用下，铝会很快失去电子而被腐蚀掉，造成接触不良，直至接头被烧断。因此应尽量避免铜铝导线的连接。

实际施工中往往不可避免会碰到铜铝导线（体）的连接问题，一般可采取以下几种连接方法。

（1）用复合脂处理后压接 即在铜铝导体连接表面涂上铜铝过渡的复合脂（如导电膏），然后压接。此方法能有效地防止连接部位表面被氧化，防止空气和水分侵入，缓和原电池电化作用。这是一种最经济、最简便的铜铝过渡连接方法。尤其适用于铜、铝母排间的连接和铝母排与断路器等电气设备连接端子间的连接。

导电膏具有耐高温（滴点温度大于 200℃）、耐低温（-40℃时不开裂）、抗氧化、抗霉菌、耐潮湿、耐化学腐蚀及性能稳定、使用寿命长（密封情况下大于 5 年）、没有毒、没有味、对皮肤没有刺激、涂敷工艺简单等优点。用导电膏对接头进行处理，具有擦除氧化膜的作用，并能有效地降低接头的接触电阻（可降低 25%～ 70%）。

操作时，先将连接部位打磨，使其露出金属光泽。若是两导体之间连接，应预涂 0.05 ～ 0.1mm 厚的导电膏，并用铜丝刷轻轻擦拭，然后擦净表面，重新涂敷 0.2mm 厚的导电膏，再用螺栓紧固。须注意：导电膏在自然状态下绝缘电阻很高，基本不导电，只有外施一定的压力，使微细的导电颗粒挤压在一起时，才呈现导电性能。

（2）搪锡处理后连接　即在铜导线表面搪上一层锡，再与铝导线连接。由于锡铝之间的电阻系数比铜铝之间的电阻系数小，产生的电位差也较小，电化学腐蚀有所改善。搪锡焊料成分有两种，见表 2-5。搪锡层的厚度为 0.03 ～ 0.1mm。

表2-5　搪锡焊料

焊料成分		熔点 /℃	性能
锡 Sn	锌 Zn		
90%	10%	210	流动性好，焊接效率高
80%	20%	270	防潮性较好

（3）采用铜铝过渡管压接　铜铝过渡管是一种专门供铜导线和铝导线直线连接用的连接件，管的一半为铜管，另一半为铝管，是经摩擦焊连接成的。使用时，将铜导线插入管的铜端，铝导线插入管的铝端，用压接钳冷压连接。对于 10mm^2 及以下的单芯铜导线与铝导线，可使用冷压钳压接。

（4）采用圆形铝套管压接　先清除连接导线端头表面的氧化膜和铝套管内壁氧化膜，然后将铜导线和铝导线分别插入铝套管两端（最好预先在接触面涂上薄薄的一层导电膏），再用六角形压模在钳压机上压成六角形接头，两端还可用中性凡士林和塑料封好，防止空气和水分侵入，阻止局部电化腐蚀。但凡士林的滴点温度仅为 50℃左右，当导体接头温度达到 70℃以上时，凡士林就会逐渐流失干涸，失去作用。

（5）采用铜铝过渡板连接　铜铝过渡板（排）又称铜铝过渡并沟线夹，是一种专门用于铜导线和铝导线连接的连接件，通常用于分支导线连接，分上下两块，各有两条弧形沟道，中间有两个孔眼用以安装固定螺栓。板的一半（沿纵线）为铜质，另一半为铝质，是经摩擦焊接连接而成。使用时，先清洁连接导线和过渡板弧形沟道内的氧化膜，并涂上导电膏，将铜导线置于过渡的铜板侧弧形沟道内，铝导线置于过渡板的铝板侧弧形沟道内，两块板合上后装上螺杆、弹簧垫、平垫圈、螺母，用活扳手拧紧螺母即可，如果铝导线线径较细，可缠铝包带；如果铜导线线径较细，可用铜导线绑绕。连接时，应先把分支线头末端与干线进行绑扎。

还有一种铜铝过渡板，板的一半（沿横线）为铜质，另一半为铝质。这种过渡板多用于变配电所铜母线与铝母线之间的连接。

（6）采用B型铝并沟线夹连接 B型铝并沟线夹是用于铝与铝分支导线连接的，当用于铜与铝导线连接时，则铜导线端需要搪锡。如果铝导线线径较细，可缠铝包带；如果铜导线线径较细，可用铜导线绑绕。并沟线夹通常用于跳线、引下线等的连接。

（7）采用SL螺栓型铝设备线夹连接 SL螺栓型铝设备线夹用于设备端子连接，一端与铝导线连接，另一端与设备端子的铜螺杆连接。铜螺母下垫圈应搪锡。

5. 导线包扎

各种接头连接好后，应用胶带进行包扎。包扎时首先用橡胶绝缘带从导线接头处始端的完好绝缘层开始，缠绕1～2倍绝缘带宽度，以半幅宽度重叠进行缠绕，在包扎过程中应尽可能收紧绝缘带。最后在绝缘层上缠绕1～2圈，再进行回缠。采用橡胶绝缘带包扎时，应将其拉长2倍后再进行缠绕，然后用黑胶布包扎，包扎时要衔接好，以半幅宽度边压边进行缠绕，同时在包扎过程中收紧胶布，导线接头处两端应用黑胶布封严。

6. 线头与接线柱的连接

（1）针孔式接线柱 是一种常用接线柱，熔断器、接线块和电能表等器材上均有应用。通常用黄铜制成矩形方块，端面置有导线承接孔，顶面装有压紧导线的螺钉。当导线端头线芯插入承接孔后，再拧紧压紧螺钉就实现了两者之间的电气连接。

① 连接要求和方法如图2-34所示。单股线芯端头应折成双根并列状，平着插入承接孔，以使并列面能承受压紧螺钉的顶压。因此，线芯端头的所需长度应是两倍孔深。线芯端头必须插到孔的底部。凡有两个压紧螺钉的，应先拧紧近孔口的一个，再拧紧近孔底的一个，若先拧紧近孔底的一个，万一孔底很浅，线芯端头处于压紧螺钉端头球部，这样当螺钉拧紧时就容易把线端挤出，造成空压。

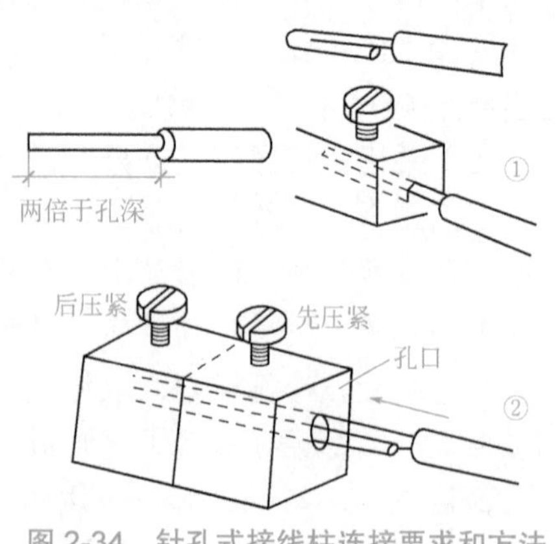

图2-34 针孔式接线柱连接要求和方法

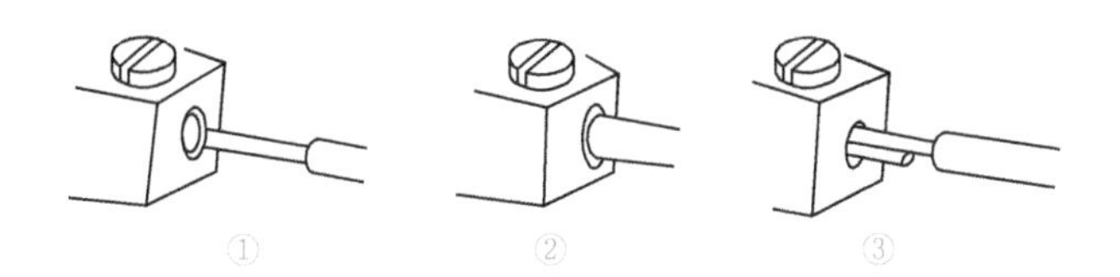

图 2-35　针孔式接线柱连接的错误接法

② 常见的错误接法如图 2-35 所示。单股线端直接插入孔内，线芯会被挤在一边。绝缘层剥去太少，部分绝缘层被插入孔内，接触面积被占据。绝缘层剥去太多，孔外线芯裸露太长，影响用电安全。

（2）平压式接线柱

① 小容量平压柱。通常利用圆头螺钉的平面进行压接，且中间多数不加平垫圈。灯座、灯开关和插座等都采用这种结构，连接方法如图 2-36 所示。

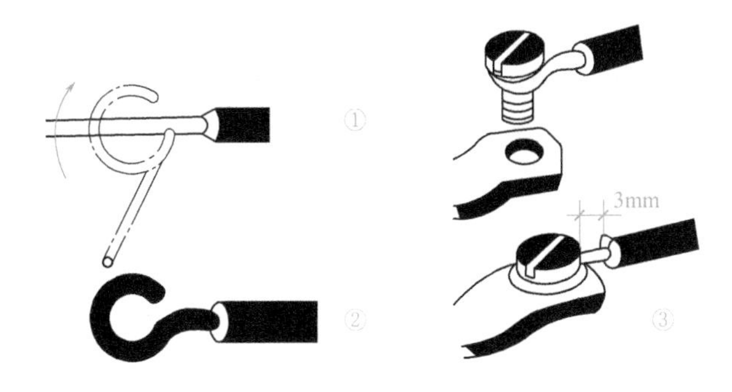

图 2-36　小容量平压柱的连接方法

对绝缘硬线线芯端头必须先加工成压接圈。压接圈的弯曲方向必须与螺钉的拧紧方向一致，否则圈孔会随螺钉的拧紧而被扩大，且往往会从接线柱中脱出。圈孔不应该弯得过大或过小，只要稍大于螺钉直径即可。圈根部绝缘层不可剥去太多，$4mm^2$ 及以下的导线，一般留有 3mm 间缝，螺钉尾就不会压着圈根绝缘层。但也不应留得过少，以免绝缘层被压入。

② 常见的错误连接法。不弯压接圈，线芯被压在螺钉的单边。这样连接，极易造成线端接触不良，且极易脱落。绝缘层被压入螺钉内，这样的接法因为有效接触面积被绝缘层占据，且螺钉难以压紧，会造成严重的接触不良。线芯裸露过长，既会留下电气故障隐患，还会影响安全用电。

③ 7 股线压接圈弯制方法。在照明干线或一般容量的电力线路中，截面不大于 $16mm^2$ 的 7 股绝缘硬线，可采用压接圈套上接线柱螺栓的方法进行连接。但 7 股线压接圈的制作必须正规，切不可把 7 股线芯直接缠绕在螺栓上。7 股线压接圈的弯制方法如图 2-37 所示。

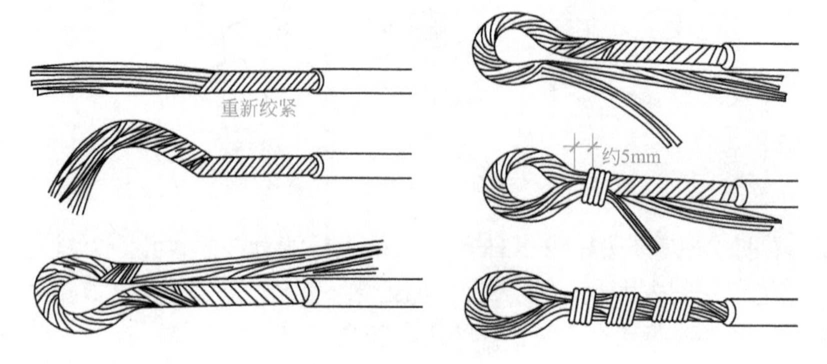

图 2-37　7 股线压接圈的弯制方法

把剥去绝缘层的 7 股线端头在全长 3/5 部位重新绞紧（越紧越好），按稍大于螺栓直径的尺寸弯曲成圆孔。开始弯曲时，应先把线芯朝外侧折成约 45°，然后逐渐弯成圆圈状。形成圆圈后，把余端线芯逐根理直，并贴紧根部线芯。把已弯成圆圈的线端翻转（旋转 180°），然后选出处于最外侧且邻近的两根线芯扳成直角（即与圈根部的 7 股线芯成垂直状）。在离圈外沿约 5mm 处进行缠绕，加工方法与 7 股线缠绕对接一样，可参照应用。成形后应经过整修，使压接圈及圈柄部分平整挺直，且应在圈柄部分焊锡后恢复绝缘层。

注意： 导线截面超过 $16mm^2$ 时，一般不应该采用压接圈连接，应采用线端加装接线耳的方法，由接线耳套上接线螺栓后压紧来实现电气连接。

（3）软线头与接线柱的连接方法

① 与针孔柱连接，如图 2-38 所示。把多股线芯进一步绞紧，全部线芯端头不应有断股而露出毛刺。把线芯按针孔深度折弯，使之成为双根并列状。在线芯根部（即绝缘层切口处）把余下线芯折成垂直于双根并列的线芯，并把余下线芯按顺时针方向缠绕在双根并列的线芯上，且排列应紧密整齐。缠绕至线芯端头口剪去余端并钳平，不留毛刺，然后插入接线柱针孔内，拧紧螺钉即可。

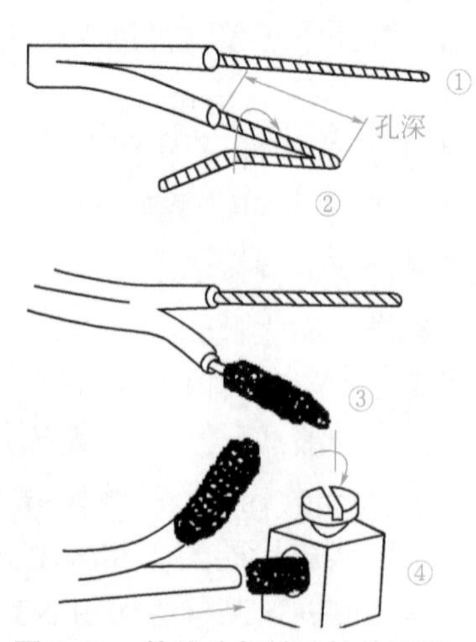

图 2-38　软线头与针孔柱的连接

② 与平压柱连接，如图 2-39 所示。在连接前，也应先把多股线线芯做进一步绞紧。把

线芯按顺时针方向围绕在接线柱的螺栓上，应注意线芯根部不可贴住螺栓，应相距 3mm。接着把线芯围绕螺栓一圈后，余端应在线芯根部由上向下围绕一圈。把线芯余端再按顺时针方向围绕在螺栓上。把线芯余端围绕到芯根部收住，若因余端太短不便嵌入螺栓尾部，可用旋具刀口推入。接着拧紧螺栓后扳起余端在根部切断，不应露毛刺和损伤下面线芯。

（4）头攻头连接　一根导线需与两个以上接线柱连接时，除最后一个接线柱连接导线末端外，导线在处于中间的接点上，不应切断后并接在接线柱中，而应采用头攻头的连接法。这样不但可大大降低连接点的接触电阻，而且可有效地降低因连接点松脱而造成的开路故障。

① 在针孔柱上连接如图 2-40 所示。按针孔深度的 2 倍长度，再加 5 ～ 6mm 的线芯根部裕度，剥离导线连接点的绝缘层。在剥去绝缘层的线芯中间将导线折成双根并列状态，并在两线芯根部反向折成 90° 转角。把双根并列的线芯端头插入针孔并拧紧螺栓。

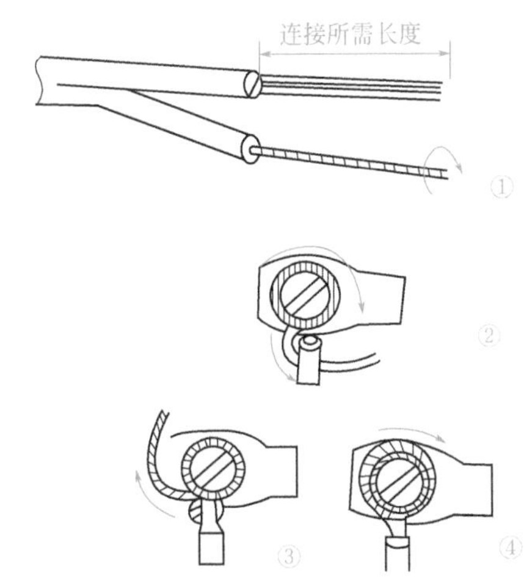

图 2-39　软线头与平压柱的连接

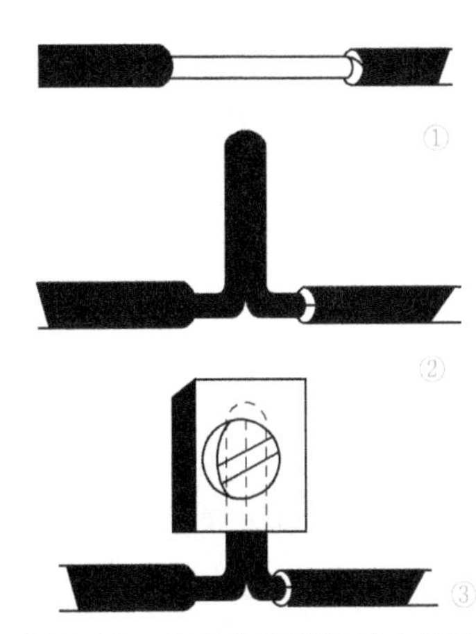

图 2-40　头攻头在针孔柱上的连接

② 在平压柱上连接如图 2-41 所示。按接线柱螺栓直径约 6 倍长度剥离导线连接点绝缘层。以剥去绝缘层线芯的中点为基准，按螺栓规格弯曲成压接圈后，用钢丝钳紧夹住压接圈根部，把两根部线芯互绞一圈，使压接圈呈图示形状。把压接圈套入螺栓后拧紧（需加套垫圈的，应先套入垫圈，再套入压接圈）。

（5）铝导线与接线柱的连接　截面小于 $4mm^2$ 的铝质导线，允许直接与接线柱连接。但连接前必须经过清除氧化铝薄膜的技术处理，再弯制线芯的连接点，如图 2-42 所示。

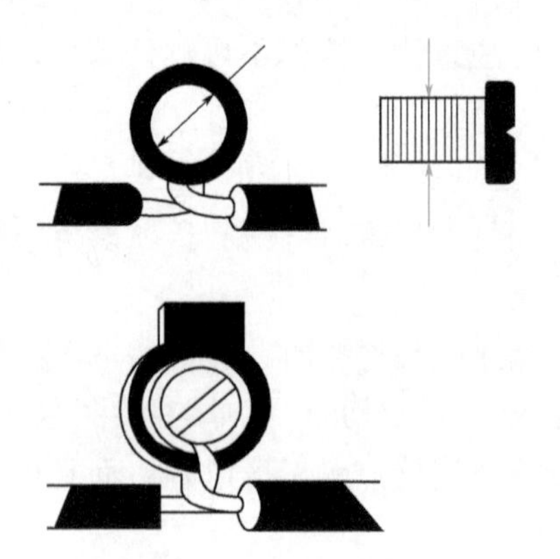

图 2-41　头攻头在平压柱上的连接

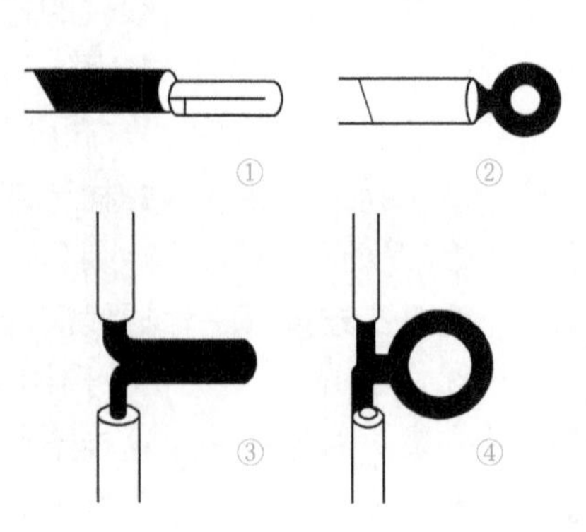

图 2-42　弯制线芯的连接点

端头直接与针孔柱连接时，应先折成双根并列状。端头直接与平压柱连接时，应先弯制压接圈。头攻头接入针孔柱时，应先折成双根 T 字状。头攻头接入平压柱时，应先弯成连续式压接圈。

各种形状接点的弯制和连接，与小规格铜质导线的方法相同。

注意：铝质线芯质地很软，压紧螺钉虽应紧压住线头，不允许松动，但应避免一味拧旋螺钉而把铝线芯头压扁。尤其在针孔柱内，因压紧螺钉对线头的压强很大（比平压柱大得多），甚至会把铝线芯头压断。

7. 导线的封端

对于导线截面大于 $10mm^2$ 的多股铜、铝芯导线，一般都必须用接线端子（又称接线鼻或接线耳）对导线端头进行封端，再由接线端与电气设备相连。

（1）铜芯导线的封端

① 锡焊封端。先剥掉铜芯导线端部的绝缘层，除去线芯表面和接线端子内壁的氧化膜，涂上无酸焊锡膏。再用一根粗铁丝系住铜接线端子，使插线孔口朝上并放到火里加热。把锡条插在铜接线端子的插线孔内，使锡受热后熔化在插线孔内。把线芯的端部插入接线端子的插线孔内，上下插拉几次后把线芯插到孔底。平稳而缓慢地把粗铁丝的接线端子浸到冷水里，使液态锡凝固，线芯焊牢。用锉刀把铜接线端子表面的焊锡除去，用砂布打光后包上绝缘带，即可与电气接线柱连接。

② 压接封端。把剥去绝缘层并涂上石英粉 - 凡士林油膏的线芯插入内壁也涂上石英粉 - 凡士林油膏的铜接线端子孔内。用压接钳进行压接，在铜接线端子的正面压两个坑，先压外坑，再压内坑，两个坑要在一条直线上。从导线绝

缘层至铜接线端子根部包上绝缘带。

（2）铝芯导线的封端 铝芯导线一般采用铝接线端子压接法进行封端。铝接线端子的外形及规格如图 2-43 所示，其各部分尺寸见表 2-6。

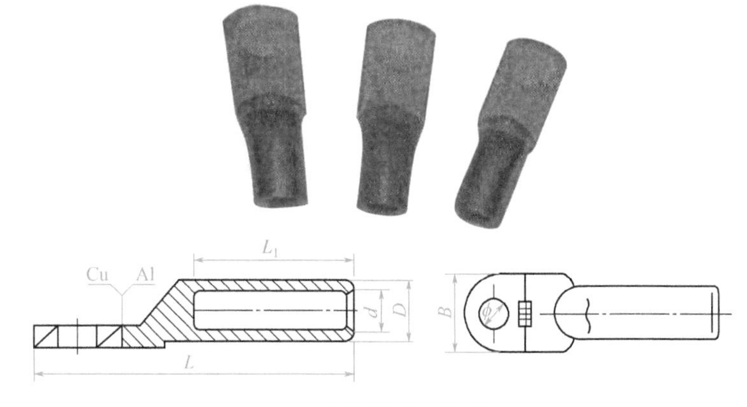

图 2-43 铝接线端子的外形

表2-6 铝接线端子各部分尺寸 单位：mm

型号	ϕ	D	d	L	L_1	B
DTL-1-50	ϕ10.5	16	9.8	90	40	23
DTL-1-70	ϕ12.5	18	11.5	102	48	26
DTL-1-95	ϕ12.5	21	13.5	112	50	28
DTL-1-120	ϕ14.5	23	15	120	53	30
DTL-1-150	ϕ14.5	25	16.5	126	56	34
DTL-1-185	ϕ16.5	27	18.5	133	58	37
DTL-1-240	ϕ16.5	30	21	140	60	40
DTL-1-300	ϕ21	34	23.5	160	65	50
DTL-1-400	ϕ21	38	27	170	70	55
DTL-1-500	ϕ21	45	29	225	75	60
DTL-1-630	—	54	35	245	80	80
DTL-1-800	—	60	38	270	90	100

铝芯导线用压接法进行封端的方法如下：

根据铝线芯的截面积查表 2-6 选用合适的铝接线端子，然后剥去线芯端部绝缘层，刷去铝芯表面氧化层并涂上石英粉 - 凡士林油膏。刷去铝接线端子内壁氧化层并涂上石英粉 - 凡士林油膏。将铝线芯插到插线孔的孔底。用压线钳在铝接线端子正面压两个坑，先压靠近插线孔处的第一个坑，再压第二个坑，压坑的尺寸见表 2-7。

表2-7　铝接线端子压接坑尺寸

导线截面积 /mm²	端子各部分尺寸 /mm			压模深 /mm
	d	D	ϕ	
16	5.5	10	6.5	5.5
25	6.8	12	8.5	5.9
35	7.7	14	8.5	7.0
50	9.2	16	10.5	7.8
70	11.0	18	10.5	8.9
95	13.0	21	13.0	9.9

在剥去绝缘层的铝芯导线和铝接线端子根部包上绝缘带（绝缘带要从导线绝缘层包起），并刷去接线端子表面的氧化层。

三、导线接头包扎

1. 对接接点包扎

对接接点包扎方法如图 2-44 所示。

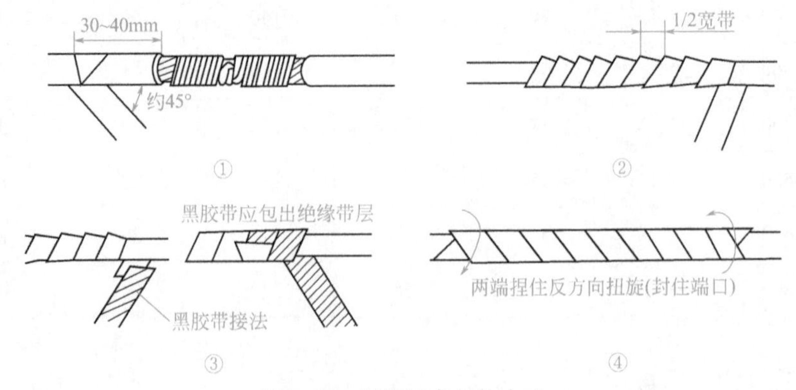

图 2-44　对接接点包扎方法

绝缘带（黄蜡带或塑料带）应从左侧的完好绝缘层上开始包缠，应包入绝缘层 1.5 ～ 2 根带宽，即 30 ～ 40mm，起包时带与导线之间应保持约 45° 倾斜。进行每圈斜叠缠包，包一圈必须压叠住前一圈的 1/2 带宽。包至另一端也必须包入与始端同样长度的绝缘层，然后接上黑胶带，并应使黑胶带包出绝缘带层至少半个带宽，即必须使黑胶带完全包没绝缘带。黑胶带也必须进行 1/2 叠包，不可包得过疏或过密；包到另一端也必须完全包没绝缘带，收尾后应用双手的拇指和食指紧捏黑胶带两端口，进行一正一反方向拧旋，利用黑胶带的黏性，将两端口充分密封起来。

2. 分支接点包扎

分支接点包扎方法如图 2-45 所示。

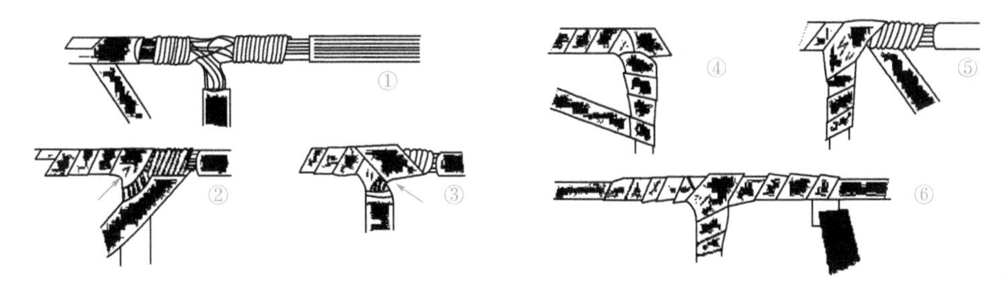

图 2-45 分支接点包扎方法

采用与对接相同的方法从左端开始起包。包至碰到分支线时，应用左手拇指顶住左侧直角处包上的带面，使它紧贴转角处线芯，并应使处于线顶部的带面尽量向右侧斜压（即跨越到右边）。当围绕到右侧转角处时，用左手食指顶住右侧直角处带面，并使带面在干线顶部向左侧斜压，与被压在下边的带面呈“X”状交叉。然后把带再回绕到右侧转角处。带沿紧贴住支线连接处根端，开始在支线上缠包，包至完好绝缘层上约两根带宽时，原带折回再包至支线连接处根端，并把带向干线左侧斜压（不应该倾斜太多）。

当带围过干线顶部后，紧贴干线右侧的支线连接处开始在干线右侧线芯上进行包缠。包至干线另一端的完好绝缘层上后，接上黑胶带，重复上述方法继续包缠黑胶带。

3. 并头接点包扎

并头连接后的端头通常埋藏在木台或接线盒内，空间狭小，导线和附件较多，往往彼此挤轧在一起，且容易贴着建筑面，所以并头接点的绝缘层必须可靠，否则极容易发生漏电或短路等电气故障。操作步骤和方法如图 2-46 所示。

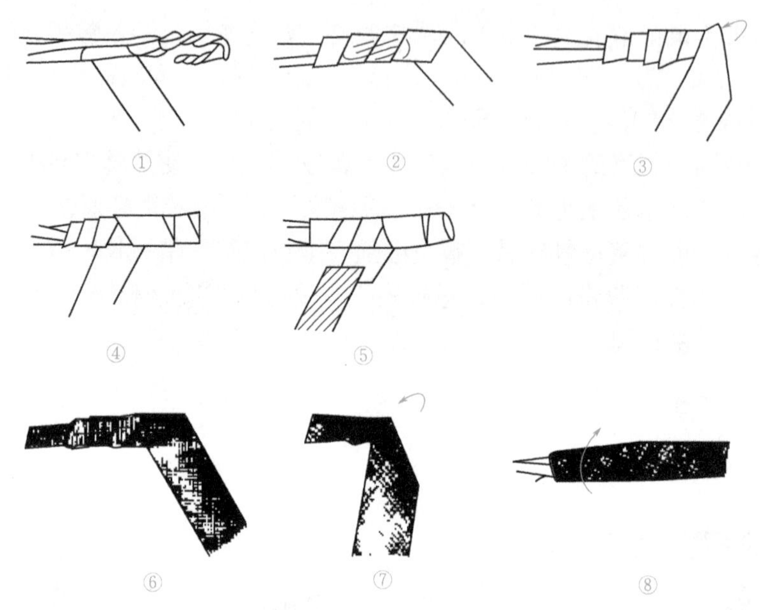

图 2-46　并头接点包扎方法

为了防止包缠的整个绝缘层脱落，绝缘线在起包前必须插入两根导线的夹缝中，然后在包缠时把带头夹紧。起包方法和要求与“对接接点”一样。由于并头接点较短，叠压宽度可紧些，间隔可小于 1/2 带宽。若并接的是较大的端头，在尚未包缠到端口时，应裹上包裹带，然后在继续包缠中把包裹带扎紧压住；若并接的是较小的端头，不必加包裹带。包缠到导线端口后，应使带面超出导线端口 1/2 ～ 3/4 带宽，然后紧贴导线端口折回伸出部分的带面。把折回的带面掀平，然后用原带缠压住（必须压紧），接着缠包第二层绝缘带，包至下层起包处止。接上黑胶带，并应使黑胶带超出绝缘带层至少半根带宽，并完全包没压住绝缘带。把黑胶带缠包到导线端口。用黑胶带缠裹住端口绝缘带层，要完全压住包没绝缘带层，然后缠包第二层黑胶带至起包处止。用右手拇、食两指紧捏黑胶带断带口，旋紧，使端口密封。

4. 接线耳和多股线压接圈包扎

（1）接线耳线端包扎方法　如图 2-47 所示。

从完好绝缘层的 40 ～ 60mm 处缠起，方法与本节对接接点法相同。绝缘带缠包到接线耳近圆柱体底部处，接上黑胶带；然后朝起包处缠包黑胶带，包出下层绝缘带约 1/2 带宽后断带，应完全包没压住绝缘带。如图 2-47 两箭头所示，两手捏紧后作反方向扭旋，使两端黑胶带端口密封。

（2）多股线压接圈线端包扎方法 如图 2-48 所示。

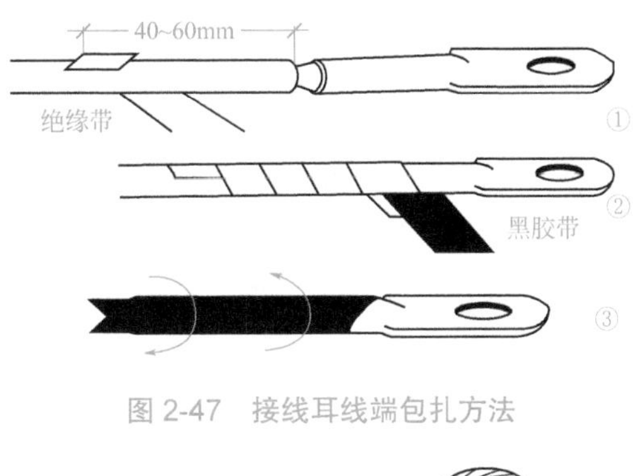

图 2-47 接线耳线端包扎方法

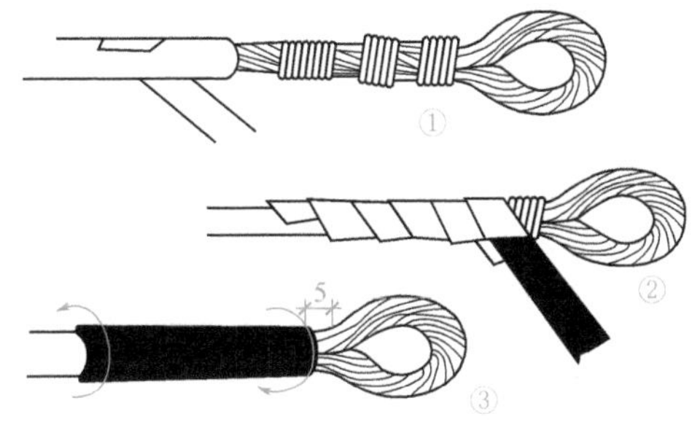

图 2-48 多股线压接圈线端包扎方法

步骤和方法，与上述接线耳方法基本相同，但离压接圈根部 5mm 的线芯应留着不包。若包缠到圈的根部，螺栓顶部的平垫圈就会压着恢复的绝缘层，造成接点的接触不良。

第五节

电气设备固定的埋设

一、膨胀螺栓

膨胀螺栓是电工最常用到的固定埋设部件，膨胀螺栓各种外形如图 2-49 所示。

图 2-49 膨胀螺栓

在使用时需先用冲击电钻或者是电锤在固定体上钻出相应尺寸的孔，再把螺栓膨胀管装入，然后用手旋紧螺母即可，再用扳手拧紧，使螺栓膨胀管安装与固定体之间胀紧成为一体。

在对膨胀螺栓的固定孔打孔时，打孔的深度最好要比膨胀管的长度深 5 ～ 10mm 左右最好。各种膨胀螺栓受力的性能见表 2-8 所示。

表2-8 膨胀螺栓受力性能

螺栓规格 /mm	钻孔尺寸 /mm		受力性能 /kg	
	直径	深度	允许拉力	允许剪力
M6	10.5	40	240	180
M8	12.5	50	440	330
M10	14.5	60	700	520
M12	19	75	1030	740
M16	23	100	1940	1440

对于膨胀螺栓的安装孔的安装方法。首先选择一个与内膨胀螺栓外径规格相配的合金钻头，然后参照内膨胀螺栓的长度钻孔，孔深钻至安装所需即可，再将孔内清理干净。

安装平垫弹垫螺母，将膨胀螺栓插入孔内。扳动扳手，直到垫圈和固定物表面齐平，如果没有特殊的要求，一般用手拧紧后，再用扳手拧紧 1 ～ 2 圈就可以，这样就可以把膨胀螺栓固定，对于穿墙孔的开凿如图 2-50 所示。

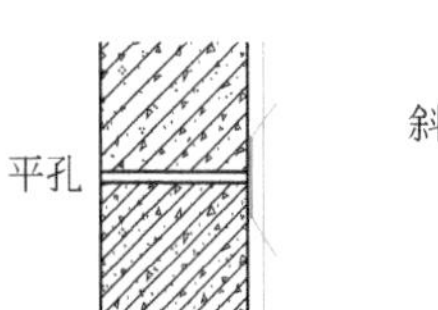

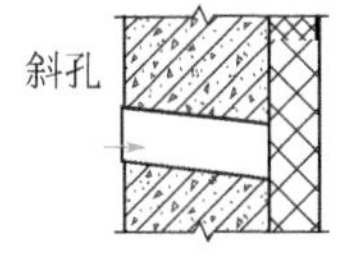

图 2-50　打孔示意图

二、角钢

角钢是一种固定和支撑材料，可按结构的不同需要组成各种不同的受力构件，也可作为构件之间的连接，广泛用于各种建筑结构的工程结构，如房梁桥梁、输电塔、电气部件支撑等，角钢及方角钢如图 2-51 所示。

图 2-51　角钢及方角钢

几种角钢的埋设方式，如图 2-52 所示。

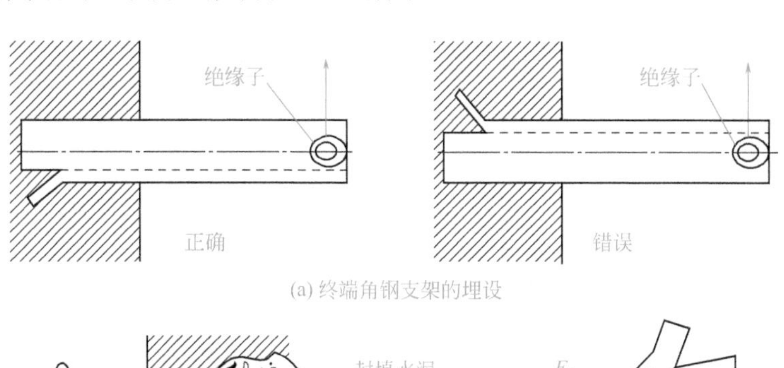

(a) 终端角钢支架的埋设

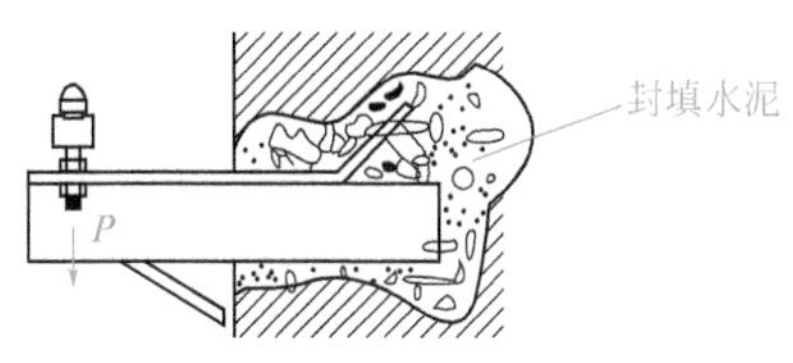

(b) 中间角钢支架的埋设

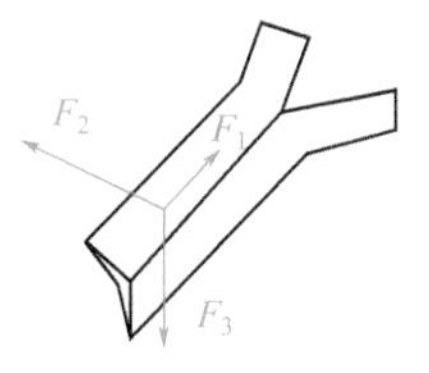

(c) 转角角钢支架的埋设

图 2-52

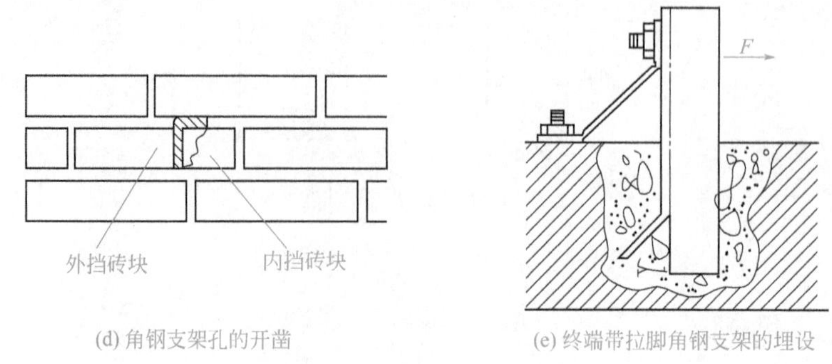

(d) 角钢支架孔的开凿　　(e) 终端带拉脚角钢支架的埋设

图 2-52　几种角钢的埋设方法

在建筑同时预埋设的角钢是直接固定在墙内的，非常牢固，但如果是在支撑物上后开孔埋设的角钢，应用水泥或大理石胶填充固定，待充分凝固后再安装其他部件。

三、开脚螺栓和拉线耳

开脚螺栓和拉线耳都要受到向外的拉力。在砖墙上埋设时应尽量沿着砖缝凿孔。墙孔要开凿成长方形，长边略大于开脚螺栓或拉耳尾部张开的最大宽度，短边口部要窄，掏宽，其宽度应使开脚能在孔内旋转为宜。埋设时仍需要先清理墙孔并浸湿。加入少量水泥砂浆，将开脚螺栓或拉耳尾部从墙孔的长边进入，再旋转 90°，如图 2-53。为防止因外界拉力过大，使尾部张角闭合，埋设时在张角内塞上石子，灌满水泥砂浆，其工艺要求与角钢的埋设相同。

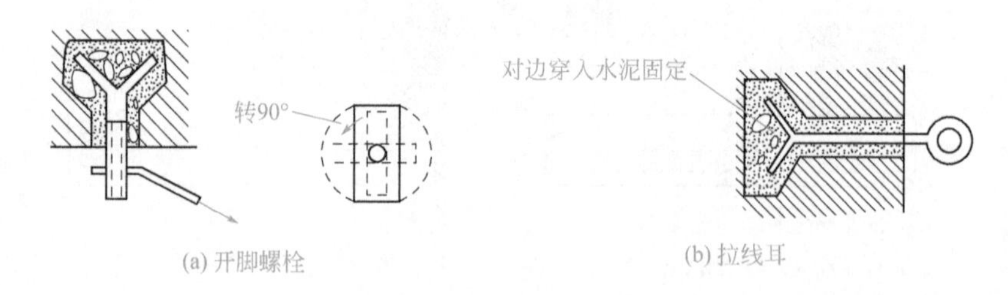

(a) 开脚螺栓　　(b) 拉线耳

图 2-53　开脚螺栓和拉线耳的安装

第六节

电工常用安全带与各种安全绳及绳结扣

电工常用安全带与各种安全绳及绳结扣的技巧可扫二维码学习。

安全带与安全绳的使用

常用电工材料

第一节

电工用导电材料

一、裸导线

1. 裸导线型号、用途及代表字母

裸导线型号及字母和数字所代表的含义见表 3-1。常用裸导线的型号特性和用途见表 3-2。

表3-1　裸导线的型号含义

类别、用途	特征			派生
	形状	加工	软、硬	
G——钢线 T——铜线 L——铝线 T——天线 M——母线 C——电车用	Y——圆形 G——沟形 B——扁形	J——绞制 X——镀锡	R——柔软 Y——硬 F——防腐 G——钢芯	A 或 1——第一种 B 或 2——第二种 3——第三种

表3-2　常用裸导线的型号特性和用途

类别	名称	型号	特性	用途
圆线	硬圆铜线 软圆铜线	TY TR	硬线的抗拉强度大，软线的伸长率高，半硬线介于两者之间	硬线主要用于架空导线；半硬线、软线主要用于电线、电缆及电磁线的线芯，亦用于其他电气制品
	硬圆铝线 软圆铝线	LY LR		
绞线	铝绞线 钢芯铝绞线 硬铜绞线	LJ LGJ TJ	导电性能、力学性能良好，钢芯铝绞线的拉断力比铝绞线的大1倍左右	用于高、低压架空电力线路
型线	硬扁铜线 软扁铜线	TBY TBR	铜、铝扁线及母线的机械特性和圆线的相同。扁线、母线的结构形状均为矩形	铜、铝扁线主要用于制造电机、电器的线圈。铝母线主要作汇流排用
	硬扁铝线 软扁铝线	LBY LBR		
	硬铜母线 软铜母线	TMY TMR		
	硬铝母线 软铝母线	LMY LMR		
软接线	铜电刷线	TS TSX TSR TSXR	柔软、耐振动、耐弯曲	用于电刷连接线
	铜软绞线	TJR	柔软	用于引出线、接地线、整流器和晶闸管道引出线等
	软铜编织线	TZ	柔软	用于汽车、拖拉机蓄电池连接线

2. 单圆裸线直径与截面积

常用圆铝、铜单线的规格见表3-3。

表3-3　常用圆铝、铜单线的规格

直径/mm	横截面积/mm²	铝			铜		
		质量/(kg/km)	20℃时直流电阻/(Ω/km)	75℃时直流电阻/(Ω/km)	质量/(kg/km)	20℃时直流电阻/(Ω/km)	75℃时直流电阻/(Ω/km)
0.05	0.00196				0.0175	8970	11060
0.06	0.00283				0.0252	6210	7660
0.07	0.00385				0.0342	4570	5640
0.08	0.00503				0.0447	3500	4320
0.09	0.00636				0.0565	2760	3410

续表

直径/mm	横截面积/mm²	铝			铜		
		质量/(kg/km)	20℃时直流电阻/(Ω/km)	75℃时直流电阻/(Ω/km)	质量/(kg/km)	20℃时直流电阻/(Ω/km)	75℃时直流电阻/(Ω/km)
0.10	0.00785				0.0698	2240	2770
0.11	0.00950				0.0845	1854	2290
0.12	0.01131				0.1005	1556	1918
0.13	0.0133				0.1179	1322	1630
0.14	0.0154				0.1368	1142	1410
0.15	0.01767				0.157	995	1227
0.16	0.0201				0.179	875	1080
0.17	0.0227				0.202	775	956
0.18	0.0255				0.226	690	852
0.19	0.0284				0.262	620	765
0.20	0.0314	0.085	901	1100	0.279	560	692
0.21	0.0346	0.097	820	1000	0.308	506	628
0.23	0.0415	0.112	682	835	0.369	424	524
0.25	0.0491	0.133	577	705	0.436	359	443
0.27	0.0573	0.155	494	604	0.509	307	379
0.29	0.0661	0.178	428	524	0.587	266	329
0.31	0.0755	0.204	375	458	0.671	233	285
0.33	0.0855	0.231	331	405	0.760	206	254
0.35	0.0962	0.260	294	360	0.855	183	226
0.38	0.1134	0.306	250	305	1.008	156.0	191.3
0.41	0.1320	0.357	214	262	1.170	133.0	164
0.44	0.1521	0.411	186	227	1.352	116.0	142.5
0.47	0.1735	0.469	163	199.5	1.54	101.0	125.0
0.49	0.1886	0.509	150	183.5	1.68	93.3	115.0
0.51	0.204	0.550	138.6	169.5	1.81	86.0	106.2
0.53	0.221	0.600	128.0	156.5	1.98	79.4	98.2
0.55	0.238	0.643	119.0	145.5	2.12	73.7	91.2
0.57	0.255	0.689	111.0	135.5	2.27	68.8	85.2
0.59	0.273	0.734	103.6	127	2.42	64.2	79.5
0.62	0.302	0.813	93.8	114.7	2.68	58.0	72.0
0.64	0.322	0.868	88.0	107.5	2.86	54.5	67.4
0.67	0.353	0.950	80.2	98.0	3.13	49.6	61.5
0.69	0.374	1.01	75.7	92.5	3.32	47.0	58.0
0.72	0.407	1.10	69.5	85.0	3.62	43.0	53.3
0.74	0.430	1.16	65.8	80.5	3.82	40.6	50.5
0.77	0.466	1.26	60.7	74.4	4.14	37.6	46.5

续表

直径/mm	横截面积/mm²	铝			铜		
		质量/（kg/km）	20℃时直流电阻/（Ω/km）	75℃时直流电阻/（Ω/km）	质量/（kg/km）	20℃时直流电阻/（Ω/km）	75℃时直流电阻/（Ω/km）
0.80	0.503	1.36	56.3	68.9	4.47	34.9	43.1
0.83	0.541	1.46	52.4	64.0	4.81	32.4	40.1
0.86	0.581	1.57	48.7	59.6	5.16	30.2	37.3
0.90	0.636	1.72	44.5	54.5	5.66	27.5	34.1
0.93	0.679	1.83	41.7	51.7	6.04	25.8	31.9
0.96	0.724	1.95	39.1	47.8	6.43	24.3	30.0
1.00	0.785	2.12	36.1	44.1	6.98	22.3	27.6
1.04	0.849	2.28	33.3	40.9	7.55	20.7	25.6
1.08	0.916	2.47	30.9	37.8	8.14	19.20	23.7
1.12	0.985	2.65	28.8	35.1	8.75	17.80	22.0
1.16	1.057	2.85	26.8	32.8	9.40	16.6	20.6
1.20	1.131	3.05	25.0	30.6	10.05	15.50	19.17
1.25	1.227	3.31	23.1	28.2	10.91	14.3	17.68
1.30	1.327	3.58	21.5	26.1	11.80	13.2	16.35
1.35	1.431	3.86	19.8	24.2	12.73	12.30	14.10
1.40	1.539	4.15	18.4	22.5	13.69	11.40	13.90
1.45	1.651	4.45	17.15	20.9	14.70	10.60	13.13
1.50	1.767	4.77	16.00	19.6	15.70	9.33	12.28
1.56	1.911	5.15	14.80	18.1	17.0	9.18	11.35
1.62	2.06	5.56	13.73	16.8	18.32	8.53	10.5
1.68	2.22	5.98	12.75	15.6	19.7	7.90	9.78
1.74	2.38	6.40	11.95	14.54	21.1	7.37	9.12
1.81	2.57	6.95	11.00	13.45	22.9	6.84	8.45
1.88	2.78	7.49	10.2	12.45	24.7	6.31	7.80
1.95	2.99	8.06	9.46	11.60	26.5	5.88	7.26
2.02	3.20	8.65	8.85	10.8	28.5	5.50	6.78
2.10	3.46	9.34	8.18	10.0	30.8	5.11	6.27
2.26	4.01	10.83	7.05	8.63	35.7	4.39	5.41
2.44	4.68	12.64	6.05	7.40	41.6	3.76	4.63
2.63	5.43	14.65	5.22	6.37	48.3	3.24	4.00
2.83	6.29	16.98	4.50	5.50	55.9	2.80	3.45
3.05	7.31	19.75	3.88	4.74	65.0	2.41	2.97
3.28	8.45	22.8	3.35	4.10	75.1	2.08	2.57
3.53	9.79	26.4	2.89	3.54	87.0	1.80	2.22
3.80	11.34	30.6	2.49	3.05	100.8	1.55	1.915
4.10	13.20	35.6	2.14	2.62	117.3	1.332	1.642
4.50	15.90	43.0	1.78	2.18	141.4	1.108	1.362
4.80	18.1	48.9	1.56	1.91	160.9	0.973	1.198
5.20	21.2	57.4	1.33	1.627	188.8	0.827	1.020

3. 裸绞线

各种绞线的型号和名称见表3-4，常用铝绞线LJ型的主技术数据见表3-5。

表3-4　各种绞线的型号和名称

型　号	名　称
LJ	铝绞线
LGJ	钢芯铝绞线
LGJF	防腐铜芯铝绞线
LH_AJ	热处理铝镁硅合金绞线
LH_AGJ	钢芯热处理铝镁硅合金绞线
$LHJF_1$	轻防腐钢芯热处理铝镁硅合金绞线
$LHJF_2$	中防腐钢芯热处理铝镁硅合金绞线
LH_BG	热处理铝镁硅稀土合金绞线
LH_BGJ	钢芯热处理铝镁硅稀土合金绞线
LH_BGJF_1	轻防腐钢芯热处理铝镁硅稀土合金绞线
LH_BGJF_2	中防腐钢芯热处理铝镁硅稀土合金绞线
TJ	裸铜绞线

表3-5　常用铝绞线LJ型的主技术数据

标称横截面积/mm²	结构（根数/直径）/（根/mm）	计算横截面积/mm²	外径/mm	直流电阻不大于/（Ω/km）	计算拉断力/N	计算质量/（kg/km）
16	7/1.70	15.89	5.10	1.802	2840	43.5
25	7/2.15	25.41	6.45	1.127	4355	69.6
35	7/2.50	34.36	7.50	0.8332	5760	94.1
50	7/3.00	49.48	9.00	0.5786	7930	135.5
70	7/3.60	71.25	10.80	0.4018	10950	195.1
95	7/4.16	95.14	12.48	0.3009	14450	260.5
120	19/2.85	121.21	14.25	0.2373	19120	333.5
150	19/3.15	148.07	15.75	0.1943	23310	407.4

常用钢芯铝绞线的主要技术数据见表3-6。

表3-6 常用钢芯铝绞线的主要技术数据

标称横截面积（铝/钢）/mm²	结构（根数/直径）/mm		计算横截面积/mm²			外径/mm	直流电阻不大于/（Ω/km）	计算拉断力/N	质量/（kg/km）
	铝	钢	铝	钢	总计				
10/2	6/1.50	1/1.50	10.60	1.77	12.37	4.50	2.706	4120	42.9
16/3	6/1.85	1/1.85	16.13	2.69	18.82	5.55	1.779	6130	65.2
25/4	6/2.32	1/2.32	25.36	4.23	29.59	6.96	1.131	9290	102.6
35/6	6/2.72	1/2.72	34.86	5.81	40.67	8.16	0.8230	12630	141.0
50/8	6/3.20	1/3.20	48.25	8.04	56.29	9.60	0.5946	16870	195.1
50/30	12/2.32	7/2.32	50.73	29.59	80.32	11.60	0.5692	42620	372.0
70/10	6/3.80	1/3.80	68.05	11.34	79.39	11.40	0.4217	23390	275.2
70/40	12/2.72	7/2.72	69.73	40.67	110.40	13.60	0.4141	58300	511.3
95/15	26/2.15	7/1.67	94.39	15.33	109.72	13.61	0.3058	35000	380.8
95/20	7/4.16	7/1.85	95.14	18.82	113.96	13.87	0.3019	37200	408.9
95/55	12/3.20	7/3.20	96.51	56.30	152.81	16.00	0.2992	78110	707.7

二、漆包线

1.漆包线的种类

常用漆包线的品种、型号及主要用途见表3-7。常用漆包线的主要性能比较见表3-8。

表3-7 常用漆包线的品种、型号及主要用途

类别	产品名称	型号	规格/mm	主要用途
油性漆包线	油性漆包圆铜线	Q	0.02～2.50	中、高频线圈及仪表电器的线圈
缩醛漆包线	缩醛漆包圆铜线	QQ-1 QQ-2	0.20～2.50	普通中小电动机、微电机绕组和油浸变压器的线圈、电器仪表用线圈
	缩醛漆包圆铝线	QQL-1 QQL-2	0.06～2.50	
	彩色缩醛漆包圆铜线	QQS-1 QQS-2	0.20～2.50	
	缩醛漆包扁铜线	QQB	a边0.8～5.6 b边2.0～18.0	
	缩醛漆包扁铝线	QQLB		

续表

类别	产品名称	型号	规格 /mm	主要用途
聚氨酯漆包线	聚氨酯漆包圆铜线	QA-1	0.015 ～ 1.00	需要 *Q* 值稳定的高频线圈、电视线圈和仪表用的微细线圈
	彩色聚氨酯漆包圆铜线	QA-2		
聚酯漆包线	聚酯漆包圆铜线	QZ-1 QZ-2	0.02 ～ 2.50	普通中小电动机的绕组、干式变压器和电器仪表的线圈
	聚酯漆包圆铝线	QZL-1 QZL-2	0.06 ～ 2.50	
	聚酯漆包扁铜线	QZB	*a* 边 0.8 ～ 5.6 *b* 边 2.0 ～ 18.0	
	聚酯漆包扁铝线	QZLB		
聚酰亚胺漆包线	聚酰亚胺漆包圆铜线	QY-1 QY-2	0.02 ～ 2.50	耐高温电动机、干式变压器、密封式断电器及电子元件
	聚酰亚胺漆包扁铜线	QYB	*a* 边 0.8 ～ 5.6 *b* 边 2.0 ～ 18.0	

表3-8　常用漆包线的主要性能比较

漆包线种类	耐热等级/℃	力学性能		电性能		热性能			耐有机溶剂性能		耐化学药品性能						耐制冷剂（氟利昂 -22）性能
		耐刮性	弹性	击穿电压	介质损耗角正切	软化击穿温度	热老化	热冲击	溶剂油、二甲苯、正丁醇混合溶剂	二甲苯、正丁醇混合溶剂	二甲苯	苯乙烯	5%硫酸	5%盐酸	5%氢氧化钠	5%氯化钠	
油性漆包线	105	差	好	良	优	差	良	可	差	差	差	差	良	良	好	良	—
缩醛漆包线	120	优	优	良	好	可	良	优	良	差	良	可	良	差	差	良	差
聚氨酯漆包线	120	可	良	良	优	良	良	可	优	优	优	优	优	优	良	优	—
聚酯漆包线	130	良	良	优	好	优	优	可	良	好	良	差	良	良	差	良	差
聚酯亚胺漆包线	155	良	优	优	—	良	优	良	优	优	优	优	良	良	差	良	优
聚酰胺酰亚胺漆包线	200	优	优	优	—	优	优	优	优	优	优	优	优	优	优	优	优
聚酰亚胺漆包线	220	可	优	优	良	优	优	优	优	优	优	优	优	优	差	优	可
耐制冷剂漆包线	105	优	优	优	—	好	优	良	良	可	良	可	—	—	—	—	良

2. 各种漆包线截面积与载流量

各种铜漆包线的规格及安全载流量见表3-9。

表3-9 各种铜漆包线的规格及安全载流量

标称直径/mm	外皮直径/mm	横截面积/mm²	线质量/(kg/km)	j=2.5(A/mm²)时，导线容许通过电流/A	j=3(A/mm²)时，导线容许通过电流/A	每厘米可绕匝数/匝	每立方厘米可绕匝数/匝	20℃时电阻值/(Ω/km)
0.06	0.085	0.0028	0.0252	0.0070	0.0084	117	13689	6440
0.07	0.095	0.0038	0.0342	0.0095	0.0114	105	11025	4730
0.08	0.105	0.005	0.0448	0.0125	0.0150	95	9025	3630
0.09	0.115	0.0064	0.0567	0.0160	0.0192	86	7395	2860
0.10	0.125	0.0079	0.070	0.0197	0.0237	80	6400	2240
0.11	0.135	0.0095	0.085	0.0237	0.0285	74	5476	1850
0.12	0.145	0.0113	0.101	0.0282	0.0339	68	4624	1550
0.13	0.155	0.0133	0.118	0.0332	0.0399	64	4096	1320
0.14	0.165	0.0154	0.137	0.0385	0.0462	60	3600	1140
0.15	0.180	0.0177	0.158	0.0442	0.0531	55	3025	994
0.16	0.190	0.0201	0.179	0.0502	0.0603	52	2704	873
0.17	0.200	0.0277	0.202	0.0567	0.0681	50	2500	773
0.18	0.210	0.0254	0.227	0.064	0.0762	47	2209	688
0.19	0.220	0.0284	0.253	0.0710	0.0852	45	2025	618
0.20	0.230	0.0315	0.280	0.0787	0.0945	43	1849	558
0.21	0.240	0.0347	0.309	0.0867	0.104	41	1681	507
0.23	0.270	0.0415	0.370	0.103	0.124	37	1369	423
0.25	0.290	0.0492	0.437	0.123	0.147	34	1156	357
0.27	0.310	0.0573	0.510	0.143	0.171	32	1024	306
0.29	0.330	0.0660	0.589	0.165	0.198	30	900	266
0.31	0.350	0.0755	0.673	0.188	0.226	28	784	233
0.33	0.370	0.0855	0.762	0.213	0.256	27	729	205
0.35	0.390	0.0962	0.857	0.240	0.288	25	625	182
0.38	0.420	0.1134	1.01	0.283	0.340	23	529	155
0.41	0.450	0.1320	1.17	0.330	0.396	22	484	133

续表

标称直径/mm	外皮直径/mm	横截面积/mm²	线质量/(kg/km)	j=2.5(A/mm²)时，导线容许通过电流/A	j=3(A/mm²)时，导线容许通过电流/A	每厘米可绕匝数/匝	每立方厘米可绕匝数/匝	20℃时电阻值/(Ω/km)
0.44	0.480	0.1521	1.35	0.380	0.456	20	400	115
0.47	0.510	0.1735	1.54	0.433	0.520	19	361	101
0.49	0.530	0.1886	1.67	0.471	0.565	18	324	93.1
0.51	0.560	0.204	1.82	0.510	0.612	17	317	85.9
0.53	0.580	0.221	1.96	0.552	0.663	17.2	295	79.3
0.55	0.600	0.238	2.11	0.595	0.714	16.6	275	73.9
0.57	0.620	0.255	2.26	0.637	0.765	16.1	259	68.7
0.59	0.640	0.273	2.43	0.682	0.819	15.6	243	64.3
0.62	0.670	0.302	2.69	0.755	0.906	14.8	222	57.9
0.64	0.690	0.322	2.89	0.805	0.966	14.4	207	54.6
0.67	0.720	0.353	3.14	0.882	1.05	13.8	190	49.7
0.69	0.740	0.374	3.33	0.935	1.12	13.5	182	46.9
0.72	0.770	0.407	3.72	1.01	1.22	12.9	166	43
0.74	0.800	0.430	3.83	1.07	1.29	12.5	156	40.8
0.77	0.830	0.466	4.15	1.16	1.39	12	144	37.6
0.80	0.860	0.503	4.48	1.25	1.50	11.6	134	34.9
0.83	0.890	0.541	4.28	1.35	1.62	11.2	125	32.4
0.86	0.920	0.581	5.17	1.45	1.74	10.8	117	30.2
0.90	0.960	0.636	5.67	1.59	1.99	10.4	108	27.5
0.93	0.990	0.679	6.05	1.69	2.03	10.1	102	25.8
0.96	1.02	0.724	6.45	1.81	2.17	9.8	96	24.2
1.00	1.08	0.785	7.00	1.96	2.35	9.25	85.6	22.4
1.04	1.12	0.849	7.87	2.12	2.54	8.92	79.5	20.6
1.08	1.16	0.916	8.16	2.29	2.74	8.62	74.3	19.2
1.12	1.20	0.986	8.78	2.46	2.95	8.33	69.4	17.75
1.16	1.24	1.057	9.41	2.64	3.17	8.06	65	16.6
1.20	1.28	1.131	10.0	2.84	3.35	7.81	61	15.5

续表

标称直径/mm	外皮直径/mm	横截面积/mm²	线质量/（kg/km）	j=2.5（A/mm²）时，导线容许通过电流/A	j=3（A/mm²）时，导线容许通过电流/A	每厘米可绕匝数/匝	每立方厘米可绕匝数/匝	20℃时电阻值/（Ω/km）
1.25	1.33	1.227	10.9	3.06	3.68	7.51	66.4	14.3
1.30	1.38	1.327	11.8	3.31	3.98	7.24	52.4	13.2
1.35	1.43	1.431	12.7	3.57	4.29	7	49	12.2
1.40	1.48	1.539	13.7	3.84	4.61	6.75	45.56	11.4
1.45	1.53	1.651	14.7	4.12	4.95	6.53	42.44	10.6
1.50	1.58	1.767	15.7	4.41	5.30	6.32	39.94	9.89
1.56	1.64	1.911	17.0	4.77	5.73	6.09	37.08	9.18
1.62	1.70	2.06	18.3	5.15	6.18	5.88	34.57	8.50
1.68	1.76	2.22	19.7	5.55	6.66	5.68	32.26	7.92
1.74	1.82	2.38	21.1	5.95	7.14	5.49	30.14	7.36
1.81	1.90	2.57	22.9	6.42	7.71	5.26	27.66	6.83
1.88	1.97	2.78	24.7	6.95	8.34	5.07	25.70	6.30
1.95	2.04	2.99	26.6	7.47	8.97	4.9	24.01	5.87
2.02	2.11	3.20	28.5	8.00	9.60	4.73	22.37	5.48
2.10	2.20	3.46	30.8	8.65	10.3	4.54	20.61	5.06
2.26	2.36	4.01	35.7	10.0	12.0	4.23	17.89	4.38
2.44	2.54	4.67	41.6	11.6	14.0	3.93	15.44	3.75
2.63	—	5.43	48.4	13.5	16.2	—	—	3.23
2.83	—	7.00	56.0	17.5	21.0	—	—	2.79
3.05	—	8.14	65.1	20.3	24.4	—	—	2.4
3.28	—	9.40	75.3	23.5	28.2	—	—	2.08
3.53	—	10.90	87.2	27.2	32.7	—	—	1.80
3.80	—	12.63	101	31.5	37.9	—	—	1.55
4.10	—	14.70	117	36.7	44.1	—	—	1.33
4.50	—	17.71	141	44.2	53.1	—	—	1.10
4.80	—	20.16	161	50.4	60.4	—	—	0.968
5.20	—	23.66	189	59.1	70.9	—	—	0.829

三、绝缘电线

1. 绝缘电线型号与用途

绝缘电线的型号及用途见表3-10。

表3-10 绝缘电线的型号及用途

名称	型号	用途
聚氯乙烯绝缘铜芯线	BV	用于交流500V及以下的电气设备和照明装置的连接，其中BVR型软线适用于要求电线比较柔软的场合
聚氯乙烯绝缘铜芯软线	BVR	
聚氯乙烯绝缘聚氯乙烯护套铜芯线	BVV	
聚氯乙烯绝缘铝芯线	BLV	
聚氯乙烯绝缘铝芯软线	BLVR	
聚氯乙烯绝缘聚氯乙烯护套铝芯线	BLVV	
橡皮绝缘铜芯线	BX	用于交流500V及以下、直流1000V及以下的户内外架空、明敷、穿管固定敷设的照明及电气设备电路
橡皮绝缘铝芯线	BLX	
橡皮绝缘铜芯软线	BXR	用于交流500V及以下、直流1000V及以下电气设备，以及照明装置要求电线比较柔软的室内安装
聚氯乙烯绝缘平型铜芯软线	RVB	用于交流250V及以下的移动式日用电器的连接
聚氯乙烯绝缘绞型铜芯软线	RVS	
聚氯乙烯绝缘聚氯乙烯护套铜芯软线	RVZ	用于交流500V及以下的移动式日用电器的连接
复合物绝缘平型铜芯软线	RFB	用于交流250V或直流500V及以下的各种日用电器、照明灯座等设备的连接
复合物绝缘绞型铜芯软线	RFS	

2. 绝缘电线的规格型号

常用绝缘电线的技术数据见表3-11～表3-17。

表3-11 BV、BLV型聚氯乙烯绝缘铜芯线、铝芯线的技术数据

标称横截面积/mm^2	导电线芯结构		绝缘厚度/mm	最大外径/mm		参考载流量/A			
						BV		BLV	
	根数	直径/mm		单芯	双芯	单芯	双芯	单芯	双芯
1.0	1	1.13	0.7	2.8	2.8×5.6	20	16	15	12
1.5	1	1.37	0.7	3.0	3.0×6.0	25	21	19	16
2.5	1	1.76	0.8	3.7	3.7×7.4	34	26	26	22

续表

标称横截面积/mm²	导电线芯结构		绝缘厚度/mm	最大外径/mm		参考载流量/A			
						BV		BLV	
	根数	直径/mm		单芯	双芯	单芯	双芯	单芯	双芯
4.0	1	2.24	0.8	4.2	4.2×8.4	45	38	35	29
6.0	1	2.73	0.9	5.0	5.0×10	56	47	43	36
8.0	7	1.20	0.9	5.6	5.6×11.2	70	59	54	45
10.0	7	1.33	1.0	6.6	6.6×13.2	85	72	66	56
16	7	1.70	1.0	7.8	—	113	96	87	73
25	7	2.12	1.2	9.6	—	146	123	112	95
35	7	2.50	1.2	10.0	—	180	151	139	117
50	19	1.83	1.4	13.1	—	225	188	173	145
75	19	2.14	1.4	14.9	—	287	240	220	185
95	19	2.50	1.6	17.3	—	350	294	254	214

表3-12　BVR、BLVR型聚氯乙烯绝缘铜芯软线、铝芯软线的技术数据

标称横截面积/mm²	导电线芯结构		绝缘厚度/mm	最大外径/mm		参考载流量/A			
						BVR		BLVR	
	根数	直径/mm		单芯	双芯	单芯	双芯	单芯	双芯
1.0	7	0.43	0.7	3.0	3.0×6.0	20	16	15	12
1.5	7	0.52	0.7	3.3	3.3×6.6	25	21	19	16
2.5	19	0.41	0.8	4.0	4.0×8.0	34	26	26	22
4.0	19	0.52	0.8	4.6	4.6×9.2	45	38	35	29
6.0	19	0.64	0.9	5.5	5.5×11.0	56	47	43	36
8.0	19	0.74	0.9	5.7	5.7×11.4	70	59	54	45
10.0	49	0.52	1.0	6.7	6.7×13.4	85	72	66	56
16.0	49	0.64	1.0	8.5	—	113	96	87	73
25	98	0.58	1.2	11.1	—	146	123	112	95
35	133	0.58	1.2	12.2	—	180	151	139	117
50	133	0.68	1.4	14.3	—	225	188	173	145

表3-13　BVV、BLVV型聚氯乙烯绝缘铜芯线、铝芯线的技术数据

标称横截面积/mm²	导电线芯结构		绝缘厚度/mm	护套厚度/mm		最大外径/mm			参考载流量/A					
									BVV			BLVV		
	根数	直径/mm		单、双芯	三芯	单芯	双芯	三芯	单芯	双芯	三芯	单芯	双芯	三芯
1.0	1	1.13	0.6	0.7	0.8	4.1	4.1×6.7	4.3×9.5	20	16	13	15	12	10
1.5	1	1.37	0.6	0.7	0.8	4.4	4.4×7.2	4.6×10.3	25	21	16	19	16	12
2.5	1	1.76	0.6	0.7	0.8	4.8	4.8×8.1	5.0×11.5	34	26	22	26	22	17
4.0	1	2.24	0.6	0.7	0.8	5.3	5.3×9.1	5.5×13.1	45	38	29	35	29	23
5.0	1	2.50	0.8	0.8	1.0	6.3	6.3×10.7	6.7×15.7	51	43	33	39	33	26
6.0	1	2.73	0.8	0.8	1.0	6.5	6.5×11.3	6.9×16.5	56	47	36	43	36	28
8.0	7	1.20	0.8	1.0	1.2	7.9	7.9×13.6	8.3×19.4	70	59	46	54	45	35
10.0	7	1.33	0.8	1.0	1.2	8.4	8.4×14.5	8.8×20.7	85	72	55	66	56	43

表3-14　BX、BLX型橡皮绝缘铜芯线、铝芯线的技术数据

标称横截面积/mm²	导电线芯结构		绝缘厚度/mm	电线最大外径/mm				参考载流量/A	
	根数	直径/mm		单芯	双芯	三芯	四芯	BX	BLX
0.75	1	0.97	1.0	4.4	—	—	—	13	—
1	1	1.13	1.0	4.5	8.7	9.2	10.1	17	—
1.5	1	1.37	1.0	4.8	9.2	9.7	10.7	20	15
2.5	1	1.76	1.0	5.2	10.0	10.7	11.7	28	21
4	1	2.24	1.0	5.8	11.1	11.8	13.0	37	28
6	1	2.73	1.0	6.3	12.2	13.0	14.3	46	36
10	7	1.35	1.2	8.1	15.8	16.9	18.7	69	51
16	7	1.70	1.2	9.4	18.3	19.5	21.7	92	69
25	7	2.12	1.4	11.2	21.9	23.5	26.1	120	92
35	7	2.50	1.4	12.4	24.4	26.2	29.1	148	115
50	19	1.83	1.6	14.7	28.9	31.0	34.6	185	143
70	19	2.14	1.6	16.4	32.3	34.7	38.7	230	185
95	19	2.50	1.8	19.5	38.5	41.4	46.1	290	225
120	37	2.00	1.8	20.2	38.9	42.9	47.8	355	270

表3-15　BXR型橡皮绝缘铜芯软线的技术数据

标称横截面积 /mm²	导电线芯结构		绝缘标称厚度 /mm	电线最大外径 /mm	参考载流量 /A
	根数	直径 /mm			
0.75	7	0.37	1.0	4.5	13
1.0	7	0.43	1.0	4.7	17
1.5	7	0.52	1.0	5.0	20
2.5	19	0.41	1.0	5.6	28
4	19	0.52	1.0	6.2	37
6	19	0.64	1.0	6.8	46
10	49	0.52	1.2	8.2	69
16	49	0.64	1.2	10.1	92
25	98	0.58	1.4	12.6	120
35	133	0.58	1.4	13.8	148
50	133	0.68	1.6	15.8	185
70	189	0.68	1.6	18.4	230
95	259	0.68	1.8	21.4	290
120	259	0.76	1.8	22.2	355
150	336	0.74	2.0	24.9	400
185	427	0.74	2.2	27.3	475
240	427	0.85	2.4	30.8	580
300	513	0.85	2.6	34.6	670
400	703	0.85	2.8	38.8	820

表3-16　RVB、RVS型聚氯乙烯绝缘平型、绞型铜芯线的技术数据

标称横截面积 /mm²	导电线芯结构		绝缘厚度 /mm	电线最大外径 /mm		参考载流量 /A
	芯数 × 根数	直径 /mm		RVB	RVS	
0.2	2×12	0.15	0.6	2.0×4.0	4.0	4
0.3	2×16	0.15	0.6	2.1×4.2	4.2	6
0.4	2×23	0.15	0.6	2.3×4.6	4.6	8
0.5	2×28	0.15	0.6	2.4×4.8	4.8	10
0.75	2×42	0.15	0.7	2.9×5.8	5.8	13
1	2×32	0.20	0.7	3.1×6.2	6.2	20
1.5	2×48	0.20	0.7	3.4×6.8	6.8	25
2	2×64	0.20	0.8	4.1×8.2	8.2	30
2.5	2×77	0.20	0.8	4.5×9.0	9.0	34

表3-17　RFB、RFS型复合物绝缘平型、绞型铜芯线的技术数据

标称横截面积/mm²	导电线芯结构		绝缘厚度/mm	电线最大外径/mm		参考载流量/A
	芯数×根数	直径/mm		RFB	RFS	
0.2	2×12	0.15	0.6	2.0×4.0	4.0	4
0.3	2×16	0.15	0.6	2.1×4.2	4.2	6
0.4	2×23	0.15	0.6	2.3×4.6	4.6	8
0.5	2×28	0.15	0.6	2.4×4.8	4.8	10
0.75	2×42	0.15	0.7	2.9×5.8	5.8	13
1.0	2×32	0.20	0.7	3.1×6.2	6.2	20
1.5	2×48	0.20	0.7	3.4×6.8	6.8	25
2.0	2×64	0.20	0.8	4.1×8.2	8.2	30
2.5	2×77	0.20	0.8	4.5×9.0	9.0	34

四、电缆导线

电缆用于电力设备的连接和电力线路中，它除了具有一盘电线的性能外，还具有线芯间绝缘电阻高、不易发生短路和耐腐蚀等优点。其品种繁多，按其传输电流性质可分为交流电缆、直流电缆和通信电缆三类。常用电缆型号中的字母含义见表3-18。

表3-18　常用电缆型号中的字母含义

分类代号或用途	绝缘	护套	派生
A——安装线	V——聚氯乙烯	V——聚氯乙烯	P——屏蔽
B——布电线	F——氟塑料	H——橡套	R——软
F——飞机用低压线	Y——聚乙烯	B——编织套	S——双绞
Y——一般工业移动电器用线	X——橡胶	L——腊克	B——平行
T——天线	ST——天然丝	N——尼龙套	D——带形
HR——电话软线、配线	SE——双丝包	SK——尼龙丝	T——特种
I——电影用电缆	VZ——阻燃聚氯乙烯	VZ——阻燃聚氯乙烯	P_1——缠绕屏蔽
SB——无线电装置用电缆	R——辐照聚乙烯		
	B——聚丙烯		

常用电缆的名称、型号和用途见表3-19。

表3-19 常用电缆的名称、型号和用途

名 称	型 号	主要用途
轻型通用橡套软电缆	YQ	主要用于连接交流电压250V及以下的轻型移动电气设备
	YQW	主要用于连接交流电压250V及以下的轻型移动电气设备，并具有一定的耐油、耐气候性能
中型通用橡套软电缆	YZ	主要用于连接交流电压500V及以下的各种移动电气设备
	YZW	主要用于连接交流电压500V及以下的各种移动电气设备，并具有一定的耐油、耐气候性能
重型通用橡套软电缆	YC	主要用途同YZ，并能承受较大的机械外力作用
	YCW	主要用途同YZ，并具有耐气候性能和一定的耐油性能
电焊机用橡套铜芯软电缆 电焊机用橡套铝芯软电缆	YH YHL	用于电焊机二次侧接线及连接电焊钳
铜芯聚氯乙烯绝缘聚氯乙烯护套控制电缆	KVV KVVP	用于交流电压450V/750V及以下控制、监视回路及保护线路等场合。另外，KVVP型控制电缆还具有屏蔽作用
聚氯乙烯绝缘聚氯乙烯护套电力电缆	VV VLV	主要用途是固定敷设，用来供交流500V及以下或直流1000V以下的电力电路使用

常用电缆的规格见表3-20～表3-24。

表3-20 YQ、YOW型橡套电缆的规格

线芯数×标称横截面积/mm²	线芯结构（根数/线径）/mm	绝缘厚度/mm	护套厚度/mm	成品外径/mm
2×0.3	16/0.15	0.5	0.8	5.5
3×0.3	16/0.15	0.5	0.8	5.8
2×0.5	28/0.15	0.5	1.0	6.5
3×0.5	28/0.15	0.5	1.0	6.8
2×0.75	42/0.15	0.6	1.0	7.4
3×0.75	42/0.15	0.6	1.0	7.8

表3-21 YZ、YZW型橡套电缆的规格

线芯数×标称横截面积/mm²	线芯结构（根数/线径）/mm	绝缘厚度/mm	护套厚度/mm	成品外径/mm
2×0.75 3×0.75 4×0.75	24/0.15	0.8	1.2 1.2 1.4	8.8 9.3 10.5
2×1.0 3×1.0 4×1.0	32/0.20	0.8	1.2 1.2 1.4	9.1 9.6 10.8
2×1.5 3×1.5	48/0.20	0.8	1.2 1.4	9.7 10.7
2×2.5 3×2.5	77/0.20	1.0	1.6	13.2 14.0
2×4.0 3×4.0	77/0.26	1.0	1.8	15.2 16.0
2×6.0 3×6.0	77/0.32	1.0	1.8 2.0	16.7 18.1

表3-22 YC、YCW型橡套电缆的规格

线芯数×标称横截面积/mm²	线芯结构（根数/线径）/mm	绝缘厚度/mm	护套厚度/mm	成品外径/mm
2×2.5 3×2.5	49/0.26	1.0	2.0	13.9 14.6
2×4.0 3×4.0	49/0.32	1.0	2.0 2.5	15.0 17.0
2×6.0 3×6.0	49/0.39	1.0	2.5	17.4 18.3

表3-23 YH铜芯及YHL铝芯电焊机用电缆的规格

标称横截面积/mm²	线芯结构（根数/线径）/mm		绝缘厚度/mm		成品外径/mm		线芯直流电阻/（Ω/km）		参考载流量/A	
	YH	YHL	YH	YHL	YH	YHL	YH	YHL	YH	YHL
10	322/0.20	—	1.6	—	9.1	—	1.77	—	80	—
16	513/0.20	228/0.30	1.8	1.8	10.7	10.7	1.12	1.92	105	80
25	798/0.20	342/0.30	1.8	1.8	12.6	12.6	0.718	1.28	135	105
35	1121/0.20	494/0.30	2.0	2.0	14.0	14.0	0.551	0.888	170	130
50	1596/0.20	703/0.30	2.2	2.2	16.2	16.2	0.359	0.624	215	165
70	999/0.30	999/0.30	2.6	2.6	19.3	19.3	0.255	0.493	265	205

续表

标称横截面积 /mm²	线芯结构（根数 / 线径）/mm		绝缘厚度 /mm		成品外径 /mm		线芯直流电阻 /（Ω/km）		参考载流量 /A	
	YH	YHL	YH	YHL	YH	YHL	YH	YHL	YH	YHL
95	1332/0.30	1332/0.30	2.8	2.8	21.1	21.1	0.191	0.329	325	250
120	1702/0.30	1702/0.30	3.0	3.0	24.5	24.5	0.150	0.258	380	295
150	2109/0.30	2109/0.30	3.0	3.0	26.2	26.2	0.112	0.208	435	340

表3-24 常用聚氯乙烯绝缘电力电缆的规格

型号		芯数	额定电压 /kV	
			0.6/1	3.6/6，6/6，6/10
铝芯	铜芯		导线线芯标称横截面积 /mm²	
VLV VLV22、VLV23	VV VV22、VV23	1	1.5 ～ 800 2.5 ～ 1000 10 ～ 1000	10 ～ 1000 10 ～ 1000 10 ～ 1000
VLV VLV22、VLV23	VV VV22、VV23	2	1.5 ～ 185 2.5 ～ 185 4 ～ 185	10 ～ 150 10 ～ 150 10 ～ 150
VLV VLV22、VLV23	VV VV22、VV23	3	1.5 ～ 300 2.5 ～ 300 4 ～ 300	10 ～ 300 10 ～ 300 10 ～ 300
VLV VLV22、VLV23	VV VV22、VV23	3+1	4 ～ 300 4 ～ 300	—
VLV VLV22、VLV23	VV VV22、VV23	4	4 ～ 185 4 ～ 185	—

第二节 绝缘材料

一、绝缘材料的种类

绝缘材料又称为电介质，指电阻率大于 $10^7\Omega \cdot m$，用来使电气设备中不同带电体相互绝缘而不形成电气通道的材料。绝缘材料应具有良好的介电性能，即具有较高的绝缘电阻和耐压强度，还具有较好的耐热性能、导热性能和较高的机械强度，并便于加工。

绝缘材料的品种很多，一般按大类、小类、温度指数及品种的差异分类，其产品型号一般用四位阿拉伯数字表示，必要时在型号后附加英文字母或用连字符号加阿拉伯数字来表示品种差异。常用绝缘材料的主要性能见表 3-25。

表3-25　常用绝缘材料的主要性能

材料名称	密度 /（g/cm^3）	绝缘耐压强度 /（kV/mm）	抗张强度 /（N/cm^2）	膨胀系数 /（$\times 10^{-6}$）
空气	0.00121	3 ～ 4	—	—
白云母	2.76 ～ 3.0	15 ～ 78	—	3
琥珀云母	2.75 ～ 2.9	15 ～ 50	—	3
云母纸带	2.0 ～ 2.4	15 ～ 50	—	—
石棉	2.5 ～ 3.2	5 ～ 53	5100（经）	—
石棉板	1.7 ～ 2	1.2 ～ 2	1400 ～ 2500	—
石棉纸	1.2 ～ 2	3 ～ 4.2	—	—
大理石	2.5 ～ 2.8	4 ～ 6.5	2500	2.6
瓷	2.3 ～ 2.5	8 ～ 25	1800 ～ 4200	3.4 ～ 6.5
玻璃	3.2 ～ 3.6	5 ～ 10	1400	7
硫黄	2.0	—	—	—
软橡胶	0.95	10 ～ 24	700 ～ 1400	—
硬橡胶	1.15 ～ 1.5	20 ～ 38	2500 ～ 6800	—
松脂	1.08	15 ～ 24	—	—
虫胶	1.02	10 ～ 23	—	—
树脂	1.0 ～ 1.2	16 ～ 23	—	—
电木	1.26 ～ 1.27	10 ～ 30	350 ～ 770	20 ～ 100
矿物油	0.83 ～ 0.95	25 ～ 57	—	700 ～ 800
油漆	—	干 100 湿 25	—	—
石蜡	0.85 ～ 0.92	16 ～ 30	—	—
干木材	0.36 ～ 0.80	0.8	4800 ～ 7500	—
纸	0.7 ～ 1.1	5 ～ 7	5200（经） 2400（纬）	—
纸板	0.4 ～ 1.4	8 ～ 13	3500 ～ 7000（经） 2700 ～ 5500（纬）	—
棉丝	—	3 ～ 5	—	—
绝缘布	—	10 ～ 54	1300 ～ 2900	—
纤维板（反白）	1.1 ～ 1.48	5 ～ 10	5600 ～ 10500	25 ～ 52

二、电工用胶带、薄膜及复合材料

电工常用薄膜、粘带及复合材料制品的性能和用途见表 3-26 ～表 3-28。

表3-26 常用薄膜的性能和用途

名称	耐热等级	厚度 /mm	用途
聚丙烯薄膜	A	0.006 ～ 0.02	电容器介质
聚酯薄膜	E	0.006 ～ 0.10	低压电机、电器线圈匝间、端部包扎、衬垫、电磁线绕包、E 级电机槽绝缘和电容器介质
聚萘酯薄膜	F	0.02 ～ 0.10	F 级电机槽绝缘，导线绕包绝缘和线圈端部绝缘
芳香族聚酰胺薄膜	H	0.03 ～ 0.06	E、H 级电机槽绝缘
聚酰亚胺薄膜	C	0.03 ～ 0.06	H 级电机、微电机槽绝缘，电机、电器绕组和起重电磁铁外包绝缘以及导线绕包绝缘

表3-27 常用粘带的性能和用途

名称	耐热等级	厚度 /mm	用途
聚酯薄膜粘带	E	0.06 ～ 0.02	耐热、耐高压，强度高。用于高低压绝缘密封
聚乙烯薄膜粘带	Y	0.22 ～ 0.26	较柔软，黏性强，耐热性差。用于一般电线电缆接头包扎绝缘
聚酰亚胺薄膜粘带	H	0.05 ～ 0.08	具有良好的耐水性、耐酸性、耐溶性、抗燃性和抗氟利昂性。适用于 H 级电机、电器线圈绕包绝缘和槽绝缘
橡胶玻璃布粘带	F	0.18 ～ 0.20	由玻璃布、合成橡胶黏合剂组成
有机硅玻璃布粘带	H	0.12 ～ 0.15	有较高耐热性、耐寒性和耐潮性，以及较好的电气性能和力学性能。可用于 H 级电机、电器线圈绝缘和导线连接绝缘
硅橡胶玻璃布粘带	H	0.19 ～ 0.25	具有耐热、耐潮、抗振动、耐化学腐蚀等特性，但抗拉强度较低。适用于高压电机线圈绝缘
自黏性橡胶粘带	E	—	具有耐热、耐潮、抗振动、耐化学腐蚀等特性，但抗拉强度较低。适用于电缆头密封

表3-28 复合材料制品的性能和用途

名　称	耐热等级	厚度 /mm	用　途
聚酯薄膜绝缘纸复合箔	E	0.15 ～ 0.30	用于 E 级电机槽绝缘、端部层间绝缘
聚酯薄膜玻璃漆布复合箔	B	0.17 ～ 0.24	用于 B 级电机槽绝缘、端部层间绝缘、匝间绝缘和衬垫绝缘。可用于湿热地区
聚酯薄膜聚酯纤维纸复合箔	B	0.20 ～ 0.25	用于 B 级电机槽绝缘、端部层间绝缘、匝间绝缘和衬垫绝缘。可用于湿热地区
聚酯薄膜芳香族聚酰胺纤维纸复合箔	F	0.25 ～ 0.30	用于 F 级电机槽绝缘、端部层间绝缘、匝间绝缘和衬垫绝缘
聚酯亚胺薄膜芳香族聚酰胺纤维纸复合箔	H	0.25 ～ 0.30	用于 F 级电机槽绝缘、端部层间绝缘、匝间绝缘和衬垫绝缘

三、绝缘漆胶灌封料

绝缘漆主要是以合成树脂或天然树脂等为漆基，再与某些辅助材料（溶剂、稀释剂、填料、颜料等）一起组成的。常用绝缘漆的性能和主要用途见表 3-29。

表3-29 常用绝缘漆的性能和主要用途

名称	型号	颜色	溶剂	耐热等级	主要用途
沥青漆	1010 1011	黑色	200 号溶剂二甲苯	A	用于浸渍电机转子和定子线圈及其他不耐油的电器零部件
	1210 1211	黑色	200 号溶剂二甲苯	A	用于电机绕组的覆盖，系晾干漆，干燥快，在不需耐油处可以代替晾干灰瓷漆
耐油性青漆	1012	黄至褐色	200 号溶剂	A	用于浸渍电机、电器线圈
醇酸青漆	1030	黄至褐色	甲苯及二甲苯	B	用于浸渍电机、电器线圈外，也可作覆盖漆和胶黏剂
三聚氰胺醇酸漆	1032	黄至褐色	200 号溶剂二甲苯	B	用于浸渍热带型电机、电器线圈
三聚氰胺环氧树脂浸渍漆	1033	黄至褐色	二甲苯和丁醇	B	用于浸渍湿热带电机、变压器、电工仪表线圈及电器零部件表面覆盖
覆盖瓷漆	1320 1321	灰色	二甲苯	E	用于电机定子和电器线圈的覆盖及各种绝缘零部件的表面修饰
硅有机覆盖漆	1350	红色	甲苯及二甲苯	H	用于 H 级电机、电器线圈的表面覆盖，可先在 110 ～ 120℃下预热，然后在 180℃下烘干

绝缘浸渍纤维制品是用特制布、丝绸及无碱玻璃布浸渍各种绝缘漆后，经烘干制成的。常用绝缘浸渍纤维制品的型号、性能和用途见表 3-30。

表3-30 常用绝缘浸渍纤维制品的型号、性能和用途

名称	型号	耐热等级	性能和用途
油性漆布（黄漆布）	2010 2012	A	2010 柔软性好，但不耐油，可用于一般电机、电器的衬垫或线圈绝缘。2012 耐油性好，可用于在变压器油或汽油侵蚀的环境中工作和电机、电器中的衬垫或线圈绝缘
油性漆绸（黄漆绸）	2210 2212	A	具有较好的电气性能和良好的柔软性。2210 适用于电机、电器薄层衬垫或线圈绝缘。2212 耐油性好，适用于在变压器油或汽油侵蚀的环境中工作的电机及电器中的衬垫或线圈绝缘
油性玻璃漆布（黄玻璃漆布）	2412	E	耐潮性较 2010、2012 漆布好。适用于一般电机、电器的衬垫或线圈绝缘，以及在油中工作的变压器、电器的线圈绝缘
沥青醇酸玻璃漆布（黑玻璃漆布）	2430	B	耐潮性较好，但耐苯和耐变压器油性差。适用于一般电机、电器的衬垫或线圈绝缘
醇酸玻璃漆布	2432	B	耐油性较好，并具有一定的防霉性。可用于油浸变压器、油断路器等的线圈绝缘
醇酸玻璃 - 聚酯交织漆布	2432-1		
环氧玻璃漆布	2433	B	具有良好的耐化学药品腐蚀性、良好的耐湿热性和较高的力学性能和电气性能。适用于化工电机、电器槽、衬垫和线圈绝缘
环氧玻璃 - 聚酯交织漆布	2433-1		
有机玻璃漆布	2450	H	具有较高的耐热性，良好的柔软性，耐霉、耐油和耐寒性好。适用于 H 级电机、电器的衬垫和线圈绝缘

四、绝缘纸类产品

绝缘纸是电绝缘用纸的总称，用作电缆、线圈等各项电器元件的绝缘材料。不同的绝缘纸除具有良好的绝缘性能和机械强度外，还各有其特点。常用绝缘纸和纸板的规格和性能见表 3-31。

表3-31 常用绝缘纸和纸板的规格和性能

品种	型号	厚度	主要用途
低压电缆纸	DL-08	0.08mm	35kV 以下电缆绝缘
	DL-12	0.12mm	
	DL-17	0.17mm	
电容器纸	B-Ⅰ	10μm、12μm、15μm	电容器极间绝缘
	B-Ⅱ	8μm、10μm、12μm	
	BD-Ⅰ	10μm、12μm、15μm	
	BD-Ⅱ	8μm、10μm、12μm、15μm	
	BD-0	15μm	
卷缠绝缘纸	—	0.07cm	包缠电器及制造绝缘套筒
绝缘纸板	—	0.1 ～ 0.5mm 及以上	电机或电器的绝缘和保护材料
硬钢纸板（反白板）	—	0.5 ～ 0.9mm	低压电机槽楔及绝缘零件
		1.0 ～ 2.0mm	
		2.1 ～ 12.0mm	

五、云母片及绝缘板

云母制品是由胶黏漆将薄片云母或粉云母纸粘在单面或双面补强材料上，经烘干、压制而成的柔软或硬质绝缘材料。云母制品主要分为云母带、云母板、云母箔等，常用云母制品的规格、特性和用途见表 3-32。

表3-32 常用云母制品的规格、特性和用途

名称	型号	耐热等级	特性和用途
醇酸纸云母带	5430	B	耐热性较高，但防潮性较差，可用于直流电机电枢线圈和低压电机线圈的绕组绝缘
醇酸绸云母带	5432	B	
醇酸玻璃云母带	5434	B	
环氧聚酯玻璃粉云母带	5437-1	B	热弹性较高，但介质损耗较大，可用于电机匝间和端部绝缘
醇酸纸柔软云母板	5130	B	用于低压交、直流电机槽衬和端部层间绝缘
醇酸纸柔软粉云母板	5130-1	B	

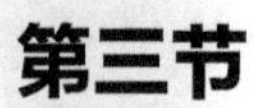

第三节 电工磁性材料

一、纯铁及硅钢片

1. 电工纯铁

电工纯铁的主要特征是饱和磁感应强度高、冷加工性好，但电阻率低、铁损耗高，故一般用于直流磁极。电工纯铁的牌号和磁性能见表 3-33。

表3-33 电工纯铁的牌号和磁性能

磁性等级	牌号	矫顽力 H_c/(A/m)	最大磁导率 μ_m/(mH/m)	在不同磁场强度（A/cm）下的磁感应强度 *B*/T				
				B_5	B_{10}	B_{25}	B_{50}	B_{100}
普级	DT3，DT4 DT5，DT6	≤ 95	≥ 7.5	≥ 1.4	≥ 1.5	≥ 1.62	≥ 1.7	≥ 1.80
高级	DT3A，DT4A DT5A，DT6A	≤ 72	≥ 8.8					
特级	DT4E，DT6E	≤ 48	≥ 11.3					
超级	DT4C，DT6C	≤ 32	≥ 15.1					

2. 电工硅片

硅钢片是电力和电信工业的主要磁性材料，按制造工艺不同，可将其分为热轧和冷轧两种类型。冷轧硅钢片又分为取向和无取向两类。热轧硅钢片用于电机和变压器；冷轧取向硅钢片主要用于变压器，冷轧无取向硅钢片主要用于电机。硅钢片的品种和主要用途见表 3-34。

表3-34 硅钢片的品种和主要用途

分类			牌号	厚度 /mm	应用范围
热轧硅钢片	热轧电机硅钢片		DR1200-100，DR740-50，DR1100-100，DR650-50	1.0、0.50	中、小型发电机和电动机
			DR610-50，DR530-50，DR510-50，DR490-50	0.5	要求损耗小的发电机和电动机
			DR440-50，DR405-50，DR325-35	0.5、0.35	中、小型发电机和电动机
			DR280-35，DR315-50，DR290-50，DR255-35	0.5、0.35	控制微电机、大型汽轮发电机
	热轧变压器硅钢片		DR360-35，DR325-35，DR405-50	0.35、0.50	电焊变压器、扼流器
			DR325-35，DR280-35，DR255-35，DR360-50，DR315-50，DR290-35	0.35、0.50	电力变压器、电抗器和电感线圈
冷轧硅钢片	无取向	电机用	DW540-50，DW470-50	0.50	大型直流发电机和电动机，大、中、小型交流发电机和电动机
			DW360-50，DW360-35	0.50、0.35	大型交流发电机和电动机
		变压器用	DW540-50，DW470-50	0.50	电焊变压器、扼流器
			DW310-35，DW265-35，DW360-50，DW315-50	0.35、0.50	电力变压器、电抗器
	单取向	电机用	DQ230-35，DQ133-35，DQ179-30，DQ151-35，DQ133G-30，DQ180-30，DQ122G-30，DQ126G-35，DQ137G-35	0.35、0.30	大型交流发电机
		变压器用	DQ230-35，DQ133-35，DQ179-30，DQ151-35，DQ133G-30，DQ180-30，DQ122G-30，DQ126G-35，DQ137G-35	0.35、0.30	电力变压器、音频变压器、电抗器、互感器

二、铁氧体磁体材料

铁氧体是一种具有亚铁磁性的金属氧化物。就电特性来说，铁氧体的电阻率比单质金属或合金磁性材料大得多，而且还有较高的介电性能。铁氧体的磁性能还表现在高频时具有较高的磁导率。因而，铁氧体已成为高频弱电领域用途广泛的非金属磁性材料。由于铁氧体单位体积中储存的磁能较低，饱和磁感应强度（B_s）也较低（通常只有纯铁的1/3 ～ 1/5），因而限制了它在要求较高磁能密度的低频强电和大功率领域的应用。

铁氧材料又称氯化物磁性材料，它是由铁和其他金属组成的复合氧化物，软磁铁氧体材料主要有 MnZn 系、BiZn 系、MgZn 系三大类，若按应用特性参数分类，可分为高磁导率功率铁氧体材料、高频铁氧体材料、高电阻率材料、高频软磁铁氧体材料（六角晶系高频铁氧体）、高频大功率铁氧体材料等。

MnZn 系铁氧体具有高的起始磁导率、较高的饱和磁感应强度，在无线电中频或低频范围有低的损耗，它是 1MHz 以下频段范围磁性能最优良的铁氧体材料，常用的 MnZn 系铁氧体磁芯磁导率 μ_i 在 400 ～ 20000（H/m）之间，饱和磁感应强度 B_s 在 400 ～ 530mT 之间。

NiZn 系铁氧体使用频率 100kHz ～ 100MHz，最高可使用到 300MHz，这类材料磁导率较高，电阻率很高，一般为 105 ～ 107Ω・cm，因此，高频涡流损耗小，是 1MHz 以上高频段磁性能最优良的材料。常用 NiZn 系材料的磁导率 μ_i 在 5 ～ 1500（H/m）之间，饱和磁感应强度 B_s 在 250 ～ 400mT 之间。

MgZn 系铁氧体材料的电阻率较高，主要应用于制作显像管或显示管的偏转线圈磁芯。

烧结永磁铁氧体磁铁的主要性能和牌号参数见表 3-35。

表3-35 烧结永磁铁氧体磁铁的主要性能和牌号参数

牌号 Grade	剩磁（B_r）		磁感矫顽力（H_{cB}）		内置矫顽力（H_{cJ}）		最大磁能积 B_{Hmax}	
	mT	kG	kA/m	kOe	kA/m	kOe	kJ/m³	MGOe
Y8T	200 ～ 235	2.0 ～ 2.35	125 ～ 160	1.57 ～ 2.01	210 ～ 280	2.64 ～ 3.51	6.5 ～ 9.5	0.8 ～ 1.2
Y22H	310 ～ 360	3.10 ～ 3.60	220 ～ 250	2.76 ～ 3.14	280 ～ 320	3.51 ～ 4.02	20.0 ～ 24.0	2.5 ～ 3.0
Y25	360 ～ 400	3.60 ～ 4.00	135 ～ 170	1.70 ～ 2.14	140 ～ 200	1.76 ～ 2.51	22.5 ～ 28.0	2.8 ～ 3.5
Y26H-1	360 ～ 390	3.60 ～ 3.90	200 ～ 250	2.51 ～ 3.14	225 ～ 255	2.83 ～ 3.20	23.0 ～ 28.0	2.9 ～ 3.5
Y26H-2	360 ～ 380	3.60 ～ 3.80	263 ～ 288	3.30 ～ 3.62	318 ～ 350	3.99 ～ 4.40	24.0 ～ 28.0	3.0 ～ 3.5
Y27H	350 ～ 380	3.50 ～ 3.80	225 ～ 240	2.83 ～ 3.01	235 ～ 260	2.95 ～ 3.27	25.0 ～ 29.0	3.1 ～ 3.6

续表

牌号 Grade	剩磁（B_r）		磁感矫顽力（H_{cB}）		内置矫顽力（H_{cJ}）		最大磁能积 B_{Hmax}	
	mT	kG	kA/m	kOe	kA/m	kOe	kJ/m³	MGOe
Y28	370 ～ 400	3.70 ～ 4.00	175 ～ 210	2.20 ～ 3.64	180 ～ 220	2.26 ～ 2.76	26.0 ～ 30.0	3.3 ～ 3.8
Y28H-1	380 ～ 400	3.80 ～ 4.00	240 ～ 260	3.01 ～ 3.27	250 ～ 280	3.14 ～ 3.52	27.0 ～ 30.0	3.4 ～ 3.8
Y28H-2	360 ～ 380	3.60 ～ 3.80	271 ～ 295	3.40 ～ 3.70	382 ～ 405	4.80 ～ 5.08	26.0 ～ 30.0	3.3 ～ 3.8
Y30H-1	380 ～ 400	3.80 ～ 4.00	230 ～ 275	2.89 ～ 3.46	235 ～ 290	2.95 ～ 3.64	27.0 ～ 32.5	3.4 ～ 4.1
Y30H-2	395 ～ 415	3.95 ～ 4.15	275 ～ 300	3.45 ～ 3.77	310 ～ 335	3.89 ～ 4.20	27.0 ～ 32.0	3.4 ～ 4.0
Y32	400 ～ 420	4.00 ～ 4.20	160 ～ 190	2.01 ～ 2.39	165 ～ 195	2.07 ～ 2.45	30.0 ～ 33.5	3.8 ～ 4.2
Y32H-1	400 ～ 420	4.00 ～ 4.20	190 ～ 230	2.39 ～ 2.89	230 ～ 250	2.89 ～ 3.14	31.5 ～ 35.0	3.9 ～ 4.4
Y32H-2	400 ～ 440	4.00 ～ 4.40	224 ～ 240	2.81 ～ 3.01	230 ～ 250	2.89 ～ 3.14	31.0 ～ 34.0	3.9 ～ 4.3
Y33	410 ～ 430	4.10 ～ 4.30	220 ～ 250	2.76 ～ 3.14	225 ～ 255	2.83 ～ 3.20	31.5 ～ 35.0	3.9 ～ 4.4
Y33H	410 ～ 430	4.10 ～ 4.30	250 ～ 270	3.14 ～ 3.39	250 ～ 275	3.14 ～ 3.45	31.5 ～ 35.0	3.9 ～ 4.4

低压电器基础、参数、应用与检测

第一节 低压电器基础

一、低压电器的定义与分类

低压电器是指额定电压等级在交流1200V、直流1500V以下的，在电力线路中起保护、控制或调节等作用的电气元件。低压电器的种类繁多，按照不同条件可分成不同的类别，具体分类方法见表4-1。

表4-1　低压电器的分类

分类方法	名　称
按用途或控制对象	配电电器，控制电器
按动作方式	自动电器，手动电器
按触点类型	有触点电器，无触点电器
按工作原理	电磁式电器，非电量控制电器

续表

分类方法	名 称
按低压电器型号	刀开关H，熔断器R，断路器D，控制器K，接触器C，启动器，控制继电器J，主令电器L，电阻器Z，变阻器B，调整器T, 电磁铁M
按防护形式	第一类防护形式，第二类防护形式
根据工作条件	一般工业用电器，船用电器，化工电器，矿用电器，牵引电器，航空电器

二、低压电器的型号及参数

1. 低压电器的主要性能参数

低压电器种类繁多，控制对象的性质和要求也不一样。为正确、合理、经济地使用电器，每一种电器都有一套用于衡量电器性能的技术指标。低压电器主要的技术参数有额定绝缘电压、额定工作电压、额定发热电流、额定工作电流、通断能力、电气寿命和机械寿命等。具体见表4-2。

表4-2　低压电器的技术参数

性能参数	描 述
额定绝缘电压	这是一个由电器结构、材料、耐压等因素决定的名义电压值。额定绝缘电压为电器最大的额定工作电压
额定工作电压	指低压电器在规定条件下长期工作时，能保证电器正常工作的电压值。通常是指主触点的额定电压。有电磁机构的控制电器还规定了吸引线圈的额定电压
额定发热电流	指在规定条件下，低压电器长时间工作，各部分的温度不超过极限值时所能承受的最大电流值
额定工作电流	是保证低压电器在正常工作时的电流值。同一电器在不同的使用条件下，有不同的额定电流等级
通断能力	指低压电器在规定的条件下，能可靠接通和分断的最大电流。通断能力与电器的额定电压、负荷性质、灭弧方法等有很大关系
电气寿命	指低压电器在规定条件下，在不需要修理或更换零件时的负荷操作循环次数
机械寿命	指低压电器在需要修理或更换机械零件前所能承受的负荷操作次数

2. 低压电器产品型号的组成形式及含义

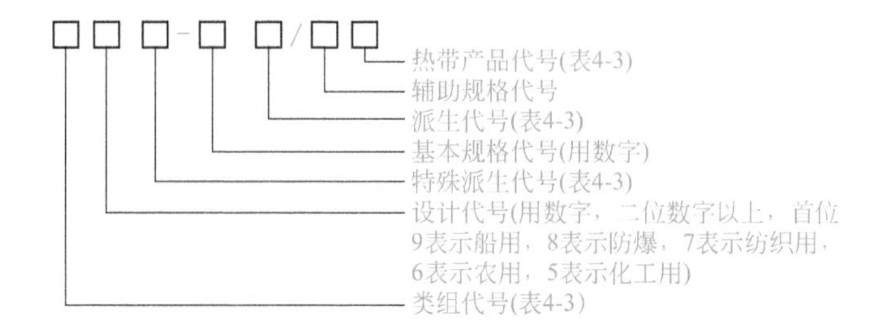

表4-3 低压电器产品型号类组代号表

代号	名称	A	B	C	D	G	H	J	K	L	M	P	Q	R	S	T	U	W	X	Y	Z
H	刀开关和刀型转换开关	—	—	—	刀开关	—	封闭式负荷开关	—	开启式负荷开关	—	—	—	—	熔断器式刀开关	刀型转换开关	—	—	—	—	其他	组合开关
R	熔断器	—	—	插入式	—	—	汇流排式	—	—	螺旋式	密闭管式	—	—	—	快速	有填料密闭管式	—	—	—	其他	自复
D	断路器	—	—	—	—	—	—	—	—	—	灭磁	—	—	—	快速	—	—	框架式	—	其他	塑料外壳式
K	控制器	—	—	—	—	鼓型	—	—	—	—	—	平面	—	—	—	凸轮	—	—	—	其他	—
C	接触器	—	—	—	—	高压	—	交流	真空	—	灭磁	中频	—	—	时间	通用	—	—	—	其他	直流
Q	启动器	按钮式	—	电磁式	—	—	—	减压	—	—	—	—	—	—	手动	—	油浸	—	星三角	其他	综合
J	控制继电器	—	—	—	漏电	—	—	—	—	电流	—	—	—	热	时间	通用	—	温度	—	其他	中间

续表

代号	名称	A	B	C	D	G	H	J	K	L	M	P	Q	R	S	T	U	W	X	Y	Z
L	主令电器	按钮	—	—	—	—	—	接近开关	主令控制器	—	—	—	—	—	主令开关	脚踏开关	旋钮	万能转换开关	行程开关	其他	—
Z	电阻器	—	板型元件	冲片元件	带型元件	管型元件	—	—	—	—	—	—	—	非线性电阻	烧结元件	铸铁元件	—	—	电阻器	硅碳电阻元件	—
B	变阻器	—	—	悬臂式	—	—	—	—	—	励磁	—	频敏	启动	—	石墨	启动调整	油浸启动	液体启动	滑线式	其他	—
T	调整器	—	—	—	电压	—	—	—	—	—	—	—	—	—	—	—	—	—	—	—	—
M	电磁铁	—	—	—	—	—	—	—	—	—	—	—	牵引	—	—	—	—	起重	—	液压	制动
A	其他	—	触电保护	插销	信号灯	接线盒	—	—	—	电铃	—	—	—	—	—	—	—	—	—	—	—

三、低压电器的工作条件与正确使用

1. 低压电器的正确工作条件

（1）海拔高度 不超过2500m。

（2）周围空气温度要符合以下条件

① 不同海拔高度的最高空气温度见表4-4。

表4-4 不同海拔高度的最高空气温度

海拔高度 h/m	$h \leqslant 1\,000$	$1\,000 < h \leqslant 1\,500$	$1\,500 < h \leqslant 2\,000$	$2\,000 < h \leqslant 2\,500$
最高空气温度/℃	40	37.5	35	32.5

② 最低空气温度：

a. +5℃（适用于水冷电器）。

b. -10℃（适用于某些特定条件的电路，如电子式电器及部件等）。

c. -25℃（用户与生产厂商另行协商）。

d. -40℃（订货时指明）。

（3）空气相对湿度 最湿月份的月平均最大相对湿度为90%，同时该月的平均最低温度为25℃，并考虑到温度变化发生在产品表面上的凝露。

（4）安装方法 有规定或动作性能受重力影响的电器，其安装倾斜度不大于5°。

（5）用于无显著缓和冲击振动的地方。

（6）介质 在无爆炸危险的介质中，且介质中无可以腐蚀金属和破坏绝缘的气体与尘埃（含导电尘埃）。

（7）在没有雨雪侵袭的地方。

2.低压电器的正确选用

（1）选用原则 我国在电力拖动和传输系统中主要使用低压电器元件，据不完全统计，目前大约有120个系列近600个品种，这些低压电器具有不同的用途和使用条件，因而相应地也就有不同的选用方法，但应遵循以下两个基本原则。

① 安全原则：使用安全可靠是对任何低压电器的基本要求，保证电路和用电设备的可靠运行，是安全生产、正常生活的重要保障。

② 经济原则：经济性考虑又可分低压电器本身的经济价位和使用低压电器产生的价值。前者要求是电器选择的合理、适用，后者则考虑电器在运行时必须可靠，而不会因故障造成停产或损坏设备及危及人身安全等造成经济损失。

（2）注意事项 电器在选用时应注意以下几点：

① 控制对象（如电动机或其他用电设备）的分类和使用环境。

② 了解电器的正常工作条件，如环境空气温度、相对湿度、海拔高度、允许安装方位角度，以及抗冲击振动、有害气体、导电尘埃、雨雪侵袭的能力等。

③ 了解电器的主要技术性能（或技术条件），如用途、分类、额定电压、额定控制功率、接通能力、分断能力、允许操作频率、工作制和使用寿命等。

此外，正确地选用低压电器，还要结合不同的控制对象和具体电器进行确定。

第二节 常用低压电气器件的技术参数、应用与检测

一、刀开关

1. 刀开关的用途

刀开关是一种使用最多、结构最简单的手动控制的低压电器，是低压电力拖动系统和电气控制系统中最常用的电气元件之一，普遍用于电源隔离，也可用于直接控制接通和断开小规模的负载，如小电流供电电路、小容量电动机的启动和停止。刀开关和熔断器组合使用是电力拖动控制线路中最常见的一种结合。刀开关由操作手柄、动触点、静触点、进线端、出线端、绝缘底板和胶盖组成。

常见外形见图 4-1 所示。

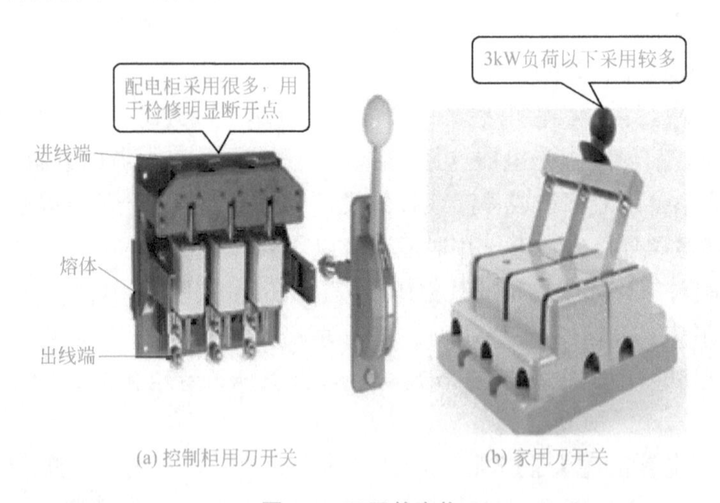

图 4-1 刀开关实物

2. 刀开关的选用原则

在低压电气控制电路中选用刀开关时，常常只考虑刀开关的主要参数，如额定电流、额定电压。

（1）额定电流 在电路中刀开关能够正常工作而不损坏时所通过的最大电流。因此在选用刀开关的额定电流时不应小于负载的额定电流。

因负载不同，选用额定电流的大小也不同。用作隔离开关或控制照明、加热等电阻性负载时，额定电流要等于或略大于负载的额定电流；用作直接启动和停止电动机时，瓷底胶盖闸刀开关只能控制容量 5.5kW 以下的电动机，额定电流应大于电动机的额定电流；铁壳开关的额定电流应小于电动机额定电流的 2 倍；组合开关的额定电流应不小于电动机额定电流的 2 ～ 3 倍。

（2）额定电压 在电路中刀开关能够正常工作而不损坏时所承受的最高电压。因此在选用刀开关的额定电压时应高于电路中实际工作电压。

3. 刀开关的检测

检测刀开关时主要看刀开关触头处是否有烧损现象，用手扳动弹片应有一定弹力，刀与接口接触应良好。否则应更换刀开关。

4. 刀开关的常见故障及处理措施（如表 4-5 所示）

表4-5 刀开关的常见故障及处理措施

种类	故障现象	故障分析	处理措施
开启式负荷开关	合闸后，开关一相或两相开路	静触点弹性消失，开口过大，造成动、静触点接触不良	整理或更换静触点
		熔丝熔断或虚连	更换熔丝或紧固
		动、静触点氧化或有尘污	清洗触点
		开关进线或出线线头接触不良	重新连接
	合闸后，熔丝熔断	外接负载短路	排除负载短路故障
		熔体规格偏小	按要求更换熔体
	触点烧坏	开关容量太小	更换开关
		拉、合闸动作过慢，造成电弧过大，烧毁触点	修整或更换触点，并改善操作方法
封闭式负荷开关	操作手柄带电	外壳未接地或接地线松脱	检查后，加固接地导线
		电源进出线绝缘损坏碰壳	更换导线或恢复绝缘
	夹座（静触点）过热或烧坏	夹座表面烧毛	用细锉修整夹座
		闸刀与夹座压力不足	调整夹座压力
		负载过大	减轻负载或更换大容量开关

刀开关使用注意事项。

① 以使用方便和操作安全为原则：封闭式负荷开关安装时必须垂直于地面，距地面的高度应在 1.3 ～ 1.5m 之间，开关外壳的接地螺钉必须可靠接地。

② 接线规则：电源进线接在静夹座一边的接线端子上，负载引线接在熔断器一边的接线端子上，且进出线必须穿过开关的进出线孔。

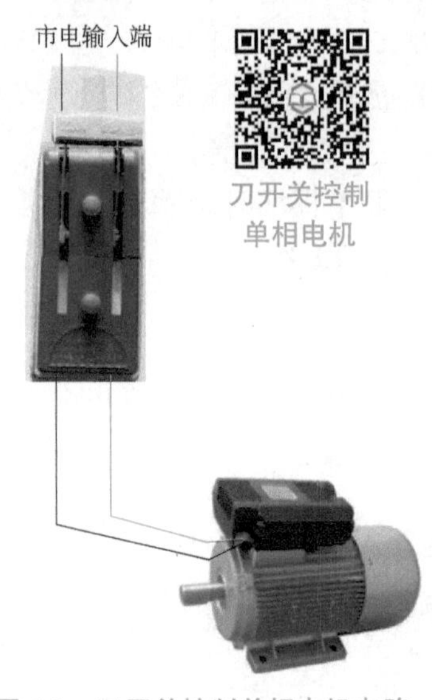

图 4-2　刀开关控制单相电机电路

③ 分合闸操作规则：应站在开关的手柄侧，不准面对开关，避免因意外故障电流使开关爆炸，造成人身伤害。

④大容量的电动机或额定电流 100A 以上的负载不能使用封闭式负荷开关控制，避免产生飞弧灼伤手。

5. 刀开关的应用

刀开关直接串入电源，控制电源的通断，图 4-2 所示为用双刀开关控制单相电机运转的电路。当将刀开关闭合的时候，市电就可以通过刀开关，送入电动机，电动机就可以正常的工作。

二、按钮开关

1. 按钮的用途

按钮是一种用来短时间接通或断开小电流电路的手动主令电器。由于按钮的触点允许通过的电流较小，一般不超过 5A，一般情况下，不直接控制主电路的通断，而是在控制电路中发出指令或信号去控制接触器、继电器等电器，再由它们去控制主电路的通断、功能转换或电气连锁，其外形如图 4-3 所示。

2. 按钮的分类

按钮由按钮帽、复位弹簧、桥式触点和外壳等组成，通常被做成复合触点，即具有动触点和静触点。根据使用要求、安装形式、操作方式不同，按钮的种类有很多。根据触点结构不同，按钮可分为停止按钮（常闭按钮）、启动按钮（常开按钮）及复合按钮（常闭、常开组合为一组按钮），它们的结构与符号见表 4-6。

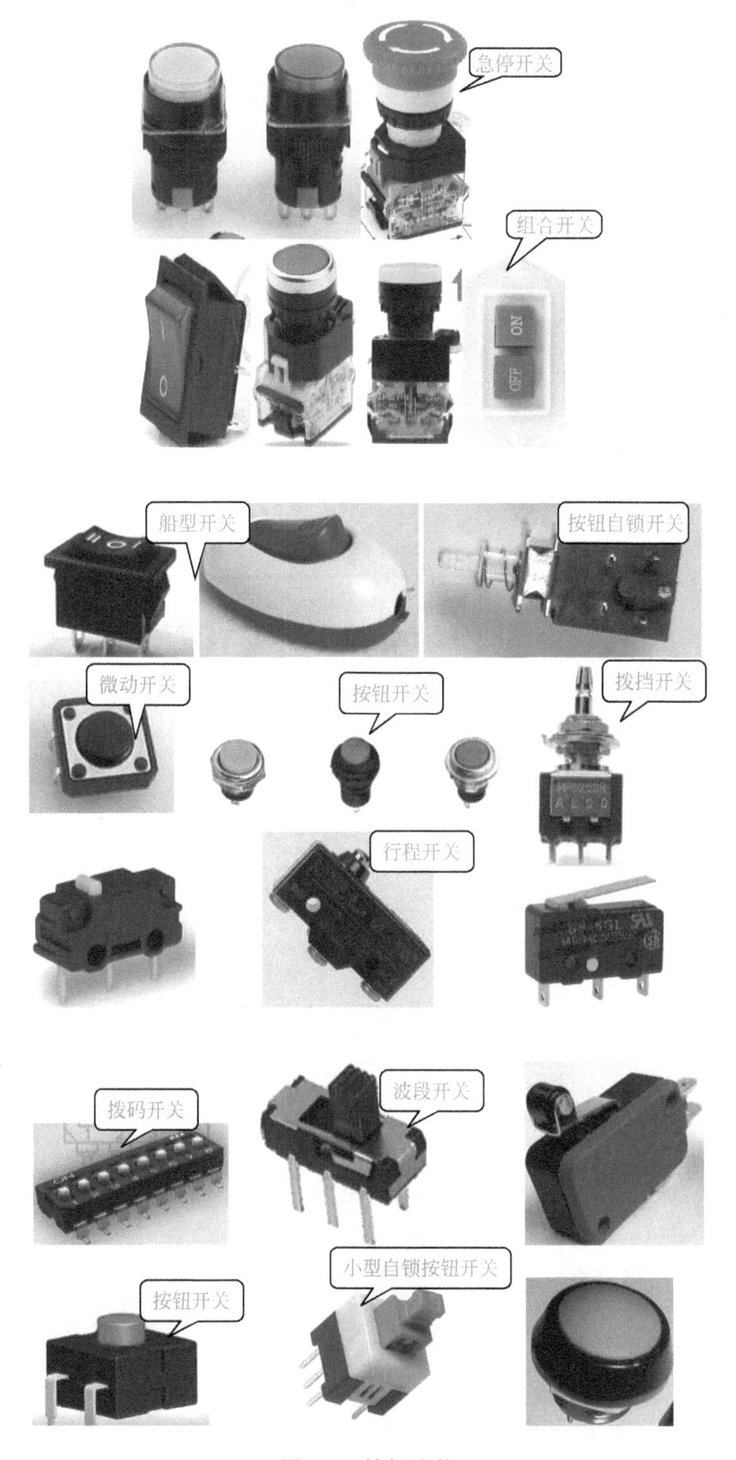
急停开关
组合开关
ON
OFF
船型开关
按钮自锁开关
微动开关
按钮开关
拨挡开关
行程开关
拨码开关
波段开关
小型自锁按钮开关
按钮开关

图 4-3　按钮实物

表4-6　按钮的结构与符号

名称	常闭按钮（停止按钮）	常开按钮（启动按钮）	复合按钮
结构			按钮帽 复位弹簧 支柱连杆 常闭静触点 桥式动触点 常开静触点 外壳
符号	SB	SB	SB

3. 按钮开关的检测

在不按下按钮时用万用表的电阻挡或者是二极管挡进行检测两组触点，通的一次为常闭触点，不通的一次为常开触点。检测常开触点见图 4-4 所示。

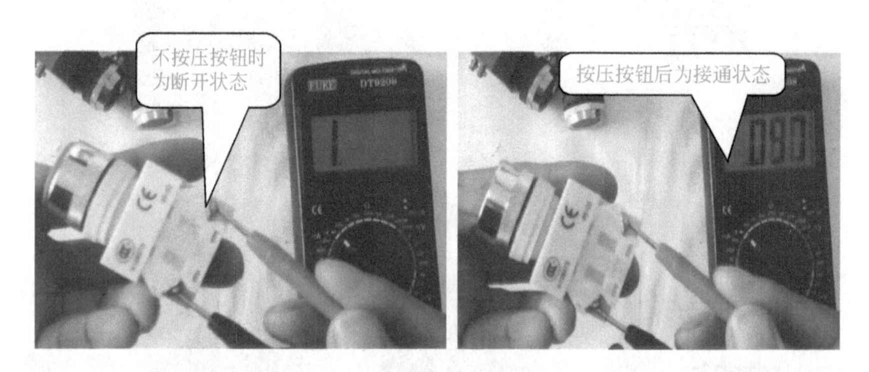

图 4-4　检测常开触点

再按一下按钮以后，那么原来的常闭触点用表检测时，应为断开状态，而原来的常开触点，此时应为接通状态，说明按钮开关是好的，否则说明内部接点接触不良。检测常闭触点见图 4-5 所示。

按钮开关的检测

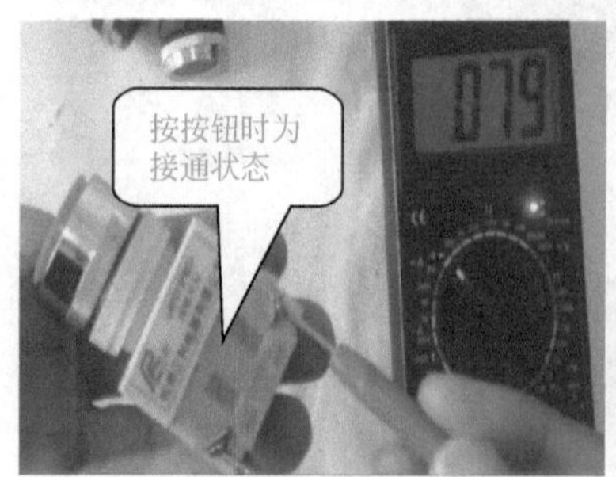

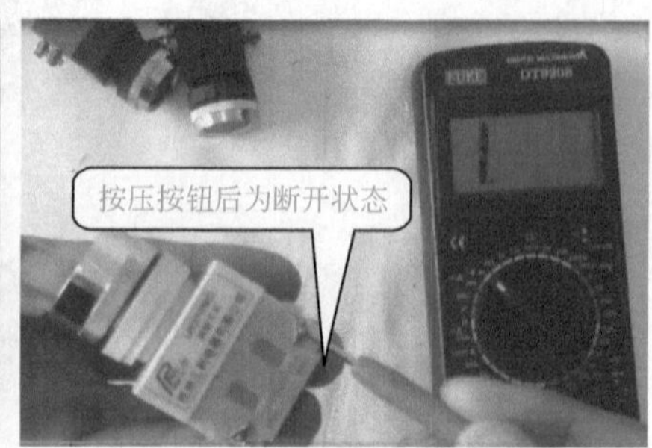

图 4-5　检测常闭触点

按钮的常见故障及处理措施，如表 4-7 所示。

表4-7　按钮常见故障及处理方法

故障现象	故障分析	处理措施
触点接触不良	触点烧损	修正触点和更换产品
	触点表面有尘垢	清洁触点表面
	触点弹簧失效	重绕弹簧和更换产品
触点间短路	塑料受热变形，导线接线螺钉相碰短路	更换产品，并查明发热原因，如灯泡发热所致，可降低电压
	杂物和油污在触点间形成通路	清洁按钮内部

4. 按钮选用原则

（1）按钮选用原则　选用按钮时，主要考虑：

① 根据使用场合选择控制按钮的种类。

② 根据用途选择合适的形式。

③ 根据控制回路的需要确定按钮数。

④ 按工作状态指示和工作情况要求选择按钮和指示灯的颜色。

（2）按钮使用注意事项

① 按钮安装在面板上时，应布置整齐、排列合理，如根据电动机启动的先后顺序，从上到下或从左到右排列。

② 同一机床运动部件有几种不同的工作状态时（如上、下，前、后，松、紧等），应使每一对相反状态的按钮安装在一组。

③ 按钮的安装应牢固，安装按钮的金属板或金属按钮盒必须可靠接地。

④ 由于按钮的触点间距较小，如有油污等极易发生短路故障，因此应注意保持触点间的清洁。

5. 按钮开关的应用（图4-6）

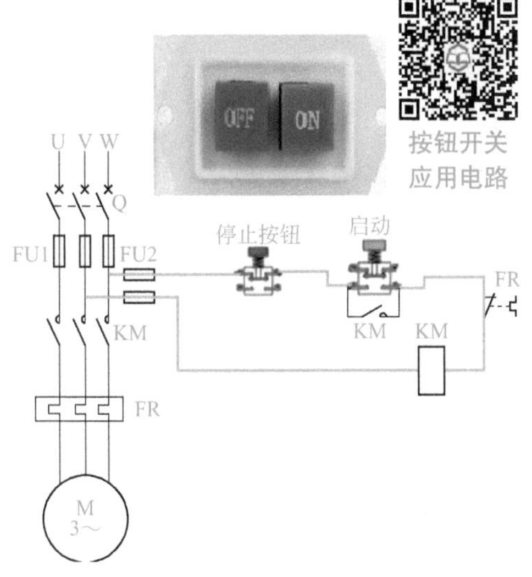

图 4-6　按钮开关的应用

工作过程：当按下启动按钮 Q，线圈 KM 通电，主触点闭合，电动机 M 启动运转，当松开按钮，电动机 M 不会停转，因为这时，接触器线圈 KM 可以通过并联 SB2 两端已闭合的辅助触点使 KM 继续维持通电，电动机 M 不会失电，也不会停转。

这种松开按钮而能自行保持线圈通电的控制线路叫作具有自锁的接触器控制线路，简称自锁控制线路。

三、行程开关

1. 行程开关用途

行程开关也称位置开关或限位开关。它的作用与按钮相同，特点是触点的动作不靠手，而是利用机械运动部件的碰撞使触点动作来实现接通或断开控制电路。它是将机械位移转变为电信号来控制机械运动的，主要用于控制机械的运动方向、行程大小和位置保护。

行程开关主要由操作机构、触点系统和外壳 3 部分构成。行程开关种类很多，一般按其机构分为直动式、转动式和微动式。常见的行程开关的外形、结构与符号见表 4-8。

表4-8　常见的行程开关的外形、结构与符号

	直动式	单轮旋转式	双轮旋转式
外形			
结构	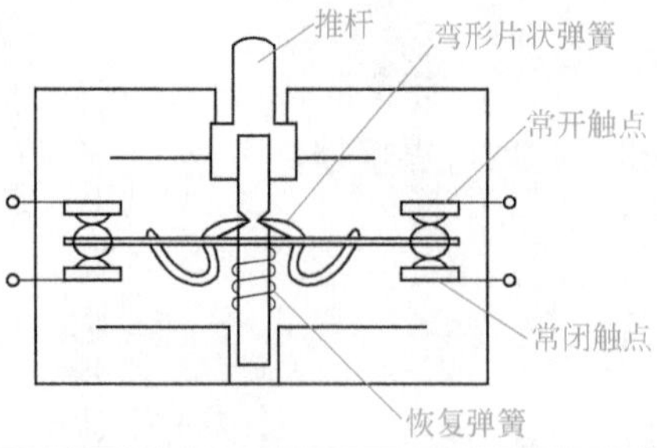 推杆 弯形片状弹簧 常开触点 常闭触点 恢复弹簧		
符号	常开触点	常闭触点	复合触点
	 SQ	 SQ	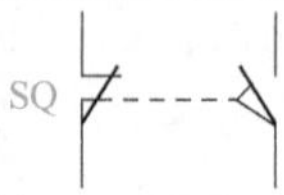 SQ

图 4-7 为行程开关实物。

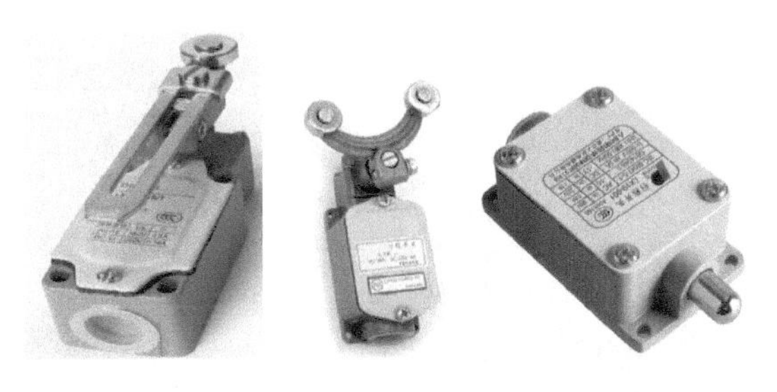

图 4-7 行程开关实物

2. 行程开关选用原则

行程开关选用时，主要考虑动作要求、安装位置及触点数量，具体如下。

① 根据使用场合及控制对象选择种类。

② 根据安装环境选择防护形式。

③ 根据控制回路的额定电压和额定电流选择系列。

④ 根据行程开关的传力与位移关系选择合理的操作形式。

3. 行程开关的检测

行程开关有三个接点的行程开关和四个接点的行程开关，检测行程开关的时候，三个接点的行程开关检测首先要找到它的公共端，也就是按照外壳上面所标的符号来确定它的公共端，然后分别检测它的常开触点和常断触点的通断，再按压行程开关的活动臂，分别检测行程开关的触点的通与断来判断它的好坏，如图 4-8 所示。

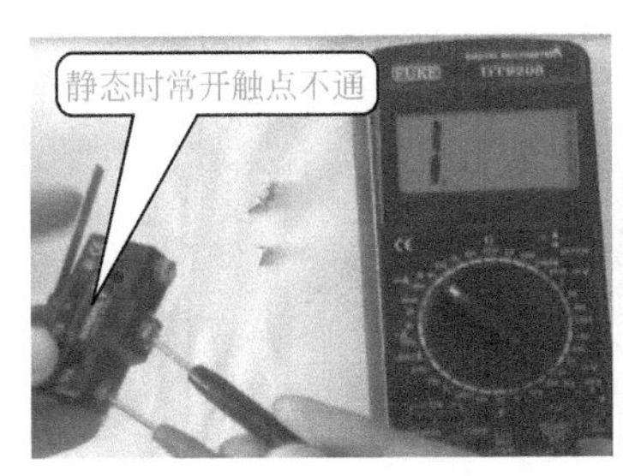

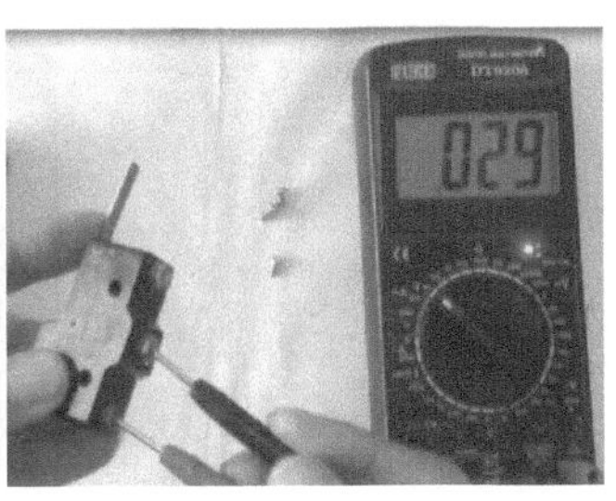

行程开关的检测

图 4-8 检测三个接点的行程开关

用万用表电阻挡（低挡位）或者蜂鸣挡检测，在检测四个接点的行程开关时，首先要找到它的常开触点和常闭触点，然后分别测量常开触点和常闭触点在静态时也就是不按压活动臂的状态，常开触点不通，常闭触点通。然后再按压行程开关的活动臂，也就是在动态时的开关状态，常开触点通，常闭触点不通。如果不按照这个规定接通和断开，说明行程开关损坏。检测过程如图 4-9 所示。

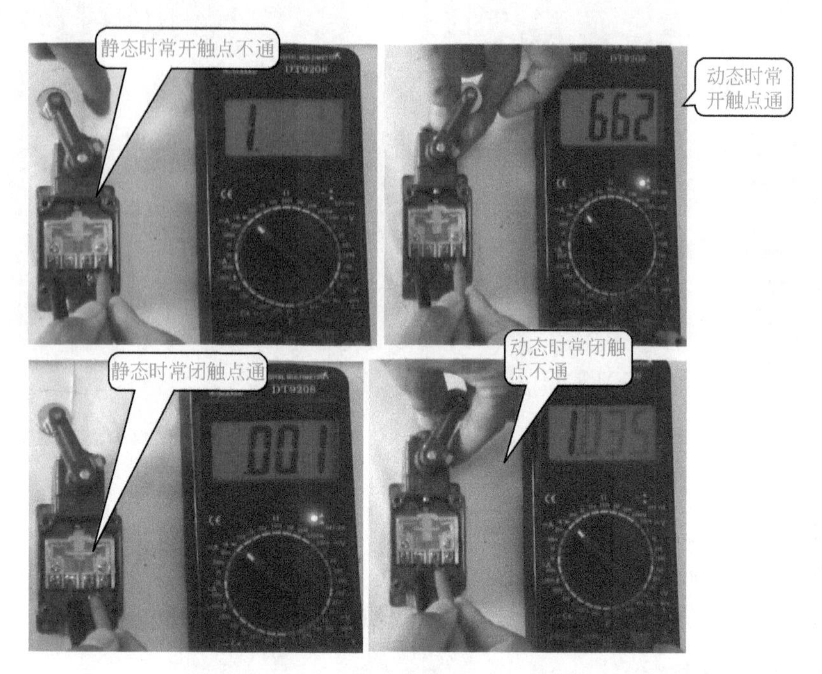

图 4-9　四个接点的行程开关的检测

4. 行程开关的常见故障及处理措施

行程开关的常见故障及处理措施见表 4-9。

表4-9　行程开关的常见故障及处理方法

故障现象	故障分析	处理措施
挡铁碰撞位置开关后，触点不动作	安装位置不准确	调整安装位置
	触点接触不良或线松脱	清理触点或紧固接线
	触点弹簧失效	更换弹簧
杠杆已经偏转，或无外界机械力作用，但触点不复位	复位弹簧失效	更换弹簧
	内部撞块卡阻	清扫内部杂物
	调节螺钉太长，顶住开关按钮	检查调节螺钉

行程开关使用注意事项：

① 行程开关安装时，安装位置要准确，安装要牢固；滚轮的方向不能装反，挡铁与其碰撞的位置应符合控制线路的要求，并确保能可靠地与挡铁碰撞。

② 行程开关在使用中，要定期检查和保养，除去油垢及粉尘，清理触点，经常检查其动作是否灵活、可靠，及时排除故障。防止因行程开关触点接触不良或接线松脱产生误动作而导致设备和人身安全事故。

5. 行程开关的应用

如图 4-10 所示为利用行程开关控制的电机正反转控制电路。按动正向启动按钮开关 SB2，交流接触器 KM1 得电动作并自锁，电动机正转使工作台前进。

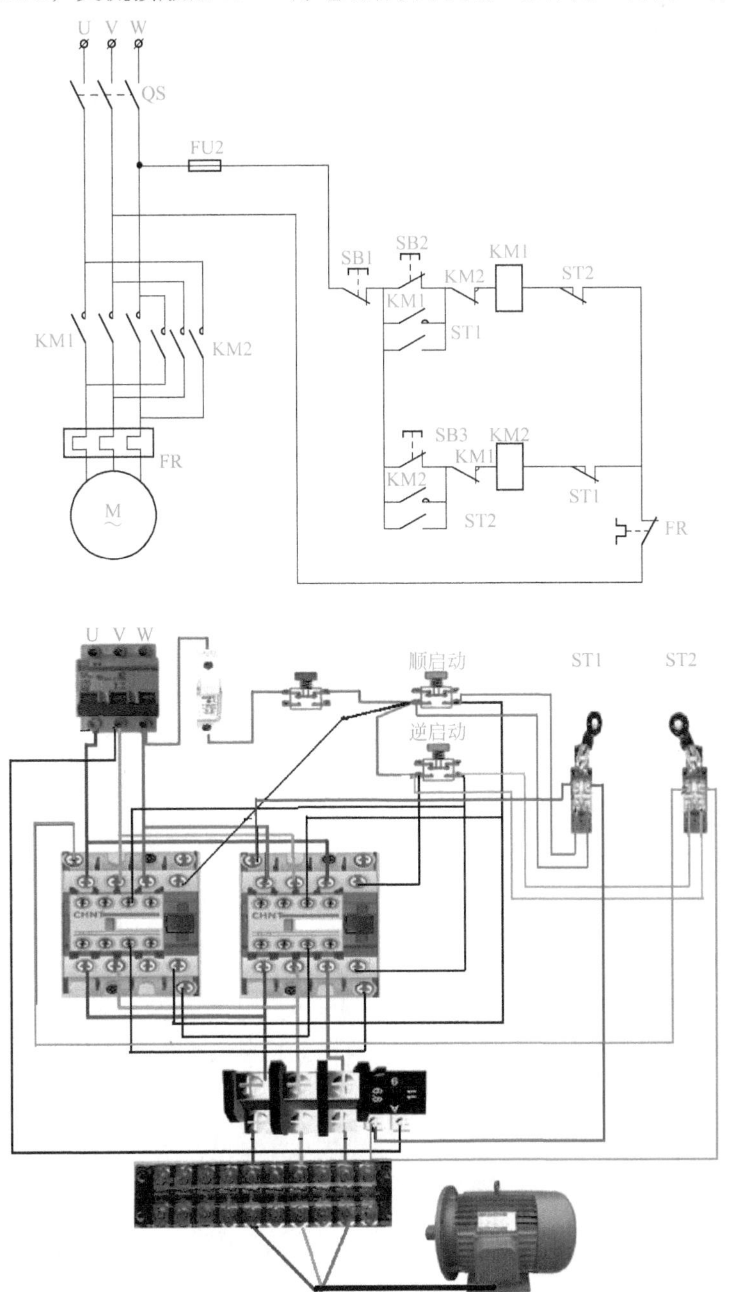

图 4-10　行程开关的应用电路

当运动到ST2限定的位置时，挡块碰撞ST2的触头，ST2的动断触点使KM1断电，于是KM1的动断触点复位闭合，关闭了对KM2线圈的互锁。ST2的动合触点使KM2得电自锁，且KM2的动断触点断开将KM1线圈所在支路断开（互锁）。这样电动机开始反转使工作台后退。当工作台后退到ST1限定的极限位置时，挡块碰撞ST1的触头，KM2断电，KM1又得电动作，电动机又转为正转，如此往复。SB1为整个循环运动的停止按钮开关，按动SB1自动循环停止。

四、电接点开关

1.电接点开关的结构

电接点压力表由测量系统、指示系统、接点装置、外壳、调整装置和接线盒等组成。电接点压力表是在普通压力表的基础上加装电气装置，在设备达到设定压力时，现场指示工作压力并输出开关量信号的仪表，如图 4-11。

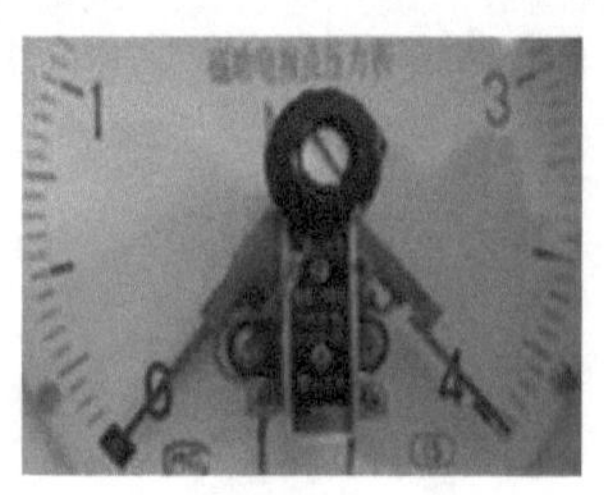

图 4-11　电接点开关的结构

2.工作原理

电接点压力表的指针和设定针上分别装有触点，使用时首先将上限和下限设定针调节至要求的压力点。当压力变化时，指示压力指针达到上限或者下限设定针时，指针上的触点与上限或者下限设定针上的触点相接触，通过电气线路发出开关量信号给其他工控设备，实现自动控制或者报警的目的。

3.电接点压力开关的检测

电接点压力开关，也有常开触点和常闭触点，在没有压力的情况下，测量通的触点为常闭触点，不通的触点为常开触点。而当有压力的时候，用万用表检测，原来不通的触点应该接通，原来通的触点应该断开，这是检测电接点开关的常开触点和常闭触点的方法，也就是说应该在有压力和无压力的情况下分别进行检测。

电接点开关的应用

4. 电接点开关的应用

电路工作原理：由图 4-12 可知，闭合自动开关 QK 及开关 S 接通，电源给控制器供电。当气缸内空气压力下降到电接点压力表“G”（低点）整定值以下时，表的指针使“中”点与“低”点接通，交流接触器 KM1 通电吸合并自锁，气泵 M 启动运转，红色指示灯 LED1 亮，绿色指示灯 LED2 点亮，气泵开始往气缸里输送空气（逆止阀门打开，空气流入气缸内）。气缸内的空气压力也逐渐增大，使表的“中”点与“高”点接通，继电器 KM2 通电吸合，其常闭触点 K2-0 断开，切断交流接触器 KM1 线圈供电，KM1 失电释放，气泵 M 停止运转，LED2 熄灭，逆止阀门闭上。假设当喷漆时，手拿喷枪端，则压力开关打开，关闭后气门开关自动闭上；当气泵气缸内的压力下降到整定值以下时，气泵 M 又启动运转。如此周而复始，使气泵气缸内的压力稳定在整定值范围，满足喷漆用气的需要。电路原理图如图 4-12 所示。

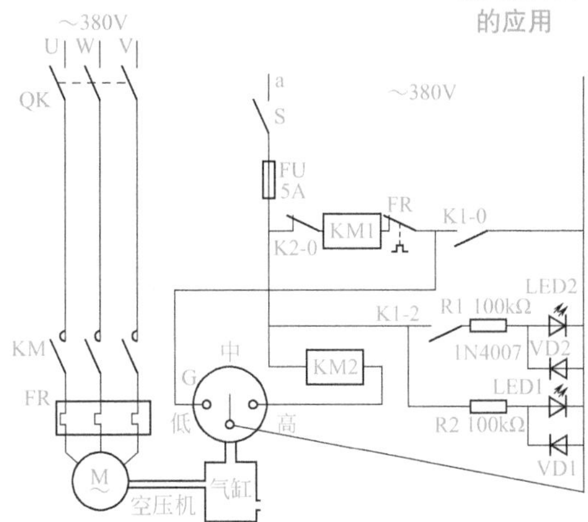

图 4-12　自动压力控制电路

五、声光控开关

1. 电路工作原理

光控开关能使白炽灯的亮灭跟随环境光线变化自动转换，在白天开关断开，即灯不亮；夜晚环境无光时闭合，即灯亮。声控开关电路如图 4-13 所示。

该电路是基于电压比较器集成电路 LM311，IC1 同相输入端的电阻 $R3$ 和 $R4$ 给出一个 6V 的参考电压。因为光敏电阻在黑暗时阻值可达几兆欧，反相输入端的电位呈高电位，比较器呈低电位，Q1 不导通，继电器不吸合。反之，因为光敏电阻在照亮时阻值为 5 ～ 10kΩ，反相输入端的电位呈低电位，比较器输出端呈高电位，Q1 导通，继电器吸合。如果将 LM311 输入端正负对换，情况与上面所述正好相反。调节 $R1$ 可设定多大照度时起控继电器。

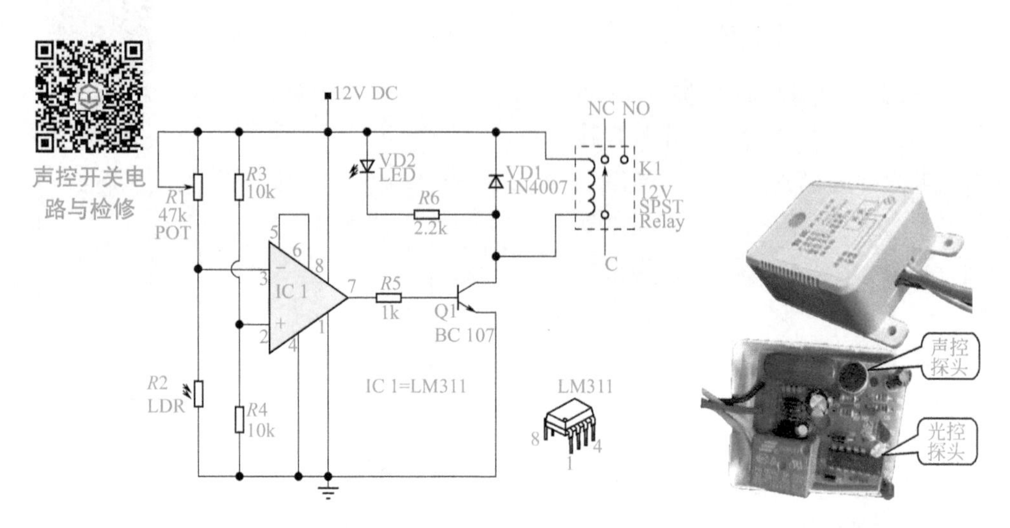

图 4-13　声控开关电路图

2. 声光控开关的检测

（1）光控部分的检测　在检测光控部分的时候，最好使用指针表测量，首先在有光的情况下检测光敏电阻的阻值，记住这个阻值，然后用手指按住光敏电阻，或者是用黑的物体遮住光敏电阻测量光敏电阻的阻值，两个电阻阻值相比较应有较大的差异，说明光敏电阻是好的。如图 4-14 所示。

如果在亮阻和暗阻的时候万用表的表针没有摆动现象，那么说明光敏电阻是坏的，应该更换光敏电阻。

声光控开关的检测

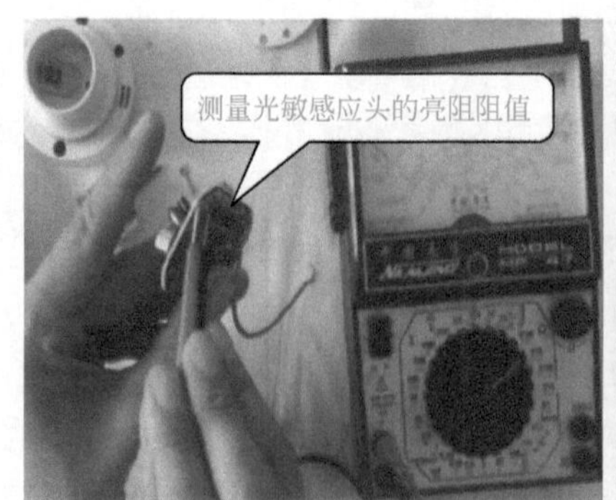

图 4-14　光控部分的检测

（2）测量声控部分 当在电路中检测声控探头（话筒）的时候，最好使用指针表测量，首先用电阻挡测出它的静态阻值，然后用手轻轻地敲动话筒，那么万用表的指针应该有轻微的抖动，摆动量越大，说明话筒的灵敏度就越高，如果不摆动，说明话筒是坏的，应更换，如图 4-15 所示。

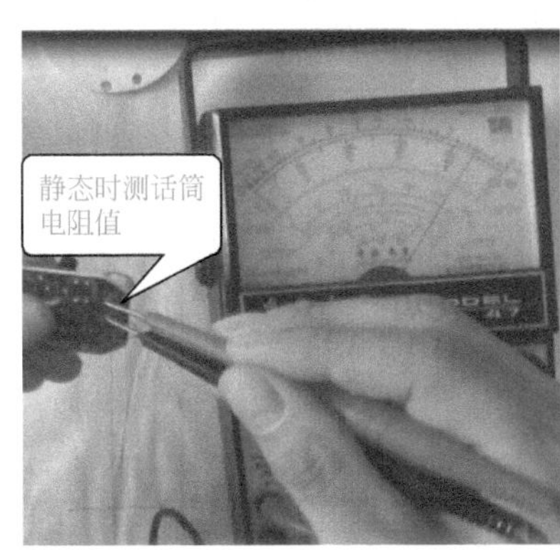

图 4-15 测量声控部分

3. 声光控传感器应用电路

声光控节能灯如图 4-16 所示。该电路由主电路、开关电路、检测电路及放大电路组成。

组成桥式整流的四只二极管（VD1 ～ VD4）和一个单向晶闸管（又称单向可控硅，下同）（VS）组成主路（和灯泡串联）；开关电路由开关三极管 VT1 和充电电路 R2、C1 组成；放大电路由 VT2 ～ VT5 及电阻 R4 ～ R7 组成；压电片 PE 和光敏电阻 RL 构成检测电路；控制电源由稳压管 VD5 和电阻 R3 构成。

交流电源经过桥式整流和电阻 R1 分压后接到可控硅 VS 的控制极，使 VS 导通（此时 VT1 截止）；由于灯泡与二极管和 VS 构成通路，使灯亮。同时整流后的电源经 R2 向 C1 充电；如果达到 VT1 的开门电压，VT1 饱和导通，可控硅关断，灯熄灭。在无光和有声音的情况下，压电片上得到一个电信号，经放大使 VT2 导通，C1 经 VT2 放电，使 VT1 截止，可控硅极高电位使 VS 导通灯亮，随着 R2、C1 充电的进行使灯自动熄灭。

调节 R5，改变负反馈的大小，使接收声音信号的灵敏度有所变化，从而可调节灯的灵敏度。光敏电阻和压电片并联，有光时阻值变小，使压电片感应的电信号损失太多，不能使放大电路 VT2 导通，所以灯不亮。

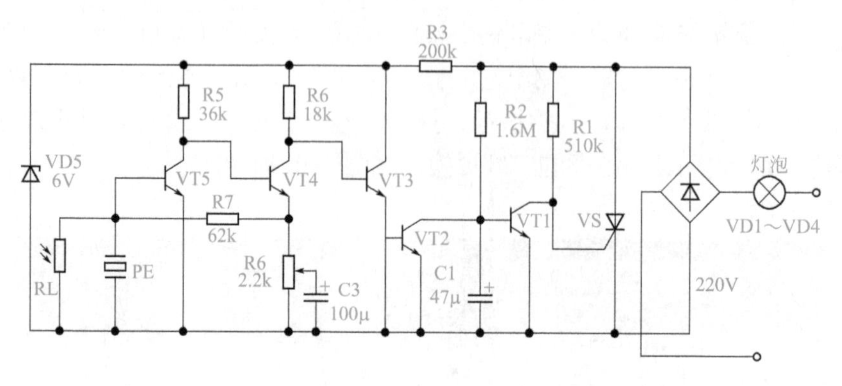

图 4-16　声控、光控节能灯电路原理图

六、磁控接近开关

1. 磁控接近开关类开关的原理

磁控开关即磁开关入侵探测器。由永久磁铁和干簧管两部分组成。干簧管又称舌簧管，其构造是在充满惰性气体的密封玻璃管内封装 2 个或 2 个以上金属簧片。根据舌簧触点的构造不同，舌簧管可分为常开、常闭、转换三种类型。

该装置应用电路工作原理如图 4-17。它可用于仓库、办公室或其他场所作开门灯之用。当永久磁铁 ZT 与干簧管 AG 靠得很近时，由于磁力线的作用，使 AG 内两触片断开，控制器 DM 的 4 端无电压，照明灯 H 中无电流通过，故灯 H 熄灭。一旦大门打开，控制器 DM 开通，H 点亮。

白天由于光照较强，光敏电阻 RG 的内阻很小，即使 AG 闭合，R 与 RG 的分压也小于 1.6V，故白天打开大门，H 是不会点亮的。夜晚相当于 RG 两极开路，故控制器 DM 的 4 端电压高于 1.6V，H 点亮。RG 可用 MG45-32 非密封型光敏电阻，AG 可用 $\phi 3 \sim \phi 4$mm 的干簧管（常闭型）。

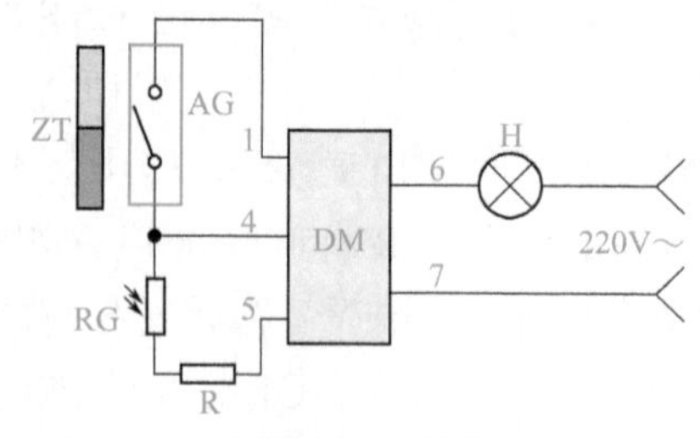

图 4-17　磁控接近开关类开关的原理

2. 磁控接近开关类开关的检测

检测磁控开关的时候，最好使用指针表，首先给磁控开关接通合适的电源，将黑表笔接负极，红表笔接信号的输出端，然后在不加磁场的情况下测试输出电压，记住此电压值。 然后将磁控开关接触带磁性的金属或者磁铁，这样磁控开

关应该有输出，此时说明磁控开关是好的，如接触金属部分或者磁铁和不接触金属部分或磁铁表针均无摆动，那么说明磁控开关是坏的。如图 4-18 所示。

图 4-18　磁控接近开关类开关的检测

七、万能主令开关

1.万能主令开关检测

主令开关主要用于闭合、断开控制线路，以发布命令或用作程序控制，实现对电力传动和生产机械的控制。因此，它是人机联系和对话所必不可少的一种元件。图 4-19 所示是一种十字开关，用于控制信号灯、方向性电气等。

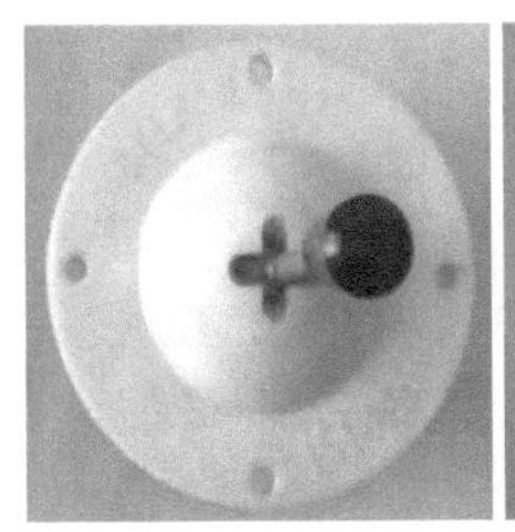

图 4-19　万能主令开关

主令开关的检测

2.主令开关的检测

下面以十字 4 路常开常闭触点的主令开关为例进行测试。

在检测主令开关的时候，首先要看清主令开关是由几组开关构成的，每组中有几个常开触点几个常闭触点。下面以四组开关、每组有一个常闭触点和一个常开触点为例。用万用表电阻挡（低挡位）或者蜂鸣挡检测。在检测时，首先在主令开关零位置时分别检测四组开关中的常闭触点，每个常闭触点应相通，再检测所有常开触点，均应不通。然后将主令开关的控制手柄扳动到向某个方向的位置，检测对应开关的常开触点应该相通，其余三组的常开触点不应通。用同样的方法分别检测另外三组开关的常开触点是否能够相通。如果手柄扳到相对应的位置时，对应的常闭触点不能断开，常开触点不能相通，则说明对应组的开关损坏。如图 4-20 所示。

图 4-20　主令开关的检测

八、温度开关

1. 机械式温度开关

机械式温度开关又称旋钮温控器，实物图如图 4-21 所示。

其是由波纹管、感温包（测试管）、偏心轮、微动开关等组成一个密封的感应系统和一个传送信号动力的系统。如图 4-22 所示。

图 4-21　温度控制器实物图

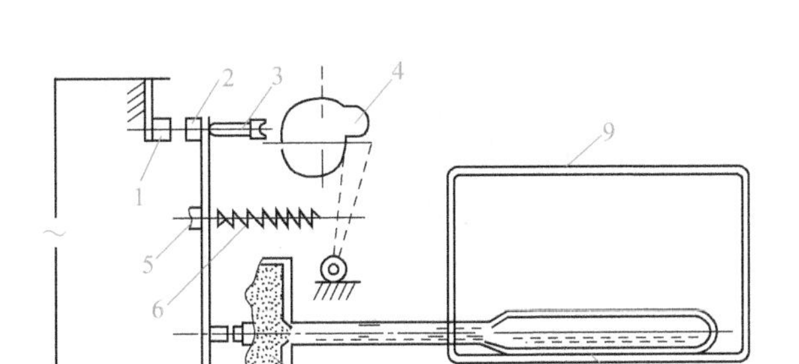

图 4-22 温控器的工作原理图

1—固定触点；2—快跳活动触点；3—温度调节螺钉；4—温度调节凸轮；
5—温度范围调节螺钉；6—主弹簧；7—传动膜片；8—感温腔；9—蒸发器；10—感温管

将温度控制器的感温元件感温管末端紧压在需要测试温度位置表面上，由表面温度的变化来控制开关的开、停时间。当固定触点 1 与活动触点 2 接触时（组成闭合回路），电源被接通；温度下降，使感温腔的膜片向后移动，便导致温控器的活动触点 2 离开触点 1，电源被断开。要想得到不同的温度，只要旋动温度控制旋钮（即温度高低调节凸轮）就可；改变平衡弹簧对感温囊的压力实现温度的自动控制。

2. 电子式温控器结构

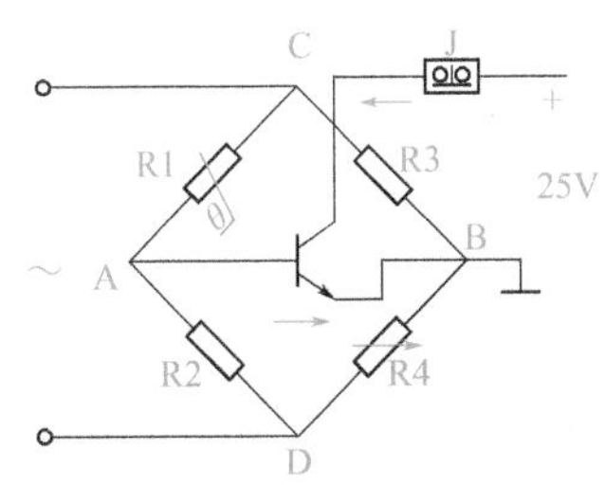

图 4-23 控制部分原理示意图

电子式温控器感温元件为热敏电阻，所以又称为热敏电阻式温度控制器，其控温原理是将热敏电阻直接放在冰箱内适当的位置，当热敏电阻受到冰箱内温度变化的影响时，其阻值就发生相应的变化。通过平衡电桥来改变通往半导体三极管的电流，再经放大来控制压缩机运转继电器的开启，实现对温度的控制作用。控制部分的原理示意图，如图 4-23 所示。

图中 R1 为热敏电阻，R4 为电位器，J 为控制继电器。当电位器 R4 不变时，如果温度升高，R1 的电阻值就会变小，A 点的电位升高。R1 的阻值越小，其电流越大，当集电极电流的值大于继电器 J 的吸合电流时，继电器吸合，J 触点接通电源。温度下降，热敏电阻则变大，其基极电流变小，集电极电流也随着变小。当集电极电流值小于继电器 J 的吸合电流时，继电器 J 的触点断开，如此循环温度控制在一定范围内。实际电路原理图如图 4-24 所示。

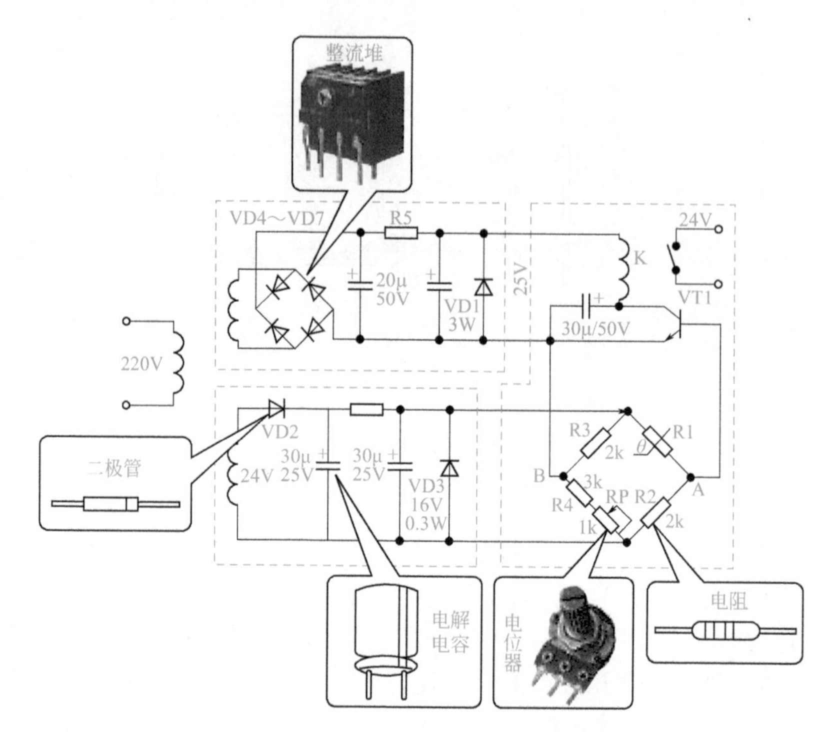

图 4-24　电子温度控制器实际电路原理图

3. 温度控制仪器

对于温控仪的端子排列及功能见图 4-25 所示，温控仪各种方式的接线如图 4-26 所示。

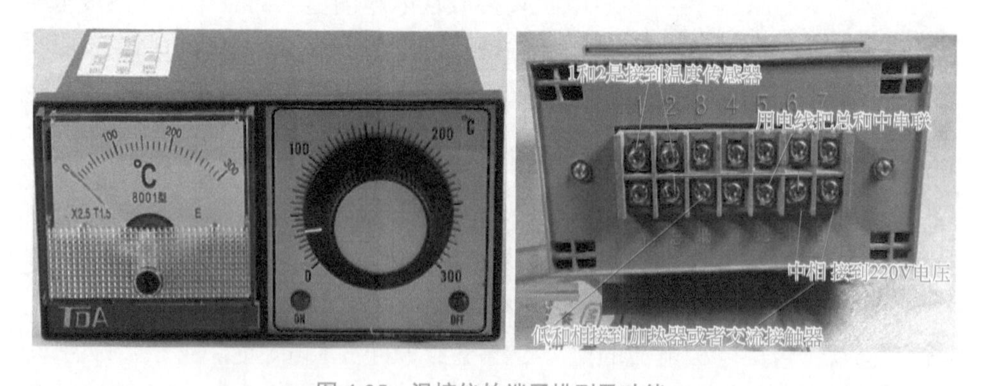

图 4-25　温控仪的端子排列及功能

图中的各种接线方式可根据实际应用是三相供电还是单相供电，选用继电器或可控硅接线方式即可。只要正确接线即可正常工作。

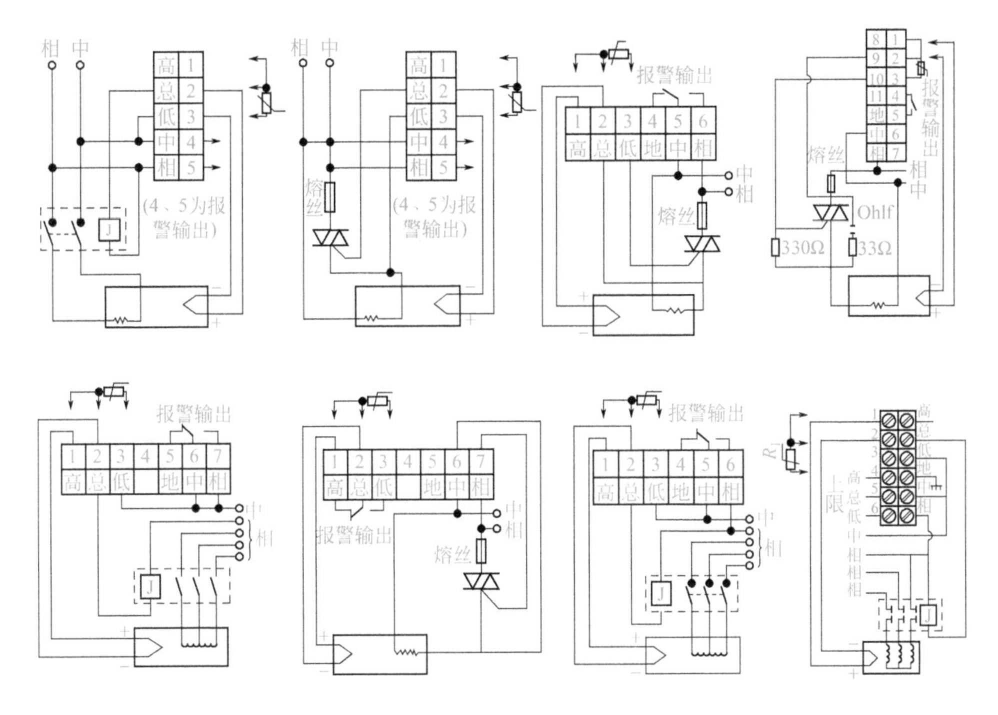

图 4-26　温控仪各种方式的接线

4. 热电偶温度传感器

在许多测温方法中，热电偶测温应用最广。因为它的测量范围广，一般在 180 ～ 2800℃之间，准确度和灵敏度较高，且便于远距离测量，尤其是在高温范围内有较高的精度，所以国际实用温标规定在 630.74 ～ 1064.43℃范围内用热电偶作为复现热力学温标的基准仪器，温度传感器外形如图 4-27 所示。

（1）热电偶的基本工作原理　两种不同的导体 A 与 B 在一端熔焊在一起（称为热端或测温端），另一端接一个灵敏的电压表，接电压表的这一端称冷端（或称参考端）。当热端与冷端的温度不同时，回路中将产生电势，如图 4-28 所示。该电势的方向和大小取决于两导体的材料种类及热端及冷端的温度差（T 与 T_0 的差值），而与两导体的粗细、长短有关，这种现象称为物体的热电效应。为了正确地测量热端的温度，必须确定冷端的温度。目前统一规定冷端的温度 T_0=0℃。但实际测试时要求冷端保持在 0℃的条件是不方便的，希望在室温的条件下测量，这就需要加冷端补偿。热电偶测温时产生的热电势很小，一般需要用放大器放大。

在实际测量中，冷端温度不是 0℃，会产生误差，可采用冷端补偿的方法自动补偿。冷端补偿的方法很多，这里仅介绍一种采用 PN 结温度传感器作冷端补偿，如图 4-29 所示。

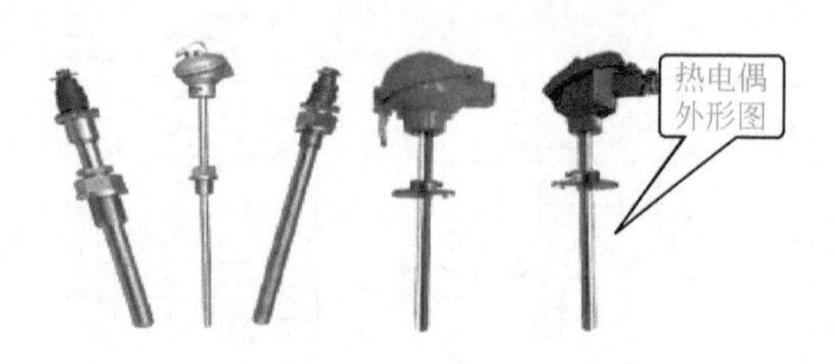

图 4-27　温度传感器外形

电压表　T_0　A导体　测温端
冷端(参考端)　热端　T
T_0　B导体　T—热端温度
T_0—冷端温度

图 4-28　冷端补偿

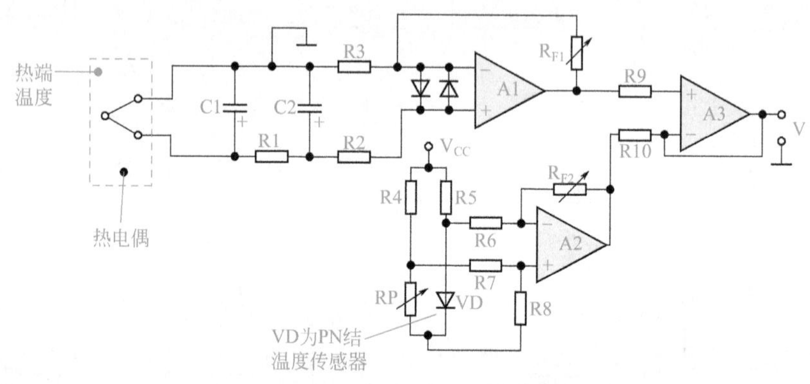

图 4-29　热电偶工作原理图

热电偶产生的电势经放大器 A1 放大后有一定的灵敏度（mV/℃），采用 PN 结温度传感器与测量电桥检测冷端的温度，电桥的输出经放大器 A2 放大后，有与热电偶放大后相同的灵敏度。将这两个放大后的信号电压再输入增益为 1 的差动放大器电路，则可以自动补偿冷端温度变化所引起的误差。在 0℃时，调 RP，使 A2 输出为 0V，调 R_{F2}，使 A2 输出的灵敏度与 A1 相同即可。一般在 0 ～ 50℃范围内，其补偿精度优于 0.5℃。

常用的热电偶有 7 种，其热电偶的材料及测温范围见表 4-10。

表4-10　常用配接热电偶的材料及测温范围

热电偶材料	分度号		测温范围 /℃
	新	旧	
镍铬 - 康铜	—	E	0 ～ 800
铜 - 康铜	CK	T	-270 ～ 400
铁 - 康铜	—	J	0 ～ 600
镍铬 - 镍硅	EU-2	K	0 ～ 1300
铂铑 - 铂	LB-3	S	0 ～ 1600
铂铑 30- 铂 10	LL-2	B	0 ～ 1800
镍铬 - 考铜	EA-2	—	0 ～ 600

注：镍铬 - 考铜为过渡产品，现已不用。

在这些热电偶中，CK 型热电偶应用最广。这是因为 CK 型热电势率较高，特性近似线性，性能稳定，价格便宜（无贵金属铂及铑），测温范围适合大部分工业温度范围。

（2）热电偶的结构

① 热电极就是构成热电偶的两种金属丝。根据所用金属种类和作用条件的不同，热电极直径一般为 0.3 ～ 3.2mm，长度为 350mm ～ 2m。应该指出，热电极也有用非金属材料制成的。

② 绝缘管用于防止两根热电极短路。绝缘管可以做成单孔、双孔和四孔的形式，其材料见表 4-11，也可以做成填充的形式（如缆式热电偶）。

③ 保护管。为使热电偶有较长的寿命，保证测量准确度，通常热电极（连同绝缘管）装入保护管内，可以减少各种有害气体和有害物质的直接侵蚀，还可以避免火焰和气流的直接冲击。一般根据测温范围、加热区长度、环境气氛等来选择保护管。常用保护管材料分金属和非金属两大类。

表4-11 常用绝缘管、保护管材料

绝缘管材料名称	使用温度范围 /℃	绝缘管材料名称	使用温率范围 /℃
橡皮、塑料	60 ～ 80	石英管	0 ～ 1300
丝、干漆	0 ～ 130	瓷管	1400
氟塑料	0 ～ 250	再结晶氧化铝管	1500
玻璃丝、玻璃管	500 ～ 600	纯氧化铝管	1600 ～ 1700
常用保护管的材料			
材料名称	长期使用温度 /℃	短期使用温度 /℃	使用备注
铜或铜合金	400		防止氧化表面
无缝钢管	600		镀铬或镍
不锈钢管	900 ～ 1000	1250	同上
28Cr 铁（高铬铸铁）	800		
石英管	1300	1600	
瓷管	1400	1600	
再结晶氧化铝管	1500	1700	
高纯氧化铝管	1600	1800	
硼化锆	1800	2100	

④ 接线盒供连接热电偶和补偿导线用，接线盒多采用铝合金制成。为防止有害气体进入热电偶，接线盒出孔和盖应尽可能密封（一般用橡皮、石棉垫圈、垫片以及耐火泥等材料来封装），接线盒内热电极与补偿导线用螺钉紧固在接线板上，保证接触良好。接线处有正负标记，以便检查和接线。

（3）测量 检测热电偶时，可直接用万用表电阻挡测量，如不通则热电偶有断路性故障，此方法只是估测。

（4）热电偶使用中的注意事项

① 热电偶和仪表分度号必须一致。

② 热电偶和电子电位差计不允许用铜质导线连接，而应选用与热电偶配套的补偿导线。安装时热电偶和补偿导线正负极必须相对应，补偿导线接入仪表中的输入端正负极也必须相对应，不可接错。

③ 热电偶的补偿导线安装位置尽量避开大功率的电源线，并应远离强磁场、强电场，否则易给仪表引入干扰。

④ 热电偶的安装：

a. 热电偶不应装在太靠近炉门和加热源处。

b. 热电偶插入炉内深度可以按实际情况而定。其工作端应尽量靠近被测物体，以保证测量准确。另一方面，为了装卸工作方便并不至于损坏热电偶，又要求工作端与被测物体有适当距离，一般不少于100mm。热电偶的接线盒不应靠到炉壁上。

c. 热电偶应尽可能垂直安装，以免保护管在高温下变形，若需要水平安装时，应用耐火泥和耐热合金制成的支架支撑。

d. 热电偶保护管和炉壁之间的空隙，用绝热物质（耐火泥或石棉绳）堵塞，以免冷热空气对流而影响测温准确性。

e. 用热电偶测量管道中的介质温度时，应注意热电偶工作端有足够的插入深度，如管道直径较小，可采取倾斜或在管道弯曲处安装。

f. 在安装瓷和铝这一类保护管的热电偶时，其所选择的位置应适当，不致因加热工件的移动而损坏保护管。在插入或取出热电偶时，应避免急冷急热，以免保护管破裂。

g. 为保护测试准确度，热电偶应定期进行校验。

（5）热电偶的故障检修 热电偶在使用中可能发生的故障及排除方法见表4-12。

表4-12 热电偶的故障检修

故障现象	可能的原因	修复方法
热电势比实际应有的小（仪表指示值偏低）	① 热电偶内部电极漏电 ② 热电偶内部潮湿 ③ 热电偶接线盒内接线柱短路 ④ 补偿线短路 ⑤ 热电偶电极变质或工作端霉坏 ⑥ 补偿导线和热电偶不一致 ⑦ 补偿导线与热电极的极性接反 ⑧ 热电偶安装位置不当 ⑨ 热电偶与仪表分度不一致	① 将热电极取出，检查漏电原因。若是因潮湿引起，应将电极烘干，若是绝缘不良引起，则应予更换 ② 将热电极取出，把热电极和保护管分别烘干，并检查保护管是否有渗漏现象，质量不合格则应予更换 ③ 打开接线盒，清洁接线板，消除造成短路原因 ④ 将短路处重新绝缘或更换补偿线 ⑤ 把变质部分剪去，重新焊接工作端或更换新电极 ⑥ 换成与热电偶配套的补偿导线 ⑦ 重新改接 ⑧ 选取适当的安装位置 ⑨ 换成与仪表分度一致的热电偶

续表

故障现象	可能的原因	修复方法
热电势比实际应有的大（仪表指示值偏高）	① 热电偶与仪表分度不一致 ② 补偿导线和热电偶不一致 ③ 热电偶安装位置不当	① 更换热电偶，使其与仪表一致 ② 换成与热电偶配套的补偿导线 ③ 选取正确的安装位置
热电偶电势差大	① 接线盒内热电极和补偿导线接触不良 ② 热电极有断续短路和断续接地现象 ③ 热电极似断非断现象 ④ 热电偶安装不牢而发生摆动 ⑤ 补偿导线有接地、断续短路或断路现象	① 打开接线盒重新接好并紧固 ② 取出热电极，找出断续短路和接地的部位，并加以排除 ③ 取出热电极，重新焊好电极，经检定合格后使用，否则应更换新的 ④ 将热电偶牢固安装 ⑤ 找出接地和断续的部位，加以修复或更换补偿导线

5. 温度开关的检测

用万用表电阻挡（低挡位）或者蜂鸣挡检测，检测温度控制开关时，首先要检测开关的通断状态，也就是说旋转转换开关的旋钮，应该能够切断和接通，然后检测其在温度变化时的状态，对于低温温度控制器可以放入冰箱当中（高温度时可以用热源加温），然后进行冷冻（或者加温）检查开关的接通和断开状态，如放在冰箱（或加温）后开关不能够正常根据温度的变化接通或断开说明温度开关损坏。如图 4-30 所示。

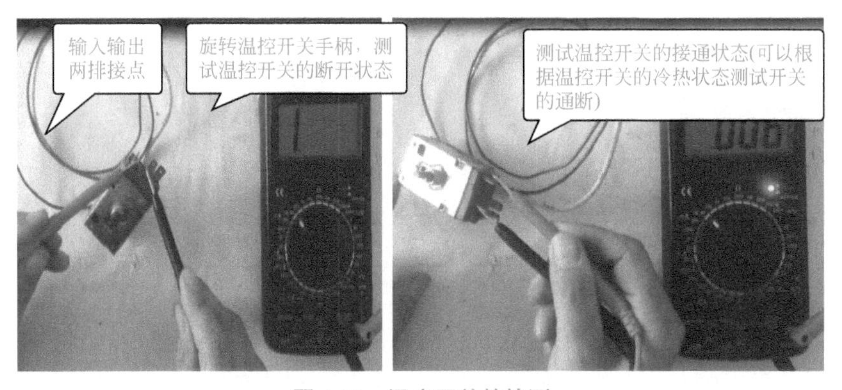

图 4-30 温度开关的检测

6. 温控仪的应用电路

温度控制仪的接线图如图 4-31 所示。

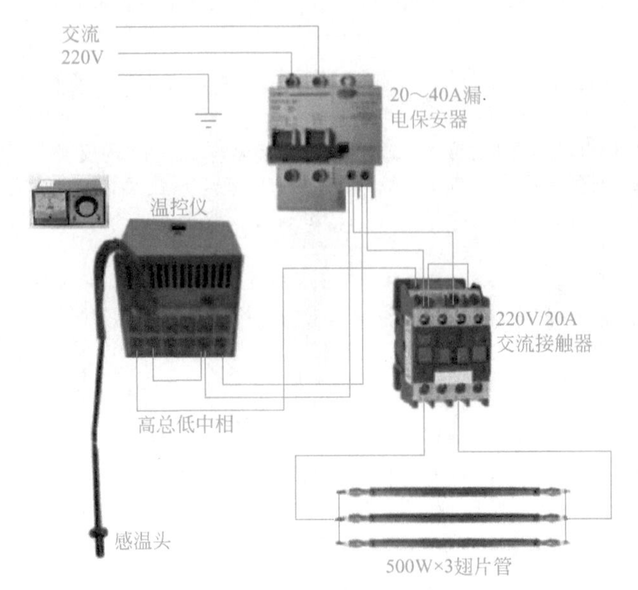

图 4-31 带温度显示的温控电路图

电路工作原理，电路中为了使用大功率加热器，使用交流接触器控制，根据使用的电源确定交流接触器线圈电压，一般为220V/380V，图4-31中加热管为220V，如果使用380V供电，可以将电热管接成Y型接法，如果是380V接热管，可以接成三角型接法。

受温度器控制，当温度到达设定值高或低限值时，温控器会控制交流接触器接通或断开，从而控制加热器工作，达到温控目的。

九、倒顺开关

1. 作用与工作原理

倒顺开关也叫顺逆开关。它的作用是连通、断开电源或负载，可以使电动机正转或反转，主要是给单相、三相电动机作正反转用的电气元件，但不能作为自动化元件。

三相电源提供一个旋转磁场，使三相电动机转动，因电源三相的接法不同，磁场可顺时针或逆时针旋转，为改变转向，只需要将电动机电源的任意两相相序进行改变即可完成。如原来的相序是U、V、W，只需改变为U、W、V或W、V、U。一般的倒顺开关有两排六个端子，调相通过中间触头换向接触，达到换相目的。倒顺开关接线图如图4-32所示，倒顺开关内部结构有两种，如

图 4-33 所示。

以三相电动机倒顺开关为例：设进线 U、V、W 三相，出线也是 U—V—W，因 U、V、W 三相是各个相隔 120°，连接成一个圆周，设这个圆周上的 U、V、W 是顺时针的，连接到电动机后，电动机为顺时针旋转。

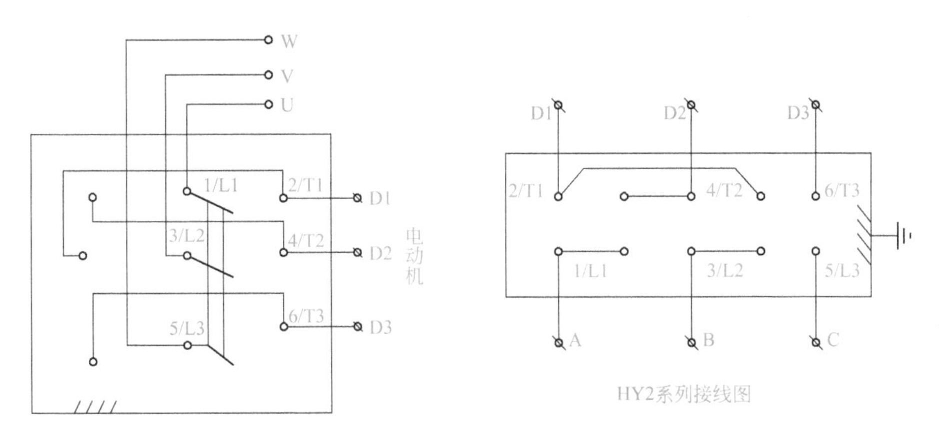

图 4-32　倒顺开关的接线原理图

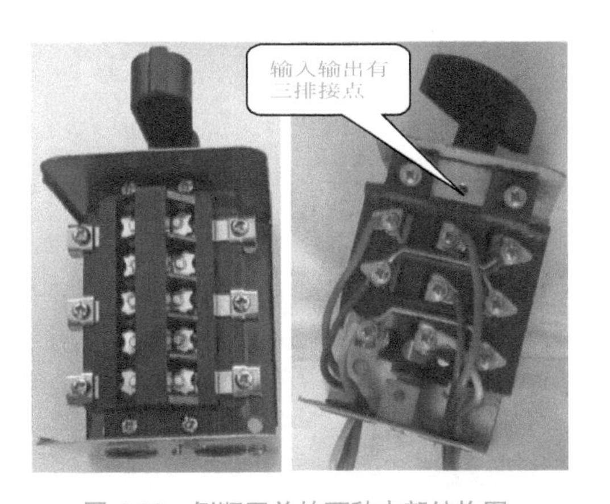

图 4-33　倒顺开关的两种内部结构图

倒顺开关的检测

如在开关内将 V、W 切换一下，A 照旧不动，使开关的出线成了 U—W—V，那这个圆周上的 U、V、W 排列就成了逆时针的，连接到电动机后，电动机也为逆时针旋转。

如将它的把手往左扳，出线是 U—V—W；如将它的把手扳到中间，U、V、W 全部断开，处于关的状态；如将它的把手往右扳，出线是 U—W—V，电动机的转动方向就与往左扳时相反。倒顺开关三种状态工作过程如图 4-34 所示。

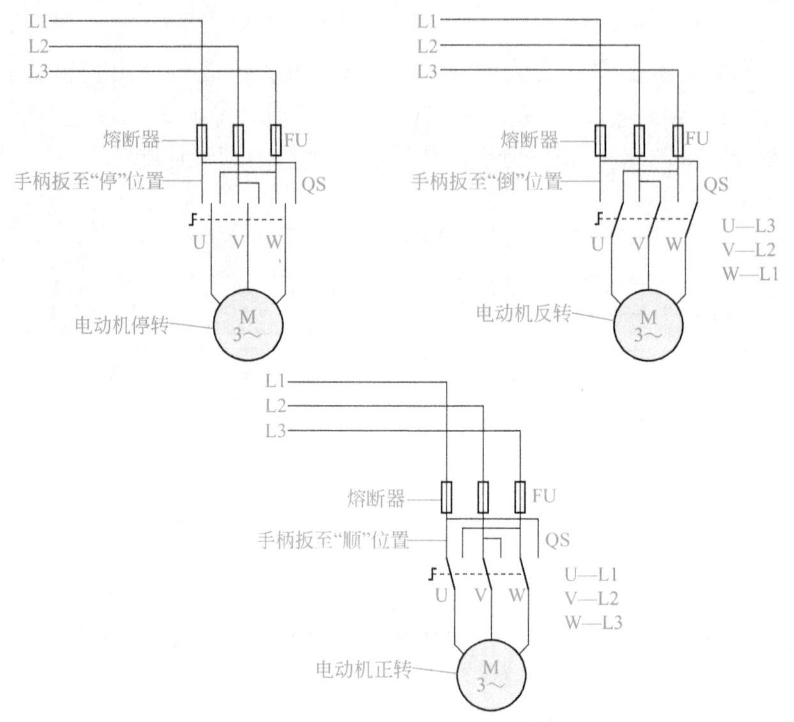

图 4-34　倒顺开关三种状态工作图

2. 使用条件

① 海拔高度：不超过 2000m。

② 周围空气温度 -5 ～ +40℃，24h 内平均温度不超过 +35℃。

③ 大气条件：在 +40℃时大气相对湿度不超过 50%，在较低温度下可以有较高的相对湿度，最湿月的月平均最低温度不超过 +25℃，该月的月平均最大相对湿度不超过 90%，并考虑因温度变化发生在产品上的凝露。

④ 与垂直面的倾斜度不超过 ±5°。

⑤ 在无爆炸危险的介质中，且介质中无足以腐蚀金属和破坏绝缘的气体及无导电尘埃存在的地方。

⑥ 在有防雨雪设备及没有充满水蒸气的地方。

⑦ 在无显著摇动、冲击和振动的地方。

⑧ 由于倒顺开关无失压保护、无零位保护，不得采用手动双向转换开关作为控制电器。

3. 倒顺开关的检测

用万用表电阻挡（低挡位）或者蜂鸣挡检测，在检修倒顺开关时，首先将倒顺开关放置于零的位置，也就是停的位置，用万用表电阻挡检测输入端和输出端，三组开关均不应相通。如图 4-35 所示。

图 4-35　在停的位置所有开关都不通

然后将开关拨向正转的位置，那么检测它的三个输入端和输出端应相通，如不通，为对应开关损坏。如图 4-36 所示。

然后再将开关拨向反转位置，然后检测倒顺开关三组的输入与三组的输出的位置应有两组交叉通，如输入输出两组开关不能交叉通或不能同，则说明开关损坏。如图 4-37 所示。

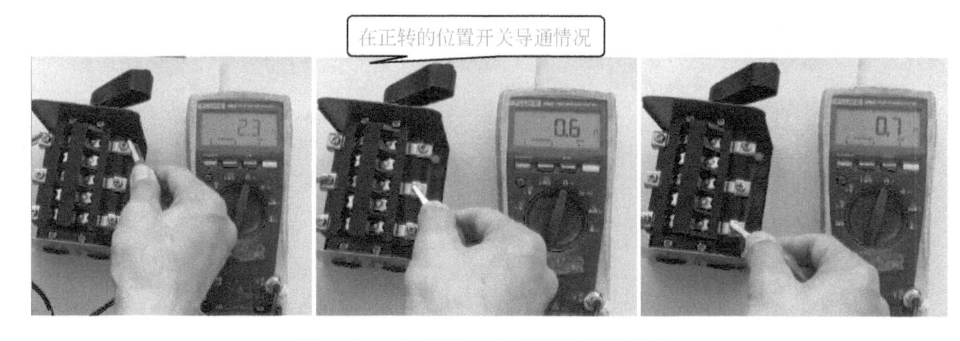

图 4-36　在正转的位置开关导通情况

图 4-37　在反转位置开关导通情况

4. 应用

（1）在三相电路中的应用 如图 4-38 所示。

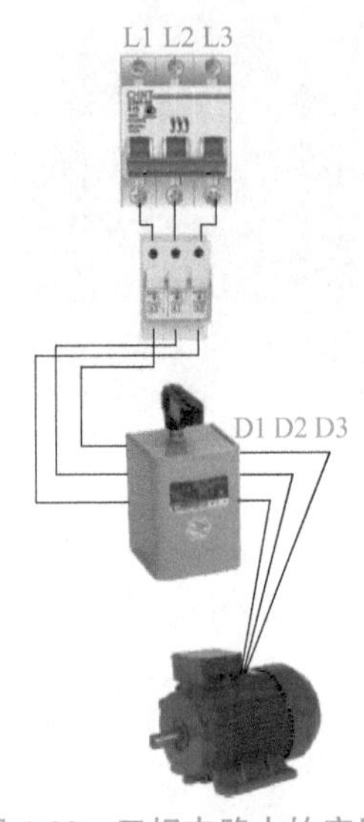

图 4-38 三相电路中的应用

当倒顺开关用于三相电动机控制时，按照图中接好线以后旋转倒顺开关在零位时电动机不旋转，当将开关拨动到正位置时，电动机旋转（设定为正转），而当手柄向反位置时，电动机反向旋转。这样就完成了正反装控制。

（2）在单相电动机中的应用 单相电动机又分为单电容运行式、单电容启动式和双电容启动运行式，图 4-39（a）为单电容运行单相电动机接线图，图 4-39（b）为双电容单相电动机的接线图。

对于单相电动机的电容运行式电动机来说，利用倒顺开关的正转和反转位置，实际上是利用开关触点调换了电容的两端接线，那么改变电容的两端接线就可以改变电动机的运转方向。

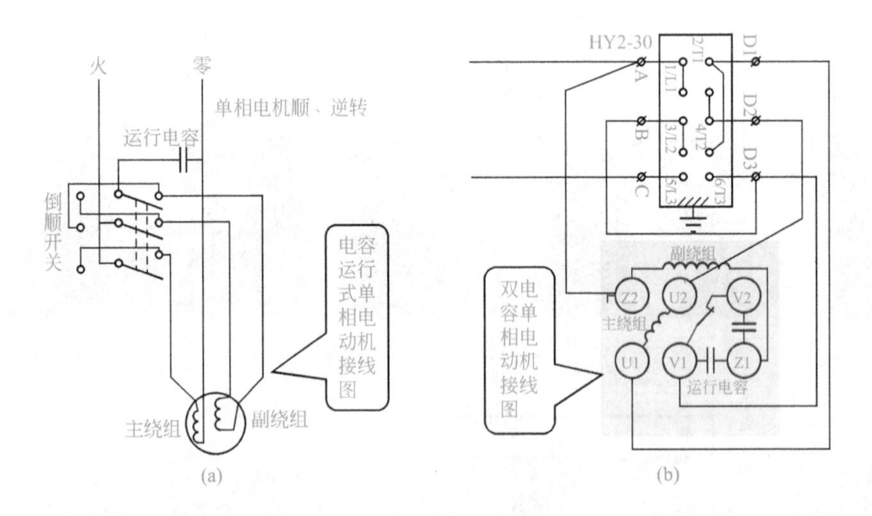

图 4-39 单电容运行式控制单电容启动或双电容接线控制

倒顺开关控制单相电容启动电动机，实际上是利用倒顺开关改变了主绕组和副绕组的连接方式，那么改变了绕组的连接方式以后可以改变电流方向，从而可以控制电动机的正转或反转。在实际接线过程当中，只要按照图 4-39 中接线图进行接线就可以正常控制电容启动式电动机的正常正反转运行，此接线同样适用于电容启动运行电动机，也就是双电容电动机的正反转控制。

十、万能转换开关

1.万能转换开关结构

万能转换开关（文字符号 SA）的作用是用于不频繁接通与断开的电路，实现换接电源和负载，是一种多挡式、控制多回路的主令电器。

转换开关由转轴、凸轮、触点座、触点弹簧、触点、定位机构、螺杠和手柄等组成。当将手柄转动到不同的挡位时，转轴带着凸轮随之转动，使一些触头通，另一些触头断开。它具有寿命长、使用可靠、结构简单等优点，适用于交流 50Hz、380V，直流 220V 及以下的电源引入，5kW 以下小容量电动机的直接启动，电动机的正、反转控制及照明控制的电路中，但每小时的转换次数不宜超过 15 ～ 20 次。如图 4-40 所示。

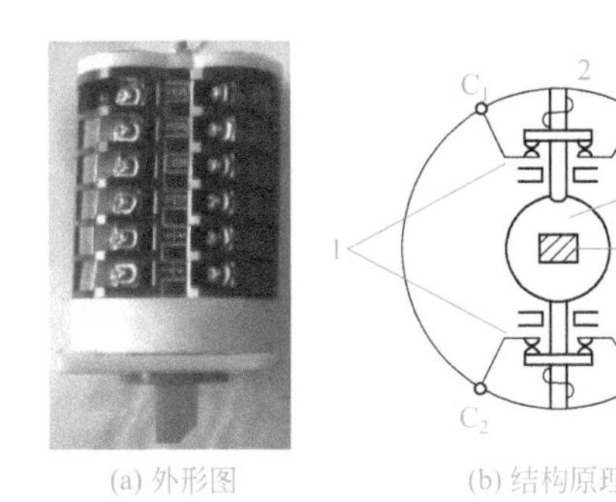

(a) 外形图　　(b) 结构原理图

万能转换开关的检测

图 4-40　万能转换开关结构

1—触点；2—触点弹簧；3—凸轮；4—转轴

2.万能转换开关符号表示

如图 4-41 所示开关的挡位、触头数目及接通状态，表中用“×”表示触点接通，否则为断开，由接线表才可画出其图形符号。具体画法是：用虚线表示操作手柄的位置，用有无“•”表示触点的闭合和打开状态，比如，在触点图形符号下方的虚线位置上画“•”，则表示当操作手柄处于该位置时，该触点是处于闭合状态，若在虚线位置上未画“•”时，则表示该触点是处于打开状态。

图 4-41（a）是万能转换开关的接线图。图 4-41（b）是触点闭合表。

① 在零位时 1、2 触点闭合。

② 往左旋转 5-6、7-8 触点闭合。

③ 往右旋转 5-6、3-4 触点闭合。

LW26-25万能转换开关是一种多挡式、控制多回路的主令电器。万能转换开关主要用于各种控制线路的转换，电压表、电流表的换相测量控制，配电装置线路的负荷遥控等。万能转换开关还可以用于直接控制小容电动机的启动、调速和换向。

如图4-42所示是工作原理接线图。

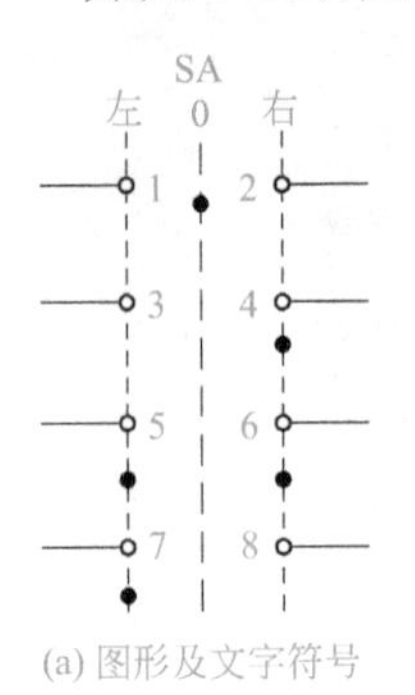

(a) 图形及文字符号

	位置		
触点	左	0	右
1-2		×	
3-4			×
5-6	×		×
7-8	×		

(b) 触头接线表

图4-41　万能转换开关符号表示

图4-42　工作原理接线图

万能转换开关主要根据用途、接线方式、所需触头挡数和额定电流来选择。

① 万能转换开关的安装位置应与其他电气元件或机床的金属部件有一定的间隙，以免在通断过程中因电弧喷出而发生对地短路故障。

② 万能转换开关一般应水平安装在屏板上，但也可以倾斜或垂直安装。

③ 万能转换开关的通断能力不高，当用来控制电动机时，LW5系列只能控制5.5kW以下的小容量电动机。若用以控制电动机的正反转，则只有在电动机停止后才能反向启动。

④ 万能转换开关本身不带保护，使用时必须与其他电器配合。

⑤ 当万能转换开关有故障时，必须立即切断电路，检查有无妨碍可动部分正常转动的故障，检查弹簧有无变形或失效，触头工作状态和触头状况是否正常等。

3.万能转换开关的检测

（1）三挡位万能转换开关检测　三挡位万能转换开关种类比较多，下面以LW5D-16型为例讲解其检测。

用万用表电阻挡（低挡位）或者蜂鸣挡检测，在检测万能转换开关的时候，一定要熟悉它的触头接线表，只有充分熟悉了它的触头接线表的时候才能够知道转换开关放的位置是哪个开关相通，哪个开关断开。在实际检测中，首先应将转换开关放在零，按照接线图表中找到相通的开关测量应为通状态，其余所有开关均应处于断开状态（某些万能转换开关在零位时所有开关均不相通），如图 4-43 所示。然后将开关拨到左或者是右的位置，根据触点接通表测量相应的触头接点，其常开触点应该是不通的，对应的闭合触点应通，如不能按照触头接触表中的开关闭合断开，则说明开关有接触不良或损坏现象。

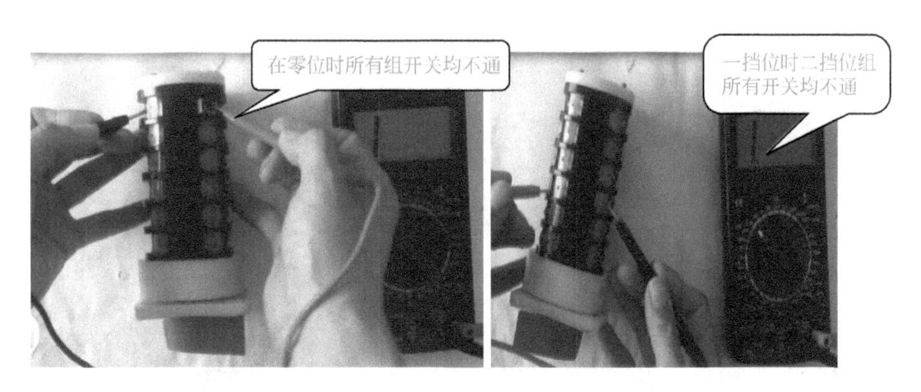

图 4-43　转换开关测量

在测量过程当中，无论是向左还是向右，或者说一挡二挡的位置的时候，要把所有的开关全部测量到，也就是说和它相关的开关都应测量到，不能有遗漏。如图 4-44 所示。

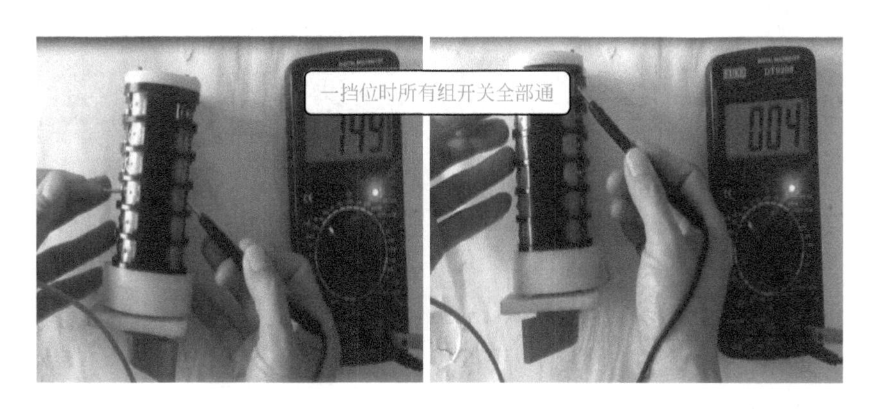

图 4-44　在一挡时所有组开关全部通

（2）多挡位开关检测　多挡位开关型号也是比较多的，下面以 LW12-16 型万能转换开关为例进行检测，LW12-16 型为 40 个触点 20 组开关，共计 6 个挡位。如图 4-45 所示。

用万用表电阻挡（低挡位）或者蜂鸣挡检测，在检测多挡位万能转换开关时，由于挡位比较多，触点组数比较多，因此检修时必须要有触头接通表，根据触头接通表分析清楚在开关不同位置时对应的触头接通断开状态，然后根据接通断开状态测量对应的开关的接通和断开，如在检测过程当中转换开关转到对应位置时，其控制的开关不能按照触头接线表通或断，则为开关损坏，在检测多挡开关的时候，要把所有触头组全部检测到，不能有遗漏。

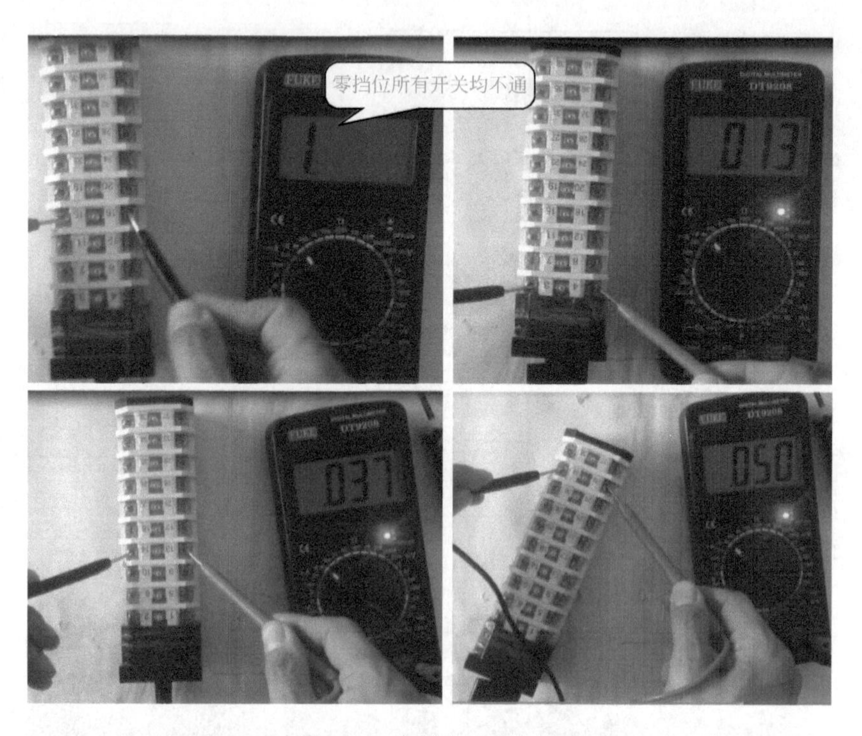

图 4-45　多挡位开关检测

十一、凸轮控制器

1. 凸轮控制器用途

凸轮控制器是一种万能转换开关，是一种利用凸轮来操作动触点动作的控制电器，主要用于容量小于 30kW 的中小型绕线转子异步电动机线路中，控制电动机的启动、停止、调速、反转和制动，也广泛地应用于桥式起重等设备。常见的 KTJI 系列凸轮控制器主要由手柄（手轮）、触点系统、转轴、凸轮和外壳等部分组成，其外形与结构如图 4-46 所示。

凸轮控制器头分合情况，通常使用触点分合表来表示。KTJI-50/1 型凸轮控制器的触点分合表如图4-47所示。

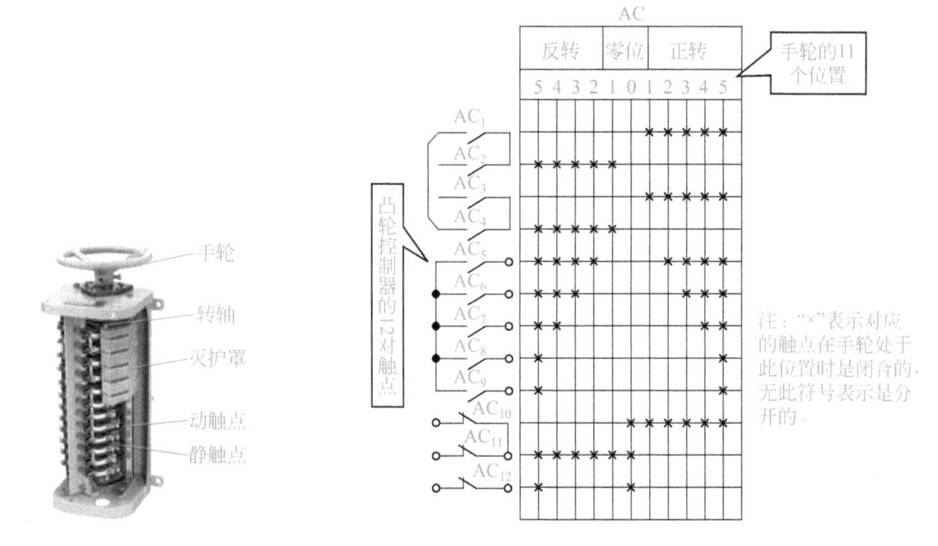

图4-46 凸轮控制器的结构　　图4-47 KTJI-50/1型凸轮控制器的触点分合表

图4-48所示为凸轮控制器实物。

凸轮控制器的检测

图4-48 凸轮控制器实物

2. 凸轮控制器选用原则

凸轮控制器在选用时主要依据所控制电动机的容量、额定电压、额定电流、工作制和控制位置数目等，可查阅相关技术手册。

3. 凸轮控制器常见故障及处理措施

凸轮控制器常见故障及处理措施见表4-13。

表4-13 凸轮控制器常见故障及处理方法

故障现象	故障分析	处理措施
主电路中常开主触点间短路	灭弧罩破损	调换灭弧罩
	触点间绝缘损坏	调换凸轮控制器
	手轮转动过快	降低手轮转动速度
触点过热使触点支持件烧焦	触点接触不良	修整触点
	触点压力变小	调整或更换触点压力弹簧
	触点上连接螺钉松动	旋紧螺钉
	触点容量过小	调换控制器
触点熔焊	触点弹簧脱落或断裂	调换触点弹簧
	触点脱落或磨光	更换触点
操作时有卡轧现象及噪声	滚动轴承损坏	调换轴承
	异物嵌入凸轮鼓或触点	清除异物

4.凸轮控制器使用注意事项

① 凸轮控制器在安装前应检查外壳及零件有无损坏，并清除内部灰尘。

② 安装前应操作控制器手柄不少于 5 次，检查有无卡轧现象。凸轮控制器必须牢固可靠地安装在墙壁或支架上，其金属外壳上的接地螺钉必须与接地线可靠接地。

5.凸轮控制器的检测

凸轮控制器的检测与多挡位万能转换开关检测方法相同，具体检测过程可扫上页二维码学习。

6.凸轮控制器的应用

图 4-49 为凸轮控制器控制的天车电路。由图可以看出，只有三个凸轮控制器，QC1、QC2、QC3 都在“0”位时，才可以接通交流电源，合上开关 QS1，使 QS1 开关闭合，按动启动按钮 SB，接触器 KM 得电吸合并自锁，然后便可通过 QC1 ～ QC3 分别控制各电动机，凸轮控制器的触点结构如图 4-50 所示（图中电路部分未画出）。

凸轮控制器 QC3、QC2、QC1 分别对大车、小车、吊钩电动机 M3 ～ M1 实行控制。各凸轮控制器的位数为 5—0—5，共有 11 个操作位，共有 12 副触头，其中 4 副触头（1、2、3、4）控制各相对应电动机的正反转，5 副触头（5 ～ 9）控制电动机的启动和分级短接相应电阻，两副触头（10、11）和限位开关配合，用于大车行车、小车行车和吊钩提升极限位置的保护，另一副触头（12）用于零位启动保护（也可通过本书第十四章第四节详细学习）。

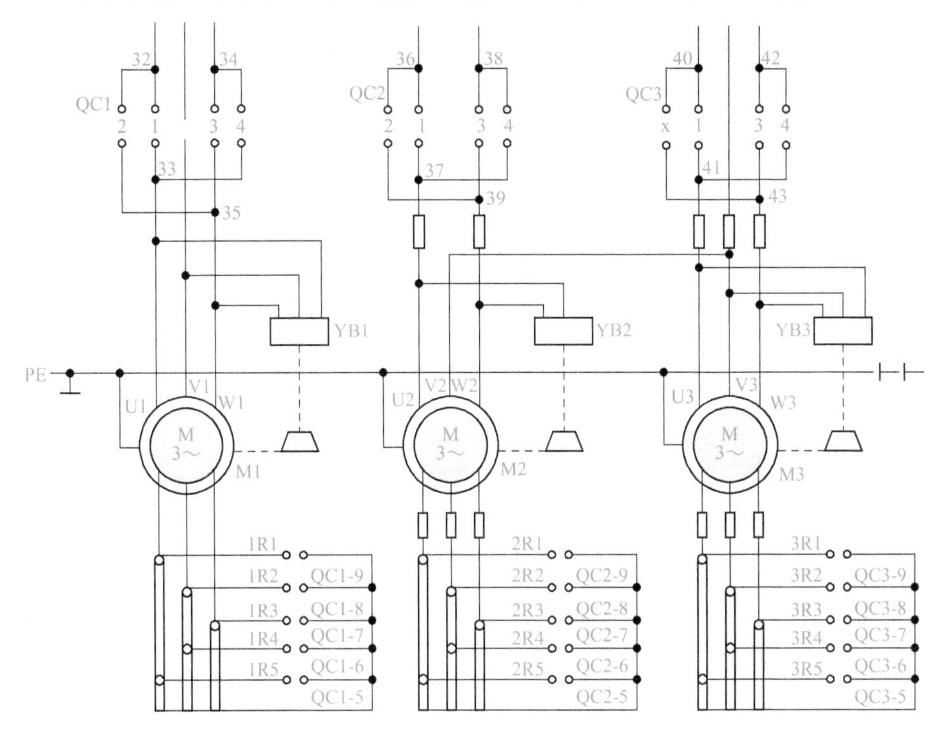

图 4-49　凸轮控制器控制的天车电路

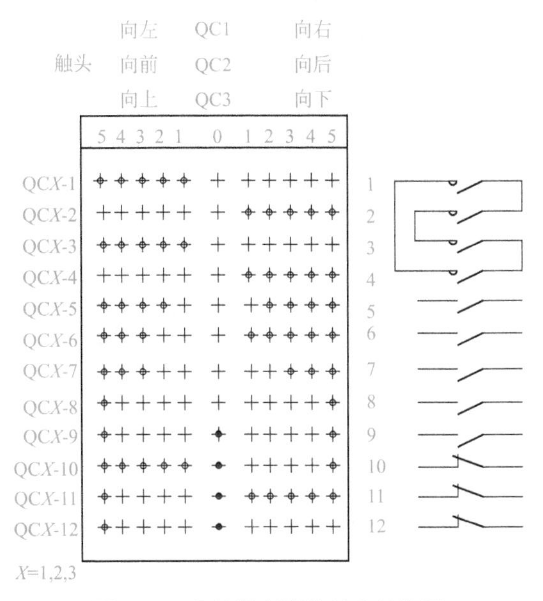

图 4-50　凸轮控制器的触点结构图

十二、熔断器

1.熔断器的用途

熔断器是低压电力拖动系统和电气控制系统中使用最多的安全保护电器之一，其主要用于短路保护，也可用于负载过载保护。熔断器主要由熔体和安装熔体的熔管和熔座组成，各部分的作用如表 4-14 所示。

表4-14　熔断器各部分作用

各部分名称	材料及作用
熔体	铅、铅锡合金或锌等低熔点材料制成，多用于小电流电路；银、铜等较高熔点金属制成，多用于大电流电路
熔管	用耐热绝缘材料制成，在熔体熔断时兼有灭弧的作用
底座	用于固定熔管和外接引线

熔体在使用时应串联在需要保护的电路中，熔体是用铅、锌、铜、银、锡等金属或电阻率较高、熔点较低的合金材料制作而成。如图 4-51 所示为熔断器实物。

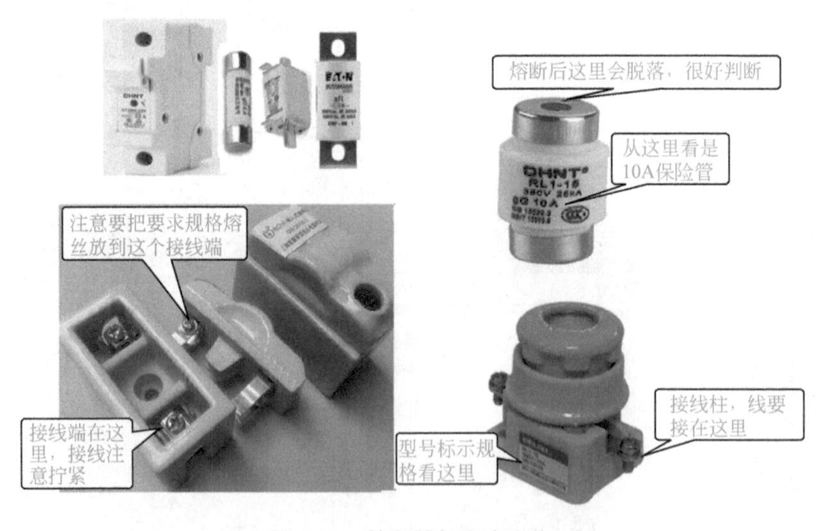

图 4-51　熔断器与底座实物

2.熔断器选用原则

在低压电气控制电路选用熔断器时，我们常常只考虑熔断器的主要参数如额定电流、额定电压和熔体的额定电流 3 个。

（1）额定电流　在电路中熔断器能够正常工作而不损坏时所通过的最大电

流，该电流由熔断器各部分在电路中长时间正常工作时的温度所决定。因此在选用熔断器的额定电流时不应小于所选用熔体的额定电流。

（2）额定电压　在电路中熔断器能够正常工作而不损坏时所承受的最高电压。如果熔断器在电路中的实际工作电压大于其额定电压，那么熔体熔断时有可能会引起电弧而不能熄灭的恶果。因此在选用熔断器的额定电压时应高于电路中实际工作电压。

（3）熔体电流　在规定的工作条件下，长时间流过熔体而熔体不损坏的最大安全电流。实际使用中，额定电流等级相同的熔断器可以选用若干个等级不同的熔体电流。根据不同的低压熔断器所要保护的负载，选择熔体电流的方法也有所不同，如表 4-15 所示。

表4-15　低压熔断器熔体选用原则

保护对象	选用原则
电炉和照明等电阻性负载短路保护	熔体的额定电流等于或稍大于电路的工作电流
保护单台电动机	考虑到电动机所受启动电流的冲击，熔体的额定电流应大于等于电动机额定电流的 1.5 ～ 2.5 倍。一般，轻载启动或启动时间短时选用 1.5 倍，重载启动或启动时间较长时选 2.5 倍
保护多台电动机	熔体的额定电流应大于等于容量最大电动机额定电流的 1.5 ～ 2.5 倍与其余电动机额定电流之和
保护配电电路	防止熔断器越级动作而扩大断路范围后，一级的熔体的额定电流比前一级熔体的额定电流至少要大一个等级

3.熔断器的检测

检测熔断器时，万用表选用电阻挡或者是蜂鸣器挡进行检测。在测量时如果说所测量的阻值很小几乎为零，或者是蜂鸣器挡蜂鸣指示灯亮，说明保险也就是熔断器是好的。如果说在测量时所测量的阻值很大或者是蜂鸣器挡蜂鸣指示灯不亮，说明保险也就是熔断器是坏的，如图 4-52 所示。

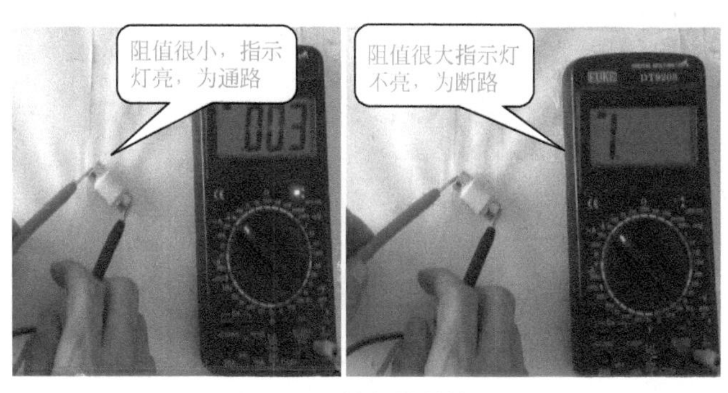

图 4-52　熔断器的检测

4. 熔断器常见故障及处理措施

低压熔断器的好坏判断：指针表电阻挡测量，若熔体的电阻值为零说明熔体是好的；若熔体的电阻值不为零说明熔体损坏，必须更换熔体。低压熔断器的常见故障及处理方案，如表 4-16 所示。

表4-16　熔断器的常见故障及处理方法

故障现象	故障分析	处理措施
电路接通瞬间，熔体熔断	熔体电流等级选择过小	更换熔体
	负载侧短路或接地	排除负载故障
	熔体安装时受机械损伤	更换熔体
熔体未见熔断，但电路不通	熔体或接线座接触不良	重新连接

5. 熔断器的应用

熔断器在电路当中主要起保护作用，如图 4-53 所示电路中主电路设有三个熔断器，辅助电路设有一个熔断器，一旦过流，对应的熔断器就会熔断，保护电路其他元件不被烧坏。电动机控制电路工作过程为：当合上空开时，电动机不会启动运转，因为 KM 线圈未通电，只有按下按钮 SB1 或 SB 使线圈 KM 或 KM2 通电，主电路中的 KM1 或 KM2 主触点闭合，电动机 M 即可启动。这种只有按下启动按钮电动机才会运转，松开按钮即停转的线路，称为点动控制线路。

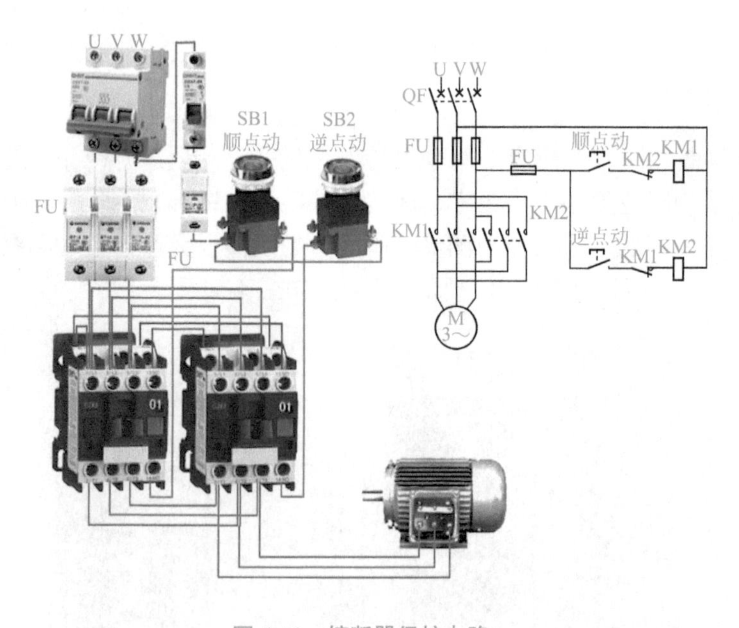

图 4-53　熔断器保护电路

十三、通用断路器与万能断路器

1. 断路器的用途

低压断路器又称自动空气开关或自动空气断路器，是一种重要的控制和保护电器，主要用于交直流低压电网和电力拖动系统中，既可手动又可电动分合电路。它集控制和多种保护功能于一体，对电路或用电设备实现过载、短路和欠电压等保护，也可以用于不频繁地转换电路及启动电动机。低压短路器主要由触点、灭弧系统和各种脱扣器 3 部分组成。常见的低压断路器外形结构及用途见表 4-17。

表4-17　低压断路器外形结构及用途

名称	框架式	塑料外壳式
结构图	电磁脱扣器 按钮 自由脱扣器 动触点 静触点 热脱扣器 接线柱	DW10系列 DW16系列
用途	适用于手动不频繁地接通和断开容量较大的低压网络和控制较大容量电动机的场合（电力网主干线路）	适用于配电线路的保护开关以及电动机和照明线路的控制开关等（电气设备控制系统）

断路器实物如图 4-54 所示。

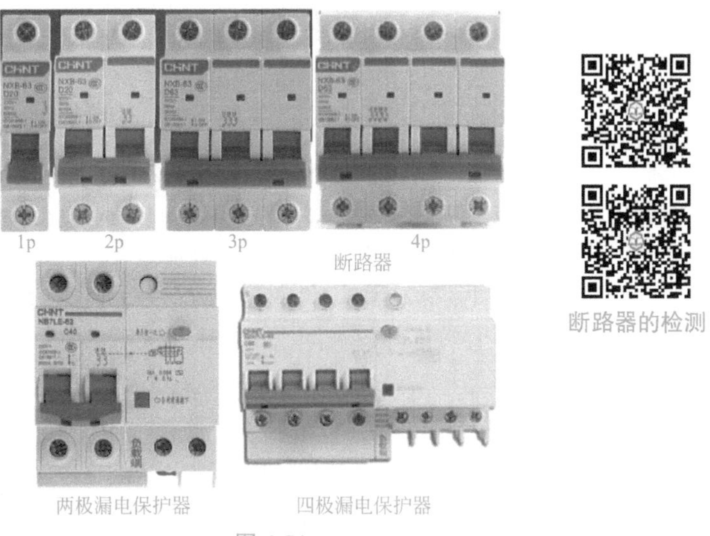

图 4-54

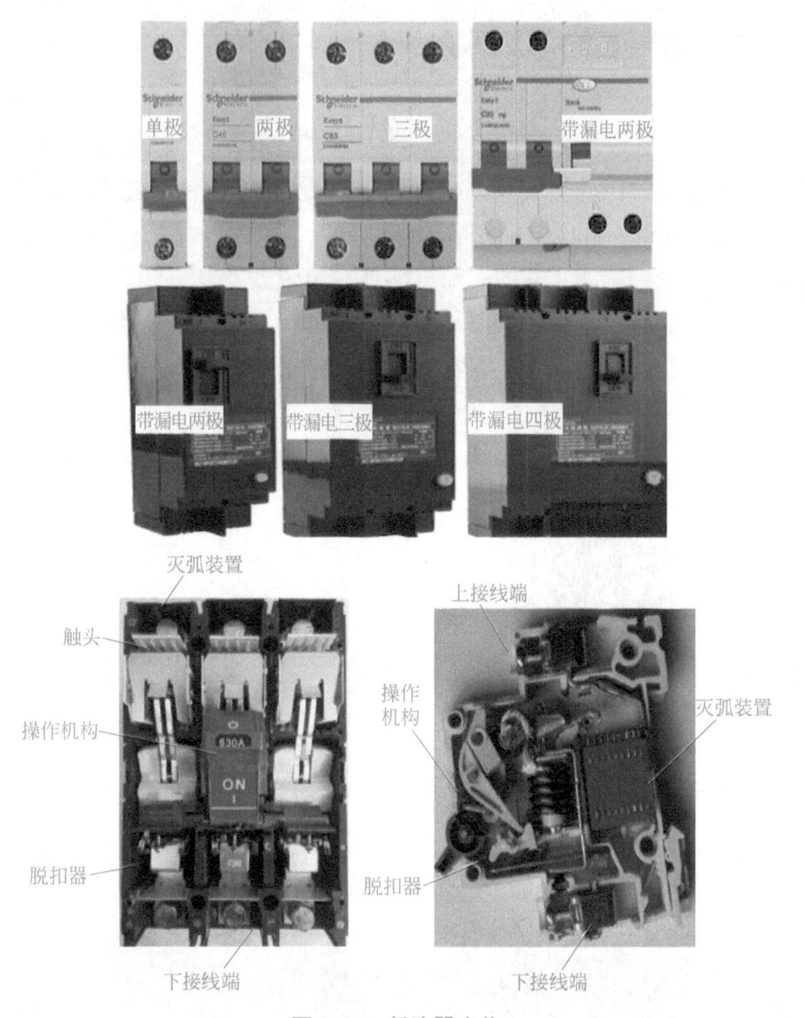

图 4-54　断路器实物

2.断路器的选用原则

在低压电气控制电路中选用低压断路器时，常常只考虑低压断路器的主要参数，如额定电流、额定电压和壳架等级额定电流。

① 额定电流。低压断路器的额定电流应不小于被保护电路的计算负载电流，即用于保护电动机时，低压断路器的长延时电流整定值等于电动机额定电流；用于保护三相笼型异步电动机时，其瞬时整定电流等于电动机额定电流的 8 ～ 15 倍，倍数与电动机的型号、容量和启动方法有关；用于保护三相绕线式异步电动机时，其瞬间整定电流等于电动机额定电流的 3 ～ 6 倍。

② 额定电压。低压断路器的额定电压应不高于被保护电路的额定电压，即

低压断路器欠电压脱扣器额定电压等于被保护电路的额定电压、低压断路器分励脱扣器额定电压等于控制电源的额定电压。

③ 壳架等级额定电流。低压断路器的壳架等级额定电流应不小于被保护电路的计算负载电流。

④ 用于保护和控制不频繁启动电动机时，还应考虑断路器的操作条件和使用寿命。

3.通用断路器的检测

在检测断路器时，用万用表电阻挡（低挡位）或者蜂鸣挡检测，检测断路器在断开时的状态，其输入端和输出端均不应相通。然后将断路器接通检测输入端和输出端，应该相通。最后接通电源将断路器闭合，检测输出端的电压应等于输入端电压，再按漏电保护触发按钮，此时断路器应该跳开切断电源。如图 4-55 所示，如果按动试跳按钮断路器不能跳开说明漏电功能失效，也就是断路器损坏，应更换新断路器。

图 4-55 通用断路器检测

某些断路器有过电流调整，在使用时应根据负载电流调整过电流值到合适位置。其他测试方法与测量普通断路器的测量方法相同，如图4-56所示。

4.万能式断路器

（1）万能式断路器的用途结构 万能式断路器用来分配电能和保护线路及电源设备免受过载、欠电压、短路、单相接地等故障的危害；该断路器具有智能化保护功能，选择性保护精确，能提高供电可靠性，避免不必要的停电。该断路器广泛适用于电站、工厂、矿山和现代高层建筑，特别是智能楼宇中的配电系统。万能式断路器的结构如图4-57所示。

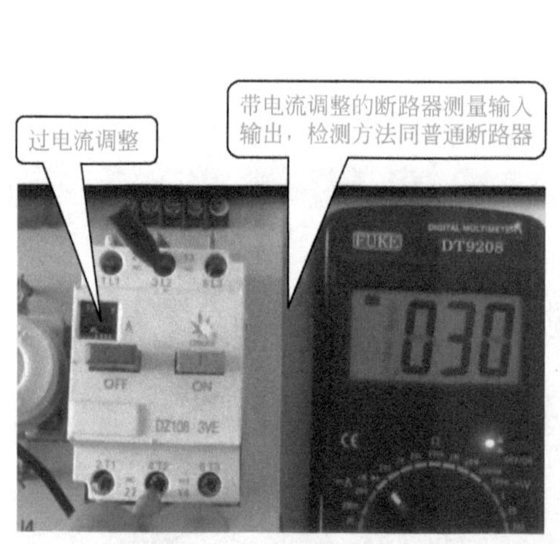

图4-56 过电流调整型断路器检测

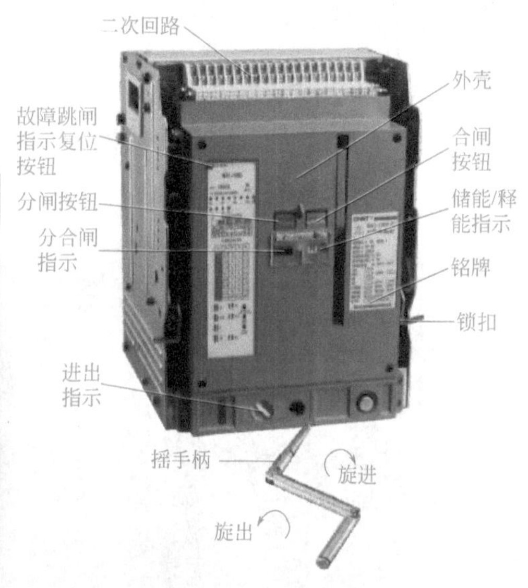

图4-57 万能断路器结构图

（2）万能式断路器的安装

① 断路器安装起吊时，应把吊索正确钩挂在断路器两侧提手上，起吊时应尽可能使其保持垂直，避免磕碰，以免造成内在的不易觉察的损伤而留下隐患。

② 检查断路器的规格是否符合要求。

③ 以500 V兆欧表检查断路器各相之间及各相对地之间的绝缘电阻，在周围介质温度为（20±5）℃和相对湿度为50%～70%时绝缘电阻值应大于20MΩ，否则应进行干燥处理。

④ 检查断路器各部分动作的可靠性，电流、电压脱扣器特性是否符合要求，闭合、断开是否可靠。断路器在闭合和断开过程中其可动部分与灭弧罩等

零件应无卡、碰等现象（注意：进行闭合操作时欠压线圈应通以额定电压或用螺钉紧固，以免造成误判）。

⑤ 安装时应严格遵守断路器的飞弧距离及安全间距（> 100mm）。

⑥ 断路器必须垂直安装于平整坚固的底架或固定架上并用螺栓紧固，以免由于安装平面不平使断路器或抽屉式支架受到附加力而引起变形。

⑦ 抽屉式断路器安装时还必须检查主回路触刀与触刀座的配合情况和二次回路对应触头的配合情况是否良好，如发现由于运输等原因而产生偏移，应及时予以修正。

⑧ 在进行电气连接前应先切断电源，确保电路中没有电压存在。连接母排或连接电缆应与断路器自然连接，若连接母排的形位尺寸不当应事先整形，不能用强制性外力使其与断路器主回路进出线勉强相接而使断路器发生变形，影响其动作的可靠性。

⑨ 用户应考虑到预期短路电流对母排之间可能产生强大的电动力而影响到断路器的进出线端，故必须用强度足够的绝缘板条在近断路器处对母排予以紧固。

⑩ 用户应对断路器进行可靠的保护接地，固定式断路器的接地处标有明显的接地标记，抽屉式断路器的接地借助于抽屉支架来实现。

⑪ 按线路图连接好控制装置和信号装置，在闭合操作前必须安装好灭弧罩，插好隔弧板并清除安装过程中产生的尘埃及可能遗留下来的杂物（如金属屑、导线等）。

（3）万能式断路器的使用与维护

① 断路器使用时应将磁铁工作极面上的防锈油揩净并保持清洁。

② 各转动轴孔及摩擦部分必须定期添加润滑油。

③ 断路器在使用过程中要定期检查，以保证使用的安全性和可靠性。

a. 定期清刷灰尘，以保持断路器的绝缘水平。

b. 按期对触头系统进行检查（注意：检查时应使断路器处于隔离位置）。

Ⅰ. 检查弧触头的烧损程度，如果动、静弧触头刚接触时主触头的小开距小于 2mm，必须重新调整或更换弧触头。

Ⅱ. 检查主触头的电磨损程度。若发现主触头上有小的金属颗粒形成，则应及时铲除并修复平整；如发现主触头超程小于 4mm，必须重新调整；如主触头上的银合金厚度小于 1mm 时，必须更换触头。

Ⅲ. 检查软连接断裂情况，去掉折断的带层。若长期使用后软连接折断情况严重（接近二分之一），则应及时更换。

④ 当断路器分断短路电流后，除必须检查触头系统外还必须清除灭弧罩两

壁烟痕及检查灭弧栅片烧损情况，如严重应更换灭弧罩。

5. 断路器的常见故障及处理措施

断路器的常见故障及处理措施见表 4-18。

表4-18　断路器的常见故障及处理方法

故障现象	故障分析	处理措施
不能合闸	欠压脱扣器无电压和线圈损坏	检查施加电压和更换线圈
	储能弹簧力过大	更换储能弹簧
	反作用弹簧力过大	重新调整
	机构不能复位再扣	调整再扣接触面至规定值
电流达到整定值，断路器不动作	热脱扣器双金属片损坏	更换双金属片
	电磁脱扣器的衔铁与铁芯的距离太大或电磁线圈损坏	调整衔铁与铁芯的距离或更换断路器
	主触点熔焊	检查原因并更换主触点
启动电动机时断路器立即分断	电磁脱扣器瞬动整定值过小	调高整定值至规定值
	电磁脱扣器某些零件损坏	更换脱扣器
断路器闭合后经一定时间自行分断	热脱扣器整定值过小	调高整定值至规定值
断路器温升过高	触点压力过小	调整触点压力或更换弹簧
	触点表面过分磨损或接触不良	更换触点或整修接触面
	两个导电零件连接螺钉松动	重新拧紧

断路器使用注意事项：

① 安装时低压断路器垂直于配电板，上端接电源线，下端接负载。

② 低压断路器在电气控制系统中若作为电源总开关或电动机的控制开关，则必须在电源进线侧安装熔断器或刀开关等，这样可出现明显的保护断点。

③ 低压断路器在接入电路后，在使用前应将防锈油脂擦在脱扣器的工作表面上；设定好脱扣器的保护值后，不允许随意改动，避免影响脱扣器保护值。

④ 低压断路器在使用过程中分断短路电流后，要及时检修触点，发现电灼烧痕现象，应及时修理或更换。

⑤ 定期清扫断路器上的积尘和杂物，定期检查各脱扣器的保护值，定期给操作机构添加润滑剂。

6. 断路器的应用电路

点动控制电路是电动机控制电路中最常用的电路，由按钮开关的交流接触器构成。接触器点动控制直接启动控制电路如图 4-58 所示。

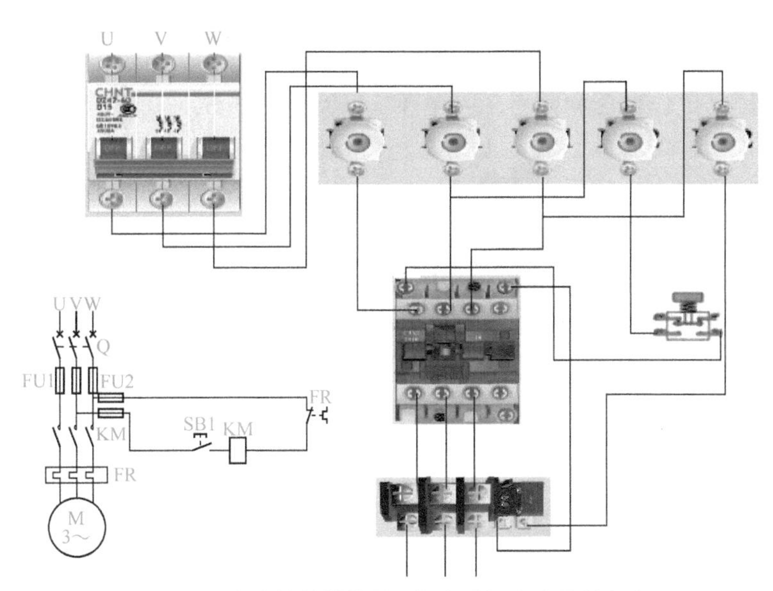

图 4-58　交流接触器控制三相电动机点动控制电路

十四、小型电磁继电器

1. 结构

继电器是具有隔离功能的自动开关元件，广泛应用于遥控、遥测、通信、自动控制、机电一体化及电力电子设备中，是最重要的控制元件之一。电磁继电器如图 4-59 所示。

图 4-59　电磁继电器实物图

2. 电磁继电器的主要技术参数

（1）额定工作电压和额定工作电流 额定工作电压是指继电器在正常工作时线圈两端所加的电压，额定工作电流是指继电器在正常工作时线圈需要通过的电流。使用中必须满足线圈对工作电压、工作电流的要求，否则继电器不能正常工作。

（2）线圈直流电阻 线圈直流电阻是指继电器线圈直流电阻的阻值。

（3）吸合电压和吸合电流 吸合电压是指使继电器能够产生吸合动作的最小电压值，吸合电流是指使继电器能够产生吸合动作的最小电流值。为了确保继电器的触点能够可靠吸合，必须给线圈加上稍大于额定电压（电流）的实际电压（电流）值，但也不能太高，一般为额定值的1.5倍，否则会导致线圈损坏。

（4）释放电压和释放电流 释放电压是指使继电器从吸合状态到释放状态所需的最大电压值，释放电流是指使继电器从吸合状态到释放状态所需的最大电流值。为保证继电器按需要可靠地释放，在继电器释放时，其线圈所加的电压必须小于释放电压。

（5）触点负荷 触点负荷是指继电器触点所允许通过的电流和所加的电压，也就是触点能够承受的负载大小。在使用时，为避免触点过电流损坏，不能用触点负荷小的继电器去控制负载大的电路。

（6）吸合时间 吸合时间是指给继电器线圈通电后，触点从释放状态到吸合状态所需要的时间。

3. 电磁继电器的识别

根据线圈的供电方式，电磁继电器可以分为交流电磁继电器和直流电磁继电器两种，交流电磁继电器的外壳上标有“AC”字符，而直流电磁继电器的外壳上标有“DC”字符。根据触点的状态，电磁继电器可分为常开型继电器、常闭型继电器和转换型继电器3种。3种电磁继电器的图形符号如图4-60所示。

常开型继电器也称动合型继电器，通常用“合”字的拼音字头“H”表示，此类继电器的线圈没有电流时，触点处于断开状态，当线圈通电后触点就闭合。

常闭型继电器也称动断型继电器，通常用“断”字的拼音字头“D”表示，此类继电器的线圈没有电流时，触点处于接通状态，当线圈通电后触点就断开。

转换型继电器用“转”字的拼音字头“Z”表示，转换型继电器有3个一字排开的触点，中间的触点是动触点，两侧的是静触点，此类继电器的线圈没有导通电流时，动触点与其中的一个静触点接通，而与另一个静触点断开；当线圈通电后动触点移动，与原闭合的静触点断开，与原断开的静触点接通。

线圈符号	触点符号	
KR	KR-1	常开触点(动合),称H型
	KR-2	常闭触点(动断),称D型
	KR-3	转换触点(切换),称Z型
KR1	KR1-1　KR1-2　KR1-3	
KR2	KR2-1　KR2-2	

图 4-60　电磁继电器的图形符号

电磁继电器按控制路数可分为单路继电器和双路继电器两大类。双控型电磁继电器就是设置了两组可以同时通断的触点的继电器，其结构及图形符号如图 4-61 所示。

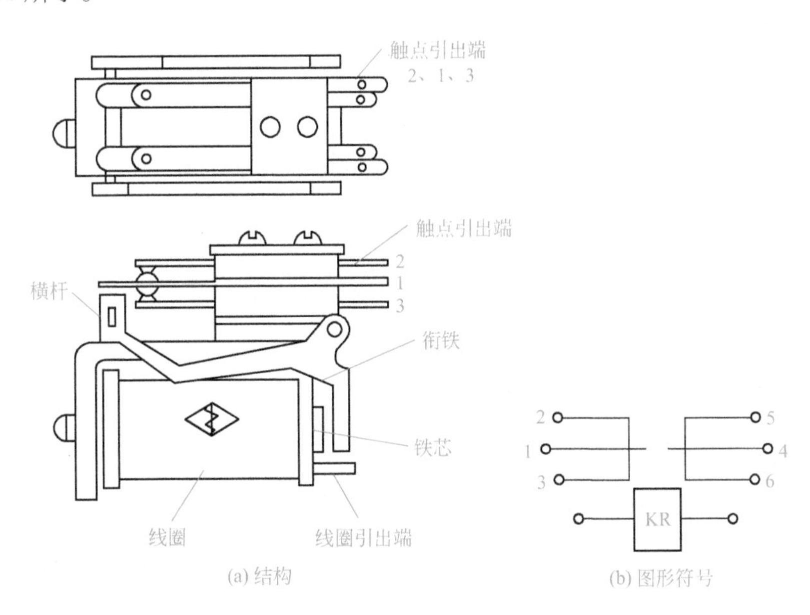

图 4-61　双控型电磁继电器的结构及图形符号

4. 电磁继电器的检测

（1）判别类型（交流或直流） 电磁继电器分为交流与直流两种，在使用时必须加以区分。凡是交流继电器，因为交流电不断呈正旋变化，当电流经过零值时，电磁铁的吸力为零，这时衔铁将被释放；电流过了零值，吸力恢复又将衔铁吸入，这样，伴着交流电的不断变化，衔铁将不断地被吸入和释放，势必产生剧烈的振动。为了防止这一现象的发生，在其铁芯顶端装有一个铜制的短路环。短路环的作用是当交变的磁通穿过短路环时，在其中产生感应电流，从而阻止交流电过零时原磁场的消失，使衔铁和磁轭之间维持一定的吸力，从而消除了工作中的振动。另外，在交流继电器的线圈上常标有“AC”字样，在直流继电器上标有“DC”字样。有些继电器标有AC/DC，则要按标称电压正确使用。

（2）测量线圈电阻　根据继电器标称直流电阻值，将万用表置于适当的电阻挡，可直接测出继电器线圈的电阻值。即将两表笔接到继电器线圈的两引脚，万用表指示应基本符合继电器标称直流电阻值。如果阻值无穷大，说明线圈有开路现象，可查一下线圈的引出端，看看是否有线头脱落；如果阻值过小，说明线圈短路，但是通过万用表很难判断线圈的匝间短路现象；如果断头在线圈内部或看上去线包已烧焦，那么只有查阅数据，重新绕制，或换一个相同的线圈（图4-62）。

图4-62　测量线圈电阻

（3）判别触点的数量和类别　在继电器外壳上标有触点及引脚功能图，可直接判别；如无标注，可拆开继电器外壳，仔细观察继电器的触点结构，即可知道该继电器有几对触点，每对触点的类别以及哪个簧片构成一组触点，对应的是哪几个引出端（图4-63、图4-64）。

图4-63　测量常闭触点

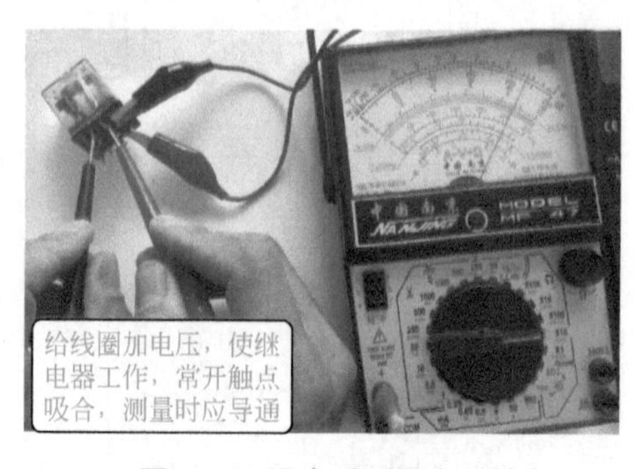

图4-64　通电后测量常开触点

（4）检查衔铁工作情况　用手拨动衔铁，看衔铁活动是否灵活，有无卡滞的现象。如果衔铁活动受阻，应找出原因加以排除。另外，也可用手将衔铁按下，然后再放开，看衔铁是否能在弹簧（或簧片）的作用下返回原位。注意，返回弹簧比较容易被锈蚀，应作为重点检查部位。

（5）测量吸合电压和吸合电流　给继电器线圈输入一组电压，且在供电回路中串入电流表进行监测。慢慢调高电源电压，听到继电器吸合声时，记下该吸合电压和吸合电流。为求准确，可以多试几次而求平均值。

（6）测量释放电压和释放电流　也是像上述那样连接测试，当继电器发生吸合后，再逐渐降低供电电压，当听到继电器再次发生释放声音时，记下此时的电压和电流，亦可多试几次而取得平均的释放电压和释放电流。一般情况下，继电器的释放电压为吸合电压的 10% ～ 50%。如果释放电压太小（小于 1/10 的吸合电压），则不能正常使用了，这样会对电路的稳定性造成威胁，工作不可靠。

5. 电磁继电器的应用电路

图 4-65 为电视机开关控制电路。用 VT 作为开关管。并联在继电器 JK 两端的二极管 VD1 作为续流（阻尼）二极管，为 VT 截止时线圈中电流突然中断产生的反电势提供通路，避免过高的反向电压击穿 VT 的集电结。当 CPU 为高电平输出时，VT1 截止、VT2 导通，JK 吸合，电视机工作；而当 CPU 输出低电平时，VT1 导通、VT2 截止，JK 无电能断开。

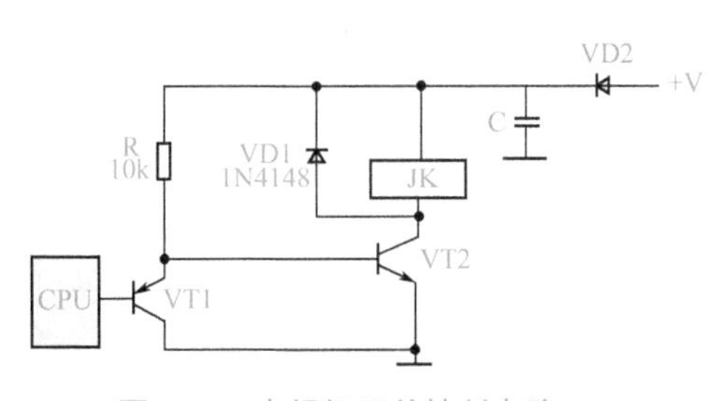

图 4-65　电视机开关控制电路

十五、固态继电器

1. 固态继电器的作用结构

固态继电器（SSR）是一种全电子电路组合的元件，它依靠半导体器件和电子元件的电磁和光特性来完成其隔离和继电切换功能。固态继电器与传统的电磁继电器相比，是一种没有机械、不含运动零部件的继电器，但具有与电磁继电器本质上相同的功能。固态继电器的输入端用微小的控制信号直接驱动大电流负载，被广泛应用于工业自动化控制，如电炉加热系统、热控机械、遥控机械、电机、电磁阀以及信号灯、闪烁器、舞台灯光控制系统、医疗器械、复印机、洗衣机、消防保安系统等。固态继电器的外形如图 4-66 所示。

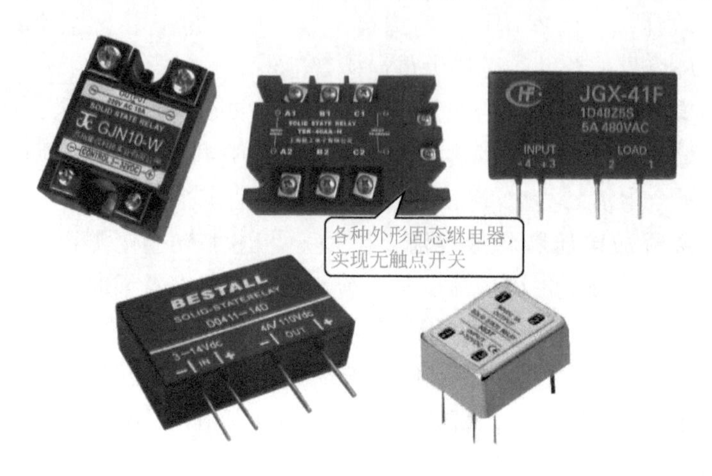

图 4-66　固态继电器的外形

（1）固态继电器的特点　固态继电器的特点如下。一是输入控制电压低（3 ～ 14V），驱动电流小（3 ～ 15mA），输入控制电压与 TTL、DTL、HTL 电平兼容，直流或脉冲电压均能作输入控制电压；二是输出与输入之间采用光电隔离，可在以弱控强的同时，实现强电与弱电完全隔离，两部分之间的安全绝缘电压大于 2kV，符合国际电气标准；三是输出无触点、无噪声、无火花、开关速度快；四是输出部分内部一般含有 RC 过电压吸收电路，以防止瞬间过电压而损坏固态继电器；五是过零触发型固态继电器对外界的干扰非常小；六是采用环氧树脂全灌封装，具有防尘、耐湿、寿命长等优点。因此，固态继电器已广泛应用在各个领域，不仅可以用于加热管、红外灯管、照明灯、电机、电磁阀等负载的供电控制，而且可以应用到电磁继电器无法应用的单片机控制等领域，将逐步替代电磁继电器。

（2）固态继电器的分类　交流固态继电器按开关方式分为电压过零导通型（简称过零型）和随机导通型（简称随机型）；按输出开关元件分为双向晶闸管输出型（普通型）和单向晶闸管反并联型（增强型）；按安装方式分为印制电路板上用的针插式（自然冷却，不必带散热器）和固定在金属底板上的装置式（靠散热器冷却）；另外输入端又有宽范围输入（DC 3 ～ 32V）的恒流源型和串电阻限流型等。

固态继电器按触发形式分为零压型（Z）和调相型（P）两种。

（3）固态继电器的电路结构　固态继电器主要由输入（控制）电路、驱动电路、输出（负载控制）电路、外壳和引脚构成。

① 输入电路。输入电路是为输入控制信号提供的回路，使之成为固态继电器的触发信号源。固态继电器的输入电路多为直流输入，个别的为交流输入。直流输入又分为阻性输入和恒流输入。阻性输入电路的输入控制电流随输入电压呈线性正向变化，恒流输入电路在输入电压达到预置值后，输入控制电流不再随电压的升高而明显增大，输入电压范围较宽。

② 驱动电路。驱动电路包括隔离耦合电路、功能电路和触发电路 3 个部分。隔离耦合电路目前多采用光电耦合和高频变压器耦合两种电路形式。常用的光电耦合器有发光管 - 光敏三极管、发光管 - 光晶闸管、发光管 - 光敏二极管阵列等。高频变压器耦合是指在一定的输入电压下，形成约 10MHz 的自激振荡脉冲，通过变压器磁芯将高频信号传递到变压器二次侧。功能电路可包括检波整流、零点检测、放大、加速、保护等各种功能电路。触发电路的作用是给输出器件提供触发信号。

③ 输出电路。固态继电器的功率开关直接接入电源与负载端，实现对负载电源的通断切换。主要使用有大功率三极管（开关管 -transistor）、单向晶闸管（thyristor 或 SCR）、双向晶闸管（Triac）、功率场效应管（MOSFET）和绝缘栅型双极晶体管（IGBT）。固态继电器的输出电路也可分为直流输出电路、交流输出电路和交直流输出电路等形式。按负载类型，可分为直流固态继电器和交流固态继电器。直流输出时可使用双极性器件或功率场效应管，交流输出时通常使用两只晶闸管或一只双向晶闸管。而交流固态继电器又可分为单相交流固态继电器和三相交流固态继电器。交流固态继电器按导通与关断的时机，可分为随机型交流固态继电器和过零型交流固态继电器。

目前，直流固态继电器的输出器件主要使用大功率三极管、大功率场效应管、IGBT 等，交流固态继电器的控制器件主要使用单向晶闸管、双向晶闸管等。

按触发方式交流固态继电器又分为过零触发型和随机导通型两种。其中，过零触发型交流固态继电器是当控制信号输入后，在交流电源经过零电压附近时导通，不仅干扰小，而且导通瞬间的功耗小。随机导通型交流固态继电器则是在交流电源的任一相位上导通或关断，因此在导通瞬间要能产生较大的干扰，并且它内部的晶闸管容易因功耗大而损坏。按采用的输出器件不同，交流固态继电器分为双向晶闸管普通型和单向晶闸管反并联增强型两种。单向晶闸管具有阻断电压高和散热性能好等优点，多被用来制造高、大电流产品和用于感性、容性负载中。

2. 固态继电器的主要参数

① 输入电流（电压）：输入流过的电流值（产生的电压值），一般标示全部

输入电压（电流）范围内的输入电流（电压）最大值；在特殊声明的情况下，也可标示额定输入电压（电流）下的输入电流（电压）值。

② 接通电压（电流）：使固态继电器从关断状态转换到接通状态的临界输入电压（电流）值。

③ 关断电压（电流）：使固态继电器从接通状态转换到关断状态的临界输入电压（电流）值。

④ 额定输出电流：固态继电器在环境温度、额定电压、功率因数、有无散热器等条件下，所能承受的电流最大的有效值。一般生产厂家都提供热降曲线，若固态继电器长期工作在高温状态下（40 ～ 80℃），用户可根据厂家提供的最大输出电流与环境温度曲线数据，考虑降额使用来保证它的正常工作。

⑤ 最小输出电流：固态继电器可以可靠工作的最小输出电流，一般只适用于晶闸管输出的固态继电器，类似于晶闸管的最小维持电流。

⑥ 额定输出电压：固态继电器在规定条件下所能承受的稳态阻性负载的最大允许电压的有效值。

⑦ 瞬态电压：固态继电器在维持其关断的同时，能承受而不致造成损坏或失误导通的最大输出电压。超过此电压可以使固态继电器导通，若满足电流条件则是非破坏性的。瞬态持续时间一般不做规定，可以在几秒的数量级，受内部偏值网络功耗或电容器额定值的限制。

⑧ 输出电压降：固态继电器在最大输出电流下，输出两端的电压降。

⑨ 输出接通电阻：只适用于功率场效应管输出的固态继电器，由于此种固态继电器导通时输出呈现线性电阻状态，故可以用输出接通电阻来替代输出电压降表示输出的接通状态，一般采用瞬态测试法测试，以减少温升带来的测试误差。

⑩ 输出漏电流：固态继电器处于关断状态，输出施加额定输出电压时流过输出端的电流。

⑪ 过零电压：只适用于交流过零型固态继电器，表征其过零接通时的输出电压。

⑫ 电压指数上升率：固态继电器输出端能够承受的不至于使其接通的电压上升率。

⑬ 接通时间：从输入到达接通电压时起，到负载电压上升到 90% 的时间。

⑭ 关断时间：从输入到达关断电压时起，到负载电压下降到 10% 的时间。

⑮ 电气系统峰值：重复频率 10 次 /s、试验时间 1min、峰值电压幅度 600V、峰值电压波形为半正弦宽度 10μs，正反向各进行 1 次。

⑯ 过负载：一般为 1 次 /s、脉宽 100ms、10 次，过载幅度为额定输出电流

的 3.5 倍，对于晶闸管输出的固态继电器也可按晶闸管的标示方法，单次、半周期，过载幅度为 10 倍额定输出电流。

⑰ 功耗：一般包括固态继电器所有引出端电压与电流乘积的和。对于小功率固态继电器可以分别标示输入功耗和输出功耗，而对于大功率固态继电器则可以只标示输出功耗。

⑱ 绝缘电压（输入 / 输出）：固态继电器的输入和输出之间所能承受的隔离电压的最小值。

⑲ 绝缘电压（输入、输出 / 底部基板）：固态继电器的输入、输出和底部基板之间所能承受的隔离电压的最小值。

表 4-19 和表 4-20 列出了几种 ACSSR 和 DCSSR 的主要性能参数，可供选用时参考。表中，两个重要参数为输出负载电压和输出负载电流，在选用器件时应加以注意。

表4-19　几种ACSSR的主要参数

型号	输入电压 /V	输入电流 /mA	输出负载电压 /V	断态漏电流 /mA	输出负载电流 /A	通态压降 /V
V23103-S 2192-B402	3 ～ 30	<30	24 ～ 280	4.5	2.5	1.6
G30-202P	3 ～ 28	—	75 ～ 250	<10	2	1.6
GTJ-1AP	3 ～ 30	<30	30 ～ 220	<5	1	1.8
GTJ-2.5AP	3 ～ 30	<30	30 ～ 220	<5	2.5	1.8
SP1110	—	5 ～ 10	24 ～ 140	<1	1	—
SP2210	—	10 ～ 20	24 ～ 280	<1	2	—
JGX-10F	3.2 ～ 14	20	25 ～ 250	10	10	—

表4-20　几种DCSSR主要参数

型号	#675	GTJ-0.5DP	GTJ-1DP	16045580
输入电压 /V	10~32	6 ～ 30	6 ～ 30	5 ～ 10
输入电流 /mA	12	3 ～ 30	3 ～ 30	3 ～ 8
输出负载电压 /V	4 ～ 55	24	24	25
输出负载电流 /A	3	0.5	1	1
断态漏电流 /mA	4	10（μA）	10（μA）	—
通态压降 /V	2（2A 时）	1.5（1A 时）	1.5（1A 时）	0.6
开通时间 /μs	500	200	200	—
关断时间 /ms	2.5	1	1	—

3. 固态继电器的检测

（1）输入部分检测 检测固态继电器输入部分如图 4-67 所示。固态继电器输入部分一般为光电隔离器件，因此可用万用表检测输入两引脚的正反向电阻。测试结果应为一次有阻值，一次无穷大。如果测试结果均为无穷大，说明固态继电器输入部分已经开路损坏；如果两次测试阻值均很小或者几乎为零，说明固态继电器输入部分短路损坏。

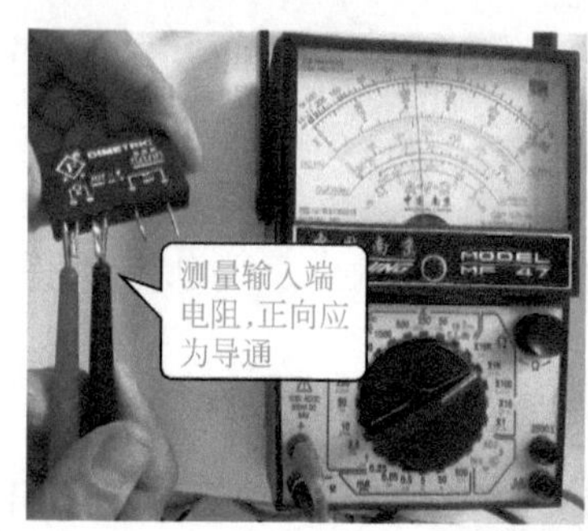

(a) 正向测量

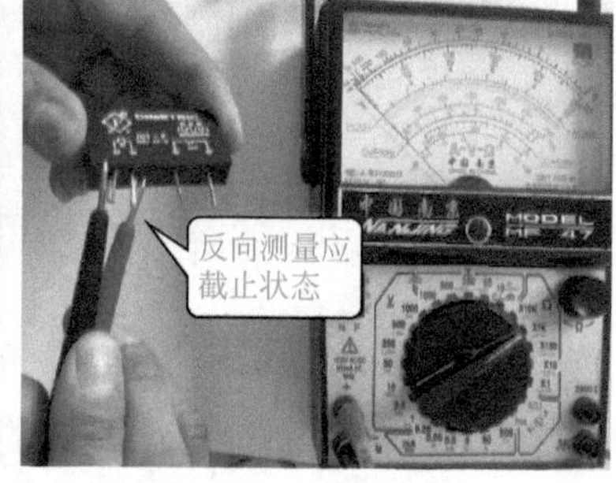

(b) 反向测量

图 4-67 检测输入部分

（2）输出部分检测 检测固态继电器输出部分如图 4-68 所示。用万用表测量固态继电器输出端引脚之间的正反向电阻，均应为无穷大。单向直流型固态继电器除外，因为单向直流型固体继电器输出器件为场效应管或 IGBT，这两种管在输出两脚之间会并有反向二极管，因此使用万用表测量时也会呈现出一次有阻值、一次无穷大的现象。

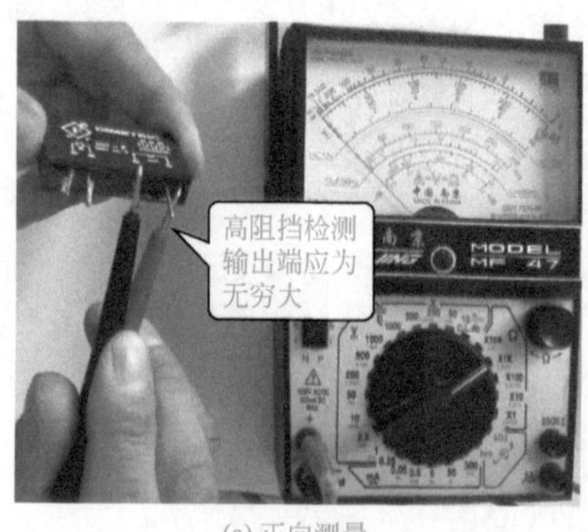

(a) 正向测量

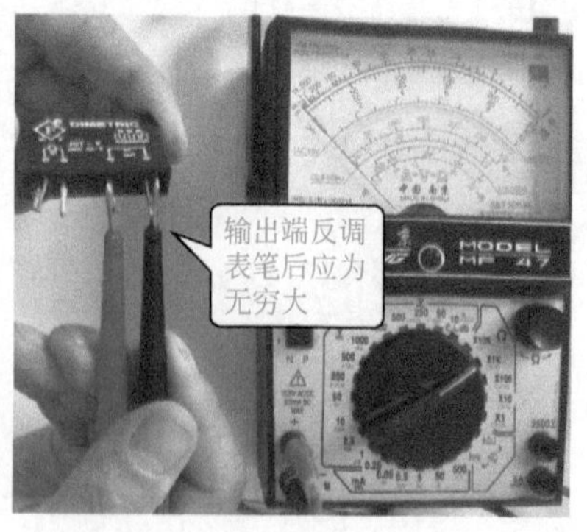

(b) 反向测量

图 4-68 检测输出部分

（3）通电检测固态继电器 在上一步检测的基础上，给固态继电器输入端接入规定的工作电压，这时固态继电器输出端两引脚之间应导通，万用表指针指示阻值很小，如图 4-69 所示。断开固态继电器输入端的工作电压后，其输出端两引脚之间应截止，万用表指针指示为无穷大，如图 4-70 所示。

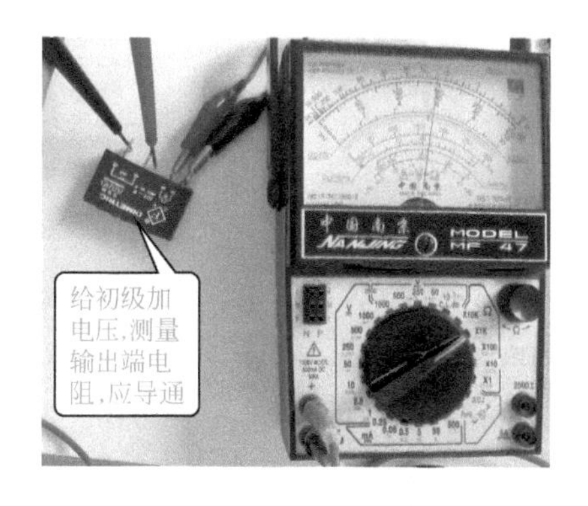

图 4-69　接入工作电压时

图 4-70　断开工作电压时

4. 固态继电器的应用

图 4-71 所示为光电式水龙头电路。当手靠近时，挡住 VD1 发光，CX20106 的“7”脚高电平，K 吸合，带动电磁阀工作，水流出；洗手完毕后，VD1 又照到 PH302，K 截止，电磁阀不工作，并关闭水阀。

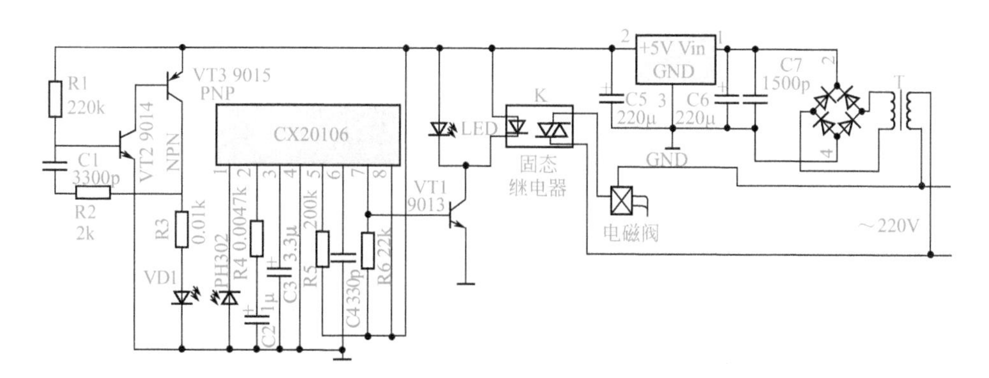

图 4-71　光电式水龙头电路

十六、中间继电器

1. 中间继电器外形及结构

交直流中间继电器，常见的有 JZ7，其结构如图 4-72、图 4-73 所示。它是整体结构，采用螺管直动式磁系统及双断点桥式触点。基本结构交直通用，交流铁芯为平顶形；直流铁芯与衔铁为圆锥形接触面，以获得较平坦的吸力特性。触点采用直列式布置，对数可达 8 对，可按 6 开 2 闭、4 开 4 闭或 2 开 6 闭任意组合。变换反力弹簧的反作用力，可获得动作特性的最佳配合。如图 4-74 所示为中间继电器实物。

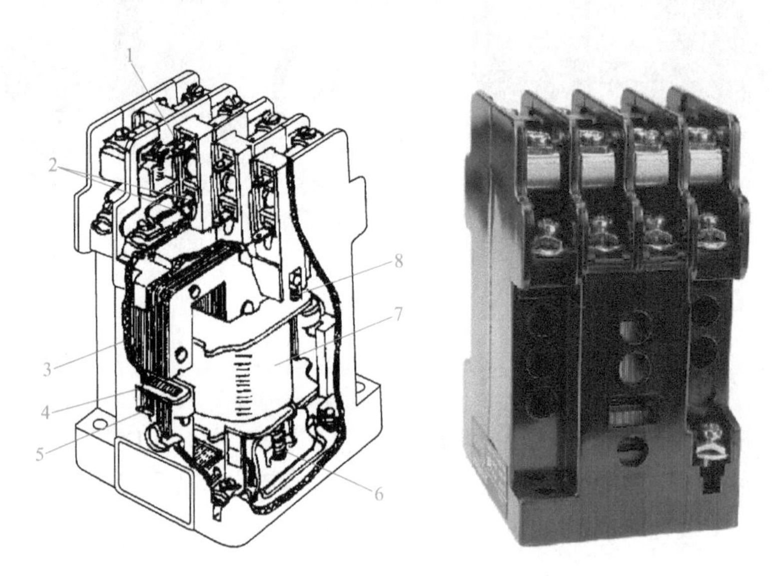

图 4-72　JZ 系列中间继电器

1—常闭触头；2—常开触头；3—动铁芯；4—短路环；5—静铁芯；6—反作用弹簧；7—线圈；8—复位弹簧

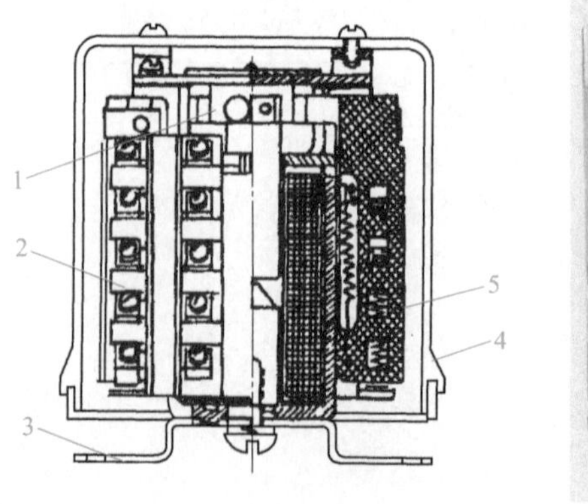

图 4-73　电磁式中间继电器

1—衔铁；2—触点系统；3—支架；4—罩壳；5—电压线圈

图 4-74　中间继电器实物

2. 中间继电器选用原则

① 种类、型号与使用类别：选用继电器的种类，主要看被控制和保护对象的工作特性；而型号主要依据控制系统提出的灵敏度或精度要求进行选择；使用类别决定了继电器所控制的负载性质及通断条件，应与控制电路的实际要求相比较，视其能否满足需要。

② 使用环境：根据使用环境选择继电器，主要考虑继电器的防护和使用区域。如对于含尘埃及腐蚀性气体、易燃、易爆的环境，应选用带罩壳的全封闭式继电器。对于高原及湿热带等特殊区域，应选用适合其使用条件的产品。

③ 额定数据和工作制：继电器的额定数据在选用时主要注意线圈额定电压、触点额定电压和触点额定电流。线圈额定电压必须与所控电路相符，触点额定电压可为继电器的最高额定电压（即继电器的额定绝缘电压）。继电器的最高工作电流一般小于该继电器的额定发热电流。

④ 继电器一般适用于 8 小时工作制（间断长期工作制）、反复短时工作制和短时工作制。在选用反复短时工作制时，由于吸合时有较大的启动电流，所以使用频率应低于额定操作频率。

3. 中间继电器使用注意事项

（1）安装前的检查

① 根据控制电路和设备的要求，检查继电器铭牌数据和整定值是否与要求相符。

② 检查继电器的活动部分是否灵活、可靠，外罩及壳体是否有损坏或短缺件等情况。

③ 清洁继电器表面的污垢，去除部件表面的防护油脂及灰尘，如中间继电

器双E型铁芯表面的防锈油，以保证运行可靠。

（2）安装与调整 安装接线时，应检查接线是否正确，接线螺钉是否拧紧；对于导线线芯很细的应折一次，以增加线芯截面积，以免造成虚连。

对电磁式控制继电器，应在触点不带电的情况下，使吸引线圈带电操作几次，看继电器动作是否可靠。

对电流继电器的整定值做最后的校验和整定，以免造成其控制及保护失灵而出现严重事故。

（3）运行与维护 定期检查继电器各零部件有无松动、卡住、锈蚀、损坏等现象，一经发现及时修理。

经常保持触点清洁与完好，在触点磨损至1/3厚度时应考虑更换。触点烧损应及时修理。

如在选择时估计不足，使用时控制电流超过继电器的额定电流，或为了使工作更加可靠，可将触点并联使用。如需要提高分断能力时（一定范围内）也可用触点并联的方法。

4. 中间继电器的检测

检测中间继电器时，首先用万用表的电阻挡或者是蜂鸣挡测量所有的常闭触点是否相通，再检测所有的常开触点均为断开状态。然后用万用表测量线圈电阻值应该有一定的电阻值，根据线圈的电压值不同，其电阻值有所变化，额定电压越高，线圈电阻值越大，如阻值为零或很小，为线圈烧毁，阻值为无穷大，为线圈断路。如图4-75（a）所示。

一般情况下，用万用表按上述规律检测后认为中间继电器基本是好的。进一步测量，可用螺钉旋具按一下中间继电器的联动杆，测量常开触点应该闭合接通，对于判断中间继电器的电磁机械操作部件来讲，可以进行通电试验，也就是给中间继电器加入额定的工作电压，此时中间继电器能吸合，然后用万用表测量其常开触点应相通。如图4-75（b）所示，经上述测量说明中间继电器是好的。

5. 中间继电器常见故障与处理措施

电磁式继电器的结构和接触器十分接近，其故障的检修可参照接触器进行。下面只对不同之处作简单介绍。

触点虚连现象：长期使用中，油污、粉尘、短路等现象造成触点虚连，有时会产生重大事故。这种故障一般检查时很难发现，除非进行接触可靠性试验。为此，对于继电器用于特别重要的电气控制回路时应注意下列情况：

(a)

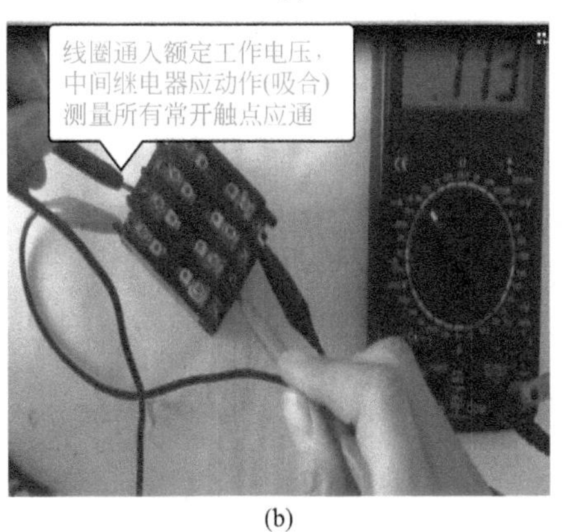

中间继电器的检测

(b)

图 4-75　中间继电器的检测

① 尽量避免用 12V 及以下的低压电作为控制电压。在这种低压控制回路中，因虚连引起的事故较常见。

② 控制回路采用 24V 作为额定控制电压时，应将其触点并联使用，以提高工作可靠性。

③ 控制回路必须用低电压控制时，以采用48V较优。

6. 中间继电器的应用

图4-76所示是由一只中间继电器构成的缺相保护电路。

当合上三相空气开关QS以后，三相交流电源中的L2、L3两相电压加到中间继电器KA线圈两端使其得电吸合，其KA常开触点闭合。如果L1相因故障缺相，则KM交流接触器线圈失电，其KM1、KM2触点均断开；若L2相或L3相缺相，则中间继电器KA和交流接触器KM线圈同时失电，它们的触点会同时断开，从而起到了保护作用。

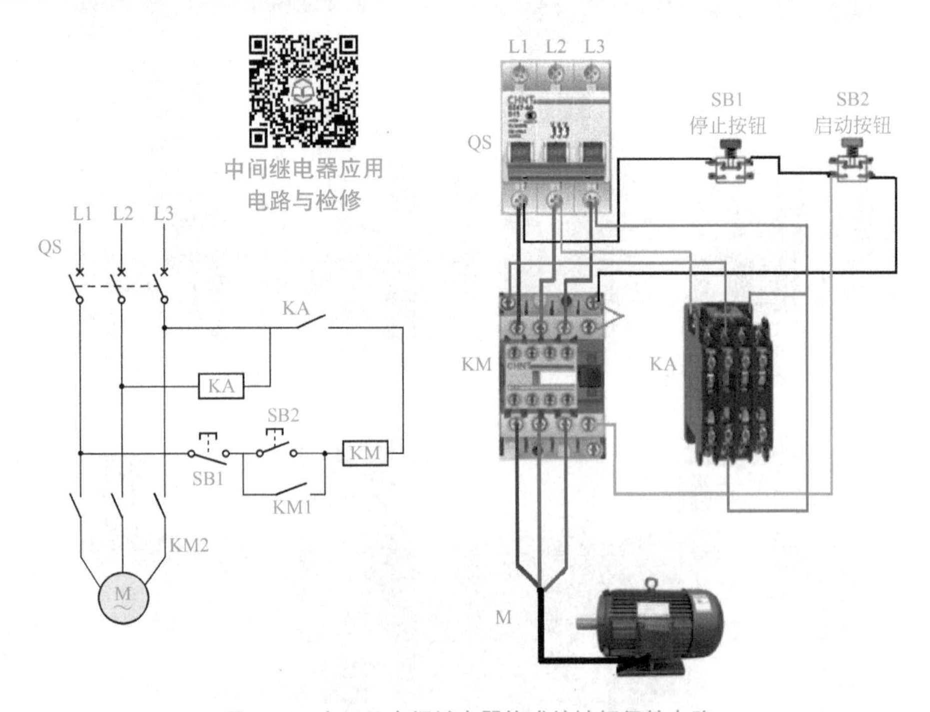

图4-76　由一只中间继电器构成的缺相保护电路

十七、热继电器

1. 热继电器外形及结构

（1）热继电器的外形及结构　热继电器是利用电流的热效应来推动机构使触点闭合或断开的保护电器，主要用于电动机的过载保护、断相保护、电流的不平衡运行保护及其他电气设备发热状态的控制。常见的双金属片式热继电器的外形结构符号如图 4-77 所示。图 4-78 所示为热继电器实物。

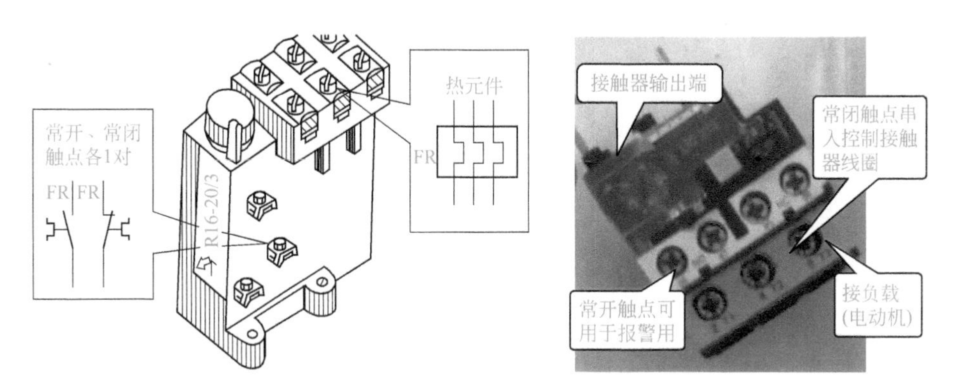

图 4-77　热继电器的外形结构符号

图 4-78　热继电器实物

（2）热继电器的选用原则　热继电器的技术参数主要有额定电压、额定电流、整定电流和热元件规格，选用时，一般只考虑其额定电流和整定电流两个参数，其他参数只有在特殊要求时才考虑。

① 额定电压是指热继电器触点长期正常工作所能承受的最大电压。

② 额定电流是指热继电器允许装入热元件的最大额定电流，根据电动机的额定电流选择热继电器的规格，一般应使热继电器的额定电流略大于电动机的额定电流。

③ 整定电流是指长期通过热元件而热继电器不动作的最大电流。一般情况下，热元件的整定电流为电动机额定电流的 0.95 ～ 1.05 倍；若电动机拖动的

是冲击性负载或启动时间较长及拖动设备不允许停电的场合，热继电器的整定电流值可取电动机额定电流的 1.1 ～ 1.5 倍，若电动机的过载能力较差，热继电器的整定电流可取电动机额定电流的 0.6 ～ 0.8 倍。

④ 当热继电器所保护的电动机绕组是 Y 形接法时，可选用两相结构或三相结构的热继电器；当电动机绕组是△形接法时，必须采用三相结构带端相保护的热继电器。

2. 常见故障与检修

热继电器的常见故障及处理措施见表 4-21。

表4-21　热继电器的常见故障及处理措施

故障现象	故障分析	处理措施
热元件烧断	负载侧短路，电流过大	排除故障，更换热继电器
	操作频率过高	更换合适参数的热继电器
热继电器不动作	热继电器的额定电流值选用不合适	按保护容量合理选用
	整定值偏大	合理调整整定值
	动作触点接触不良	消除触点接触不良因素
	热元件烧断或脱焊	更换热继电器
	动作机构卡阻	消除卡阻因素
	导板脱出	重新放入并调试
热继电器动作不稳定，时快时慢	热继电器内部机构某些部件松动	将这些部件加以紧固
	在检查中弯折了双金属片	用两倍电流预试几次或将双金属片拆下来热处理以除去内应力
	通电电流波动太大，或接线螺钉松动	检查电源电压或拧紧接线螺钉
热继电器动作太快	整定值偏小	合理调整整定值
	电动机启动时间过长	按启动时间要求，选择具有合适的可返回时间的热继电器
	连接导线太细	选用标准导线
	操作频率过高	更换合适的型号
	使用场合有强烈冲击和振动	采取防振动措施
	可逆转频繁	改用其他保护方式
	安装热继电器与电动机环境温差太大	按两低温差情况配置适当的热继电器
主电路不通	热元件烧断	更换热元件或热继电器
	接线螺钉松动或脱落	紧固接线螺钉
控制电路不通	触点烧坏或动触点片弹性消失	更换触点或弹簧
	可调整式旋钮在不合适的位置	调整旋钮或螺钉
	热继电器动作后未复位	按动复位按钮

热继电器使用注意事项：

① 必须按照产品说明书中规定的方式安装，安装处的环境温度应与所处环境温度基本相同。当与其他电器安装在一起时，应注意将热继电器安装在其他电器的下方，以免其动作特性受到其他电器发热的影响。

② 热继电器安装时，应清除触点表面尘污，以免因接触电阻过大或电路不通而影响热继电器的动作性能。

③ 热继电器出线端的连接导线应按照标准。导线过细，轴向导热性差，热继电器可能提前动作；反之，导线过粗，轴向导热快，继电器可能滞后动作。

④ 使用中的热继电器应定期通电校验。

⑤ 热继电器在使用中应定期用布擦净尘埃和污垢，若发现双金属片上有锈斑，应用清洁棉布蘸汽油轻轻擦除，切忌用砂纸打磨。

⑥ 热继电器在出厂时均调整为手动复位方式，如果需要自动复位，只要将复位螺钉顺时针方向旋转 3 ～ 4 圈，并稍微拧紧即可。

3. 热继电器的检测

检修热继电器时，用万用表电阻挡（低挡位）或者蜂鸣挡检测，测量其输入和输出端的电阻值应很小或为零，说明常闭触点为通的状态。如果说有阻值较大或者是不通为热继电器损坏。

再用万用表检测热继电器的常开触点和常闭触点，其常开触点应为断开状态，常闭触点应为接通状态，如图 4-79 所示。

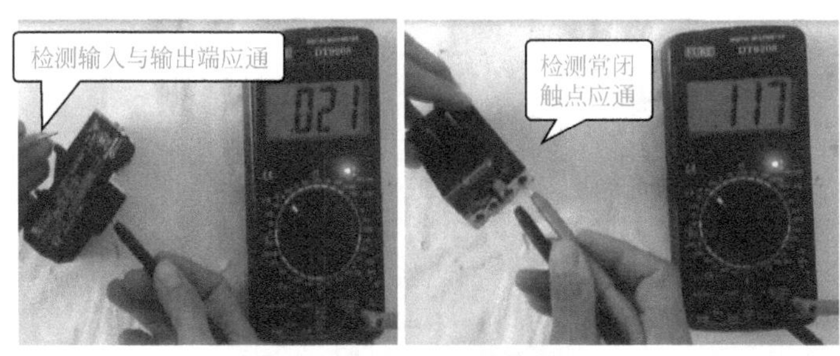

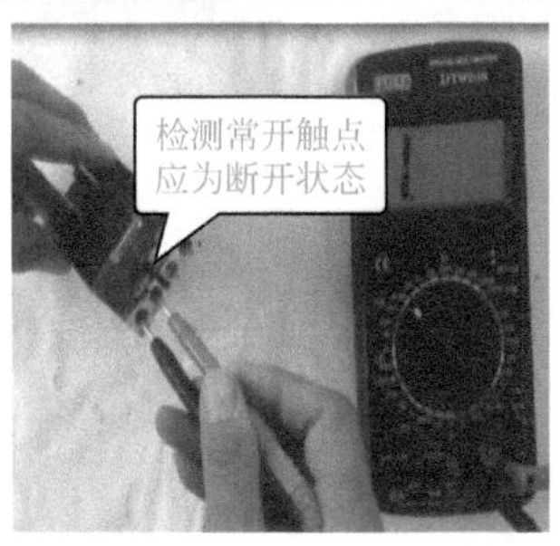

热继电器的检测

图 4-79　热继电器的检测

4. 热继电器的应用

图 4-80 电路为热继电器保护电路，整个电路由断路器、启动按钮、停止按钮、接触器或中间继电器、热保护器及电动机构成，热继电器应用时应将热继电器串入电动机的回路当中。

接通电源以后电源就可以通过辅助断路器加到启动停止按钮，当按动启动按钮的时候，接触器线圈得到供电，触点吸合，电流通过热继电器流向电动机，电动机可以进行旋转，当按动停止按钮时则断开接触器线圈的供电，电动机停止运转。

当电动机过载的时候，热继电器过流发热，内部双金属片变形，其长闭触点会断开，会自动切断接触器的线圈供电，则接触器断开电动机停止运行。

由于热继电器一旦被触发，不能够自动复位，因此，当排除电动机过流故障时，应手动调整复位按钮进行复位，为再次启动做好准备。

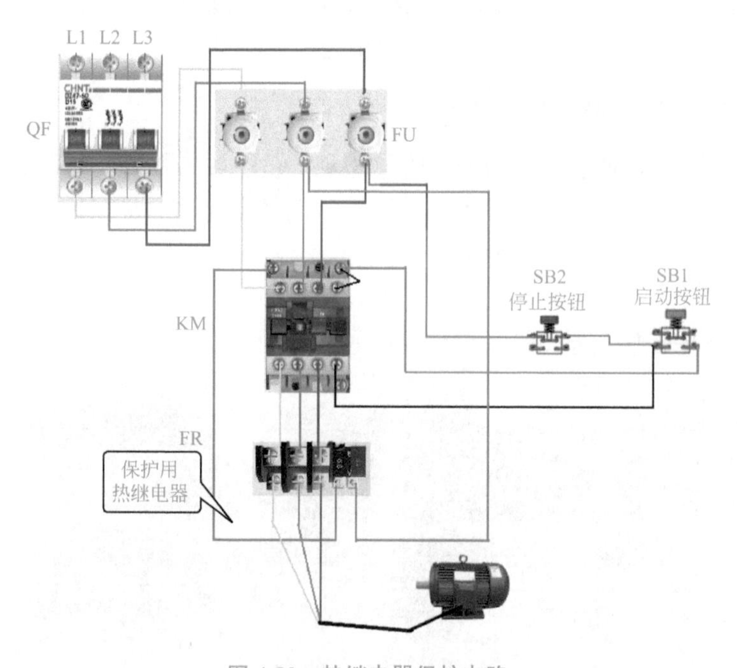

图 4-80　热继电器保护电路

十八、时间继电器

1. 时间继电器外形及结构

（1）时间继电器外形及结构　时间继电器是一种按时间原则进行控制的继

电器，从得到输入信号（线圈的通电或断电）起，需经过一段时间的延时后才输出信号（触点的闭合或分断）。它广泛用于需要按时间顺序进行控制的电器控制线路中。时间继电器有电磁式、电动式、空气阻尼式、晶体管式等，目前电力拖动线路中应用较多的是空气阻尼式时间继电器和晶体管式时间继电器，它们的外形结构及特点见表 4-22。

表4-22　常见时间继电器外形结构及特点

名称	空气阻尼式时间继电器	晶体管式时间继电器
结构图		
特点	延时范围较大，不受电压和频率波动的影响，可以做成通电和断电两种延时形式，结构简单、寿命长、价格低；但延时误差较大，难以精确地整定延时值，且延时值易受周围环境温度、尘埃等影响，主要用于延时精度要求不高的场合	机械结构简单、延时范围广、精度高、消耗功率小、调整方便及寿命长；适用于延时精度较高、控制回路相互协调需要无触点输出的场合

空气阻尼式时间继电器是交流电路中应用较广泛的一种时间继电器，主要由电磁系统、触点系统、空气室、传动机构、基座组成，其外形结构及符号如图 4-81 所示。

（2）时间继电器的选用原则　时间继电器选用时，需考虑的因素主要如下。

① 根据系统的延时范围和精度选择时间继电器的类型和系列。在延时精度要求不高的场合，一般可选用价格较低的空气阻尼式时间继电器（JS7-A 系列）；反之，对精度要求较高的场合，可选用晶体管式时间继电器。

② 根据控制线路的要求选择时间继电器的延时方式（通电延时和断电延时）；同时，还必须考虑线路对瞬间动作触点的要求。

③ 根据控制线路电压选择时间继电器吸引线圈的电压。

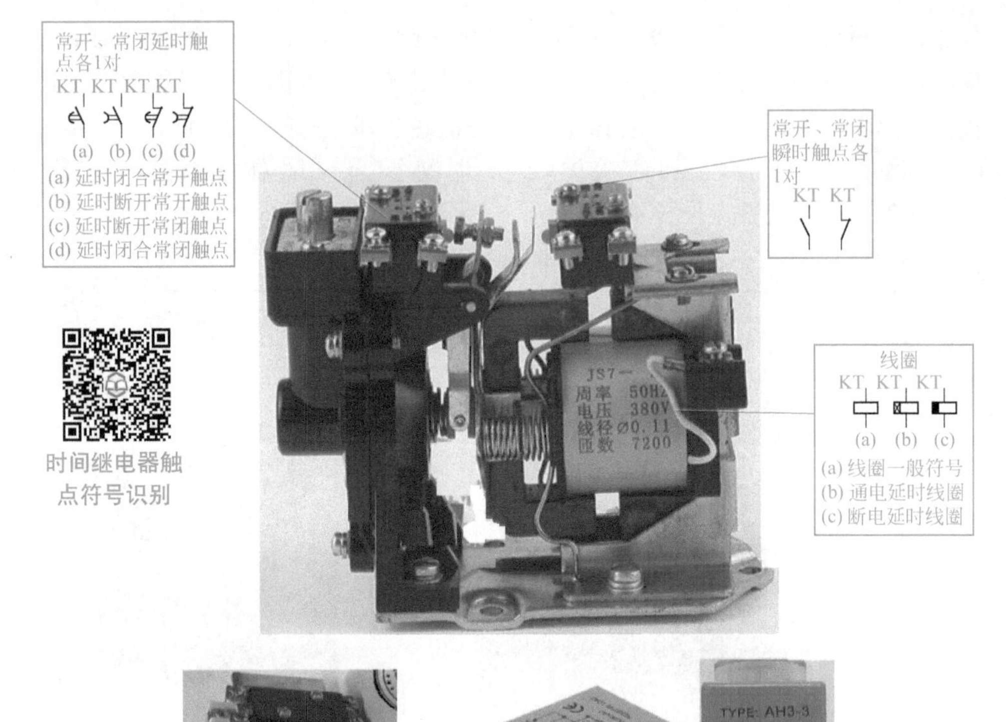

图 4-81 空气阻尼式时间继电器的外形结构及符号

2. 时间继电器的检测

(1) 机械式时间继电器的检测 机械式时间继电器在检测时，用万用表电阻挡（低挡位）或者蜂鸣挡检测，检测时间继电器的线圈是否良好，正常时应有一定的阻值，如果阻值过小为线圈烧毁，如果阻值过大或不通，说明线圈断了，因此阻值根据额定电压不同有所不同，无论过大或过小均为损坏。时间继电器线圈为正常的时候，检测时间继电器控制的两组开关的常闭触点和常开触点是否正常。然后给继电器通入额定的工作电压，此时时间继电器应该动作。通电后如时间继电器不能够按照正常要求动作，说明机械传动部分和气囊有可能出现了故障，应进行更换。如可以正常动作，则应再次测量，常闭触点应断开，常开触点应接通，如图 4-82 所示。

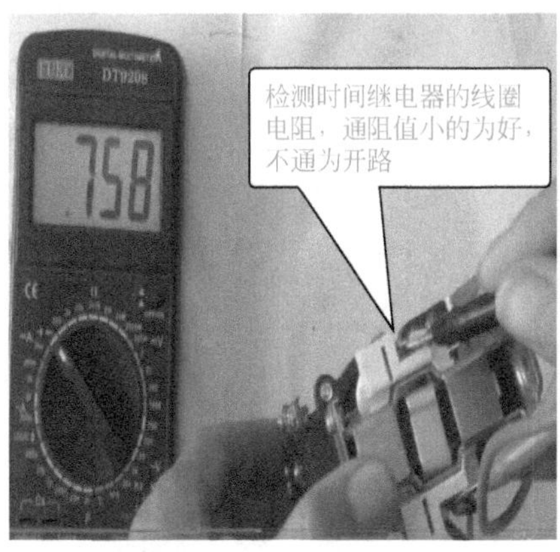

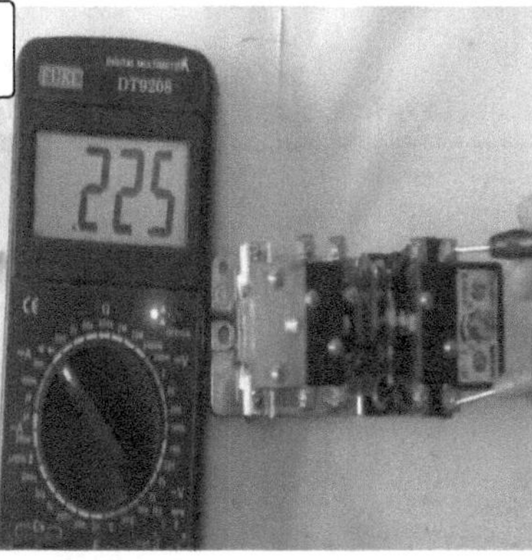

机械时间继电器的检测

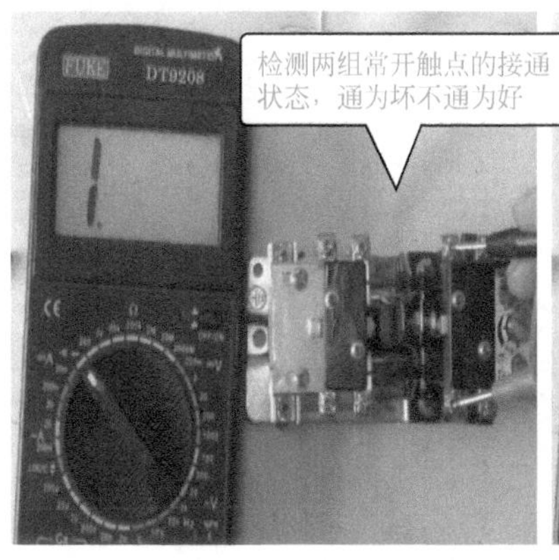

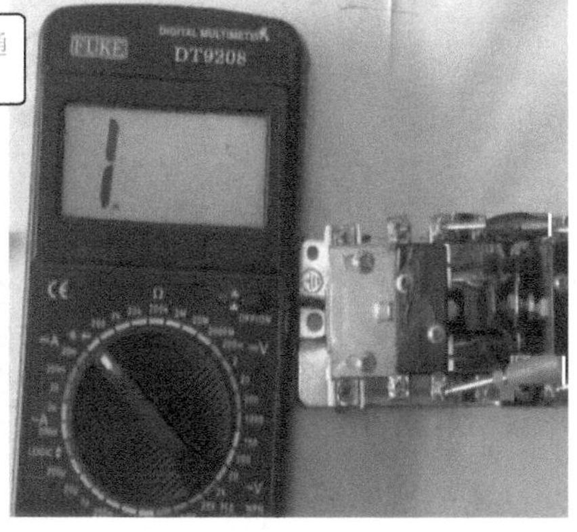

图 4-82 机械式时间继电器的检测

(2)电子式时间继电器的检测

检修电子式时间继电器的时候，我们主要检查的是它的常闭触点的接通状态和常开触点的断开状态。如图 4-83 所示。

如果电子式时间继电器的常闭触点和常开触点的接通、断开状态正常，可以给时间继电器加入合适的电压，观察其常开触点和常闭触点的接通和断开状态是否正常。同时调整电子式时间继电器的延时时间，检查时间是否是标准时间，如时间不正常则为内部定时电路故障，维修人员有电子基础时，可以拆开修理；无电子基础知识时应更换整个时间继电器。

电子时间继电器的检测

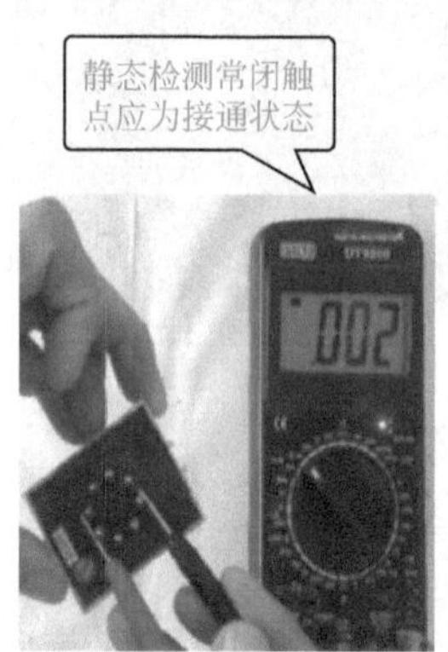

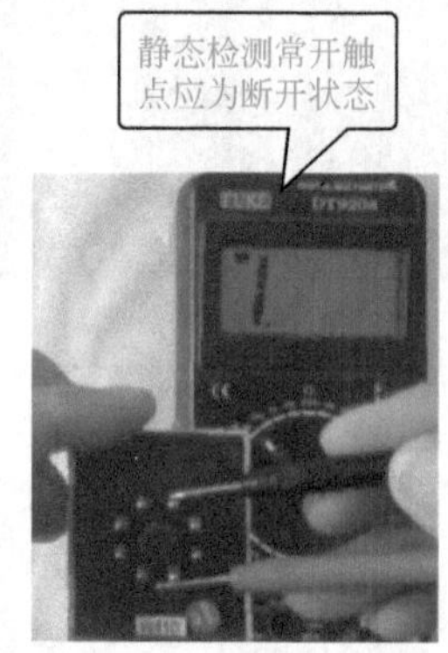

图 4-83　电子式时间继电器的检测

3. 时间继电器（JS7-A系列）常见故障及处理措施

如表 4-23 所示为时间继电器（JS7-A 系列）常见故障及处理措施。

表4-23　时间继电器常见故障及处理方法

故障现象	故障分析	处理措施
延时触点不动作	电磁线圈断线	更换线圈
	电源电压过低	调高电源电压
	传动机构卡住或损坏	排除卡住故障更换部件
延时时间缩短	气室装配不严、漏气	修理或更换气室
	橡皮膜损坏	更换橡皮膜
延时时间变长	气室内有灰尘，使气道阻塞	消除气室内灰尘，使气道畅通

4. 时间继电器使用注意事项

① 时间继电器应按说明书规定的方向安装。

② 时间继电器的整定值，应预先在不通电时整定好，并在试验时校正。

③ 时间继电器金属地板上的接地螺钉必须与接地线可靠连接。

④ 通电延时型和断电延时型可在整定时间内自行调换。

⑤ 使用时，应经常清除灰尘及油污，否则延时误差将更大。

5. 时间继电器的应用电路

两个交流接触器控制的 Y- △降压启动电路如图 4-84 所示。

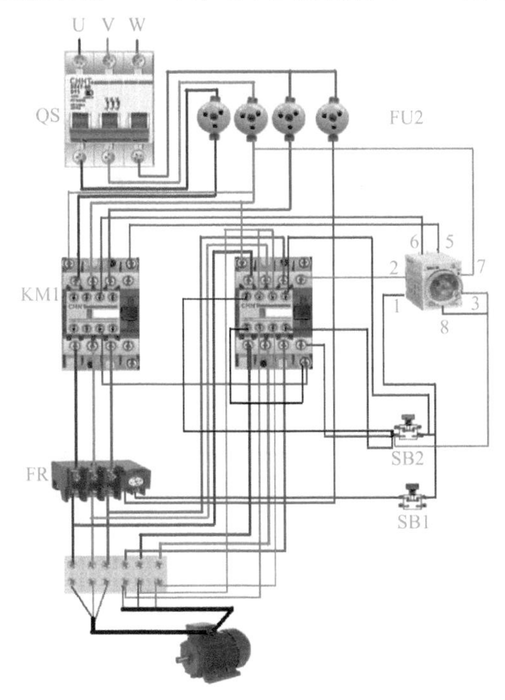

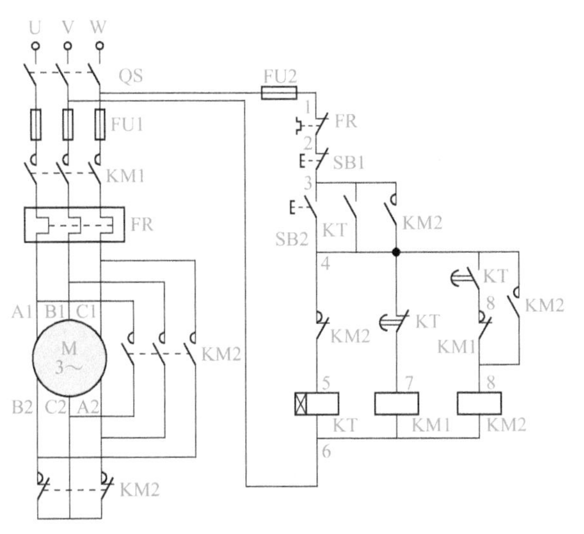

图 4-84　两个交流接触器控制的 Y- △降压启动电路运行图

如图 4-84 所示是用两个接触器实现 Y- △（星 - 三角）降压启动的控制电路。图中 KM1 为线路接触器，KM2 为 Y- △转换接触器，KT 为降压启动时间继电器。

启动时，合上电源开关 QS，按下启动按钮 SB2，使接触器 KM1 和时间继电器 KT 线圈同时得电吸合并自锁，KM1 主触点闭合，接入三相交流电源，由于 KM1 的常闭辅助触点（8-9）断开，使 KM2 处于断电状态，电动机接成星形连接进行降压启动并升速。

当电动机转速接近额定转速时，时间继电器 KT 动作，其通电延时断开触点 KT(4-7)断开，通电延时闭合触点(4-8)闭合。前者使 KM1 线圈断电释放，其主触点断开，切断电动机三相电源。而触点 KM1(8-9)闭合与后者 KT(4-8)一起，使 KM2 线圈得电吸合并自锁，其主触点闭合，电动机定子绕组接成三角形连接，KM2 的辅助常开触点断开，使电动机定子绕组尾端脱离短接状态，另一触点 KM2（4-5）断开，使 KT 线圈断电释放。由于 KT（4-7）复原闭合，使 KM1 线圈重新得电吸合，于是电动机在三角形连接下正常运转。所以 KT 时间继电器延时动作的时间就是电动机连成星形降压启动的时间。

本电路与其他 Y- △换接控制电路相比，节省一个接触器，但由于电动机主电路中采用 KM2 辅助常闭触点来短接电动机三相绕组尾端，容量有限，故该电路适用于 13kW 以下电动机的启动控制。

十九、速度继电器

1. 速度继电器作用及基本原理

速度继电器的作用是依靠速度大小为信号与接触器配合，实现对电动机的反接制动。故速度继电器又称反接制动继电器。速度继电器的结构如图 4-85 所示，实物图如图 4-86 所示。

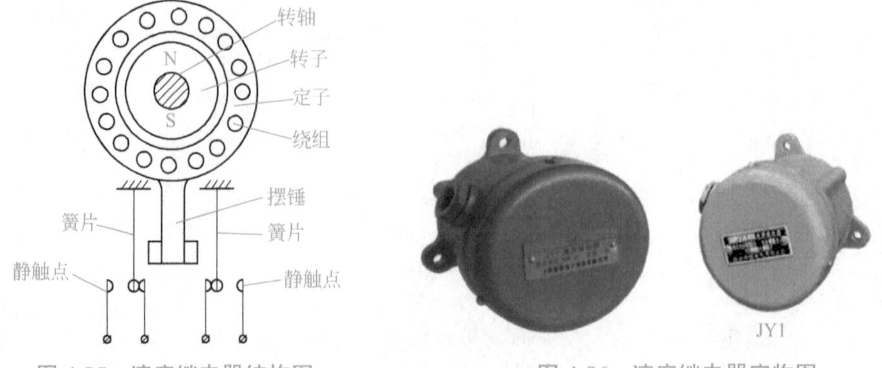

图 4-85　速度继电器结构图

图 4-86　速度继电器实物图

速度继电器的轴与电动机的轴连接在一起，轴上有圆柱形永久磁铁，永久磁铁的外边有嵌着笼型绕组可以转动一定角度的外环。

当速度继电器由电动机带动时，它的永久磁铁的磁通切割外环的笼型绕组，在其中产生感应电势与电流。此电流又与永久磁铁的磁通相互作用产生作用于笼型绕组的力而使外环转动。和外环固定在一起的支架上的顶块使动合触头闭合，动断触头断开。速度继电器外环的旋转方向由电动机确定，因此，顶块可向左拨动触头，也可向右拨动触头使其动作，当速度继电器轴的速度低于某一转速时，顶块便恢复原位，处于中间位置，如图 4-87 所示。

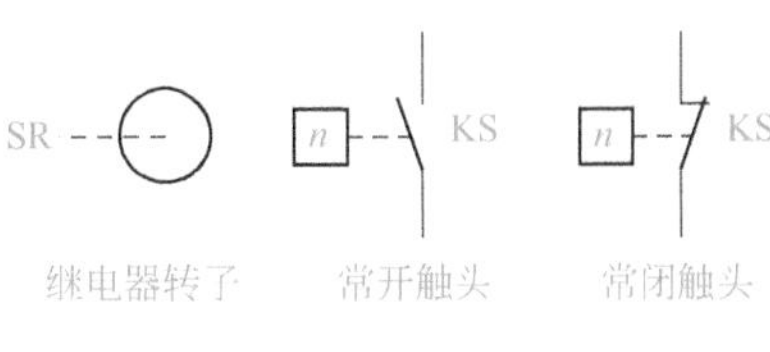

图 4-87　速度继电器的电路符号

2. 速度继电器的检测

用万用表电阻挡（低挡位）或者蜂鸣挡检测，速度继电器在检测时主要在静态时检测它的常闭触点和常开触点的接通和断开状态。当良好时，如有条件可以给速度继电器施加转力，当速度继电器旋转的时候，其常闭触点会断开，常开触点会接通，如不符合上述规律则速度继电器损坏。

3. 速度继电器的应用

反接制动控制电路如图 4-88 所示。反接制动实质上是改变异步电动机定子绕组中的三相电源相序，产生与转子转动方向相反的转矩，因而起制动作用。

反接制动过程为：当想要停车时，首先将三相电源切换，然后当电动机转速接近零时，再将三相电源切除。控制线路就是要实现这一过程。

图 4-88（a）、（b）、（c）都为反接制动的控制线路。我们知道电动机在正方向运行时，如果把电源反接，电动机转速将由正转急速下降到零。如果反接电源不及时切除，则电动机又要从零速反向启动运行。所以我们必须在电动机制动到零速时，将反接电源切断，电动机才能真正停下来。控制线路是用速度继电器来“判断”电动机的停与转的。电动机与速度继电器的转子是同轴连接在一起的，电动机转动时，速度继电器的动合触点闭合，电动机停止时动合触

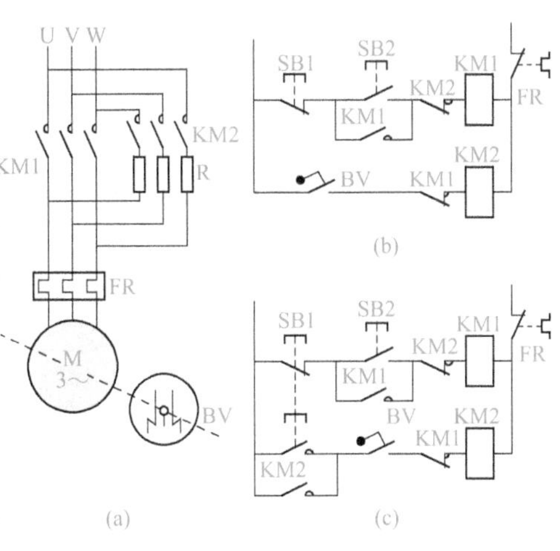

图 4-88　反接制动控制电路

点打开。

线路图 4-88（b）工作过程如下：

按 SB2 → KM1 通电（电动机正转运行）→ BV 的动合触点闭合。

按 SB1 → KM1 断电。

按 SB1 → KM2 通电（开始制动）→ $n \approx 0$，BV 复位→ KM2 断电（制动结束）。

二十、接触器

1. 接触器的用途

（1）接触器的用途 接触器工作时利用电磁吸力的作用把触点由原来的断开状态变为闭合状态或由原来的闭合状态变为断开状态，以此来控制电流较大交直流主电路和容量较大的电路。在低压控制电路或电气控制系统中，接触器是一种应用非常普遍的低压控制电器，并具有欠电压保护的功能。可以用它对电动机进行远距离频繁接通、断开的控制；也可以用它来控制其他负载电路，如电焊机等。

接触器按工作电流不同可分为交流接触器和直流接触器两大类。交流接触器的电磁机构主要由线圈、铁芯和衔铁组成，交流接触器的触点有三对主常开触点用来控制主电路通断；有两对辅助常开和两对辅助常闭触点实现对控制电路的通断。直流接触器的电磁机构与交流接触器相同，直流接触器的触点有两对主常开触点。

接触器的优点：使用安全、易于操作和能实现远距离控制、通断电流能力强、动作迅速等。缺点：不能分离短路电流，所以在电路中接触器常常与熔断器配合使用。

交、直流接触器分别有 CJ10、CZ0 系列，03TB 是引进的交流接触器，CZ18 直流接触器是 CZ0 的换代产品。接触器的图形、文字符号如图 4-89 所示。接触器外形和接线端子说明如图 4-90 所示，交流接触器的结构及符号如图 4-91 所示。

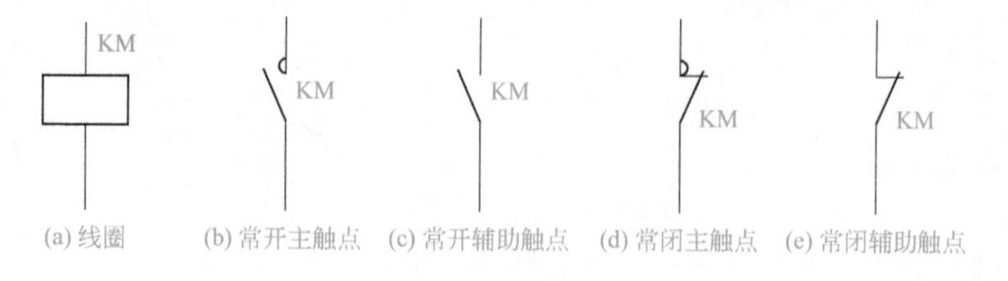

图 4-89 接触器的图形符号和文字符号

（2）接触器的选用原则　在低压电气控制电路中选用接触器时，常常只考虑接触器的主要参数，如主触点额定电流、主触点额定电压、吸引线圈的电压。

① 主触点额定电流：主触点的额定电流应不小于负载电路的额定电流，也可根据经验公式计算。

根据所控制的电动机的容量或负载电流种类来选择接触器类型，如交流负载电路应选用交流接触器来控制，而直流负载电路就应选用直流接触器来控制。

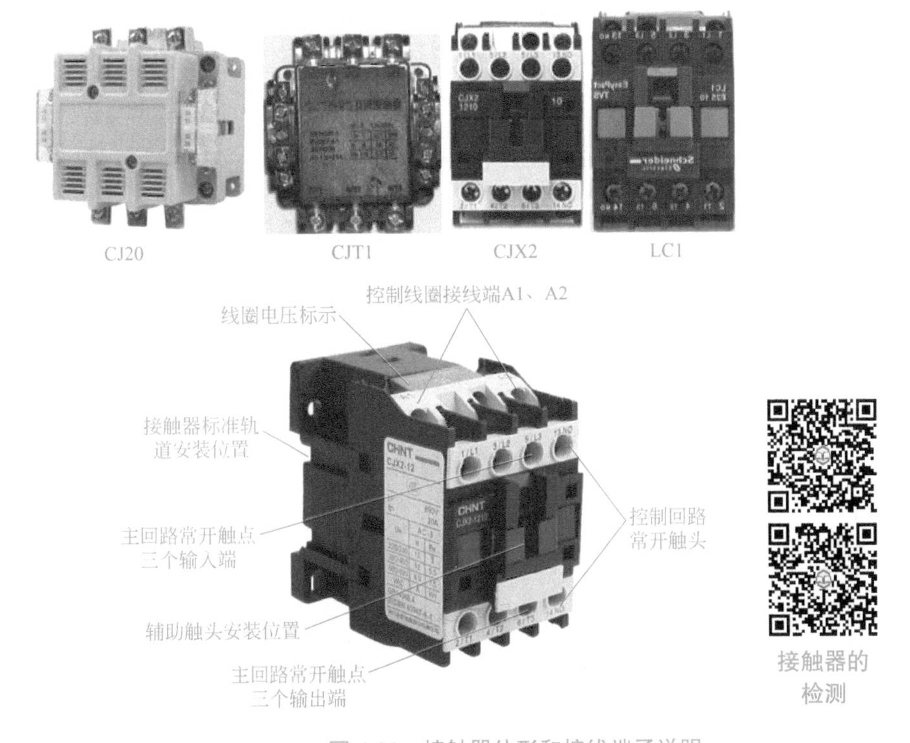

图 4-90　接触器外形和接线端子说明

温馨提示：在使用接触器时，要注意辅助触点的状态，可根据型号区分。

CJX2-XX10 为辅触点 1 常开，0 常闭（未通电主触点为断开状态，辅触点断开）；

CJX2-XX01 为辅触点 0 常开，1 常闭（未通电主触点为断开状态，辅触点闭合）；

CJX2-XX11 为辅触点 1 常开，1 常闭（未通电主触点为断开状态，辅触点一开一闭）。

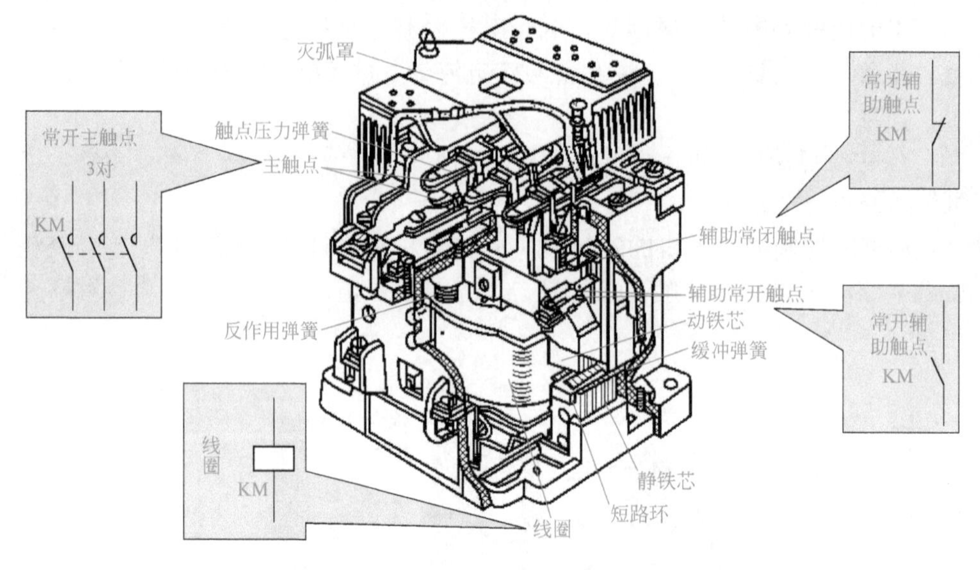

图 4-91　交流接触器的结构及符号

② 交流接触器的额定电压有两个：一是主触点的额定电压，由主触点的物理结构、灭弧能力决定；二是吸引线圈额定电压，由吸引线圈的电感量决定。而主触点和吸引线圈额定电压是根据不同场所的需要而设计的。例如主触点380V额定电压的交流接触器的吸引线圈的额定电压就有36V、127V、220V与380V多种规格。接触器吸引线圈的电压选择，交流线圈电压有36V、110V、127V、220V、380V；直流线圈电压有24V、48V、110V、220V、440V。从人身安全的角度考虑，线圈电压可选择低一些，但当控制线路简单、线圈功率较小时，为了节省变压器，可选220V或380V。

③ 接触器的触点数量应满足控制支路数的要求，触点类型应满足控制线路的功能要求。

2. 接触器的检测

检测接触器时，用万用表电阻挡（低挡位）或者蜂鸣挡检测，首先检测其常开触点均为断开状态，然后用螺钉旋具按压连杆，再检测接触器的常开触点，应为接通状态。然后用万用表检测电磁线圈应有一定的阻值，如阻值为零或很小，说明线圈短路，如阻值为无穷大则为线圈开路，应进行更换。当检测线圈为正常时，可以给接触器施加额定工作电压，此时接触器应动作，再用万用表检测常开触点应该为接通状态。当接通合适的工作电源后接触器不能够动作，则说明接触器的机械控制部分出现了问题，应进行更换。如图4-92所示。

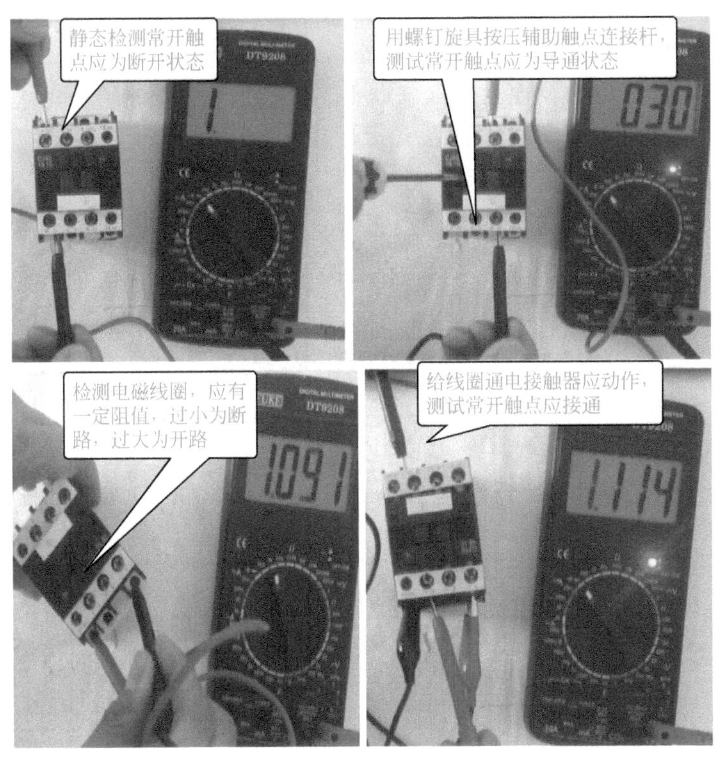

图 4-92　接触器的检测

很多接触器当常开常闭触点不够用的时候，可以挂接辅助触头，辅助触点一般有两组常闭两组常开触点（选用时可以根据实际情况选用不同型号），在检测时可以先静态检测辅助触头的常闭和常开触点的接通和断开状态。然后将辅助触头挂接在接触器上给接触器通电，然后再分别用万用表电阻挡（低挡位）或者蜂鸣挡检测其常闭触点和常开触点的工作状态。如常闭触点和常开触点不能够正常的接通或断开，应更换触头。如图 4-93 所示。

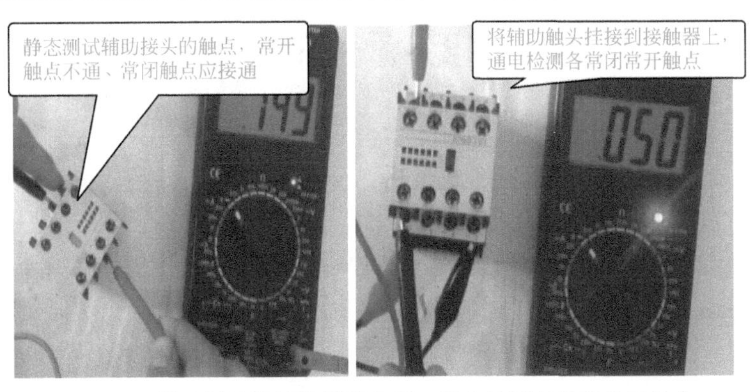

图 4-93　辅助触头接到接触器上时，通电检测各常闭常开触点

3.接触器的常见故障及处理措施

接触器的常见故障及处理措施见表4-24。

(1)接触器常见故障及其原因

① 交流接触器在吸合时振动和有噪声。

a. 电压过低，其表现是噪声忽强忽弱。例如，电网电压较低，只能维持接触器的吸合。大容量电动机启动时，电路压降较大，相应的接触器噪声也大，而启动过程完毕噪声则小。

表4-24 交流接触器常见故障及处理方法

故障现象	故障分析	处理措施
触点过热	通过动、静触点间的电流过大	重新选择大容量触点
	动、静触点间接触电阻过大	用刮刀或细锉修整或更换触点
触点磨损	触点间电弧或电火花造成电磨损	更换触点
	触点闭合撞击造成机械磨损	更换触点
触点熔焊	触点压力弹簧损坏使触点压力过小	更换弹簧和触点
	线路过载使触点通过的电流过大	选用较大容量的接触器
铁芯噪声大	衔铁与铁芯的接触面接触不良或衔铁歪斜	拆下清洗、修整端面
	短路环损坏	焊接短路环或更换
	触点压力过大或活动部分受到卡阻	调整弹簧、消除卡阻因素
衔铁吸不上	线圈引出线的连接处脱落，线圈断线或烧毁	检查线路及时更换线圈
	电源电压过低或活动部分卡阻	检查电源、消除卡阻因素
衔铁不释放	触点熔焊	更换触点
	机械部分卡阻	消除卡阻因素
	反作用弹簧损坏	更换弹簧

b. 短路环断裂。

c. 静铁芯与衔铁接触面之间有污垢和杂物，致使空气隙变大，磁阻增加。当电流过零时，虽然短路环工作正常，但因极面间的距离变大，不能克服恢复弹簧的反作用力而产生振动。如接触器长期振动，将导致线圈烧毁。

d. 触点弹簧压力太大。

e. 接触器机械部分故障，一般是机械部分不灵活，铁芯极面磨损，磁铁歪斜或卡住，接触面不平或偏斜。

② 线圈断电，接触器不释放。线路故障、触点焊住、机械部分卡住、磁路故障等因素，均可使接触器不释放。检查时，应首先分清两个界限，是电路故障还是接触器本身的故障；是磁路的故障还是机械部分的故障。

区分电路故障和接触器故障的方法是：将电源开关断开，看接触器是否释放。如释放，说明故障在电路中，电路电源没有断开；如不释放，就是接触器本身的故障。区分机械故障和磁路故障的方法是：在断电后，用螺丝刀（螺钉旋具）木柄轻轻敲击接触器外壳。如释放，一般是磁路的故障；如不释放一般是机械部分的故障，其原因如下。

a. 触点熔焊在一起。

b. 机械部分卡住，转轴生锈或歪斜。

c. 磁路故障，可能是被油污粘住或剩磁的原因，使衔铁不能释放。区分这两种情况的方法是：将接触器拆开，看铁芯端面上有无油污，有油污说明铁芯被粘住，无油污可能是剩磁作用。造成油污粘住的原因，多数是在更换或安装接触器时没有把铁芯端面的防锈凡士林油擦去。剩磁造成接触器不能释放的原因是在修磨铁芯时，将 E 形铁芯两边的端面修磨过多，使去磁气隙消失，剩磁增大，铁芯不能释放。

③ 接触器自动跳开。

a. 接触器（指 CJ10 系列）后底盖固定螺芯松脱，使静铁芯下沉，衔铁行程过长，触点超行程过大，如遇电网电压波动就会自行跳开。

b. 弹簧弹力过大（多数为修理时，更换弹簧不合适所致）。

c. 直流接触器弹簧调整过紧或非磁性垫片垫得过厚，都有自动释放的可能。

④ 线圈通电衔铁吸不上。

a. 线圈损坏，用欧姆表测量线圈电阻。如电阻很大或电路不通，说明线圈断路；电阻很小，可能是线圈短路或烧毁。如测量结果与正常值接近，可使线圈再一次通电，听有没有“嗡嗡”的声音，是否冒烟；冒烟说明线圈已烧毁，不冒烟而有“嗡嗡”声，可能是机械部分卡住。

b. 线圈接线端子接触不良。

c. 电源电压太低。

d. 触点弹簧压力和超程调整得过大。

⑤ 线圈过热或烧毁。

a. 线圈通电后由于接触器机械部分不灵活或铁芯端面有杂物，使铁芯吸不到位，引起线圈电流过大而烧毁。

b. 加在线圈上的电压太低或太高。

c. 更换接触器时，其线圈的额定电压、频率及通电持续率低于控制电路的要求。

d. 线圈受潮或机械损伤，造成匝间短路。

e. 接触器外壳的通气孔应上下装置，如错将其水平装置，空气不能对流，时间长了也会把线圈烧毁。

f. 操作频率过高。

g. 使用环境条件特殊，如空气潮湿、腐蚀性气体在空气中含量过高、环境温度过高。

h. 交流接触器派生直流操作的双线圈，因常闭联锁触点熔焊不能释放而使线圈过热。

⑥ 线圈通电后接触器吸合动作缓慢。

a. 静铁芯下沉，使铁芯极面间的距离变大。

b. 检修或拆装时，静铁芯底部垫片丢失或撤去的层数太多。

c. 接触器的装置方法错误，如将接触器水平装置或倾斜角超过 5°以上，有的还悬空装。这些不正确的装置方法，都可能造成接触器不吸合、动作不正常等故障。

⑦ 接触器吸合后静触点与动触点间有间隙。这种故障有两种表现形式，一是所有触点都有间隙，二是部分触点有间隙。前者是因机械部分卡住，静、动铁芯间有杂物。后者可能是由于该触点接触电阻过大、触点发热变形或触点上面的弹簧片失去弹性。

检查双断点触点终压力的方法如图 4-94 所示，将接触器触点的接线全部拆除，打开灭弧罩，把一条薄纸放在动静触点之间，然后给线圈通电，使接触器吸合，这时，可将纸条向外拉，如拉不出来，说明触点接触良好，如很容易拉出来或毫无阻力，说明动静触点之间有间隙。

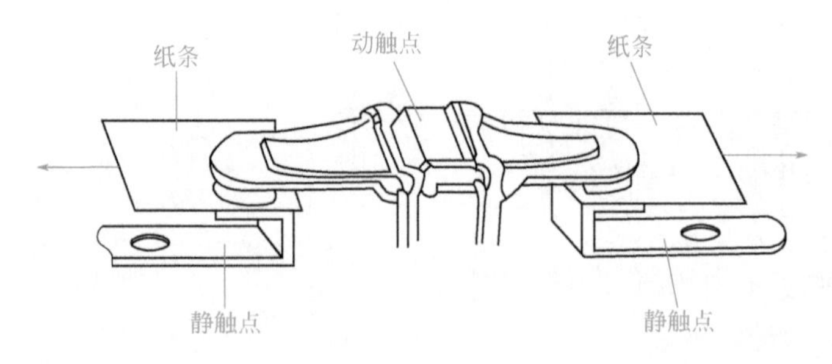

图 4-94　双断点触点终压力的检查方法

检查辅助触点时，因小容量的接触器的辅助触点装置位置很狭窄，可用测量电阻的方法进行检查。

⑧ 静触点（相间）短路。

a. 油污及铁尘造成短路。

b. 灭弧罩固定不紧，与外壳之间有间隙，接触器断开时电弧逐渐烧焦两相触点间的胶木，造成绝缘破坏而短路。

c. 可逆运转的联锁机构不可靠或联锁方法使用不当，由于误操作或正反转过于频繁，致使两台接触器同时投入运行而造成相间短路。

另外由于某种原因造成接触器动作过快，一接触器已闭合，另一接触器电弧尚未熄灭，形成电弧短路。

d. 灭弧罩破裂。

⑨ 触点过热。触点过热是接触器（包括交、直流接触器）主触点的常见故障。除分断短路电流外，主要原因是触点间接触电阻过大，触点温度很高，致使触点熔焊，这种故障可从以下几个方面进行检查。

a. 检查触点压力，包括弹簧是否变形、触点压力弹簧片弹力是否消失。

b. 触点表面氧化。铜材料表面的氧化物是一种不良导体，会使触点接触电阻增大。

c. 触点接触面积太小、不平、有毛刺、有金属颗粒等。

d. 操作频率太高，使触点长期处于大于几倍的额定电流下工作。

e. 触点的超程太小。

⑩ 触点熔焊。

a. 操作频率过高或过负载使用。

b. 负载侧短路。

c. 触点弹簧片压力过小。

d. 操作回路电压过低或机械卡住，触点停顿在刚接触的位置。

⑪ 触点过度磨损。

a. 接触器选用欠妥，在反接制动和操作频率过高时容量不足。

b. 三相触点不同步。

⑫ 灭弧罩受潮。有的灭弧罩是石棉和水泥制成的，容易受潮，受潮后绝缘性能降低，不利于灭弧。而且当电弧燃烧时，电弧的高温使灭弧罩里的水分汽化，进而使灭弧罩上部压力增大，电弧不能进入灭弧罩。

⑬ 磁吹线圈匝间短路。由于使用保养不善，使线圈匝间短路，磁场减弱，磁吹力不足，电弧不能进入灭弧罩。

⑭ 灭弧罩炭化。在分断很大的短路电流时，灭弧罩表面烧焦，形成一种炭质导体，也会延长灭弧时间。

⑮ 灭弧罩栅片脱落。由于固定螺钉或铆钉松动，造成灭弧罩栅片脱落或缺片。

（2）接触器修理

① 触点的修整。

a. 触点表面的修磨：铜触点因氧化、变形积垢，会造成触点的接触电阻和温升增加。修理时可用小刀或锉刀修理触点表面，但应保持原来形状。修理时，不必把触点表面锉得过分光滑，这会使接触面减少，也不要将触点磨削过多，以免影响使用寿命。不允许用砂纸或砂布修磨，否则会使砂粒嵌在触点的表面，反而使接触电阻增大。

银和银合金触点表面的氧化物，遇热会还原为银，不影响导电。触点的积垢可用汽油或四氯化碳清洗，但不能用润滑油擦拭。

b. 触点整形：触点严重烧蚀后会出现斑痕及凹坑，或静、动触点熔焊在一起。修理时，将触点凸凹不平的部分和飞溅的金属熔渣细心地锉平整，但要尽量保持原来的几何形状。

c. 触点的更换：镀银触点被磨损而露出铜质或触点磨损超过原高度的 1/2 时，应更换新触点。更换后要重新调整压力、行程，保证新触点与其他各相（极）未更换的触点动作一致。

d. 触点压力的调整：有些电器触点上装有可调整的弹簧，借助弹簧可调整触点的初压力、终压力和超行程。触点的这三种压力定义是这样的：触点开始接触时的压力叫初压力，初压力来自触点弹簧的预先压缩，可使触点减少振动，避免触点的熔焊及减轻烧蚀程度；触点的终压力指动、静触点完全闭合后的压力，应使触点在工作时接触电阻减小；超行程指衔铁吸合后，弹簧在被压缩位置上还应有的压缩余量。

② 电磁系统的修理。

a. 铁芯的修理：先确定磁极端面的接触情况，在极面间放一软纸板，使纸圈通电，衔铁吸合后将在软纸板上印上痕迹，由此可判断极面的平整程度。如接触面积在 80%以上，可继续使用；否则要进行修理。修理时，可将砂布铺在平板上，来回研磨铁芯端面（研磨时要压平，用力要均匀）便可得到较平的端面。对于 E 形铁芯，其中柱的间隙不得小于规定间隙。

b. 短路环的修理：如短路环断裂，应重新焊住或用铜材料按原尺寸制一个新的换上，要固定牢固且不能高出极面。

③ 灭弧装置的修理。

a. 磁吹线圈的修理：如是并联磁吹线圈断路，可以重新绕制，其匝数和线圈绕向要与原来一致，否则不起灭弧作用。串联型磁吹线圈短路时，可拨开短路处，涂点绝缘漆烘干定型后方可使用。

b. 灭弧罩的修理：灭弧罩受潮，可将其烘干；灭弧罩炭化，可以刮除；灭弧罩破裂，可以黏合或更新；栅片脱落或烧毁，可用铁片按原尺寸重做。

（3）接触器使用注意事项

① 安装前检查接触器铭牌与线圈的技术参数（额定电压、电流、操作频率

等）是否符合实际使用要求；检查接触器外观，应无机械损伤，用手推动接触器可动部分时，接触器应动作灵活，灭弧罩应完整无损，固定牢固；测量接触器的线圈电阻和绝缘电阻正常。

② 接触器一般应安装在垂直面上，倾斜度不得超过 5°；安装和接线时，注意不要将零件失落或掉入接触器内部，安装螺钉应装有弹簧垫圈和平垫圈，并拧紧螺钉以防振动松脱；安装完毕，检查接线正确无误后，在主触点不带电的情况下操作几次，然后测量产品的动作值和释放值，所测得数值应符合产品的规定要求。

③ 使用时应对接触器做定期检查，观察螺钉有无松动，可动部分是否灵活等；接触器的触点应定期清扫，保持清洁，但不允许涂油，当触点表面因电灼作用形成金属小颗粒时，应及时清除。拆装时注意不要损坏灭弧罩，带灭弧罩的交流接触器绝不允许不带灭弧罩或带破损的灭弧罩运行。

4. 接触器应用电路

三个接触器控制的 Y- △降压启动电路如图 4-95 所示。

从主回路可知，如果控制线路能使电动机接成星形（即 KM1 主触点闭合），并且经过一段延时后再接成三角形（即 KM1 主触点打开，KM2 主触点闭合），则电动机就能实现降压启动，而后再自动转换到正常速度运行。控制线路的工作过程如图 4-96。

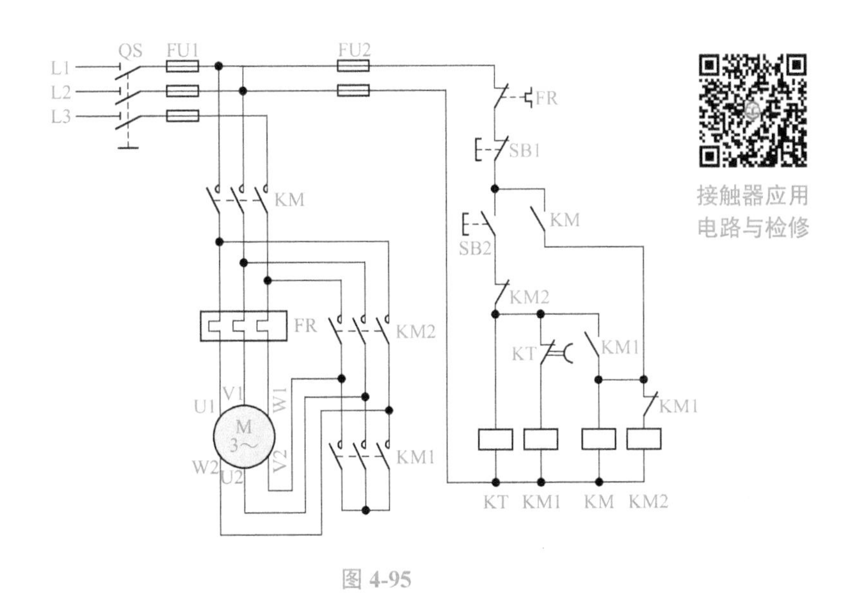

图 4-95

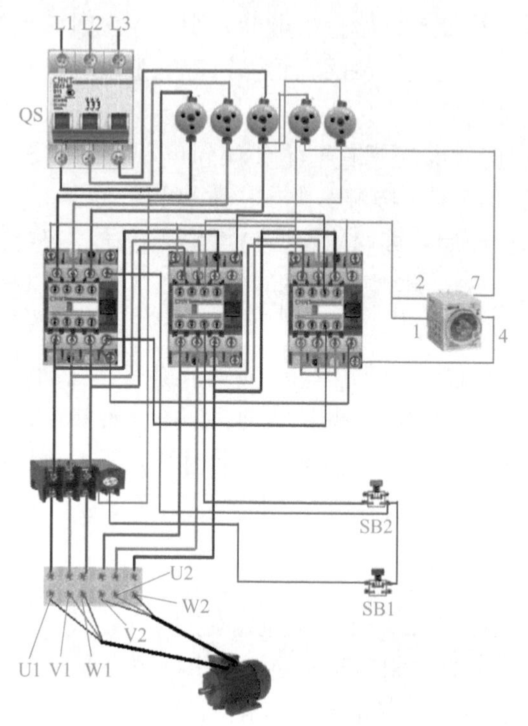

图 4-95　三个交流接触器控制 Y- △降压启动电路运行电路图

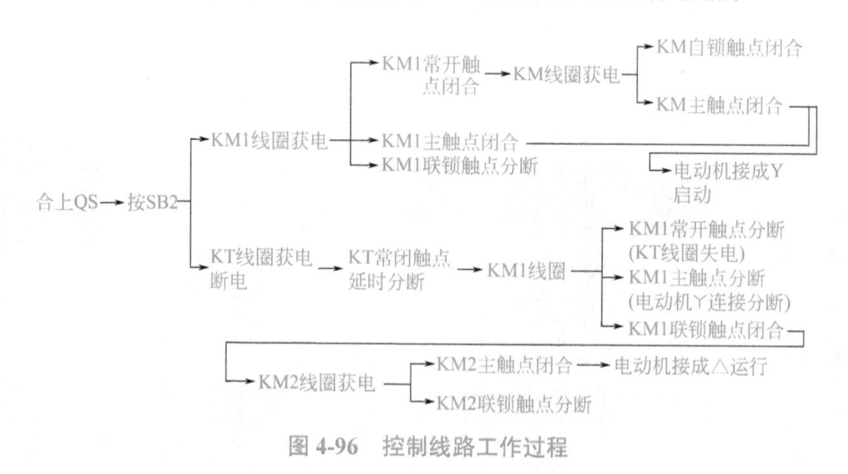

图 4-96　控制线路工作过程

二十一、频敏变阻器

1. 频敏变阻器用途

频敏变阻器是一种利用铁磁材料的损耗随频率变化来自动改变等效阻值的

低压电器，能使电动机达到平滑启动。主要用于绕线转子回路，作为启动电阻，实现电动机的平稳无极启动。BP 系列频敏变阻器主要由铁芯和绕组两部分组成，其外形结构与符号如图 4-97 所示。如图 4-98 为频敏变阻器实物。

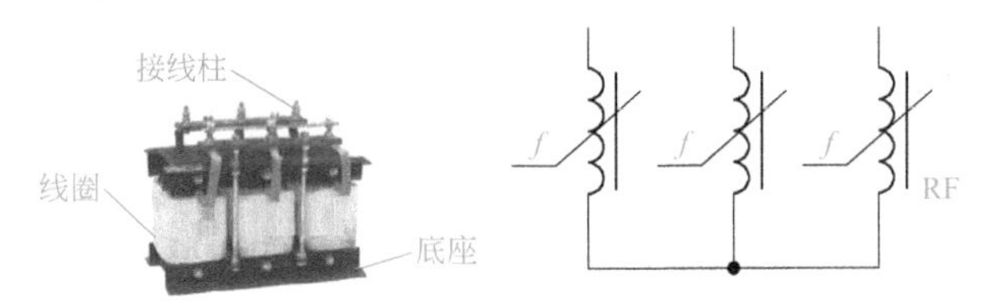

图 4-97　频敏变阻器外形结构与符号

图 4-98　频敏变阻器实物

常见的频敏变阻器有 BPl、BP2、BP3、BP4 和 BP6 等系列，每一系列有其特定用途，各系列用途详见表 4-25。

表4-25　各系列频敏变阻器选用场合

频繁程度	轻载	重载
偶尔	BP1、BP2、BP4	BP4G、BP6
频繁	BP3、BP1、BP2	—

2. 频敏变阻器常见故障及处理措施

频敏变阻器常见的故障主要有线圈绝缘电阻降低或绝缘损坏、线圈断路或短路及线圈烧毁等情况，发生故障应及时进行更换。

① 频敏变阻器应牢固地固定在基座上，当基座为铁磁物质时应在中间垫入 10mm 以上的非磁性垫片，以防影响频敏变阻器的特性，同时变阻器还应可靠接地。

② 连接线应按电动机转子额定电流选用相应截面的电缆线。

③ 试车前，应先测量对地绝缘电阻，如阻值小于 1MΩ，则须先进行烘干处理后方可使用。

④ 试车时，如发现启动转矩或启动电流过大或过小，应对频敏变阻器进行调整。

⑤ 使用过程中应定期清除尘垢，并检查线圈的绝缘电阻。

3. 频敏变阻器的检测

由于频敏变阻器应用的线较粗，因此用万用表测试时只要各绕组符合连接要求，用万用表电阻挡（低挡位）或者蜂鸣挡检测，单组线圈通即可认为是好的，检查外观无烧毁现象。

4. 自耦变压器降压启动控制电路

自耦变压器高压侧接电网，低压侧接电动机。启动时，利用自耦变压器分接头来降低电动机的电压，待转速升到一定值时，自耦变压器自动切除，电动机与电源相接，在全压下正常运行。

自耦变压器降压启动是利用自耦变压器来降低加在电动机定子绕组上的电压，达到限制启动电流的目的。电动机启动时，定子绕组加自耦变压器的二次电压。启动结束后，甩开自耦变压器，定子绕组上加额定电压，电动机全压运行。自耦变压器降压启动分为手动控制和自动控制两种。

（1）手动控制电路原理 自耦变压器降压启动控制电路如图 4-99 所示。对正常运行时为 Y 形接线及要求启动容量较大的电动机，不能采用 Y- △启动法，常采用自耦变压器启动方法，自耦变压器启动法是利用自耦变压器来实现降压启动的。用来降压启动的三相自耦变压器又称为启动补偿器。

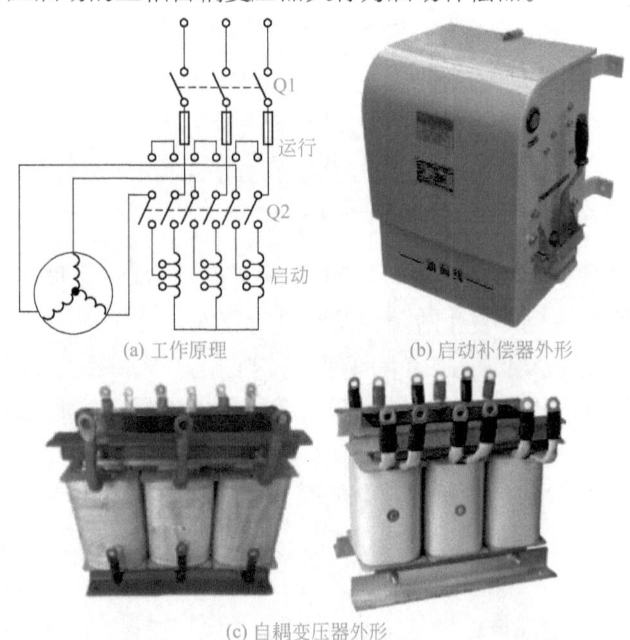

(a) 工作原理

(b) 启动补偿器外形

(c) 自耦变压器外形

图 4-99 自耦变压器

用自耦变压器降压启动时，先合上电源开关 Q1，再把转速开关 Q2 的操作手柄推向“启动”位置，这时电源电压接在三相自耦变压器的全部绕组上（高压侧），而电动机在较低电压下启动，当电动机转速上升到接近于额定转速时，将转换开关 Q2 的操作手柄迅速从“启动”位置投向“运行”位置，这时自耦变压器从电网中切除。

（2）自动控制电路原理　图 4-100 是交流电动机自耦降压启动自动切换控制电路，自动切换靠时间继电器完成，用时间继电器切换能可靠地完成由启动到运行的转换过程，不会造成启动时间的长短不一的情况，也不会因启动时间长造成烧毁自耦变压器事故。

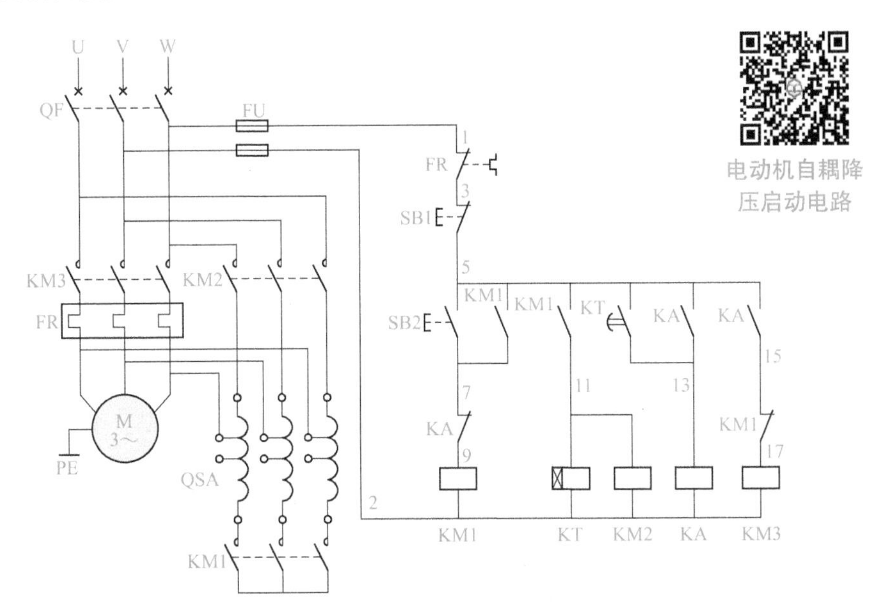

图 4-100　电动机自耦降压启动（自动控制）电路原理图

控制过程如下：

① 合上空气开关 QF 接通三相电源。

② 按启动按钮 SB2，交流接触器 KM1 线圈通电吸合并自锁，其主触头闭合，将自耦变压器线圈接成星形，与此同时由于 KM1 辅助常开触点闭合，使得接触器 KM2 线圈通电吸合，KM2 的主触头闭合由自耦变压器的低压抽头（例如 65%）将三相电压的 65% 接入电路。

③ KM1 辅助常开触点闭合，使时间继电器 KT 线圈通电，并按已整定好的时间开始计时，当时间到达后，KT 的延时常开触点闭合，使中间继电器 KA 线圈通电吸合并自锁。

④ 由于KA线圈通电，其常闭触点断开使KM1线圈断电，KM1常开触点全部释放，主触头断开，使自耦变压器线圈封星端打开；同时，KM2线圈断电，其主触头断开，切断自耦变压器电源。KA的常闭触点闭合，通过KM1已经复位的常闭触点，使KM3线圈得电吸合，KM3主触头接通电动机在全压下运行。

⑤ KM1的常开触点断开也使时间继电器KT线圈断电，其延时闭合触点释放，也保证了在电动机启动任务完成后，使时间继电器KT处于断电状态。

⑥ 欲停车时，可按SB1则控制回路全部断电，电动机切除电源而停转。

⑦ 电动机的过载保护由热继电器FR完成。

二十二、电磁铁

1. 电磁铁用途及分类

电磁铁是一种把电磁能转换为机械能的电气元件，被用来远距离控制和操作各种机械装置及液压、气压阀门等，另外它可以作为电器的一个部件，如接触器、继电器的电磁系统。

电磁铁是利用电磁吸力来吸持钢铁零件，操纵、牵引机械装置以完成预期的动作等。电磁铁主要由铁芯、衔铁、线圈和工作机构组成，类型有牵引电磁铁、制动电磁铁、起重电磁铁、阀用离合器等。常见的制动电磁铁与TJ2型闸瓦制动器配合使用，共同组成电磁抱闸制动器，如图4-101所示。

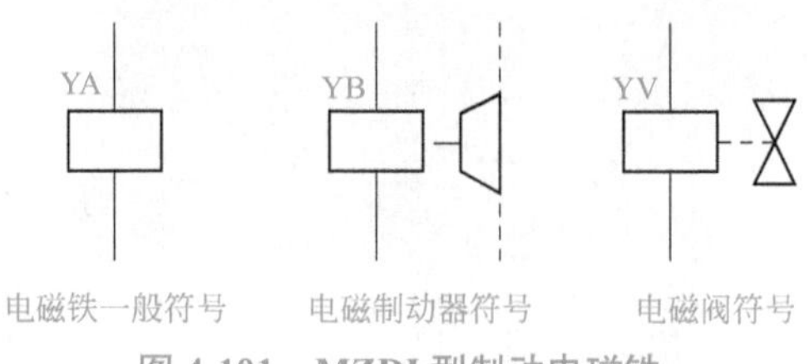

图 4-101　MZDI 型制动电磁铁

电磁铁的分类如下：

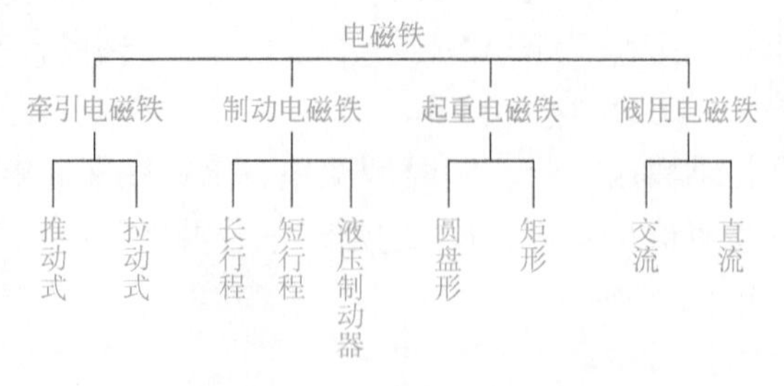

如图 4-102 所示为电磁铁的实物。

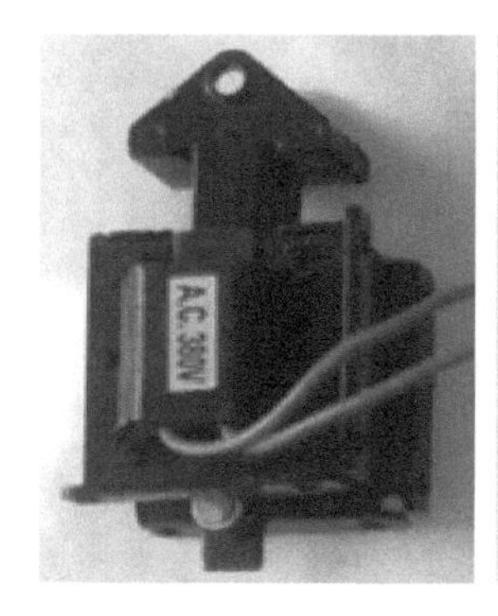

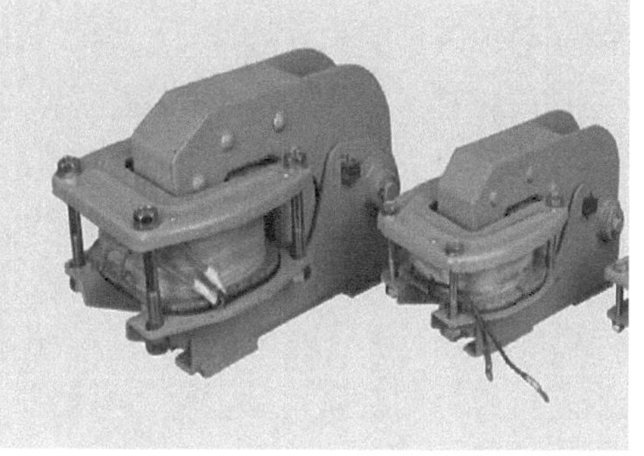

图 4-102　电磁铁的实物

2. 电磁铁的选用原则

电磁铁在选用时应遵循以下原则：

① 根据机械负载的要求选择电磁铁的种类和结构形式。

② 根据控制系统电压选择电磁铁线圈电压。

③ 电磁铁的功率应不小于制动或牵引功率。

3. 电磁铁的常见故障及处理措施

（1）电磁铁的常见故障及处理措施　如表 4-26 所示。

表4-26　电磁铁的常见故障及处理方法

故障现象	故障分析	处理措施
电磁铁通电后不动作	电磁铁线圈开路或短路	测试线圈阻值，修理线圈
	电磁铁线圈电源电压过低	调电源电压
	主弹簧张力过大	调整主弹簧张力
	杂物卡阻	清除杂物
电磁铁线圈发热	电磁铁线圈短路或接头接触不良	修理或调换线圈
	动、静铁芯未完全吸合	修理或调换电磁铁铁芯
	电磁铁的工作制或容量规格选择不当	调换容量规格或工作制合格的电磁铁
	操作频率太高	降低操作频率
电磁铁工作时有噪声	铁芯上短路环损坏	修理短路环或调换铁芯
	动、静铁芯极面不平或有油污	修整铁芯极面或清除油污
	动、静铁芯歪斜	调整对齐
线圈断电后衔铁不释放	机械部分被卡住	修理机械部分
	剩磁过大	增加非磁性垫片

（2）电磁铁使用注意事项

① 安装前应清除灰尘和杂物，并检查衔铁有无机械卡阻。

② 电磁铁要牢固地固定在底座上，并在紧固螺钉下放弹簧垫圈锁紧。

③ 电磁铁应按接线图接线，并接通电源，操作数次，检查衔铁动作是否正常以及有无噪声。

④ 定期检查衔铁行程的大小，该行程在运行过程中由于制动面的磨损而增大。当衔铁行程达到正常值时，即进行调整，以恢复制动面和转盘间的最小空隙。不让行程增加到正常值以上，因为这样可能引起吸力显著降低。

⑤ 检查连接螺钉的旋紧程度，注意可动部分的机械磨损。

4. 电磁铁的检测

用万用表电阻挡（低挡位）或者蜂鸣挡检测，检测电磁铁时，首先用万用表检测电磁铁的线圈，正常情况下电磁铁的线圈应有一定的阻值，其额定工作电压越高，其阻值越大，如检测电磁铁线圈阻值很小或为零，说明线圈短路，线圈阻值为无穷大，则说明线圈开路。如图4-103所示。

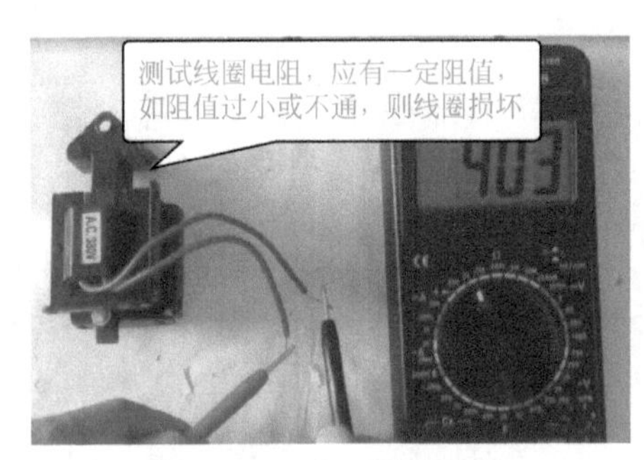

图 4-103　电磁铁的检测

当测试线圈为正常情况下应检测电磁铁的动铁芯的动作状态是否灵活，如有卡滞现象，为动铁芯出现了问题，当动铁芯能够灵活动作时，可以给电磁铁通入额定的工作电压，此时动铁芯应快速动作。如图 4-104 所示。

电磁铁的检测

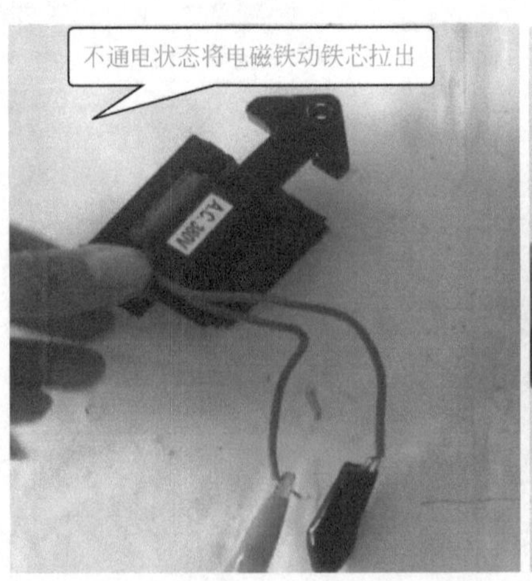

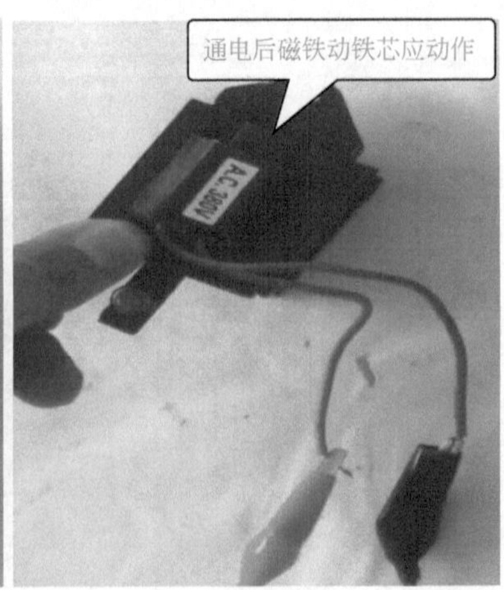

图 4-104　通电后磁铁动铁芯应动作

5.电磁抱闸制动控制电路

（1）电路原理图　电磁抱闸制动控制线路如图 4-105 所示。

（2）工作原理　当按下按钮 SB1，接触器 KM 线圈获电动作，给电动机通电。电磁抱闸的线圈 ZT 也通电，铁芯吸引衔铁而闭合，同时衔铁克服弹簧拉力，使制动杠杆向上移动，让制动器的闸瓦与闸轮松开，电动机正常工作。按下停止按钮 SB2 之后，接触器 KM 线圈断电释放，电动机的电源被切断，电磁抱闸的线圈也断电，衔铁释放，在弹簧拉力的作用下使闸瓦紧紧抱住闸轮，电动机就迅速被制动停转。

这种制动在起重机械上应用很广。当重物吊到一定高处，线路突然发生故障断电时，电动机断电，电磁抱闸线圈也断电，闸瓦立即抱住闸轮，使电动机迅速制动停转，从而可防止重物掉下。另外，也可利用这一点使重物停留在空中某个位置上。

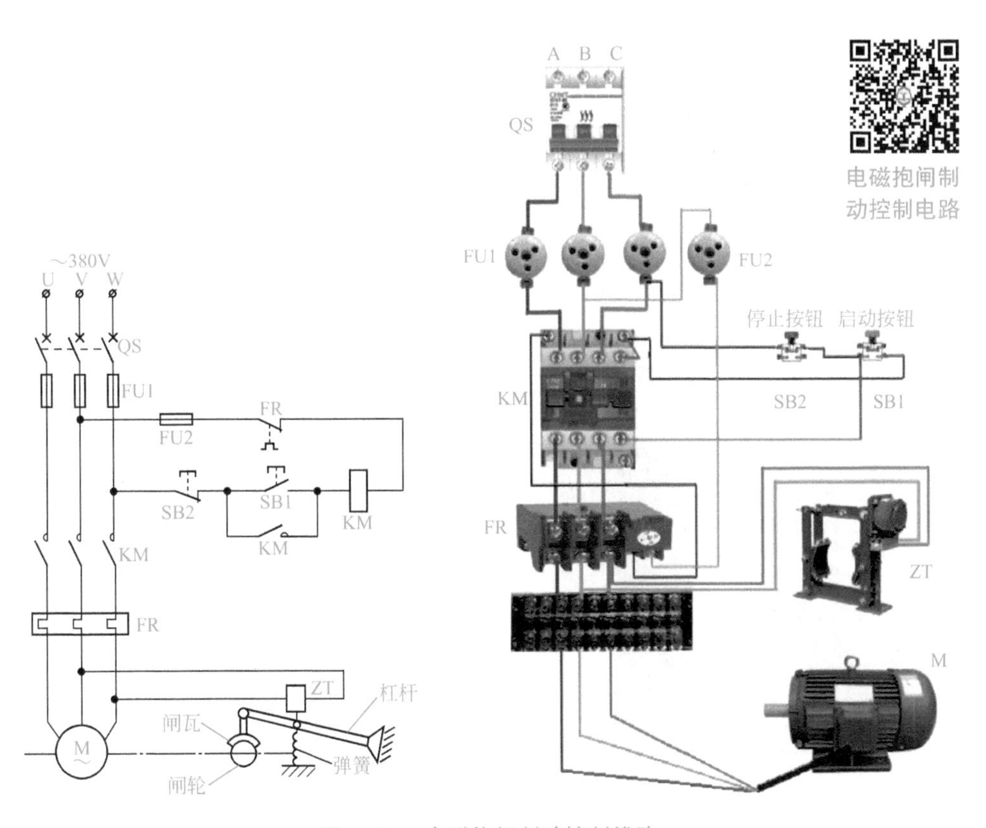

图 4-105　电磁抱闸制动控制线路

第三节 常用计量仪表的技术参数、应用与测量电路

一、电压表和电流表

1. 电压表的选择与使用

电压表是测量电压的常用仪器，如图 4-106 所示。常用电压表——伏特表（符号：V），在灵敏电流计里面有一个永磁体，在电流计的两个接线柱之间串联一个由导线构成的线圈，线圈放置在永磁体的磁场中，并通过传动装置与电压表的指针相连。大部分电压表都分为两个量程：0 ～ 3V 和 0 ～ 15V。电压表有三个接线柱，一个负接线柱，两个正接线柱（电压表的正极与电路的正极连接，负极与电路的负极连接）。电压表是一个相当大的电阻器，理想的认为是断路。

（1）电压表的接线 采用一只转换开关和一只电压表测量三相电压的方式，测量三个线电压的电路如图 4-107 所示。其工作原理是：当扳动转换开关 SA，使其触点 1-2、7-8 分别接通时，电压表测量的是 AB 两相之间的电压 U_{AB}；扳动 SA 使其触点 5-6、11-12 分别接通时，测量的是 U_{BC}；当扳动 SA 使其触点 3-4、9-10 分别接通时，测量的是 U_{AC}。

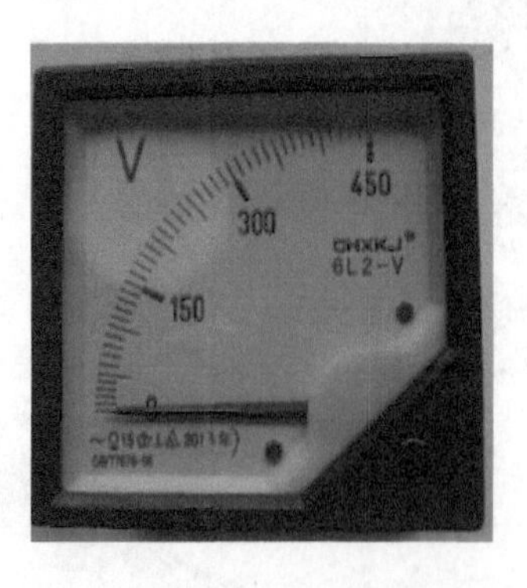

图 4-106 电压表

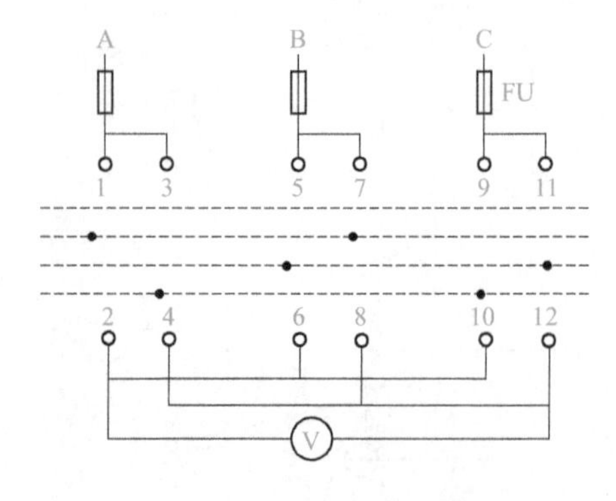

图 4-107 电压测量电路

（2）电压表的选择和使用注意事项 电压表的测量机构基本相同，但在测量线路中的连接有所不同。因此，在选择和使用电压表时应注意以下几点：

① 类型的选择。当被测量是直流时，应选直流表，即磁电系测量机构的仪表。当被测量是交流时，应注意其波形与频率。若为正弦波，只需测出有效值即可换算为其他值（如最大值、平均值等），采用任意一种交流表即可；若为非正弦波，则应区分需测量的是什么值，有效值可选用磁系或铁磁电动系测量机构的仪表，平均值则选用整流系测量机构的仪表。电动系测量机构的仪表常用于交流电压的精密测量。

② 准确度的选择。仪表的准确度越高，价格越贵，维修也较困难。而且，若其他条件配合不当，再高准确度等级的仪表，也未必能得到准确的测量结果。因此，在选用准确度较低的仪表可满足测量要求的情况下，就不要选用高准确度的仪表。通常 0.1 级和 0.2 级仪表作为标准表选用，0.5 级和 1.0 级仪表作为实验室测量使用，1.5 级以下的仪表一般作为工程测量选用。

③ 量程的选择。要充分发挥仪表准确度的作用，还必须根据被测量的大小合理选用仪表量限。如选择不当，其测量误差将会很大。一般使仪表对被测量的指示大于仪表最大量程的 1/2 ～ 2/3 以上，而不能超过其最大量程。

④ 内阻的选择。选择仪表时，还应根据被测阻抗的大小来选择仪表的内阻，否则会带来较大的测量误差。因为内阻的大小反映仪表本身功率的消耗，所以测量电压时应选用内阻尽可能大的电压表。

⑤ 正确接线。测量电压时，电压表应与被测电路并联。测量直流电压时，必须注意仪表的极性，应使仪表的极性与被测量的极性一致。

⑥ 高电压的测量。测量高电压时，必须采用电压互感器。电压表的量程应与互感器二次的额定值相符，一般电压为 100V。

⑦ 量程的扩大。当电路中的被测量超过仪表的量程时，可采用外附分压器，但应注意其准确度等级应与仪表的准确度等级相符。

⑧ 注意仪表的使用环境要符合要求，要远离外磁场。

2. 电流表的选择与使用

电流表（见图 4-108）又称安培表，是测量电路中电流大小的常用仪器。电流表主要采用磁电系电表的测量机构。

（1）电流测量电路 电流测量电路如图 4-109 所示。图中 TA 为电流互感器，每相一个，其一次绕组串接在主电路中，二次绕组各接一只电流表。三个电流互感器二次绕组接成星形，其公共点必须可靠接地。

（2）电流表的选择和使用注意事项 电流表的测量机构基本相同，但在测量线路中的连接有所不同。因此，在选择和使用电流表时应注意以下几点：

图 4-108　电流表

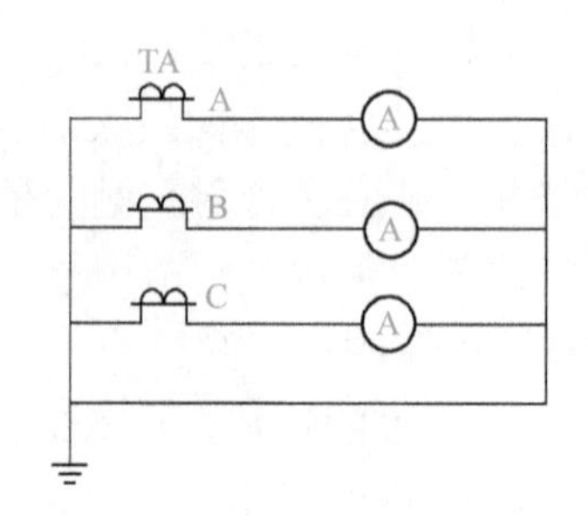

图 4-109　电流测量电路

① 类型的选择。当被测量是直流时，应选直流表，即磁电系测量机构的仪表。当被测量是交流时，应注意其波形与频率。若为正弦波，只需测出有效值即可换算为其他值（如最大值、平均值等），采用任意一种交流表即可；若为非正弦波，则应区分需测量的是什么值，有效值可选用磁系或铁磁电动系测量机构的仪表，平均值则选用整流系测量机构的仪表。电动系测量机构的仪表常用于交流电流的精密测量。

② 准确度的选择。仪表的准确度越高，价格越贵，维修也较困难。而且，若其他条件配合不当，再高准确度等级的仪表，也未必能得到准确的测量结果。因此，在选用准确度较低的仪表可满足测量要求的情况下，就不要选用高准确度的仪表。通常 0.1 级和 0.2 级仪表作为标准表选用，0.5 级和 1.0 级仪表作为实验室测量使用，1.5 级以下的仪表一般作为工程测量选用。

③ 量程的选择。要充分发挥仪表准确度的作用，还必须根据被测量的大小合理选用仪表量限。如选择不当，其测量误差将会很大。一般使仪表对被测量的指示大于仪表最大量程的 1/2 ～ 2/3 以上，而不能超过其最大量程。

④ 内阻的选择。选择仪表时，还应根据被测阻抗的大小来选择仪表的内阻，否则会带来较大的测量误差。因为内阻的大小反映仪表本身功率的消耗，所以测量电流时应选用内阻尽可能小的电流表。

⑤ 正确接线。测量电流时，电流表应与被测电路串联。测量直流电流时，必须注意仪表的极性，应使仪表的极性与被测量的极性一致。

⑥ 大电流的测量。测量大电流时，必须采用电流互感器。电流表的量程应与互感器二次的额定值相符，一般电流为 5A。

⑦ 量程的扩大。当电路中的被测量超过仪表的量程时，可采用外附分流器，但应注意其准确度等级应与仪表的准确度等级相符。

⑧ 注意仪表的使用环境要符合要求，要远离外磁场。

3. 常用电压表和电流表技术参数

常用电流表和电压表的型号和规格见表 4-27。

表4-27　常用电流表和电压表的型号和规格

型号	系列	级别	测量对象	测量范围	
				电流表	电压表
IC2-A/V	磁电	1.5	直流	1 ～ 500mA 1 ～ 750A 1 ～ 10000A （75A 以上外附分流器）	3 ～ 600V 1 ～ 3kV （1kV 以上外附电阻器）
44C2-A/V 59C2-A/V	磁电	1.5	直流	50 ～ 500μA 1 ～ 500mA 1 ～ 750A 1kA，1.5kA （15A 以上外附分流器）	1 ～ 750V 1kV，1.5kV （750V 以上外附电阻器）
63C3-A/V 84C2-A/V	磁电	1.5 2.5	直流	1 ～ 500mA 1 ～ 750A 1 ～ 1500A （15A 以上外附分流器）	3 ～ 750V 1 ～ 1.5kV （750V 以上外附电阻器）
1KC-A/V	磁电	2.5	直流	1 ～ 500A （20A 以上外附分流器：单相表配 150mV 外附分流器，双相表配 75mV 外附分流器）	0 ～ 250V 20 ～ 240V （无零位）
C21-A/V	磁电	0.5	直流	25 ～ 1000μA 3 ～ 500mA	45 ～ 3000mV 1.5 ～ 600V
C32-A/V	磁电	0.5	直流	50 ～ 1000μA 1.5 ～ 1000mA 2.5 ～ 10A	45 ～ 1000mV 1.5 ～ 750V
1T1-A/V	电磁	2.5	交流	0.5 ～ 200A 1000 ～ 1500A （外附分流器）	1 ～ 600V 750 ～ 2000V （外附分流器）
59T4-A/V	电磁	1.5	交流	50 ～ 500mA 1 ～ 50A 10 ～ 1500A （配用电流互感器）	30 ～ 460V
62T51-A/V	电磁	2.5	交流	100 ～ 500mA 1 ～ 50A 10 ～ 1500A （配电流互感器）	30 ～ 450V 460V（带专用外附电阻）

续表

型号	系列	级别	测量对象	测量范围	
				电流表	电压表
44L1-A/V	整流	1.5	交流	0.5～20A 5～750A，1～10000A（配用次级电流5A电流互感器）	10～450V 450～600V，8～460kV（配用次级电压100V电压互感器）
16L1-A/V	整流	1.5	交流	0.5～50A， 5～750A，1～8000A（配用电流互感器）	15～600V，3～460kV（配用电压互感器）
1D7-A/V	电动	1.5	交直流	0.5～50A， 5～750A，1～10kA（配用电流互感器）	15～600V，3～460kV（配用电压互感器）
13D1-A/V	电动	2.5	交直流	5～50A，10～400A， 1～6000A（配用次级电流5A电流互感器）	30～450V，3.6～42kV（配用次级电压100V电压互感器）
53L1-A	整流	2.5	交流	可依44L1-A型量限过载6倍（30～10kA配用电流互感器）	—
T19	电磁	0.5	交直流	10～500mA 0.5～10A	7.5～600V
D26	电动	0.5	交直流	150～500mA 0.5～20A	75～600V
D9-A/V	电动	0.5	50～90Hz交流	25～250mA， 1～10A	50～450V
D38-A/V	电动	0.5	5000～8000Hz交流	500mA， 1～10A	100～300V
62C9-A	磁电	2.5，5	50Hz～75MHz交流	500mA，1～10A（配用热电变换器）， 15～50A（配用热电交换器）	—
1D8-V（双指针）	电动	2.5	交直流	—	额定电压120V、250V

二、电度表

1. 认识电度表

电工用电度表（又称火表，电能表，千瓦小时表，见图 4-110）是用来测量电能的仪表，指测量各种电学量的仪表。

图 4-110　电度表

单相电度表可以分为感应式单相电度表和电子式电度表两种。目前，家庭大多数用的是感应式单相电度表。其常用额定电流有 2.5A、5A、10A、15A 和 20A 等规格。

三相有功电度表分为三相四线制和三相三线制两种。常用的三相四线制有功电度表有 DT 系列。

三相四线制有功电度表的额定电压一般为 220V，额定电流有 1.5A、3A、5A、6A、10A、15A、20A、25A、30A、40A、60A 等数种，其中额定电流为 5A 的可经电流互感器接入电路；三相三线制有功电度表的额定电压（线电压）一般为 380V，额定电流有 1.5A、3A、5A、6A、10A、15A、20A、25A、30A、40A、60A 等数种，其中额定电流为 5A 的可经电流互感器接入电路。

2. 单相电度表的接线

选好单相电度表后，应进行检查安装和接线。图 4-111 所示为交叉接线，图中的 1、3 为进线，2、4 接负载，接线柱 1 要接相线（即火线），这种电度表目前在我国最常见而且应用最多。

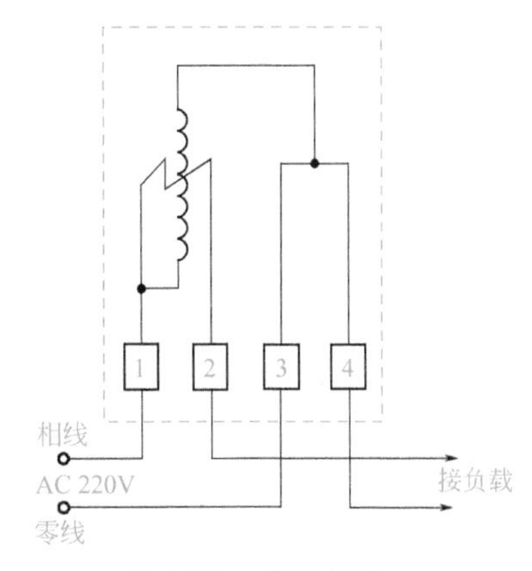

图 4-111　交叉接线

3. 单相电度表与漏电保护器的安装与接线

单相电度表与漏电保护器安装如图 4-112 所示。

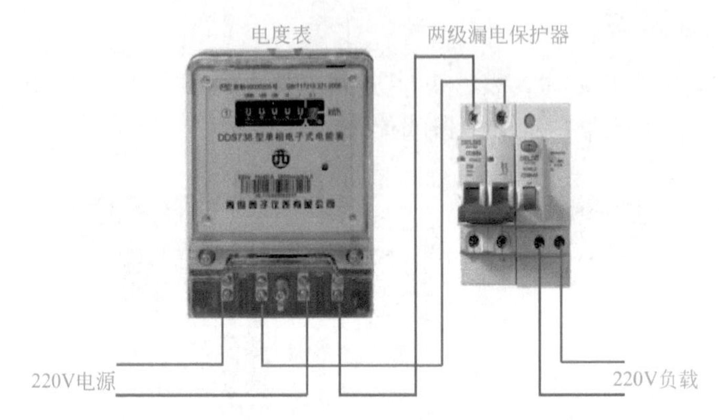

图 4-112 单相电度表与漏电保护器的接线电路

（1）三相四线制交流电度表接线线路 三相四线制交流电度表共有 11 个接线端子，其中 1、4、7 端子分别接电源相线，3、6、9 是相线出线端子，10、11 分别是中性线（零线）进、出线接线端子，而 2、5、8 为电度表三个电压线圈接线端子，电度表电源接上后，通过连接片分别接入电度表三个电压线圈，电度表才能正常工作。图 4-113 为三相四线制交流电度表的接线示意图。

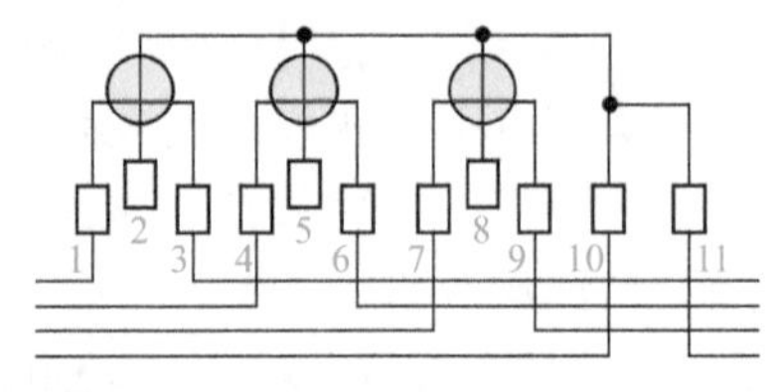

图 4-113 三相四线制交流电度表的接线示意图

三相四线制交流电度表的接线电路如图 4-114 所示。

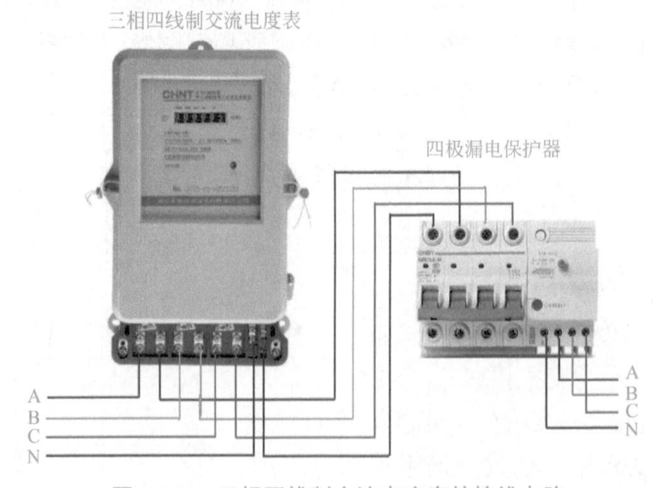

图 4-114 三相四线制交流电度表的接线电路

（2）三相三线制交流电度表的接线电路　三相三线制交流电度表有 8 个接线端子，其中 1、4、6 为相线进线端子，3、5、8 为出线端子，2、7 两个接线端子空着，目的是与接入的电源相线通过连接片取到电度表工作电压并接入电度表电压线圈。图 4-115 为三相三线制交流电度表接线示意图。

三相三线制交流电度表的接线电路如图 4-116 所示。

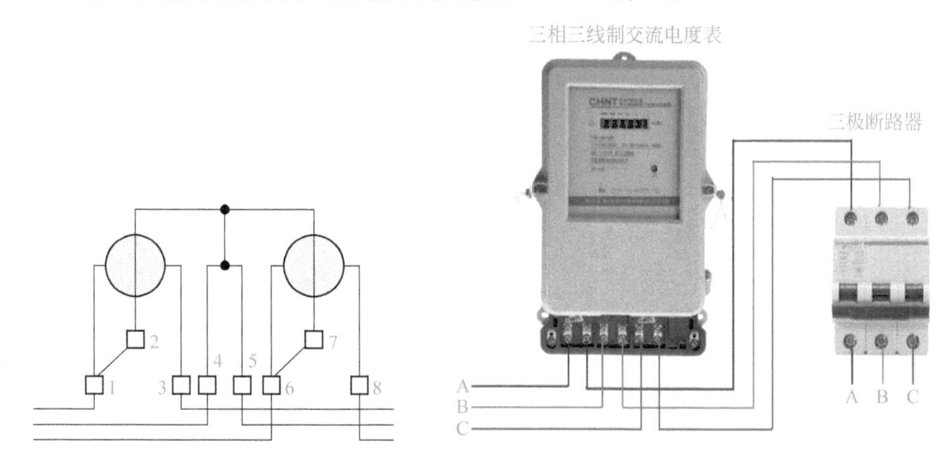

图 4-115　三相三线制交流电度表接线示意图　　图 4-116　三相三线制交流电度表的接线电路

（3）单相电度表计量三相电的接线电路　单相电度表接线图如图 4-117 所示。火线 1 进 2 出接电压线圈，零线 3 进 4 出。在理解了单相电度表的接线原理及接线方法后，三相电用三个单相电表计量的接线问题也就迎刃而解了，也就是每一相按照单相电度表接线方法接入即可，如图 4-118 所示。

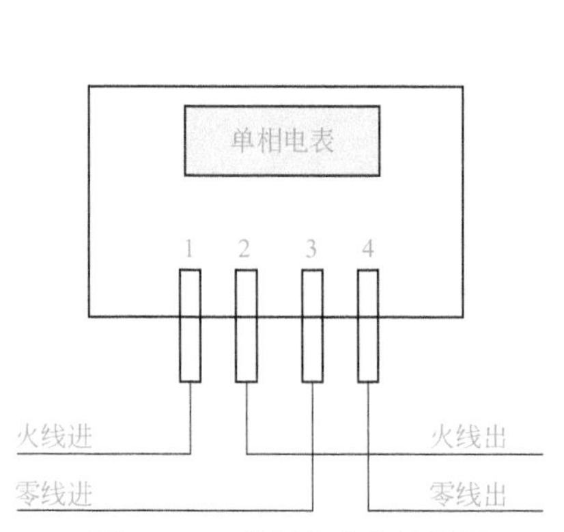

图 4-117　单相电度表接线图

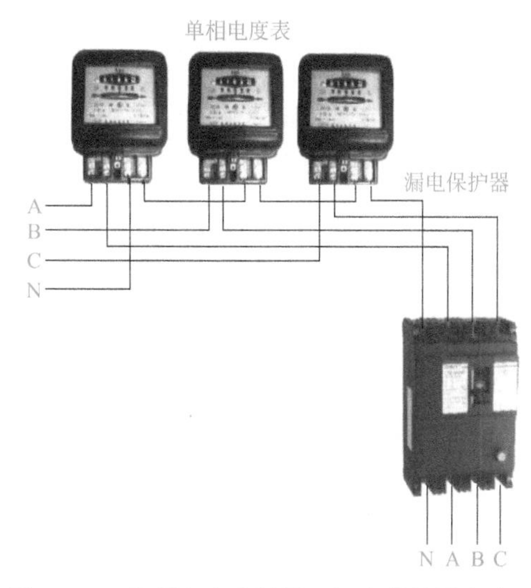

图 4-118　单相电度表计量三相电的接线电路

（4）带互感器电度表接线电路 带互感器三相四线制电度表由一块三相电度表配用三只规格相同、比率适当的电流互感器，以扩大电度表量程。

三相四线制电度表带互感器的接法：三只互感器安装在断路器负载侧，三相火线从互感器穿过。互感器和电度表的接线如下：1、4、7为电流进线，依次接互感器U、V、W相电互感器的S1。3、6、9为电流出线，依次接互感器U、V、W相电互感器的S2并接地。2、5、8为电压接线，依次接U、V、W相电。10、11端子接零线。

接线口诀是：电表孔号2、5、8分别接U、V、W三相电源，1、3接U相互感器，4、6接V相互感器，7、9接W相互感器，10、11接零线，如图4-119所示。

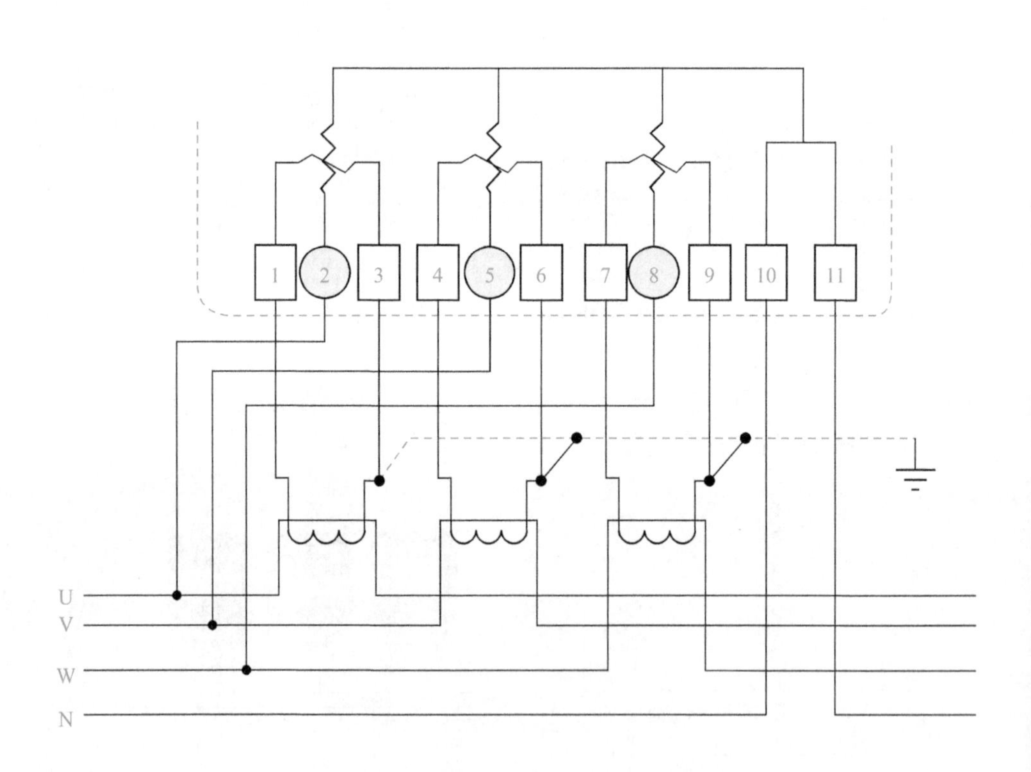

图4-119 带互感器三相四线制电度表接线

三相电度表中如1、2、4、5、7、8接线端子之间有连接片时，应事先将连接片拆除。带互感器三相四线制电度表接线组装如图4-120所示。

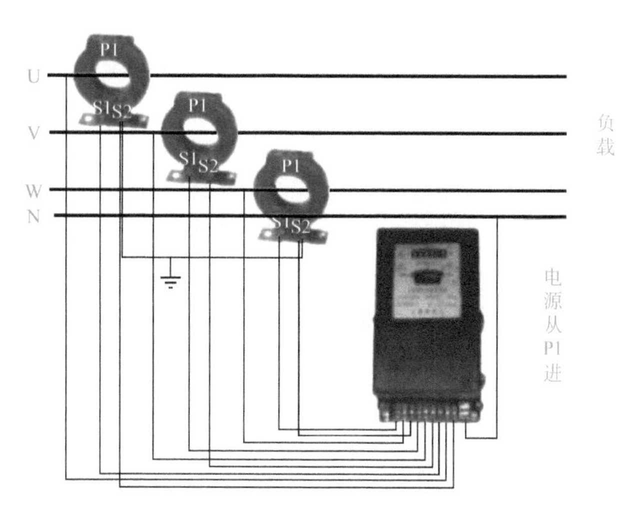

图 4-120 带互感器三相四线制电度表接线组装图

表 4-28 为部分常用电能表的型号和规格。

表4-28 部分常用电能表的型号和规格

型号	准确度等级	额定电流 /A	额定电压 /V	线圈消耗功率 /W	接入方式
DD1	2.5	1，2.5，5，10	220	电压线圈≤ 1 电流线圈≤ 0.6	直接接入
		5，10	127		
		5，19	110		
		次级：5 次级：5	220，127，110 次级：100		经互感器接入
DD5	2.0	3，5，10	220	电压线圈≤ 1.5	直接接入
DD10	2.0	2.5，5，10，20，30	220	—	直接接入
DD15	2.5	3，5，10	220	—	直接接入
DD16	—	1	220	—	直接接入
DD17	2.0	1，2，5，10，30，60	220	电压线圈≤ 1.5， 电流线圈≤ 2	直接或经电流互感器接入
DD18-2	2.0	1，3，5	220	电压线圈≤ 1.5	直接接入
DD20	2.0	2，5，10	220	—	直接接入
DD28	2.0	1，2，5，10，20，40	220	电压线圈≤ 1.1， 电流线圈≤ 0.6	直接接入

三、无功功率表

（1）测量三相无功功率的方法 包括一表法、两表法和三表法三种。

① 一表法测量三相无功功率电路。如图 4-121（a）所示，把 U_{VW} 加到功率表的电压支路上，电流线圈仍然接在U相，这时功率表的读数为 $Q' = U_{VW}I_U\cos(90° - \varphi)$。对称三相电路中的无功功率为 $Q=U_LI_L\sin\varphi$（U_L、I_L 为线电压与线电流）。只要把上述有功功率表读数 Q' 乘以 $\sqrt{3}$，就可得到对称三相电路的总无功功率。

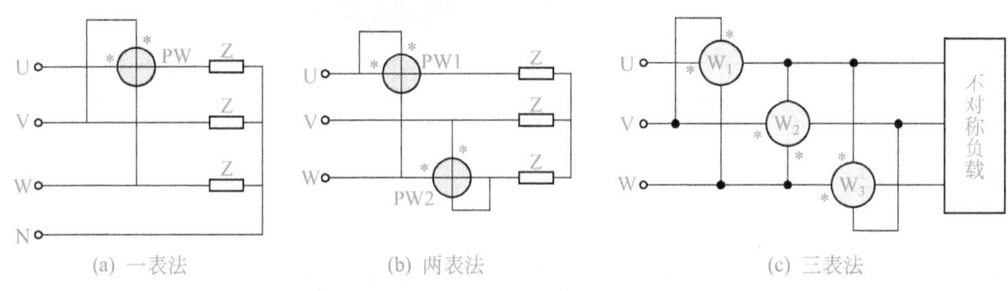

图 4-121 三种测量三相无功功率电路

② 两表法测量三相无功功率电路。用两只功率表或三相二元功率表测量三相无功功率的线路如图 4-121（b）所示。得到的三相电路无功功率 $Q= \sqrt{3}/[2(Q_1+Q_2)]$。当电源电压不完全对称时，两表跨相法比一表跨接法误差小，因此实际中常用两表跨相测量三相电路的无功功率。

③ 三表法测量三相无功功率电路。在实际被测电路中，三相负载大部分是不对称的，因此常用三表法测量，其接线如图 4-121（c）所示。三相总无功功率为 $Q=Q_U=1/\sqrt{3}(Q_1+Q_2+Q_3)$，即只要把三只有功率上的读数相加后再除以 $\sqrt{3}$，就得到三相电路的总无功功率。因此，三表法适用于电源对称、负载对称或不对称的三相三线制和三相四线制电路。

（2）三相无功功率测量电路 如图 4-122 所示。

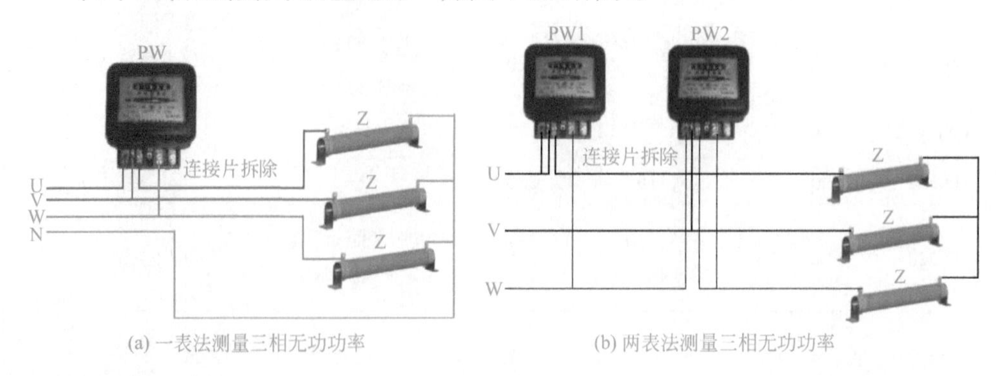

(a) 一表法测量三相无功功率　(b) 两表法测量三相无功功率

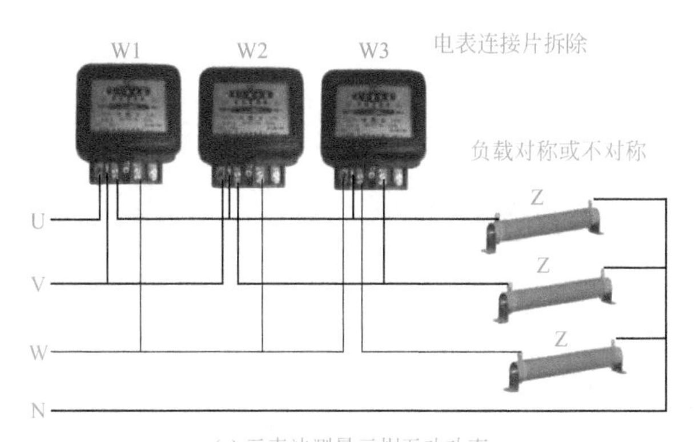

(c) 三表法测量三相无功功率

图 4-122　三相无功功率测量电路

表 4-29 为常用功率表的型号和规格。

表4-29　常用功率表的型号和规格

型号	系列	级别	测量对象	额定电流 /A	额定电压 /V	备注
1D1-W	电动	2.5	交直流	5	100，127，220	可配用电压、电流互感器扩大量程
1D5-W	电动	2.5	交直流	5	127，220	
1D6-W 41D3-W	电动	2.5	交直流	5	100，220，380	220V、380V 外附电阻器
19D1-W	电动	2.5	交直流	5	127，220，380	—
D33-W	电动	1	交流	0.5，1，2， 2.5，5，10	75/150/300 100/200/400 150/300/600	—
D26-W	电动	0.5	交直流	0.5/1，1/2， 2.5/5，5/10， 10/20	75/150/300 125/250/500 150/300/600	—
D34-W	电动	0.5	交直流	0.25/0.5， 0.5/1，1/2， 2.5/5，5/10	25/50/100 50/100/200 75/150/300 150/300/600	—
D9-W	电动	0.5	50 ～ 1500Hz	0.15/0.3， 0.5/1，2.5/5， 5/10	150/300	—
D38-W	电动	0.5	5000 ～ 6000Hz	5	100	—
12L1-W	整流	2.5	交流	5	50，100，220	外附功率变换器
				5 ～ 10000	220 ～ 220000	
59L4-W	整流	2.5	交流	5	127，220，380	外附功率变换器
				5 ～ 10000	380 ～ 380000	

第四节

互感器与启动器的技术参数、应用与测量电路

一、电压互感器

1. 电压互感器外形及接线

电压互感器（见图 4-123）是特殊的双绕组变压器。电压互感器用于高压测量线路中，可使电压表与高压电路隔开，不但扩大了仪表量程，而且保证了工作人员的安全。

在测量电压时，电压互感器匝数多的接被测高压绕组，线路匝数少的低压绕组接电压表，如图 4-124 所示。虽然低压绕组接上了电压表，但是电压表阻抗甚大，加之低压绕组电压不高，因而工作中的电压互感器在实际上相当于普通单相变压器的空载运行状态。根据 $U_1 \approx \frac{W_1}{W_2} U_2 = K_u U_2$ 可知，被测高电压数值等于二次侧测出的电压乘上互感器的变压比。

图 4-123　电压互感器

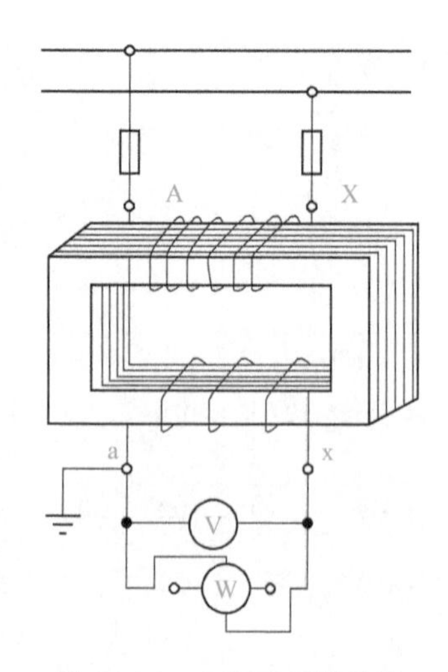

图 4-124　电压互感器接线

2. 电压互感器型号

电压互感器的铁芯大都采用性能较好的硅钢片制成，并尽量减小磁路中的气隙，使铁芯处于不饱和状态。在绕组绕制上，尽量设法减小两个绕组间的漏磁。

电压互感器准确度可分为0.2、0.5、1.0和3.0四级。电压互感器有干式、油浸式、浇注绝缘式等。电压互感器符号的含义见表4-30；数字部分表示高压侧额定电压，单位为kV。例如，JDJJ1-35表示35kV具有接地保护的单相油浸式电压互感器（JDJJ1中的“1”表示第一次改型设计）。

表4-30　电压互感器符号的含义

第一个符号	J	电压互感器	第二个符号	D	单相	第三个符号	J	油浸式	第四个符号	F	胶封式
							G	干式		J	接地保护
	HJ	仪用电压互感器		S	三相		C	瓷箱式		W	五柱三绕组
				C	串级结构		Z	浇注绝缘		B	三柱带补偿绕组

注意：使用电压互感器时，必须注意二次绕组不可短路，工作中不应使二次电流超过额定值，否则会使互感器烧毁。此外，电压互感器的二次绕组和铁壳必须可靠接地。如不接地，一旦高低压绕组间的绝缘损坏，同低压绕组和测量仪表对地将出现一高电压，这对工作人员来说是非常危险的。

3. 电压互感器的技术数据

JDG型电压互感器的技术数据见表4-31。

表4-31　JDG型电压互感器的技术数据

型号	额定电压/V		工频实验电压/kV		额定容量/V·A			最大容量/（V·A）
	一次	二次	一次	二次	0.5级	1级	3级	
JDG-0.5	220	100	5	2	25	40	100	200
	380	100	5	2	25	40	100	200
	500	100	5	2	25	40	100	200
JDG-3	3000	100	13	2	30	50	120	240

JDZ型电压互感器的技术数据见表4-32。

表4-32 JDZ型电压互感器的技术数据

型号	额定电压 /V		额定容量 /（V·A）			最大容量 / V·A
	一次	二次	0.5 级	1 级	3 级	
JDZ-6	1000	100	30	50	100	200
	3000	100	30	50	100	200
	5000	100	50	80	200	300
JDZ-10	10000	100	80	150	300	500

JDZJ 型电压互感器的技术数据见表 4-33。

表4-33 JDZJ型电压互感器的技术数据

型号	额定电压 /V			额定容量 /（V·A）			最大容量 /（V·A）
	一次	二次	辅助	0.5 级	1 级	3 级	
JDZJ-6	$1000/\sqrt{3}$	$100/\sqrt{3}$	100/3	40	60	150	300
	$3000/\sqrt{3}$	$100/\sqrt{3}$	100/3	40	60	150	300
	$5000/\sqrt{3}$	$100/\sqrt{3}$	100/3	40	60	150	300
JDZJ-10	$10000/\sqrt{3}$	$100/\sqrt{3}$	100/3	40	60	150	300
JDZJ-15	$15000/\sqrt{3}$	$100/\sqrt{3}$	100/3	40	60	150	300

JDJ 型电压互感器的技术数据见表 4-34。

表4-34 JDJ型电压互感器的技术数据

型号	额定电压 /V			额定容量 /（V·A）			最大容量 /（V·A）
	一次	二次	辅助	0.5 级	1 级	3 级	
JDJ-35	35000	100	100/3	150	250	600	1200
JDJJ-35	$35000/\sqrt{3}$	$100/\sqrt{3}$	100/3	150	250	600	1200
JDJ2-35	35000	100	100/3	150	250	500	1000
JDJJ2-35	$35000/\sqrt{3}$	$100/\sqrt{3}$	100/3	150	250	500	1000

二、电流互感器

1. 电流互感器外形与接线

在大电流的交流电路中，常用电流互感器［见图 4-125（a）］将大电流转换为一定比例的小电流（一般为 5A），以供测量和继电器保护之用。电流互感器在使用中，它的一次绕组与待测负载串联，二次绕组与电流表构成一闭合回路［见图 4-125（b）］。如前所述，一、二次绕组电流之比为$\frac{I_1}{I_2}=\frac{W_2}{W_1}$。为使二次侧获得很小电流，所以一次绕组的匝数很少（1 匝或几匝），用粗导线绕成；二次绕组的匝数较多，用较细导线绕成。根据$I_1=\frac{W_2}{W_1}I_2=K_iI_2$可知，被测的负载电流就等于电流表的读数乘上电流互感器的变流比。

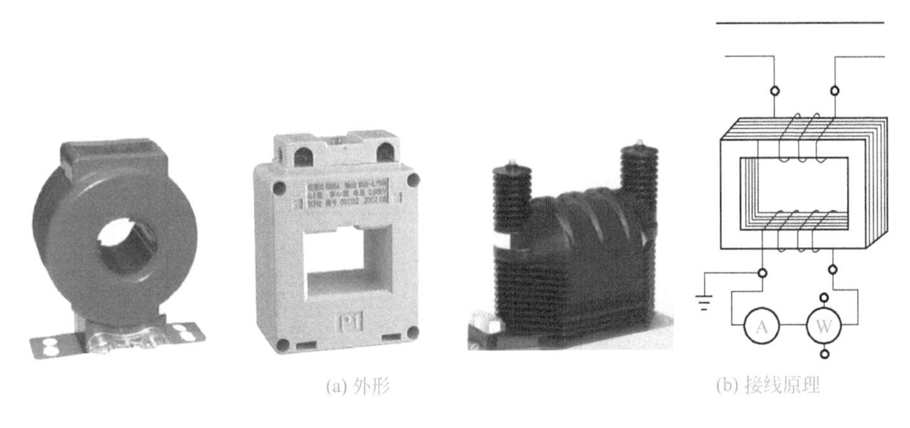

(a) 外形　　(b) 接线原理

图 4-125　电流互感器的外形与接线原理

提示：在使用中注意，电流互感器的二次侧不可开路，这是电流互感器与普通变压器的不同之处。普通变压器的一次电流 I_1 大小由二次电流 I_2 大小决定，但电流互感器的一次电流大小不取决于二次电流大小，而是取决于待测电路中的负载大小，即不论二次侧是接通还是开路，一次绕组中总有一定大小的负载电流流过。

2. 电流互感器型号

为什么电流互感器的二次侧不可开路呢？若二次绕组开路，则一次绕组的磁势将使铁芯的磁通剧增，而二次绕组的匝数又多，其感应电动势很高，将会击穿绝缘、损坏设备并危及人身安全。为安全起见，电流互感器的二次绕组和铁壳应可靠接地。电流互感器的准确度分为 0.2、0.5、1.0、3.0、1.00 五级。

电流互感器一次额定电流可在 0 ～ 15000A，而二次额定电流通常都采用 5A。有的电流互感器具有圆环形铁芯，使被测电路的导线可在其圆环形铁芯上穿绕几匝（称为穿芯式），以实现不同变流比。

电流互感器型号表示如下：

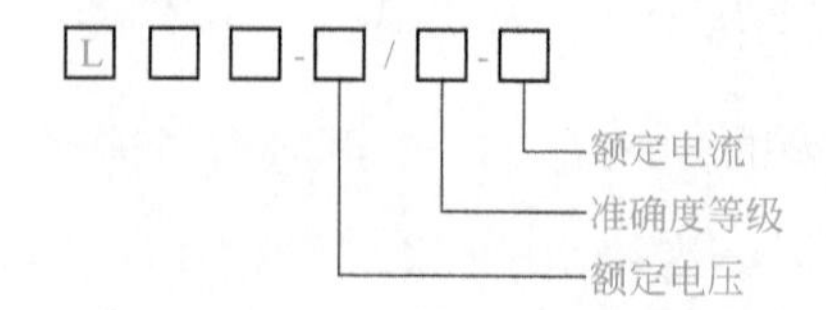

电流互感器型号由两部分组成，斜线前面包括符号和数字，符号含义见表4-35，符号后数字表示耐压等级，单位是kV。斜线后部分由两组数字组成：第一组数字表示准确度等级，第二组数字表示额定电流。例如LFC-10/0.5-300表示为贯穿复匝（即多匝）式的瓷绝缘的电流互感器，其额定电压为10kV，一次额定电流为300A，准确度等级为0.5级。

表4-35　电流互感器的字母含义

第一个字母	第二个字母							
L	D	F	M	R	Q	C	Z	Y
电流互感器	贯穿式单匝	贯穿式复匝	贯穿式母线型	装入式	线圈式	瓷箱式	支持式	低压型
第三个字母			第四个字母					
Z	C	W	D	B	J	S	G	Q
浇注绝缘	瓷绝缘	室外装置	差动保护	过电流保护	接地保护或加大容量	速饱和	改进型	加强型

3. 常用电流互感器的技术数据

35kV及以下的常用电流互感器的主要技术数据见表4-36～表4-39。

表4-36　0.5kV电流互感器的主要技术数据

型号	额定电压/kV	额定电流变比/A	额定负荷/（V·A）			外形尺寸/mm
			0.5级	1级	3级	长×宽×高
LQG-0.5	0.5	（5～100）/5	10	15	—	126×120×105
		（150～400）/5				110×170×105
		（600～800）/5				110×225×105

续表

型号	额定电压 / kV	额定电流变比 /A	额定负荷 /（V·A）			外形尺寸 /mm
			0.5 级	1 级	3 级	长 × 宽 × 高
LYM-0.5	0.5	（750 ～ 2000）/5	—	20	20	240×130×250
		3000/5				287×130×297
		（4000 ～ 5000）/5				287×130×297
		7500/5		—	20	365×167×360
		10000/5				365×167×360
		15000/5		—	50	365×166×460
		20000/5				404×152×617
LMK-0.5	0.5	（5 ～ 400）/5	5	7.5	—	112×48×117
LMZ1-0.5	0.5	（5 ～ 200）/5	5	7.5	—	110×42×114
		（300 ～ 400）/5				110×42×120
LMZJ1-0.5	0.5	（5 ～ 500）/5	10	15	—	110×42×128
		600/5				110×47×128
		800/5				110×47×138
		（1000 ～ 1500）/5	20	30	50	174×44×195
		（2000 ～ 3000）/5				216×55×237
LM-0.5	0.5	（75 ～ 200）/5	—	—	5	94×46×105
		（300 ～ 600）/5		5	20	104×46×113
		（800 ～ 2000）/5		20		220×106×270
		（3000 ～ 5000）/5				285×146×350
LN2-0.5	0.5	（15 ～ 200）/5	5	1 ～ 3	0.6 ～ 2.5	64×66×75

表4-37　10kV电流互感器的主要技术数据

型号	额定电压/kV	额定输出/（V·A）					短时热电流（kA）/时间（s），或额定电流的倍数/时间（s）	额定动稳定电流（kA），或额定电流的倍数	额定电流变比/A
		绕组精度		保护级及准确限值系数					
		（0.2s）[1]	（0.5s）	10P10[2]	10P5	10P20			
LZZB9-10	10	10～15	10～15	—	15～20	—	150倍/1s（300A以下） 45kA/1s（400～600A） 63kA/1s（800～1000A）	375倍（300A以下） 90kA（400～600A） 100kA（800～1000A）	（5～1000）/5（或1）
LZZJ9-10	10	10	10	—	—	—	7.5kA/2s（20～40A） 200倍/2s（50～100A） 20kA/2s（150～200A） 20kA/4s（300～500A） 40kA/4s（600～1000A）	500倍（50～100A） 20kA（20～40A） 55kA（150～500A） 100kA（600～1000A）	（20～1000）/5（或1）
LFZB1-10	10	10	—	15	—	—	90倍/1s	160倍	（5～200）/5（或1）
LDZB1-10	10	10	—	15	—	—	75倍/1s（300～400A） 60倍/1s（500A） 50倍/1s（600～1000A）	135倍（300～400A） 160倍（500A） 90倍（600～1000A）	（300～1000）/5（或1）
LFZBJ9-10	10	10	10	—	15	20	200倍/1s（75A以下） 31.5kA/2s（100～300A） 31.5kA/4s（400～600A）	250倍（75A以下） 80kA（100～600A）	（5～600）/5（或1）
LMZB2-10 LMZB3-10	10	30	30	—	30	—			（1000～10000）/5(或1）
LDJ-10	10	10	10	15～20	—	—	100倍/1s（40A以下） 150倍/1s（5～200A） 63kA/1s（300～800A） 80kA/1s（1000～3000A）	250倍（40A以下） 375倍（50～200A） 100kA（300～800A） 130kA（1000～3000A）	（5～3000）/5（或1）
LZZBW-10	10	10～15	10～15	—	10～15	—	1.0～60kA/1s	2.5～130kA	（5～800）/5（或1）

注：①指的是绕组精度，供计量用，误差为0.2%。

②“10P”表示该绕组为保护用绕组，后面的“10”为准确极限系数，表示在一次绕组流过10倍于额定一次电流值的电流时，该绕组的复合误差不允许超过10%。

表4-38　全国统一设计的（10~35kV）电流互感器的主要技术数据

型号	额定电压/kV	额定电流变比/A	额定二次负荷/（V·A）		10%倍数	热稳定倍数	动稳定倍数	外形尺寸/mm（长×宽×高）	质量/kg
			0.5级	B级					
LFZB6-10	10	（5～300）/5	10	15	10	81.6～150	146～382	412×220×315	22.3
LFZJB6-10	10	（100～300）/5	10	15	15	15～81.6	146～382	440×220×315	22.3
LDZB6-10	10	（400～500）/5	20	30	15	63～78.7	160～200	430×265×215	19.3
		（600～1500）/5	30	40	15	28.7～52.5	73～183		
LZZB6-10	10	（5～300）/5	10	15	10	81.6～150	146～382	300×200×260	23.6
LZZJB6-10	10	（100～1500）/5	10	15	15	27.3～150	49.3～382		23.6
ZMZB6-10	10	（1500～2000）/5	50	50	15			354×298×192	27
		（3000～4000）/5	60	60	15			354×198×243	
LZZQB6-10	10	（100～300）/5	15	20	15	148～445	266～800	264×220×265	28
		（400～500）/5	20	40	15	89～111	160～200		
		（600～800）/5	30	40	15	55.6～74	100～133		
		（1000～1500）/5	30	40	15	40.6～61	73～110		

表4-39　35kV电流互感器的主要技术数据

型号	额定电压/kV	额定输出/（V·A）					短时热电流（kA）/时间（s）或额定电流的倍数/时间（s）	额定动稳定电流（kA）或额定电流的倍数	额定电流变比/A
		绕组精度		保护级及准确限值系数					
		（0.2s）	（0.5s）	10P10	10P5	10P20			
LZZB7-35	35	30	50	30	—	—	200倍/1s（5～150A） 31.5kA/2s（200A） 31.5kA/4s（300～800A） 40kA/4s（1000～2000A）	250倍（5～150A） 80kA（200～800A） 100kA（1000～2000A）	（15～2000）/5 （或1）
LZZB9-35D	35	15	30	50	30	20	150倍/2s（30～100A） 31.5kA/2s（150～200A） 31.5kA/4s（300～800A） 40kA/4s（1000～2000A）	375倍（5～150A） 80kA（200～800A） 100kA（1000～2000A）	（30～2000）/5 （或1）
LDJ-35	35	10～15	20～30	30～50	—	—	100倍/1s（5～40A） 150倍/1s（50～300A） 63kA/1s（400～2000A）	250倍（5～40A） 375倍（50～300A） 80kA（400～2000A）	（5～2000）/5 （或1）
LZZBW-35B2	35	15～30	15～50	—	15～50	15～30	150倍/2s（20～100A） 31.5kA/2s（150～200A） 31.5kA/4s（300～1250A）	375倍（20～100A） 80kA（200～1250A） 100kA（1500～2000A）	（20～2500）/5 （或1）
LB6-35	35	40	—	—	—	30～40	100倍/1s（300A以下） 40kA/2s（400～2000A）	250倍（300A以下） 100kA（400～2000A）	（5～2000）/5 （或1）
LVB-35	35	50	—	—	50	50	50kA/3s	1250kA	3000/5
LZZB2-27	35		10	15～30	30～40	—	100倍/4s（50～200A） 31.5kA/4s（300～1600A）	250倍 80kA	（50～1600）/5 （或1）
LRGBT-20	20	5010	—	—	—	50	150kA/3s（15000A） 250kA/3s（25000A）	—	（20～1250）/5 （或1）

第五章

电动机的原理、技术参数与检修

第一节 三相电动机

三相电动机检修

24 槽双层绕组嵌线全过程

一、电机的分类

电机的类型很多，但其工作原理都基于电磁感应定律和电磁力定律。因此，电机结构构成的一般原则是：用适当的有效材料（导电材料和导磁材料）构成能互相进行电磁感应的电路和磁路，以产生电磁功率和电磁转矩，达到能量转换的目的，根据应用的不同，电机有好多种类，形形色色的电机见图 5-1 所示。

电机的分类方法很多，按其功能来看，可分为：

· 发电机，把机械能转换成电能。

· 电动机，把电能转换成机械能。

· 变压器，变频机、交流机、移相器。分别用于改变电压、频率、电流及相位。

· 控制电机，作为控制系统中的元件。

图 5-1　形形色色的电机

上述各种电机中，除了变压器是静止的电气设备外，其余的均为旋转电机。旋转电机通常分为直流电机和交流电机，后者又分为异步电机和同步电机，这种分类法可归纳为：

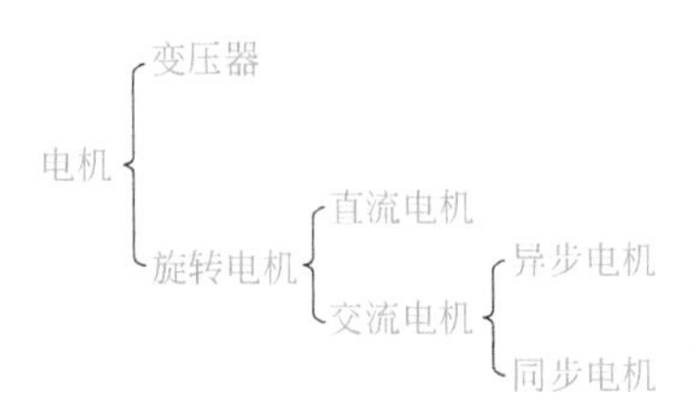

二、三相电动机的铭牌

1. 三相异步电动机的铭牌标注

如图 5-2 所示。在接线盒上方，散热片之间有一块长方形的铭牌，电动机的一些数据一般都在铭牌上标出。我们在修理时可以从铭牌上参考一些数据。

型号：Y-200L6-6　　防护等级：54DF35
功率：10kW　电压：380V　电流：19.7A
频率：50Hz　　接法：△　工作制：M
质量：72kg　绝缘等级：E
噪声限值：72dB　出厂编号：1568324

图 5-2　电动机的铭牌

2. 铭牌上主要内容意义

（1）型号　型号：Y-200L6-6，Y 表示异步电动机，200 表示机座的中心高度，L 表示长机座（M 表示中机座、S 表示短机座），6 表示 6 极 2 号铁芯。电动机产品名称代号如表 5-1 所示。

表5-1　电动机产品名称代号

产品名称	新代号	汉字意义	老代号
异步电动机	Y	异	J，JO，JS，JK
绕线式异步电动机	YR	异绕	JR，JRO
防爆型异步电动机	YB	异爆	JK
高启动转矩异步电动机	YQ	异起	JQ，JGQ
高转差率滑差异步电动机	YH	异滑	JH，JHO
多速异步电动机	YD	异多	JD，JDO

在电动机机座标准中，电动机中心高和电动机外径有一定对应关系，而电动机中心高或电动机外径是根据电动机定子铁芯的外径来确定。当电动机的类型\品种及额定数据选定后，电动机定子铁芯外径也就大致定下来，于是电动机外形、安装、冷却、防护等结构均可选择确定，为了方便选用，在表中列出了异步电动机按中心高确定机座号与额定数据的对照。

中、小型三相异步电动机的机座号与定子铁芯外径及中心高度的关系如表5-2和表5-3。

表5-2 小型异步三相电动机

机座号	1	2	3	4	5	6	7	8	9
定子铁芯外径 /mm	120	145	167	210	245	280	327	368	423
中心高度 /mm	90	100	112	132	160	180	225	250	280

表5-3 中型异步三相电动机

机座号	11	12	13	14	15
定子铁芯外径 /mm	560	650	740	850	990
中心高度 /mm	375	450	500	560	620

(2)额定功率 额定功率是指在满载运行时三相电动机轴上所输出的额定机械功率，用数字表示，以千瓦（kW）或瓦（W）为单位。是电动机工作的标准，当负载小于等于10kW时电动机才能正常工作。大于10kW时电动机比较容易损坏。

(3)额定电压 额定电压是指接到电动机绕组上的线电压，用A_N表示。三相电动机要求所接的电源电压值的变动一般不应超过额定电压的±5%。电压高于额定电压时，电动机在满载的情况下会引起转速下降，电流增加使绕组过热，电动机容易烧毁；电压低于额定电压时，电动机最大转矩也会显著降低，电动机难以启动，即使启动后电动机也可能带不动负载，容易烧坏。额定电压380V是说明该电动机为三相交流电380V供电。

(4)额定电流 额定电流是指三相电动机在额定电源电压下，输出额定功率时，流入定子绕组的线电流，用I_N表示，以安（A）为单位。若超过额定电流过载运行，三相电动机就会过热乃至烧毁。

三相异步电动机的额定功率与其他额定数据之间有如下关系式：

$$P_N = \sqrt{3} U_N I_N \cos\varphi_N \eta_N$$

式中 $\cos\varphi_N$ ——额定功率因数；

η_N ——额定效率。

另外，三相电动机功率与电流的估算可用“1kW 电流为 2A”的估算方法。例：功率为 10kW，电流为 20A（实际上略小于 20A）。

由于定子绕组的连接方式的不同，额定电压不同，电动机的额定电流也不同。例：额定功率为 10kW 时，其绕组作三角形连接时，额定电压为 220V，额定电流为 70A；其绕组作星形连接时额定电压为 380V，额定电流为 72A。也就是说铭牌上标明：接法——三角形 / 星形；额定电压——220/380V；额定电流——70/72A。

（5）额定频率 额定频率是指电动机所接的交流电源每秒内周期变化的次数，用 f 表示。我国规定标准电源频率为 50Hz。频率降低时转速降低定子电流增大。

（6）额定转速 额定转速表示三相电动机在额定工作情况下运行时每分钟的转速，用 n_N 表示，一般是略小于对应的同步转速 n_1。如 n_1=1500r/min，则 n_N =1440r/min。异步电动机的额定转速略低于同步电动机。

（7）接法 接法是指电动机在额定电压下定子绕组的连接方法。三相电动机定子绕组的连接方法有星形（Y）和三角形（△）两种。定子绕组的连接只能按规定方法连接，不能任意改变接法，否则会损坏三相电动机。一般在 3kW 以下的电动机为星形（Y）接法；在 4kW 以下的电动机为三角形（△）接法。

（8）防护等级 防护等级表示三相电动机外壳的防护等级，其中 IP 是防护等级标志符号，其后面的两位数字分别表示电动机防固体和防水能力。数字越大，防护能力越强，如 IP44 中第一位数字“4”表示电动机能防止直径或厚度大于 1mm 的固体进入电机内壳，第二位数字“4”表示能承受任何方向的溅水。

（9）绝缘等级 绝缘等级是根据电动机的绕组所用的绝缘材料，按照它的允许耐热程度规定的等级。绝缘材料按其耐热程度可分为：A、E、B、F、H 等级。其中 A 级允许的耐热温度最低 60℃，极限温度是 105℃。H 等级允许的耐热温度最高为 125℃，极限温度是 150℃。

（10）工作定额 工作定额指电动机的工作方式，即在规定的工作条件下持续时间或工作周期。电动机运行情况根据发热条件分为三种基本方式：连续运行（S1）、短时运行（S2）、断续运行（S3）。

连续运行（S1）——按铭牌上规定的功率长期运行，但不允许多次断续重复使用，如水泵、通风机和机床设备上的电动机，使用方式都是连续运行。

短时运行（S2）——每次只允许规定的时间内按额定功率运行（标准的负载持续时间为 10min、30min、60min 和 90min），而且再次启动之前应有符合规定的停机冷却时间，待电动机完全冷却后才能正常工作。

断续运行（S3）——电动机以间歇方式运行，标准负载持续率分为 4 种：

15%、25%、40%、60%。每周期为10min（例如25%为2分钟半工作，7分钟半停车）。如吊车和起重机等设备上用的电动机就是断续运行方式。

（11）噪声限值 噪声指标是Y系列电动机的一项新增加的考核项目。电动机噪声限值分为：N级（普通级）、R级（一级）、S级（优等级）和E级（低噪声级）4个级别。R级噪声限值比N级低5dB（分贝），S级噪声限值比N级低10dB,E级噪声限值比N级低15dB。

（12）标准编号 标准编号表示电动机所执行的技术标准。其中“GB”为国家标准，“JB”为机械部标准，后面的数字是标准文件的编号。各种型号的电动机均按有关标准进行生产。

（13）出厂编号及日期 这是指电动机出厂时的编号及生产日期。据此我们可以直接向厂家索要该电动机的有关资料，以供使用和维修时做参考。

三、三相电动机常用Y系列电机技术参数（表5-4）

表5-4 三相电动机常用Y系列电机技术参数

型号	额定功率	额定电流	转速	效率	功率因数	堵转转矩/额定转矩	堵转电流/额定电流	最大转矩/额定转矩	噪声		振动速度	质量
									1级	2级		
	kW	A	r/min	%	cosφ	倍	倍	倍	dB（A）		mm/s	kg
同步转速 3000r/min 2 级												
Y80M1-2	0.75	1.8	2830	75.0	0.84	2.2	6.5	2.3	66	71	1.8	17
Y80M2-2	1.1	2.5	2830	77.0	0.86	2.2	7.0	2.3	66	71	1.8	18
Y90S-2	1.5	3.4	2840	78.0	0.85	2.2	7.0	2.3	70	75	1.8	22
Y90L-2	2.2	4.8	2840	80.5	0.86	2.2	7.0	2.3	70	75	1.8	25
Y100L-2	3	6.4	2880	82.0	0.87	2.2	7.0	2.3	74	79	1.8	34
Y112M-2	4	8.2	2890	85.5	0.87	2.2	7.0	2.3	74	79	1.8	45
Y132S2-2	7.5	15	2900	86.2	0.88	2.0	7.0	2.3	78	83	1.8	72
Y160M1-2	11	21.8	2930	87.2	0.88	2.0	7.0	2.3	82	87	2.8	115
Y160M2-2	15	29.4	2930	88.2	0.88	2.0	7.0	2.3	82	87	2.8	125
Y160L-2	18.5	35.5	2930	89.0	0.89	2.0	7.0	2.2	82	87	2.8	145

续表

型号	额定功率	额定电流	转速	效率	功率因数	堵转转矩/额定转矩	堵转电流/额定电流	最大转矩/额定转矩	噪声		振动速度	质量
									1级	2级		
	kW	A	r/min	%	cosφ	倍	倍	倍	dB（A）		mm/s	kg
Y180M-2	22	42.2	2940	89.0	0.89	2.0	7.0	2.2	87	92	2.8	173
Y200L1-2	30	56.9	2950	90.0	0.89	2.0	7.0	2.2	90	95	2.8	232
Y200L2-2	37	69.8	2950	90.5	0.89	2.0	7.0	2.2	90	95	2.8	250
同步转速　1500r/min　4　级												
Y80M1-4	0.55	1.5	1390	73.0	0.76	2.4	6.0	2.3	56	67	1.8	17
Y80M2-4	0.75	2	1390	74.5	0.76	2.3	6.0	2.3	56	67	1.8	17
Y90S-4	1.1	2.7	1400	78.0	0.78	2.3	6.5	2.3	61	67	1.8	25
Y90L-4	1.5	3.7	1400	79.0	0.79	2.3	6.5	2.3	62	67	1.8	26
Y100L1-4	2.2	5	1430	81.0	0.82	2.2	7.0	2.3	65	70	1.8	34
Y100L2-4	3	6.8	1430	82.5	0.81	2.2	7.0	2.3	65	70	1.8	35
Y112M-4	4	8.8	1440	84.5	0.82	2.2	7.0	2.3	68	74	1.8	47
Y132S-4	5.5	11.6	1440	85.5	0.84	2.2	7.0	2.3	70	78	1.8	68
Y132M-4	7.5	15.4	1440	87.0	0.85	2.2	7.0	2.3	71	78	1.8	79
Y160M-4	11	22.6	1460	88.0	0.84	2.2	7.0	2.3	75	82	1.8	122
同步转速　1000r/min　6　级												
Y90S-6	0.75	2.3	910	72.5	0.7	2.0	5.5	2.2	56	65	1.8	21
Y90L-6	1.1	3.2	910	73.5	0.7	2.0	5.5	2.2	56	65	1.8	24
Y100L-6	1.5	4	940	77.5	0.7	2.0	6.0	2.2	62	67	1.8	35
Y112M-6	2.2	5.6	940	80.5	0.7	2.0	6.0	2.2	62	67	1.8	45
Y132S-6	3	7.2	960	83.0	0.8	2.0	6.5	2.2	66	71	1.8	66
Y132M1-6	4	9.4	960	84.0	0.8	2.0	6.5	2.2	66	71	1.8	75
Y132M2-6	5.5	12.6	960	85.3	0.8	2.0	6.5	2.2	66	71	1.8	85
Y160M-6	7.5	17	970	86.0	0.8	2.0	6.5	2.0	69	75	1.8	116
Y160L-6	11	24.6	970	87.0	0.8	2.0	6.5	2.0	70	75	1.8	139

续表

型号	额定功率	额定电流	转速	效率	功率因数	堵转转矩/额定转矩	堵转电流/额定电流	最大转矩/额定转矩	噪声		振动速度	质量
									1级	2级		
	kW	A	r/min	%	cosφ	倍	倍	倍	dB（A）		mm/s	kg
Y180M-6	15	31.4	970	89.5	0.8	1.8	6.5	2.0	70	78	1.8	182
同步转速　750r/min　8　级												
Y132S-8	2.2	5.8	710	80.5	0.7	2.0	5.5	2.0	61	66	1.8	66
Y132M-8	3	7.7	710	82.0	0.7	2.0	5.5	2.0	61	66	1.8	76
Y160M1-8	4	9.9	720	84.0	0.7	2.0	6.0	2.0	64	69	1.8	105
Y160M2-8	5.5	13.3	720	85.0	0.7	2.0	6.0	2.0	64	69	1.8	115
Y160L-8	7.5	17.7	720	86.0	0.8	2.0	5.5	2.0	67	69	1.8	140
Y180L-8	11	24.8	730	87.5	0.8	1.7	6.0	2.0	67	72	1.8	180
Y200L-8	15	34.1	730	88.0	0.8	1.8	6.0	2.0	70	72	1.8	228
Y225S-8	18.5	41.3	730	89.5	0.8	1.7	6.0	2.0	70	75	1.8	265
Y225M-8	22	47.6	730	90.0	0.8	1.8	6.0	2.0	70	75	1.8	296
Y250M-8	30	63	730	90.5	0.8	1.8	6.0	2.0	73	75	1.8	391
同步转速　600r/min　10　级												
Y315S-10	45	101	590	91.5	0.7	1.4	6.0	2.0	82	87	2.8	838
Y315M-10	55	123	590	92.0	0.7	1.4	6.0	2.0	82	87	2.8	960
Y315L2-10	75	164	590	92.5	0.8	1.4	6.0	2.0	82	87	2.8	1180
Y355M1-10	90	191	595	93.0	0.8	1.2	6.0	2.0	96		4.5	1620
Y355M2-10	110	230	595	93.2	0.8	1.2	6.0	2.0	96		4.5	1775
Y355L1-10	132	275	595	93.5	0.8	1.2	6.0	2.0	96		4.5	1880

四、三相电动机故障及检修

当电动机发生故障时，应仔细观察所发生的现象，并迅速断开电源，然后根据故障情况分析原因，并找出处理办法。可见表 5-5。

表5-5 三相异步电动机常见故障及处理办法

故障	产生原因	处理办法
电动机不能启动或带负载运行时转速低于额定值	① 熔丝烧断；开关有一相在分开状态，或电源电压过低 ② 定子绕组中或外部电路中有一相断线 ③ 绕线式异步电动机转子绕组及其外部电路（滑环、电刷、线路及变阻器等）有断路、接触不良或焊接点脱焊等现象 ④ 笼型电动机转子断条或脱焊，电动机能空载启动，但不能加负载启动运转 ⑤ 将△接线接成Y接线，电动机能空载启动，但不能满载启动 ⑥ 电动机的负载过大或传动机构被卡住 ⑦ 过流继电器整定值调得太小	① 检查电源电压和开关、熔丝的工作情况，排除故障 ② 检查定子绕组中有无断线，再检查电源电压 ③ 用兆欧表检查转子绕组及其外部电路中有无断路；检查各连接点是否接触紧密可靠，电刷的压力及与滑环的接触面是否良好 ④ 将电动机接到电压较低（约为额定电压的15%～30%）的三相交流电源上，同时测量定子的电流。如果转子绕组有断开或脱焊，随着转子位置不同，定子电流也会产生变化 ⑤ 按正确接法改正接线 ⑥ 选择较大容量的电动机或减少负载；如传动机构被卡住，应排除故障 ⑦ 适当提高整定值
电动机三相电流不平衡	① 三相电源电压不平衡 ② 定子绕组中有部分线圈短路 ③ 重换定子绕组后，部分线圈匝数有错误 ④ 重换定子绕组后，部分线圈之间有接线错误	① 用电压表测量电源电压 ② 用电流表测量三相电流或拆开电动机用手检查过热线圈 ③ 用双臂电桥测量各相绕组的直流电阻，如阻值相差过大，说明线圈有接线错误，应按正确方法改接 ④ 按正确的接线法改正接线错误
电动机温升过高或冒烟	① 电动机过载 ② 电源电压过高或过低 ③ 定子铁芯部分硅钢片之间绝缘不良或有毛刺 ④ 转子运转时和定子相摩擦，致使定子局部过热 ⑤ 电动机的通风不好 ⑥ 环境温度过高 ⑦ 定子绕组有短路或接地故障 ⑧ 重换线圈的电动机，由于接线错误或绕制线圈时有匝数错误 ⑨ 单相运转 ⑩ 电动机受潮或浸漆后未烘干 ⑪ 接点接触不良或脱焊	① 降低负载或更换容量较大的电动机 ② 调整电源电压 ③ 拆开电动机检修定子铁芯 ④ 检查转子铁芯是否变形，轴是否弯曲，端盖的止口是否过松，轴承是否磨损 ⑤ 检查风扇是否脱落，旋转方向是否正确，通风孔道是否堵塞 ⑥ 换绝缘等级较高的B级、F级电动机或采取降温措施 ⑦ 用电桥测量各相线圈或各元件的直流电阻，用兆欧表测量对机壳的绝缘电阻，局部或全部更换线圈 ⑧ 按正确图纸检查和改正 ⑨ 检查电源和绕组，排除故障 ⑩ 彻底烘干 ⑪ 仔细检查各焊点，将脱焊点重焊

续表

故障	产生原因	处理办法
电刷冒火，滑环过热或烧坏	① 电刷的牌号或尺寸不符 ② 电刷压力不足或过大 ③ 电刷与滑环接触面不够 ④ 滑环表面不平、不圆或不清洁 ⑤ 电刷在刷握内轧住	① 按电机制造厂的规定更换电刷 ② 调整电刷压力 ③ 仔细研磨电刷 ④ 修理滑环 ⑤ 磨小电刷
电动机有不正常的振动和响声	① 电动机的地基不平，电动机安装得不符合要求 ② 滑动轴承的电动机轴颈与轴承的间隙过小或过大 ③ 滚动轴承在轴上装配不良或轴承损坏 ④ 电动机转子或轴上所附有的皮带轮、飞轮、齿轮等不平衡 ⑤ 转子铁芯变形或轴弯曲 ⑥ 电动机单相运转，有“嗡嗡”声 ⑦ 转子风叶碰壳 ⑧ 轴承严重缺油	① 检查地基及电动机安装情况，并加以纠正 ② 检查滑动轴承的情况 ③ 检查轴承的装配情况或更换轴承 ④ 做静平衡或动平衡试验 ⑤ 将转子在车床上用千分表找正 ⑥ 检查熔丝及开关接触点，排除故障 ⑦ 校正风叶，旋紧螺钉 ⑧ 清洗轴承加新油，注意润滑脂的量不宜超过轴承室容积的 70%
轴承过热	① 轴承损坏 ② 轴承与轴配合过松或过紧 ③ 轴承与端盖配合过松或过紧 ④ 滑动轴承油环磨损或转动缓慢 ⑤ 润滑油过多、过少或油太脏，混有铁屑沙尘 ⑥ 皮带过紧或联轴器装得不好 ⑦ 电动机两侧端盖或轴承盖未装平	① 更换轴承 ② 过松时在转轴上镶套，过紧时重新加工到标准尺寸 ③ 过松时在端盖上镶套，过紧时重新加工到标准尺寸 ④ 查明磨损处，修好或更换油环。油质太稠时，应换较稀的润滑油 ⑤ 加油或换油，润滑脂的容量不宜超过轴承室容积的 70% ⑥ 调整皮带张力，校正联轴器传动装置 ⑦ 将端盖或轴承盖装平，旋紧螺钉

第二节

单相电动机

单相电动机接线

单相电动机检修

一、单相电动机的结构与种类

如图 5-3 所示，单相异步电动机的结构与小功率三相异步电动机比较相似，也是由机壳、转子、定子、端盖、轴承等部分组成，定子部分由机座、端盖、轴承定子铁芯和定子绕组组成。

图 5-3　单相异步电动机外形

单相异步电动机的定子部分由机座、端盖、轴承、定子铁芯和定子绕组组成。由于单相电动机种类不同，定子结构可分为凸极式和隐极式。凸极式主要应用于罩极式电动机，而分相式电动机主要应用隐极结构。如图 5-4 所示。

（1）罩极电动机的定子

① 凸极式罩极电动机的定子，如图 5-4（a）所示。

凸极式罩极电动机的定子是由凸出的磁极铁芯和激磁主绕组线包以罩极短路环组成的。这种电动机的主绕组线包都绕在每个凸出磁极的上面。每个磁极极掌的一端开有小槽，将一个短路环或者几匝短路线圈嵌入小槽内，用其罩住磁极 1/3 左右的极掌。这个短路环又称为罩极圈。

② 隐极式罩极电动机的定子，如图 5-4（b）所示。

隐极式罩极电动机的定子由圆形定子铁芯、主绕组以及短路绕组（短路线圈）组成。用硅钢片叠成的隐极式罩极电动机的圆形定子铁芯上面有均匀分布的槽，有主绕组和短路绕组嵌在槽内。在定子铁芯槽内分散嵌着隐极式罩极电动机的主绕组。它置于槽的底层有很多匝数。罩极短路线圈嵌在铁芯槽的外层，匝数较少，线径较粗（常用 1.5mm 左右的高强度漆包线）。它嵌在铁芯槽的外层。短路线圈只嵌在部分铁芯定子槽内。

在嵌线时要特别注意两套绕组的相对空间位置，主要是为了保证短路线圈有电流时产生的磁通在相位上滞后于主绕组磁通一定角度（一般约为 45° ），以便形成电动机的旋转气隙磁场，如图 5-4（c）所示。

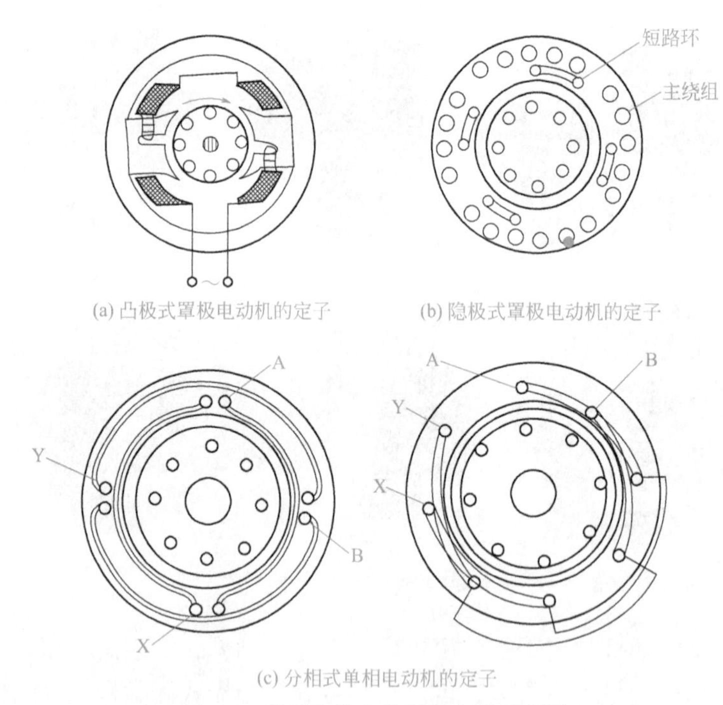

图 5-4　单相异步电动机和定子示意图

A—X主绕组；B—Y副绕组

（2）分相式单相电动机的定子（如图 5-4 所示） 分相式单相电动机，虽然有电容分相式、电阻分相式、电感分相式三种形式，但是其定子结构、嵌线方法均相同。

分相式定子铁芯一片片叠压而成，且为圆形，内圆开成隐极槽；槽内嵌有主绕组和副绕组（启动绕组），主、副绕组的相对位置相差 90°。

家用电器中的洗衣机电动机主绕组与副绕组匝数、线径、在定子腔内分布、占的槽数均相同。主绕组与副绕组在空间互相差 90° 电角度。电风扇电动机和电冰箱电动机的主绕组和副绕组匝数、线径及占的槽数都不相同。但是主绕组与副绕组在空间的相对位置互相也差 90° 电角度。

（3）单相异步电动机的转子（如图 5-5 所示） 转子是电动机的旋转部分，它由电机轴、转子铁芯以及笼型绕组组成。

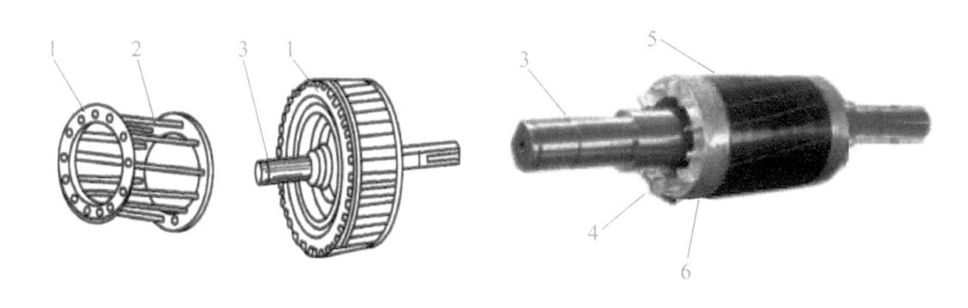

图 5-5　笼型转子示意图

1—端环；2—铜笼型导条；3—转轴；4—风叶；5—压铸笼；6—端环

单相异步电动机大多采用斜槽式笼型转子，主要是为了改善启动性能。转子的笼型导条两端，一般相差一个定子齿距。笼型导条和端环多采用铝材料一次铸造成型。笼型绕组端环的作用是将多条笼型导条并接起来，形成环路，以便在导条产生感应电动势时，能够在导条内部形成感应电流。电动机的转子铁芯为硅钢片冲压成型后，再叠制而成。这种笼型转子结构比较简单，不仅造价低，而且运行可靠；因此应用十分广泛。

（4）其他　电动机除定、转子，风扇及风扇罩外，还有外壳、端盖，由铸铁（或铝合金）制成，用来固定定、转子，并在端盖加装轴承，装配好后电动机轴伸在外边，这样电动机通电可旋转。

电动机装配好之后，在定、转子之间有 0.2 ～ 0.5mm 的工作间隙，产生旋转磁场使转子旋转。

① 机座。机座结构随电动机冷却方式、防护型式、安装方式和用途而异。按其材料分类，有铸铁、铸铝和钢板结构等几种。

铸铁机座，带有散热筋。机座与端盖连接，用螺栓紧固。铸铝机座一般不带有散热筋。钢板结构机座，是由厚为 1.5 ～ 2.5mm 的薄钢板卷制、焊接而成，再焊上钢板冲压件的底脚。

有的专用电动机的机座相当特殊，如电冰箱的电动机，它通常与压缩机一起装在一个密封的罐子里。而洗衣机的电动机，包括甩干机的电动机，均无机座，端盖直接固定在定子铁芯上。

② 铁芯。铁芯由磁钢片冲槽叠压而成，槽内嵌装两套互隔 90° 电角度的主绕组（运行绕组）和副绕组（启动绕组）。

铁芯包括定子铁芯和转子铁芯，作用与三相异步电动机一样，是用来构成电动机的磁路。

③ 端盖。相应于不同的机座材料，端盖也有铸铁件、铸铝件和钢板冲压件。

④ 轴承。转轴是支撑转子的质量，传递转矩，输出机械功率的主要部件。轴承有滚珠轴承和含油轴承。

二、单相电动机绕组技术参数

压缩机相电机技术参数见表 5-6，电风扇电机技术参数见表 5-7。

表5-6　压缩机相电机技术参数

技术规格		LD5801		QF-12-75		QF-12-93	
工作电压 /V		200		220		220	
额定电流 /A		1.4		0.9		1.2	
输出功率 /W		93		75		93	
额定转速 /（r/min）		1450		2800		2800	
定子绕组采用 QZ 或 QF 漆包线		运行	启动	运行	启动	运行	启动
导线直径 /mm		0.64	0.35	0.59	0.31	0.64	0.35
匝数	小小线圈	71	—	45	—	36	—
	小线圈	96	33	67	60	70	40
	中线圈	125	40	101	70	81	60
	大线圈	65	50	117	100	92	70
	大大线圈	—	—	120	140	98	200
定子绕组匝数		357×4	123×4	470×2	370×2	379×2	370×2
绕组电阻值（直流电阻）/Ω		17.32	20.8	16.3	45.36	11.81	41.4
定子铁芯槽数		32	—	24	—	24	—

续表

技术规格		LD5801		QF-12-75		QF-12-93	
绕组跨距	小小线圈	2	—	3	—	3	—
	小线圈	4	4	5	5	5	5
	中线圈	6	6	7	7	7	7
	大线圈	8	8	9	9	9	9
	大大线圈	—	—	11	11	11	11
定子铁芯叠厚 /mm		28		25		25	

表5-7　电风扇电机技术参数

技术规格		FB-516		FB-516（517Ⅰ）		FB-505		FB-617Ⅱ	
工作电压 /V		220		220	220	220		220	
额定电流 /A		1.2 ～ 1.5		1.7	1.3	0.7		1.1	
输出功率 /W		93		93	93	65		93	
额定转速 /（r/min）		1450		1450	1450	2850		2850	
定子绕组采用 QZ 或 QF 漆包线		运行	启动	运行	启动	运行	启动	运行	启动
导线直径 /mm		0.59 ～ 0.61	0.38	0.38	0.38	0.51	0.31	0.64	0.38
匝数	小小线圈	—	—	—	—	88	53	41	—
	小线圈	90	—	90	18	88	53	78	46
	中线圈	118	41	110	35	131	79	88	64
	大线圈	122	102	137	95	131	79	103	68

三、单相电动机常见故障及检修

单相电动机由启动绕组和运转绕组组成定子。启动绕组的电阻大、导线细（俗称小包）；运转绕组的电阻小、导线粗（俗称大包）。

单相电动机的接线端子包括公共端子、运转端子（主线圈端子）、启动线圈端子（辅助线圈端子）等。

在单相异步电动机的故障中，大多数是由于电动机绕组烧毁而造成的。因此在修理单相异步电动机时，一般要做电气方面的检查，首先要检查电动机的绕组。

单相电动机的启动绕组和运转绕组的分辨方法如下：用万用表的 $R\times1$ 挡测量公共端子、运转端子（主线圈端子）、启动线圈端子（辅助线圈端子）三个接线端子的每两个端子之间的电阻值。测量完按下式（一般规律，特殊除外）进行计算：

总电阻=启动绕组+运转绕组

已知其中两个值即可求出第三个值。小功率的压缩机用电动机的电阻值见表 5-8。

表5-8　小功率的压缩机用电动机的电阻值

电动机功率/kW	启动绕组电阻/Ω	运转绕组电阻/Ω
0.09	18	4.7
0.12	17	2.7
0.15	14	2.3
0.18	17	1.7

（1）单相电动机的故障　单相电动机常见故障有：电机漏电、电机主轴磨损和电机绕组烧毁。

造成电机漏电的原因有：

① 电机导线绝缘层破损，并与机壳相碰。

② 电机严重受潮。

③ 组装和检修电机时，因装配不慎使导线绝缘层受到磨损或碰撞，导线绝缘率下降。

电动机因电源电压太低，不能正常启动或启动保护失灵，制冷剂、冷冻油含水量过多、绝缘材料变质等也能引起电机绕组烧毁和断路、短路等故障。

电机断路时，不能运转，如有一个绕组断路时电流值很大，也不会运转。振动可能导致电机引线烧断，使绕组导线断开。保护器触点跳开后不能自动复位，也是断路。电机短路时，电机虽能运转，但运转电流大，致使启动继电器不能正常工作。短路原因有匝间短路、通地短路和笼型线圈断条等。

（2）单相电动机绕组的检修　电动机的绕组可能发生断路、短路或碰壳通地。简单的检查方法是将一只 220V、40W 的试验灯泡连接在电动机的绕组线路中，用此法检查时，一定要注意防止触电事故。为了安全，可使用万用表检测绕组通断与接地情况。单相电机绕组好坏检测方法可扫二维码学习。

第三节

同步发电机及特种电机

一、同步发电机的原理

交流同步发电机是根据电磁感应原理制成的，即根据导体在磁场中切割磁感线而产生感应电动势的原理而制造。图 5-6 所示为同步发电机原理示意图，从图中可以看到，线圈 abcd 在永久磁铁或电磁铁内做顺时针旋转时，线圈的 ab 边和 cd 边将会不断地切割磁感线，线圈也就会产生大小和方向按周期数化的交变电动势。这个交变电动势和气隙中的磁通密度成正比，而气隙中的磁通密度则是按正弦规律来分布的，因此线圈中感应的交变电动势也是按正弦规律变化的。如果用电刷和滑环将这个线圈和外电路连接起来，外电路就会有正弦交流电流过。

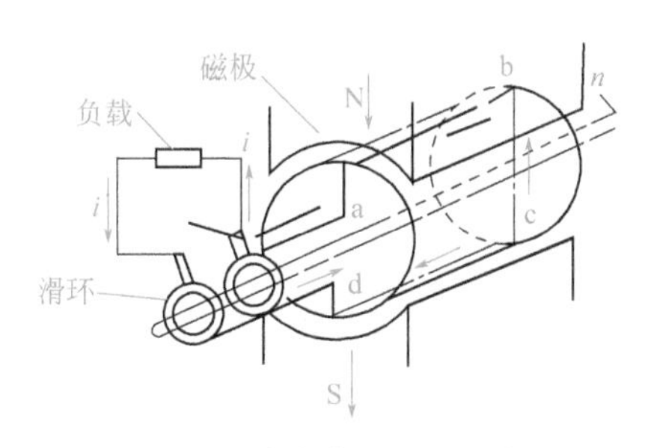

图 5-6　同步发电机原理示意图

为了获得较大的感应电势，根据公式：

$$E=Blv\sin\alpha$$

可知只有在增强感应强度 B、加长切割磁感线的导体有较长度 l 和增大导体切割磁感线的速度 v 的情况下，才能得到较大的感应电动势。

在实际运用中发电机内线圈是绕在铁芯上的，其磁场一般也是用线圈励磁的电磁铁来形成的。这时磁感应强度 B 增强了；线圈也由一匝改为许多匝连在一起，从而使切割磁感线的导体长度增长了；并且线圈旋转得也更快了，致使导体以很高的速度 v 切割磁感线。

通常将绕在铁芯上用来产生感应电动势的线圈叫作电枢，而将形成磁场的永久磁铁和电磁铁称作磁场，当发电机的磁场不动而电枢转动时，称为旋转电枢式发电机。如果将磁场放在电枢中间，使磁场旋转而电枢不动，则这种发电机就称作旋转磁场式发电机。

图 5-7 所示为旋转电枢式发电机示意图，这种发电机的额定电压都不高（一般均不超过 500V），主要原因是：电枢产电流必须通过滑环与电刷接入外电路，

而当滑环间的电压（也即电刷间的电压）很高时，容易因打火而引发火灾，并且由于电枢所占的空间有限，而线圈匝数增多会导致绝缘层加厚而限制了电枢电压的增高；当发电机高速旋转时，由于振动和离心现象使电枢极易损坏；同时，电枢的构造比较复杂，因此制造成本高、销售价格贵。因而采用这种设计的同步发电机极少，只偶尔在小功率同步发电机中才能看到。

旋转磁场式同步发电机则如图 5-8 所示，这种结构的同步发电机可以避免旋转电枢式发电机所存在的主要缺点，能够获得极好的运行特性和优良的性能价格比，并且还可以将发电机的容量和电压提高很多。由于磁场励磁线圈所需要的电压均在 250V 以下，故其构造和绝缘要求都比电枢要简单得多。在这种旋转磁场式发电机转子铁芯上每极都绕有励磁线圈，励磁所需要的直流电由直流电源经过滑环与电刷供给。当同步发电机转子在原动机的旋动下旋转时，它的磁场也将随着一起转动，这时磁场（即磁感线）将切割嵌置在定子槽中的绕组（即电枢），从而在定子绕组内产生感应电动势，而这个感应电动势最高可达到 35000V，所以大型同步发电机均采用旋转磁场式。

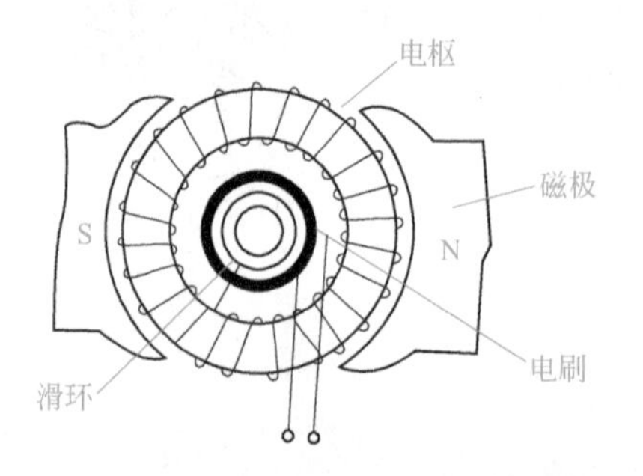

图 5-7　旋转电枢式同步发电机示意图

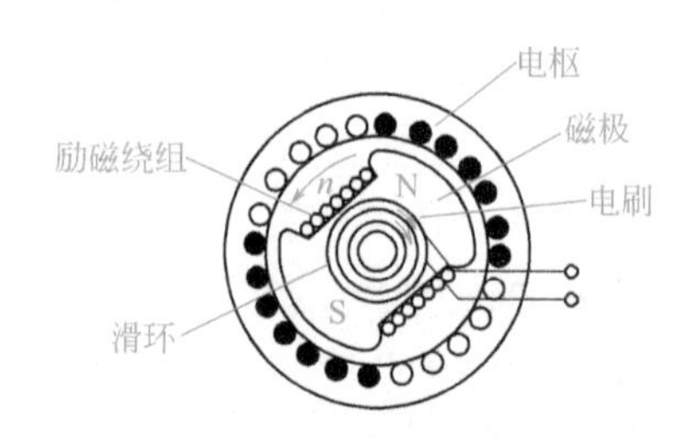

图 5-8　旋转磁场同步发电机示意图

二、同步发电机的型号

根据同步发电机的产品型号，一般来说应能区别产品的性能、用途和结构特征等。中小型同步发电机的型号，通常包括以下几部分内容：

（1）产品代号　根据标准规定，同步发电机的产品代号为 TF，在 TF 之后还可以加上表示结构特点的字母，如表示单相的 D（无 D 即为三相发电机），W 则表示采用无刷励磁装置等。

（2）中心高度　均用数字表示，单位为 mm。

（3）机座长度　用字母表示，例如 M 表示中机座；L 表示长机座；S 表示短机座。

（4）铁芯长度 以数字来表示，为铁芯的号数，如2即指铁芯的长度是2号。

（5）极数 用数字表示，指电机的磁极的个数，如4即为4个极（也就是2对极）。

（6）型号说明

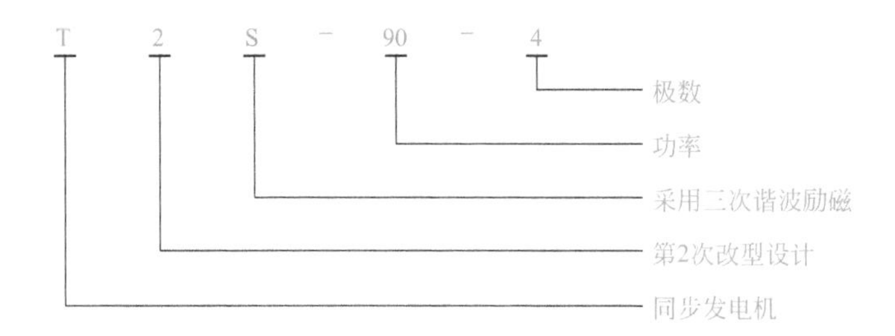

T2系列小型有刷自励恒压三相同步发电机是目前国内常有的基本系列发电机，这种发电机的励磁方式有三次谐波励磁、相复励磁和可控硅励磁三种，分别用字母S、X和K来表示，并标注在产品代号T2的后面，在代号之后其他规格的表示法与标准型号相同。

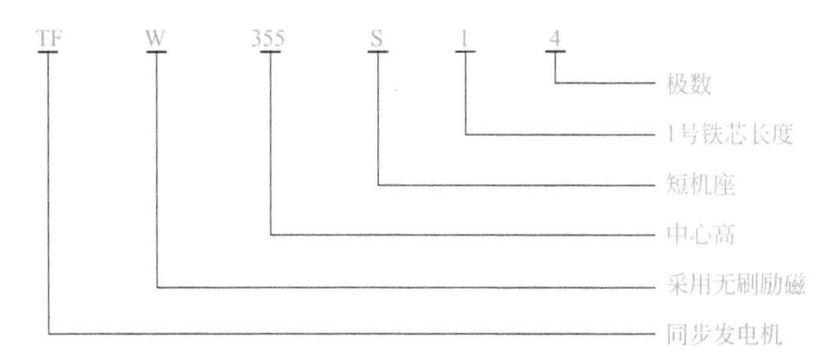

TFW系列三相同步发电机是在T2系列发电机基础上发展起来的换代产品。

单相同步发电机一般均在三相同步发电机基础上派生设计而成，通常多为隐极式，其定子上嵌置有两套绕组，主绕组占2/3槽数，辅助绕组占1/3槽数。单相同步发电机的效率、稳态电压调整率和波形畸变等电气性能均不及三相同步发电机，所以单相同步发电机的功率都比较小，否则其经济性能将会很差。

（7）型号举例

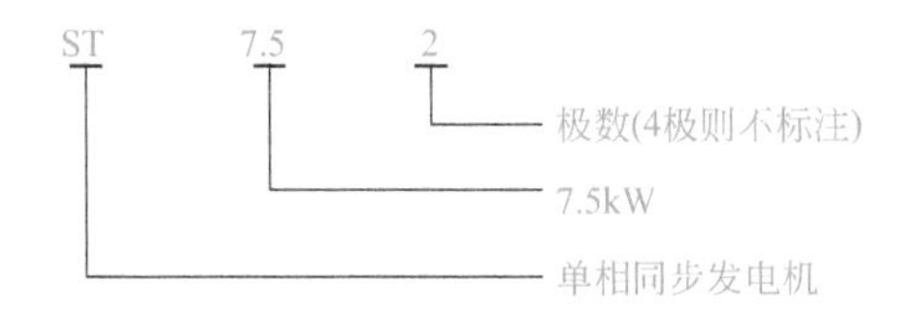

ST系列小型单相同步发电机多与小型汽油（或柴油机）配套组成小型单

相交流发电机组，被广泛应用于小型船舶、城镇和农村家庭中。它具有体积轻巧、使用简单、运行可靠等优点。

① 额定励磁电流。指发电机正常发电时，进入其励磁绕组内电流的保证值。

② 额定励磁功率。指发电机正常满负载发电时，应提供其励磁绕组足够的励磁功率。

③ 绝缘等级。规定以发电机所使用的绝缘材料耐热等级作为发电机的绝缘等级。同步发电机常用的绝缘材料有E极、B极、F极，其允许温度依次分别为115℃、130℃、155℃。

三、同步发电机的维护与检修

同步发电机的异常故障及处理方法见表5-9。

表5-9　同步发电机的异常故障及处理方法

故障现象	可能原因	处理方法
发电机过热	（1）发电机没有按规定的技术条件运行，如： ① 定子电压太高，铁损增大； ② 负荷电流过大，定子绕组铜损增大； ③ 频率过低，使冷却风扇转速变慢，影响发电机散热； ④ 功率因数过低，会使转子励磁电流增大，使转子发热 （2）发电机三相负荷电流不平衡，过载的一相绕组会过热。如果三相电流之差超过额定电流的10%，则属严重三相电流不平衡。三相电流不平衡会产生负序磁场，从而增加损耗，引起磁极绕组及套箍等部件发热 （3）风道被积尘堵塞，通风不良，发电机散热困难 （4）进风温度过高或进水温度过高，冷却器有堵塞现象 （5）轴承中的润滑脂过少或过多 （6）轴承磨损，磨损不严重时，轴承局部过热；磨损严重时，有可能使定子和转子相互摩擦，造成定子和转子局部过热 （7）定子铁芯片绝缘损坏，造成片间短路，使铁芯局部的涡流损失增加而发热，严重时会损坏定子绕组 （8）定子绕组的并联导线断裂，这会使其他导线中的电流增大而发热	（1）检查监视仪表的指示是否正常，若不正常，应进行必要的调节和处理，务必使发电机按照规定的技术条件运行 （2）调整三相负荷，使各相电流尽量保持平衡 （3）清扫风道积尘、油垢，使风道畅通 （4）降低进风或进水温度，清扫冷却器的堵塞。在故障未排除前，应限制发电机负荷，以降低发电机温度 （5）按规定要求加润滑脂，一般为轴承和轴承室容积的1/3～1/2（转速低的取上限，转速高的取下限），并以不超过轴承室容积的70%为宜 （6）检查轴承有无噪声，更换不良轴承。如定子和转子相互摩擦，应立即停机检修 （7）立即停机检修，检修方法见第（5）和第（6） （8）立即停机检修

续表

故障现象	可能原因	处理方法
发电机中心线对地有异常电压	（1）正常情况下，由于高次谐波作用或制造工艺等原因，造成各磁极下气隙不等、磁势不等 （2）发电机绕组有短路现象或对地绝缘不良 （3）空载时中性线对地无电压，而有负荷时才有电压	（1）电压很低（电流电压至数伏），没有危险，不必处理 （2）会使用电设备及发电机性能变坏，容易发热，应设法消除，及时检修，以免事故扩大 （3）由三相负荷不平衡引起，通过调整三相负荷便可消除
发电机过电流	（1）负荷过大 （2）输电线路发生相间短路或接地故障	（1）减轻负荷 （2）消除输电线路故障后，即可恢复正常
定子铁芯叠片松动	制造装配不当，铁芯未紧固	若是整个铁芯松动，对于大、中型发电机，一般要送制造厂修理；对于小型发电机，可用两块略小于定子绕组端部内径的铁板，穿上双头螺栓，收紧铁芯，待恢复原形后，再用铁芯夹紧螺栓紧固。 若是局部铁芯松动，可先在松动片间涂刷硅钢片漆，再在松动部分打入硬质绝缘材料进行处理
铁芯片之间短路，会引起发电机过热，甚至烧坏绕组	（1）铁芯叠片松动，发电机运转时铁芯发生振动，逐渐损坏铁芯片的绝缘 （2）铁芯片个别地方绝缘受损伤或铁芯局部过热，使绝缘老化 （3）铁芯片边缘有毛刺或检修时受机械损伤 （4）有焊锡或铜粒短接铁芯 （5）绕组发生弧光短路时，也可能造成铁芯短路	（1）、（2）处理方法见上条 （3）用细锉刀除去毛刺，修整损伤处，清洁表面，再涂上一层硅钢片漆 （4）刮除或凿除多数熔焊粒，处理好表面 （5）将烧损部分用凿子清除后，处理好表面

续表

故障现象	可能原因	处理方法
发电机振动	（1）转子不圆或平衡未调整好 （2）转轴弯曲 （3）联轴节连接不直 （4）结构部件共振 （5）励磁绕组层间短路 （6）供油量不足或油压不足 （7）供油量太大，油压太高 （8）定子铁芯装配不紧 （9）轴承密封过紧，引起转轴局部过热、弯曲，造成重心偏移 （10）发电机通风系统不对称 （11）水轮机尾水管水压脉动	（1）严格控制制造和安装质量，重新调整转子的平衡 （2）可采用研磨法、加热法和捶击法等校正转轴 （3）调整联轴节部分的平衡，重新调整联轴节密配合螺栓的夹紧力。对联轴节端面重新加工 （4）可通过改变结构部件的支持方法来改变它的固有频率 （5）检修励磁绕组，重新包扎绝缘 （6）扩大喷嘴直径，升高油压；扩大供油口，减少间隙 （7）缩小喷嘴直径，提高油温，降低油压，提高面积压力，增加间隙 （8）重新装压铁芯 （9）检查和调整轴承密封，使之与轴之间有适当的配合间隙 （10）注意定子铁芯两端挡风板及转子支架挡风板结构布置和尺寸的选择，使风路系统对称；增强盖板、挡风板的刚度并可靠固定 （11）对水轮机尾水管采取补救措施，如装设十字架等
发电机端电压过高	（1）与电网并列的发电机网电压过高 （2）励磁装置故障引起过励磁	（1）与调度联系，由调度处理 （2）检修励磁装置
无功出力不足	励磁装置电压源复励补偿不足，不能提供电枢反应所需的励磁电流，使机端电压低于电网电压，送不出额定无功功率	（1）在发电机与电抗器之间接入一台三相调压器，以提高机端电压，使励磁装置的磁势向大的方向变化 （2）改变励磁装置电压、磁势与机端电压的相位，使合成总磁势增大（如在电抗器每相绕组两端并联数千欧、10W的电阻） （3）减小变阻器的阻值，使发电机励磁电流增大

续表

故障现象	可能原因	处理方法
定子绕组绝缘击穿，如匝间短路、对地短路、相间短路	（1）定子绕组受潮 （2）制造缺陷或检修质量不好，造成绕组绝缘击穿，检修不当，造成机械性损伤 （3）绕组过热。绝缘过热后会使绝缘性能降低，有时在高温下会很快造成绝缘击穿事故 （4）绝缘老化。一般发电机运行15～20年以上，其绕组绝缘会老化，电气特性会发生变化，甚至使绝缘击穿 （5）发电机内有金属异物 （6）过电压击穿，如： ①线路遭雷击，而防雷保护不完善； ②误操作，如在空载时把发电机电压升得过高； ③发电机内部过电压，包括操作过电压、弧光接地过电压及谐振过电压等	（1）对于长期停用或经较长时间修理的发电机，投入运行前需测量绝缘电阻，不合格者不许投入运行。受潮发电机需干燥处理 （2）检修时不可损伤发电机绝缘及各部分；要按规定的绝缘等级选用绝缘材料，嵌装绕组及浸漆干燥等必须按工艺要求进行 （3）加强日常的巡视检查工作，防止发电机各部分过热而损坏绕组绝缘 （4）做好发电机的大、小修工作，做好绝缘预防性试验。发现绝缘不合格者，应及时更换有缺陷的绕组绝缘或更换绕组，以延长发电机的使用寿命 （5）检修后切勿将金属物件、零件或工具遗落在定子膛中；绑紧转子的绑扎线，紧固端部零件，防止由于离心现象而松脱 （6）相应地采取以下措施： ①完善防雷保护措施； ②发电机升压要按规定的步骤进行操作，防止误操作； ③加强绝缘预防性试验工作，及时发现和消除定子绕组绝缘中存在的缺陷
发电机失去剩磁，造成启动时不能发电	（1）发电机长期不用 （2）外界线路短路 （3）非同期合闸 （4）停机检修时偶然短接了励磁绕组接线头或滑环	（1）常备蓄电池，在发电前先进行充磁 （2）如果附近有发电机，可利用正常发电机的励磁电压给失磁的发电机充磁
自动励磁装置的励磁电抗器温度过高	（1）电抗器线圈局部短路 （2）电抗器磁路的气隙过大	（1）检修电抗器 （2）调整磁路气隙，使之不能过大，也不能过小，如对于TZH 50kW自励恒压三相同步发电机的电抗器，气隙以5.5～5.8mm为宜

照明技术

第一节 照明线路计算

一、常用光源的技术数据及照明负荷计算

1．常用电光源的技术数据（见表6-1～表6-3）

表6-1　白炽灯的技术数据

	灯泡型号	额定功率/W	额定电压/V	额定光通量/lx
普通白炽灯的主要技术数据（平均使用寿命均为1000h）	PZ220-10	10	220	65
	PZ220-15	15	220	110
	PZ220-25	25	220	220
	PZ220-40	40	220	350
	PZ220-60	60	220	635
	PZ220-100	100	220	1250
	PZ220-125	125	220	2090

续表

	灯泡型号	额定功率/W	额定电压/V	额定光通量/lx
普通白炽灯的主要技术数据（平均使用寿命均为1000h）	PZ220-200	200	220	2920
	PZ220-300	300	220	4610
	PZ220-500	500	220	8300
	PZ220-1000	1000	220	18600
	PZS110-36	36	110	350
	PZS110-40	40	110	415
	PZS110-55	55	110	630
	PZS110-60	60	110	715
	PZS110-94	94	110	1250
	PZS110-100	100	110	1350
	PZS220-36	36	220	350
	PZS220-40	40	220	415
	PZS220-55	55	220	630
	PZS220-60	60	220	715
	PZS220-94	94	220	1250
	PZS220-100	100	220	1350

表6-2　卤钨灯的技术数据

<table>
<tr><th></th><th>灯管型号</th><th>额定功率/W</th><th>额定电压/V</th><th>额定光通量/lx</th><th>平均使用寿命/h</th></tr>
<tr><td rowspan="4">管型卤钨灯的技术数据</td><td>LZG220-500A
LZG220-500B</td><td>500</td><td rowspan="3">220</td><td>8500</td><td>1000</td></tr>
<tr><td>LZG220-1000A
LZG220-1000B</td><td>1000</td><td>19000</td><td>1500</td></tr>
<tr><td>LZG220-2000</td><td>2000</td><td>40000</td><td>1000</td></tr>
<tr><td>LZG36-300</td><td>300</td><td>36</td><td>6000</td><td>600</td></tr>
</table>

表6-3 高压汞灯的技术数据

	型号	额定电压/V	额定功率/W	额定光通量/lx	启动稳定时间/min	再启动稳定时间/min	平均使用寿命/h
高压泵灯的主要技术数据	GGY-50	220	50	1500	4～8	5～10	2500
	GGY-80		80	2800			2500
	GGY-125		125	4750			2500
	GGY-175		175	7000			2500
	GGY-250		250	10500			5000
	GGY-400		400	20000			5000
	GGY-700		700	35000			5000
	GGY-1000		1000	50000			5000
	GYZ-160	220	160	2560	4～8	10	2500
	GYZ-250		250	4900			3000
	GYZ-450		450	11000			3000
	GYZ-750		750	22500			3000
	GYF-50	220	50	1250	4～8	5～10	3000
	GYF-80		80	2300			3000
	GYF-125		125	3900			3000
	GYF-400		400	16500			6000

2．照明负荷计算

照明负荷一般按需要系数进行计算，在选择导线截面及各种开关元件时，都是以照明设备的计算负荷（P_c）为依据，计算负荷是照明设备的安装容量 P_o 乘以需要系数 K_n，其公式为：

$$P_c = K_n P_o$$

式中，P_c 为计算负荷 W；P_o 为照明设备的安装容量，包括光源和镇流器所消耗的功率，W；K_n 为需要系数，它表示不同性质的建筑对照明负荷需要的程度（主要反映各照明设备同时点燃的情况），见表 6-4。

表6-4　各种建筑的照明负荷的需要系数

建筑类别	K_n	建筑类别	K_n
生产厂房（有天然采光）	0.8 ~ 0.9	宿舍区	0.6 ~ 0.8
生产厂房（无天然采光）	0.9 ~ 1	医院	0.5
办公楼	0.7 ~ 0.8	食堂	0.9 ~ 0.95
设计室	0.9 ~ 0.95	商店	0.9
科研楼	0.8 ~ 0.9	学校	0.6 ~ 0.7
仓库	0.5 ~ 0.7	展览室	0.7 ~ 0.8

二、线路及电损计算

1. 线路计算

$$I_{c1}=\frac{P_c}{\sqrt{3}U_1\cos\varphi} \qquad I_{c2}=\frac{P_c'}{U_p\cos\varphi}$$

式中，I_{c1} 为三相线路计算电流，A；I_{c2} 为单相线路计算电流，A；U_1 为额定线电压，kV；U_p 为额定相电压，kV；$\cos\varphi$ 为功率因数；P_c、P_c' 分别为三相、单相计算负荷，kW。

2. 电损计算

电源（如变压器）和线路上一般存在阻抗，线路末端（负荷端上）的电压偏移是由于负荷电流在电源内部和线路上所产生的电压损失引起的，即电压损失包括变压器内部电压损失和线路电压损失。

为了补偿电源和线路上的电压损失，电源一般具有比负荷额定电压（如白炽灯额定电压为 220V）高的空载电压（如 U_o=231V）。

所谓线路电压损失，是指线路始端电压与末端电压的代数差，控制电压损失（或线路电压损失计算的目的）是为了使线路末端照明的电压偏移符合要求，并使导线得到合理使用。

（1）三相平衡的照明线路　对三相负荷平衡的三相四线制照明线路，中性线没有电流流过，所以其电压损失计算与无中线性的三相线路相同，当各相导线截面相同时，只计算一相的电压损失即可。

设负荷集中在线路末端，见图 6-1（a），负荷的功率因数为 $\cos\varphi_2$（设为感性负荷，电光源多为感性负荷）。设线路总电抗为 x，总电阻为 R_c，负荷电流 I 流过线路将产生电压降，使线中末端的电压对始端产生了电压偏移和相位偏移。图 6-1(b)所示为一相的电压矢量图。IR 和 IX 为线路的有功和无功电压降，线路电压降为两者的矢量和：$\Delta U' = IR + \mathbf{j}IX$，也是线路始端电压与末端电压的矢量差：$\Delta U' = U_1 - U_2$，电压降的产生使线路开端的电压小于始端电压，而且相位偏移了 θ 角。

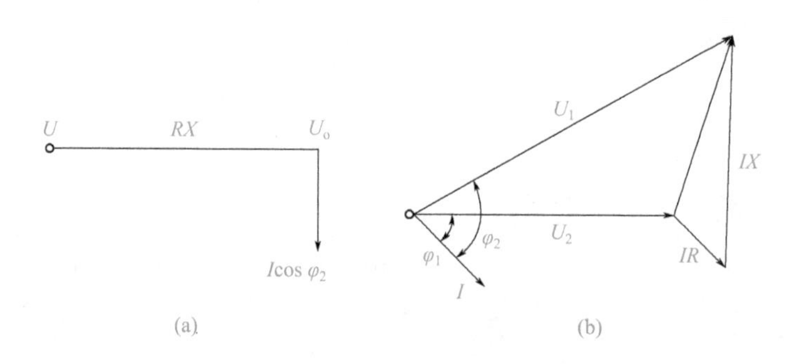

图 6-1　单相负荷的电压矢量计算

对照明负荷主要是保证其电压值，对相位没有要求，所以只需计算线路的电压偏移，即线路始端电压 U_1 与末端电压 U_2 的代数差 $\Delta U' = U_1 - U_2$。这个电压偏移也叫做电压损失。为简化计算，一般均用电压降矢量在电压矢量上的投影来代替电压损失。根据这一简化，从图 6-1（b）可见，电压损失 $\Delta U'$ 为：

$$\Delta U' = I(R\cos\varphi_2 + x\sin\varphi_2) = IL(R_o\cos\varphi_2 + X_o\sin\varphi_2)$$

式中，$\Delta U'$ 为线路电压损失，V；I 为负荷电流，A；L 为线路长度，km；R_o、X_o 分别为三相线路单位长度的电阻和电抗（Ω/km）；$\cos\varphi_2$ 为线路功率因数。

（2）单相负荷线路　在单相线路中，负荷电流流过相线和中性线，中性线的电抗和电阻也引起电压损失，线路的电压损失等于相线的电压损失和中性线的电压损失之和。在单相线路中，中性线的材料和截面与相线的基本相同，其计算公式为：

$$\Delta u = 2\sqrt{3}IL(R_o\cos\varphi + X_o\sin\varphi)$$

式中，Δu 为线路电压损失百分数；I 为负荷电流，A；L 为线路长度，km；R_o、X_o 分别为三相线路单位长度的电阻和阻抗（Ω/km）；$\cos\varphi$ 为线路功率因数。

第二节

照明供配电

一、照明供电要求

照明配电的一般要求，见表 6-5。

表6-5　照明配电的一般要求

照明配电的一般要求	
灯的端电压偏差的要求	灯的端电压一般不宜高于其额定电压的 105%，也不宜低于其额定电压的下列数值： ① 一般工作场所为额定值的 95% ② 露天工作场所、远离变电所的小面积工作场所的照明难于满足 95% 时，可降到 90% ③ 应急照明、道路照明、警卫照明及电压为 12 ～ 42V 的照明为额定值的 90%
灯具应采用不超过 24V 电源的情况	容易触及的而又无防止触电措施的固定式或移动式灯具，若其安装高度距地面为 2.2m 及以下，且具有下列条件之一时，其使用电压不应超过 24V。 ① 特别潮湿的场所 ② 高温场所 ③ 具有导电灰尘的场所 ④ 具有导电地面的场所
手提行灯电压不应超过 12V 的情况	在工作场所狭窄的地点，且作业者接触大块金属面，如在锅炉、金属容器内等，使用的手提行灯电压不应超过 12V
安全电压电源的电路、隔离要求	在 42V 及以下安全电压的局部照明的电源和手提行灯的电源，其输入电路与输出电路必须实行电路上的隔离
减小冲击负荷对照明影响的措施	为减小冲击电压波动和闪变对照明的影响，宜采取下列措施： ① 较大功率的冲击性负荷或冲击性负荷群与照明负荷，分别由不同的配电变压器或照明专用变压器供电 ② 当冲击性负荷和照明负荷共用变压器供电时，照明负荷宜用专线供电

续表

照明配电的一般要求	
对照明线路装设和容量的要求	① 建筑物照明电源线路的进户处，应装设带有保护作用的总开关 ② 由公共低压电网供电的照明负荷，线路电流不超过 30A 时，可用 220V 单相供电；否则，应该以 220/380V 三相四线供电 ③ 室内照明线路，每一单相回路的电源，一般情况下不宜超过 15A，所接灯头数不宜超过 25 个，但花灯、彩灯、多管荧光灯除外。插座宜单独设置分支回路 ④ 对高强气体放电灯的照明，每一单相分支回路的电流不宜超过 30A，并应按启动及再启动特性，选择保护电器和验算线路的电压损失值 ⑤ 对气体放电灯供电的三相四线照明线路，其中性线截面应按最大一相电流选择
应急照明供电方式的选择要求	应急照明的电源应区别于正常照明的电源。不同用途的应急照明电源，应采用不同的切换时间和连续供电时间。应急照明的供电方式，宜按下列之一选用： ① 独立于正常电源的发电机组 ② 蓄电池 ③ 供电网络中有效地独立于正常电源的馈电线路 ④ 应急照明灯自带直流逆变器 ⑤ 当装有两台及以上变压器时，应与正常照明的供电干线分别接自不同的变压器 ⑥ 仅装有一台变压器时，应与正常照明的供电干线自变电所的低压屏上分开，当建筑物内未设变压器时，则在建筑物电源进户处与正常照明线路分开，并不得与正常照明线路共用一个总开关
应急照明的控制要求	① 应急照明作为正常照明的一部分同时使用时，应有单独的控制开关 ② 应急照明不作为正常照明的一部分同时使用时，当正常照明因故停电时，应急照明电源宜自动投入

二、系统组成及接线

1．照明供配电系统的组成

照明供配电系统的组成见图 6-2。

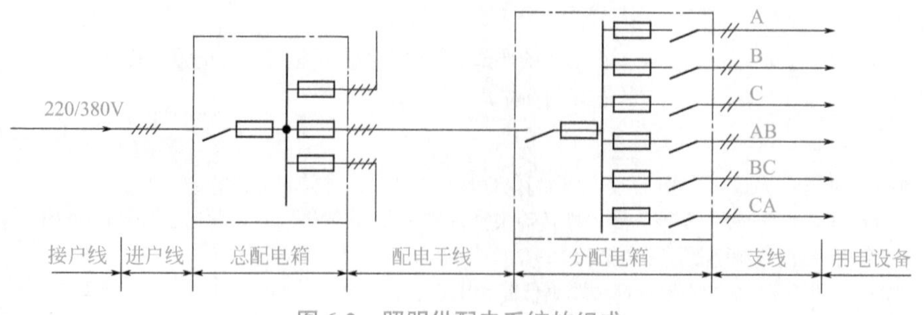

图 6-2 照明供配电系统的组成

2．照明供配电系统的接线方式

（1）放射式接线 总配电箱至各分配电箱各用一条干线直接相连。

（2）树干式接线 总配电箱至各分配电箱用同一条干线连接。

（3）混合式接线 总配电箱至各分配电箱既有放射式的接线，也有树干式的接线，见图 6-3。

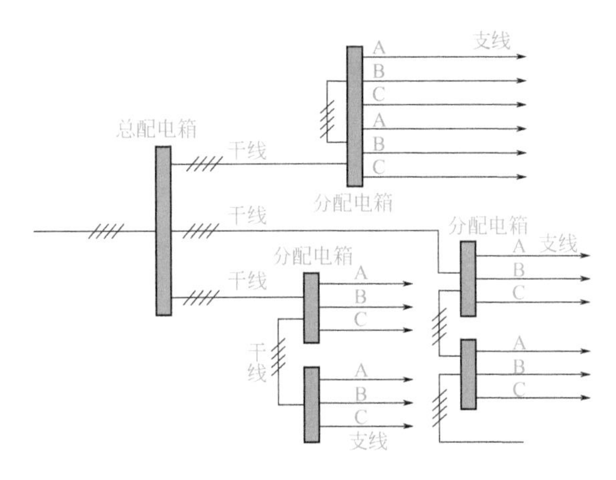

图 6-3 混合式照明配电系统

3．带有应急照明的照明系统

带有应急照明的照明系统见图 6-4。

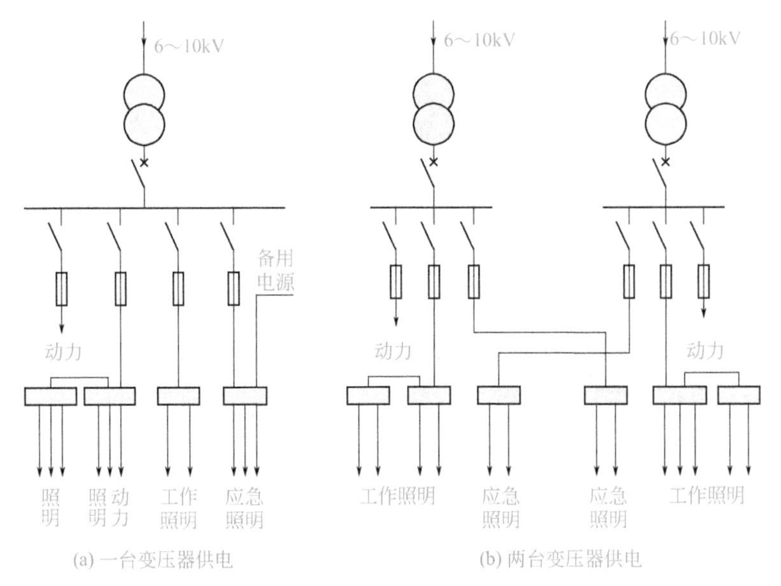

图 6-4 带有应急照明的照明系统

4. 应急照明的备用电源自动投入（APD）的控制电路（示例）

应急照明的备用电源自动投入系统控制电路见图 6-5，当工作电源停电时，接触器 KM1 因失电而跳开，同时其常闭触点 KM1 的 1-2 闭合，使时间继电器 KT 动作（接触器 KM2 的常闭触点 1-2 原已闭合），其延时闭合触点 KT 的 1-2 经 0.5s 闭合。使接触器 KM2 接通，其主触点闭合，从而投入备用电源。KM2 的常开触点 3-4 同时闭合，保持 KM2 接通，而且其常闭触点 1-2 断开，切断 KT 的回路，KT 触点 1-2 断开，同时 KM2 的常闭触点 5-6 断开，切断 KM1 的回路。

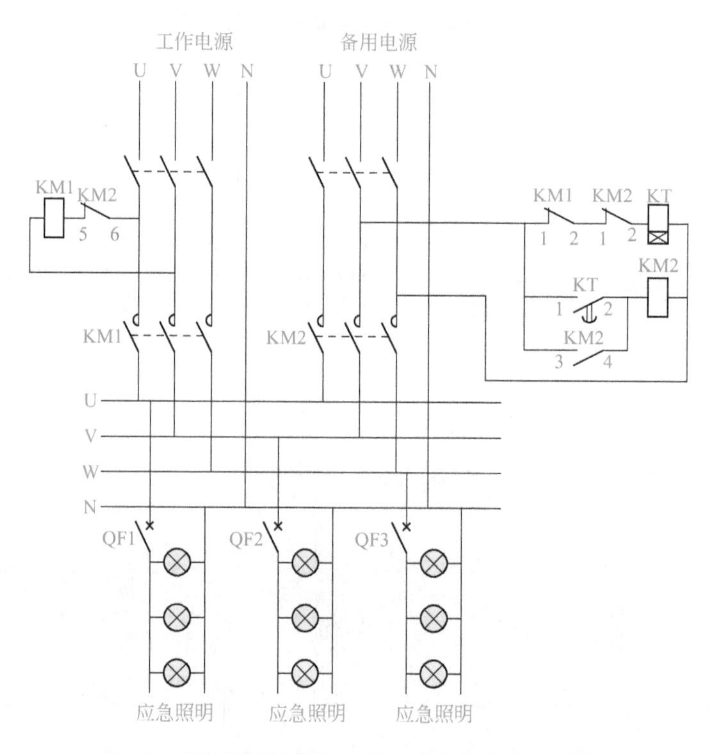

图 6-5　应急照明的备用电源自动投入系统控制电路

三、线路导线的选择

1. 照明线路导线类型的选择

（1）导体材质的选择　一般情况下宜选用铝芯导线，下列情况下宜选用铜芯导线：

① 移动灯具的配电线路及连接灯头为软线。

② 爆炸、危险场所的照明线路。

③ 剧烈振动场所的照明线路。

④ 重要场所、居住建筑的照明线路。

（2）橡皮绝缘导线的选择

① BX型铜芯橡皮绝缘线和BLX型铝芯橡皮绝缘线：由于其耐热性能较好，因此适用于高温场所敷设及易燃场所穿管敷设；但由于其生产工艺复杂，且耗费大量的橡胶和棉纱，因此成本较高，一般正常环境不宜采用。

② BXF型铜芯氯丁橡皮绝缘线和BLXF型铝芯氯丁橡皮绝缘线：由于它具有良好的耐气候老化性能和不延燃性，并且有一定的耐油、耐腐蚀性，因此特别适于室外敷设。但其绝缘层的机械强度较差，不宜穿管敷设。

（3）聚氯乙烯绝缘导线的选择

① BV型铜芯聚氯乙烯绝缘线和BLV型铝芯聚氯乙烯绝缘线：由于其耐油和耐酸碱腐蚀性较BX型和BLX型好，而且制造工艺简便，成本较低，因此在一般正常环境宜优先选用。但由于聚氯乙烯不耐高温，且易老化，因此不宜用于高温和室外场所。

② BVV型铜芯聚氯乙烯绝缘护套导线和BLVV型铝芯聚氯乙烯绝缘护套导线：其性能与BV型和BLV型相同，且由于加有聚氯乙烯护套，因此不仅适用一般正常环境固定敷设，而且可直接埋地敷设。

③ BV-105型铜芯耐热105℃聚氯乙烯绝缘线和BLV-105型铝芯耐热105℃聚氯乙烯绝缘线：适用于高温场所固定敷设。

④ BVR型铜芯105℃聚氯乙烯绝缘软线：适于室内安装，在要求导线较柔软的场合用。

（4）阻燃型塑料导线 ZR-BV型阻燃型铜芯聚氯乙烯绝缘导线和ZR-BVR型阻燃铜芯聚氯乙烯绝缘软线，适于在有高阻燃要求的场所安装使用。ZR-BV型用于固定安装，ZR-BVR用于要求导线柔软的场合。

2．照明导线截面积的选择

（1）均一照明线路的导线截面积的选择计算 照明线路可近似地视为无感线路。全线均一照明线路导线截面积的计算公式如下：

$$A=\frac{\Sigma M}{C\Delta U}$$

式中，M为线路的功率矩，km·m；C为计算系数，见表6-6。ΔU为线路的允许电压损失，%。

表6-6　C值表

线路电压/V	线路类别	铜线	铝线
220/380	三相四线	75.5	46.2
	两相三线	34	20.5
220	单相及直流	12.8	7.74
110		3.21	1.94

（2）有分支的照明线路导线截面的选择计算　对有分支的照明线路，宜按有色金属消耗量最小条件来确定导线截面，该方法也是以满足允许电压损耗条件为前提。按允许电压损耗选择有分支照明线路干线的截面积的近似公式为：

$$A=\frac{\Sigma M+\Sigma（\alpha M'）}{C\Delta U}$$

式中，M为计算线段及其后面各段（具有与计算线段相同导线根数的线段）的功率矩之和；$\alpha M'$为由计算线段供电而导线根数与计算线段不同的所有分支线的功率矩之和，这些功率矩应分别乘以功率矩换算系数α（表6-7）后再相加；ΔU为从计算线段的首端起至数个线路一端止的允许电压耗对线路额定电压的百分值，%；C为计算系数。

表6-7　功率矩换算系数α

干线	分支线	功率换算系数	
		代号	数值
三相四线	单相	$\alpha_{4\text{-}1}$	1.83
三相四线	两相三线	$\alpha_{4\text{-}2}$	1.37
两相三线	单相	$\alpha_{3\text{-}1}$	1.33
三相三线	两相三线	$\alpha_{3\text{-}1}$	1.15

应用上述近似公式进行计算时，应从靠近电流的第一段干线开始，依次往后选择计算各分支线段的导线截面积。每段导线截面积计算出来后，应选取相近而偏大的额定截面积，以弥补上述公式因简化带来的误差。在某段导线截面积选定以后，即可按下式计算该段线路的实际电压损耗：

$$\Delta U（\%）=\frac{\Sigma M}{CA}$$

第三节

配电配线技术

一、瓷绝缘子配线

瓷绝缘子绝缘性能较高，机械强度较高，适用于负载较大、线路较长或比较潮湿的场所。瓷绝缘子分为鼓形瓷绝缘子、蝶形瓷绝缘子、针式瓷绝缘子、悬式瓷绝缘子，其外形图见图 6-6。鼓形瓷绝缘子适合较细导线的配线；截面积大于 16mm^2 的导线常用针式瓷绝缘子配线。导线截面积较粗时一般采用其他几种瓷绝缘子配线。

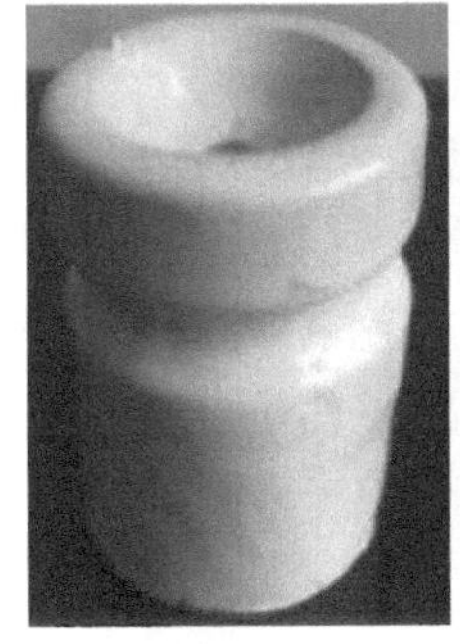

(a) 鼓形瓷绝缘子

(b) 蝶形瓷绝缘子

(c) 针式瓷绝缘子

(d) 悬式瓷绝缘子

图 6-6　瓷绝缘子的种类

1．瓷绝缘子配线方法

（1）定位　定位工作应在土建施工未抹灰前进行。首先按施工图确定电气元件的安装地点，然后再确定导线的敷设位置、穿过墙壁和楼板的位置以及起始、转角的终端瓷绝缘子的固定位置，最后再确定中间瓷绝缘子的安装位置。

（2）画线　画线可使用粉线袋或边缘刻有尺寸的木板条。

画线时，尽可能沿房屋线脚、墙角等处，用铅笔或粉袋画出安装线路，并在每个电气元件固定点中心处画一个“×”号。如果室内已粉刷，画线时注意不要弄到建筑物表面。

（3）凿眼　按画线定位进行凿眼。在砖墙上凿眼，可采用小扁凿或冲击钻；

在混凝土结构上凿眼，可用麻线凿或冲击钻；在墙上凿穿通孔，可用长凿。在快要打通时要减小锤击力，以免将墙壁的另一面打掉大块的墙皮，也可避免长凿冲出墙处伤人。

（4）安装木榫或埋设缠有铁丝的木螺钉 所有的孔眼凿好后，可在孔眼中安装木榫或埋设缠有铁丝的木螺钉。缠有铁丝的木螺钉见图 6-7。埋设时，先在孔眼内洒水淋湿，然后将缠有铁丝的木螺钉用水泥嵌入凿好的孔中，当水泥干燥至相当硬度后，旋出木螺钉，待以后安装瓷绝缘子等元件。

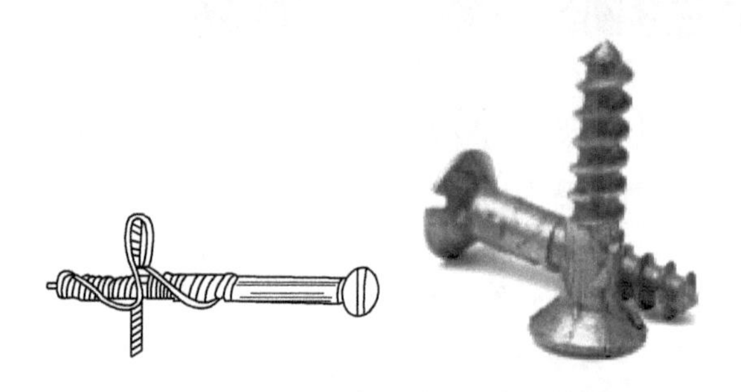

图 6-7 缠有铁丝的木螺钉

（5）埋设穿墙瓷管或过楼板钢管 最好在土建施工砌墙时预埋穿墙瓷管或过楼板钢管；过梁或其他混凝土结构预埋瓷管，应在土建施工铺设模板时进行。预埋可先用竹管或塑料管代替，待土建施工结束，拆去模板，将竹管除去换上瓷管；若采用塑料管，可直接代替瓷管使用。

（6）瓷绝缘子的固定

① 在木结构上只能固定鼓形瓷绝缘子，可用木螺钉拧入。

② 在砖墙上固定瓷绝缘子，可利用预埋的木榫和木螺钉来固定，或用预埋的支架和螺栓来固定鼓形瓷绝缘子、蝶形瓷绝缘子、针式瓷绝缘子等。此外，也可采用缠有铁丝的木螺钉和膨胀螺栓来固定鼓形瓷绝缘子。

③ 在混凝土墙上固定瓷绝缘子，可用缠有铁丝的木螺钉和膨胀螺栓来固定鼓形瓷绝缘子，或用预埋的支架和螺栓来固定鼓形瓷绝缘子、蝶形瓷绝缘子或针式瓷绝缘子，也可用环氧树脂黏结剂来固定瓷绝缘子。

（7）放线 敷设导线前，首先将成卷的导线沿着敷设线路放出。若线径较粗、线路较长时，可用放线架放线，见图 6-8（a）。操作时，将成卷导线套上放线架，从内线卷抽出导线的一端，沿导线敷设路径放开，为线路敷设做好准备。如果线路较短、线径又不太粗，可用手工放线。放线时，顺着导线盘绕方向，一人转动线盘，另一人牵着导线的一端进行放线，见图 6-8（b）。放线时尽量避免产生急弯和打结，否则会伤及导线绝缘层，严重时会伤及线芯。

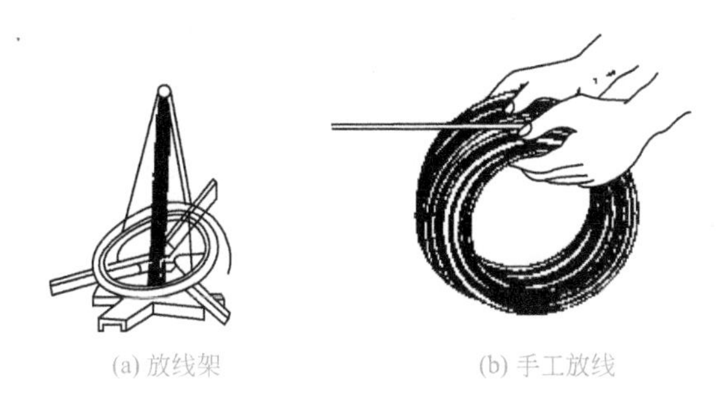

图 6-8　放线

（8）敷设导线及导线绑扎

2. 瓷绝缘子绑扎的注意事项

① 在建筑物的侧面或斜面配线时，必须将导线绑扎在瓷绝缘子上方，见图 6-9。

② 导线在同一平面内，如有弯曲时，瓷绝缘子必须装设在导线曲折角的内侧，见图 6-10。

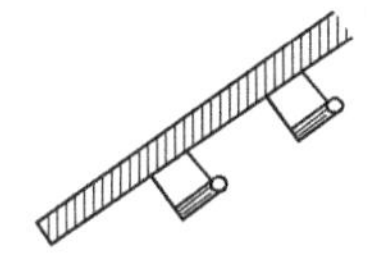

图 6-9　建筑物侧面或斜面配线

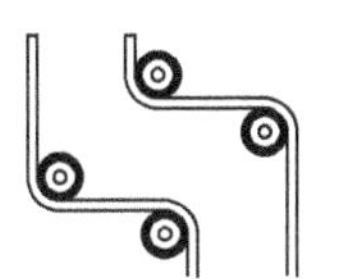

图 6-10　导线弯曲配线

③ 导线在不同的平面弯曲时，在凸角的两面上应装上两个瓷绝缘子，见图 6-11。

④ 导线在分支时，必须在分支点处设置瓷绝缘子，用于支持导线：导线互相交叉时，应在距离建筑物较近的导线上套装绝缘套管，见图 6-12。

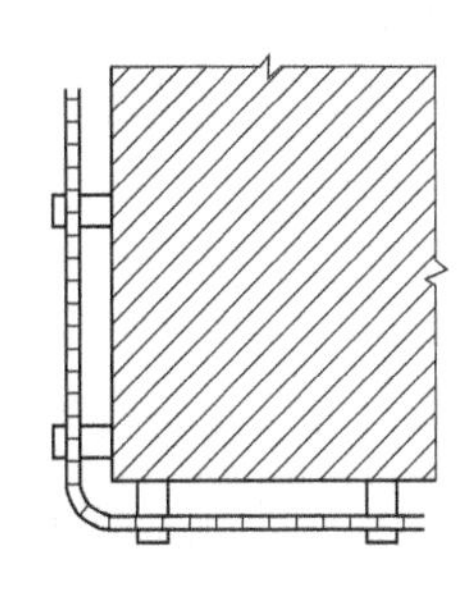

图 6-11　瓷绝缘子在不同平面的转弯方法

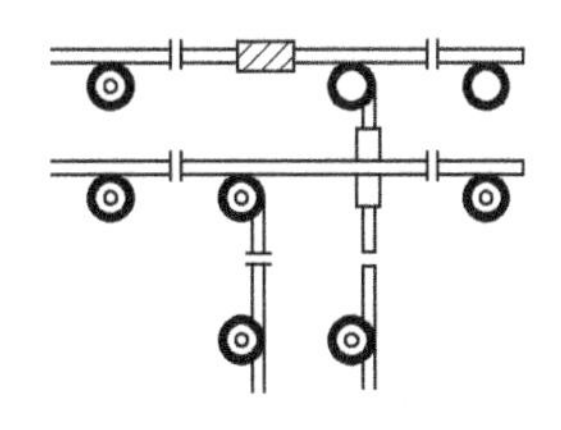

图 6-12　瓷绝缘子的分支方法

⑤ 瓷绝缘子沿墙壁垂直排列敷设时，导线弛度不得大于 5mm；沿层架或

水平支架敷设时，导线弛度不得大于10mm。

二、护套线配线

护套线是一种具有聚氯乙烯塑料护层的双芯或多芯导线，具有防潮、耐酸和防腐蚀等性能，可直接敷设在空心楼板内和建筑物的表面，用钢精轧片或塑料卡作为导线的固定支持物。

护套线敷设的施工方法简单，维修方便，线路外形整齐美观，造价低廉。目前已代替木槽板和瓷夹应用在室内明敷的住宅楼、办公室等建筑物内。但护套线截面积小，大容量电路中不宜采用。不宜直接埋入抹灰层内暗配敷设，也不宜在室外露天场所长期敷设。

1. 塑料护套线的配线方法

（1）定位画线 先根据各用电器的安装位置，确定好线路的走向，然后用弹线袋画线。按照护套线的安装要求，通常直线部分取150～200mm，画出固定钢精轧片线卡的位置，在距离开关、插座和灯具50mm的木台处都需设置钢精轧片线卡的固定点，见图6-13。

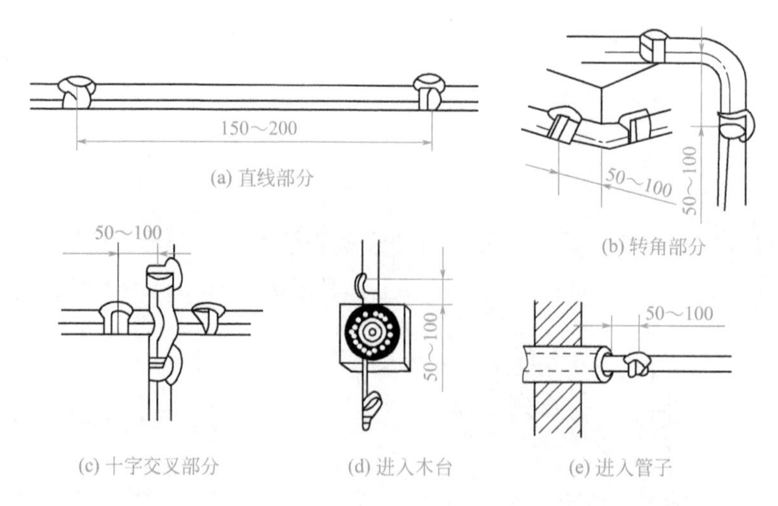

图6-13 塑料护套线的固定与间距（单位：mm）

（2）凿眼并安装木榫 在铁钉钉不进壁面灰层时，必须凿眼安装木榫，确保线路不松动。

（3）钢精轧片的固定 钢精轧片线卡见图6-14，其规格可分为0号、1号、2号、3号、4号等几种，号码越大，长度越长。护套线线径大的或敷设线数多时，应选用号数大的钢精轧片线卡。在室内、外照明线路中，通常用0号和1号钢精轧片线卡。

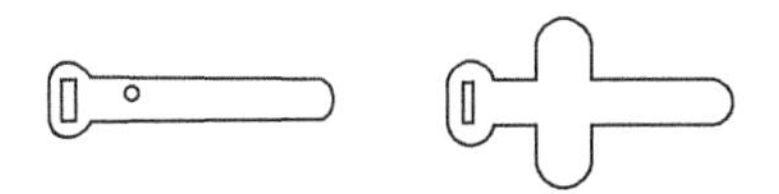

图 6-14 常用钢精轧片线卡

在木质结构上，可沿线路走向在固定点直接用钉子将钢精轧片线卡钉牢。在砖结构上，可用小铁钉钉在粉刷层内，但在转角、分支、进水台的电器处应预埋木榫。若线路在混凝土结构或预制板上敷设，可用环氧树脂或其他合管的黏结剂固定钢精轧片线卡。

（4）放线 放线工作是保证护套线敷设质量的重要环节，因此导线不能拉乱，不可使导线产生扭曲现象。在放线时需要两个人合作进行，一人把整盘线套入双手中，另一人将导线的一端向前直拉。放出的导线不得在地上拖拉，以免损坏护套层。如线路较短，为便于施工，可按实际长度并留有一定的余量，将导线剪断。

（5）护套线的敷设 护套线的敷设必须横平竖直。敷设时，用一只手拉紧导线，另一只手将导线固定在钢精轧片线卡上，见图 6-15（a）。对截面积较大的护套线，为了敷直，可在直线部分两端各上一副瓷夹。先把护套线一端固定在瓷夹中，然后勒直并在另一端收紧护套线，再固定到另一副瓷夹中，两副瓷夹之间护套线按挡距固定在钢精轧片线卡上，见图 6-15（b）。如果中间有接头、分支，应加装接线盒。

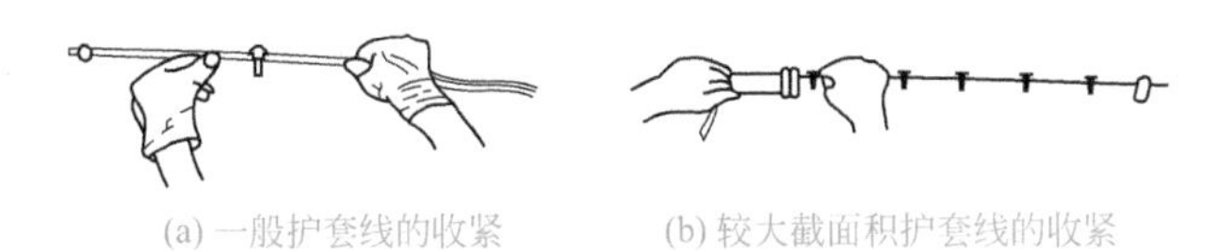

(a) 一般护套线的收紧　　(b) 较大截面积护套线的收紧

图 6-15 护套线的收紧方法

（6）钢精轧片线卡的夹持 护套线均置于钢精轧片的钉孔位后，可按图 6-16 方法用钢精轧片线卡夹持护套线。

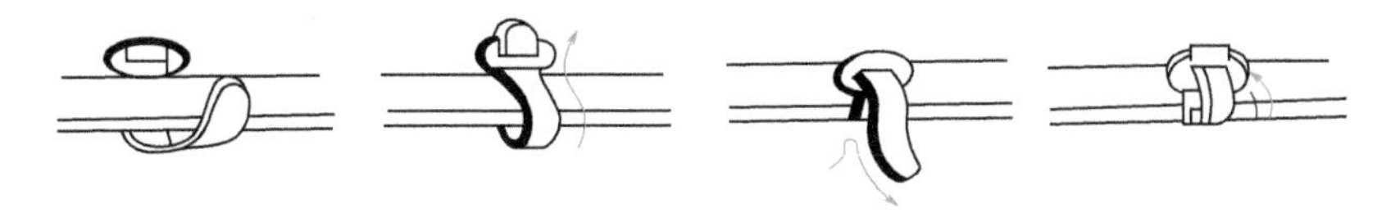

图 6-16 钢精轧片线卡的夹持

（7）护套线转弯　护套线折弯半径不得小于导线直径的6倍。

（8）用锤子柄部等木制工具对护套线进行敲平修整

2．护套线敷设的注意事项

① 护套线截面积的选择：室内铜芯线不小于1.0mm²，铝芯线不小于1.5mm²，室外铜芯线不小于1.5mm²；铝芯线不小于2.5mm²。

② 护套线与接线盒或电气设备的连接：护套线进入接线盒或电器时，护套层必须随之进入。

③ 护套线的保护：敷设护套线不得不与接地体、发热管道接近或交叉时，应加强绝缘保护。容易受机械操作的部位，应穿钢管保护。护套线在空心楼板内敷设，可不用其他保护措施，但楼板孔内不应有积水和易损伤导线的杂物。

④ 对线路高度的要求：护套线敷设离地面的最小高度不应小于500mm，离地面高度低于150mm的护套线，应加电线管进行保护。

三、槽板配线

1．塑料线槽及附件

如图6-17所示为塑料线槽及附件。

图6-17　塑料线槽及附件

2．塑料线槽的施工方法

（1）定位画线 为了美观，线槽一般沿建筑物墙、柱、顶的边角处布置，要横平竖直。为了便于施工不能紧靠墙角，有时要有意识地避开不易打孔的混凝土梁、柱。位置定好后先画线，一般用粉袋弹线，由于线槽配线一般都是后加线路，施工过程中要保持墙面整洁。弹线时，横线弹在槽上沿，纵线弹在槽中央位置，这样安上线槽就把线挡住了。

（2）槽底下料 根据所画线位置把槽底截成合适长度，平面转角处槽底要锯成 45° 斜角，下料用手钢锯。有接线盒的位置，线槽到盒边为止。

（3）固定槽底和明装盒 用木螺钉把槽底和明装盒用胀管固定好。槽底的固定点位置，直线段小于 0.5m；短线段距两端 0.1m。在明装盒下部适当位置开孔，准备进线用。

（4）下线、盖槽盖 按线路走向把槽盖料下好，由于在拐弯分支的地方都要加附件，槽盖下料时要把长度控制好，槽盖要压在附件下 8 ～ 10mm。进盒的地方可以使用进盒插口，也可以直接把槽盖压入盒下。直线段对接时上面可以不加附件，接缝要接严。槽盖的接缝最好与槽底接缝错开。把导线放入线槽，槽内不准接线头，导线接头在接线盒内进行。放导线的同时把槽盖盖上，以免导线掉落。

（5）接线盒内接线和连接用电设备 剥开导线绝缘层，接好开关、插座、灯头、电器等，然后固定好。

（6）绝缘测量及通电试验 全面检查线路正确；用绝缘电阻表测量线路绝缘电阻值，不小于 0.22MΩ；通电。

3．线槽内导线敷设要求

① 导线的规格和数量应符合设计规定；当设计无规定时，包括绝缘层在内的导线截面积不应大于线槽截面积的 60%。

② 在可拆卸盖板的线槽内，包括绝缘层在内的导线接头处所有导线截面积之和，不应大于线槽截面积的 75%；在不易拆卸盖板的线槽内，导线的接头应置于线槽的接线盒内。

四、穿管配线

目前，常用的塑料管材有 PVC（聚氯乙烯硬质塑料管）、FPG（聚氯乙烯半硬质塑料管）和 KPC（聚氯乙烯塑料波纹塑料管）。

阻燃 PVC 电线管的主要成分为聚氯乙烯，另外加入其他成分来增强其耐热性、韧性、延展性等，具有抗压力强、防潮、耐酸碱、防鼠咬、阻燃、绝缘等优点。它适用于公用建筑、住宅等建筑物的电气配管，可烧筑于混凝土内，也可明装于建筑内及吊顶等场所。

为保证电气线路符合防火规范要求，在施工中所采用的塑料管为阻燃型材质，凡敷设在现浇混凝土墙内的塑料电线管，其抗压强度应大于 750N/mm^2。

1. 家装电线管的选用

常用阻燃 PVC 电线管管径有 ϕ16mm、ϕ20mm、ϕ25mm、ϕ32mm、ϕ40mm、ϕ50mm、ϕ63mm、ϕ75mm 和 ϕ110mm 等规格。ϕ16mm、ϕ20mm 一般用于室内照明线路，ϕ25mm 常用于插座或室内主线管，ϕ32mm 常用于进户线的线管（有时也用于弱电线管），ϕ50mm、ϕ63mm、ϕ75mm 常用于室外配电箱至室内的线管，ϕ110mm 可用于每栋楼或者每单元的主线管（主线管常用的都是铁管或镀锌管）。

家装电路常用电线管的种类及选用见表 6-8。

表6-8　家装电路常用电线管的种类及选用

种类	选用	图示
圆管	主要用于暗装布线，家庭施工中用得最多，规格按照管径来区分	
槽管	一般用于临时性明装布线或不便暗装布线的场所，家装用得较少，规格按槽宽来分	

续表

种类	选用	图示
波形管	波纹软管，常用于天花板吊顶布线	
黄蜡管	较细的绝缘软管，常用于电气设备接线处，也可在管上做线路序号及标记	

2．PVC管质量检查

① 检查塑料管外是否有生产厂标记和阻燃标记，对无上述两种标记的保护管不能采用。

② 用火使塑料管燃烧，塑料管撤离火源后在30s内自熄的为阻燃测试合格。

③ 弯曲时，管内应穿入专用弹簧。试验时，把管子弯成90°，弯曲半径为3倍管径，弯曲后外观应光滑。

④ 用榔头敲击至PVC管变形，无裂缝的为冲击测试合格。

现代家庭装修的室内线路包括强电线路和弱电线路，一般都采用PVC电线管暗敷设。室内应按图施工，并严格执行《建筑电气施工质量验收规范》及有关规定。主要工艺要求有：配线管路的布置及其导线型号、规格应符合设计规定；室内导线不应有裸露部分；管内配线导线的总截面积（包括外绝缘层）不应超过管子内径总截面积的40%；室内电气线路与其他管道间的最小距离应符合相关规定；导线接头及其绝缘层恢复应达到相关的技术要求；导线绝缘层颜色选择应一致且符合相关规定。

3．PVC塑料管明敷线管的固定

线管的固定可以用管卡、胀管、木螺钉直接固定在墙上，固定方法见图6-18。

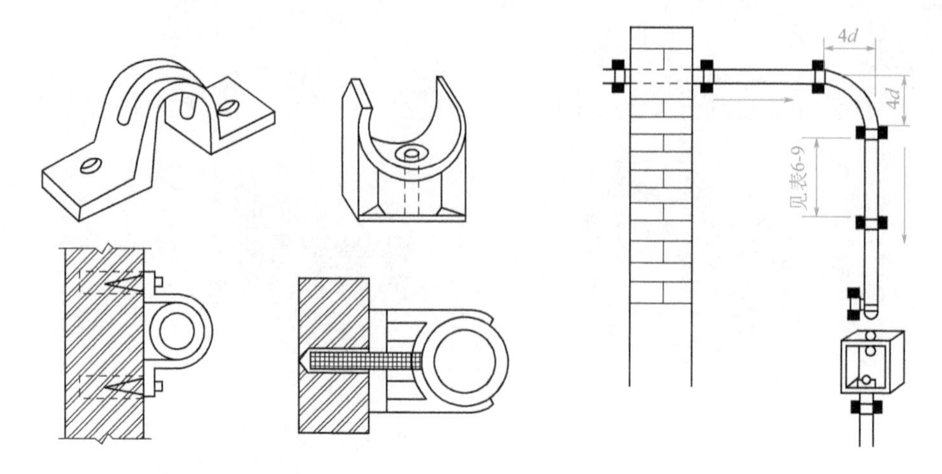

图 6-18　塑料管明敷设的固定方法　　图 6-19　敷管方法及支持点布设位置

支持点布设位置见图 6-19，明敷的线管是用管卡（俗称骑马）来支持的。单根管选用成品管卡，规格的标称方法与线管相同，故选用时必须与管子规格相匹配。

4．支持点的布设位置要求

① 明敷管线在穿越墙壁或楼板前后应各装一个支持点，位置（装管卡点）距建筑面（穿越孔口）为所敷设管外径的 1.5 ～ 2.5 倍。

② 转角前后也应各装一个支持点，位置见图 6-19（d 为所敷线管外径）。

③ 进出木台或配电管箱也各装一个支持点，位置与规程的第一条相同。

④ 硬塑料管直线段两支持点的间距见表 6-9。

表6-9　明敷塑料管线支持点最大距离　　单位：mm

线路走向	90及以下	25 ~ 40	50及以上
垂直	1000	1500	2000
水平	800	1200	1500

5．管卡的安装要求

管卡应用两只同规格的木螺钉来固定，卡身中线必须与线路保持垂直。木螺钉应固定在木榫、膨胀管的中心部位；两只木螺钉尾部均应平服地把两卡攀压紧，切忌出现单边压紧，或歪斜不正等弊端。要达到上述要求，首先木榫的安装位置要正确，而木榫安装质量又与标画定位和钻孔有关。这一系列工序都得道道把关，方能把管卡装好。若用膨胀管来支撑木螺钉，则膨胀管安装质量要求更高，否则无法装好管卡。

6．PVC塑料管敷设方法

① 水平走向的线路宜自左至右逐段敷设，垂直走向的宜由下至上敷设。

② PVC 管的弯曲不需加热，可以直接冷弯。为了防止弯瘪，弯管时在管内插入弯管弹簧，弯管后将弹簧拉出，管半径不宜过小，如需小半径转变时，可用定型的 PVC 弯管或三通管。在管中部弯时，将弹簧两端拴上铁丝，便于拉动。不同内径的管子配不同规格的弹簧。PVC 管切割可以用手钢锯，也可以用专用剪管钳。

③ PVC 管连接、转弯、分支可使用专用配套的 PVC 管连接附件，见图 6-20 。连接时应采用插入连接，管口应平整、光滑，连接处结合面应涂专用黏结剂，套管长度宜为管外径的 1.5 ～ 3 倍。

图 6-20 PVC 管连接专用附件

④ 多管并列敷设的明设管线，管与管之间不得出现间隙；在线路转角处也要求达到管管相贴，顺弧共曲，故要求弯管加工时特别小心。

⑤ 在水平方向敷设的多管（管径不一的）并设线路，一般要求大规格线管置于下边，小规格线管安排在上边，依法排叠。多管并设的管卡，由施工人员按需自行制作，应制得大小得体，所有管子应全部着力。

⑥ 装上接线盒。管口与接线盒连接，应由两只薄型螺母由内外拼紧盒壁。

⑦ 管口进入电源箱或控制箱（盒）时，管口应伸入 10mm ；如果是钢制箱体，应用薄型螺母内外对拧并紧。在进入电源箱或控制箱（盒）前在近管口处的线管应做小幅度的折曲（俗称“定伸”）；不应直线伸入，见图 6-21。

⑧ PVC 管敷设时应减少弯曲，当直线段长度超过 15m 或直角弯超过 3 个时，应增设接线盒。

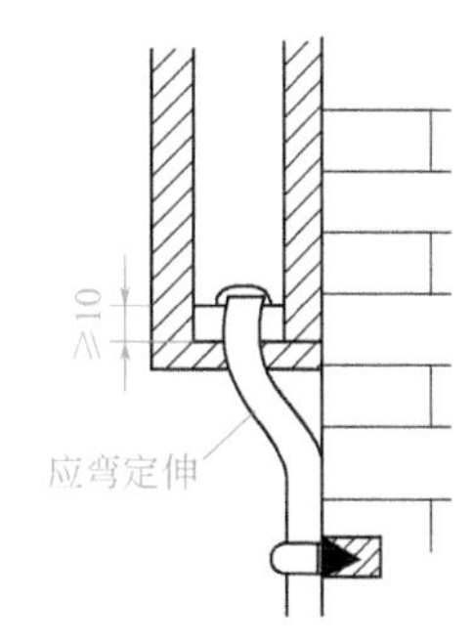

图 6-21 管口入箱（盒）要求（单位：mm）

7．管内穿线

（1）穿钢丝 使用ϕ1.2mm（18号）或ϕ1.6mm（16号）钢丝时，将钢丝端头弯成小钩，从管口插入。由于管子中间有弯，穿入时钢丝要不断向一个方向转动，一边穿一边转，如果没有堵管，很快就能从另一端穿出。如果管内弯较多不易穿过，则从管另一端再穿入一根钢丝，感觉到两根钢丝碰到一块时，两人从两端反方向转动两根钢丝，使两钢丝绞在一起，然后一拉一送，即可将钢丝穿过去，见图6-22。

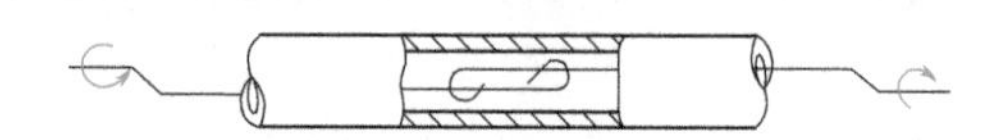

图6-22　管两端钢丝示意

（2）带线 钢丝穿入管中后，就可以带导线了。一根管中导线根数多少不一，最少两根，多至五根，按设计所标的根数灵敏一次穿入。在钢丝上套入一个塑料护口，钢丝尾端做一死环套，将导线绝缘剥去50mm左右，几根导线均穿入环套，线头弯回后用其中一根自缠绑扎，见图6-23。多根导线在拉入过程中，导线要排顺，不能有绞合，不能出死弯。一个人将钢丝向外拉，另一个人拿住导线向里送。导线拉过去后，留下足够的长度。把线头打开取下钢丝，线尾端也留下足够的长度剪断，一般留头长度为出盒100mm左右。在施工中自己注意总结体会一下，要够长以便于接线操作，又不能过长，否则接完头后盒内盘放不下。

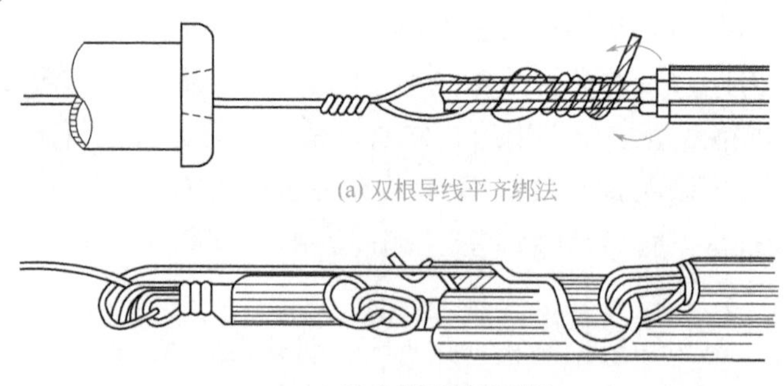

(a) 双根导线平齐绑法

(b) 多根导线错开绑法

图6-23　引接头的缠绕绑法

有些导线要穿过一个接线盒到另一个接线盒，一般采取两种方法：一种是所有导线到中间接线盒后全部截断，再接着穿另一段，两段在接线盒内进行导线连接；另一种是穿到中间接线盒后继续向前穿，一直穿到下一个接线盒。两种做法第一种比较清晰，不易穿错线，但第二种盒内接线少，占空间小，省导线。

8．盒内接线及检查

盒内所有接线除了用来接电器外，其余线头都要事先接好，并缠好绝缘；用绝缘电阻表测量线路绝缘电阻值，不小于 0.22MΩ。

五、配电箱配电

暗配电箱配电

室外配电箱安装

1．热缩管绝缘处理

用 ϕ2.2 ～ ϕ8mm 热缩管来替代电工绝缘胶带，比用绝缘胶带的接头密封、绝缘、外观干净、整洁，非常适合家庭装修应用，例如，在导线焊接后可用热缩管作多层绝缘，其方法是，在接线时先将大于裸线段 4cm 的热缩管穿在各端，接线后先移套在裸线段，用家用热吹风机（或打火机）热缩，冷却后再将另一段穿覆上去热缩。若是接线头，头部热缩后可用尖嘴钳钳压封口。

2．家庭线路保护要求

① 线路应采用适当的短路保护，过载保护及接地（零）措施。

② 应严格按照设计图中所标用户设备的位置，确定管线走向、标高及开关、插座的位置。强弱电应分管分槽铺设，强弱电间距应大于或等于 150mm。

③ 导线穿墙的应穿管保护，两端伸出墙面不小于 10mm。导线间和线路对地的绝缘电阻不应小于 0.5MΩ。

④ 导线应尽量减少接头。导线在连接和分支处不应受机械的作用，大截面积导线连接应使用与导线同种金属的接线端子。

⑤ 导线耐压等级应高于线路工作电压，截面积的安全电流应大于负荷电流和满足机械强度要求，绝缘层应符合线路安装方式和环境条件。

⑥ 家庭用电应按照明回路、电源插座回路、空调回路分开布线。这样，当其中一个回路出现故障时，其他回路仍可正常供电，不会给正常生活带来过多影响。插座上须安装漏电开关，防止因家用电器漏电造成人身电击事故。

3．室内配电装置安装

家庭室内配电装置包括配电箱及其控制保护电器、各种照明开关和用电器插座。这些配电装置一般采用暗装方式安装，安装时对工艺要求比较高，既要美观，更要符合安全用电规定。

（1）室内断路器 断路器又称为低压空气开关，简称空开。它是一种既有开关作用，又能进行自动保护的低压电器。它操作方便，既可以手动合闸、拉闸，也可以在流过电路的电流超过额定电流之后自动跳闸。这不仅仅是指短路电流，当用电器过多，电流过大时一样会跳闸。

在家庭电路中，断路器的作用相当于刀开关、漏电保护器等电器部分或全部的功能总和，所以被广泛应用于配电线路中作为电源总开关或分支线路保护开关。当住宅线路或家用电器发生短路或过载时，它能自动跳闸切断电源，从而有效地保护线路或家用电器免受损坏或防止事故扩大。

断路器的保护功能有短路保护和过载保护，这些保护功能由断路器内部的各种脱扣器来实现。

① 短路保护功能。断路器的短路保护功能是由电磁脱扣器完成的。电磁脱扣器是由电磁线圈、铁芯和衔铁组成的电磁动作器件。线圈中通过正常工作电流时，电磁吸引力比较小，衔铁不会动作；当电路中发生严重过载或短路故障时，电流急剧增大，电磁铁吸引力增大，吸引衔铁动作，带动脱扣机构动作，使主触点断开。

电磁脱扣器是瞬时动作，只要电路中短路电流达到预先设定值，开关立刻做出反应，自动跳闸。

② 过载保护功能。断路器的过载保护功能是由热脱扣器来完成的。热脱扣器由双金属片与热元件组成，双金属片是铜片和铁片锻合制成的，由于铜和铁的热胀系数不同，发热时铜的膨胀量比铁片大，双金属片向铁片一侧弯曲变形，双金属片的弯曲可以带动动作机构使主触点断开。加热双金属片的热量来自串联在电路中的热元件，这是一个电阻值较高的导体。

当线路发生一般性过载时，电流虽不能使电磁脱扣器动作，但能使热元件产生一定势量，促使双金属片受热弯曲，推动杠杆使搭钩与锁扣脱开，将主触点分断，切断电源。

热脱扣器是延时动作，因为双金属片的弯曲需要加热一定时间，所以电路中要过载一段时间，热脱扣器才动作。一般来说，电路中允许出现短时间过载，这时并不必须切断电源，热脱扣器的延时性恰好满足了这种短时工作状态的要求，只有过载超过一定时间，才认为是出现故障，热脱扣器才会动作。

（2）小型断路器的选用与安装 家庭用断路器可分为二极（2P）和单级（1P）两种类型。一般用二极（2P）断路器作为电源保护，用单极（1P）断路器作为分支回路保护，如图 6-24 所示。

单极（1P）断路器用于切断 220V 相线，双极（2P）断路器用于 220V 相线与零线同时切断。

目前家庭使用 DZ 系列的断路器，常见的型号 / 规格有 C16、C25、C32、

C40、C60、C80、C10、C120 等，其中 C 表示脱扣电流，即额定启跳电流，如 C32 表示启跳电流为 32A。

断路器的额定启跳电流如果选择偏小，则易频繁跳闸，引起不必要的停电；如果选择过大，则达不到预期的保护效果。因此正确选择家庭断路器额定电流大小很重要。那么，一般家庭如何选择或验算总负荷电流值呢？

a. 电风扇、电熨斗、电热毯、电热水器、电暖器、电饭锅、电炒锅等电气设备属于电阻性负载，可用额定功率直接除以电压进行计算，即：

$$I=\frac{P}{U}=\frac{\text{总功率}}{220\text{V}}$$

b. 吸尘器、空调、荧光灯、洗衣机等电气设备属于感性负载，具体计算时还要考虑功率因数问题。为便于估算，根据其额定功率计算出来的结果再翻一倍即可。例如，额定功率 20W 的荧光灯的分支电流为：

$$I=\frac{P}{U}\times 2=\frac{20\text{W}}{220\text{V}}\times 2=0.18\text{A}$$

图 6-24 小型断路器

电路总负荷电流等于各分支电流之和。知道了分支电流和总电流，就可以选择分支断路器及总断路器、总熔断器、电能表以及各支路电线的规格，或者验算已设计的电气部件规格是否符合安全要求。

在设计、选择断路器时，要考虑到以后用电负荷增加的可能性，为以后需求留有余量。为了确保安全可靠，作为总闸的断路器的额定工作电流一般应大于 2 倍所需的最大负荷电流。

例如，空调功率计算：

$1P = 735\text{W}$，一般可视为 750W。

$1.5P = 1.5\times 750\text{W}$，一般可视为 1125W。

$2P = 2 \times 750\text{W}$，一般可视为1500W。

$2.5P = 2.5 \times 750\text{W} = 1875\text{W}$，一般可视为1900W。

以此类推，可计算出家用空调的功率。

现代家庭用电一般按照明回路、电源插座回路、空调回路等进行分开布线，其好处是当其中一个回路（如插座回路）出现故障时，其他回路仍可以正常供电，如图6-25所示。插座回路必须安装漏电保护装置，防止家用电器漏电造成人身电击事故。

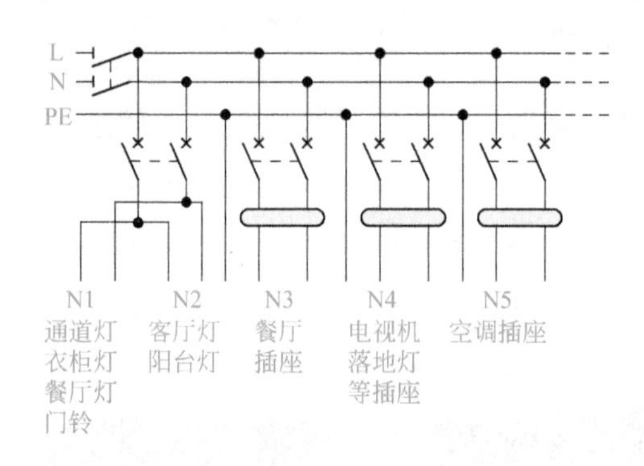

图6-25 家庭配电回路示例

① 住户配电箱总开关一般选择双极32～63A小型断路器。

② 照明回路一般选择10～16A小型断路器。

③ 插座回路一般选择13～20A小型断路器。

④ 空调回路一般选择13～25A小型断路器。

以上选择仅供参考，每户的实际用电器功率不一样，具体选择要按设计为准。

也可采用双极或1P+N（相线+中性线）小型断路器，当线路出现短路或漏电故障时，立即切断电源的相线和中性线，确保人身安全及用电设备的安全。

家庭选配断路器的基本原则是“照明小，插座中，空调大”。应根据用户的要求和装修个性的差异性，并结合实际情况进行灵活的配电方案选择。

（3）断路器的安装 断路器一般应垂直安装在配电箱中，其操作手柄及传动杠杆的开、合位置应正确，如图6-26所示。

单极组合式断路器的底部有一个燕尾槽，安装时把靠上边的槽勾入导轨边，再用力压断路器的下边，下边有一个活动的卡扣，就会牢牢卡在导轨上，卡住后断路器可以沿导轨横向移动调整位置。拆卸断路器时，找一活动的卡扣另一端的拉环，用螺钉旋具撬动拉环，把卡扣拉出向斜上方扳动，断路器就可

以取下来。

断路器安装前检测：

① 用万用表电阻挡测量各触点间的接触电阻。万用表置于“$R\times100$”挡或“$R\times1k$”挡，两表笔不分正、负，分别接低压断路器进、出线相对应的两个接线端，测量主触点的通断是否良好。当接通按钮被按下时，其对应的两个接线端之间的阻值应为零；当切断按钮被按下时，各触点间的接触阻值应为无穷大，表明低压断路器各触点间通断情况良好，否则说明该低压断路器已损坏。

有些型号的低压断路器除主触点外还有辅助触点，可用同样方法对辅助触点进行检测。

② 用兆欧表测量两极触点间的绝缘电阻。用 500V 兆欧表测量不同极的任意两个接线端间的绝缘电阻（接通状态和切断状态分别测量），阻值均应为无穷大。如果被测低压断路器是金属外壳或外壳上有金属部分，还应测量每个接线端与外壳之间的绝缘电阻，阻值也均应为无穷大，否则说明该低压断路器绝缘性能太差，不能使用。

（4）家用漏电断路器　顾名思义，家用漏电断路器具有漏电保护功能，即当发生人身触电或设备漏电时，能迅速切断电源，保障人身安全，防止触电事故；同时，还可用来防止由于设备绝缘损坏产生接地故障电流而引起的电气火灾危险。

为了用电安全，在配电箱中应安装漏电断路器，可以安装一个总漏电断路器，也可以在每一个带保护线的三线支路上安装漏电断路器，一般插座支路安装漏电断路器。家庭常用的是单相组合式漏电断路器，如图 6-27 所示。

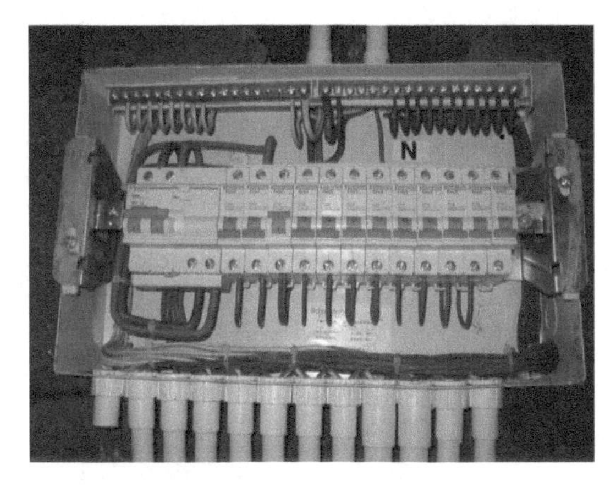

图 6-26　断路器安装实物图

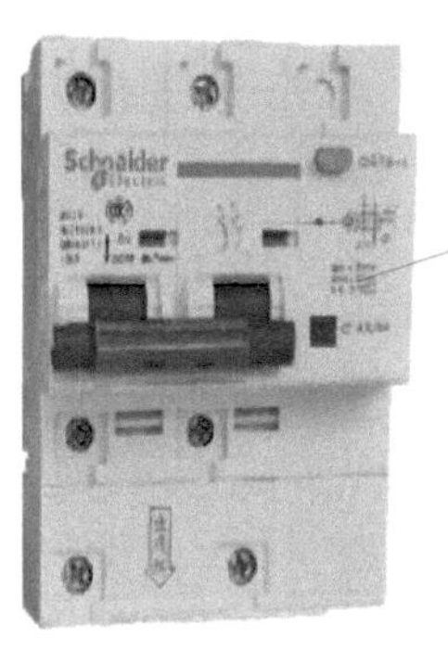

图 6-27　漏电断路器

漏电断路器实质上是加装了检测漏电元件的塑壳式断路器，主要由塑料外壳、操作机构、触点系统、灭弧室、脱扣器、零序电流互感器及试验装置等组成。

漏电断路器有电磁式电流动作型、晶体管（集成电路）式电流动作型两种。电磁式电流动作型漏电断路器是直接动作，晶体管或集成电路式电流动作型漏电断路器是间接动作，即在零序电流互感器和漏电脱扣器之间增加一个电子放大电路，因而使零序电流互感器的体积大大缩小，也缩小了漏电断路器的体积。

电磁式电流动作型漏电断路器的工作原理如图 6-28 所示。漏电断路器上除了开关扳手外，还有一个试验按钮，用来试验断路器的漏电动作是否正常。断路器安好后通电合闸，按一下试验按钮，断路器应自动跳闸。当断路器漏电动作跳闸时，应及时排除故障后再重新合闸。

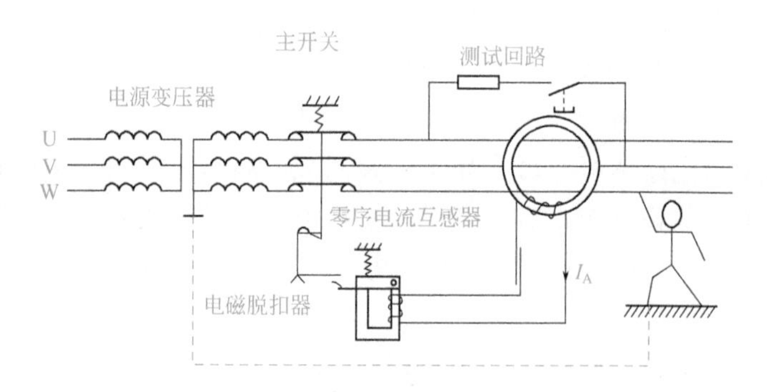

图 6-28　电磁式电流动作型漏电断路器的工作原理

注意：不要认为家庭安装了漏电断路器，用电就平安无事了。漏电断路器必须定期检查，否则即使安装了漏电断路器也不能确保用电安全。断路器的检测可参考第四章及视频。

（5）漏电断路器的选择

① 漏电动作电流及动作时间的选择。额定漏电动作电流是指在制造厂规定的条件下，保证漏电断路器必须动作的额定动作电流值。漏电断路器的额定漏电动作电流主要有 5mA、10mA、20mA、30mA、50mA、75mA、100mA、300mA 等几种。家用漏电断路器漏电动作电流一般选用 30mA 及以下额定动作电流，特别在潮湿区域（如浴室、卫生间等）最好选用额定动作电流为 10mA 的漏电断路器。

额定漏电动作时间是指在制造厂规定的条件下，对应额定漏电动作电流的最大漏电分断时间。单相漏电断路器的额定漏电动作时间主要有小于或等于0.1s、小于0.15s、小于0.2s等几种。小于或等于0.1s的为快速型漏电断路器，防止人身触电的家族用单相漏电断路器应选用此类漏电断路器。

② 额定电流的选择。目前市场上适合家庭生活用电的单相漏电断路器，从保护功能来说，大致有漏电保护专用，漏电保护和过电流保护兼用，漏电、过电流、短路保护兼用等三种产品。漏电断路器的额定电流主要有6A、10A、16A、20A、40A、63A、100A、160A、200A等多种规格。对带过电流保护的漏电断路器，同一等级额定电流下会有几种过电流脱扣器额定电流值。例如，DZL15-20/2型漏电断路器具有漏电保护与过电流保护功能，其额定电流为20A，但其过电流脱扣器额定电流有10A、16A、20A三种，因此过电流脱扣器额定电流的选择应尽量接近家庭用电的实际电流。

③ 额定电压、频率、极数的选择。漏电断路器的额定电压有交流220V和交流380V两种，家庭生活用电一般为单相电，故应选用额定电压为交流220V/50Hz的产品。漏电断路器有2极、3极、4极三种，家庭生活用电应选2极的漏电断路器。

（6）漏电断路器的安装　漏电断路器的安装方法与前面介绍的断路器的安装方法基本相同，下面介绍安装漏电断路器应注意的几个问题：

① 漏电断路器在安装之前要确定各项使用参数，也就是检查漏电断路器的铭牌上所标注的数据，是否确实达到了使用者的要求。

② 安装具有短路保护的漏电断路器，必须保证有足够的飞弧距离。

③ 安装组合式漏电断路器时，应使用铜质导线连接控制回路。

④ 要严格区分中性线（N）和接地保护线（PE），中性线和接地保护线不能混用。N线要通过漏电断路器，PE线不通过漏电断路器，如图6-29（a）所示。如果供电系统中只有N线，可以从漏电断路器上口接线端分成N线和PE线，如图6-29（b）所示。

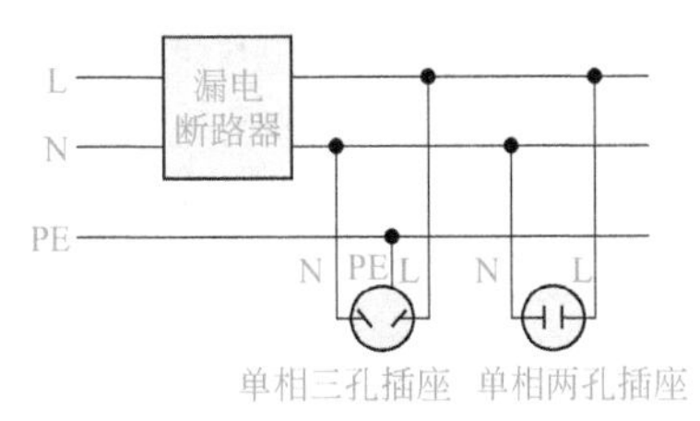

(a) 有N和PE线时的接线

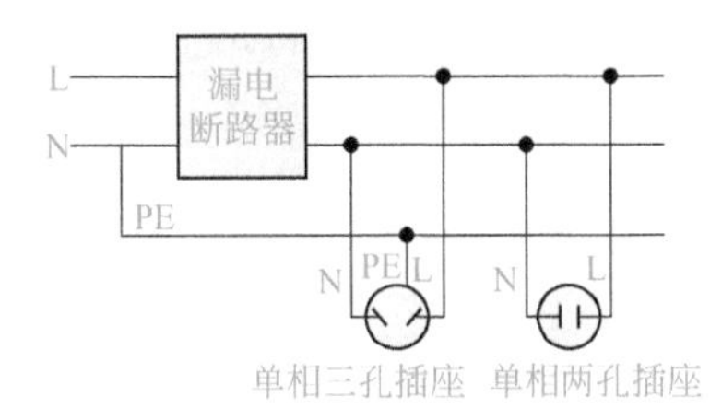

(b) 只有N线时的接线

保险在路检测

图6-29　单相2极式漏电断路器的接线

注意：漏电断路器后面的零线不能接地，也不能接设备外壳，否则会合不上闸。

⑤ 漏电断路器在安装完毕后要进行测试，确定漏电断路器在线路短路时能可靠动作。一般来说，漏电断路器安装完毕后至少要进行 3 次测试并通过后，才能开始正常运行。

（7）漏电断路器与空气断路器的区别

① 空气断路器（又称空气开关）一般为低压的，即额定工作电压低于 1kV（断路器按其使用范围分为高压断路器与低压断路器，高低压界线划分比较模糊，一般将 3kV 以上的称为高压电器）。空气断路器是具有多种保护功能的、能够在额定电压和额定工作电流状况下切断和接通电路的开关装置。它的保护功能的类型及保护方式由用户根据需要选定，例如短路保护、过电流保护为空气断路器的基本配置，分励控制保护、欠电压保护为选配功能。所以，空气断路器还能在故障状态（负载短路、负载过电流、低电压等）下切断电气回路。

② 漏电断路器是一种利用检测被保护电网内所发生的相线对地漏电或触电电流的大小，而发出动作跳闸信号、并完成动作跳闸任务的保护电器。在装设漏电断路器的低压电网中，正常情况下电网相线对地泄漏电流（对于三相电网则是不平衡泄漏电流）较小，达不到漏电断路器的动作电流值，因此漏电断路器不动作。当被保护电网内发生漏电或人身触电等故障后，通过漏电断路器检测元件的电流达到其漏电或触电动作电流值时，则漏电断路器就会发生动作跳闸的指令，使其除控制断路器的基本功能外，还能在负载回路出现漏电（其泄漏电流达到设定值）时能迅速分断开关，以避免在负载回路出现漏电时对人员和对电气设备产生不利影响。

③ 漏电断路器不能代替空气断路器。虽然漏电断路器比空气断路器多了一项保护功能，但是在运行过程中因漏电的可能性经常存在而会出现经常跳闸的现象，导致负载经常出现停电，影响电气设备持续、正常的运行。所以，一般只在施工现场临时用电或工业与民用建筑的插座回路中采用。

简而言之，空气断路器仅有开关闭合器的作用，没有漏电自动跳闸的保护功能。漏电断路器不仅有开关闭合器的作用，也具有漏电自动跳闸的保护功能。漏电断路器保护的主要是人身，一般动作值是毫安级；而空气断路器就是纯粹的过电流跳闸，一般动作值是安级。

六、室内配电箱安装与配线

为了安全供电，每个家庭都要安装一个配电箱。楼宇住宅家庭通常有两个配电箱，一个是统一安装在楼层总配电间的配电箱，主要安装的是家庭的电能表和配电总开关；另一个则是安装在居室内的配电箱，主要安装的是分别控制房间的各条线路和断路器。许多家庭在室内配电箱中还安装有一个总开关。

1. 配电箱的结构

家庭室内配电箱担负着住宅内的供电与配电任务，并具有过载保护和漏电保护功能。配电箱内的电气设备可分为控制电器和保护电器两大类：控制电器是指各种配电开关；保护电器是指在电路某一电器发生故障时，能够自动切断供电电路的电器，从而防止出现严重后果。

家庭常用配电箱有金属外壳和塑料外壳两种，主要由箱体、盖板、上盖和装饰片等组成。对配电箱的制造材料要求较高，上盖应选用耐候阻燃 PS 塑料，盖板应选用透明 PMMA，内盒一般选用 1.00mm 厚度的冷轧板并表面喷塑。

2. 配电箱内部分配

家庭室内配电箱一般嵌装在墙体内，外面仅可见其面板。室内配电箱一般由电源总闸单元、漏电保护单元和回路控制单元构成。

① 电源总闸单元一般位于配电箱的最左边，采用电源总闸（隔离开关）作为控制元件，控制着入户总电源。拉下电源总闸，即可同时切断入户的交流 220V 电源的相线和零线。

② 漏电断路器单元一般设置在电源总闸的右边，采用漏电断路器（漏电保护器）作为控制与保护元件。漏电断路器的开关扳手平时朝上处于“合”位置；在漏电断路器面板上有一试验按钮，供平时检验漏电断路器用。当室内线路或电器发生漏电或有人触电时，漏电断路器会迅速动作切断电源（这时可见开关扳手已朝下处于“分”位置）。

③ 回路控制单元一般设置在配电箱的右边，采用断路器作为控制元件，将电源分若干路向室内供电。对于小户型住宅（如一室一厅），可分为照明回路、插座回路和空调回路。各个回路单独设置各自的断路器和熔断器。对于中等户型、大户型住宅（如两室一厅一厨一卫、三室一厅一厨一卫等），在小户型住宅回路的基础上可以考虑增设一些控制回路，如客厅回路、主卧室回路、次卧室回路、厨房回路、空调 1 回路、空调 2 回路等，一般可设置 8 个以上的回路，居室数量越多，设置回路就越多，其目的是达到用电安全方便。图 6-30 所示为

建筑面积在 90m² 左右的普通两居室配电箱控制回路设计实例。

室内配电箱在电气上，电源总闸、漏电断路器、回路控制 3 个功能单元是顺序连接的，即交流 220V 电源首先接入电源总闸，通过电源总闸后进入漏电断路器，通过漏电断路器后分几个回路输出。

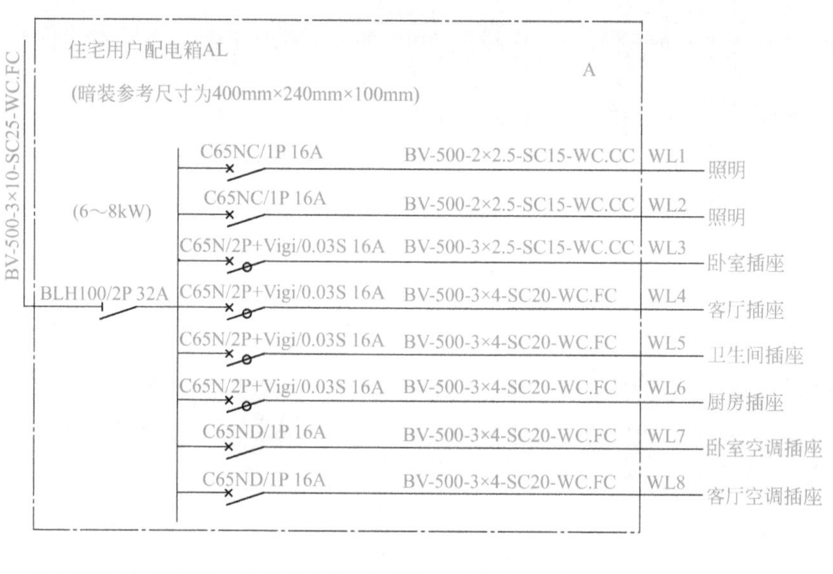

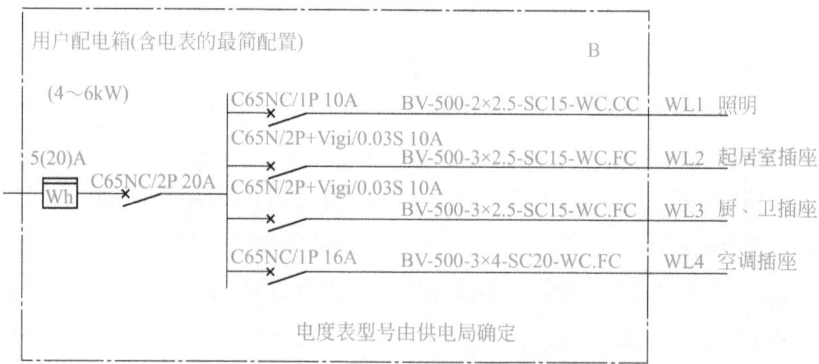

图 6-30　两居室配电箱控制回路设计实例

七、配电箱的安装要求与实际安装过程

1．配电箱安装要求

配电箱是单元住户用于控制住宅中各个支路的，将住宅中的用电分配成不

同的支路，主要目的是便于用电管理、便于日常使用、便于电力维护。

家庭室内配电箱的安装可分为明装、暗装和半露式三种。明装通常采用悬挂式，可以用金属膨胀螺栓等将箱体固定在墙上；暗装为嵌入式，应随土建施工预埋，也可在土建施工时预留孔然后采用预埋。现代家庭装修一般采用暗装配电箱。

对于楼宇住宅新房，房产开发商一般在进门处靠近天花板的适当位置留有室内配电箱的安装位置，许多开发商已经将室内配电箱预埋安装，装修时应尽量用原来的位置。

配电箱多位于门厅、玄关、餐厅和客厅，有时被装在走廊。如果需要改变安装位置，则在墙上选定的位置上开一个孔洞，孔洞应比配电箱的长和宽各大20mm左右，预留的深度为配电箱厚度加上洞内壁抹灰的厚度。在预埋配电箱时，箱体与墙之间填以混凝土即可把箱体固定住，如图6-31所示。

总之，室内配电箱应安装在干燥、通风部位，且无妨碍物，方便使用，绝不能将配电箱安装在箱体内，以防火灾。同时，配电箱不宜安装过高，一般安装标高为1.8m，以便操作。

（1）总配电箱安装组成

① 家庭配电箱分金属外壳和塑料外壳两种，有明装式和暗装式两类，其箱体必须完好无缺。

② 家庭配电箱的箱体内接线汇流排应分别设立零线、保护接地线、相线，且要完好无损，具有良好绝缘。

③ 空气开关的安装座架应光洁无阻并有足够的空间，如图6-32所示。

图6-31　配电箱安装示意图

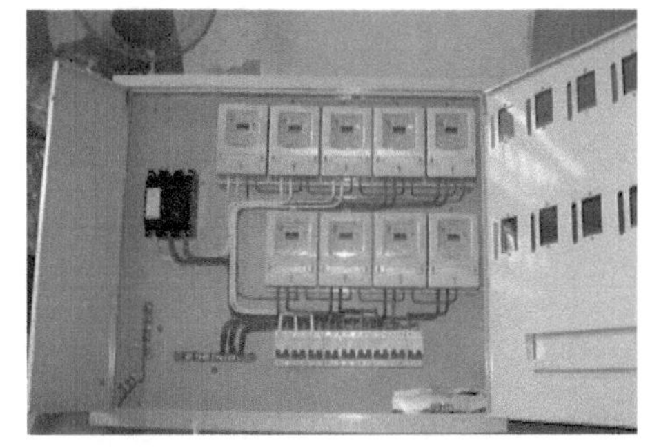

图6-32　空气开关安装示意图

（2）家庭配电箱安装要点

① 家庭配电箱应安装在干燥、通风部位，且无妨碍物，方便使用。

② 家庭配电箱不宜安装过高，一般安装标高为 1.8m，以便操作。

③ 进配电箱的电管必须用锁紧螺母固定。

④ 若家庭配电箱需开孔，孔的边缘必须平滑、光洁，如图 6-33 所示。

⑤ 配电箱埋入墙体时应垂直、水平，边缘留 5 ～ 6mm 的缝隙。

⑥ 配电箱内的接线应规则、整齐，端子螺钉必须紧固，如图 6-34 所示。

⑦ 各回路进线必须有足够长度，不得有接头。

⑧ 安装后标明各回路使用名称。

⑨ 家庭配电箱安装完成后必须清理配电箱内的残留物。

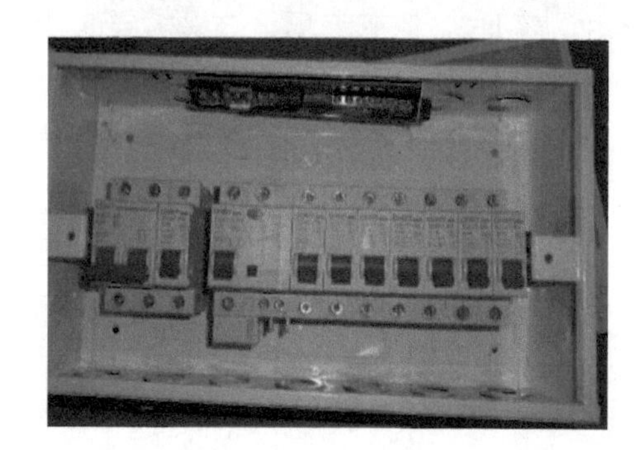

图 6-33　开孔的实物图

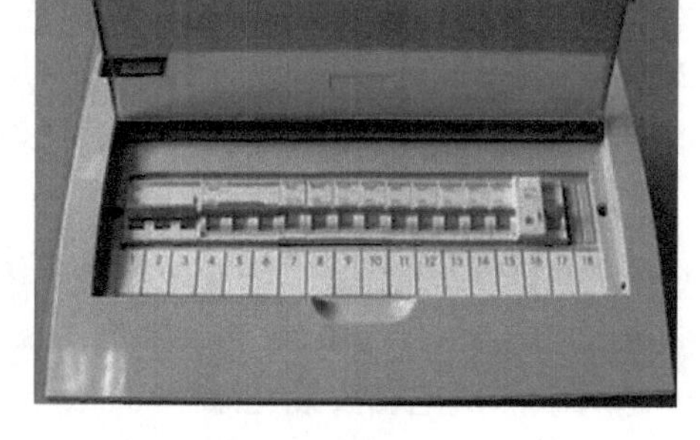

图 6-34　排列整齐并标号

（3）家庭配电箱接线图　在进行安装时也是必不可少的，为大家准备了几幅很详细的接线图，如图 6-35 所示。

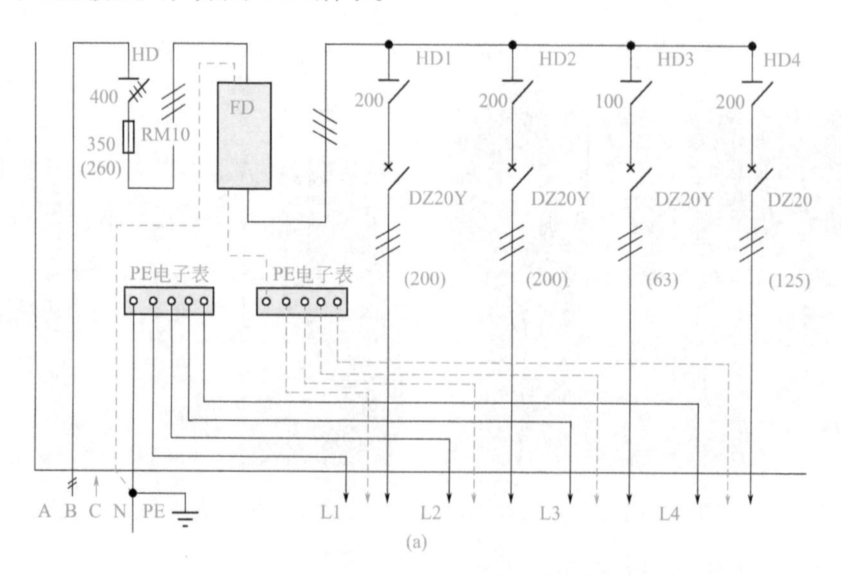

(a)

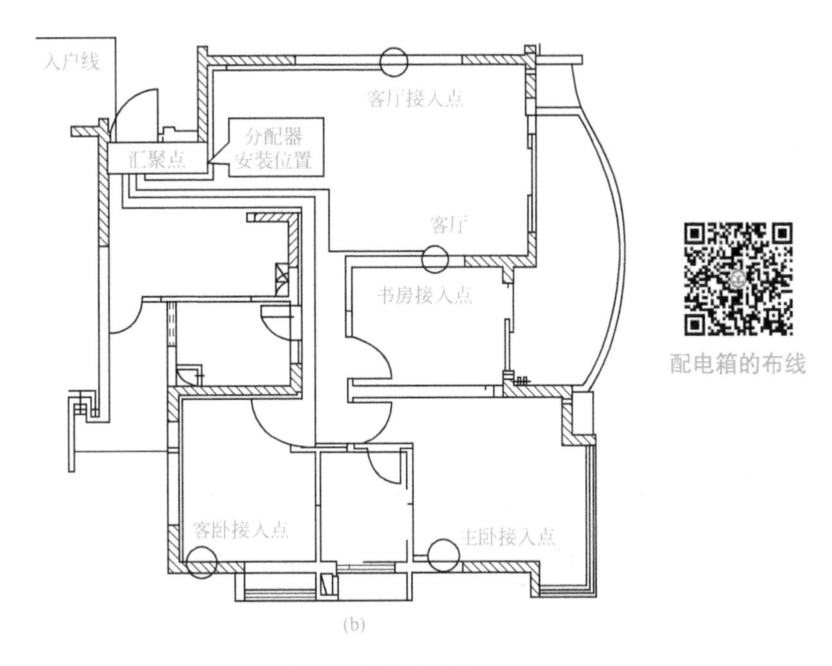

图 6-35　家庭配电箱接线图

2．家用配电箱分类

① 明装配电箱，配电箱安装在墙上时，应采用开脚螺栓（胀管螺栓）固定，螺栓长度一般为埋入深度（75 ～ 150mm）、箱底板厚度、螺帽和垫圈的厚度之和，再加上 5mm 左右的“出头余量”。对于较小的配电箱，也可在安装处预埋好木砖（按配电箱或配电板四角安装孔的位置埋设），然后用木螺钉在木砖处固定配电箱或配电板。

② 暗装配电箱，配电箱嵌入墙内安装，在砌墙时预留孔洞应比配电箱的长和宽各大 20mm 左右，预留的深度为配电箱厚度加上洞内壁抹灰的厚度。在埋配电箱时，箱体与墙之间填以混凝土即可把箱体固定住。

③ 配电箱应安装牢固，横平竖直，垂直偏差不应大于 3mm；暗装时，配电箱四周应无空隙，其面板四周边缘应紧贴墙面，箱体与建筑物、构筑物接触部分应涂防腐漆。

④ 配电箱内装设的螺旋式熔断器，其电源线应接在中间触点的端子上，负荷线应接在螺纹的端子上。这样，在装卸熔芯时不会触电。瓷插式熔断器应垂直安装。

⑤ 配电箱内的交流、直流或不同电压等级的电源，应具有明显的标志。照明配电箱内，应分别设置零线（N 线）和保护零线（PE 线）汇流排，零线和保

护零线应在汇流排上连接，不得绞接，应有编号。

⑥ 导线引出面板时，面板线孔应光滑无毛刺，金属面板应装设绝缘保护套。金属壳配电箱外壳必须可靠接地（接零）。

3．配电箱安装注意事项

① 配电箱规格型号必须符合国家现行统一标准的规定；箱体材质为铁质时，应有一定的机械强度，周边平整无损伤，涂膜无脱落，厚度不小于1.0mm；进出线孔应为标准的机制孔，大小相适配，通常将进线孔靠箱左边，出线孔安排在中间，管间距在10～20mm之间，并根据不同的材质加设锁扣或护圈等，工作零线汇流排与箱体绝缘，汇流排材质为铜质；箱底边距地面不小于1.5m。

② 箱内断路器和漏电断路器安装牢固；质量应合格，开关动作灵活可靠，漏电装置动作电流不大于30mA，动作时间不大于0.1s；其规格型号和回路数量应符合设计要求。

③ 箱内的导线截面积应符合设计要求，材质合格。

④ 箱内进户线应留有一定余量，一般为箱周边的一半。走线规矩、整齐，无绞接现象，相线、工作零线、保护地线的颜色应严格区分。

⑤ 工作零线、保护地线应经汇流排配出，室内配电箱电源总断路器（总开关）的出线截面积不应小于进线截面积，必要时应设相线汇流排。10mm^{2}及以下单股铜芯线可直接与设备器具的端子连接，小于或等于2.5mm^{2}多股铜芯线应先拧紧搪锡或压接端子后与设备器具的端子连接，大于2.5mm^{2}多股铜芯线除设备自带插接式端子外，应接续端子后与设备器具的端子连接，但不得采用开口端子，多股铜芯线与插接式端子连接前端部拧紧搪锡；对可同时断开相线、零线的断路器的进出导线应左边端子孔接零线，右边端子孔接相线。箱体应有可靠的接地措施。

⑥ 导线与端子连接紧密，不伤芯，不断股；插接式端子线芯不应过长，应为插接端子深度的1/2；同一端子上导线连接不多于2根，且截面积相同；防松垫圈等零件应齐全。

⑦ 配电箱的金属外壳应可靠接地，接地螺栓必须加弹簧垫圈进行防松处理。

⑧ 配电箱内回路编号应齐全，标识正确。

⑨ 若设计与国家有关规范相违背，应及时与设计师沟通，经修改后再进行安装。

第四节

照明电路安装

一、灯具安装技术

1. 照明线路部件

（1）圆木的安装　如图 6-36 所示步骤。先在准备安装挂线盒的地方打孔，预埋木榫或膨胀螺栓。在圆木底面用电工刀刻两条槽；在圆木中间钻 3 个小孔。将两根导线嵌入圆木槽内，并将两根电源线端头分别从两个小孔中穿出，用木螺钉通过第三个小孔将圆木固定在木榫上。

(a) 圆木台实物

(b) 瓷夹板实物

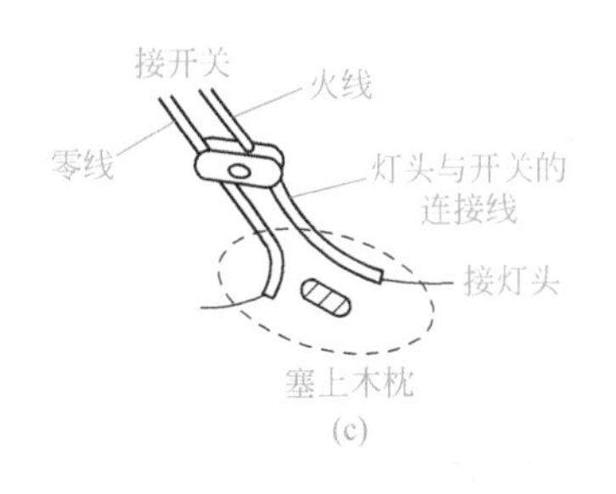

(c)

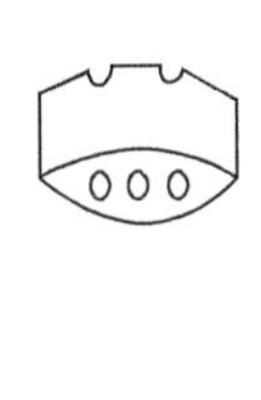

(d)

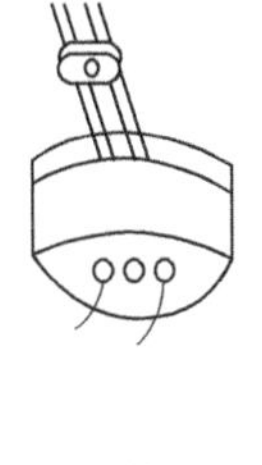

(e)

图 6-36　普通式安装

在楼板上安装：首先在空心楼板上选好弓板位置，然后按图 6-37 所示方法制作弓板，最后将圆木安装在弓板上。

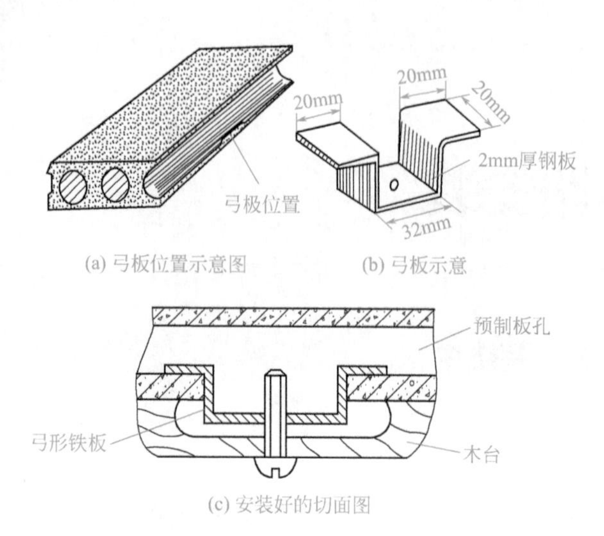

(a) 弓板位置示意图　(b) 弓板示意

(c) 安装好的切面图

图 6-37　在楼板上安装

（2）挂线盒的安装　如图 6-38 所示。将电源线由吊线盒的引线孔穿出。确定好吊线盒在圆木上的位置后，用螺钉将其紧固在圆木上。一般为方便木螺钉旋入，可先用钢锥钻一个小孔。拧紧螺钉，将电源线接在吊线盒的接线柱上。按灯具的安装高度要求，取一段铜芯软线作挂线盒与灯头之间的连接线，上端接挂线盒内的接线柱，下端接灯头接线柱。为了不使接头处承受灯具重力，吊灯电源线在进入吊线盒盖后，在离接线端头 50mm 处打一个结（电工扣）。

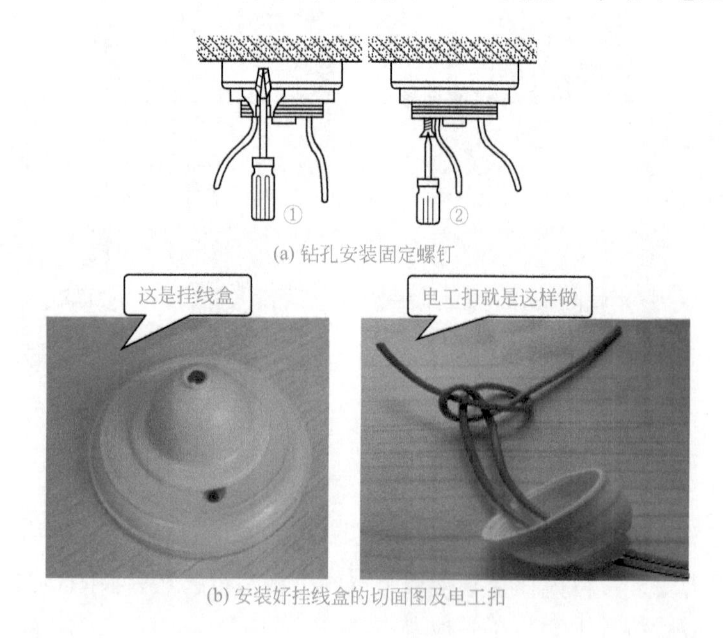

(a) 钻孔安装固定螺钉

(b) 安装好挂线盒的切面图及电工扣

图 6-38　挂线盒的安装图

（3）灯具　常用的灯具有灯泡、射灯、LED 灯、荧光灯、节能灯等，如图 6-39 所示，工作电压有 6V、12V、24V、36V、110V 和 220V 等多种，其中 36V 以下的灯泡为安全灯泡。在安装灯具时，必须注意灯具电压和线路电压一致。

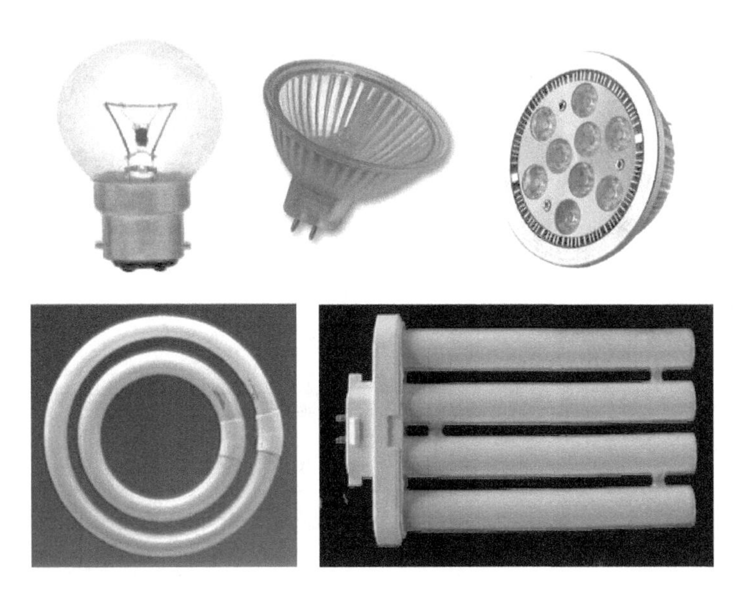

图 6-39　常用灯具

（4）灯座　灯座的各类如图 6-40 所示。

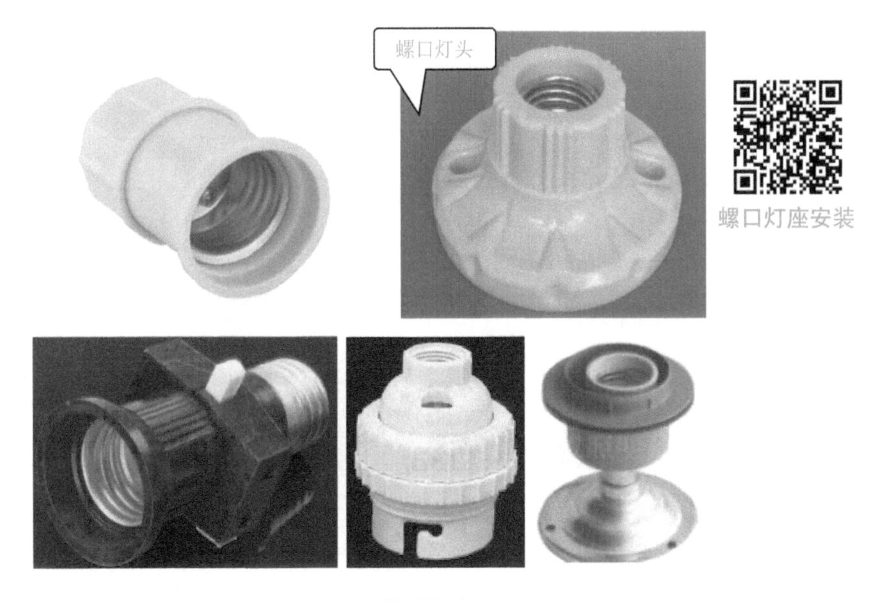

图 6-40　常用灯座

（5）开关 开关有拉线开关、顶装式拉线开关、防水式拉线开关、平开关、暗装开关和台灯开关等几类，如图 6-41 所示。

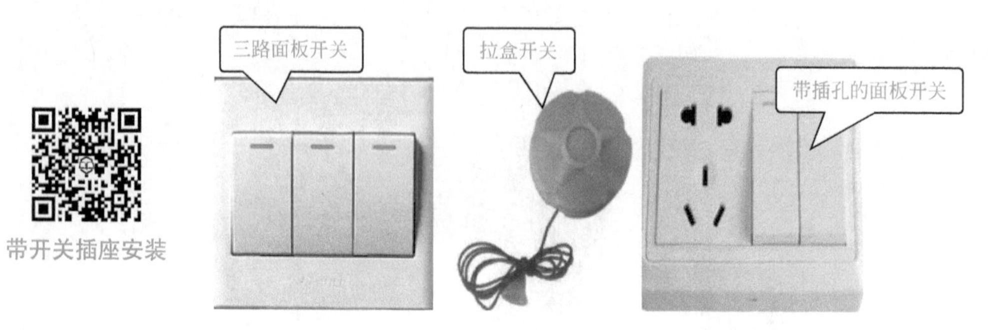

图 6-41 开关的种类

2．白炽灯照明线路原理图

（1）单联开关控制白炽灯接线原理图 如图 6-42 所示。

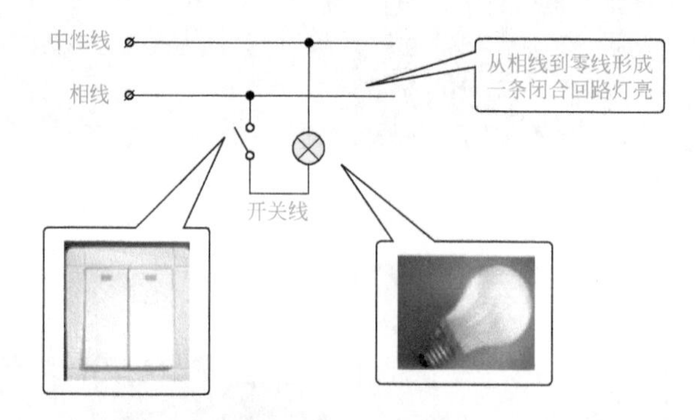

图 6-42 单联开关控制白炽灯接线原理图

（2）双联开关控制白炽灯接线原理图 如图 6-43 所示。

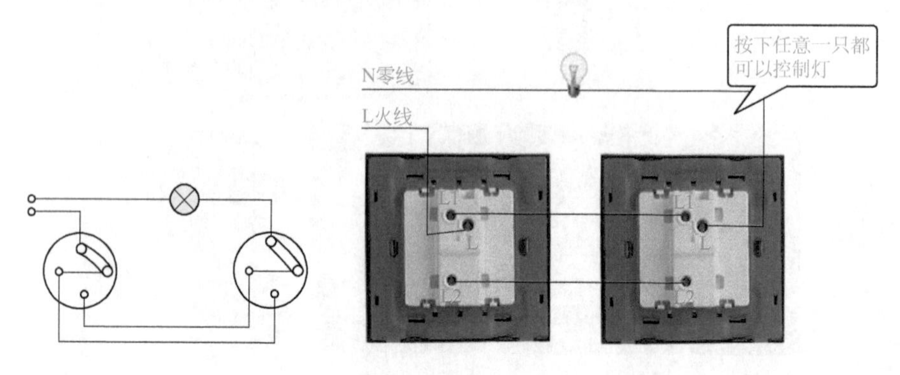

图 6-43 双联开关控制白炽灯接线原理图

3．灯具安装

（1）灯头的安装

① 吊灯头的安装如图 6-44 所示：把螺口灯头的胶木盖子卸下，将软吊灯线下端穿过灯头盖孔，在离导线下端约 30mm 处打一电工扣。把去除绝缘层的两根导线下端线芯分别压接在两个灯头接线端子上，旋上灯头盖。注意一点，火线应接在跟中心铜片相连的接线柱上，零线应接在与螺口相连的接线柱上。

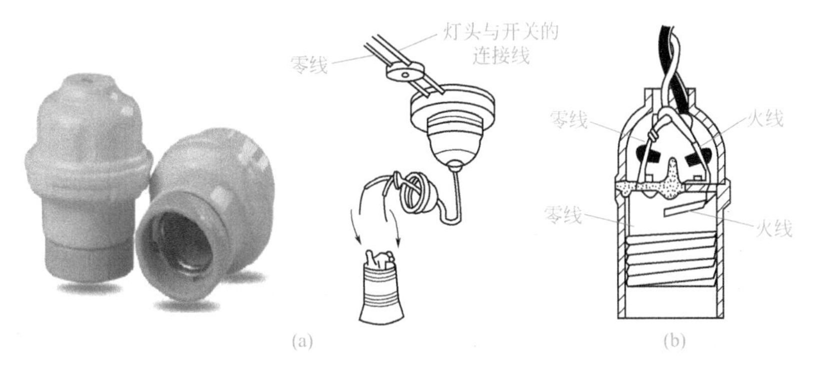

图 6-44　吊灯头的安装图

② 平灯头的安装如图 6-45 所示：平灯座在圆木上的安装与吊线盒在圆木上的安装方法大体相同，只是由穿出的电源线直接与平灯座两接线柱相接，而且现在多采用圆木与灯座一体结构的灯座。

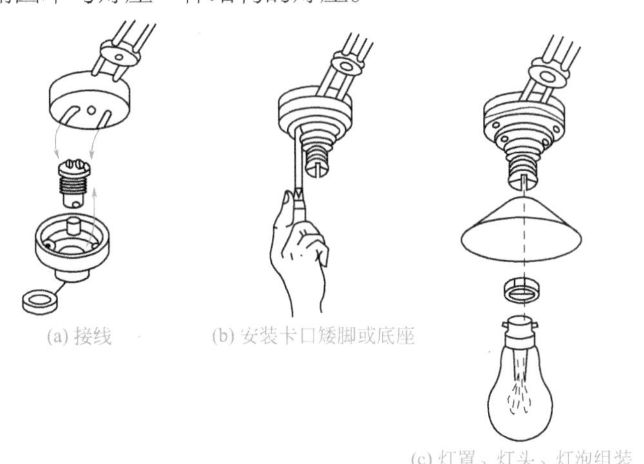

图 6-45　平灯头的安装图

（2）吸顶式灯具的安装

① 较轻灯具的安装如图 6-46 所示：首先用膨胀螺栓或塑料胀管将过渡板固定在顶棚预定位置。在底盘元件安装完毕后，再将电源线由引线孔穿出，然

后托着底盘穿过渡板上的安装螺栓，上好螺母。安装过程中因不便观察而不易对准位置时，可用十字螺钉旋具穿过底盘安装孔，顶在螺栓端部，使底盘轻轻靠近，沿螺钉旋具杆顺利对准螺栓并安装到位。

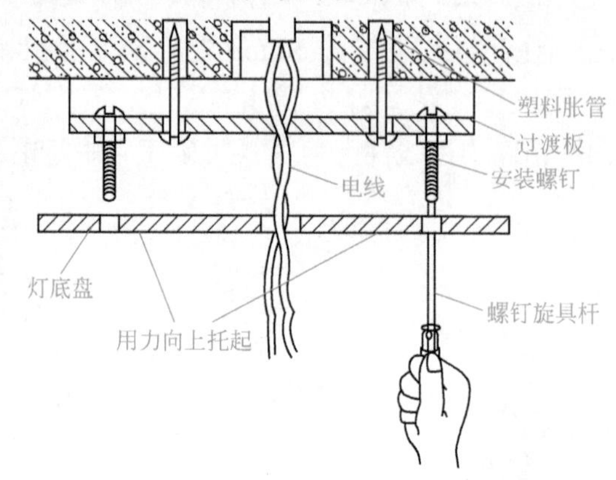

图 6-46 较轻灯具的安装图

② 较重灯具的安装如图 6-47 所示：用直径为 6mm、长约 8cm 的钢筋做成图示的形状，再做一个图示形状的钩子，钩子的下段铰 6mm 螺纹。将钩子勾住已做好的钢筋后再送入空心楼板内。做一块和吸顶灯座大小相似的木板，在中间打个孔，套在钩子的下段上并用螺母固定。在木板上另打一个孔，以穿电磁线用，然后用木螺钉将吸顶灯底座板固定在木板上，接着将灯座装在钢圈内木板上，经通电试验合格后，最后将玻璃罩装入钢圈内，用螺栓固定。

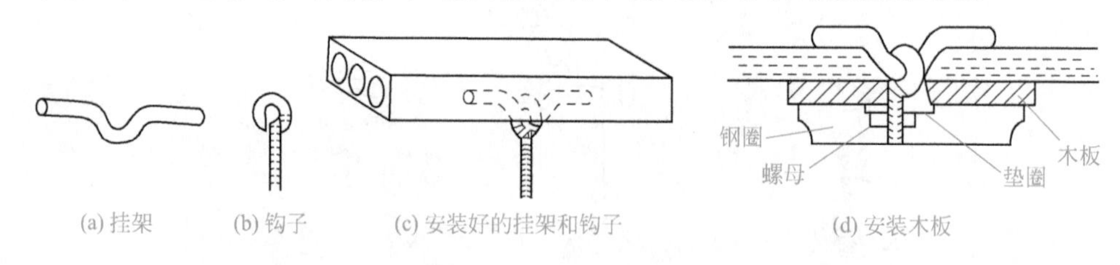

图 6-47 较重灯具的安装图

③ 嵌入式安装如图 6-48 所示：制作吊顶时，应根据灯具的嵌入尺寸预留孔洞，安装灯具时，将其嵌在吊顶上。

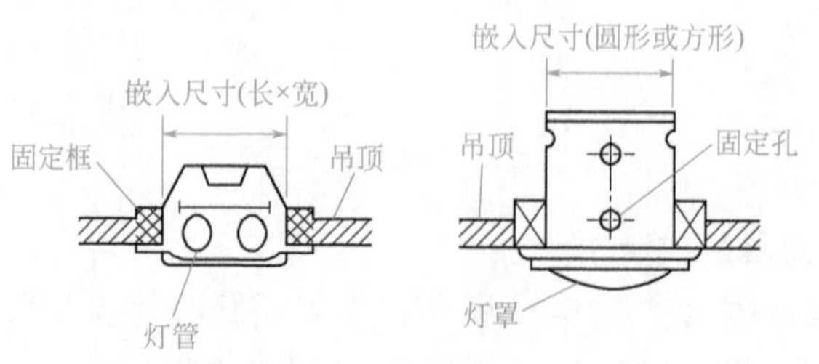

图 6-48 嵌入式安装图

（3）日光灯的安装

① 日光灯的接法。普通日光灯接线如图 6-49 所示。安装时开关 S 应控制日光灯火线，并且应接在镇流器一端；零线直接接日光灯另一端；日光灯启辉器并接在灯管两端即可。

安装时，镇流器、启辉器必须与电源电压、灯管功率相配套。

双日光灯线路一般用于厂矿和户外广告要求照明度较高的场所，在接线时应尽可能减少外部接头，如图 6-50 所示。

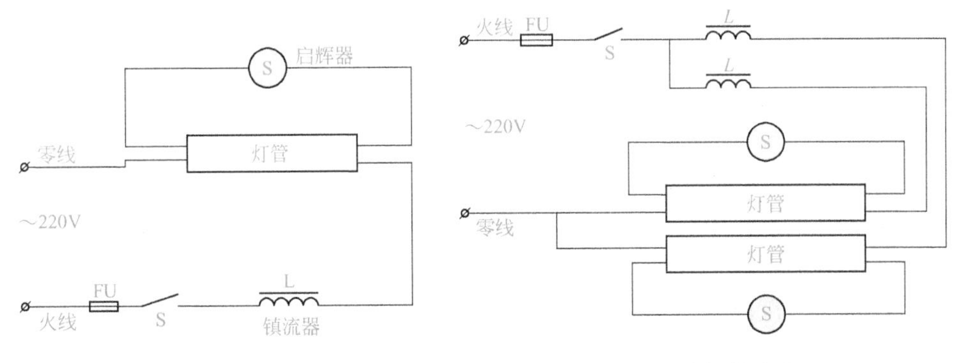

图 6-49 日光灯的接法　　图 6-50 双日光灯的接法

② 日光灯的安装步骤与方法。

a. 组装接线（如图 6-51 所示）：启辉器座上的两个接线端分别与两个灯座中的一个接线端连接，余下的接线端，其中一个与电源的中性线相连，另一个与镇流器的一个出线头连接。镇流器的另一个出线头与开关的一个接线端连接，而开关的另一个接线端则与电源中的一根相线相连。与镇流器连接的导线既可通过瓷接线柱连接，也可直接连接。接线完毕，要对照电路图仔细检查，以免错接或漏接。

b. 安装灯管（如图 6-52 所示）：安装灯管时，对插入式灯座，先将灯管一端灯脚插入带弹簧的一个灯座，稍用力使弹簧灯座活动部分向外退出一小段距离，另一端趁势插入不带弹簧的灯座。对开启式灯座，先将灯管两端灯脚同时卡入灯座的开缝中，再用手握住灯管两端头旋转约 1/4 圈，灯管的两个引脚即被弹簧片卡紧使电路接通。

c. 安装启辉器（如图 6-53 所示）：开关、熔断器等按白炽灯安装方法进行接线。在检查无误后，即可通电试用。

d. 近几年发展使用了电子式日光灯，安装方法是用塑料胀栓直接固定在顶棚之上即可。

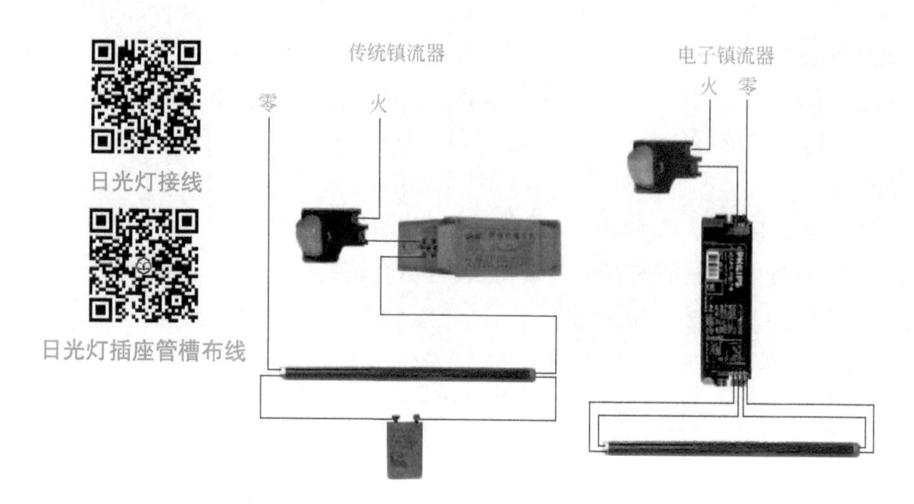

图 6-51　组装接线图

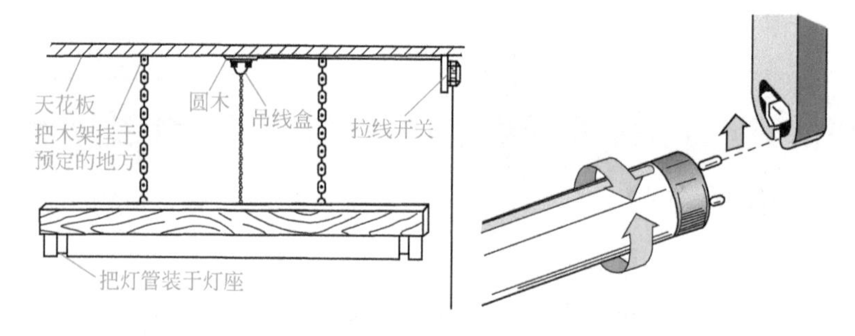

图 6-52　安装灯管图

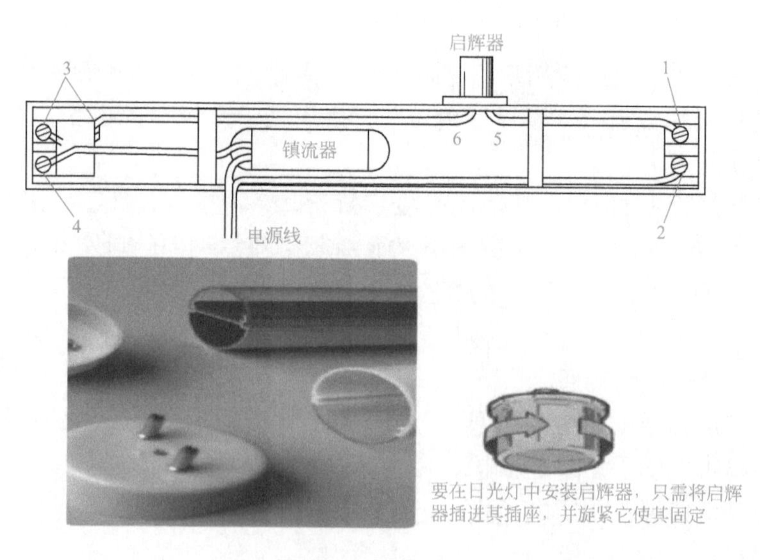

图 6-53　安装启辉器

1～6—接线柱

4．其他灯具安装

（1）高压水银荧光灯　高压水银荧光灯应配用瓷质灯座；镇流器的规格必须与荧光灯泡功率一致。灯泡应垂直安装。功率偏大的高压水银灯由于温度高，应装置散热设备。对自镇流水银灯，没有外接镇流器，直接拧到相同规格的瓷灯口上即可。高压水银荧光灯的安装如图 6-54 所示。

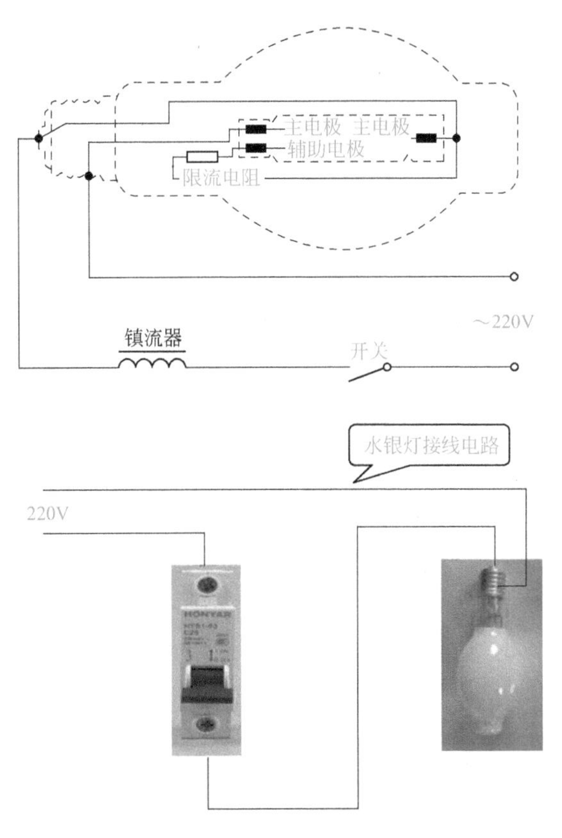

图 6-54　高压水银荧光灯的安装图

（2）高压钠灯　高压钠灯必须配用镇流器，电源电压的变化不应该大于 ±5%。高压钠灯功率较大，灯泡发热厉害，因此电源线应有足够平方数。高压钠灯的安装如图 6-55 所示。

（3）碘钨灯　碘钨灯必须水平安装，水平线偏角应小于 4°。灯管必须装在专用的有隔热装置的金属灯架上，同时，不可在灯管周围放置易燃物品。在室外安装，要有防雨措施。功率在 1kW 以上的碘钨灯，不可安装一般电灯开关，而应安装漏电保护器。碘钨灯的安装如图 6-56 所示。

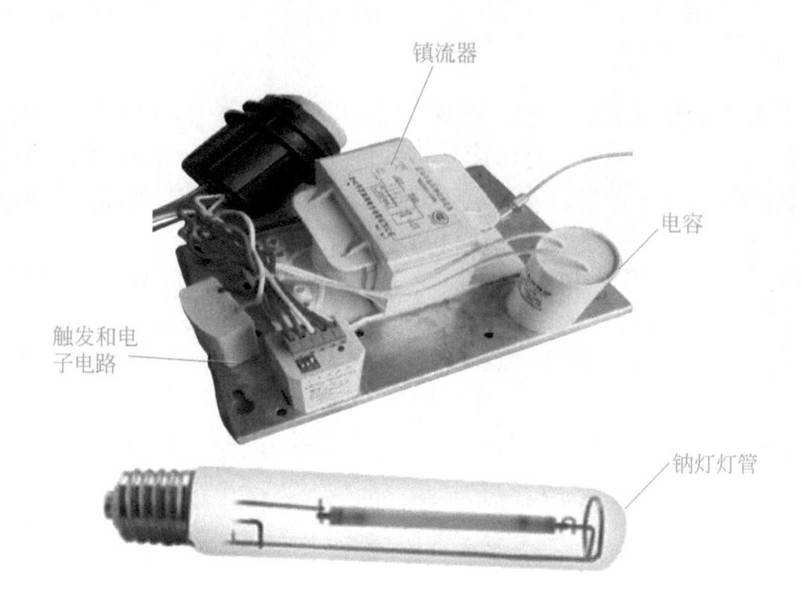

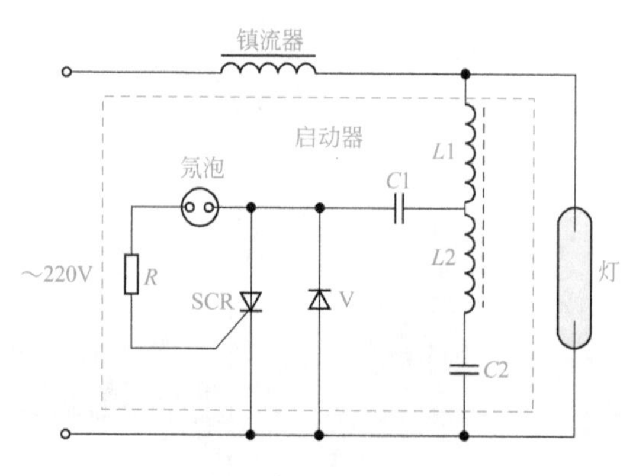

图 6-55　高压钠灯的安装图

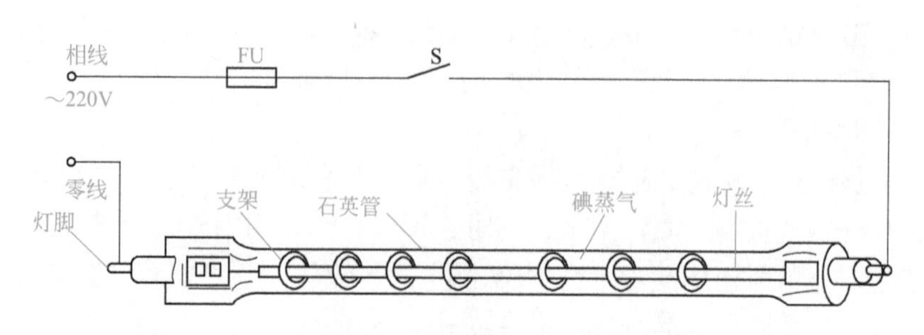

图 6-56　碘钨灯的安装图

5．嵌入式筒灯安装

图 6-57 筒灯

相对于普通明装的灯具，筒灯是一种更具有聚光性的灯具，一般都被安装在天花吊顶内（因为要有一定的顶部空间，一般吊顶需要在 150mm 以上才可以装）。嵌入式筒灯的最大特点就是能保持建筑装饰的整体统一与完美，不会因为灯具的设置而破坏吊顶艺术的完美统一。筒灯通常用于普通照明或辅助照明，在无顶灯或吊灯的区域安装筒灯，光线相对于射灯要柔和。一般来说，筒灯可以装白炽灯泡，也可以装节能灯。如图 6-57 所示。

筒灯常见规格尺寸：括号内为开孔尺寸（1 寸 =1in=2.54mm），后面为最大开孔尺寸（单位：mm）。

① 2 寸筒灯（ϕ70）——ϕ90×100H；

② 2.5 寸筒灯（ϕ80）——ϕ102×100H；

③ 3 寸筒灯（ϕ90）——ϕ115×100H；

④ 3.5 寸筒灯（ϕ100）——ϕ125×100H；

⑤ 4 寸筒灯（ϕ125）——ϕ145×100H；

⑥ 5 寸筒灯（ϕ140）——ϕ165×175H；

⑦ 6 寸筒灯（ϕ170）——ϕ195×195H；

⑧ 8 寸筒灯（ϕ210）——ϕ235×225H；

⑨ 10 寸筒灯（ϕ260）——ϕ285×260H。

筒灯安装注意事项：筒灯的安装除了需要根据多大尺寸就开与之对应大小的安装孔之外，还需要注意一些事项才能保证其安装质量良好，一般安装筒灯过程中需要注意（如图 6-58 所示）以下几点。

① 天花板开孔
用工具将天花板按相对应的灯具的开孔尺寸开孔，请务必按照其尺寸进行开孔操作

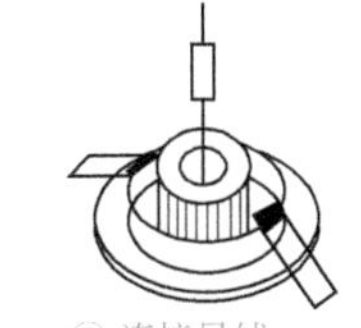

② 连接导线
正确按照使用说明书连接导线与灯具接线端子，安装时必须由专业电工操作，敬请遵循接线安全规范

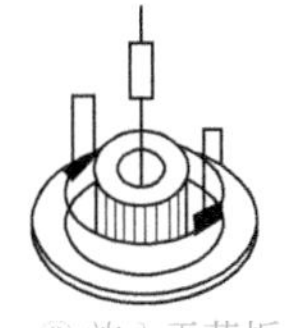

③ 放入天花板
将产品两侧的弹簧扣垂直，装入开孔后的天花板中，请确认灯具和开孔尺寸是否符合

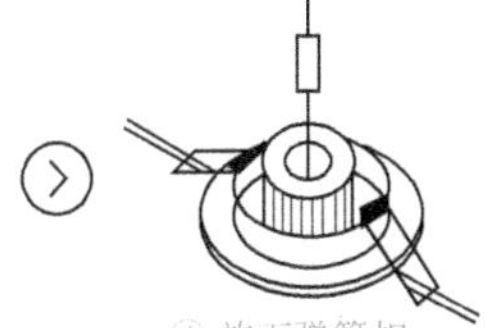

④ 放下弹簧扣
确认开孔尺寸后以及正确接线后，放下产品两侧的弹簧扣，放下后请确定是否安装稳定

图 6-58 筒灯安装示意图一

① 装置筒灯前切记堵截电源，关掉开关，避免触电，装置前请查看装置孔尺度是否符合要求，查看接线端和电源输入线衔接是否结实 ，如有松动锁紧后再进行操作，不然会使灯具不能正常点亮，查看灯具与装置面能否平坦贴合，如有缝隙请做恰当调整。

② 筒灯的储存要求，LED 筒灯安装前为纸箱包装，在运输过程中不允许受剧烈机械冲击和暴晒雨淋，在安装时一定不要触摸灯泡表面，而且在安装筒灯时尽量不要安装在有热源和腐蚀性气体的地方。

③ 筒灯一般使用高压（110/220V）电源的灯杯，不宜工作在频繁断电状态下。

④ 在安装商场天花板筒灯时，可以把商场上部的安装孔按所要求的尺寸事先开好，然后将电源线接在灯具的接线端子上，注意正负极，当接线完毕确认检查安装无误后，将弹簧卡竖起来，与灯体一起插入安装孔内，用力向上顶起，LED 筒灯就可以自动进去，接通电源，灯具即可正常工作，见图 6-59。

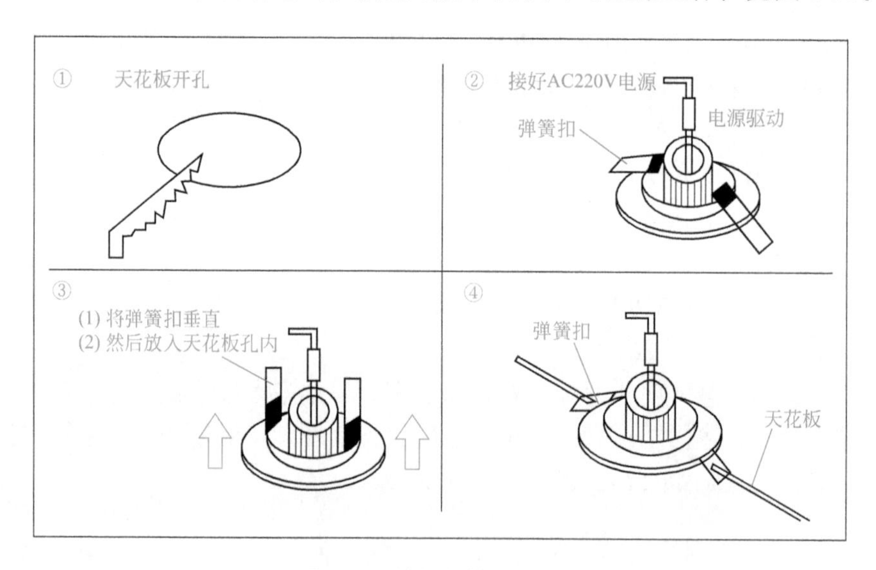

图 6-59　筒灯安装示意图二

6. 水晶灯安装

水晶灯光芒璀璨夺目，常常被当成复式等户型装饰挑空客厅的首选，但由于水晶吊灯本身质量较大，安装成为关键环节，如果安装不牢固，它就可能成为居室里的“杀手”。

水晶灯一般分为吸顶灯、吊灯、壁灯和台灯几大类，需要电工安装的主要是吊灯和吸顶灯，虽然各个款式品种不同，但一般安装方法相似。

目前，水晶灯的电光源主要有节能灯、LED 或者是节能灯与 LED 的组合。

由于大多数水晶灯的配件都比较多，安装时一定要认真阅读说明书。

① 打开包装，检查各个配件是否齐全，有无破损。

② 检查配件后，接上主灯线通电检查，如果有通电不亮等情况，应及时检查线路（大部分是运输中线路松动）；如果不能检查出原因，应及时与商家联系。这个步骤很重要，否则配件全部挂上后才发现灯具部分不亮，又要拆下，徒劳无功。

如图 6-60 所示，会发现一个十字的铁架，我们把它叫做“背条”，背条上会有四个螺母，对准灯上的四个孔，然后拧紧。

③ 拧紧之后，再把背条固定在棚顶上，如图 6-61 所示。

图 6-60　十字铁架及配件

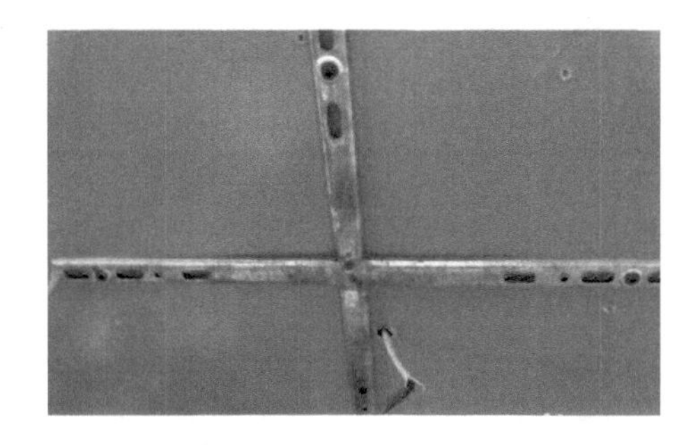

图 6-61　固定背条

④ 固定完后，再把灯上面的白色膜给撕掉。

⑤ 把灯的两个电线和棚顶的两根电源线连接，缠上胶布。把灯上面的四个眼插入背条上面的螺钉上，然后用螺母带上，这样就把灯固定上了，如图 6-62 所示。

图 6-62　固定灯体

⑥ 接着拿出灯里面的零件，并按照图纸组装装饰品。（不同的灯具组装方式不同，必须按照说明书的步骤进行组装。）

⑦ 全部挂完之后，打开的效果就会非常好了。

⑧ 安装注意事项。

a. 安装水晶灯之前一定先把安装图认真看明白，安装顺序千万不要搞错。

b. 安装灯具时，如果是装有遥控装置的灯具，必须分清火线与零线，否则不能通电或容易烧毁。

c. 如果灯体比较大，比较难接线的话，可以把灯体电源的连接线加长，一般加长到能够接触到地上为宜，这样会容易安装，装上后可以把电源线收藏于灯体内部，不影响美观和正常使用。

d. 为了避免水晶上印有指纹和汗渍，在安装时操作者应戴上白色手套。

7．壁灯安装

壁灯可将照明灯具艺术化，达到亦灯亦饰的效果。壁灯能对建筑物起画龙点睛的作用。它能渲染气氛、调动情感，给人一种华丽高雅的感觉。一般来说，人们对壁灯亮度的要求不太高，但对造型美观与装饰效果要求较高。有的壁灯造型格调与吊灯是配套的，使室内达到协调统一的装饰效果。

壁灯常用的光源有白炽灯、日光灯管和节能灯。常见的壁灯有床头壁灯、镜前壁灯、普通壁灯等。床头壁灯大多装在床头的左上方，灯头可万向转动，光束集中，便于阅读；镜前壁灯多装饰在盥洗间的镜子附近。

图 6-63　壁灯安装

壁灯的安装高度一般为距离地面 2240 ～ 2650mm。卧室的壁灯距离地面可以近些，大约在 1400 ～ 1700mm 之间，安装的高度应略超过视平线即可。壁灯挑出墙面的距离，大约为 95 ～ 400mm。

壁灯的安装方法比较简单，待位置确定好后，主要是固定壁灯灯座，一般采用打孔的方法，通过膨胀螺栓将壁灯固定在墙壁上，如图 6-63 所示。

卧室灯具最好都采用两地控制，安装在门口的开关和安装在床头的开关均可控制顶灯和壁灯，即顶灯和壁灯两地开关控制，使用非常方便。

8．LED灯带安装

LED 灯带因为轻、节能省电、柔软、寿命长、安全等特性，逐渐在装饰行业中崭露头角。但是由于 LED 灯带是新兴产品，很多客户还没有使用过，对于如何安装还不了解。安装效果也不太好，主要是光线不平、灯槽内光线明暗不均匀。下面就和大家介绍一下 LED 灯带的安装方法（如图 6-64 所示）。

图 6-64　LED 灯带安装

（1）确定安装长度，取整数截取　因为这种灯带是 1m 一个单元，只有从剪口截断，才不会影响电路，如果随意剪断，会造成一个单元不亮。

举例：如果需要 7.5m 的长度，灯带就要剪 8m，如图 6-65 所示。

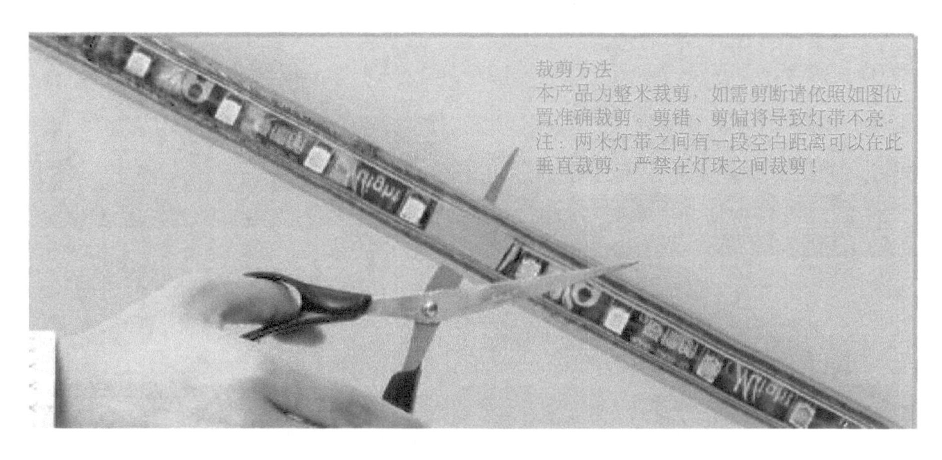

图 6-65　灯带的裁剪方法

（2）连接插头　LED 本身是二极管，直流电驱动，所以是有正负极的，如果正负极反接，就处于绝缘状态，灯带不亮。

如果连接插头通电不亮，只需要拆开接灯带的另外一头就可以。如图 6-66 所示。

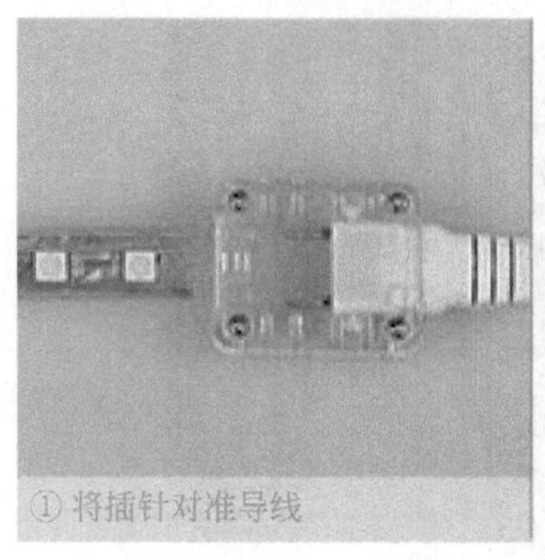

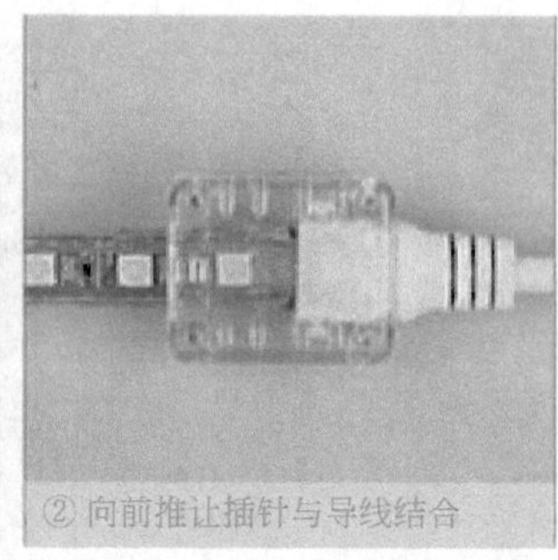

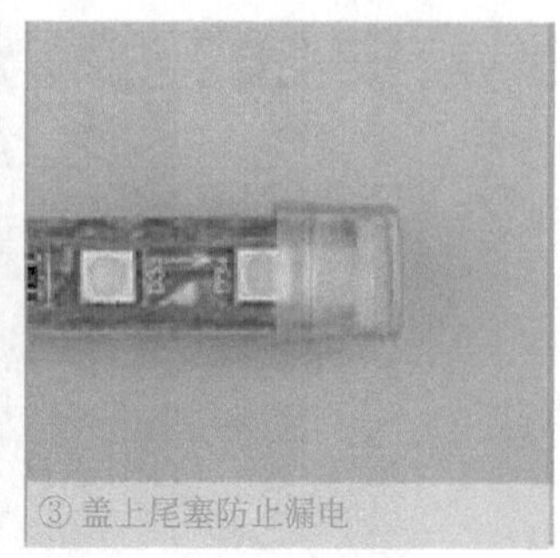

图 6-66　连接插头

（3）灯带的摆放　灯带是盘装包装，新拆开的灯带会扭曲，不好安装，可以先整理平整，再放进灯槽内即可。由于灯带是单面发光，如果摆放不平整就会出现明暗不均匀的现象，特别是拐角处一定注意，如图 6-67 所示。

现在市场上有一种专门用于灯槽灯带安装的卡子，叫灯带伴侣，使用之后会大大提高安装速度和效果。如图 6-68 所示。

图 6-67　灯带摆放

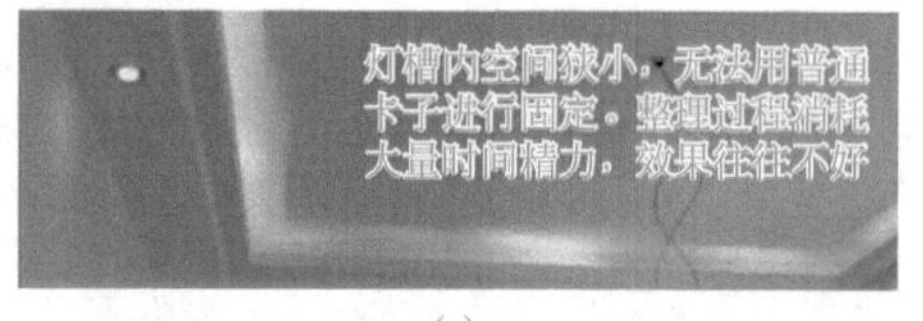

(a)

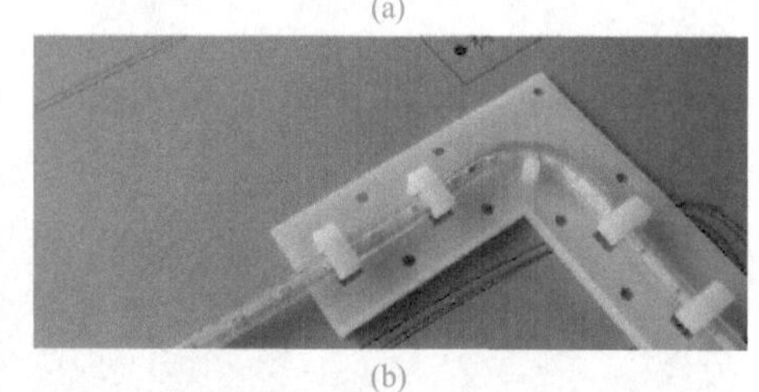

(b)

图 6-68　灯带伴侣

使用专用灯带卡子后的效果。如图 6-69 所示。

图 6-69　安装后效果图

LED 灯带使用注意事项：

① 电源线粗细应该根据实际可能出现的最大电流，产品功率布线长度（建议不要超过 10m）以及低压传输线损而定。

② 灯带两端出线处应做好防水处理。

③ 严禁静电触摸，带电作业。

④ 本灯带最多可以串接 10m，严禁超串接。

⑤ 建议使用合格的开关电源（带短路保护、过低保护、超载保护）。

⑥ 本产品可在带有“剪刀口”符号的链接处剪开，不影响其功能。

二、照明线路的故障检修

照明装置的线路分布面较广，而影响电路、电气设备正常工作的因素很多，因此，必须掌握本单位的供电系统图、安装接线图、电源进线、各闸箱配电盘位置、闸箱内设备装置情况、线路分支走向及负荷情况等，对分析故障，排除线路故障是很有必要的。

1. 检查故障的方法

（1）观察法

问：在故障发生后，应首先进行调查，向出事故时在场者或操作者了解故障前后的情况，以便初步判断故障种类及发生的部位。

闻：有无因温度过高绝缘烧坏而发出的气味。

听：有无放电等异常响声。

看：沿线路巡视、检查有无明显问题，如导线破皮、相碰、断线、灯丝断、灯口进水、烧焦等，特别是在大风天气中有无碰线、短路放电火花，起火冒烟等现象，然后，再进行重点部位检查。

① 熔断器熔丝：

a. 熔丝一小段熔断，由于熔丝较软，安装过程中容易碰伤，同时熔丝本身也有可能粗细不均匀，较细处电阻较大，负荷过载时首先在这里熔断，熔丝刚熔断时，用手触摸保险盖，就会感觉出温度比较高。

b. 熔丝爆熔，使整条熔丝均被烧断，一般是由于线路上有短路故障所造成的。

c. 断路，一般由熔丝的压接螺钉松动造成。

② 熔断器、刀开关过热：

a. 螺钉孔上封的火漆熔化，有流淌痕迹。

b. 紫铜部分表面生成黑色氧化铜并退火变软，压接螺钉焊死无法松动。

c. 导线与刀开关、熔断器、接线端压接不实；导线表面氧化、接触不良；铝导线直接压接在铜接线端上，由于电化腐蚀作用，使铝导线被腐蚀，接触电阻变大，出现过热，严重时导致断路、短路。

（2）测试法 对线路、照明设备进行直观检查后，应充分利用试电笔、万用表、试灯等进行测试。但应注意当有缺相时，只用试电笔检查是否有电是不够的，如线路上相线间接有负荷时，如变压器、电焊机等，测量断路相时，试电笔也会发光而认为该相未断，这时应使用万用表交流电压挡测试，才能准确判断是否缺相。

（3）支路分段法 可按支路或用“对比法”分段进行检查，缩小故障范围，逐渐逼近故障点。

用分段法检查有断路故障的线路时，大约在一半的部位找一个测试点，用试电笔、万用表、试灯等进行测试。如该点有电，说明断路点在测试点负荷一侧；如该点无电，说明断路点在测试点电源一侧。这时应在有问题的“半段”的中部再找一个测试点，依此类推，就能很快找出断路点。

2. 照明电路断路检修

（1）断路现象 相线、零线断路后，负荷将不能正常工作，如三相四线制供电线路负荷不平衡时，当零线断线会造成三相电压不平衡，负荷大的一相电压低，负荷小的一相电压高，当负荷是白炽灯，会出现一相灯光暗淡，而接在另一相上的灯又变得很亮的情况。

（2）断路原因

① 负荷大使熔线烧断。

② 开关触头松动，接触不良。

③ 导线断线，接头处腐蚀严重（特别是铜、铝线未用铜铝过渡接头而直接连接）。

④ 安装时接头处压接不实，接触电阻过大，使接触处长期发热，造成导线、接线端子接触处氧化。

⑤ 大风恶劣天气，使导线断线。

⑥ 人为因素，如搬运过高物品将电线碰断，因施工作业不注意将电线碰断及人为碰坏等。

（3）故障检查 可用试电笔、万用表、试灯等进行测试，采用分段查找与重点部位检查结合进行，对较长线路可采用分段法查找断路点。

① 如果户内的电灯都不亮，而左右邻导仍有电，应按下列步骤检查：

第一，检查用户保险盒里的保险丝是否烧断。如果烧断，可能是电路中的负载太大，也有可能是电路中发生短路事故，应做进一步的检查。

第二，如果保险丝未断，则要用测电笔试测一下保险盒的上接线桩头有没有电。如果没有电，应检查总开关里的保险丝是否烧断。

第三，如果总开关里的保险丝也未断，则要用测电笔试测一下，总开关的上接线桩里有没有电。

第四，如果总开关的上接线桩头也没有电，可能是进户线脱落了，也有可能是供电单位的总保险盒里的保险丝烧断，应通知供电单位检修。

② 如个别电灯不亮，应按下列步骤检查：

第一，检查灯泡里的灯丝是否烧断。

第二，如果灯丝未断，应检查分路保险盒里的保险丝是否烧断。

第三，如果保险丝未断，则要用测电笔试测一下开关的接线桩头有没有电。

第四，如开关的接线桩头有电，应检查灯头里的接线是否良好。如接线良好，则说明电路中某处的电线断了，应进一步检修。

3．照明电路短路检修

（1）短路现象 熔断器熔丝爆断，短路点处有明显烧痕，绝缘炭化，严重时会使导线绝缘层烧焦甚至引起火灾。

（2）短路原因

① 安装时多股导线未拧紧、涮锡，压接不紧，有毛刺。

② 相线零线压接松动、距离过近，当遇到某些外力时，使其相碰造成相对零短路或相间短路，若灯口头、顶芯与螺纹部分松动，装灯泡时扭动，会使顶芯与螺纹部分相碰。

③ 恶劣天气，如大风使绝缘支持物损坏，导线相互碰撞、摩擦，使导线绝缘损坏，引起短路；雨天，电气设备防水设施损坏，使雨水进入电气设备造成短路。

④ 电气设备所处环境中有大量导电尘埃，如防尘设施不当或损坏，使导电尘埃落入电气设备中引起短路。

⑤ 人为因素，如土建施工时将导线、闸箱、配电盘等临时移动位置，处理不当，施工时误碰架空线或挖土时挖伤土中电缆等。

（3）故障检查 查找短路故障时一般采用分支路、分段与重点部位检查相结合的方法，可利用试灯进行检查。

① 短路也是电路常见的故障之一。电路发生短路时，电流就不通过用电器，而直接从一根导线通入另一根电线。在一般情况下，可根据短路时发生的情况先从以下几方面进行检查：

第一，用电器里的接线没有接好。

第二，未用插头，直接把两个线头插入插座。

第三，护套线受压后内部的绝缘层折破了。

第四，穿套电线的钢管装木圈，管口把电线的绝缘层磨破。

第五，建筑物年久失修，漏水或瓷夹脱落，绝缘不好的两根电线相碰。

第六，用电器内部线圈的绝缘层破损。

第七，用金属线绑扎两根电线，把电线的绝缘层勒破。

电路发生短路时，保险丝会自动烧断，这时，不可马上装上保险丝继续使用，而必须查出发生短路的原因，并加以修理后，才可恢复用电。

② 短路故障在多层住宅与独庭院用电事故中所占比例最大。排除短路故障，关键在于寻找短路点。短路点可以在线路上，也可能在连接线路中的某个用电器具上。方法如下：

第一，将故障支路上所有灯开关都置于断开位置，并将插座熔断器的熔丝都取下，再将试灯接到该支路的总熔断器两端（熔丝应取下），串联到被测电路中。然后合闸，如试灯发光正常，说明短路故障在线路上，如试灯不发光，说明线路无问题，再对每盏灯、每个插座进行检查。

第二，检查每盏灯时，可顺序将每盏灯的开关闭合，每合一个开关都要观察试灯发光是否正常，当合至某盏灯时，试灯发光正常，说明故障在此盏灯，应断电后进一步检查。若试灯不能正常发光，说明故障不在此灯，可断开该灯开关，再检查下一盏灯，直到找出故障点为止。

第三，也可按第一种方法检查线路无问题后，换上熔丝并闭合通电，再用试灯顺次对每盏灯进行检查。将试灯接到被检查开关的两个接线端子上，若试灯发光正常，说明故障在该灯，如试灯发光不正常，说明该盏灯正常，再检查下一盏灯，直到找出故障点为止。

③ 短路故障可带电或断电检查判断，常用有以下三种方法：

第一，找一个200V，任意瓦数的白炽灯泡，断电将它串接于火线未接保险丝的熔断器盒两端桩头上。线路通电后，若灯泡发光正常，说明线路上存在短路点。

第二，使故障线段断电，用万用表电阻挡（R×10）或500V摇表检查线间的电阻。若全部负载断开后表的电阻测量示值为零，说明线路中存在短路。

第三，短路现象最初往往是由熔丝熔断引起断电而被发现的。如重新装入保险丝，接通电源后熔丝立即熔断，说明短路存在。

在上述三个方法中，方法一、方法二比较安全可靠，建议采用。方法三尽管简单，但因为检查时要再危及线路安全一次，同时也要浪费熔丝，所以一般不提倡采用。

一旦确定某段线路有短路故障，则继而确定短路点位置的最简单常用的手段是使用以上所提方法一中的检查灯，采用两分法来寻找。即从故障线段的中间部分一分为二检查，判断故障点在线路的前一半还是在后一半，缩小检查区域。然后将存在短路点的一半线路从中间再一分为二，如此逐步检查，逼近短路点。

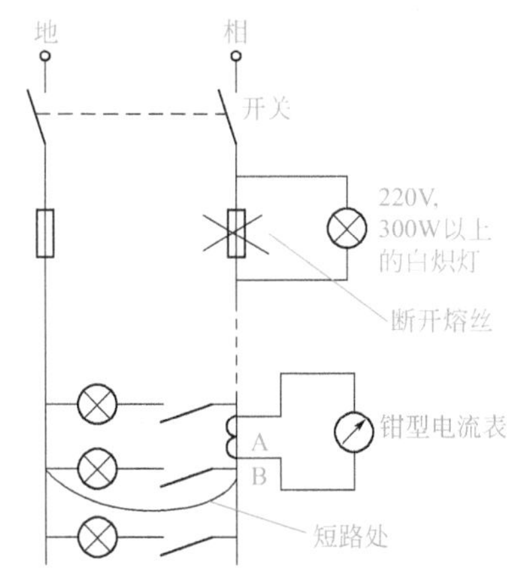

图 6-70 利用钳流表寻找短路点示意图

两分检查法，针对性较强。故障线路越长，其优越性越明显。

具体做法是：对于明布线，可找一个220V、300W以上的白炽灯泡作检查灯，断电后串入除去熔丝的控制火线的保险丝盒两端，另一只保险丝盒正常连接，然后通过用钳型电流表按两分法测量线段各处有无电流（仅看有无电流；选钳型电流表电流量程挡要适当）寻找短路点。

如图 6-70 所示，若钳流表在 A 点测量时有电流，到 B 点处又测不出电流，说明短路点在 A 点之后，B 点之前。

对于暗布线，仍可按明布线处理，若线路中短路点仍在，则灯泡亮度正常，此时与线路中负载是否接入无关。若短路点不在所查线路之中，且负载全部断开，则检查灯不亮；如果负载部分接入，则检查灯会亮，但发光暗淡。线路的人为断开可利用暗布线中间的接线盒或插座的接头来实现。检查时要注意安全，如先要拉下电源开关，再动手断开线路，包好断线接头，而后再送电等。

如用万用表的电压挡（如 250V 挡）代替接熔断器两端的灯泡作监视，有可能因导线对地分布电容及漏电的影响（尤其对地埋管装线更明显），使电压挡在无论线路有无短路时，始终有相同读数，混淆真伪，不利于判断。

因此用检查灯比用万用表电压挡检查更稳妥可靠。

④ 用试灯检查短路故障，应注意试灯与被检测灯实为串联，且与灯泡功率应相近，最好是一样，这样当该灯无短路故障时，试灯与被检测灯发光都暗。如试灯与被检测功率相差很大时，就容易出现错误判断。

⑤ 用万用表代替试灯用同样的方法测量试灯两端的电压，如电流电压异常，说明有短路故障。

4．照明电路漏电检修

电线、用电器和电气装置用久了，会绝缘老化，发生漏电事故。电线的绝缘层、用电器和电器装置的绝缘外壳破了，也会引起漏电。即使是很好的绝缘体，受到雨淋水浸，也是会漏电的。比较常见的漏电现象：一是电线和建筑物之间漏电，这多半是由于绝缘损坏的电线，受到雨淋触及建筑物引起的，木台里的线包扎安装不妥当，触及建筑物，也会引起类似的漏电现象；二是火线和地线之间漏电，引起这种漏电现象的原因有双根绞合电线的绝缘不好，电线和电气装置浸水受潮，电气装置两个接线桩头之间的胶木烧坏。

（1）电路里漏电现象

① 用电度数比平时增加。

② 建筑物带电。

③ 电线发热。

这时，必须把电路里的灯泡和其他用电器全部卸下，合上总开关，观察电度表的铅盘是不是在转动。如果铅盘仍在转动（要观察一圈），这时可拉下总开关，观察铅盘是否继续转动。如果铅盘在转动，说明电度表有问题，应检修。铅盘不转动，则说明电路漏电，铅盘转得越快，漏电越严重。

（2）漏电检查 电路漏电的原因很多，检查时应先从灯头、挂线盒、开关、插座等处着手，如果这几处都不漏电，再检查电线，并应着重检查以下几处：一是电线连接处；二是电线穿墙处；三是电线转弯处；四是电线脱落处；五是双根电线绞合处。检查结果，如果只发现一两处漏电，只要把漏电的电线、用电器或电气装置修好或换上新的就可以了；如果发现多处漏电，并且电线绝缘全部变硬发脆，木台、木槽板多半绝缘不好，那就要全部换新的。

可以采用如下方法检查对地漏电，检查者可根据情况选用：

第一，使用试电笔（或万用表交流电压挡），测试不该带电的部位（如导线的绝缘外层、电器的金属外壳等处），根据氖泡的亮度粗略估计漏电范围及程度。如用万用表测量对地电压，结果则更直观。

第二，将待查漏电线路中的所有负载全部断开，即关断每个家用电器的开关，然后仔细观察电度表的铅盘是否转动。若铅盘转动说明在供电区域内确实存在漏电（注意电度表应无故障）。用这种方法检查简单可靠，但不能确定漏电是属于相线与零线间的，还是相线与大地间的，另外对于微弱漏电也检查不出。

第三，根据非正常带电部位对地电压的高低，分别选用 200V 或 110V 或 36V 的白炽灯泡作试灯（图 6-71），并将试灯串接在测试点与大地之间。如试灯一直亮，表示确实漏电，并不是静电引起的。实践表明，这一方法简单易行，检测可靠。

第四，对于500V以下低压线路，可用摇表在断电情况下分别测量对地绝缘电阻。用500V摇表测量线路装置每一分路及总熔断器和分熔断器之间的线段、导线间和导线对大地间的绝缘电阻不应小于下列数值：

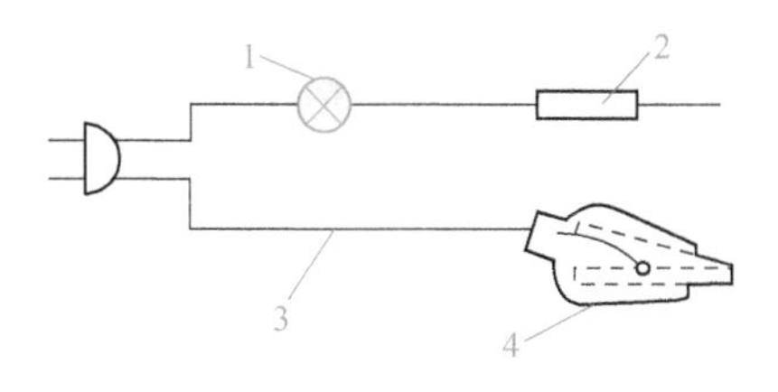

图6-71 测试灯接线

1—测试用灯泡；2—带绝缘的测试棒子；3—绝缘导线；4—带绝缘套的鱼嘴夹

相对地，0.22MΩ；

相对相，0.38MΩ。

对于36V安全低电压线路，绝缘电阻也不应小于0.22MΩ。

在潮湿房屋内或带有腐蚀性气体或蒸气的房屋内，上述绝缘可以适当降低。

第五，有条件的地方可用灵敏电流表测量泄漏电流，测定原理如图6-72所示。若选用LSY-1型多用钳型电流表测量就更直观和方便。

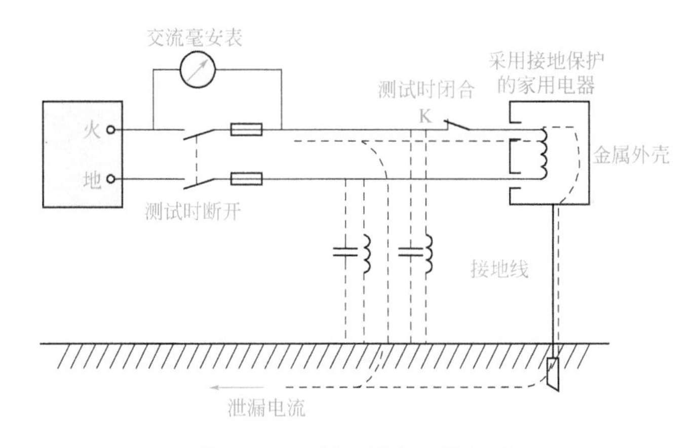

图6-72 测量泄漏电流原理图

一般家庭用户泄漏电流超过15mA（最多30mA）必须检查原因，为了安全，必须切断非正常漏电途径。确定对地漏电具体部位的方法，仍可采用上述检查短路故障的两分法。注意重点检查如下几方面：

① 使用年限过久的导线绝缘层是否老化，尤其要注意各接头捆扎处。

② 用电器具或电器装置件是否受潮或遭雨淋，注意检查厕所、浴间、厨房及靠墙、靠窗处。

③ 电线接线桩头或破损裸露的电器触头有无尘埃、油垢或污物积聚。

④ 穿墙进户电线或相交的电线是否因瓷套管破损（或根本未加隔离）使导线破损后直接与墙壁或树枝等接触而引起漏电。

⑤ 接线是否与固定电器的螺钉、铁钉相碰，而固定螺钉或铁钉又与墙壁甚至钢筋相碰。

三、电源插座安装技术

1. 电源插座的选用

插座用于电器插头与电源的连接。家庭居室使用的插座均为单相插座。按照国家标准规定，单相插座可分为两孔插座和三孔插座，如图 6-73 所示。

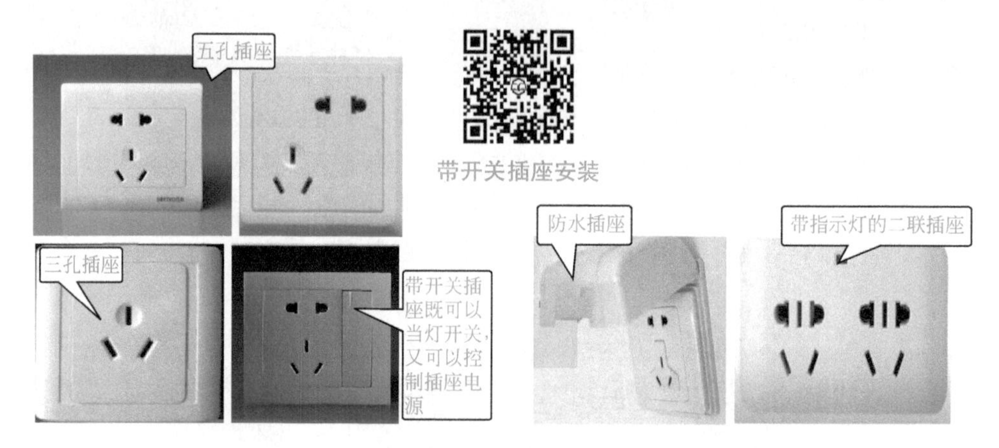

图 6-73　多种家用插座

单相插座常用的规格为：250V/10A 的普通照明插座，250V/16A 的空调、热水器用三孔插座。

家庭常用的电源插座面板有 86 型、120 型、118 型和 146 型。目前最常用的是 86 型插座，其面板尺寸为 86mm × 86mm，安装孔中心距为 60.3mm。

值得注意的是，目前各国插座的标准有所不同，如图 6-74 所示。选用插座时一定要看清楚，否则与家庭所用电器的插头不匹配，安装的插座就成了摆设。

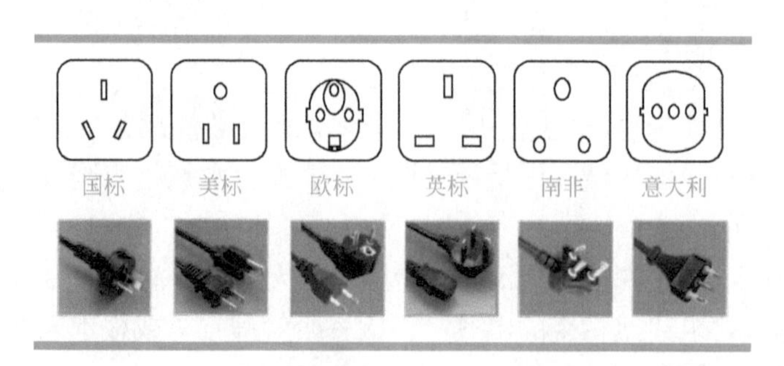

图 6-74　各国插座的标准

各国插座的标准有所不同，所以选用插头时应注意与插座匹配，如图 6-75 所示。

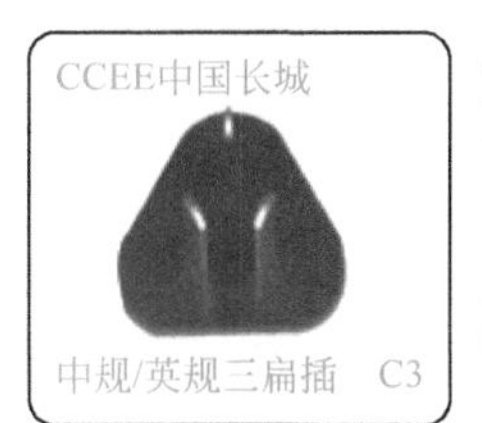

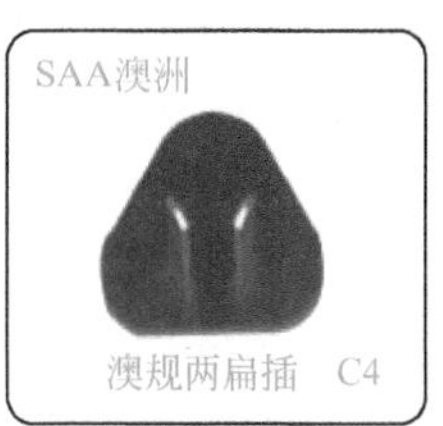

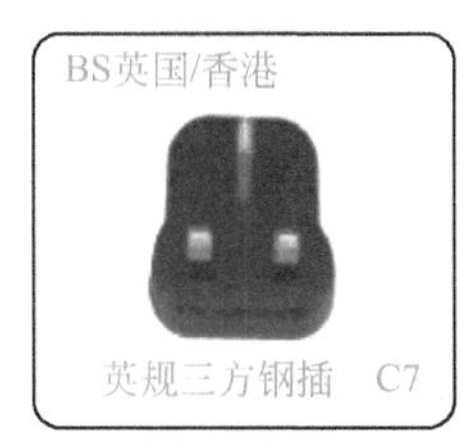

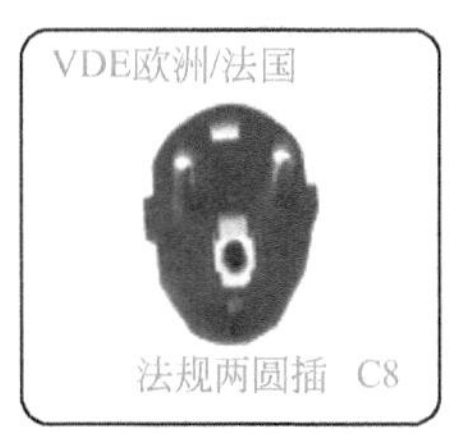

图 6-75 各国插头标准

2. 插座的安装

（1）电源插座的安装位置 电源插座的安装位置必须符合安全用电的规定，同时要考虑将来用电器的安放位置和家具的摆放位置。为了插头插拔方便，室内插座的安装高度为 0.3 ～ 1.8m。安装高度为 0.3m 的称为低位插座，安装高度为 1.8m 的称为高位插座。按使用需要，插座可以安装在设计要求的任何高度。

① 厨房插座可装在橱柜以上吊柜以下，为 0.82 ～ 1.4m，一般的安装高度为 1.2m 左右。抽油烟机插座应根据橱柜设计，安装在距地面 1.8m 处，最好能被排烟管道所遮蔽。近灶台上方处不得安装插座。

② 洗衣机插座距地面 1.2 ～ 1.5m 之间，最好选择开关三孔插座。

③ 电冰箱插座距地面 0.3m 或 1.5m（根据电冰箱位置而定），且宜选择单三孔插座。

④ 分体式、壁挂式空调插座宜根据出线管预留洞位置距地面 1.8m 处设置，窗式空调插座可在窗口旁距地面 1.4m 处设置，柜式空调电源插座宜在相应位置距地面 0.3m 处设置。

⑤ 电热水器插座应在电热水器右侧距地面 1.4 ～ 1.5m，注意不要将插座设在电热水器上方。

⑥ 厨房、卫生间的插座安装应尽可能远离用水区域。如靠近，应加配插座防溅盒。台盆镜旁可设置电吹风和剃须用电源插座，以离地 1.2 ～ 1.6m 为宜。

⑦ 露台插座距地面应在 1.4m 以上，且尽可能避开阳光、雨水所及范围。

⑧ 客厅、卧室的插座应根据家具（如沙发、电视柜、床）的尺寸来确定。一般来说，每个墙面的两个插座间距应不大于 2.5m，在墙角 0.6m 范围内至少安装一个备用插座。

（2）插座的接线

① 单相两孔插座有横装和竖装两种。横装时，面对插座的右极接相线（L），左极接零线（中性线 N），即"左零右相"；竖装时，面对插座的上极接相线，下极接中性线，即"上相下零"。

② 单相三孔插座接线时，保护接地线（PE）应接在上方，下方的右极接相线，左极接中性线，即"左零右相中 PE"。单相插座的接线方法如图 6-76、图 6-77 所示。

(a) 实物示意图

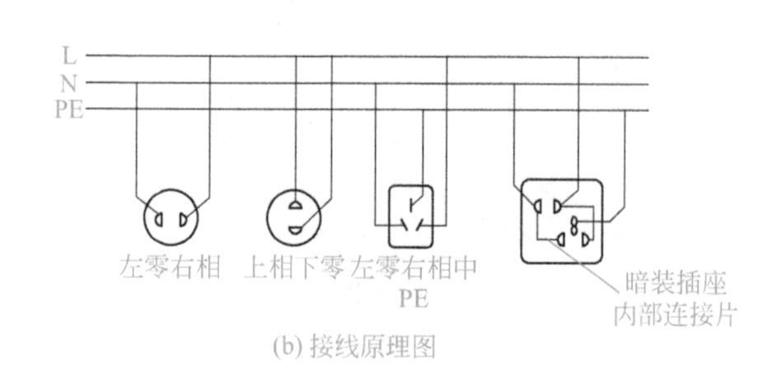

(b) 接线原理图

图 6-76　插座接线正视图

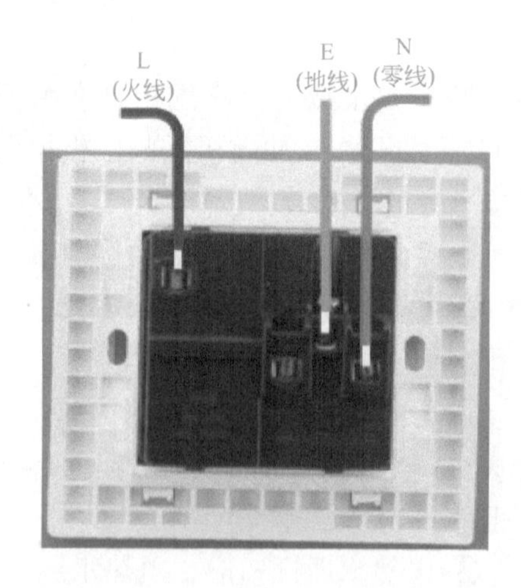

图 6-77　插座接线后视图

③ 多个插座导线连接时，不允许拱头连接，应采用 LC 型压接帽压接总头后，再进行分支线连接。

④ 暗装电源插座安装准备。

首先要把墙壁开关插座安装工具准备好，开关插座安装工具：测量要用的卷尺（但水平尺也可以进行测量）、线坠、电钻和螺钉旋具（钻孔用）、绝缘手套和剥线钳等。如图 6-78 所示。

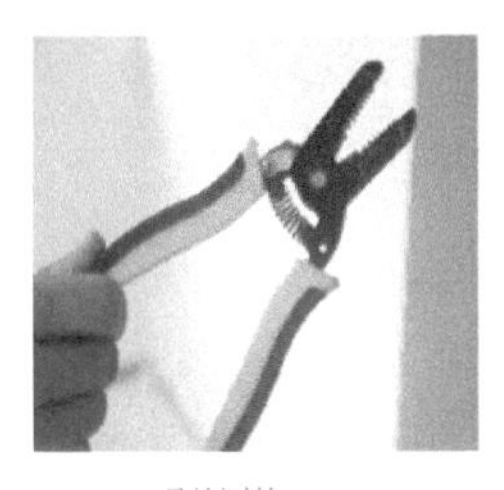
剥线钳

螺钉旋具

电工胶带

水平尺

图 6-78　准备材料工具

墙壁开关插座安装准备：在电路电线、底盒安装以及封面装修完成后安装。

墙壁开关插座的安装需要满足重要作业条件：安装的墙面要刷白，油漆和壁纸在装修工作完成后才可开始操作。一些电路管道和盒子需铺设完毕，要完成绝缘遥测。

动手安装时天气要晴朗，房屋要通风干燥，要切断开关闸刀电箱电源。

3．插座安装过程

第一次安装电源墙壁开关插座要保证它的安全性和耐用性，建议咨询一下专业装修工人如何安装。

安装及更换开关盒前先用手机拍几张开关内部接线图，在拆卸时对开关插座盒中的接线必须要认清楚。安装工作要仔细进行，不允许出现接错线和漏接线的情况。

开关安装流程主要按清洁→接线→固定来安装。

① 墙壁开关插座底盒在拆卸好后，对底盒墙内部清洁，如图 6-79 所示。

开关插座安装在木工油漆工之后进行，而久置的底盒难免堆积大量灰尘。在安装时先对开关插座底盒进行清洁，特别是将盒内的灰尘杂质清理干净，并用湿布将盒内残存灰尘擦除。这样做可预防特殊杂质影响电路使用的情况。

② 电源线处理：将盒内甩出的导线留出维修长度，然后削出线芯，注意不要碰伤线芯。将导线按顺时针方向盘绕在开关或插座对应的接线柱上，然后旋紧压头，要求线芯不得外露。如图 6-80 所示。

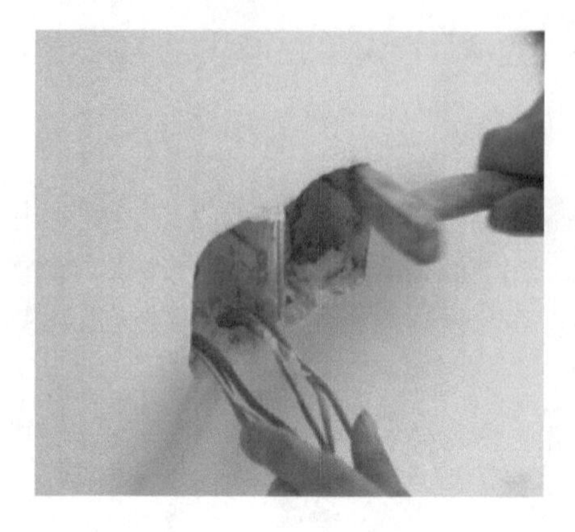

图 6-79　清理底盒

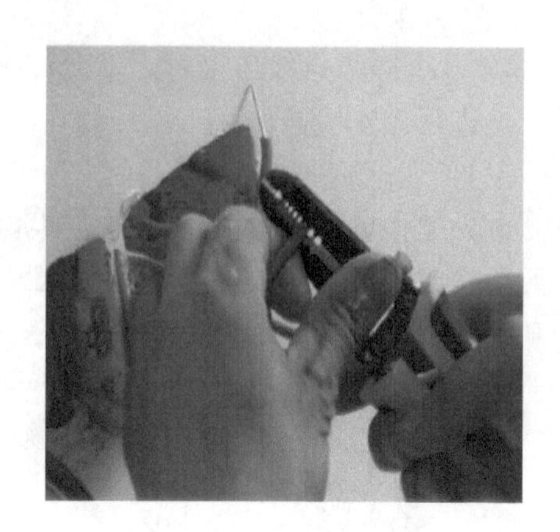

图 6-80　削出线芯

③ 插座三线接线方法。火线接入开关 2 个孔中的一个 A 标记的孔中，再从另一个孔中接出绝缘线接入下面的插座 3 个孔中的 L 孔内。零线直接接入插座 3 个孔中的 N 孔内接牢。地线直接接入插座 3 个孔中的 E 孔内接牢。若零线与地线错接，使用电器时会出现跳闸现象。如图 6-81 所示。

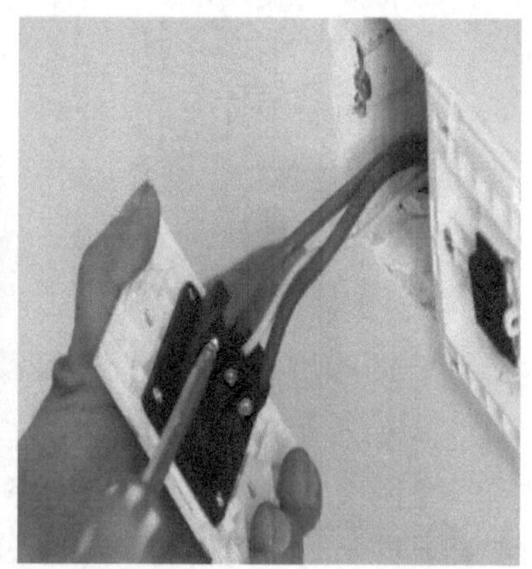

图 6-81　接线

先将盒子内甩出的导线从塑料台的出线孔中穿出，再把塑料台紧贴于墙面用螺钉固定在盒子上。固定好后，将导线按各自的位置从开关插座的线孔中穿出，按接线要求将导线压牢。

④ 开关插座固定安装。将开关或插座贴于塑料台上，找正并用螺钉固定牢，盖上装饰板，如图 6-82 所示。

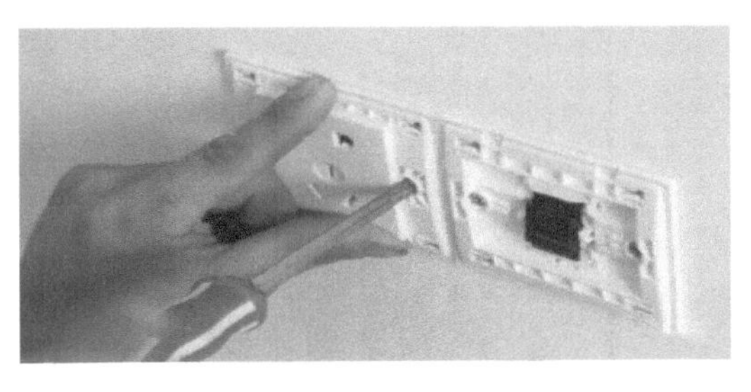

图 6-82 螺钉固定与盖上装饰板

4. 多联插座的安装

① 将单座安装在支架上，如图 6-83 所示。

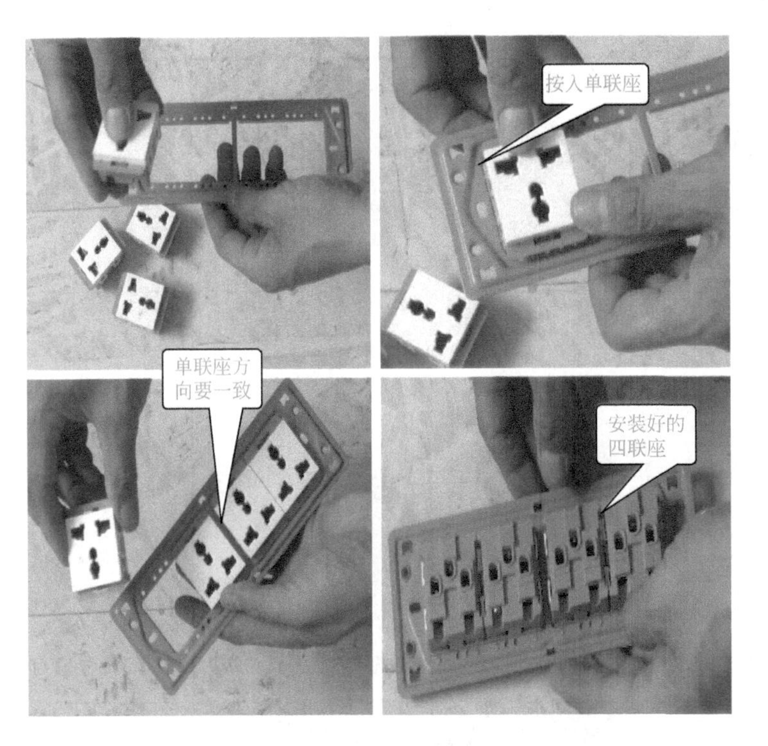

图 6-83 安装单座

单联插座的安装

多联插座的安装

② 制作连接线与安装连接线，如图 6-84 所示。

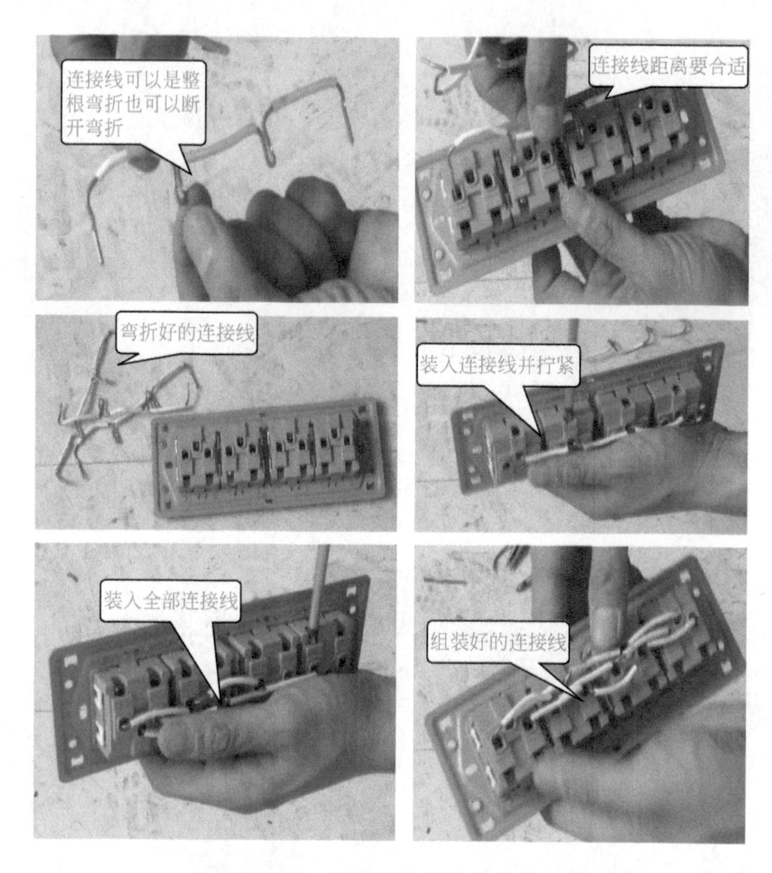

图 6-84　连接线的制作与安装

③ 将四联座装入墙壁暗盒，如图 6-85 所示。

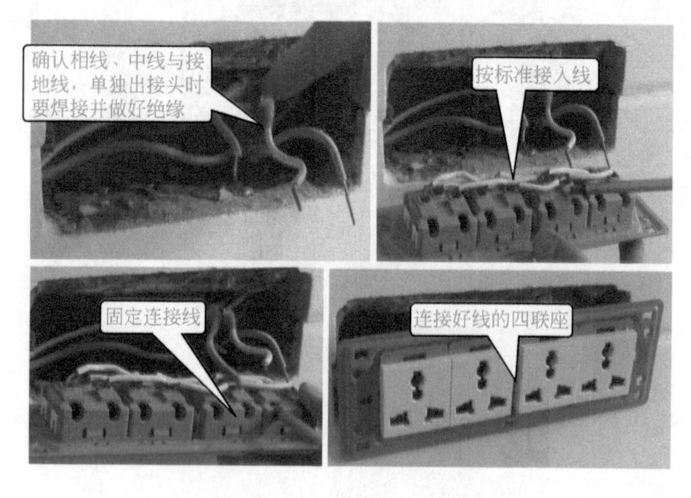

图 6-85　四联座装入暗盒

④ 固定四联座并安装面板，如图 6-86 所示。

图 6-86　固定四联座并安装面板

5．电源插座安装注意事项

① 插座必须按照规定接线，对照导线的颜色对号入座，相线要接在规定的接线柱上（标注有“L”字母），220V 电源进入插座的规定是“左零右相”。

② 单相三孔插座最上端的接地孔一定要与接地线接牢、接实、接对，绝不能不接。零线与保护接地线切不可错接或接为一体。

③ 接线一定要牢靠，相邻接线柱上的电线要保持一定的距离，接头处不能有毛刺，以防短路。

④ 安装单相三孔插座时，必须是接地线孔在上方，相线零线孔在下方，单相三孔插座不得倒装。

⑤ 插座的额定电流应大于所接用电器负载的额定电流。

⑥ 在卫生间等潮湿场所不宜安装普通型插座，应安装防溅水型插座。

四、插头的安装

1．两脚插头的安装

将两根导线端部的绝缘层剥去，在导线端部附近打一个电工扣；拆开端头盖，将剥好的多股线芯拧成一股，固定在接线端子上。注意不要露铜丝毛刷，以免短路。盖好插头盖，拧上螺钉即可。如图 6-87 所示。

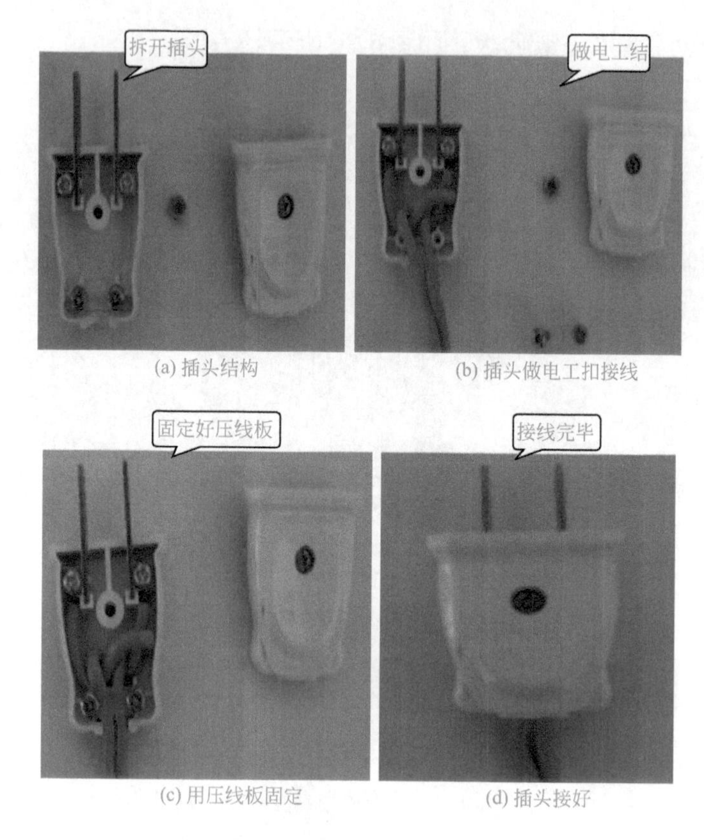

(a) 插头结构　(b) 插头做电工扣接线
(c) 用压线板固定　(d) 插头接好

图 6-87　两脚插头的安装

2．三脚插头的安装

三脚插头的安装与两脚插头的安装类似，不同的是导线一般选用三芯护套软线。其中一根带有黄绿双色绝缘层的线芯接地线。其余两根一根接零线，一根接火线。如图 6-88 所示。

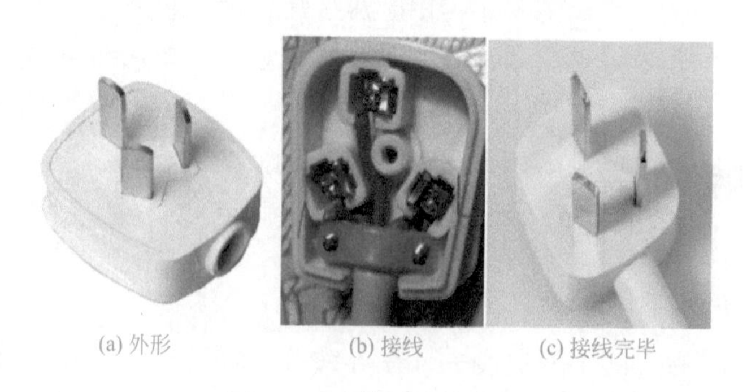
(a) 外形　(b) 接线　(c) 接线完毕

图 6-88　三脚插头的安装

电动机控制电路

第一节

三相电动机直接启动控制电路

一、电路原理

电动机直接启动，其启动电流通常为额定电流的 6 ～ 8 倍，一般应用于小功率电动机。常用的启动电路有开关直接启动。

电动机的容量低于电源变压器容量 20% 时，才可直接启动，如图 7-1 所示。使用时，将空开推向闭合位置，则 QF 中的三相开关全部接通，电动机运转，如发现运转方向和我们所要求的相反，任意调整空开下口两根电源线，则转向和前述相反。

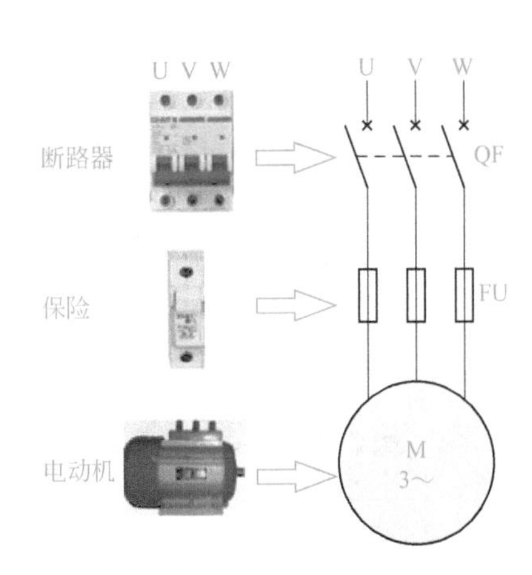

图 7-1 开关启动控制线路

二、直接启动电路布线组装与故障排除

（1）组装

① 按照U、V、W三相分别以三色线布线连接。如图7-2所示。

② 合上空开，电机启动运行。如图7-3所示。

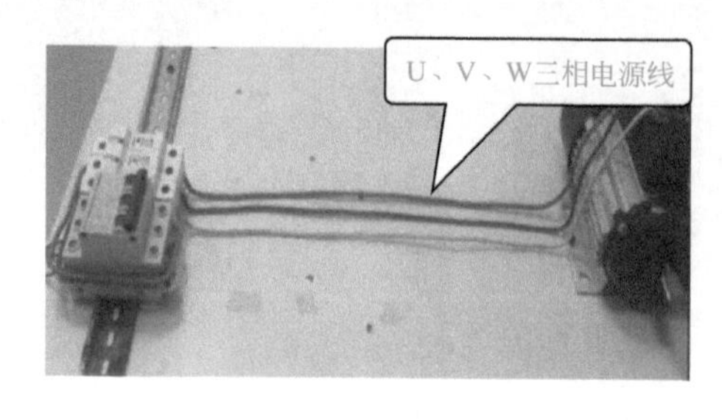

图7-2 直接启动电路布线

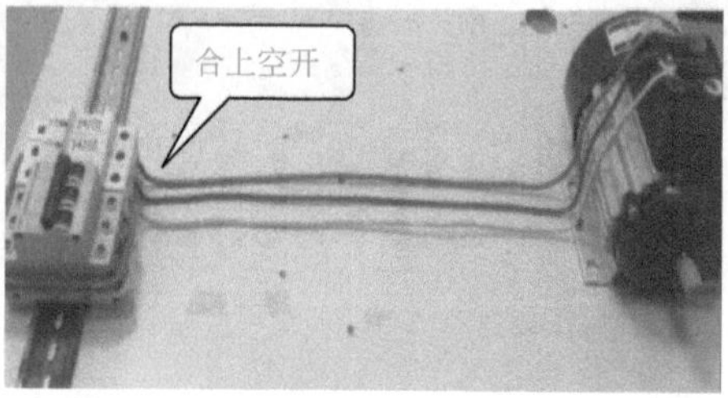

图7-3 电机启动

（2）故障排除

① 电机不转，检查保险部分，保险管是否熔断。如图7-4所示。

② 保险管完好，需要检查接线部分是否接触不良，把线路接好问题就可以解决。如图7-5所示。

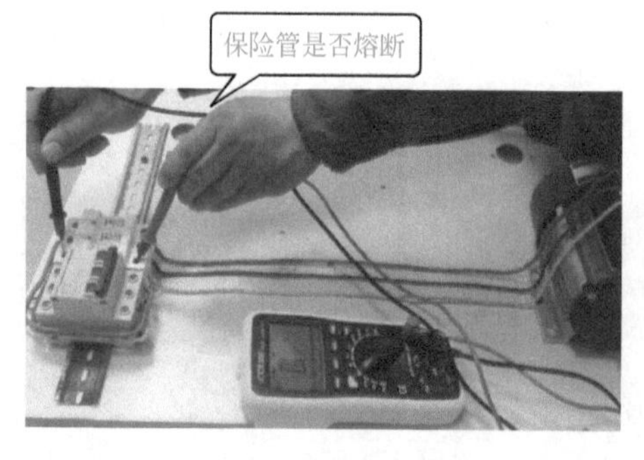

图7-4 检查保险

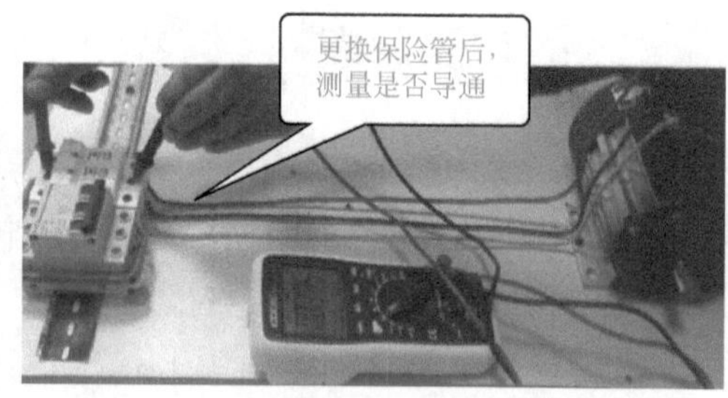

图7-5 更换保险后测量

三、自锁式直接启动电路

1．控制线路

交流接触器通过自身的常开辅助触头使线圈总是处于得电状态的现象叫做自锁。这个常开辅助触头就叫作自锁触头。在接触器线圈得电后，利用

自身的常开辅助触点保持回路的接通状态，一般对象是对自身回路的控制。如把常开辅助触点与启动按钮并联，这样，当启动按钮按下，接触器动作，辅助触点闭合，进行状态保持，此时再松开启动按钮，接触器也不会失电断开。

一般来说，在启动按钮和辅助触点并联之外，还要再串联一个按钮，起停止作用。点动开关中作启动用的选择常开触点，做停止用的选常闭触点。如图7-6所示。

① 启动：合上电源开关QF，按下启动按钮SB2，KM线圈得电，KM辅助触头闭合，同时KM主触头闭合，电动机启动连续运转。

② 当松开SB2，其常开触头恢复分断后，因为接触器KM的常开辅助触头闭合时已将SB2短接，控制电路仍保持导通，所以接触器KM继续得电，电动机M实现连续运转。

③ 停止：按下停止按钮SB1其常闭触头断开，接触器KM的自锁触头切断控制电路，解除自锁，KM主触头分断，电动机停转。

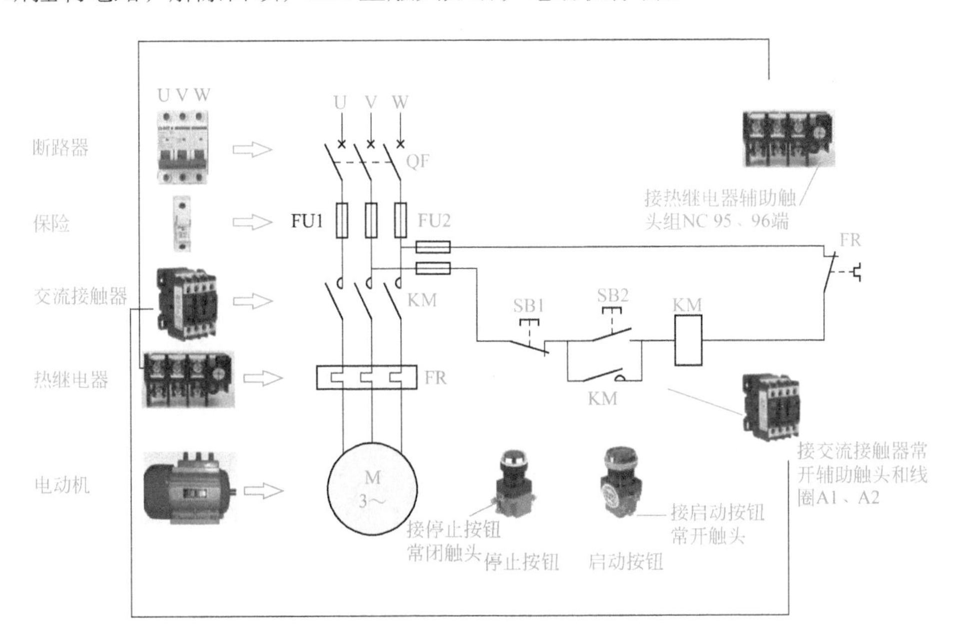

图7-6　接触器自锁控制线路

2．接触器自锁控制线路所选元器件及其作用（表7-1）

表7-1　接触器自锁控制线路所选元器件及其作用

名称	符号	元器件外形	作用
断路器	QF		主回路过流保护
保险	FU		当线路大负荷超载或短路电流增大时保险丝被熔，起到切断电流、保护电路和电气作用
按钮	SB		启动或停止控制的设备
按钮	SB		启动或停止控制的设备
热继电器	FR		热继电器是用于电动机或其他电气设备、电气线路的过载保护的保护电器
交流接触器	KM		接触器在电路中作用是快速切断交流主回路的电源，实现开启或停止设备的工作
电动机	M（M 3～）		拖动、运行

3．接触器自锁控制线路布线和组装

接触器自锁控制线路布线和组装可扫二维码学习。

4．接触器自锁控制线路故障排除

① 按下启动按钮后电动机不运转，首先检查主电路接线是否完好，如果接触不良重新接线故障就可排除。如图 7-7 所示。

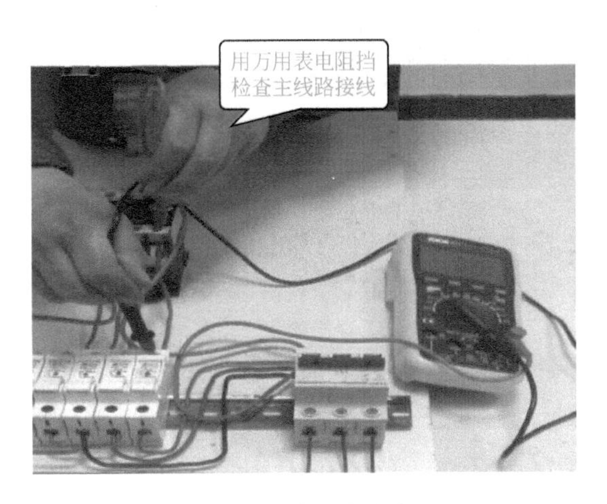

图 7-7　检查主线路

② 按下启动按钮后电动机不运转，检查控制线路接线情况。如图 7-8、图 7-9 所示。

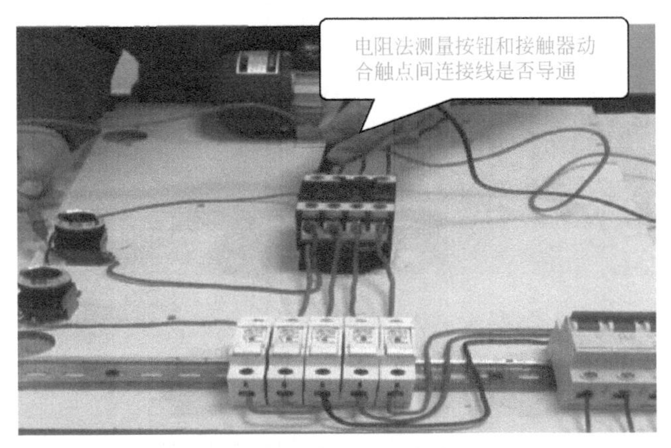

图 7-8　检查控制线路

图 7-9　发现故障点

四、带热继电器保护自锁控制电路

1. 控制线路

① 启动：如图 7-10 所示，合上空开 QF，按下启动按钮 SB2，KM 线圈得电后常开辅助触头闭合，同时主触头闭合，电动机 M 启动连续运转。

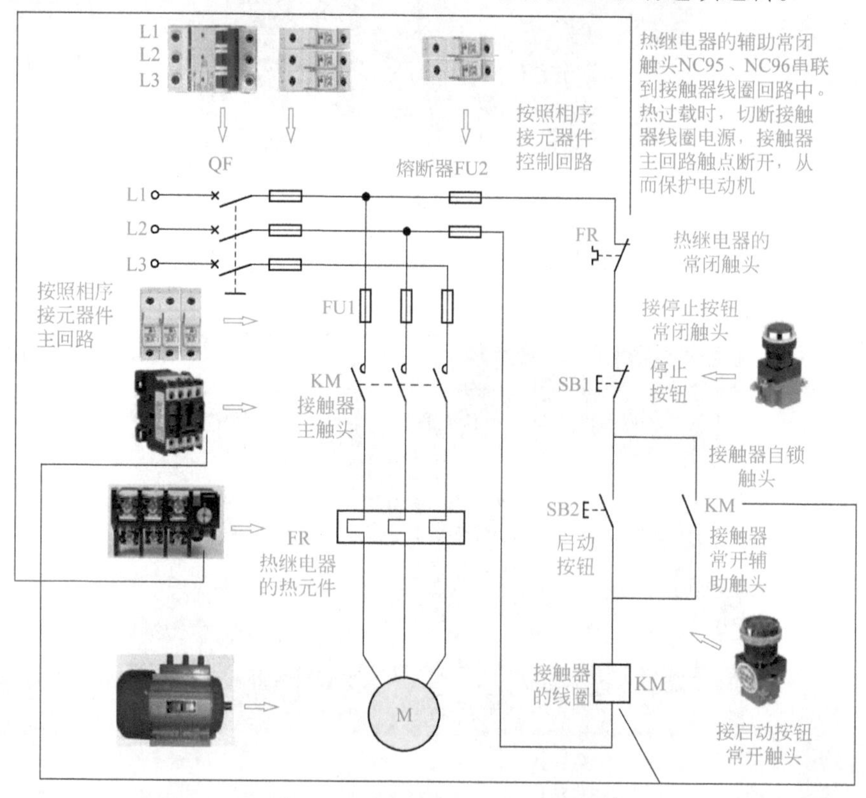

图 7-10　带热继电器保护自锁正转控制线路原理

当松开 SB2，其常开触头恢复分断后，因为接触器 KM 的常开辅助触头闭合时已将 SB2 短接，控制电路仍保持接通，所以接触器 KM 继续得电，电动机 M 实现连续运转。

② 停止：按下停止按钮 SB1，KM 线圈断电，自锁辅助触头和主触头分断，电动机停止转动。当松开 SB1，其常闭触头恢复闭合后，因接触器 KM 的自锁触头在切断控制电路时已分断，解除了自锁，SB2 也是分断的，所以接触器 KM 不能得电，电动机 M 也不会转动。

③ 线路的保护设置。

a. 短路保护：由熔断器 FU1、FU2 分别实现主电路与控制电路的短路保护。

b. 过载保护：因为电动机在运行过程中，如果长期负载过大或启动操作频繁，或者缺相运行等原因，都可能使电动机定子绕组的电流增大，超过其额定值。而在这种情况下，熔断器往往并不熔断，从而引起定子绕组过热使温度升高，若温度超过允许温升就会使绝缘损坏，缩短电动机的使用寿命，严重时甚至会使电动机的定子绕组烧毁。因此，采用热继电器对电动机进行过载保护。过载保护是指电动机出现过载时能自动切断电动机电源，使电动机停转的一种保护。

在照明、电加热等一般电路里，熔断器 FU 既可以作短路保护，也可以作过载保护。但对三相异步电动机控制线路来说，熔断器只能用作短路保护。这是因为三相异步电动机的启动电流很大（全压启动时的启动电流能达到额定电流的 4 ～ 7 倍），若用熔断器作过载保护，则选择熔断器的额定电流就应等于或略大于电动机的额定电流，这样电动机在启动时，由于启动电流大大超过了熔断器的额定电流，使熔断器在很短的时间内爆断，造成电动机无法启动。所以熔断器只能作短路保护，其额定电流应取电动机额定电流的 1.5 ～ 3 倍。

热继电器在三相异步电动机控制线路中也只能作过载保护，不能作短路保护。这是因为热继电器的热惯性大，即热继电器的双金属片受热膨胀弯曲需要一定的时间，当电动机发生短路时，由于短路电流很大，热继电器还没来得及动作，供电线路和电源设备可能已经损坏。而在电动机启动时，由于启动时间很短，热继电器还未动作，电动机已启动完毕。总之，热继电器与熔断器两者所起作用不同，不能相互代替。

2．带热继电器保护自锁正转控制线路接线组装

带热继电器保护自锁正转控制线路接线组装可扫二维码学习。

五、带急停开关保护接触器自锁正转控制电路

1．带急停开关控制接触器自锁正转控制线路

急停按钮最基本的作用就是在紧急情况下的紧急停车，避免机械事故或人身事故。

急停按钮都是使用常闭触头，急停按钮按下后能够自锁在分断的状态，只有旋转后才能复位，这样能防止误动解除停止状态。急停按钮都是红色蘑菇头，便于拍击，有些场合为防止误碰，还加一个防误碰的盖，翻开保护盖后才能按下急停按钮。

如图 7-11 所示，在电路中我们利用急停开关 SB0 的常闭触头串联在控制

回路中，当紧急情况发生，按下急停按钮，接触器 KM 辅助触头和线圈断电，主触头断开，从而使电机停止转动。

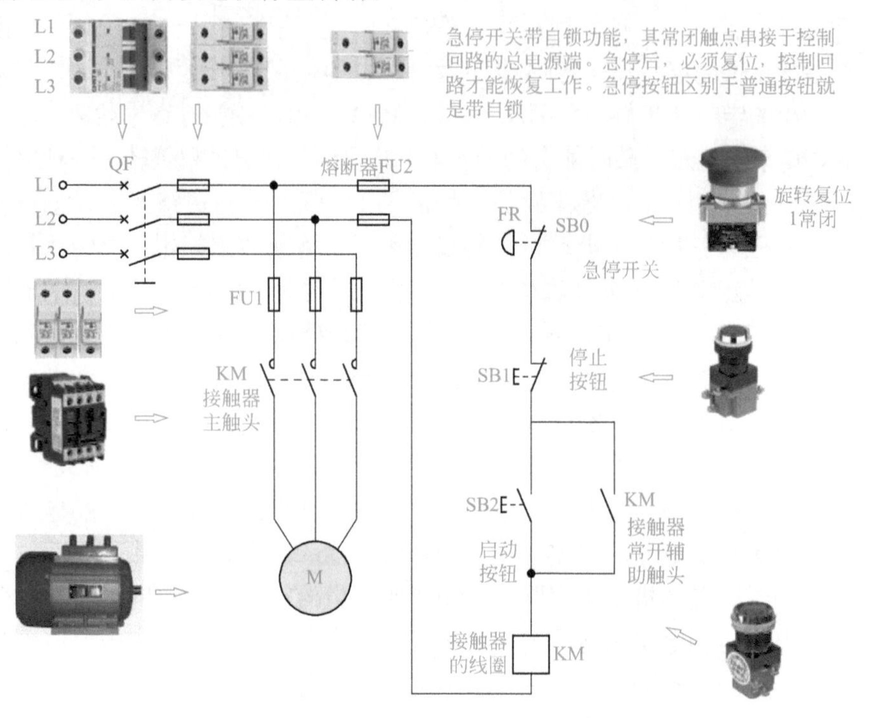

图 7-11　带急停开关控制接触器自锁正转控制线路

2. 带急停开关控制接触器自锁正转控制线路布线和组装

带急停开关保护控制线路可扫二维码学习。

六、晶闸管控制软启动（软启动器控制）电路

1. 电路原理

（1）电动机直接启动的危害

电气方面：

① 启动时可达 5 ～ 7 倍的额定电流，造成电动机绕组过热，从而加速绝缘老化。

② 供电网络电压波动大，当电压≤ $0.85U_N$ 时，影响其他设备的正常使用。

机械方面：

① 过大的启动转矩产生机械冲击，对被带动的设备造成大的冲击力，缩短使用寿命，影响精确度。如使联轴器损坏、皮带撕裂等。

② 造成机械传动部件的非正常磨损及冲击，加速老化，缩短寿命。

（2）软启动的分类和基本工作原理　在电动机定子回路，通过串入有限流作用的电力器件实现的软启动，叫做降压或限流软启动。它是软启动中的一个重要类别。以限流器件划分，软启动可分为：以电解液限流的液阻软启动，以晶闸管为限流器件的晶闸管软启动，以磁饱和电抗器为限流器件的磁控软启动。

变频调速装置也是一种软启动装置，它是比较理想的一种，可以在限流同时保持高的启动转矩，但较高的价格制约了其作为软启动装置的发展。传统的软启动均是有级的，如星形 / 三角形变换软启动、自耦变压器软启动、电抗器软启动等。具体电路在后面进行介绍。

日常软启动应用中最具有性价比的是晶闸管软启动，其原理是通过控制单元发出 PWM 波来控制晶闸管触发脉冲，以控制晶闸管的导通，从而实现对电动机启动的控制。

晶闸管软启动器内部结构和主电路图如图 7-12 所示。晶闸管软启动器工作原理与布线维修扫二维码学习。

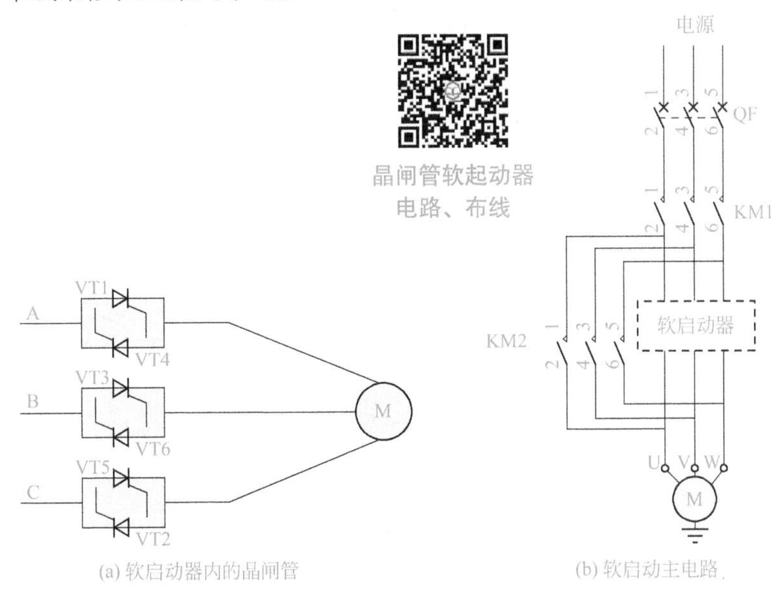

(a) 软启动器内的晶闸管　　(b) 软启动主电路

图 7-12　晶闸管软启动器结构图

在晶闸管调压软启动主电路图中，调压电路由六只晶闸管两两反向并联组成，串接在电动机的三相供电线路中。在启动过程中，晶闸管的触发角由软件控制，当启动器的微机控制系统接到启动指令后，便进行有关的计算，输出触发晶闸管的信号，通过控制晶闸管的导通角θ，使启动器按照所设计的模式调节输出电压，使加在交流电动机三相定子绕组上的电压由零逐渐平滑地升至全电压。同时，电流检测装置检测三相定子电流并送给微处理器进行运算和判断，当启动电流超过设定值时，软件控制升压停止，直到启动电流下降到低于设定值之后，再使电动机继续升压启动。若三相启动电流不平衡并超过规定的范围，则停止启动。当启动过程完成后，软启动器将旁路接触器吸合，短路掉所有的晶闸管，使电动机直接投入电网运行，以避免不必要的电能损耗。

软启动器采用三相反并联晶闸管作为调压器，将其接入电源和电动机定子之间。这种电路如三相全控桥式整流电路，使用软启动器启动电动机时，晶闸管的输出电压逐渐增加，电动机逐渐加速，直到晶闸管全导通，电动机工作在额定电压的机械特性上，实现平滑启动，降低启动电流，避免启动过流跳闸。待电动机达到额定转数时，启动过程结束，软启动器自动用旁路接触器取代已完成任务的晶闸管，为电动机正常运转提供额定电压，以降低晶闸管的热损耗，延长软启动器的使用寿命，提高其工作效率，使电网避免谐波污染。

（3）实际应用的 CMC-L 软启动器电路

① 实际电路图如图 7-13 所示。软启动器端子 1L1、3L2、5L3 接三相电源，2T1、4T2、6T3 接电动机。当采用旁路交流接触器时，可采用内置信号继电器通过端子的 6 脚和 7 脚控制旁路交流接触器接通，达到电动机的软启动。

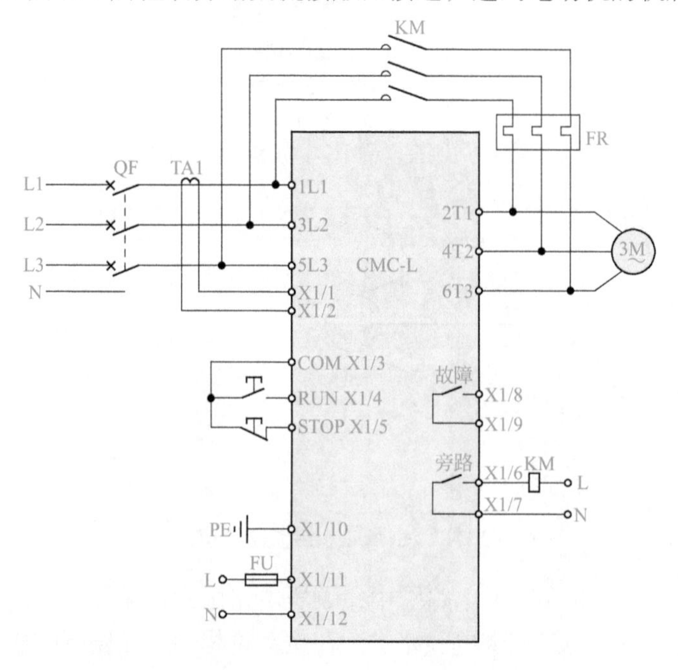

图 7-13　CMC-L 软启动器实际电路图

② CMC-L 软启动器端子说明：CMC-L 软启动器有 12 个外引控制端子，为大家实现外部信号控制、远程控制及系统控制提供方便，端子说明如表 7-2 所示。

表7-2　CMC-L软启动器端子说明

端子号		端子名称	说明
主回路	1L1、3L2、5L3	交流电源输入端子	接三相交流电源
	2T1、4T2、6T3	软启动输出端子	接三相异步电动机
控制回路	X1/1	电流检测输入端子	接电流互感器
	X1/2		
	X1/3	COM	逻辑输入公共端
	X1/4	外控启动端子（RUN）	X1/3 与 X1/4 短接则启动
	X1/5	外控停止端子（STOP）	X1/3 与 X1/5 断开则停止
	X1/6	旁路输出继电器	输出有效时 K21-K22 闭合，接点容量 AC250V/5A，DC30V/5A
	X1/7		
	X1/8	故障输出继电器	输出有效时 K11-K12 闭合，接点容量 AC250V/5A，DC30V/5A
	X1/9		
	X1/10	PE	功能接地
	X1/11	控制电源输入端子	AC110V ～ AC220V（+15%）50/60Hz
	X1/12		

③ CMC-L 软启动器显示及操作说明：CMC-L 软启动器面板如图 7-14 所示。

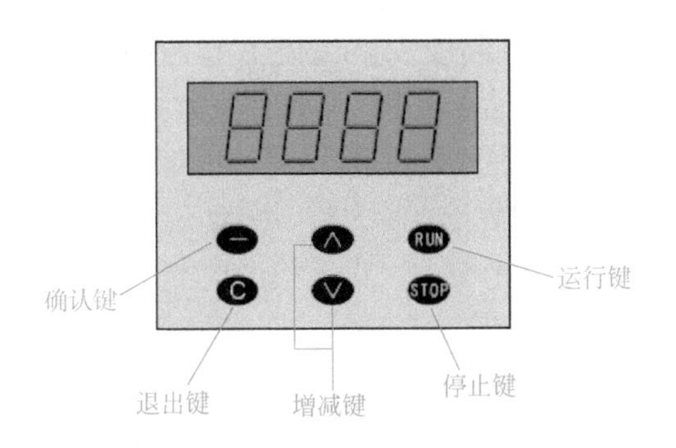

图 7-14　CMC-L 软启动器面板示意图

CMC-L 软启动器按键功能如表 7-3 所示。

表7-3 CMC-L软启动器按键功能

符号	名称	功能说明
—	确认键	进入菜单项，确认需要修改数据的参数项
∧	递增键	参数项或数据的递增操作
∨	递减键	参数项或数据的递减操作
C	退出键	确认修改的参数数据、退出参数项，退出参数菜单
RUN	运行键	键操作有效时，用于运行操作，并且端子排 X1 的 3、5 端子短接
STOP	停止键	键操作有效时，用于停止操作，故障状态下按下 STOP 键 4s 以上可复位当前故障

CMC-L 软启动器显示状态说明如表 7-4 所示。

表7-4 CMC-L软启动器显示状态说明

序号	显示符号	状态说明	备注
1	STOP	停止状态	设备处于停止状态
2	P020	编程状态	此时可阅览和设定参数
3	AUA	运行状态 1	设备处于软启动过程状态
4	AUA	运行状态 2	设备处于全压工作状态
5	AUA	运行状态 3	设备处于软停车状态
6	Err	故障状态	设备处于故障状态

④ CMC-L 软启动器的控制模式。CMC-L 软启动器有多种启动方式：限流启动、斜坡限流启动、电压斜坡启动；多种停车方式：软停车、自由停车方式。在使用时可根据负载及具体使用条件选择不同的启动方式和停车方式。

a. 限流启动。使用限流软启动模式时，启动时间设置为零，软启动器得到启动指令后，其输出电压迅速增加，直至输出电流达到设定电流限幅值 I_m，输出电流不再增大，电动机运转加速持续一段时间后电流开始下降，输出电压迅速增加，直至全压输出，启动过程完成，如表 7-5 所示。

表7-5 限流启动使用限辩驳软启动模式参数表

参数项	名称	范围	设定值	出厂值
P1	启动时间	0 ～ 60s	0	10
P3	限流倍数	（1.5 ～ 5）I_e 8 级可调	—	3

注：“—”表示用户自己根据需要进行设定（下同）。

b. 斜坡限流启动。输出电压以设定的启动时间按照线性特性上升，同时输出电流以一定的速率增加，当启动电流增至限幅值 I_m 时，电流保持恒定，直至启动完成，如表 7-6 所示。

表7-6　斜坡限流启动模式参数表

参数项	名称	范围	设定值	出厂值
P0	起始电压	（10%～70%）U_e	—	30%
P1	启动时间	0～60s	—	10
P3	限流倍数	（1.5～5）I_e　8 级可调	—	3

c. 电压斜坡启动。这种启动方式适用于大惯性负载，而对启动平稳性要求比较高的场合，可大大降低启动冲击及机械应力，如表 7-7 所示。

表7-7　电压斜坡启动模式参数表

参数项	名称	范围	设定值	出厂值
P0	起始电压	（10%～70%）U_e	—	30%
P1	启动时间	0～60s	—	10

d. 自由停车。当停车时间为零时为自由停车模式，软启动器接到停机指令后，首先封锁旁路交流接触器的控制继电器并随即封锁主回路晶闸管的输出，电动机依负载惯性自由停机，如表 7-8 所示。

表7-8　自由停车模式参数表

参数项	名称	范围	设定值	出厂值
P2	停车时间	0～60s	0	0

e. 软停车。当停车时间设定不为零时，在全压状态下停车则为软停车，在该方式下停机，软启动器首先断开旁路交流接触器，软启动器的输出电压在设定的停车时间降为零。

⑤ CMC-L 软启动器参数项及其说明如表 7-9 所示。

表7-9　CMC-L软启动器参数项及其说明

参数项	名称	范围	出厂值
P0	起始电压	（10%～70%）U_e　设为 99% 时为全压启动	30%
P1	启动时间	0～60s　选择 0 为限流软启动	10
P2	停车时间	0～60s　选择 0 为自由停车	0
P3	限流倍数	（1.5～5）I_e　8 级可调	3

续表

参数项	名称	范围	出厂值
P4	运行过流保护	（1.5～5）I_e 8级可调	1.5
P5	未定义参数	0——接线端子控制 1——操作键盘控制	—
P6	控制选择	2——键盘、端子同时控制 0——允许 SCR 保护	2
P7	SCR 保护选择	1——禁止 SCR 保护 0——双斜坡启动无效 非 0——双斜坡启动有效	0
P8	双斜坡启动	设定值为第一次启动时间（范围：0～60s）	0

2．电路接线组装

外接控制回路 CMC-L 软启动器整体电路设计安装原理图，如图 7-15 所示。

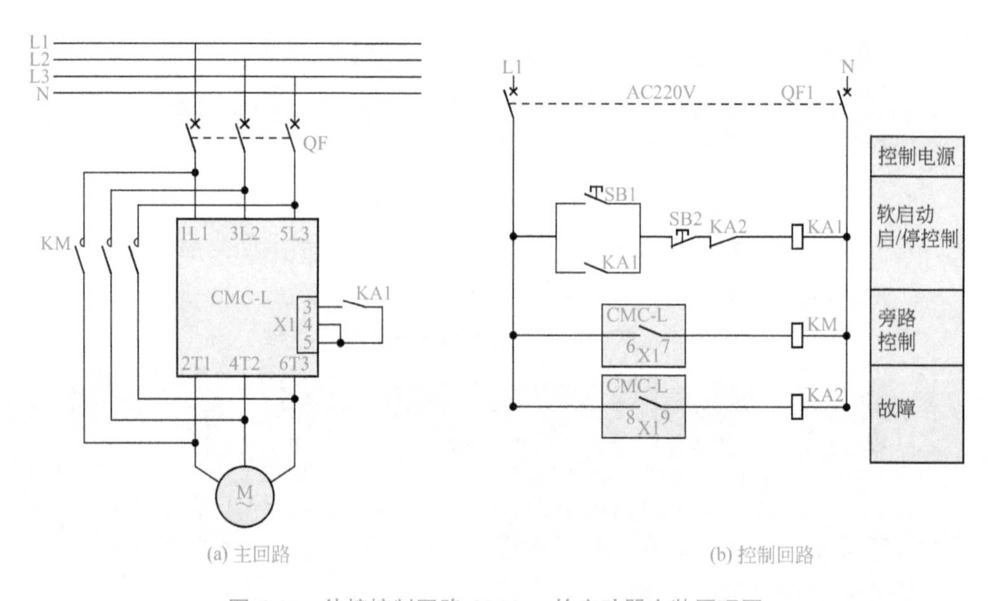

图 7-15 外接控制回路 CMC-L 软启动器安装原理图

控制电路接线：在接漏电保护器时一般接成“左零右火”形式，或把零线接在“N”标识上面。

继电器接线：KA1 常开触点要并联在启动按钮开关上，停止按钮开关 SB2 和 KA2 常闭触点串联接到 KA1 线圈上。

旁路交流接触器接线：220V 火线经过软启动端子 6、7 接到旁路交流接触器线圈上，控制旁路交流接触器。

当出现故障不能启动时，220V 火线经过软启动端子 8、9 接到中间继电器

KA2 线圈，中间继电器 KA2 吸合，串联在 KA1 中间继电器线圈的 220V 电压被切断，软启动控制器停止工作。

注意：接线时别忘了软启动控制器 11、12 号端子的 220V 控制电源必须接好，如图 7-16 所示。

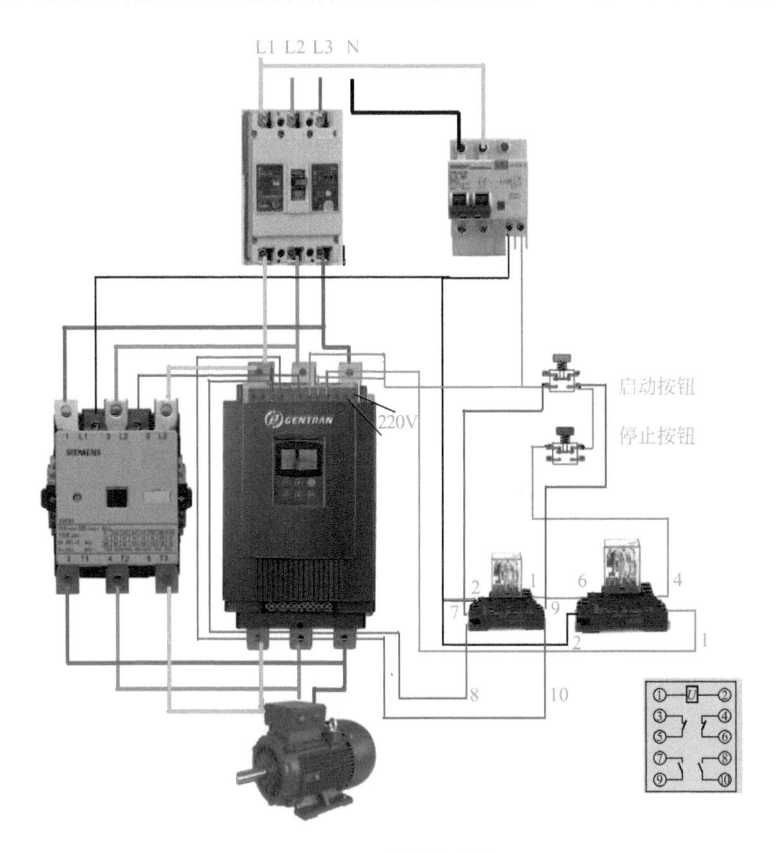

图 7-16　连接控制线

3．电路调试与检修

当软启动器保护功能动作时，软启动器立即停机，显示屏显示当前故障。用户可根据故障内容进行故障分析。

注意：不同的软启动器故障代码不完全相同，因此实际故障代码应参看使用说明书，如表 7-10 所示。

表7-10　实际故障代码使用说明

显示	状态说明	处理方法
STOP	给出启动信号电动机无反应	① 检查端子 3、4、5 是否接通 ② 检查控制电路连接是否正确，控制开关是否正常 ③ 检查控制电源是否过低 ④ C200 参数设置不对
无显示	—	① 检查端子 X3 的 8 和 9 是否接通 ② 检查控制电源是否正常
Err1	电动机启动时缺相	检查三相电源各相电压，判断是否缺相并予以排除
Err2	晶闸管过热	① 检查软启动器安装环境是否通风良好且垂直安装 ② 检查散热器是否过热或过热保护开关是否被断开 ③ 启动频次过高，降低启动频次 ④ 控制电源过低，启动过程电源跌落过大
Err3	启动失败故障	① 逐一检查各项工作参数设定值，核实设置的参数值与电动机实际参数是否匹配 ② 启动失败（C105 设定时间内未完成），检查限流倍数是否设定过小或核对互感器变比正确性
Err4	软启动器输入与输出端短路	① 检查旁路接触器是否卡在闭合位置上 ② 检查可控硅是否击穿或损坏
	电动机连接线开路（C104 设置为 0）	① 检查软启动器输出端与电动机是否正确且可靠连接 ② 判断电动机内部是否开路 ③ 检查可控硅是否击穿或损坏 ④ 检查进线是否缺相
Err5	限流功能失效	① 检查电流互感器是否接到端子 X2 的 1、2、3、4 上，且接线方向是否正确 ② 查看限流保护设置是否正确 ③ 电流互感器变比是否正确
	电动机运行过流	① 检查软启动器输出端连接是否有短路 ② 负载突然加重 ③ 负载波动太大 ④ 电流互感器变化是否与电动机相匹配
Err6	电动机漏电故障	电动机与地绝缘阻抗过小
Err7	电子热过载	是否超载运行
Err8	相序错误	调整相序或设置为不检测相序
Err9	参数丢失	此故障发现时，暂停软启动器的使用，速与供货商联系

七、单相电机电阻启动运行电路

单相电阻启动式异步电动机新型号为 BQ、JZ，定子线槽绕组嵌有主绕组和副绕组，此类电动机一般采用正弦绕组，主绕组占的槽数略多，甚至主副绕组各占 1/2 的槽数，不过副绕组的线径比主绕组的线径细得多，以增大副绕组的电阻，主绕组和副绕组的轴线在空间相差 90° 电角度。电阻略大的副绕组经离心开关接通电源，当电动机启动后达到 75% ～ 80% 的转速时通过离心开关将副绕组切离电源，由主绕组单独工作，如图 7-17 所示为单相电阻启动式异步电动机接线原理。

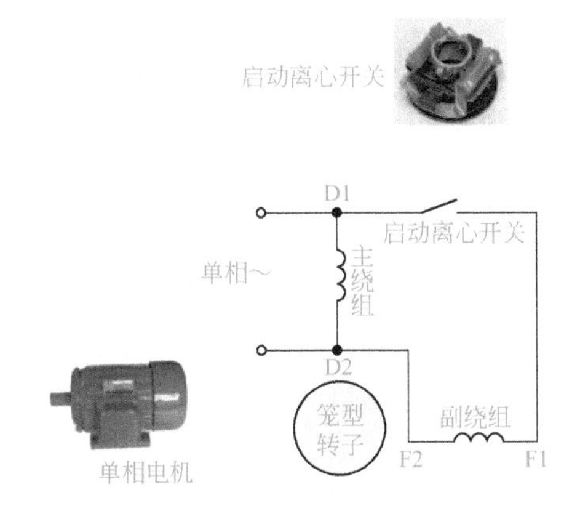

图 7-17　单相电阻启动式异步电动机接线

单相电阻启动式异步电动机具有中等启动转矩和过载能力，功率为 40 ～ 370W，适用于水泵、鼓风机、医疗器械等。

八、单相异步电动机电容启动运转电路

电容启动式单相异步电动机新型号为 CO_2，老型号为 CO、JY，定子线槽主绕组、副绕组分布与电阻启动式电动机相同，但副绕组线径较粗，电阻小，主、副绕组为并联电路。副绕组和一个容量较大的启动电容串联，再串联离心开关。副绕组只参与启动，不参与运行。当电动机启动后达到 75% ～ 80% 的转速时通过离心开关将副绕组和启动电容切离电源，由主绕组单独工作，如图 7-18 所示为单相电容启动式异步电动机接线原理图。

单相电容启动式异步电动机启动性能较好，具有较高的启动转矩，最初的启动电流倍数为 4.5 ～ 6.5，因此适用于启动转矩要求较高的场合，功率为 120 ～ 750W，如小型空压机、磨粉机、电冰箱等满载启动机械。

单相电机电容启动运转电路

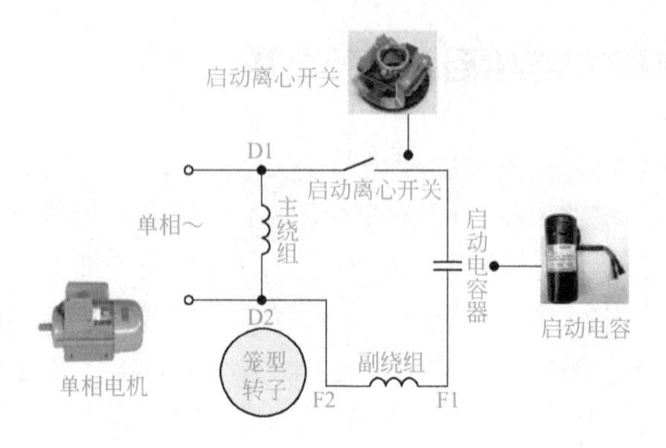

图 7-18　单相电容启动式异步电动机接线原理

九、电容运行式单相异步电动机电路

电容运行式异步电动机新型号为 DO_2，老型号为 DO、JX，定子线槽主绕组、副绕组分布各占 1/2，主绕组和副绕组的轴线在空间相差 90°电角度，主、副绕组为并联电路。副绕组串接一个电容后与主绕组并联接入电源，副绕组和电容不仅参与启动，还长期参与运行，如图 7-19 所示为单相电容运行式异步电动机接线原理。单相电容运行式异步电动机的电容长期接入电源工作，因此不能采用电解电容，通常采用纸介质或油浸纸介质电容。电容的容量主要是根据电动机运行性能来选取，一般比电容启动式的电动机要小一些。

电容运行式异步电动机，启动转矩较低，一般为额定转矩的零点几倍，但效率因数和效率较高、体积小、重量轻，功率为 8 ～ 180W，适用于轻载启动要求长期运行的场合，如电风扇、录音机、洗衣机、空调器、家用风机、电吹风及电影机械等。

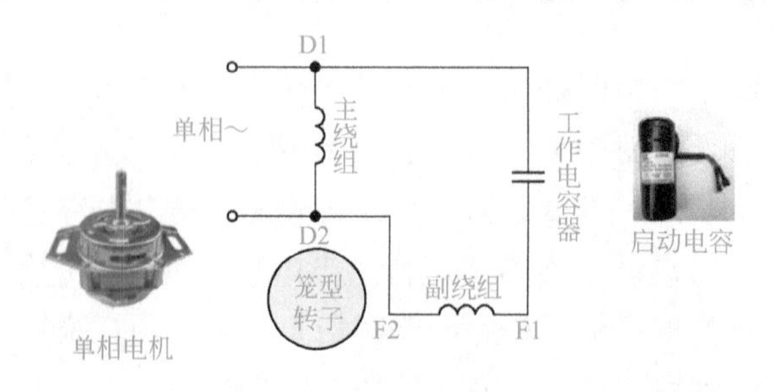

图 7-19　单相电容运行式异步电动机接线原理

十、电容启动和运转式单相异步电动机电路

单相电容启动和运转式异步电动机型号为F，又称为双值电容电动机。定子线槽主绕组、副绕组分布各占1/2，但副绕组与两个电容并联（启动电容、运转电容），其中启动电容串接离心开关并接于主绕组端。当电动机启动后，达到75%～80%的转速时通过离心开关将启动电容切离电源，而副绕组和工作电容继续参与运行（工作电容容量要比启动电容容量小），如图7-20所示为单相电容启动和运转式电动机接线。

单相电容启动和运转式电动机具有较高的启动性能、过载能力和效率，功率8～750W，适用于性能要求较高的日用电器、特殊压缩泵、小型机床等。

故障检修：电动机内部设有离心开关，随电动机的高速运转就可以把电容器断开，对于这种电路，接通空开，如果电容器没有毁坏，电动机能够正常运转，能听到开关断开的声音。如果接通电源，电动机不能够正常运转，应检测空开下端电压、电动机的接线柱的电压是否正常，如果接通空开后电动机有“嗡嗡”声，但是不能启动，说明是电容器毁坏，更换电容器就可以了。如果接通空开，电动机能够运转，“嗡嗡”声比较大，能够直观看到电动机的轴转速比较慢，或是听不到瞬间开关断开声音，说明是内部离心开关毁坏，可以打开电动机修理或直接更换离心开关。

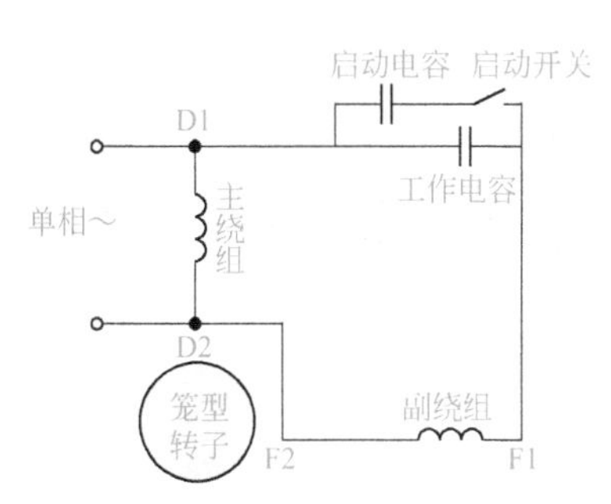

图7-20 单相电容启动和运转式电动机接线

第二节 电动机降压启动控制电路

一、自耦变压器降压启动控制电路

1. 自耦变压器降压启动原理

自耦变压器高压侧接电网，低压侧接电动机。启动时，利用自耦变压器分

接头来降低电动机的电压，待转速升到一定值时，自耦变压器自动切除，电动机与电源相接，在全压下正常运行。

自耦变压器降压启动是利用自耦变压器来降低加在电动机定子绕组上的电压，达到限制启动电流的目的。电动机启动时，定子绕组加上自耦变压器的二次电压。启动结束后，甩开自耦变压器，定子绕组上加额定电压，电动机全压运行。自耦变压器降压启动分为手动控制和自动控制两种。

（1）手动控制电路原理 自耦变压器降压启动控制电路如图 7-21 所示。对正常运行时为星形接线及要求启动容量较大的电动机，不能采用星 - 三角（Y- △）启动法，常采用自耦变压器启动方法，自耦变压器启动法是利用自耦变压器来实现降压启动的。用来降压启动的三相自耦变压器又称为启动补偿器，其外形如图 7-21（b）所示。

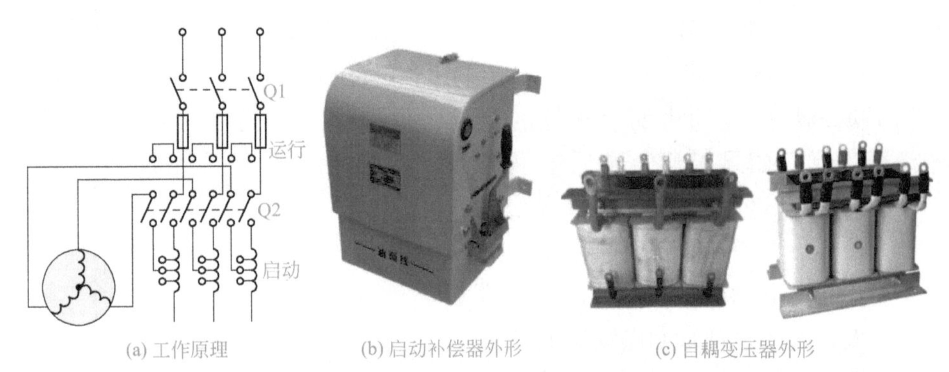

(a) 工作原理　　(b) 启动补偿器外形　　(c) 自耦变压器外形

图 7-21　自耦变压器

用自耦变压器降压启动时，先合上电源开关 Q1，再把转速开关 Q2 的操作手柄推向“启动”位置，这时电源电压接在三相自耦变压器的全部绕组上（高压侧），而电动机在较低电压下启动，当电动机转速上升到接近于额定转速时，将转换开关 Q2 的操作手柄迅速从“启动”位置投向“运行”位置，这时自耦变压器从电网中切除。

（2）自动控制电路原理 图 7-22 是交流电动机自耦降压启动自动切换控制电路，自动切换靠时间继电器完成，用时间继电器切换能可靠地完成由启动到运行的转换过程，不会造成启动时间长短不一的情况，也不会因启动时间长造成烧毁自耦变压器事故。

控制过程如下：

① 合上空气开关 QF，接通三相电源。

② 按启动按钮 SB2，交流接触器 KM1 线圈通电吸合并自锁，其主触头闭合，将自耦变压器线圈接成星形，与此同时 KM1 辅助常开触点闭合，使得接

触器 KM2 线圈通电吸合，KM2 的主触头闭合，由自耦变压器的低压抽头（如 65%）将三相电压的 65% 接入电动机。

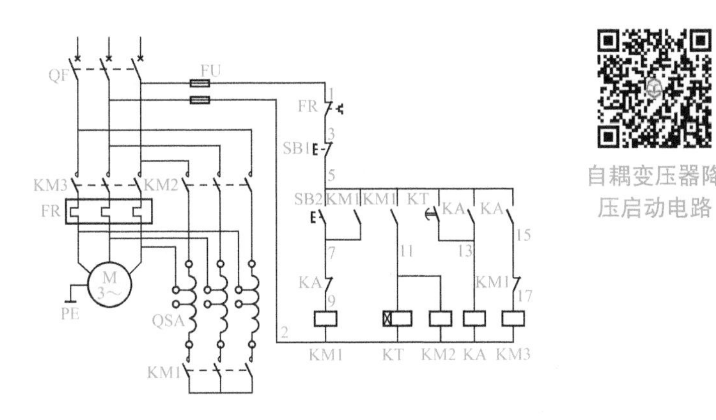

自耦变压器降压启动电路

图 7-22 电动机自耦变压器降压启动（自动控制）电路原理图

③ KM1 辅助常开触点闭合，使时间继电器 KT 线圈通电，并按已整定好的时间开始计时，当时间到达后，KT 的延时常开触点闭合，使中间继电器 KA 线圈通电吸合并自锁。

④ 由于 KA 线圈通电，其常闭触点断开使 KM1 线圈断电，KM1 常开触点全部释放，主触头断开，使自耦变压器线圈封星端打开；同时，KM2 线圈断电，其主触头断开，切断自耦变压器电源。KA 的常闭触点闭合，通过 KM1 已经复位的常闭触点，使 KM3 线圈得电吸合，KM3 主触头接通，电动机在全压下运行。

⑤ KM1 的常开触点断开也使时间继电器 KT 线圈断电，其延时闭合触点释放，也保证了在电动机启动任务完成后，使时间继电器 KT 可处于断电状态。

⑥ 欲停车时，可按 SB1，则控制回路全部断电，电动机切除电源而停转。

⑦ 电动机的过载保护由热继电器 FR 完成。

2. 电路调试与检修（见上方二维码）

① 电动机自耦降压电路适用于任何接法的三相笼式异步电动机。

② 自耦变压器的功率应与电动机的功率一致，如果小于电动机的功率，自耦变压器会因启动电流大发热损坏而烧毁绕组。

③ 对照原理图核对接线，要逐相检查核对线号，防止接错线和漏接线。

④ 由于启动电流很大，应认真检查主回路端子接线的压接是否牢固，确保无虚接现象。

⑤ 空载试验：拆下热继电器 FR 与电动机端子的连接线，接通电源，按动 SB2，启动 KM1 与 KM2 动作吸合，KM3 与 KA 不动作。时间继电器的整定时间到达时，KM1 和 KM2 释放以及 KA 和 KM3 动作吸合切换正常，反复试验几次检查线路的可靠性。

⑥ 带电动机试验：经空载试验无误后，恢复与电动机的接线。在带电动机试验中应注意启动与运行的接换过程，注意电动机的声音及电流的变化，电动机启动是否困难，有无异常情况，如有异常情况应立即停车处理。

⑦ 再次启动：自耦降压启动电路不能频繁操作，如果启动不成功，第二次启动应间隔 4min 以上，在 60s 连续两次启动后，应停电 4h 再次启动运行，这是为了防止自耦变压器绕组内启动电流太大而发热损坏自耦变压器的绝缘。

⑧ 带负荷启动时，电动机声音异常，转速低不能接近额定转速，转换到运行时有很大的冲击电流。

分析现象：电动机声音异常，转速低不能接近额定转速，说明电动机启动困难，怀疑是自耦变压器的抽头选择不合理、电动机绕组电压低、启动力矩小、拖动的负载大所造成的。处理：将自耦变压器的抽头改接在 80% 位置后，再试车故障排除。

⑨ 电动机由启动转换到运行时，仍有很大的冲击电流，甚至掉闸。

分析现象：这是电动机启动和运行的接换时间太短，时间太短，电动机的启动电流还未下降至转速接近额定转速就切换到全压运行状态所致。处理：调整时间继电器的整定时间，延长启动时间，现象排除。

二、电机定子串电阻降压启动电路

1．定子串电阻降压启动控制线路

图 7-23 所示是定子串电阻降压启动控制线路。电动机启动时在三相定子电路中串接电阻，使电动机定子绕组电压降低，启动后再将电阻短路，电动机仍然在正常电压下运行。这种启动方式由于不受电动机接线形式的限制，设备简单，因而在中小型机床中也有应用。机床中也常用这种串接电阻的方法限制点动调整时的启动电流。图 7-23 所示控制线路的工作过程如下。

只要 KM2 得电就能使电动机正常运行。但线路图 7-23（b）在电动机启动后 KM1 与 KT 一直得电动作，这是不必要的。线路图 7-23（c）就解决了这个问题，接触器KM2得电后，其动断触点将KM1及KT断电，KM2自锁。这样，在电动机启动后，只要KM2得电，电动机便能正常运行。

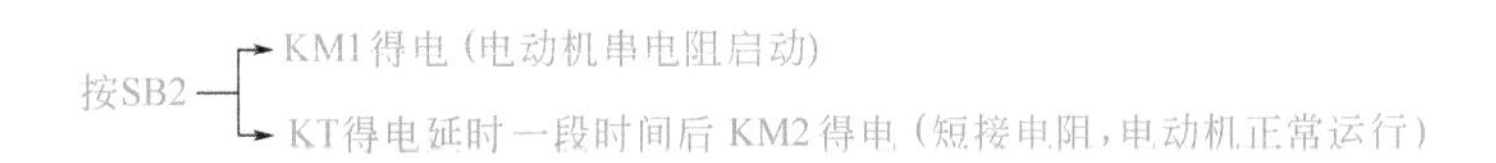

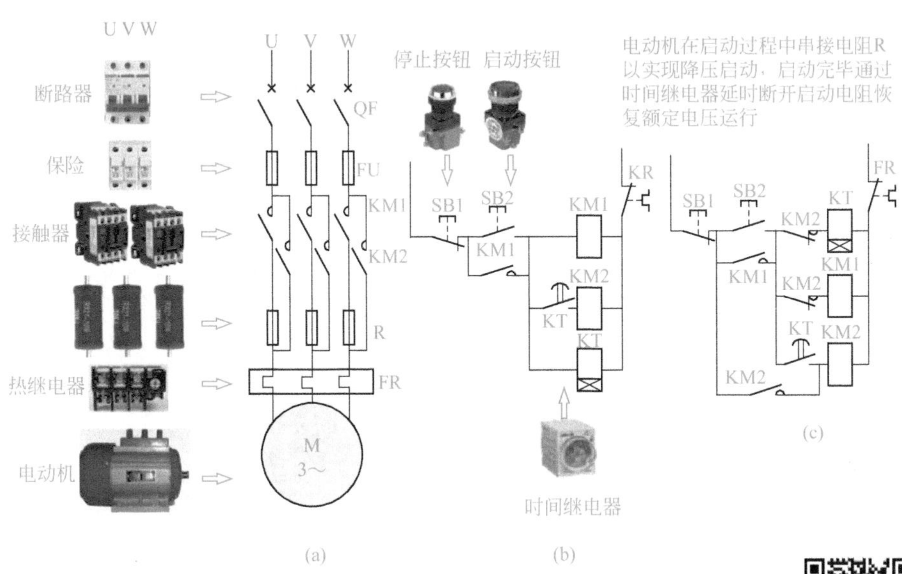

图 7-23　电动机定子串电阻降压启动控制线路

2．电动机定子串电阻降压启动控制线路接线和组装（见二维码）

3．电动机定子串电阻降压启动控制线路故障排除

① 按动启动按钮，电机串电阻启动，启动后短接启动电阻的接触器不吸合，电机始终工作在降压启动过程中。通过此故障现象说明电机串电阻接触器和其控制线路没有故障，故障部位发生在短接接触器部分，此种情况大部分是由于时间继电器接触不良造成的（时间继电器属于插接件，使用中容易松脱或生锈接触不良），用一只好的时间继电器代换就可判断出时间继电器好坏。如图 7-24 所示。

② 按动启动按钮，电机串电阻启动，启动后短接启动电阻的接触器不断开，代换时间继电器后故障没有排除，说明时间继电器没有问题，此时我们需要检查串电阻接触器的控制线路，用万用表检查短接接触器线圈和时间控

制器及带电阻启动接触器触点间互锁接线。发现互锁接线未接好，故障排除。如图 7-25、图 7-26 所示。

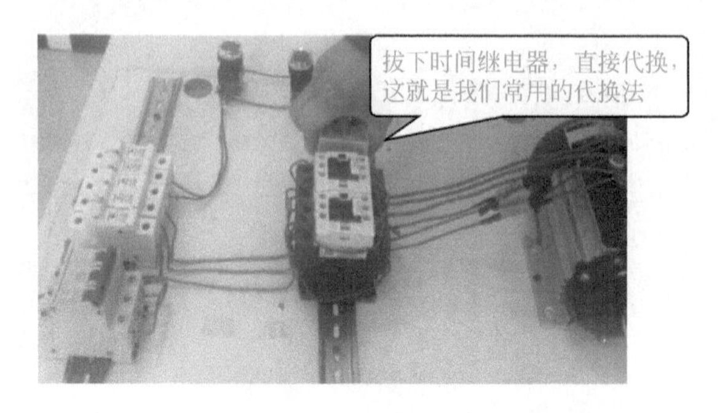

图 7-24　代换法判断时间继电器好坏

图 7-25　检查接触器互锁线路

图 7-26　故障点找到

三、Y-△降压启动电路

1. 电路原理

在正常运行时，电动机定子绕组是连成三角形的，启动时把它连接成星形，启动即将完毕时再恢复成三角形。目前 4kW 以上的三相异步电动机定子绕组在正常运行时，都是接成三角形的，对这种电动机就可采用星 - 三角形（Y-△）降压启动。

图 7-27 所示是一种 Y-△ 启动线路。从主回路可知，如果控制线路能使电动机接成星形（即 KM1 主触点闭合），并且经过一段延时后再接成三角形（即 KM1 主触点打开，KM2 主触点闭合），则电动机就能实现降压启动，而后再自动转换到正常速度运行。控制线路的工作过程如图 7-28 所示。

在实际应用中还可以用两个接触器控制，电路如图 7-29 所示，电路原理可根据三个接触器工作原理自行分析。

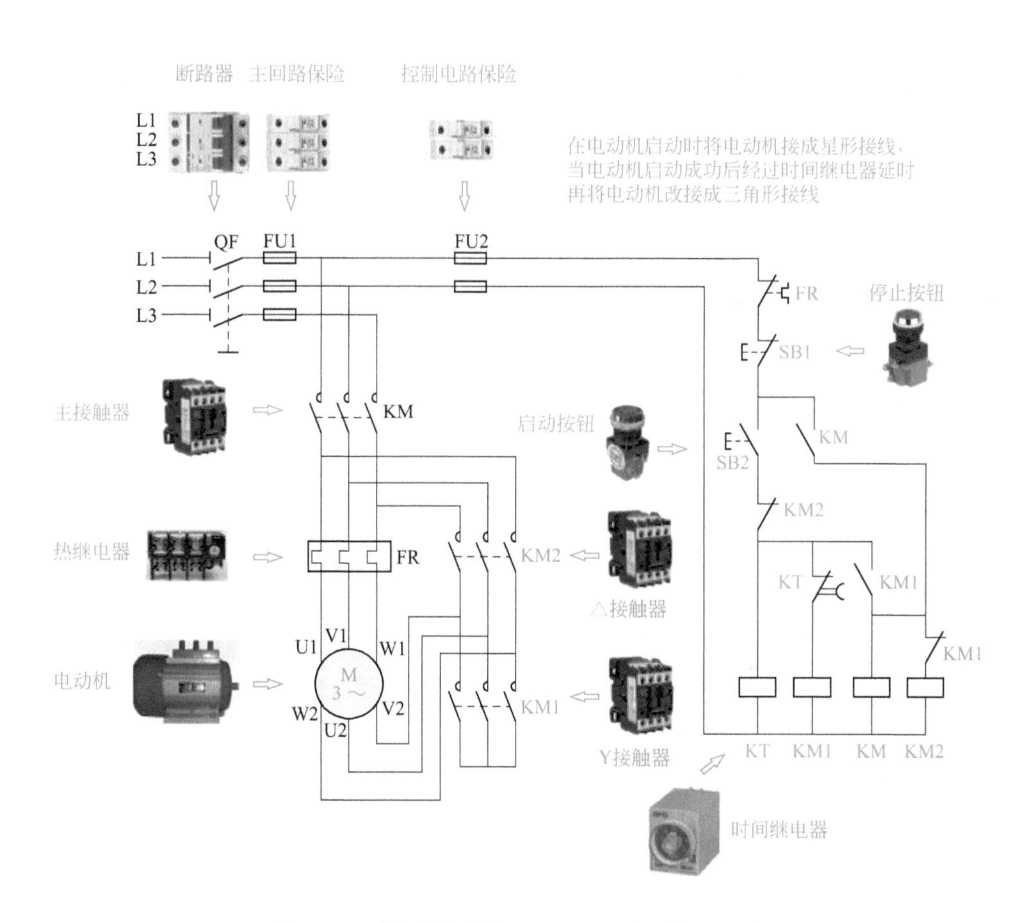

图 7-27　时间断电器控制 Y-△降压启动控制线路

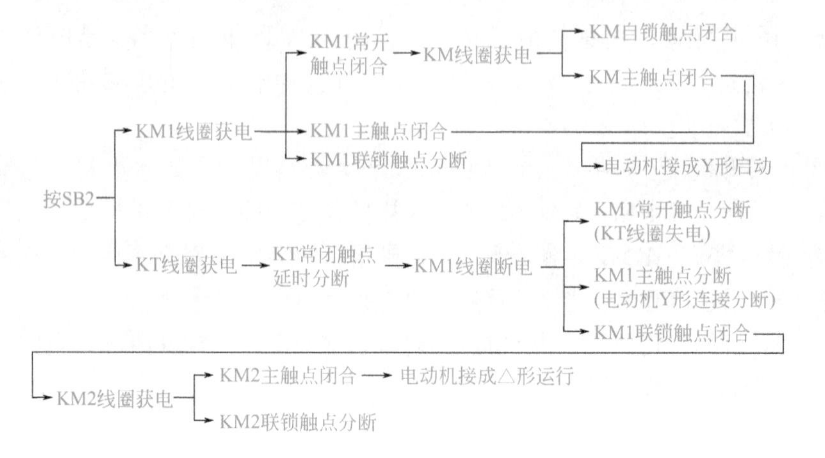

图 7-28　工作过程

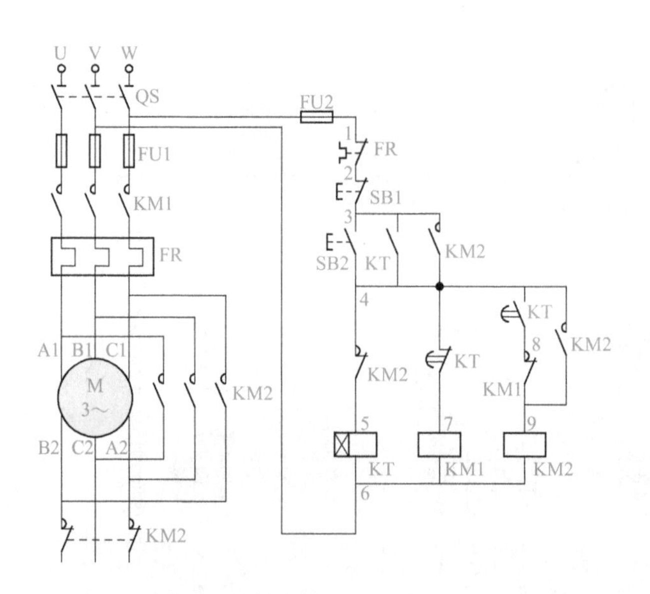

图 7-29　两个交流接触器控制 Y-△降压启动电路运行图

2．电动机星形－三角形降压启动控制线路布线与组装（见二维码）

3．电动机星形－三角形降压启动控制线路故障检修

一般两个交流接触器控制的 Y-△电路所控制电动机的功率相对比较小（十几千瓦）。电路中接线正常，按动启动按钮开关，电动机正常旋转。如果按动启动按钮开关电动机不能正常旋转，首先用直观法检查空开是否毁坏，熔断器是否熔断，交流接触器是否有烧毁现象，时间继电器是否有故障；若直观法不

能检测出元件毁坏，可以用电阻挡检测交流接触器的线圈是否熔断，时间继电器线圈是否熔断，熔断器是否熔断，热继电器的接点是否断；若用电阻挡检测元件均完好，可以闭合空开，利用电压跟踪法检查空开下端电压，熔断器的输出电压，交流接触器的输入、输出电压是否都正常，如果均正常，电动机能够正常旋转。不能旋转是电动机的故障，维修或更换电动机即可。如果接通电源，电动机能够启动，不能够正常运行，应检查 Y-△转换的交流接触器是否有触点接触不良，或直接更换 Y-△转换交流接触器。同时，检查时间继电器是否能够按照正常的时间接通或断开，两种都可用代换法来更换，时间继电器采用插拔型的，可以直接更换。先代换时间继电器，再代换 Y-△转换交流接触器。

第三节
电动机正反转控制电路

一、用倒顺开关实现三相正反转控制电路

1. 电路原理

三相电动机实现正反转方法如图 7-30 所示。电路原理如图 7-31 所示。

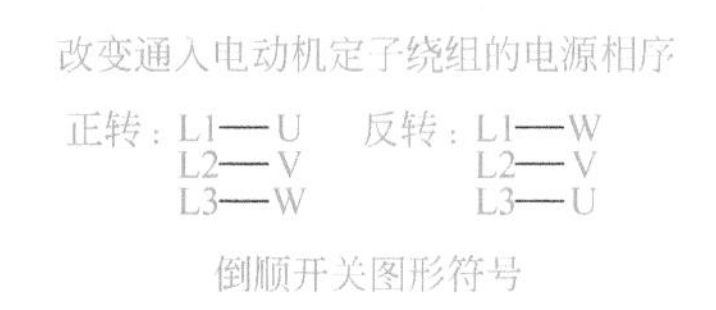

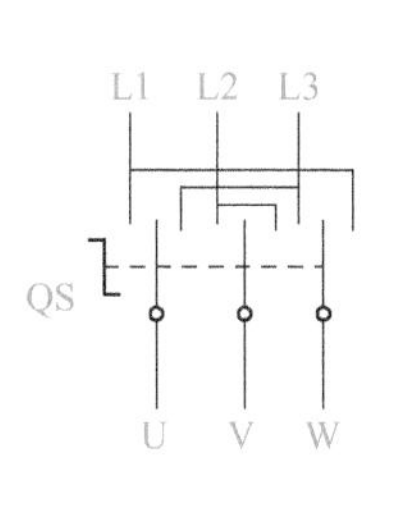

图 7-30　倒顺开关实物图、符号及其实现正反转方法

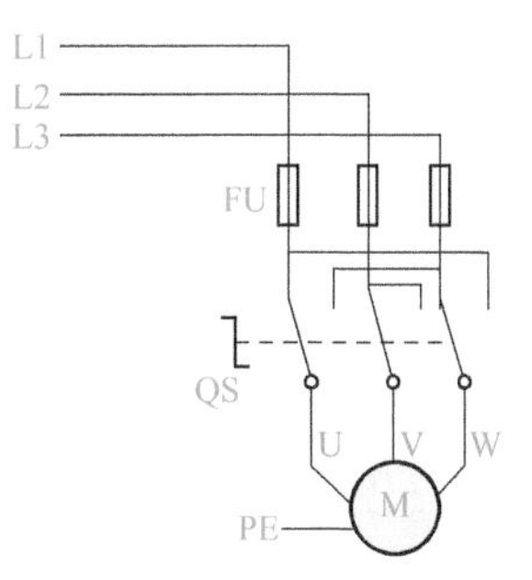

图 7-31　电路原理

手柄向左扳至“顺”位置时，QS 闭合，电动机 M 正转；手柄向右扳至“逆”位置时，QS 闭合，电动机 M 反转。

2．电路调试与检修

这是电动机的正反转控制电路，只是用了倒顺开关进行控制电动机的正反转，实际倒顺开关只是倒了相线，就可以控制电动机的正转和反转。当出现故障时，直接检查空开、熔断器、倒顺开关是否毁坏，如果没有毁坏，接通电源电动机能够正常旋转，如果有正转无倒转，说明倒顺开关有故障，更换倒顺开关就可以了。

二、接触器联锁三相正反转启动运行电路

1．电动机正反转线路分析

由图 7-32（b）可知，按下 SB2，正向接触器 KM1 得电动作，主触点闭合，使电动机正转。按停止按钮 SB1，电动机停止。按下 SB3，反向接触器 KM2 得电动作，其主触点闭合，使电动机定子绕组与正转时相比相序反了，则电动机反转。

从主回路图 7-32（a）看，如果 KM1、KM2 同时通电动作，就会造成主回路短路，在线路图 7-32（b）中如果按了 SB2 又按了 SB3，就会造成上述事故，因此这种线路是不能采用的。线路图 7-32（c）把接触器的动断辅助触点互相串联在对方的控制回路中进行联锁控制。这样当 KM1 得电时，由于 KM1 的动断触点打开，使 KM2 不能通电，此时即使按下 SB3 按钮，也不能造成短路，反之也是一样。接触器辅助触点这种互相制约的关系称为“联锁”或“互锁”。

在机床控制线路中，这种联锁关系应用极为广泛。凡是有相反动作，如工作台上下、左右移动；机床主轴电动机必须在液压泵电动机动作后才能启动，工作台才能移动等，都需要有类似这种联锁控制。

如果现在电动机正在正转，想要反转，则线路图 7-32（c）必须先按停止按钮 SB1 后，再按反向按钮 SB3 才能实现，显然操作不方便。线路图 7-32（d）利用复合按钮 SB2、SB3 就可直接实现正反转的相互转换。

很显然采用复合按钮，还可以起联锁作用，这是由于按下 SB2 时，只有 KM1 可得电动作，同时 KM2 回路被切断。同理按下 SB3 时，只有 KM2 得电，同时 KM1 回路被切断。但只用按钮进行联锁，而不用接触器动断触点之间的联锁，是不可靠的。在实际中可能出现这样的情况，由于负载短路或大电流的长期作用，接触器的主触点被强烈的电弧“烧焊”在一起，或者接触器的机构

失灵，使衔铁卡住总是在吸合状态，这都可能使触点不能断开，这时如果另一个接触器动作，就会造成电源短路事故。

如果用的是接触器动断动作，不论什么原因，只要一个接触器是吸合状态，它的联锁动断触点就必将另一个接触器线圈电路切断，这就能避免事故的发生。

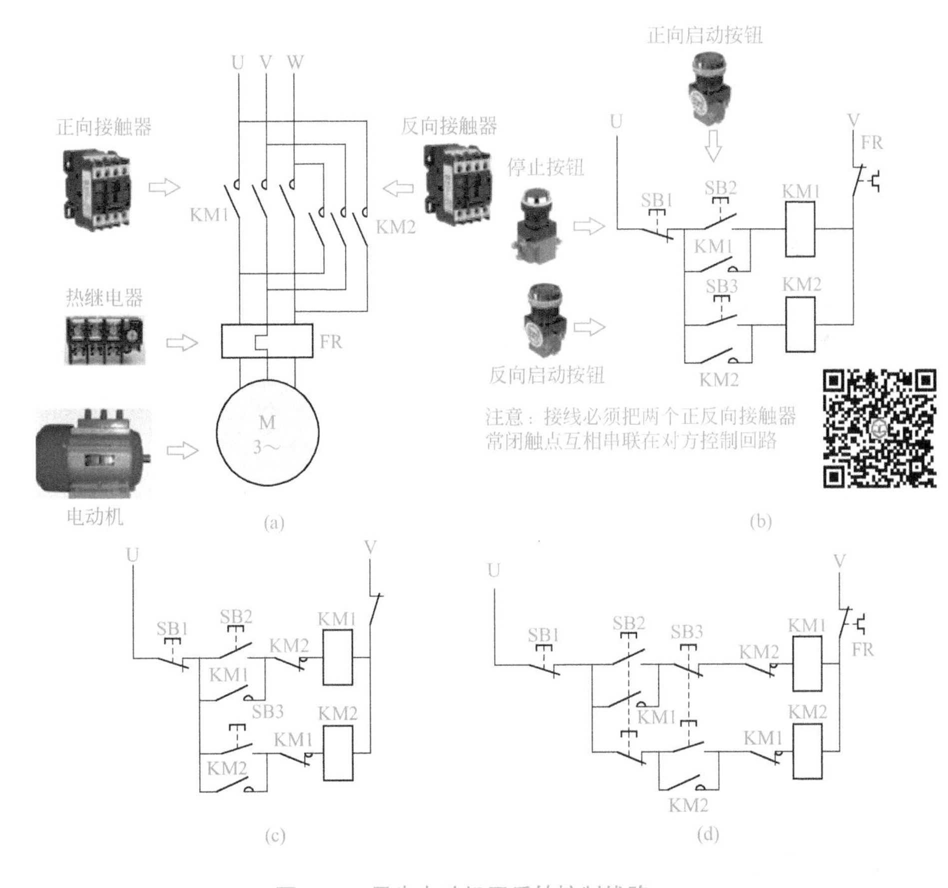

图 7-32 异步电动机正反转控制线路

2．电路调试与检修

接通电源，按动顺启动按钮开关，顺启动交流接触器应吸合，电动机能够旋转。按动停止按钮开关，再按动逆启动按钮开关时，逆启动交流接触器应工作，电动机应能够旋转。如果不能够正常顺启动，检查顺启动交流接触器是否毁坏，如果毁坏则进行更换；同样，如果不能够进行逆启动，检查逆启动交流接触器是否毁坏，如果没有毁坏，看按钮开关是否毁坏，如果没有毁坏，说明是电动机出现了故障，无论是顺启动还是逆启动，电动机能够启动运行，都说明电动机没有故障，是交流接触器和它相对应的按钮开关出现了故障，应进行更换。

三、三相电机正反转自动循环电路

1．电路原理

如图 7-33 所示，按动正向启动按钮开关 SB2，交流接触器 KM1 得电动作并自锁，电动机正转使工作台前进。当运动到 ST2 限定的位置时，挡块碰撞 ST2 的触头，ST2 的动断触点使 KM1 断电，于是 KM1 的动断触点复位闭合，关闭了对 KM2 线圈的互锁。ST2 的动合触点使 KM2 得电自锁，且 KM2 的动断触点断开将 KM1 线圈所在支路断开（互锁）。这样电动机开始反转使工作台后退。当工作台后退到 ST1 限定的极限位置时，挡块碰撞 ST1 的触头，KM2 断电，KM1 又得电动作，电动机又转为正转，如此往复。SB1 为整个循环运动的停止按钮开关，按动 SB1 自动循环停止。

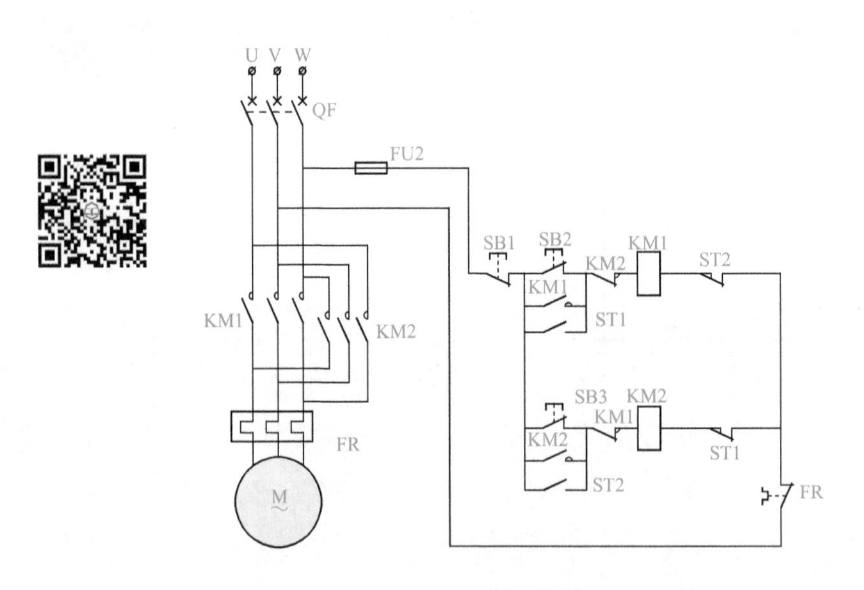

图 7-33　三相电动机正反转自动循环电路

2．电路接线组装

电路接线如图 7-34 所示。

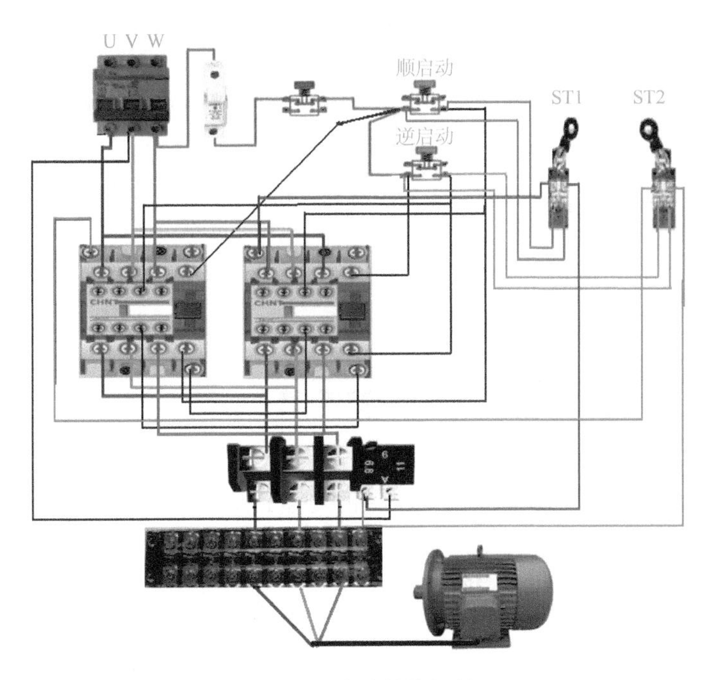

图 7-34　电路接线组装

四、单相异步倒顺开关控制正反转电路

1. 电路原理

图 7-35 表示电容启动式或电容启动 / 电容运转式单相电动机的内部主绕组、副绕组、离心开关和外部电容在接线柱上的接法。其中主绕组的两端记为 U1、U2，副绕组的两端记为 W1、W2，离心开关 K 的两端记为 V1、V2。注意：电动机厂家不同，标注不同。

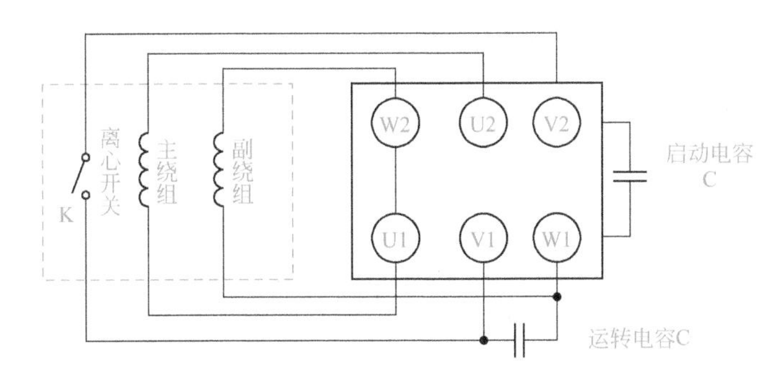

图 7-35　绕组与接线柱上的接线接法

这种电动机的铭牌上标有正转和反转的接法，如图 7-36 所示。

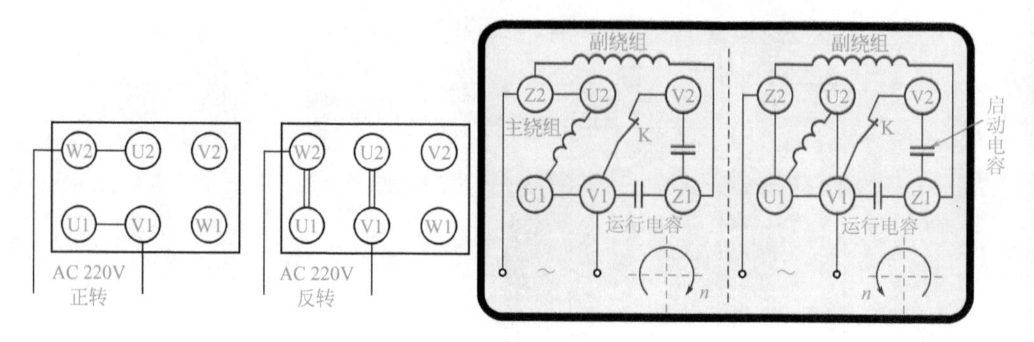

图 7-36　标有正转和反转的接法

单相电动机正反转控制实际上只是改变主绕组或副绕组的接法：正转接法时，副绕组的 W1 端通过启动电容和离心开关连到主绕组的 U1 端（图 7-37）；反转接法时，副绕组的 W2 端改接到主绕组的 U1 端（图 7-38）。也可以改变主绕组 U1、U2 进线方向。

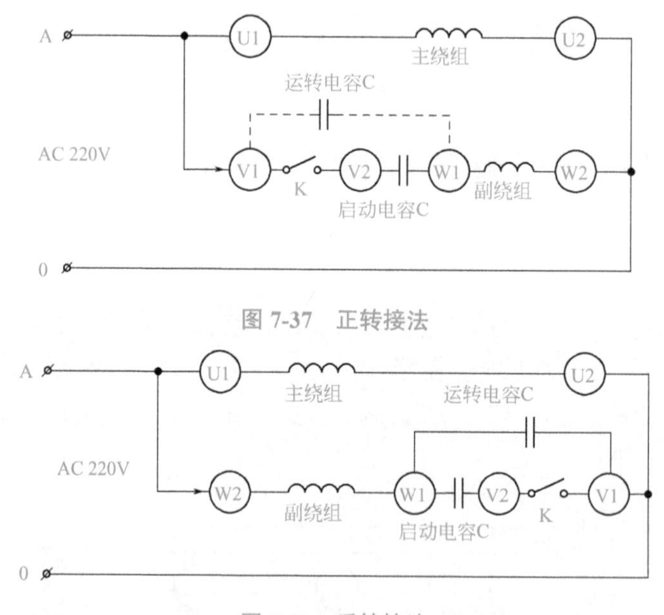

图 7-37　正转接法

图 7-38　反转接法

现以六柱倒顺开关说明。六柱倒顺开关有两种转换形式（图 7-39）。打开盒盖就能看到厂家标注的代号：第一种，左边一排三个接线柱标 L1、L2、L3，右边三柱标 D1、D2、D3；第二种，左边一排标 L1、L2、D3，右边标 D1、D2、L3。以第一种六柱倒顺开关为例，当手柄在中间位置时，六个接线柱全不通，称为“空挡”。当手柄拨向左侧时，L1 和 D1、L2 和 D2、L3 和 D3 两两相通。当手柄拨向右侧时，L3 仍与 D3 接通，但 L2 改为连通 D1，L1 改为连通 D2。

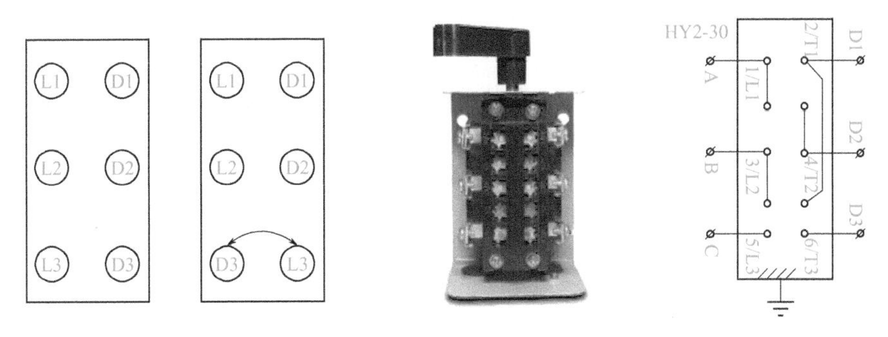

图 7-39　常用的倒顺开关

2．电路接线组装

倒顺开关控制电动机正反转接线如图 7-40 所示。

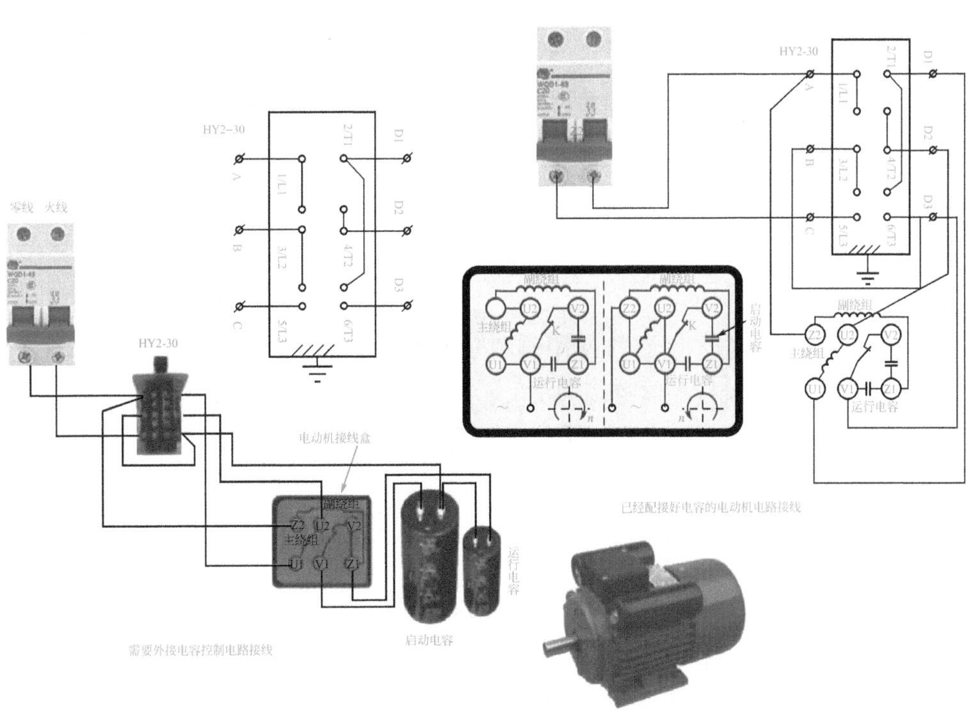

图 7-40　倒顺开关控制电动机正反转接线图

五、接触器控制的单相电机正反转控制电路

1. 电路原理

当电动机功率比较大时，可以用交流接触器控制电动机的正反转，电路原理图如图 7-41 所示。

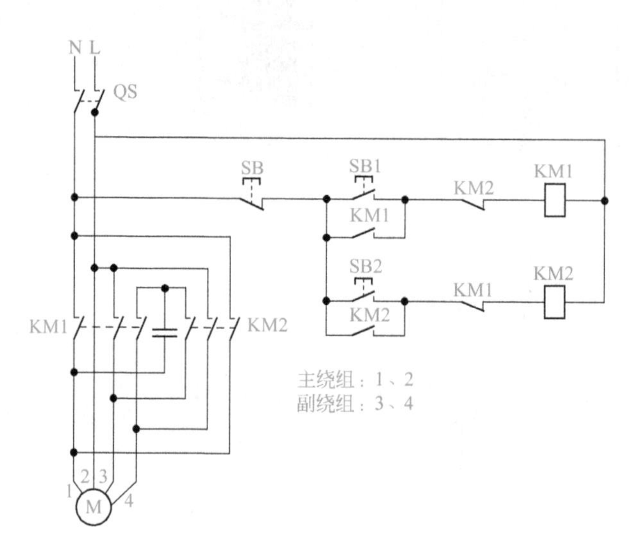

图 7-41　电路原理图

2. 电路调试与检修

对一些远程控制不能直接使用倒顺开关进行控制的电动机或大型电动机来讲，都可以使用交流接触器控制的正反转控制电路。如果接通电源以后，按动顺启动或逆启动按钮开关，电动机不能正常工作，应该首先用万用表检查交流接触器线圈是否毁坏、交流接触器接点是否毁坏，如果这些元件没有毁坏，按动顺启动或逆启动按钮开关，电动机应当能够旋转，如果不能旋转，应该是电容器出现了故障，应当更换电容器。如果只能顺启动而不能逆启动（或只能逆启动而不能顺启动），检查逆启动按钮开关、逆启动交流接触器（或顺启动按钮开关、顺启动交流接触器）是否出现故障，一般只要出现单一的方向运行，而不能实现另一方向运行，都属于另一方向的交流接触器出现故障，和它的主电路、电流通路的电容器，以及电动机和空开是没有关系的，所以直接查它的控制元件就可以了。

第四节　电动机制动控制电路

一、电磁抱闸制动控制电路

1. 电路原理

电磁抱闸制动控制线路如图 7-42 所示。

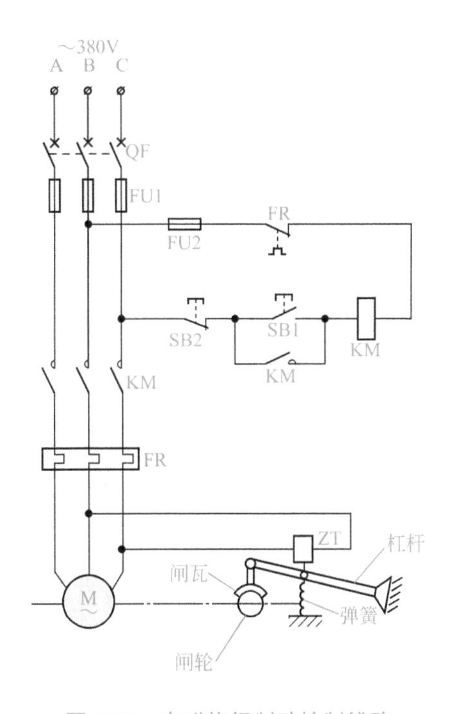

图 7-42　电磁抱闸制动控制线路

2. 电路接线组装

电动机电磁抱闸制动控制线路运行电路如图 7-43 所示。

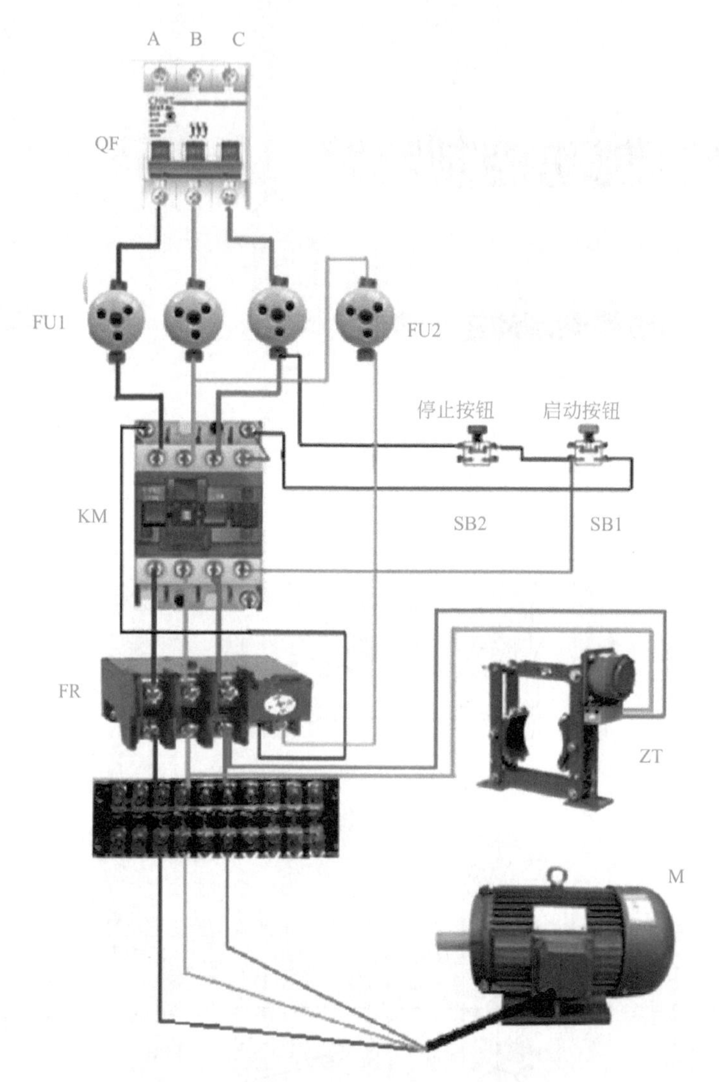

图 7-43 电动机电磁抱闸制动控制线路运行电路

3. 电路调试与检修

组装完成后，首先检查连接线是否正确，当确认连接线无误后，闭合总开关 QF，按动启动按钮开关 SB1，此时电动机应能启动，若不能启动，先检查供电是否正常，熔断器是否正常，如都正常则应检查 KM 线圈回路所串联的各接点开关是否正常，不正常应查找原因，若有损坏应更换。

正常运行后，按停止按钮开关 SB2，此时电动机应能即刻停止，说明电路制动正常，如不能停止，应看制动电磁铁是否损坏。

二、自动控制能耗制动电路

1．电路分析

能耗制动是在三相异步电动机要停车时切除三相电源的同时，把定子绕组接通直流电源，在转速为零时切除直流电源。

控制线路就是为了实现上述的过程而设计的，这种制动方法，实质上是把转子原来储存的机械能转变成电能，又消耗在转子的制动上，所以称作能耗制动。

图 7-44（b）、（c）分别是用复合按钮与时间继电器实现能耗制动的控制线路。图中整流装置由变压器和整流元件组成。KM2 为制动用接触器；KT 为时间继电器。图 7-44（b）所示为一种手动控制的简单能耗制动线路，要停车时按下 SB1 按钮，到制动结束放开按钮。图 7-44（c）可实现自动控制，简化了操作，控制线路工作过程如下。

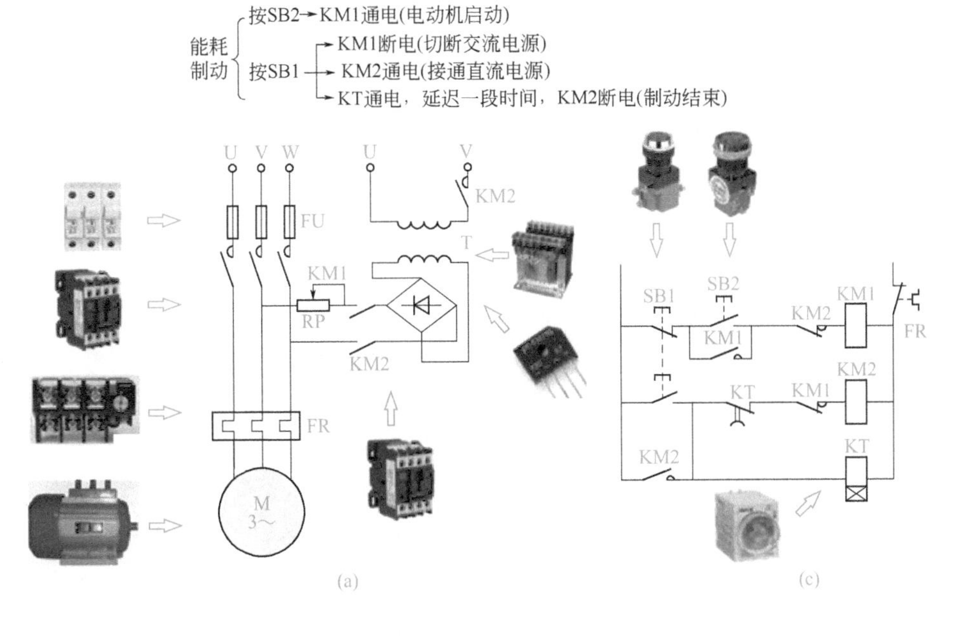

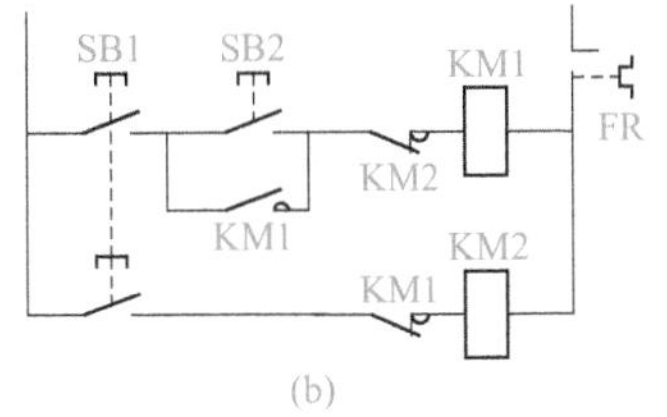

按SB2—KM1通电电机启动，按SB1—KM1断电，KM2通电—KT通电制动开始—延迟—KM2断电制动结束

图 7-44　能耗制动控制电路

制动作用的强弱与通入直流电流的大小和电动机转速有关，在同样的转速下电流越大制动作用越强。一般取直流为电动机空载电流的 3 ～ 4 倍，过大会使定子过热。图 7-44（a）直流电源中串接的可调电阻 RP，可调节制动电流的大小。

2．电动机能耗制动线路布线和组装（见二维码）

3．电路调试与检修

组装完成后，首先检查连接线是否正确，当确认连接线无误后，闭合总开关 QF，按动启动按钮开关 SB2，此时电动机应能启动。若不能启动，首先检查 KM1 的线圈是否毁坏，按钮开关 SB2、SB1 是否能正常工作，时间继电器是否毁坏，KM2 的触点是否没有接通。当 KM1 的线圈通路是良好的，接通电源以后按动 SB2，电动机应该能够运转。当断电时不能制动，主要检查 KM2 和时间继电器的触点及线圈是否毁坏。当 KM2 和时间继电器的线圈没有毁坏的时候，检查变压器是否能正常工作，用万用表检测变压器的初级线圈和变压器的次级线圈是否有断路现象。如果变压器初级、次级和电压正常，应该检查整个电路是否正常工作，如果整个电路中的整流元件没有毁坏，检查制动电阻 RP 是否毁坏，若制动电阻 RP 毁坏，应该更换 RP 制动电阻。整流二极管如果毁坏，应该用同型号的、同电压值的二极管进行更换，注意极性不能接反。

三、直流电动机能耗制动电路

1．电路原理

并励直流电动机的能耗制动控制线路如图 7-45 所示。

启动时合上电源开关 QS，励磁绕组被励磁，欠流继电器 KA1 线圈得电吸合，KA1 常开触点闭合；同时时间继电器 KT1 和 KT2 线圈得电吸合，KT1 和 KT2 常闭触点瞬时断开，这样保证启动电阻 R_1 和 R_2 串入电枢回路中启动。

当按动启动按钮开关 SB2，交流接触器 KM1 线圈获电吸合，KM1 常开触点闭合，电动机 M 串电阻 R_1 和 R_2 启动，KM1 两副常闭触点分别断开 KT1、KT2 和中间继电器 KA2 线圈电路；经过一定的时间延时，KT1 和 KT2 的常闭触点先后闭合，交流接触器 KM3 和 KM4 线圈先后获电吸合后，电阻器 R_1 和 R_2 先后被短接，电动机正常运行。

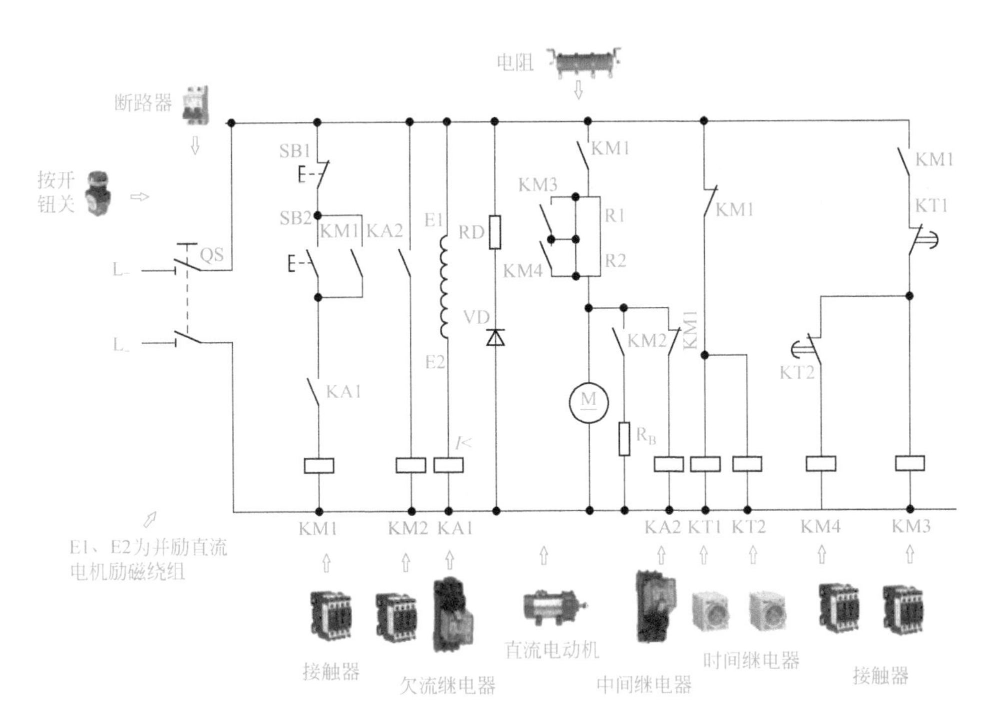

图 7-45　并励直流电动机的能耗制动控制线路

当需要停止进行能耗制动时，按动停止按钮开关 SB1，交流接触器 KM1 线圈断电，KM1 常开触点断开，使电枢回路断电，而 KM1 常闭触点闭合，由于惯性运转的电枢切割磁力线（励磁绕组仍接至电源上），在电枢绕组中产生感应电动势，使并励在电枢两端的中间继电器 KA2 线圈获电吸合，KA2 常开触点闭合，交流接触器 KM2 线圈获电吸合，KM2 常开触点闭合，接通制动电阻器 R_B 回路；使电枢的感应电流方向与原来方向相反，电枢产生的电磁转矩与原来反向而成为制动转矩，使电枢迅速停转。

2. 电路调试与检修

如果电路接通电源后，不能正常工作，首先检查欠电继电器是否正常，检查启动按钮开关 SB2、KM1 的回路，还有 SB1 的零部件是否正常，如有异常应更换新的元器件。如果不能实现降压启动，应该检查 KM4、KM3 及时间继电器 KT 的线圈及接点是否毁坏，如有毁坏需更换，如这些元器件良好，检查降压电阻 R1、R2 是否毁坏，如毁坏应该用同规格的电阻代替。当按动 SB1 按钮开关时，电动机停转，电动机停止供电，不能够立即停止，应检查 KA2 电路，然后检查 R_B 是否毁坏，如毁坏则更换器件。

第五节 电动机保护电路

一、热继电器过载保护与欠压保护

1. 电路原理

热继电器过载保护与欠压保护电路如图 7-46 所示。该线路同时具有欠电压与失压保护作用。

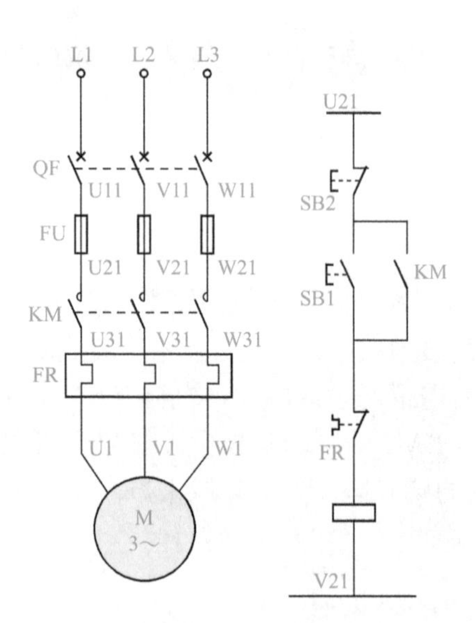

图 7-46 热继电器过载保护与欠压保护电路

当电动机运转时，电源电压降低到一定值（一般降低到额定电压的 85%）时，由于交流接触器线圈磁通减弱，电磁吸力克服不了反作用弹簧压力，动铁芯释放，从而使主触头断开，自动切断主电路，电动机停转，达到欠压保护。

过载保护：线路中将热继电器的发热元件串在电动机的定子回路中，当电动机过载时，发热元件过热，使双金属片弯曲到能推动脱扣机构动作，从而使串接在控制回路中的动断触头 FR 断开，切断控制电路，使线圈 KM 断电释放，交流接触器主触头KM断开，电动机失电停转。

2．电路调试与检修

当按动SB1以后，KM自锁，KM线圈得到电能吸合，触点吸合，电动机即可旋转。当电动机过流的时候，热保护器动作，其接点断开，断开接收器线圈的供电，交流接触器断开电动机，电动机停止运行，检修时可以直接用万用表检测按键开关SB1的好坏、线圈的通断，当线圈的阻值很小或是不通时为线圈毁坏，交流接触器的触点可以经过面板测量是否接通，如果这些元件有不正常的，应该进行更换。

二、开关联锁过载保护电路

1．电路原理

开关联锁过载保护电路如图7-47所示。

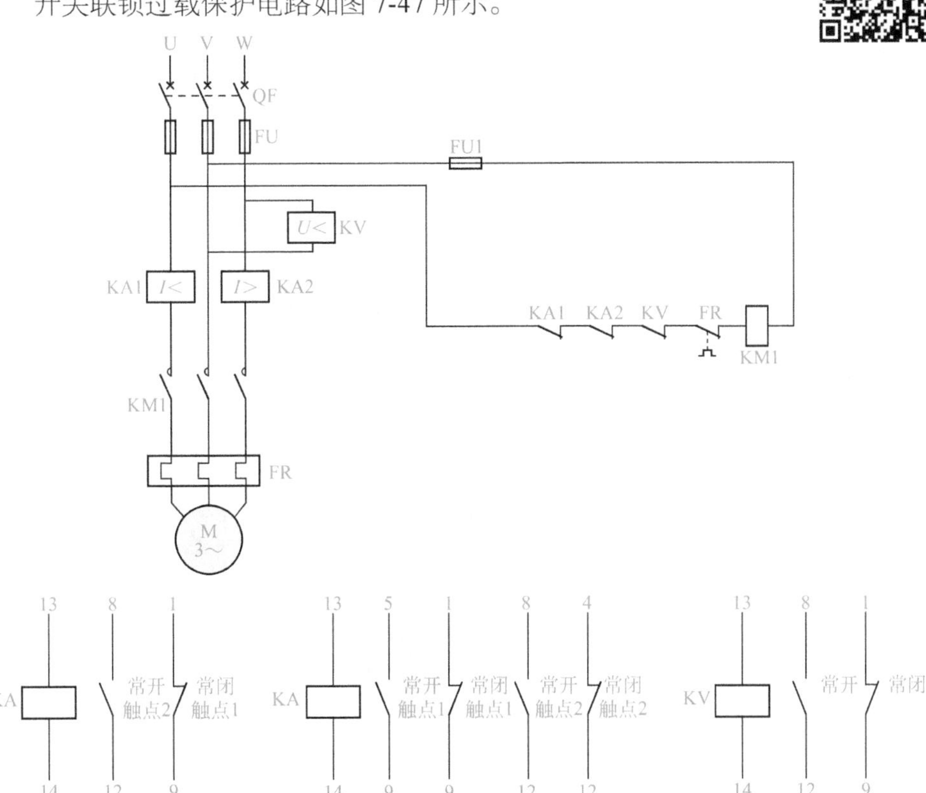

图7-47 开关联锁过载保护电路

联锁保护过程：通过正向交流接触器 KM1 控制电动机运转，欠压继电器 KV 起零压保护作用，在该线路中，当电源电压过低或消失时，欠压继电器 KV 就要释放，交流接触器 KM1 马上释放；当过度时，在该线路中，过流继电器 KA 就要释放，交流接触器 KM1 马上释放。

2. 电路接线组装

开关联锁过载保护电路运行电路如图 7-48 所示。

3. 电路调试与检修

在这个电路中，有热保护、欠压保护、过流保护，保护电路所有开关都是串联的，任何一个开关断开以后，继电器线圈都会断掉电源，从而断开 KM 交流接触器触头，使电动机停止工作。在检修时，主要检查熔断器是否熔断，各继电器的触头是否良好，交流接触器线圈是否良好，当发现回路当中的任何一个元件毁坏的时候，应进行更换。

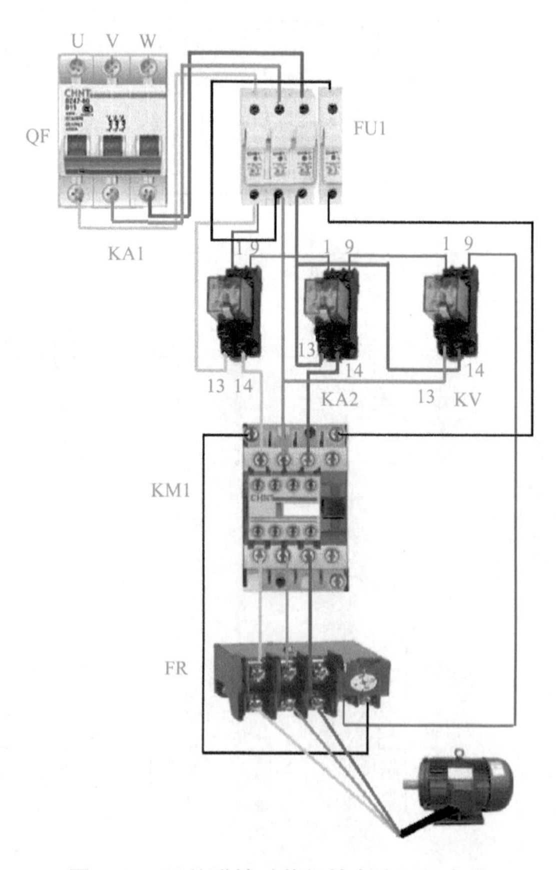

图 7-48 开关联锁过载保护电路运行电路

三、中间继电器控制的缺相保护电路

1. 缺相保护电路

图 7-49 所示是由一只中间继电器构成的缺相保护电路。

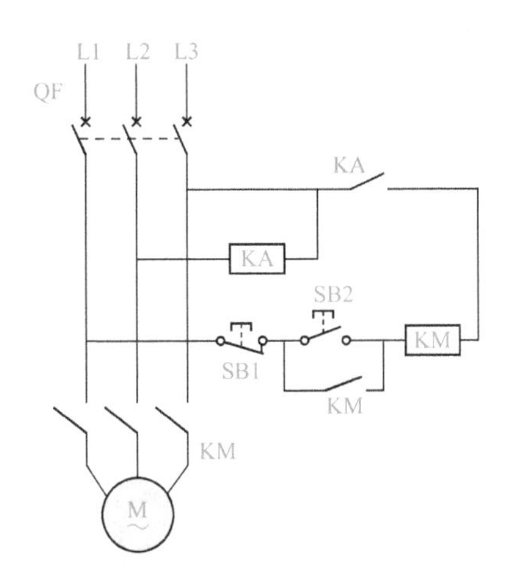

图 7-49 由一只中间继电器构成的缺相保护电路

当合上三相空气开关 QF 以后，三相交流电源中的 L2、L3 两相电压加到中间继电器 KA 线圈两端使其得电吸合，其 KA 常开触点闭合。如果 L1 相因故障缺相，则 KM 交流接触器线圈失电，其 KM1、KM2 触点均断开；若 L2 相或 L3 相缺相，则中间继电器 KA 和交流接触器 KM 线圈同时失电，它们的触点会同时断开，从而起到了保护作用。

2. 电路调试与检修

检修时，接通电源以后，按动 SB2，KM 不能吸合，检查中间继电器是否良好，它的接点是否良好，按钮开关 SB2、SB1 是否良好，发现任何一个元件有不良或毁坏现象，都应该进行更换。

PLC 与变频器应用

第一节 变频器的安装要求与常见故障检修

一、变频器安装要求

1．安装要求

使用变频器传动电动机时，在变频器侧和电动机侧电路中都将产生高次谐波，所以须考虑高次谐波抑制。在安装变频器时，还需充分考虑变频器工作场所的温度、湿度、周围气体、振动、电气环境和海拔高度等因素。

2．变频器的安装方法

变频器在运行过程中有功率损耗，并转换为热能，使自身的温度升高。粗略地说，每 1kV · A 的变频器容量，其损耗功率为 40 ～ 50W。安装变频器时要考虑变频器散热问题，要考虑如何把变频器运行时产生的热量充分地散发出去，讲究安装方式。变频器的安装方式主要有壁挂式安装和柜式安装。

壁挂式安装即将变频器垂直固定在坚固的墙壁上，如图 8-1 所示。为了保证有通畅的气流通道，变频器与上、下方墙壁间至少留有 15cm 的距离，与两

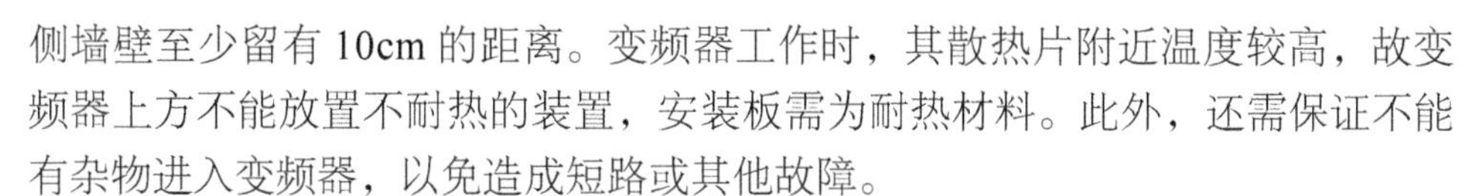

侧墙壁至少留有10cm的距离。变频器工作时，其散热片附近温度较高，故变频器上方不能放置不耐热的装置，安装板需为耐热材料。此外，还需保证不能有杂物进入变频器，以免造成短路或其他故障。

① 在电气柜安装变频器，应垂直向上安装。

② 在电气柜体的中下部安装变频器，柜体上部一般安装电器元件，柜内下方要有进气通道，上方要有排气通道，使排气畅通，如图8-2所示。

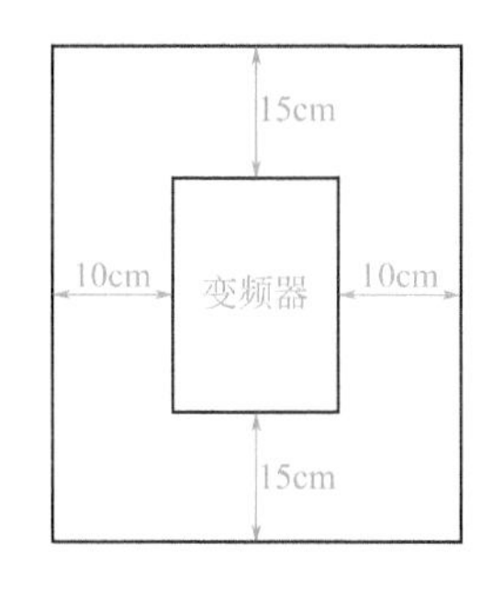

图8-1 变频器壁挂式安装示意图

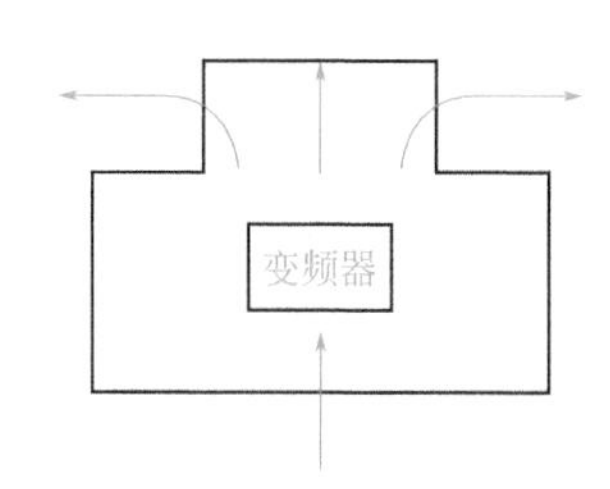

图8-2 单台变频器柜内安装示意图

当柜内温度较高时，必须在柜顶加装抽风式冷却风扇。冷却风扇应尽量安装在变频器的正上方，以便达到更好的冷却效果。

③ 柜内安装多台变频器时，变频器应尽量横向排列安装，如图8-3（a）所示，要求必须纵向排列或多排横向排列时，如果上放，变频器上下对齐，下方排出的热量进入上方的进气口，则严重影响上方变频器的冷却，故应当适当错开，或在上下两台变频器之间加装隔板，如图8-3（b）所示。

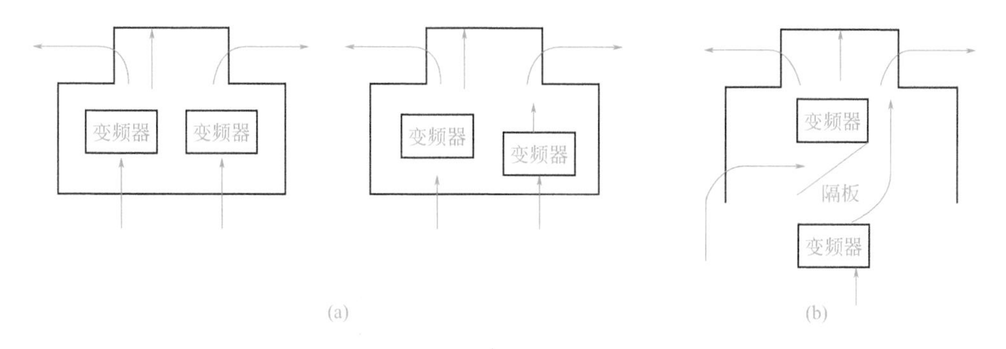

图8-3 多台变频器柜内安装示意图

3．变频器与机械设备的配套安装

在有些机械成套设备中，由于结构原因不能将通用变频器安装在设备外部，而要求安装在设备内腔中，将操作面板或者调速旋钮与设备的操作面板统一布置安装。通常采取3种方法。

① 目前多数通用变频器的操作面板可与主体分离，这样只需将操作面板用专用电缆和接插件与设备的操作面板统一设计连接即可。

② 从通用变频器的外部控制端子上引出启停控制、调速电位器或模拟信号、显示信号和报警信号等端子，并将它直接设计并安装在设备操作面板上，这种方法既方便又实用。

③ 目前已有生产机械设备专用的一体化变频器，变频器主体上无任何操作部件，操作部件单独提供给用户，通过电缆线接入变频器。

二、变频器的接线

1．主电路接线

变频器通过接线与外围设备连接，接线分为主电路接线和控制电路接线。主电路连接导线选择较为简单，由于主电路电压高、电流大，所以选择主电路连接导线时应该遵循“线径宜粗不宜细”的原则，具体可按普通电动机的选择导线方法来选用。

主电路为功率电路，不正确的连线不仅损坏变频器，而且会给操作者带来危险。主电路接线时须注意以下几个问题。

① 在电源和变频器的输入侧应安装一个接地漏电保护断路器，保证出现过电流或短路故障时能自动断开电源。

② 在变频器和电动机之间应加装热继电器。

③ 当变频器与电动机之间的连接线太长时，由于高次谐波的作用，热继电器会误动作，此时需要在变频器和电动机之间安装交流电抗器或用电流传感器代替热继电器。

④ 变频器接地状态必须良好，接地的主要目的是防止漏电及干扰和对外辐射。

⑤ 主电路电源输入端（R、S、T）。主电路电源输入端子通过线路保护用断路器或带漏电保护的断路器连接到三相交流电源。一般电源电路中还需连接一个电磁接触器，目的是使变频器保护功能动作时能切断变频器电源。变频器的运行与停止不能采用主电路电源的开/断方法，而应使用变频器本身的控制键来控制，否则达不到理想的控制效果，甚至损坏变频器。此外，主电路电源端部不能连接单相电源。要特别注意，三相交流电源绝对不能直接接到变频器输出端子，否则将导致变频器内部元器件的损坏。

⑥ 变频器输出端子（U、V、W）。变频器的输出端子应按相序连接到三相异步电动机上。如果电动机的旋转方向不对，则相序连接错误，只需交换U、

V、W 中任意两相的接线，也可以通过设置变频器参数来实现。要注意，变频器输出侧不能连接进相电容器和电涌吸收器。变频器和电动机之间的连线不宜过长，电动机功率小于 3.7kW 时，配线长度应不超过 50m，3.7kW 以上的不超过 100m。如果连线必须很长，则增设线路滤波器（OFL 滤波器）。

⑦ 控制电源辅助输入端（R0、T0）。控制电源辅助输入端（R0、T0）的主要功能是再生制动运行时，将主变频器的整流部分和三相交流电源脱开。当变频器的保护功能动作时，变频器电源侧的电磁接触器断开，变频器控制电路失电，系统报警，输出不能保持，面板显示消失。为防止这种情况发生，将和主电路电压相同的电压输入至 R0、T0 端。当变频器连接有无线电干扰滤波器时，R0、T0 端子应接在滤波器输出侧电源上。当 22kW 以下容量的变频器连接漏电断路器时，R0、T0 端子应连接在漏电断路器的输出侧，否则会导致漏电断路器误动作，具体连接如图 8-4 所示。

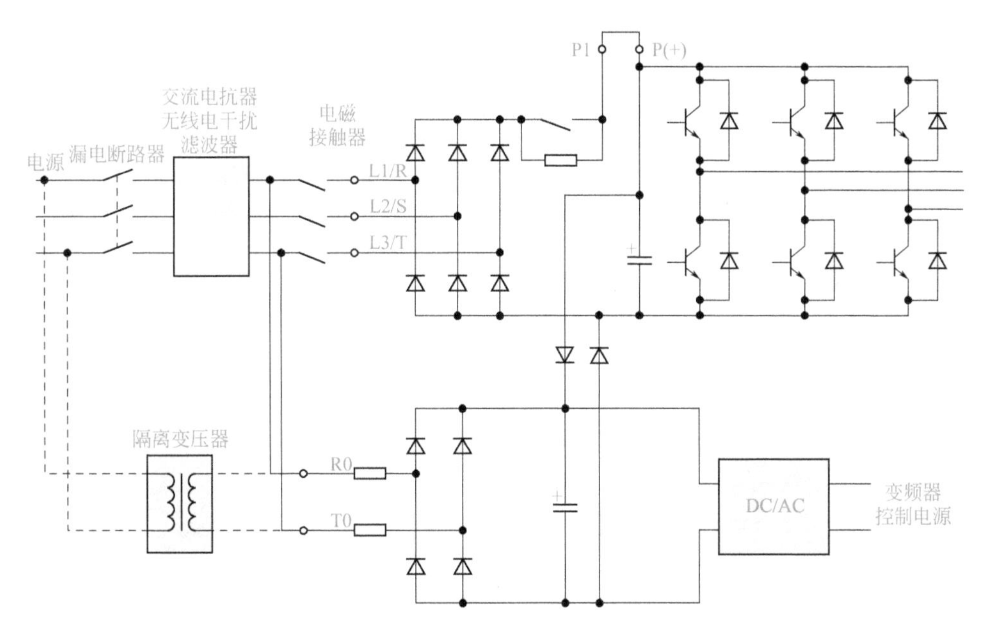

图 8-4　控制电源辅助输入端的连接

⑧ 直流电抗器连接端子［P1、P（+）］。直流电抗器连接端子接改善功率因数用的直流电抗器，端子上连接有短路导体，使用直流电抗器时，先要取出短路导体。不使用直流电抗器时，该导体不必去掉。

⑨ 外部制动电阻连接端子［P（+）、DB］。一般小功率（7.5kW 以下）变频器内置制动电阻，且连接于 P（+）、DB 端子上，如果内置制动电流容量不足或要提高制动力矩，则可外接制动电阻。连接时，先从 P（+）、DB 端子上

卸下内置制动电阻的连接线，并对其线端进行绝缘，然后将外部制动电阻接到P（+）、DB端子上，如图8-5所示。

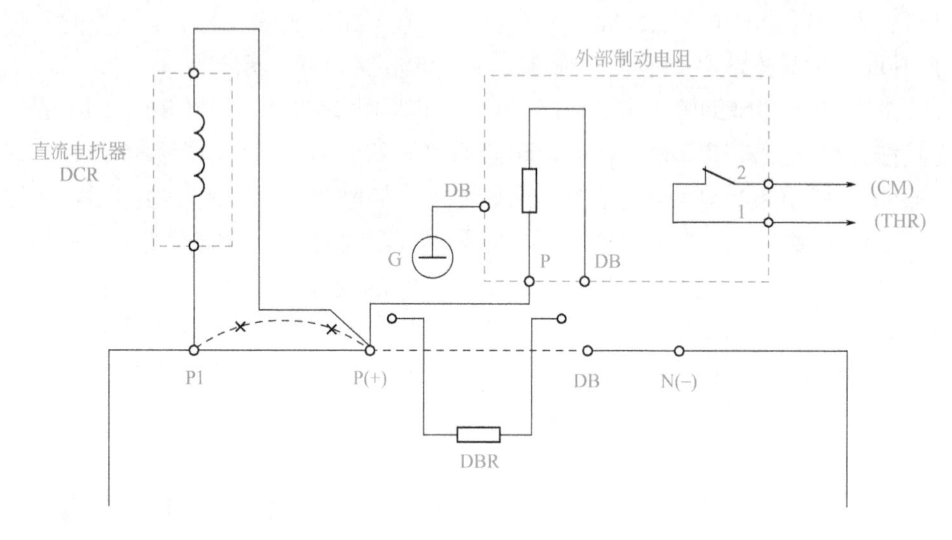

图8-5 外部制动电阻的连接（7.5kW以下）

⑩ 直流中间电路端子［P（+）、N（−）］。对于功率大于15kW的变频器，除外接制动电阻DB外，还需对制动特性进行控制，以提高制动能力，方法是增设用功率晶体管控制的制动单元BU连接于P(+)、N(−)端子，如图8-6所示（图中CM、THR为驱动信号输入端）。

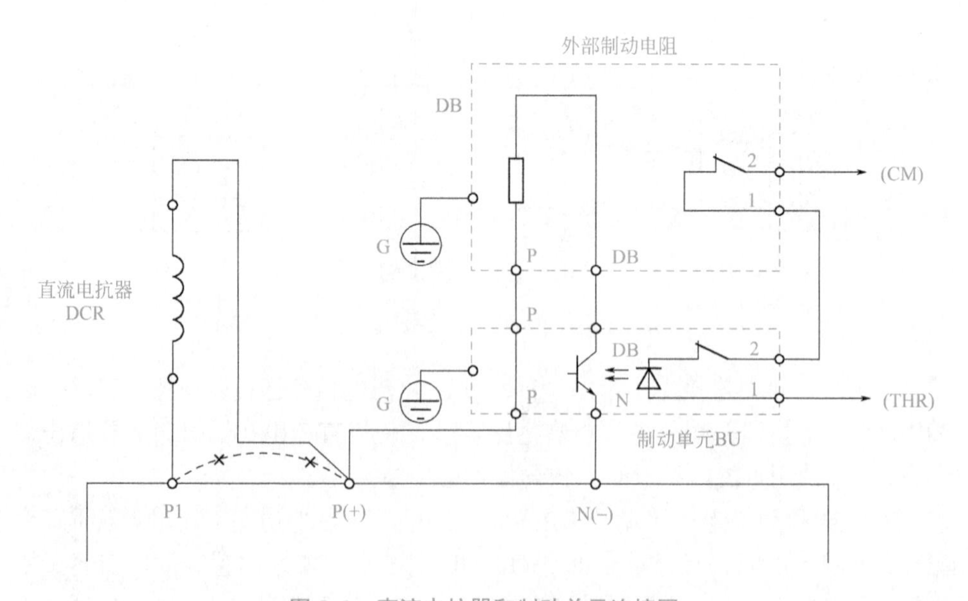

图8-6 直流电抗器和制动单元连接图

⑪ 接地端子（G）。变频器会产生漏电电流，载波频率越大，漏电流越大。变频器整机的漏电流大于3.5mA，具体漏电流的大小由使用条件决定，为保证安全，变频器和电动机必须接地。注意事项如下：接地电阻应小于10Ω，接地电缆的线径要求，应根据变频器功率的大小而定。切勿与焊接机及其他动力设备共用接地线。如果供电线路是零地共用，最好考虑单独铺设地线。如果是多台变频器接地，则各变频器应分别和大地相连，请勿使接地线形成回路。

2．控制电路接线

控制信号分为连接的模拟量、频率脉冲信号和开关信号三大类。模拟量控制线主要包括：输入侧的给定信号线和反馈信号线，输出侧的频率信号线和电流信号线。开关信号控制线有启动、点动、多挡转速控制等控制线。控制线的选择和铺设需增加抗干扰措施。

控制电路的连接导线种类较多，接线时要符合其相应的特点。下面介绍各种控制接线及接线方法。

连接控制线时需注意以下几个问题。

（1）控制线截面积要求　控制电缆导体的粗细必须考虑机械强度、电压降及铺设费用等因素。控制线截面积要求如下：

① 单股导线的截面积不小于1.5mm²。

② 多股导线的截面积不小于1.0mm²。

③ 弱电回路的截面积不小于0.5mm²。

④ 电流回路的截面积不小于2.5mm²。

⑤ 保护接地线的截面积不小于2.5mm²。

（2）电缆的分离与屏蔽　变频器控制线与主回路电缆或其他电力电缆分开铺设，尽量远离主电路100mm以上，且尽量不要和主电路电缆平行铺设或交叉。必须交叉时，应采取垂直交叉的方式。

对电缆进线进行屏蔽能有效降低电缆间的电磁干扰。变频器电缆的屏蔽可利用已接地的金属管或者带屏蔽的电缆。屏蔽层一端接变频器控制电路的公共端（COM），但不要接到变频器接地端（E），屏蔽层另一端应悬空，如图8-7所示。

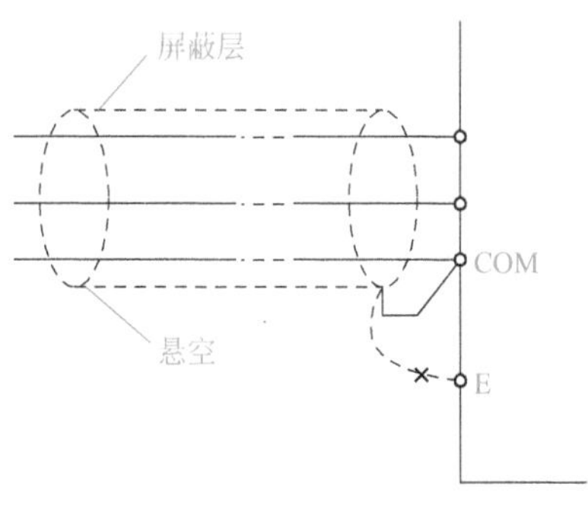

图8-7　屏蔽线的连接

（3）铺设路线　应尽可能地选择最短的铺设路线，这是由于电磁干扰的大小与电缆的长度成正比。此外，大容量变压器和电动机的漏磁会控制电缆直接感应，产生干扰，所以电缆线路应尽量远离此类设备。弱电压电流回路使用的电缆，应远离内装很多断路器和继电器的控制柜。

三、变频调速系统的布线

1．信号分类

电缆的合理布设可以有效地减少外部环境对信号的干扰，以及各种电缆之间的相互干扰，从而提高变频调速系统运行的稳定性。变频调速系统的信号分类如下：

（1）Ⅰ类信号 热电阻信号、热电偶信号、毫伏信号、应变信号等低电平信号。

（2）Ⅱ类信号 0～5V、1～5V、4～20mA、0～10mA 模拟量输出信号；电平类型开关量输出信号。

（3）Ⅲ类信号 DC24～48V 感性负载或电流大于 50mA 的阻性负载的开关量输出信号。

（4）Ⅳ类信号 AC110V 或 AC220V 开关量输出信号。

其中，Ⅰ类信号很容易被干扰，Ⅱ类信号容易被干扰，而Ⅲ和Ⅳ类信号在开关动作瞬间会成为强烈的干扰源，通过空间环境干扰附近的信号线，Ⅳ类信号的馈线可视为电源线处理布线。

2．变频调速系统传输线

（1）屏蔽线 图 8-8 所示为屏蔽线的用法。图 8-8（a）所示是单端接地方式，假设信号电流 i_1 从线芯流入屏蔽线，流过负载电阻 R_L 之后，再通过屏蔽层返回信号源。因为电流 i_1 和 i_2 大小相等、方向相反，所以它们产生的磁场干扰相互抵消。这是一个很好的抑制磁场干扰的措施，同时也是一个很好的抑制磁场耦合与干扰的措施。图 8-8（b）所示是两端接地方式，由于屏蔽层上流过的电流是 i_2 与地环电流 i_G 的叠加，所以它不能完全抵消信号电流所产生的磁场干扰，因此，其抑制磁场耦合干扰的能力也比图 8-8（a）所示方式差。图 8-8（c）所示屏蔽层不接地，因此，它只有屏蔽电场耦合干扰能力，而无抑制磁场耦合干扰能力。

如果图 8-8（c）所示电路抑制磁场干扰衰减能力定为 0dB，当图中的信号源内阻 R_s 都为 100Ω、负载电阻 R_L 都为 100MΩ、信号源频率为 50kHz 时，根据实验测定，图 8-8（a）所示方式具有 80dB 的衰减，即抑制磁场干扰能力很强，图8-8（b）所示方式具有27dB的磁场干扰抑制能力。图8-8（a）所示的单端接地方式抗干扰能力很好，其接地点的选择可以是图8-8（a）中所示的情况，也可以选择负载电阻R_L侧接地，而让信号源浮置。

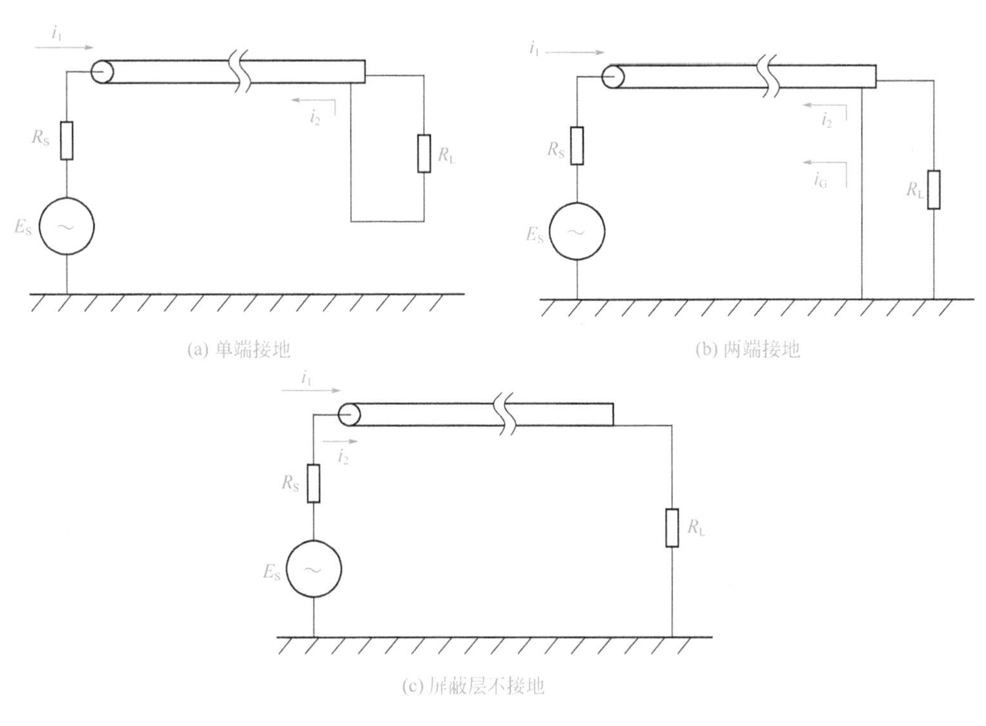

图8-8 屏蔽线的用法

（2）屏蔽电缆 屏蔽电缆是在绝缘导线外面再包一层金属薄膜，即屏蔽层。屏蔽层通常是铜丝或铝丝编织网，或无缝铅铂，其厚度远大于集肤深度。屏蔽层的屏蔽效应主要不是因反射和吸收得到的，而是由屏蔽层接地所产生的，也就是说，屏蔽电缆的屏蔽层只有在接地以后才能起到屏蔽作用。例如，干扰源电路的导线对敏感电路的单芯屏蔽线产生的干扰是通过源导线与屏蔽线的屏蔽层间的耦合电容，以及屏蔽线的屏蔽层与线芯之间的耦合电容实现的。如果把屏蔽层接地，则干扰也被短路至地，不能再耦合到线芯公共端，屏蔽层起到了电场屏蔽的作用。但屏蔽电缆的磁场屏蔽则要求屏蔽层两端接地。例如，当干扰电流流过屏蔽线的线芯时，虽然屏蔽层与线芯间存在互感，但如果屏蔽层不接地或只有一端接地，屏蔽层上将无电流通过，电流经接地平面返回源端，所以屏蔽层不起作用，不会减少线芯的磁场辐射。如果屏蔽层两端接地，当频率较高时，线芯电流的回流几乎全部经由屏蔽层流回源端，屏蔽层外由线芯电流和屏蔽层回流产生的磁场大小相等、方向相反，因而互相抵消，达到了屏蔽的目的，但如果频率较低，则回流的大部分将流经接地平面返回，屏蔽层仍不能起到防磁作用，当频率较高，但屏蔽层接地点之间存在地电压时，将在线芯和屏蔽层中产生共模电流，而在负载端引起差模干扰，在这种情况下，需要采用双重屏蔽电缆或三轴式同轴电缆方可解决问题。

综上所述，低频电路应单端接地。例如，信号源通过屏蔽电缆与一公共端接地的放大器相连，则屏蔽电缆的屏蔽层应直接接在放大器的公共端；而当信号源的公共端接地、放大器不接地时，屏蔽电缆屏蔽层应直接接在信号源的公共端。对于高频电路，屏蔽电缆的屏蔽层应双端接地，如果电缆长于1/20波长，则应每隔1/10波长距离接一次地。实现屏蔽层接地时，应使屏蔽电缆的屏蔽层和屏蔽电缆连接器的金属外壳呈360°良好焊接或紧密压在一起，电缆的线芯和连接器的插针焊接在一起，同时将连接器的金属外壳与屏蔽机壳紧密相连，使屏蔽电缆成为屏蔽机箱的延伸，这样才能取得良好的屏蔽效果。

（3）双绞线 双绞线的绞钮若均匀一致，所形成的小回路面积相等而方向相反，则其磁场干扰可以相互抵消。当给双绞线加上屏蔽层后，其抑制干扰的能力将发生质的变化。

双绞线最好的应用是做平衡式传输线路，因为两条线的阻抗一样，自身产生的磁场干扰或外部磁场干扰都可以较好地抵消。同时，平衡式传输又具有很强的抗共模干扰能力，因此成为大多数变频调速系统的网络通信传输线。例如，物理层采用RS-432或RS-485通信接口，就是很好的平衡传输模式。

3．电缆选择与布线原则

（1）控制电缆

① 对于Ⅰ类信号电缆，必须采用屏蔽电缆。Ⅰ类信号中的毫伏信号、应变信号应采用屏蔽双绞电缆，还应保证屏蔽层只有一点接地，且要接地良好。这样可以大大减少电磁干扰和静电干扰。

② 对于Ⅱ类信号，也应采用屏蔽电缆。Ⅱ类信号中用于控制、联锁的输入/输出信号、开关信号必须采用屏蔽电缆，最好采用屏蔽双绞电缆，禁止采用一根多芯电缆中的部分线芯用于传输Ⅰ类或Ⅱ类信号，另外部分线芯用于传输Ⅲ类和Ⅳ类信号。

③ 对于Ⅲ类信号，允许与220V电源线一起走线，也可以与Ⅰ、Ⅱ类信号一起走线，但Ⅲ类信号必须采用屏蔽电缆，最好为屏蔽双绞电缆，且与Ⅰ、Ⅱ类信号电缆相距15cm以上。严禁同一信号的几条线芯分布在不同的几条电缆中。

④ 对于Ⅳ类信号，严禁与Ⅰ、Ⅱ类信号捆在一起走线，应作为220V电源线处理，Ⅳ类信号电缆与电源电缆一起走线，应采用屏蔽双绞电缆，绝对禁止

大功率的开关量输出信号线、电源线、动力线等电缆与直接进入变频调速系统的Ⅰ、Ⅱ类信号电缆并行捆绑。

在现场电缆敷设中，必须有效地分离Ⅲ、Ⅳ类信号电缆及电源线等易产生干扰的电缆，使其与现场布设的Ⅰ、Ⅱ类信号的电缆保持一定的安全距离。

信号电缆和电源电缆应采用不同走线槽走线，在进入变频调速系统机柜时，也应尽可能相互远离，当这两种电缆无法满足分开走线要求时，必须都采用屏蔽电缆，且应满足以下要求：

① 如果信号电缆和电源电缆的间距小于15cm，则必须在信号电缆和电源电缆之间设置屏蔽用的金属隔板，并将隔板接地。

② 当信号电缆和电源电缆垂直方向或水平方向分离安装时，信号电缆和电源电缆的间距应大于15cm，对于噪声干扰特别大的应用场合，如电源电缆上接有电压为AC220V、电流在10A以上的感性负载，而且电源电缆不带屏蔽层时，则要求其与信号电缆的垂直方向间隔距离必须在60cm以上。

③ 在两组电缆垂直相交时，若电源电缆不带屏蔽层，应用厚度在1.6mm以上的铁板覆盖交叉部分。

使用模拟量信号远程控制变频器时，为了减少模拟量受来自变频器和其他设备的干扰，应将控制变频器的信号线与强电回路分开走线，距离应在30cm以上。即使在控制柜内，同样要保持这样的接线规范，该信号电缆最长不得超过50m，保护信号线的金属管或金属软管要一直延伸到变频器的控制端子外，以保证信号线与动力线彻底分开。模拟量控制信号线应使用双绞合并屏蔽线，电线截面积规格为0.5～2mm^2。在接线时，其电缆剥线要尽可能地短（5～7mm），同时对剥线以后的屏蔽层要用绝缘胶布包起来，以防止屏蔽线与其他设备接触而引入干扰。

（2）动力电缆 根据变频器的功率选择导线截面适合的三芯或四芯屏蔽动力电缆，尤其是从变频器到电动机之间的动力电缆一定要选用屏蔽结构的电缆，且要尽可能短，这样可降低电磁辐射和容性漏电流，当电缆长度超过变频器所允许的长度时，电缆电容将影响变频器的正常工作，为此要配置输出电抗器。变频器的可选件与变频器之间的连接电缆长度不得超过10m。

由于生产现场空间的限制，变频器和电动机之间往往要有一定的距离，如果变频器和电动机之间为20m以内的近距离，则可以直接与变频器连接；若变频器和电动机之间为20～100m的中距离，则需要调整变频器的载波频率来减少谐波及干扰；当变频器和电动机之间为100m以上的远距离时，则不但要适度降低载波频率，还要加装输出交流电抗器。

电动机电缆独立于其他电缆走线，其最小距离为500mm。同时应避免电动机电缆与其他电缆长距离平行走线，这样才能减少变频器输出电压快速变化而产生的电磁干扰。如果控制电缆和电源电缆交叉，应尽可能使它们按 90° 角交叉，与变频器有关的模拟量信号线与主电路电缆分开走线，即使在控制柜中也要如此。同时必须用合适的夹子将电动机电缆和控制电缆的屏蔽层固定到安装板上，如图 8-9 所示。

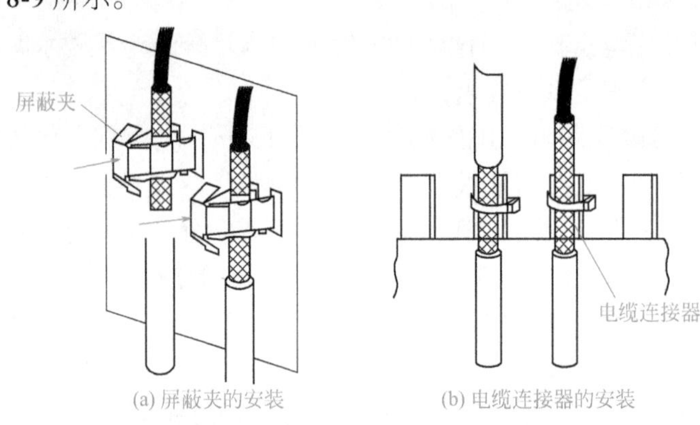

(a) 屏蔽夹的安装　　(b) 电缆连接器的安装

图 8-9　电缆的安装

四、常见故障检修

变频器安装和接线后需要进行调试，调试时先要对系统进行检查，然后按照“先空载，再轻载，后重载”的原则进行调试。

在变频调速系统试车前，先要对系统进行检查。检查分断电检查和通电检查。

1. 断电检查

（1）外观及结构检查

① 检查变频器的型号是否有误。

② 对安装和连线进行确认。确认变频器的设置环境和主电路线径是否合适，接地线和屏蔽线的处理方式是否正确，接线端子各部分的螺钉有无松动等。

③ 根据接线图对各部分连线进行检查。检查控制柜内的连线和控制柜与柜外的操作盒以及各种检测器件之间的连线是否正确。

④ 控制柜内的异物处理。用吸尘器等对控制柜内的尘土和碎线头等进行清扫。

（2）绝缘电阻的检查

① 主电路绝缘电阻检测。测量变频器主电路绝缘电阻时，必须将所有输入端（R、S、T）和输出端（U、V、W）都连接起来后，再用 500V 绝缘电阻表测量绝缘电阻，其值应在 5MΩ 以上，如图 8-10 所示。

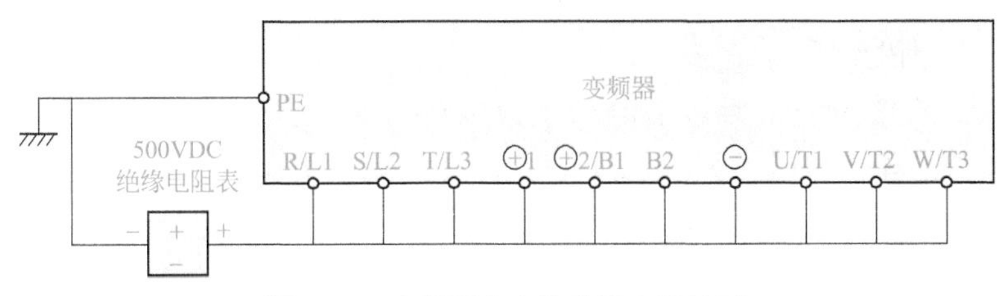

图 8-10 变频器主电路绝缘电阻检测

② 控制电路绝缘电阻检测。变频器控制电路的绝缘电阻要用万用表的高阻挡测量，不能用绝缘电阻表或其他有高电压的仪表测量。

（3）电源电压检查 检查主电路的电源电压是否在允许的范围之内，避免变频调速系统在允许电压范围外工作。

2．通电检查

通电检查内容主要如下：

① 检查显示是否正常。通电后，变频器显示屏会有显示，不同变频器通电后显示内容会有所不同，应对照变频器操作说明书观察显示内容是否正常。

② 检查变频器内部风机能否正常运行。通电后，变频器内部风机会开始运转（有些变频器需工作达到一定温度风机才运行，可查看变频器说明书），用手在出风口感觉风量是否正常。

3．熟悉变频器操作面板

不同品牌的变频器操作面板会有差异，在调试变频调速系统时，先要熟悉变频器操作面板。可对照操作说明书对变频器进行一些基本操作，如测试面板各按键的功能，设置变频器的一些参数等。

4．空载试验

在进行空载试验时，先脱开电动机的负载，再将变频器输出端与电动机连接，然后进行通电试验。试验步骤如下：

① 启动试验。先将频率设为0Hz，然后慢慢调高频率至50Hz，观察电动机的升速情况。

② 电动机参数检测。带有矢量控制功能的变频器需要通过电动机空载运行来自动检测电动机的参数，其中有电动机的静态参数，如电阻、电抗，还有动态参数，如空载电流等。

③ 基本操作。对变频器进行一些基本操作，如启动、点动、升速和降速等。

④ 停车试验。让变频器在设定的频率下运行10min，然后将频率迅速调到0Hz，观察电动机的制动情况，如果正常，空载试验结束。

5. 带载试验

空载试验通过后，再接上电动机负载进行试验。带载试验主要有启动试验、停车试验和带载能力试验。

（1）启动试验　启动试验内容主要如下：

① 将变频器的工作频率由0Hz开始慢慢调高，观察系统的启动情况，同时观察电动机负载运行是否正常。记下系统开始启动的频率，若在频率较低的情况下电动机不能随频率上升而运转起来，说明启动困难，应进行转矩补偿设置。

② 将显示屏切换至电流显示，再将频率调到最大值，让电动机按设定的升速时间上升到最高转速，在此期间观察电流变化，若在升速过程中变频器出现过电流保护而跳闸，说明升速时间不够，应设置延长升速时间。

③ 观察系统起升速过程是否平稳，对于大惯性负载，按预先设定的频率变化率升速或降速时，有可能会出现加速转矩不够，导致电动机转速与变频器输出频率不协调，这时应考虑低速时设置暂停升速功能。

④ 对于风机类负载，应观察停机后风叶是否因自然风而反转，若有反转现象，应设置启动前的直流制动功能。

（2）停车试验　停车试验内容主要如下：

① 将变频器的工作频率调到最高频率，然后按下停机键，观察系统是否出现过电流或过电压而跳闸的现象，若有此类现象出现，应延长减速时间。

② 当频率降到0Hz时，观察电动机是否出现“爬行”现象（电动机停不住），若有此现象出现，应考虑设置直流制动。

（3）带载能力试验　带载能力试验内容主要如下：

① 在负载要求的最低转速时，将电动机带额定负载长时间运行，观察电动机发热情况，若发热严重，应对电动机进行散热。

② 在负载要求的最高转速时，变频器工作频率高于额定频率，观察电动机是否能驱动这个转速下的负载。

6. 变频器通电试机

① 按电压等级要求，接上R、S、T（或L1、L2、L3）电源线（电动机暂不接，目的是检查变频器）。

②合上电源，充电指示灯（CHAGER）亮，若稍后可听到机内接触器吸合声（整流部分半桥相控型除外），这说明预充电控制电路、接触器等基本完好，整流桥工作正常。

③ 检查面板是否点亮，以判断机内开关电源是否工作，检查监控显示是否正常，有无故障码显示；操作面板键盘检查面板功能是否正常。

④ 观察机内有无异味、冒烟或异常响声，否则说明主电路或控制电路（包括开关电源）工作可能异常并伴有器件损坏。

⑤ 检查机内冷却风扇是否运转，风量、风压以及轴承声音是否正常。注意有些机种需发出运行命令后才运转。也有的是变频器接通电风扇就运转，延时若干时间后如无运行命令，则自动停转，一直等到运行命令（RUN）发出后再运转。

⑥ 对于新的变频器可将其置于面板控制，频率（或速度）先给定为1Hz（1Hz对应的速度值）左右，按下运行（RUN）命令键，若变频器不跳闸，说明变频器的逆变器模块无短路或失控现象，然后缓慢升频分别于10Hz、20Hz、30Hz、40Hz直至额定值（如50Hz），其间测量变频器不同频率时输出U-V、U-W、V-W端之间线电压是否正常，特别应注意三相输出电压是否对称，目的是确认CPU信号和6路驱动电路是否正常（一般磁电式万用表，应接入滤波器后才能准确测量PWM电压值）。

⑦ 断开变频器电源，接上电动机连接线（通常情况下选用功率比变频器小的电动机即可，对于直接转矩控制的变频器应置于“标量”控制模式下，电动机接入前应检查并确认良好，最好为空载状态）。

⑧ 重新送电开机，并将变频器频率设置在1Hz左右，因为在低速情况下最能反映变频器的性能。观察电动机运转是否有力（对U/f控制的变频器转矩值与电压提升量有关）、转矩是否脉动以及是否存在转速不均匀现象，否则说明变频器的控制性能不佳。

⑨ 缓慢升频加速直至额定转速。然后缓慢降频消速。强调“缓慢”是因为变频器原始的加速时间的设定值通常为默认值，过快升频易致过电流动作发生，过快降频则易致过电压动作发生。在不希望去改变设定的情况下，可以通过单步操作加减键来实现“缓慢”加减速。

⑩ 加载至额定电流值（有条件时进行）。用钳形电流表分别测量电动机的三相电流值，该电流值应大小相等，最后用钳形电流表测量电动机电流的零序分量值（3根导线一起放入钳内），正常情况下一台几十千瓦的电动机应为零点几安以下。观察电动机运转过程是否平稳顺畅，有无异常振动，有无异常声音发出，有无过电流、短路等故障报警，以进一步判断变频器控制信号和逆变器功率器件工作是否正常。经验表明，观察电动机的运转情况常常是最直接、最有效的方法，一台不能平稳运转的电动机，其供电的变频器肯定是存在问题的。

在通过以上检查后，方可认为变频器工作基本正常。

7．电动机热过载

电动机热过载的基本特征是实际温升超过额定温升。因此，对电动机进行过载保护的目的也是确保电动机能够正常运行，不因过热而烧毁。

电动机运行时的损耗功率（主要是铜耗）转换成热能，使电动机的温度升高，电动机的发热过程属于热平衡的过渡过程，其基本规律类似于常见的指数曲线上升（或下降）规律。其物理意义在于：由于电动机在温度升高的同时必然要向周围散热，温升越大，散热也越快，故温升不能按线性规律上升，而是越升越慢；当电动机产生的热量与发散的热量平衡时，此时的温升为额定温升。

电动机过载是电动机轴上的机械负荷过重，使电动机的运行电流超过了额定值，导致其温升超过了额定值。电动机的主要特点为电流上升的幅度不大，因为在电动机选型设计时一般都充分考虑了负荷的最大使用电流，并按电动机最大温升进行设计，对于某些变动负荷和断续负荷，短时间是允许的，因此正常情况下的过载电流幅值不会很大。电动机热过载保护系数可由下面的公式确定：

电动机热过载保护系数=（允许最大负荷电流/变频器的额定输出电路）× 100%

一般情况下，定义允许最大负荷电流为负荷电动机的额定电流。注意，在一台变频器拖动多于 4 台电动机时，此功能不一定有效。

五、变频器的维护保养

如何对变频器进行维护保养，以及日常检查与定期检查的具体要求可扫二维码学习。

第二节 变频器控制电路接线与电路故障检修

一、单进三出变频器接线电路

1. 电路原理

电路原理见图 8-11 所示，由于使用了单相 220V 输入，然后输出的是三相 220V，所以在正常情况下，接的电动机应该是一个三相电动机。注意应该是三相 220V 电动机。如果把单相 220V 输入转三相 220V 输出电路使用单相 220V

电动机的，只要把220V电动机接在输出的U、V、W端任意两项就可以，同样这些接线开关和一些选配端子是根据需要接上相应的正转启动就可以了。可以是按钮开关，也可以是继电器进行控制，如果需要控制电动机的正反转启动的话，再通过外配电路、正反转开关进行控制，电动机就可以实现正反转。如果需要远程调速的话外接电位器，把电位器接到相应的端子上就可以了。不需要远程电位器的，只有面板上的电位器就可以了。

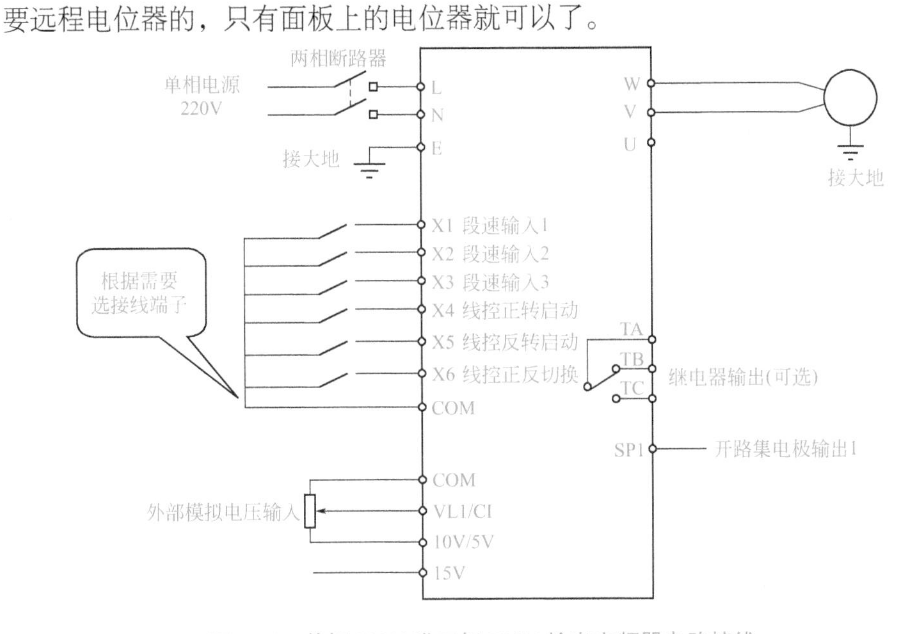

图 8-11 单相220V进三相220V输出变频器电路接线

2．电路接线组装

单相220V进三相220V输出变频器电路实际接线如图8-12所示。

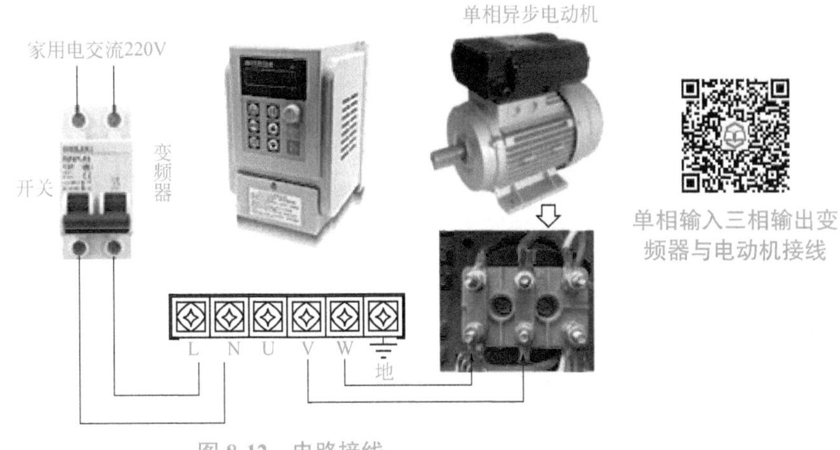

图 8-12 电路接线

3. 电路调试与检修

当出现故障的时候，用万用表检测它的输入端，按相应的按钮或相应的开关，然后输出端应该有电压，如果输出端没有电压，这些按钮和相应的开关正常情况下，应该是变频器毁坏，应更换。

如果输入端有电压，按动相应的按钮和开关输出端有电压，但电动机仍然不能够正常工作或不能调速的话，应该是电动机毁坏，应更换或维修电动机。

二、三进三出变频器控制电路

1. 电路原理

三相380V进380V输出变频器电动机启动控制电路原理如图8-13所示（注意：不同变频器辅助功能、设置方式及更多接线方式需要查看使用说明书）。

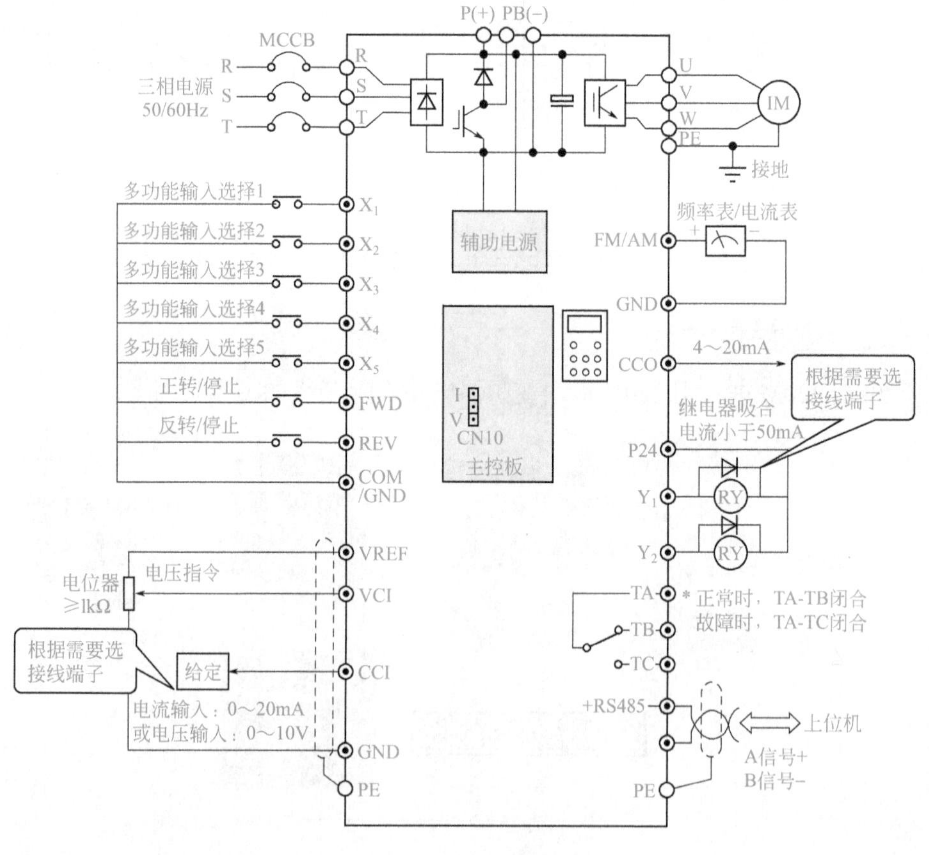

图 8-13 电路原理图

这是一套380V输入和380V输出的变频器的电路，相对应的端子选择是根据所需要外加的开关完成的，如果电动机只需要正转启停，只需要一个开关就可以了；如果需要正、反转启停，需要接两个端子、两个开关。如果需要远程调速就需要外接电位器，如果在面板上就可以实现调速，就不需要外接电位器。对于外配电路是根据功能接的，一般情况下使用时，这些元器件是可以不接的。只要把电动机正确接入U、V、W就可以了。

主电路输入端子R、S、T接三相电的输入，U、V、W三相电的输出接电动机，一般在设备当中接有制动电阻，只要制动电阻卸放掉电能，电动机就可以停转。

2. 电路接线组装

三相380V进380V输出变频器电动机启动控制电路实际组装接线如图8-14所示。

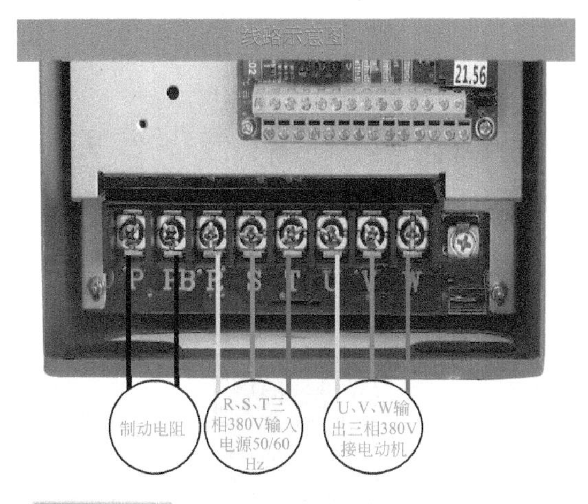

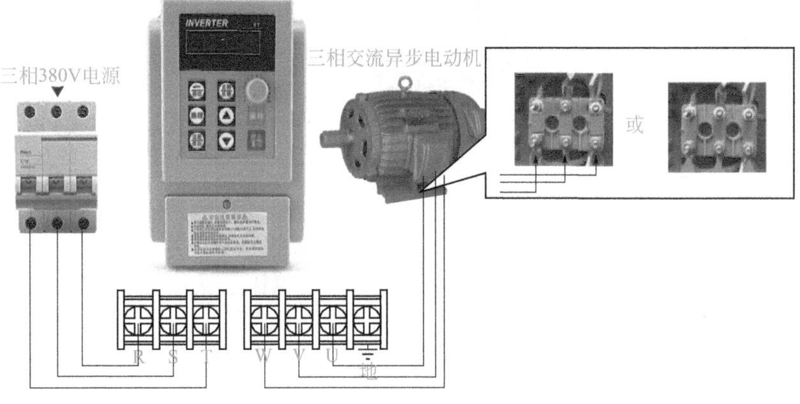

图8-14 三相380V进380V输出变频器电动机启动控制电路实际组装接线图

3. 电路调试与检修

接好电路后，由三相电接入到空开，接入到变频器的接线端子，通过内部变频正确的参数设定，由输出端子输出接到电动机，当此电路不能工作的时候，应检查空开的下端是否有电，变频器的输入端、输出端是否有电，当检查输出端有电时，电动机不能按照正常设定运转，应该通过调整这些输出按钮进行测量，因为不按照正确的参数设定，这个端子可能没有对应功能控制输出，这是应该注意的。如果输出端子有输出，电动机不能正常旋转，说明电动机出现故障，更换或维修电动机。如果变频器有输入电压且显示正常，通过正确的参数设定或不能设定参数的话，输出端没有输出，说明变频器毁坏，应该更换或维修变频器。

三、带有自动制动功能的变频器电动机控制电路

1. 电路原理

带有自动制动功能的变频器电动机控制电动路如图 8-5、图 8-6 所示。

2. 电路接线组装

带有自动制动功能的变频器电动机控制电路实际接线如图 8-15 所示。

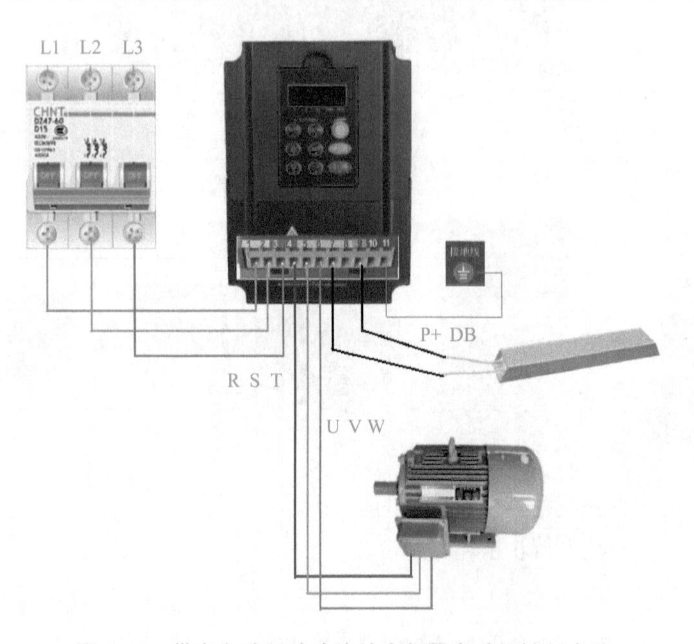

图 8-15　带有自动制动功能的变频器电动机控制电路

3. 电路调试与检修

如果电动机不能制动，大多数是制动电阻毁坏。当电动机不能制动，在检修时，应先设定它的参数，看参数设定是否正确，只有电动机的参数设定正确，不能制动，才能说明制动电阻出现故障，如果检测以后制动电阻没有故障，多是变频器毁坏，应该更换或维修变频器。

四、用开关控制的变频器电动机正转控制电路

开关控制式正转控制电路如图 8-16 所示，它依靠手动操作变频器 STF 端子外接开关 SA，来对电动机进行正转控制。

1. 电路工作原理

① 启动准备。按下按钮 SB2 →接触器 KM 线圈得电→ KM 常开辅助触点和主触点均闭合→ KM 常开辅助触点闭合锁定 KM 线圈得电（自锁），KM 主触点闭合为变频器接通主电源。

注意：使用启动准备电路及使用异常保护时需拆除原机 R/S 接线，将 R1/S1 与相线接通，供保护后查看数据报警用，如不需要则不用拆除跳线，使用漏电保安器或空开直接供电即可。

② 正转控制。按下变频器 STF 端子外接开关 SA，STF、SD 端子接通，相当于 STF 端子输入正转控制信号，变频器 U、V、W 端子输出正转电源电压，驱动电动机正向运转。调节端子 10、2、5 外接电位器 RP，变频器输出电源频率会发生改变，电动机转速也随之变化。

③ 变频器异常保护。若变频器运行期间出现异常或故障，变频器 B、C 端子间内部等效的常闭开关断开，接触器 KM 线圈失电，KM 主触点断开，切断变频器输入电源，对变频器进行保护。

④ 停转控制。在变频器正常工作时，将开关 SA 断开，STF、SD 端子断开，变频器停止输出电源，电动机停转。

若要切断变频器输入主电源，可按下按钮 SB1，接触器 KM 线圈失电，KM 主触点断开，变频器输入电源被切断。

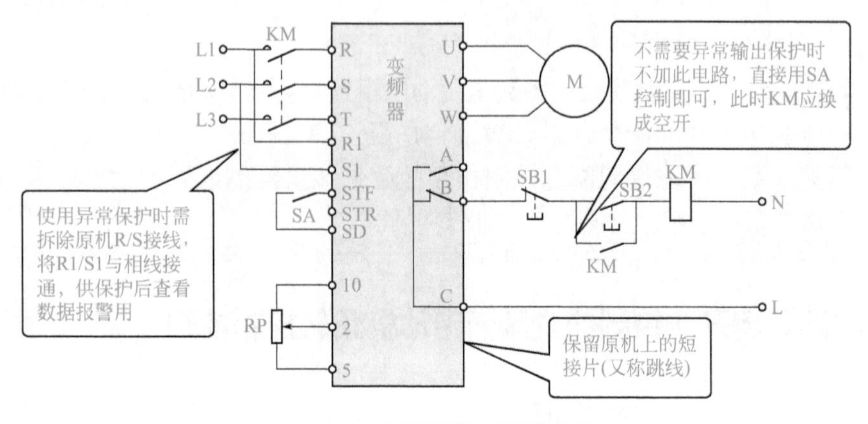

(a) 使用保护功能时的接线

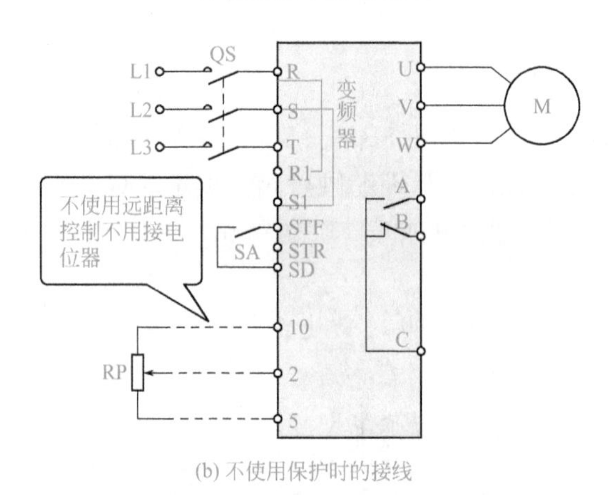

(b) 不使用保护时的接线

图 8-16　开关控制式正转控制电路

注意： R1/S1 为控制回路电源，一般内部用连接片与 R/S 端子相连接，不需要外接线，只有在需要变频器主回路断电（KM 断开）、需要变频器显示异常状态或有其他特殊功能时才将 R1/S1 连接片与 R/S 端子拆开，用引线接到输入电源端。

知识拓展

变频器跳闸保护电路

在注意事项中，提到只有在需要变频器主回路断电（KM 断开）、需要变频器显示异常状态或有其他特殊功能时才将 R1/S1 连接片与 R/S 端子拆开，用引线接到输入电源端。实际在变频调速系统运行过程中，如果变频器或负载突然出现故障，可以利用外部电路实现报警。需要注意的是，报警的参数设定，需要参看使用说明书。

变频器跳闸保护是指在变频器工作出现异常时切断电源，保护变频器不被损坏。图8-17所示是一种常见的变频器跳闸保护电路。变频器A、B、C端子为异常输出端，A、C之间相当于一个常开开关，B、C之间相当于一个常闭开关，在变频器工作出现异常时，A、C接通，B、C断开。

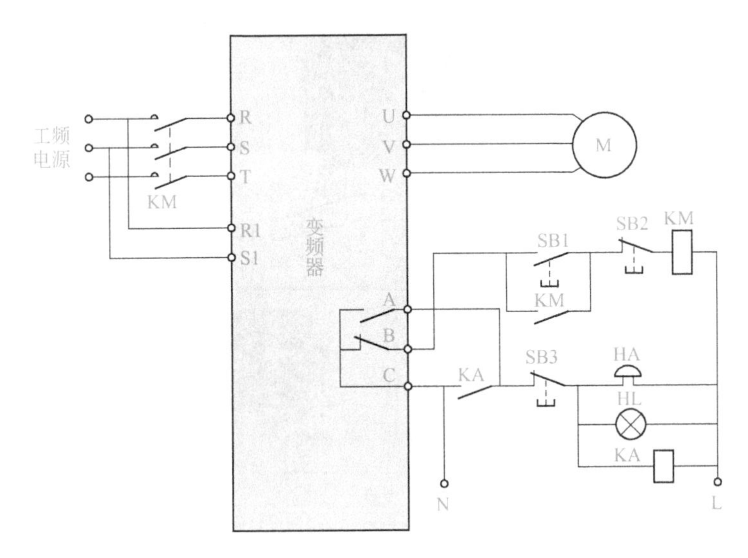

图8-17 一种常见的变频器跳闸保护电路

2. 电路工作过程

(1)供电控制 按下按钮SB1，接触器KM线圈得电，KM主触点闭合，工频电源经KM主触点为变频器提供电源，同时KM常开辅助触点闭合，锁定KM线圈供电。按下按钮SB2，接触器KM线圈失电，KM主触点断开，切断变频器电源。

(2)异常跳闸保护 若变频器在运行过程中出现异常，A、C之间闭合，B、C之间断开。B、C之间断开使接触器KM线圈失电，KM主触点断开，切断变频器供电；A、C之间闭合使继电器KA线圈得电，KA触点闭合，振铃HA和报警灯HL得电，发出变频器工作异常声光报警。按下按钮SB3，继电器KA线圈失电，KA常开触点断开，HA、HL失电，声光报警停止。

(3)电路故障检修 当此电路出现故障时，主要用万用表检查SB1、SB2、KM线圈及接点是否毁坏，检查KA线圈及其接点是否毁坏，只要外部线圈及接点没有毁坏，跳闸、不能启动时，参数设定正常，说明变频器毁坏。

3．用开关控制的变频器电动机正转控制电路接线

用开关控制的变频器电动机正转控制电路如图 8-18 所示，图中接线为直接用开关启动控制方式接线，省去了接触器部分电路。

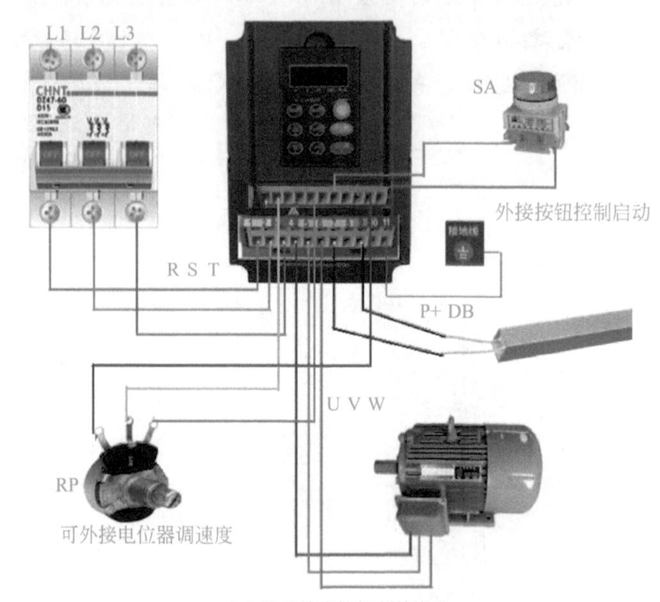

(a) 用开关直接控制的电路

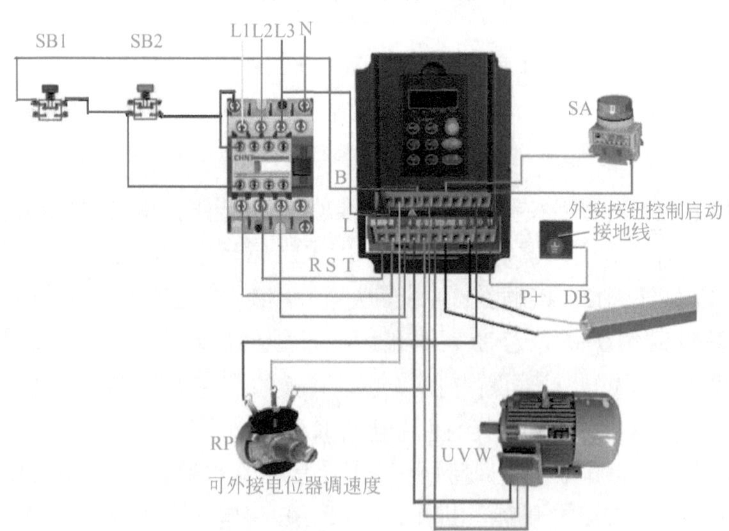

(b) 接触器上电控制的开关控制直接启动电路

图 8-18　变频器电机正转控制电路

4．调试维修

用继电器控制电动机的启停控制电路，如果不需要上电功能，只是用按钮开关进行控制，可以把R1、S1用短接线接到R、S端点，然后使用空开就可以，空开电流进来直接接R、S、T，输出端直接接电动机，可以用面板上的调整器，这样相当简单。在这个电路当中利用上电准备电路，然后给R、S、T接通电源，一旦按下SB2后，SM接通，KM自锁，变频器启动输出三相电压。这种电路检修时，直接检查KM及按钮SB1、SB2是否毁坏，如果SB1、SB2没有毁坏，SA按钮也没有毁坏，不能驱动电动机旋转的原因是变频器毁坏，直接更换变频器即可。

五、用继电器控制的变频器电动机正转控制电路

1．继电器控制式正转控制电路（如图8-19所示）

电路工作原理说明如下：

① 启动准备。按下按钮SB2→接触器KM线圈得电→KM主触点和两个常开辅助触点均闭合→KM主触点闭合为变频器接主电源，一个KM常开辅助触点闭合锁定KM线圈得电，另一个KM常开辅助触点闭合为中间继电器KA线圈得电做准备。

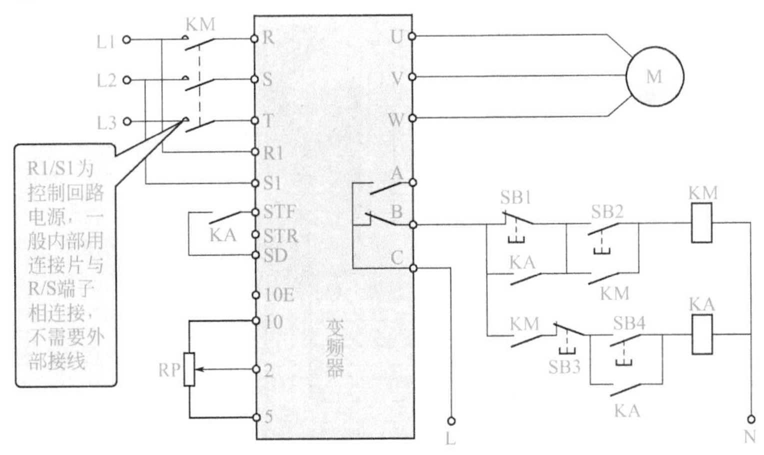

图8-19 继电器控制式正转控制电路

② 正转控制。按下按钮SB4→继电器KA线圈得电→3个KA常开触点均闭合，一个常开触点闭合锁定KA线圈得电，一个常开触点闭合将按钮SB1短接，还有一个常开触点闭合将STF、SD端子接通，相当于STF端子输入正转

控制信号，变频器U、V、W端子输出正转电源电压，驱动电动机正向运转。调节端子10、2、5外接电位器RP，变频器输出电源频率会发生改变，电动机转速也随之变化。

③ 变频器异常保护。若变频器运行期间出现异常或故障，变频器B、C端子间内部等效的常闭开关断开，接触器KM线圈失电，KM主触点断开，切断变频器输入电源，对变频器进行保护，同时继电器KA线圈失电，3个KA常开触点均断开。

④ 停转控制。在变频器正常工作时，按下按钮SB3，KA线圈失电，KA的3个常开触点均断开，其中一个KA常开触点断开使STF、SD端子连接切断，变频器停止输出电源，电动机停转。

在变频器运行时，若要切断变频器输入主电源，必须先对变频器进行停转控制，再按下按钮SB1，接触器KM线圈失电，KM主触点断开，变频器输入电源被切断。如果没有对变频器进行停转控制，而直接去按SB1，是无法切断变频器输入主电源的，这是因为变频器正常工作时KA常开触点已将SB1短接，断开SB1无效，这样做可以防止在变频器工作时误操作SB1切断主电源。

2. 用继电器控制的变频器电动机正转控制电路接线

用开关控制的变频器电动机正转控制电路如图8-20所示，图中接线为直接用开关启动控制方式接线。

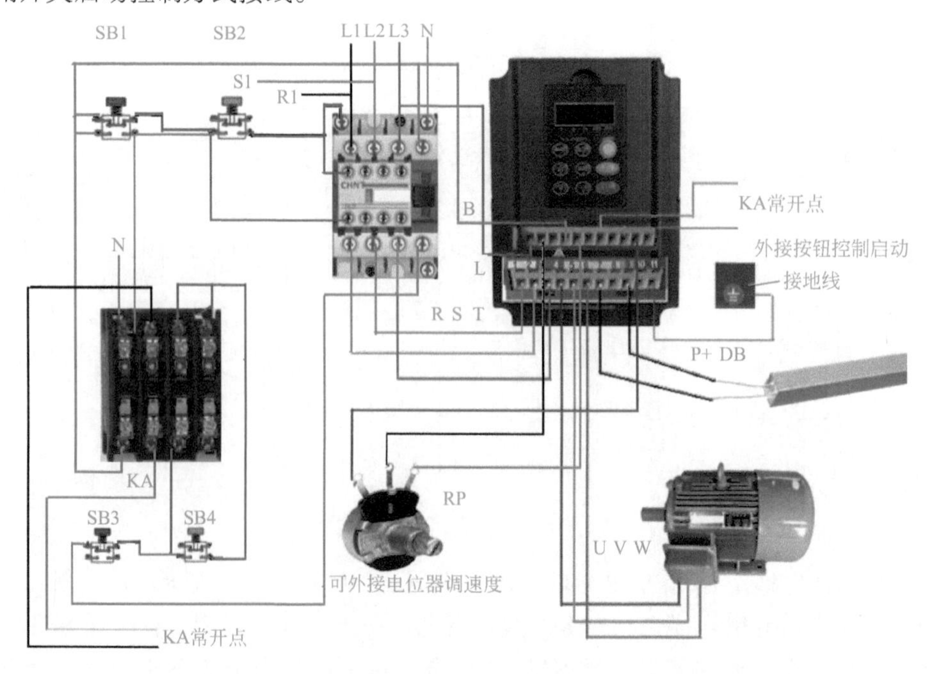

图8-20 用开关控制的变频器电动机正转控制电路

3．调试维修

用继电器控制正转电路，当继电器控制正转出现故障时，用万用表检测SB1、SB2、SB4、SB3的好与坏，包括KM、KA线圈的好与坏，当这些元器件没有毁坏时，用电压表检测R、S、T是否有电压，如果有电压U、V、W没有输出，参数设定正常的情况下为变频器毁坏，如果R、S、T没有电压说明输出电路有故障，查找输出电路故障或更换变频器；而当U、V、W有输出电压，电动机不运转说明是电动机出现故障，应该维修或更换电动机。

六、用开关控制的变频器电动机正反转电路

1．用开关控制的变频器电动机正反转电路工作原理

开关控制式正、反转控制电路如图8-21所示，它采用了一个三位开关SA，SA有“正转”“停止”和“反转”3个位置。

电路工作原理说明如下：

① 启动准备。按下按钮SB2→接触器KM线圈得电→KM常开辅助触点和主触点均闭合→KM常开辅助触点闭合锁定KM线圈得电（自锁），KM主触点闭合为变频器接通主电源。

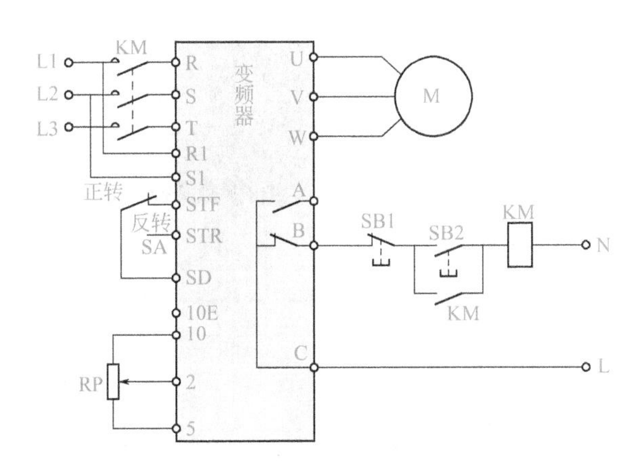

图8-21　开关控制式正、反转控制电路

② 正转控制。将开关SA拨至“正转”位置，STF、SD端子接通，相当于STF端子输入正转控制信号，变频器U、V、W端子输出正转电源电压，驱动电动机正向运转。调节端子10、2、5外接电位器RP，变频器输出电源频率会发生改变，电动机转速也随之变化。

③ 停转控制。将开关 SA 拨至“停转”位置（悬空位置），STF、SD 端子连接切断，变频器停止输出电源，电动机停转。

④ 反转控制。将开关 SA 拨至“反转”位置，STR、SD 端子接通，相当于 STR 端子输入反转控制信号，变频器 U、V、W 端子输出反转电源电压，驱动电动机反向运转。调节电位器 RP、变频器输出电源频率会发生改变，电动机转速也随之变化。

⑤ 变频器异常保护。若变频器运行期间出现异常或故障，变频器 B、C 端子间内部等效的常闭开关断开，接触器 KM 线圈断开，切断变频器输入电源，对变频器进行保护。

若要切断变频器输入主电源，需先将开关 SA 拨至“停止”位置，让变频器停止工作，再按下按钮 SB1，接触器 KM 线圈失电，KM 主触点断开，变频器输入电源被切断。该电路结构简单，缺点是在变频器正常工作时操作 SB1 可切断输入主电源，这样易损坏变频器。

2．电路接线组装

如图 8-22 所示为电路接线组装。

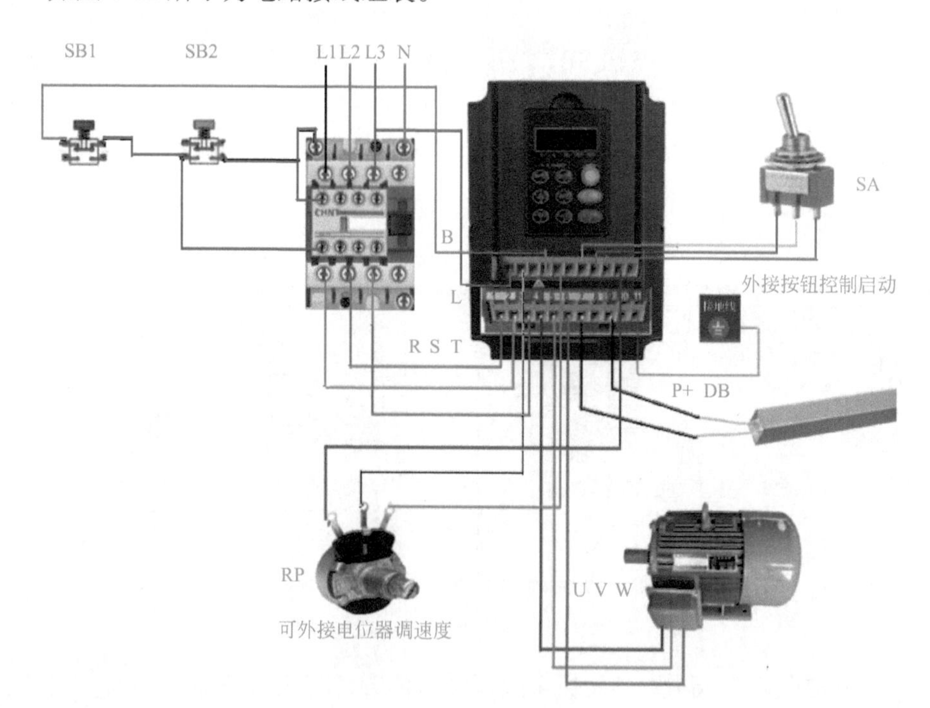

图 8-22　电路接线组装

七、变频器的PID控制应用

1. 变频器的PID控制电路工作原理

在工程实际中应用最为广泛的调节器控制规律为比例、积分、微分控制，简称PID控制，又称PID调节。实际中也有PI和PD控制。PID控制器就是根据系统的误差，利用比例、积分、微分计算出控制量进行控制的。

（1）PID控制原理 PID控制又称比例微分积分控制，是一种闭环控制。下面以图8-23所示的恒压供水系统来说明PID控制原理。

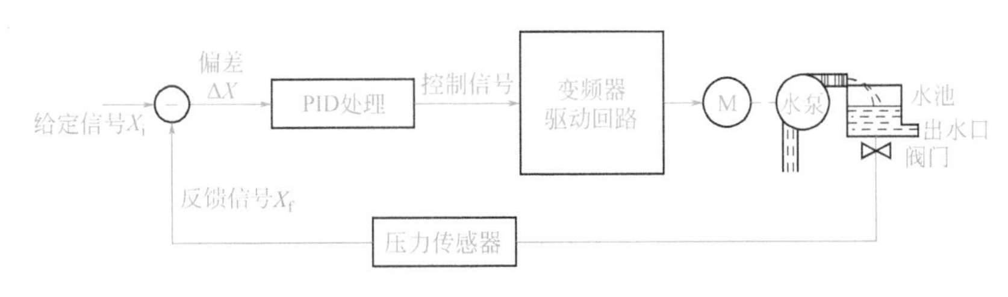

图8-23 恒压供水系统

电动机驱动水泵将水抽入水池，水池中的水除了经出水口提供用水外，还经阀门送到压力传感器，传感器将水压大小转换成相应的电信号X_i，X_f反馈到比较器与给定信号X_i进行比较，得到偏差信号ΔX（$\Delta X=X_i-X_f$）。

若$\Delta X>0$，表明水压小于给定值，偏差信号经PID处理得到控制信号，控制变频器驱动回路，使之输出频率上升，电动机转速加快，水泵抽水量增多，水压增大。

若$\Delta X<0$，表明水压大于给定值，偏差信号经PID处理得到控制信号，控制变频器驱动回路，使之输出频率下降，电动机转速变慢，水泵抽水量减少，水压下降。

若$\Delta X=0$，表明水压等于给定值，偏差信号经PID处理得到控制信号，控制变频器驱动回路，使之频率不变，电动机转速不变，水泵抽水量不变，水压不变。

控制回路的滞后性，会使水压值总与给定值有偏差。例如当用水量增多水压下降时，电路需要对有关信号进行处理，再控制电动机转速变快，提高水泵抽水量，从压力传感器检测到水压下降到控制电动机转速加快，提高抽水量，恢复水压需要一定时间，通过提高电动机转速恢复水压后，系统又要将电动机转速调回正常值，这也需要一定时间，在这段回调时间内水泵抽水量会偏多，导致水压又增大，又需进行反馈。这样的结果是水池水压会在给定值上下波动

（振荡），即水压不稳定。

采用 PID 处理可以有效减小控制环路滞后和过调问题（无法彻底消除）。PID 包括 P 处理、I 处理和 D 处理。P（比例）处理是将偏差信号 ΔX 按比例放大，提高控制的灵敏度；I（积分）处理是对偏差信号进行积分处理，缓解 P 处理比例放大量过大引起的超调和振荡；D（微分）处理是对偏差信号进行微分处理，以提高控制的迅速性。对于 PID 的参数设定，需要参看使用说明书。

（2）典型控制电路 图 8-24 所示是一种典型的 PID 控制应用电路。在进行 PID 控制时，先要接好线路，然后设置 PID 控制参数，再设置端子功能参数，最后操作运行。

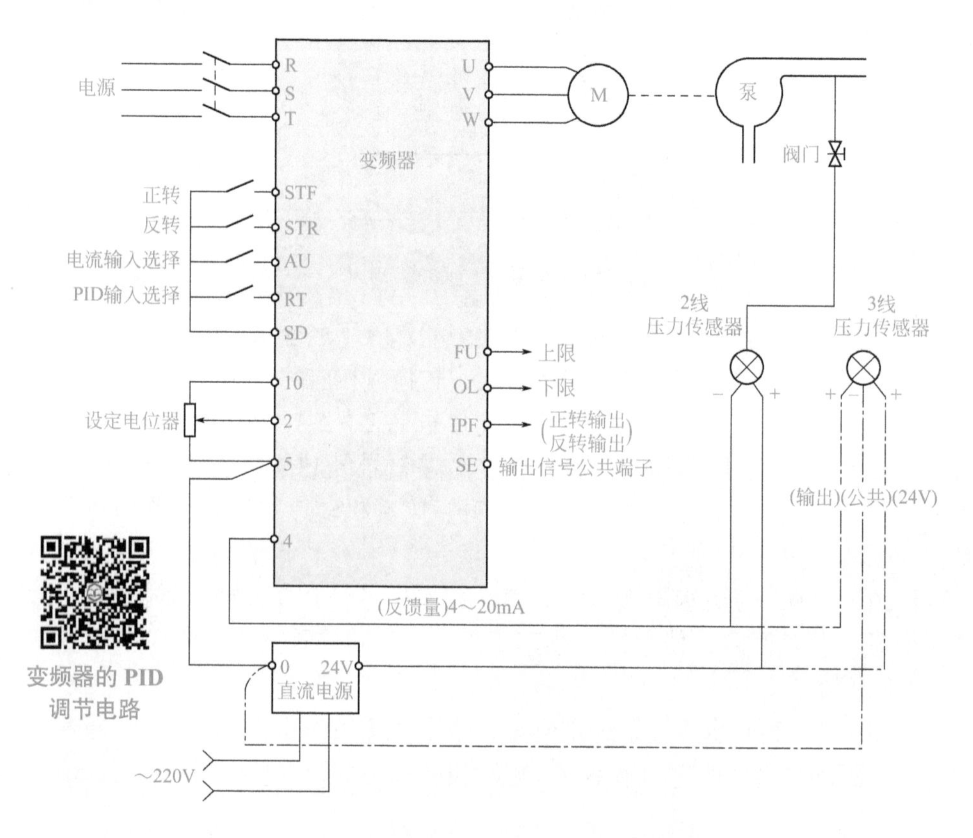

图 8-24 一种典型的 PID 控制应用电路

① PID 控制参数设置（不同变频器设置不同，以下设置仅供参考）。

② 端子功能参数设置（不同变频器设置不同，以下设置仅供参考）。

PID 控制时需要通过设置有关参数定义某些端子功能。端子功能参数设置见表 8-1。

表8-1 端子功能参数设置

参数及设置值	说明
Pr.128=20	将端子4设为PID控制的压力检测输入端
Pr.129=30	将PID比例调节设为30%
Pr.130=10	将积分时间常数设为10s
Pr.131=100%	设定上限值范围为100%
Pr.132=0	设定下限值范围为0
Pr.133=50%	设定PU操作时的PID控制设定值（外部操作时，设定值由2-5端子间的电压决定）
Pr.134=3s	将积分时间常数设为3s

③ 操作运行（不同变频器设置不同，以下设置仅供参考）。

a. 设置外部操作模式。设定Pr.79=2，面板“EXT”指示灯亮，指示当前为外部操作模式。

b. 启动PID控制。将AU端子外接开关闭合，选择端子4电流输入有效，将RT端子外接开关闭合，启动PID控制；将STF端子外接开关闭合，启动电动机正转。

c. 改变给定值。调节设定电位器，2-5端子间的电压变化，PID控制的给定值随之变化，电动机转速会发生变化，例如给定值大，正向偏差（$\Delta X>0$）增大，相当于反馈值减小，PID控制使电动机转速变快，水压增大，端子4的反馈值增大，偏差慢慢减小，当偏差接近0时，电动机转速保持稳定。

④ 改变反馈值。调节阀门，改变水压大小来调节端子4输入的电流（反馈值），PID控制的反馈值变大，相当于给定值减小，PID控制使电动机转速变慢，水压减小，端子4的反馈值减小，偏差慢慢减小，当偏差接近0时，电动机转速保持稳定。

⑤ PU操作模式下的PID控制。设定Pr.79=1，面板“PU”指示灯亮，指示当前为PU操作模式。按“FWD”或“REV”键，启动PID控制，运行在Pr.133设定值上，按“STOP”键停止PID运行。

2．电路接线组装

如图8-25所示为电路接线组装。

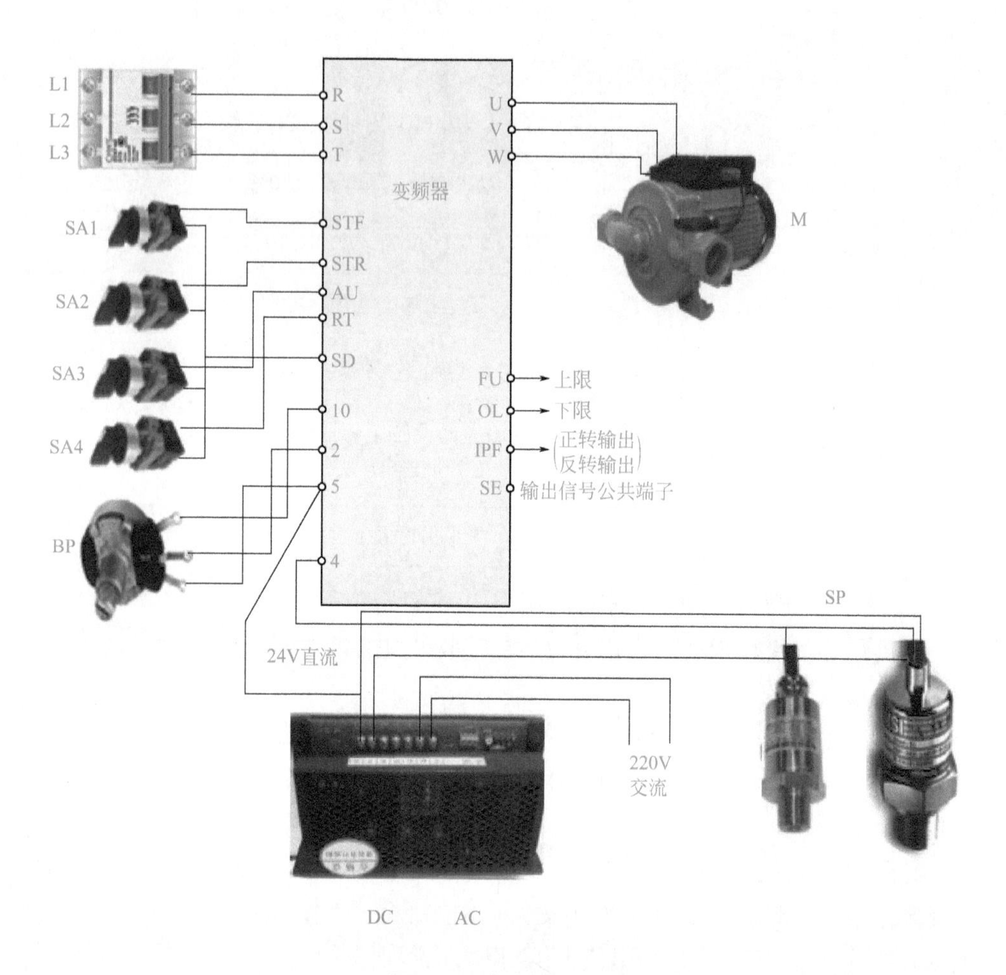

图 8-25 电路接线组装

3．电路调试与检修

用 PID 调节的变频器控制电路，这些开关根据需要而设定，设有传感器进行反馈，变频器能够正常输出，电动机能够运转，只是 PID 调节器失控，这时是 PID 输入传感器出现故障，可以运用代换法进行检修。如果是电子电路故障时，可用万用表直接去测量检查元器件、直流电源部分是否输出了稳定电压；当电源部分输出了稳定电压以后，而反馈电路不能够正常反馈信号，说明是反馈电路出现问题，如用万用表测量反馈信号能够返回，仍不能进行 PID 调节，说明变频器内部电路出现问题，直接维修或更换变频器。

第三节

PLC安装布线要求与编程语言

一、PLC 的安装布线与调试要求

1．PLC的安装

PLC 适用于大多数工业现场，它对使用场合、环境温度等都有相应要求。

① 在安装 PLC 时，要避开下列场所：

a. 环境温度超过 0 ～ 50℃的范围；

b. 相对湿度超过 85% 或者存在露水凝聚（由温度突变或其他因素所引起的）；

c. 太阳光直接照射；

d. 有腐蚀和易燃的气体，例如氯化氢、硫化氢等；

e. 有大量铁屑及灰尘场所；

f. 频繁或连续的振动场所；

g. 超过 10g（重力加速度）的冲击场所。

② PLC 轨道安装和墙面安装：小型 PLC 可编程控制器外壳的 2 个角或 4 个角上，均有安装孔。有两种安装方法，一是用螺钉固定，不同的单元有不同的安装尺寸；另一种是 DIN（德国共和标准）轨道固定。DIN 轨道配套使用的安装夹板，左右各一对。在轨道上，先装好左右夹板，装上 PLC，然后拧紧螺钉。

③ 通常把可编程控制器安装在有保护外壳的控制柜中，以防止灰尘、油污、水溅。

④ 安装机器应有足够的通风空间，基本单元和扩展单元之间要有 30mm 以上间隔。如果周围环境超过 55℃，要安装电风扇，强迫通风。

⑤ 可编程控制器应尽可能远离高压电源线和高压设备，可编程控制器与高压设备和电源线之间应留出至少 200mm 的距离。

⑥ 当可编程控制器垂直安装时，要严防导线头、铁屑等从通风窗掉入可编程控制器内部，造成印刷电路板短路，使其不能正常工作，甚至永久损坏。

2．PLC电源接线

PLC 交流供电电源为 50Hz、220V ± 10% 的交流电。

一般而言，PLC 交流电源可以由市电直接供应，而输入设备（开关、传感器等）的直流电源和输出设备（继电器）的直流电源等，最好采取独立的直流电源供电。大部分的 PLC 自带 24V 直流电源，只有当输入设备或者输出设备所需电流不是很大的情况下，才能使用 PLC 自带直流电源。PLC 控制系统的电源电路如图 8-26 所示。

PLC 可编程控制器如果电源发生故障，中断时间少于 10ms，PLC 工作不受影响。若电源中断超过 10ms 或电源下降超过允许值，则 PLC 停止工作，所有的输出点均同时断开。当电源恢复时，若 RUN 输入接通，则操作自动进行。

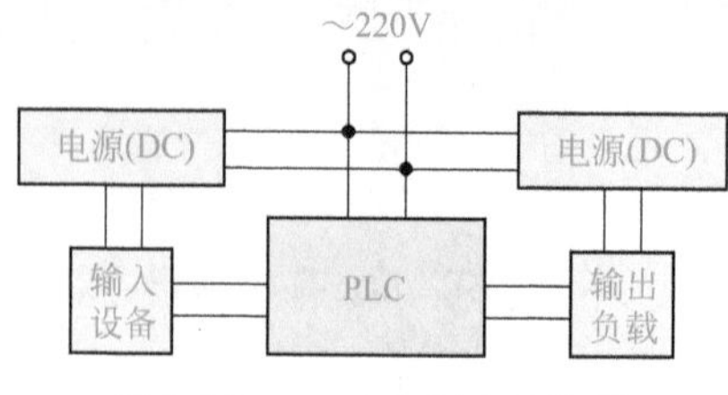

图 8-26　PLC 电源电路框图

对于电源线来的干扰，PLC 本身具有足够的抵制能力。如果电源干扰特别严重，可以安装一个变比为 1∶1 的隔离变压器，以减少设备与地之间的干扰。

3. PLC接地

正确的接地系统是 PLC 控制系统抗电磁干扰的重要措施之一。接地方式有浮地方式和直接接地方式，对于 PLC 控制系统应采用直接接地方式。

PLC 各部分接地如图 8-27 所示，西门子 S7-200 PLC 各位置接地端子标示如图 8-28 所示。

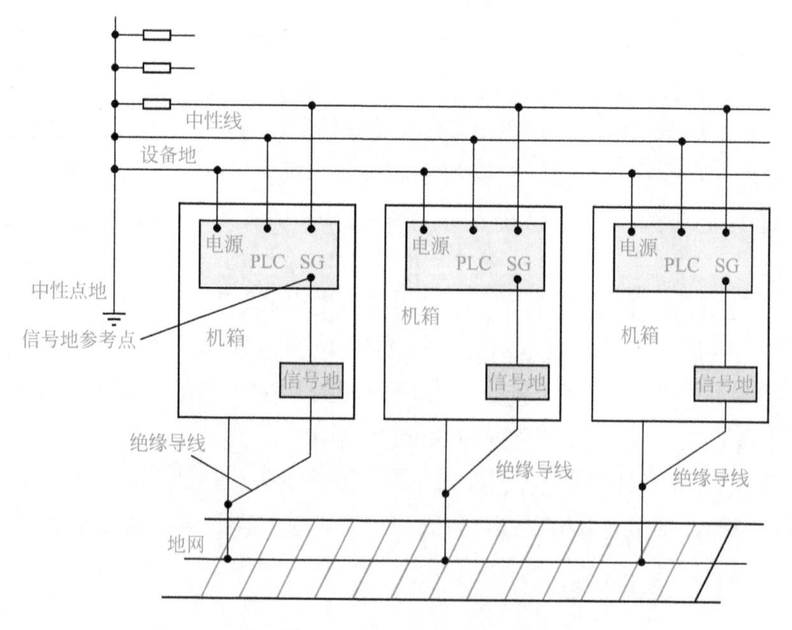

图 8-27　PLC 各部分直接接地

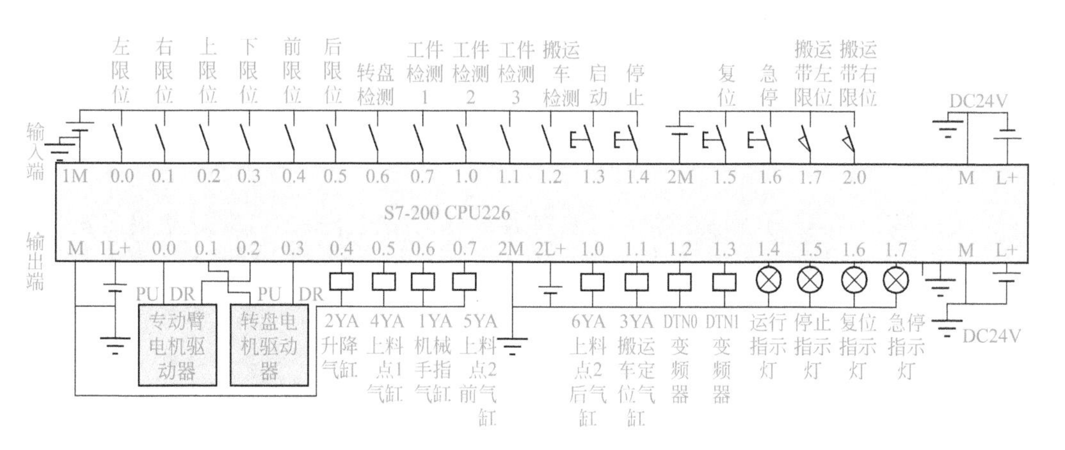

图 8-28 西门子 S7-200PLC 中各位置接地端子标示

PLC 具体的接地方法如下：

① 信号地：是输入端信号元件——传感器的地。为了抑制附加在电源及输入、输出端的干扰，应对 PLC 系统进行良好的接地。一般情况下。接地方式与信号频率有关，当频率低于 1MHz 时，可用一点接地；高于 10MHz 时，采用多点接地；在 1 ～ 10MHz 间采用哪种接地视实际情况而定。接地线截面积不能小于 $2mm^2$。接地电阻不能大于 100Ω，接地线最好是专用地线。若达不到这种要求，也可采用公共接地方式。

注意：禁止采用与其他设备串联接地的方式。

② 屏蔽地：一般为防止静电、磁场感应而设置的外壳或金属丝网，通过专门的铜导线将其与地壳连接。

注意：屏蔽地、保护地不能与电源地、信号地和其他接地扭在一起。只能各自独立地接到接地铜牌上。

为减少信号的电容耦合噪声，可采用多种屏蔽措施。对于电场屏蔽的分布电容问题，通过将屏蔽地接入大地可解决。对于纯防磁的部位，例如强磁铁、变压器、大电机的磁场耦合，可采用高导磁材料作外罩，将外罩接入大地来屏蔽。

③ 交流地和保护地：交流供电电源的 N 线，通常它是产生噪声的主要地方。而保护地一般将机器设备外壳或设备内独立器件的外壳接地。用以保护人身安全和防护设备漏电。交流电源在传输时，在相当一段间隔的电源导线上，会有几毫伏甚至几伏的电压，而低电平信号传输要求电路电平为零。为防止交

流电对低电平信号的干扰，必须进行接地。

④ 直流接地：在直流信号的导线上要加隔离屏蔽，不允许信号源与交流电共用一根地线，各个接地点通过接地铜牌连接到一起。

提示：良好的接地是保证 PLC 可靠工作的重要条件，可以避免偶然发生的电压冲击危害。接地线与机器的接地端相接，基本单元接地。如果要用扩展单元，其接地点应与基本单元的接地点接在一起。为了抑制加在电源及输入端、输出端的干扰，应给可编程控制器接上专用地线，接地点应与动力设备（如电机）的接地点分开。若达不到这种要求，也必须做到与其他设备公共接地，禁止与其他设备串联接地。接地点应尽可能靠近 PLC。

4．PLC 输入接线

PLC 一般接收按钮开关、行程开关、限位开关等输入的开关量信号。输入器件可以是任何无源的触点或集电极开路的 NPN 管。输入器件接通时，输入端接通，输入线路闭合，同时输入指示的发光二极管亮。

输入端的一次电路与二次电路之间，采用光电耦合隔离。二次电路带 RC 滤波器，以防止由于输入触点抖动或从输入线路串入的电噪声引起 PLC 误动作。RC 滤波器如图 8-29 所示。

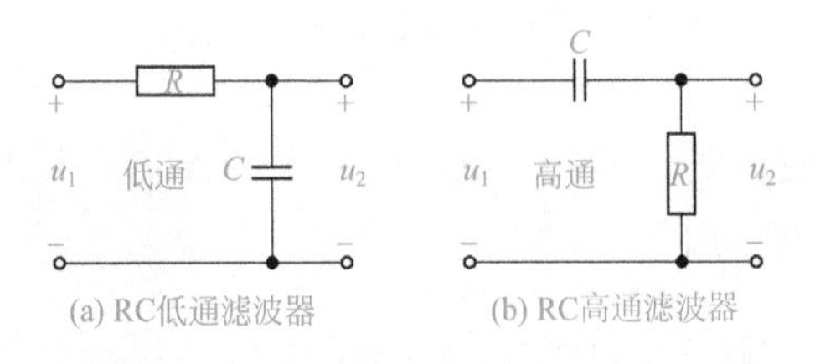

(a) RC低通滤波器　(b) RC高通滤波器

图 8-29　RC 滤波器

提示：若在输入触点电路串联二极管，在串联二极管上的电压应小于 4V。若使用带发光二极管的舌簧开关，串联二极管的数目不能超过两只。

另外，输入接线还应特别注意以下几点：

① 输入接线一般不要超过 30m。但如果环境干扰较小，电压降不大时，输入接线可适当长些。

② 输入、输出线不能用同一根电缆，输入、输出线要分开。

③ 可编程控制器所能接受的脉冲信号的宽度，应大于扫描周期的时间。

④ 输入端口常见的接线类型和对象。

（1）开关量信号 开关量信号包括按钮、行程开关、转换开关、接近开关、拨码开关等传送的信号。如按钮或者接近开关的接线：PLC 开关量接线，一头接入 PLC 的输入端（X0，X1，X2 等），另一头并联在一起接入 PLC 公共端口（COM 端）。如图 8-30 所示。

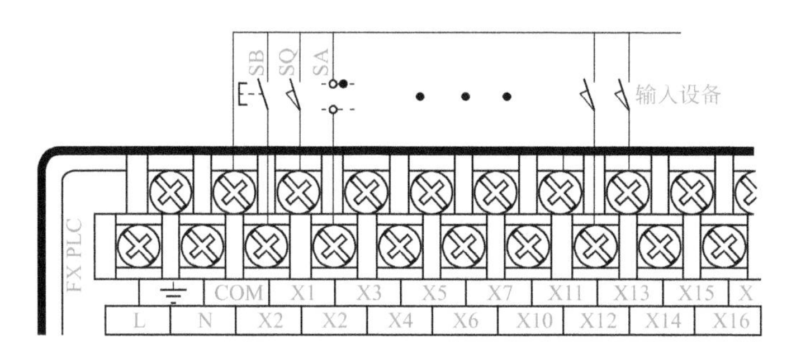

图 8-30 PLC 开关量接线

（2）模拟量信号 一般为各种类型的传感器，如压力变送器、液位变送器、远程控制压力表、热电偶和热电阻等信号。模拟量信号采集设备不同，设备线制（二线制或者三线制）不同，接线方法也会稍有不同。如图 8-31 所示。

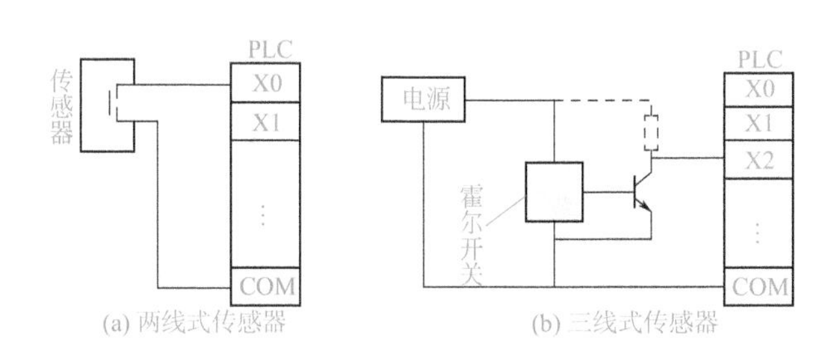

图 8-31 PLC 与传感器组件接线

PLC 自带的输入口电源一般为 DC24V，输入口每一个点的电流定额在 5 ～ 7mA 之间，这个电流是输入口短接时产生的最大电流，当输入口有一定的负载时，其流过的电流会相应减少。PLC 输入信号传递所需的最小电流一般为 2mA，为了保证最小的有效信号输入电流，输入端口所接设备的总阻抗一般要小于 2kΩ。也就是说当输入端口的传感器功率较大时，需要接单独的外部电源。

5．PLC输出接线

PLC 可编程控制器有继电器输出、晶闸管输出、晶体管输出 3 种形式，如图 8-32 所示。

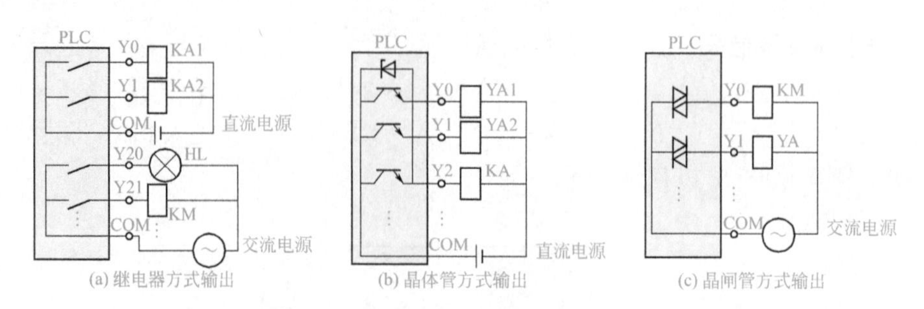

图 8-32　PLC 三种输出方式

说明: PLC 输出接线需注意以下几点。

① 输出端接线分为独立输出和公共输出。当 PLC 的输出继电器或晶闸管动作时，同一组的两个输出端接通。在不同组中，可采用不同类型和电压等级的输出电压。但在同一组中的输出只能用同一类型、同一电压等级的电源。

② 由于 PLC 的输出元件被封装在印制电路板上，并且连接至端子板，若将连接输出元件的负载短路，将烧毁印制电路板，因此，应用熔丝保护输出元件。

③ 采用继电器输出时，承受的电感性负载大小影响到继电器的工作寿命，因此继电器工作寿命要求要长。

④ PLC 的输出负载可能产生噪声干扰，因此要采取措施加以控制。

此外，对于能使用户造成伤害的危险负载，除了在控制程序中加以考虑之外，还应设计外部紧急停车电路，使可编程控制器发生故障时，能将引起伤害的负载电源切断。

⑤ 交流输出线和直流输出线不要用同一根电缆，输出线应尽量远离高压线和动力线，避免并行。

⑥ PLC 输出端口一般所能通过的最大电流随 PLC 机型的不同而不同，大部分在 1 ~ 2A 之间，当负载的电流大于 PLC 的端口额定电流的最大值时，一般需要增加中间继电器才能连接外部接触器或者是其他设备。

6．PLC输入、输出的配线

PLC 电源线、I/O 电源线、输入信号线、输出信号线、交流线、直流线都应尽量分开布线。开关量信号线与模拟量信号线也应分开布线，无论是开关量信号线还是模拟量信号线均应采用屏蔽线，并且将屏蔽层可靠接地。由于双绞线中电流方向相反，大小相等，可将感应电流引起的噪声互相抵消，故信号线多采用双绞线或屏蔽线。PLC 输入输出的配线如图 8-33 所示。

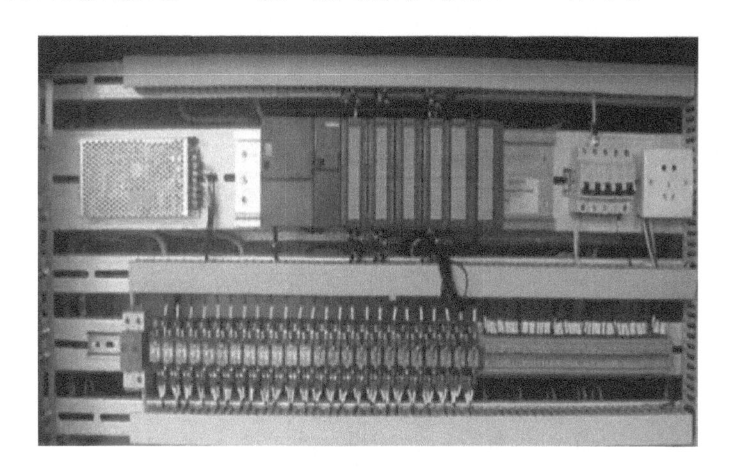

图 8-33 PLC 输入、输出的配线

7. PLC的调试

PLC 安装好后的调试非常必要，特别是复杂的设备，如果 PLC 没有按照设计者编程设计那样去运行，会造成设备不能正常生产。

（1）调试前的操作

① 在通电前，认真检查电源线、接地线、输出 / 输入线是否正确连接，各接线端子螺钉是否拧紧。

② 在断电情况下，将编程器或带有编程软件的 PC 机等编程外围设备通过通信电缆和 PLC 的通信接口连接。

③ 接通 PLC 电源，确认电源指示 LED 点亮。将 PLC 的模式设定为“编程”状态。

④ 写入程序，检查控制梯形图的错误和文法错误。

（2）调试及试运行

① 合上电源，PLC 上的电源指示灯应该亮。

② 要将 PLC 打在“监控”上，如果没有程序上的错误，则 RUN 指示灯会亮。可人为的给输入信号（如扳动行程开关等），看看对应的指示灯是否按照设计程序点亮（注意此时输出一定要断开，如电机等）。如果程序有错误，则 RUN 指示灯会断续点亮。

③ 先模拟运行，或者不接负载运行。直至符合要求，才可以加上负载，再试运行，此时应该密切观察一段时间，以防错误。

④ 将调试过程记录在档案， 以便以后查阅。

二、PLC编程语言

1. 梯形图编程语言

梯形图是在原继电器接触控制系统的继电器梯形图基础上演变而来的一种图形语言。它是目前用得最多的 PLC 编程语言。

注意：梯形图并不是一个实际电路而只是一个控制程序，其间的连线表示的是它们之间的逻辑关系，即所谓“软接线”。

它们并非是物理实体，而是“软继电器”。每个“软继电器”仅对应 PLC 存储单元中的一位。该位状态为“1”时，对应的继电器线圈接通，其常开触点闭合、常闭触点断开；状态为“0”时，对应的继电器线圈不通，其常开、常闭触点保持原态。

2. 梯形图编程格式

① 梯形图按行从上至下编写，每一行从左往右顺序编写。PLC 程序执行顺序与梯形图的编写顺序一致。

② 图左、右边垂直线称为起始母线、终止母线。每一逻辑行必须从起始母线开始画起，终止于继电器线圈或终止母线（有些 PLC 终止母线可以省略）。

③ 梯形图的起始母线与线圈之间一定要有触点，而线圈与终止母线之间则不能有任何触点。

3. 指令语句表编程语言

助记符语言类似于计算机汇编语言，用一些简洁易记的文字符号表达 PLC 的各种指令。同一厂家的 PLC 产品，其助记符语言与梯形图语言是相互对应的，可互相转换。

助记符语言常用于手持编程器中，梯形图语言则多用于计算机编程环境中。

4. 案例

在生产实践过程中，某些生产机械常要求既能正常启动，又能实现调整位置的点动工作。试用可编程控制器的基本逻辑指令来控制电动机的点动及连续运行。

（1）异步电动机控制线路 如图 8-34 所示。

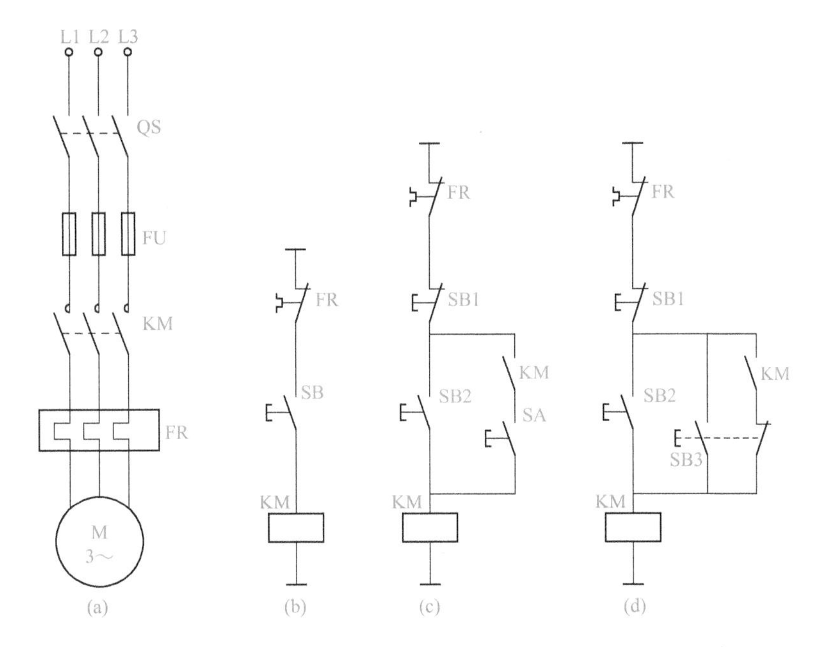

图 8-34 异步电动机控制线路

图 8-34（a）为主电路。工作时，合上刀开关 QS，三相交流电经过 QS、熔断器 FU、接触器 KM 主触点、热继电器 FR 至三相交流电动机。

图 8-34（b）为最简单的点动控制线路。启动按钮 SB 没有并联接触器 KM 的自锁触点，按下 SB，KM 线圈通电，松开按钮 SB 时，接触器 KM 线圈又失电，其主触点断开，电动机停止运转。

图 8-34（c）是带手动开关 SA 的点动控制线路。当需要点动控制时，只要把开关 SA 断开，由按钮 SB2 来进行点动控制。当需要正常运行时，只要把开关 SA 合上，将 KM 的自锁触点接入，即可实现连续控制。

图 8-34（d）中增加了一个复合按钮 SB3 来实现点动控制。需要点动运行时，按下 SB3 点动按钮，其常闭触点先断开自锁电路，常开触发后闭合接通启动控制电路，KM 接触器线圈得电，主触点闭合，接通三相电源，电动机启动运转。当松开点动按钮 SB3 时，KM 线圈失电，KM 主触点断开，电动机停止运转。

若需要电动机连续运转，由停止按钮 SB1 及启动按钮 SB2 控制，接触器 KM 的辅助触点起自锁作用。

（2）可编程控制器的硬件连接 实现电动机的点动及连续运行所需的器件

有：启动按钮 SB1、停止按钮 SB2，交流接触器 KM，热继电器 JR 及刀开关 QS 等，主电路的连接如图 8-35 所示。

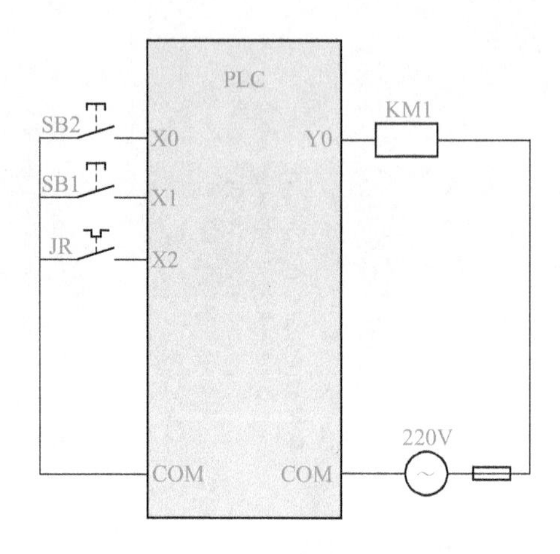

图 8-35 主电路连接图

（3）梯形图的设计 梯形图是以图形符号及图形符号在图中的相互关系表示控制关系的编程语言，是从继电器电路图演变而来的，两者部分符号对应关系如表 8-2 所示。

表8-2 继电器电路符号与梯形图符号对应关系

符号名称	继电器电路符号	梯形图符号
常开触点		
常闭触点		
线圈		

根据输入输出接线圈可设计出异步电动机点动运行的梯形图，如图 8-36（a）所示。工作过程分析如下：当按下 SB1 时，输入继电器 X0 得电，其常开触点闭合，因为异步电动机未过热，热继电器常开触点不闭合，输入继电器 X2 不接通，其常闭触点保持闭合，则此时输出继电器 Y0 接通，进而接触器 KM 得电，其主触点接通电动机的电源，则电动机启动运行。当松开按钮 SB1 时，X0 失电，其触点断开，Y0 失电，接触点 KM 断电，电动机停止转动，即本梯形图可实现点动控制功能。大家可能发现，在梯形图中使用的热继电器的触点为常开触点，如果要使用常闭触点，梯形图应如何设计？

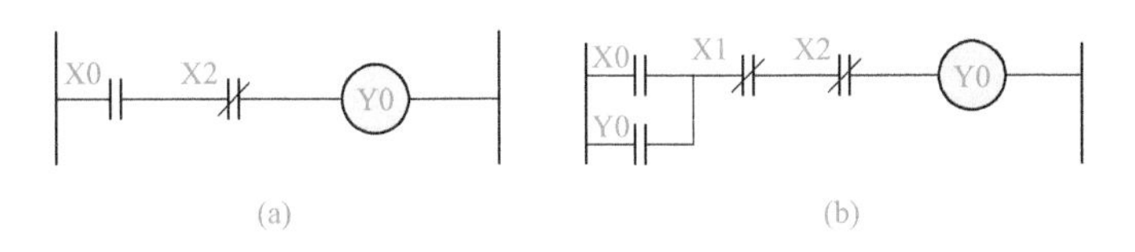

图 8-36 异步电动机点动运行的梯形图

图 8-36（b）为电动机连续运行的梯形图，其工作过程分析如下：当按下 SB1 时 X0 接通，Y0 置 1，这时电动机连续运行。需要停车时，按下停车按钮 SB2，串联于 Y0 线圈回路中的 X1 的常闭触点断开，Y0 置 0，电动机失电停车。

梯形图 8-36（b）称为启 - 保 - 停电路。这个名称主要来源于图中的自保持触点 Y0。并联在 X0 常开触点上的 Y0 常开触点的作用是当 SB1 松开，输入继电器 X0 断开时，线圈 Y0 仍然能保持接通状态。工程中把这个触点叫作“自保持触点”。启 - 保 - 停电路是梯形图中最典型的单元，它包含了梯形图程序的全部要素。它们是：

a. 事件。每一个梯形图去路都针对一个事件。事件用输出线圈（或功能框）表示，本例中为 Y0。

b. 事件发生的条件。梯形图去路中除了线圈外还有触点的组合，使线圈置 1 的条件是事件发生的条件，本例中为启动按钮 X0 置 1。

c. 事件得以延续的条件。触点组合中使线圈置 1 得以持久的条件。本例中为与 X0 并联的 Y0 的自保持触点。

d. 使事件终止的条件。触点组合中使线圈置 1 中断的条件。本例中为 X1 的常闭触点断开。

5．语句表

点动控制即图 8-37（a）所使用到的基本指令有：从母线取用常开触点指令 LD；常闭触点的串联指令 ANI；输出继电器的线圈驱动指令 OUT，而每条指令占用一个程序步。

程序步	指令	元件
0	LD	X0
1	ANI	X1
2	OUT	Y0

(a)

程序步	指令	元件
0	LD	X0
1	OR	Y0
2	ANI	X1
3	ANI	X2
4	OUT	Y0

(b)

图 8-37 点动控制

连续运行控制即图 8-37（b）所使用到的基本指令有：从母线取用常开触点指令 LD；常开触点的并联指令 OR；常闭触点的串联指令 ANI；输出继电器的线圈驱动指令 OUT。

6. FX系列可编程控制的基本指令

FX2N 系列 PLC 共有 27 条基本指令，供设计者编制语句表使用，它与梯形图有严格的对应关系。

（1）逻辑取及线圈取动指令 LD、LDI、OUT 如图 8-38 所示。

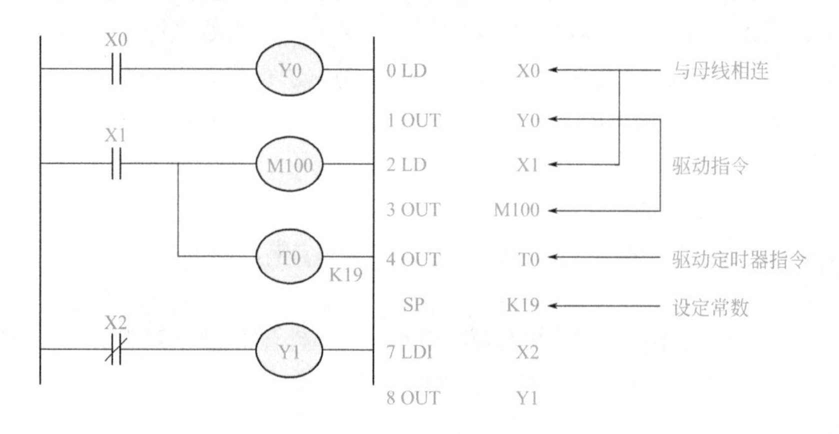

图 8-38 逻辑取及线圈取动指令 LD、LDI、OUT

LD，取指令。表示一个与输入母线相连的常开接点指令。

LDI，取反指令。表示一个与输入母线相连的常闭接点指令。

OUT，线圈驱动指令。

（2）接点串联指令 AND、ANI 如图 8-39 所示。

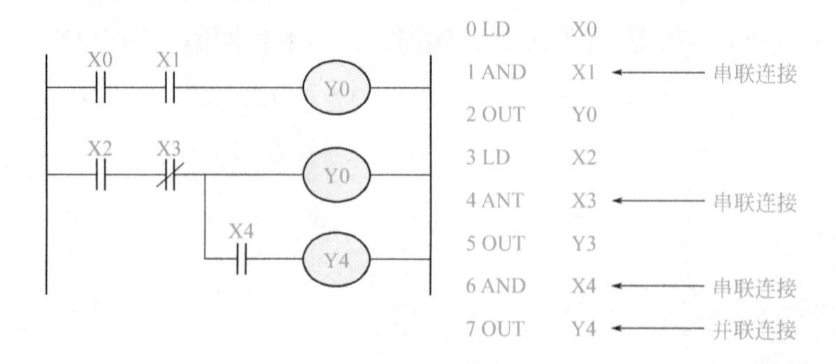

图 8-39 接点串联指令 AND、ANI

AND，与指令。用于单个常开接点的串联。

ANI，与非指令。用于单个常闭接点的串联。

OUT 指令，通过接点对其他线圈使用 OUT 指令称为纵接输出或连续输出。

（3）接点并联指令 OR、ORI　如图 8-40 所示。

OR，或指令，用于单个常开接点的并联。

ORI，或非指令，用于单个常闭接点的并联。

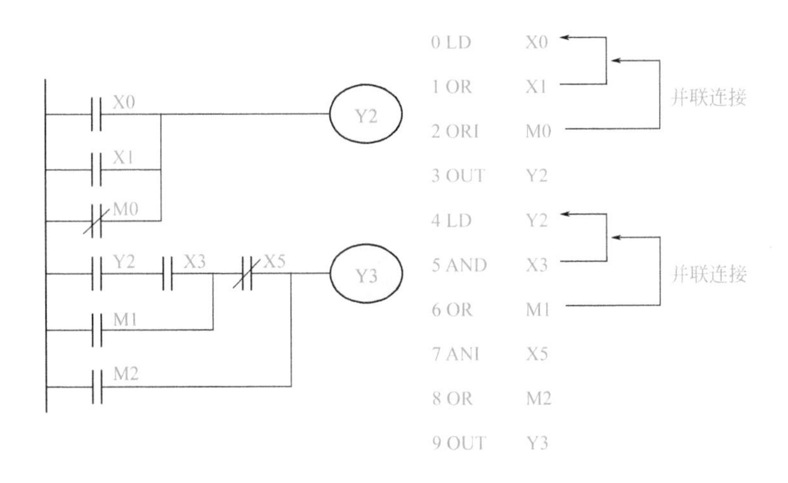

图 8-40　接点并联指令 OR、ORI

（4）串联电路块的并联连接指令 ORB　如图 8-41 所示。

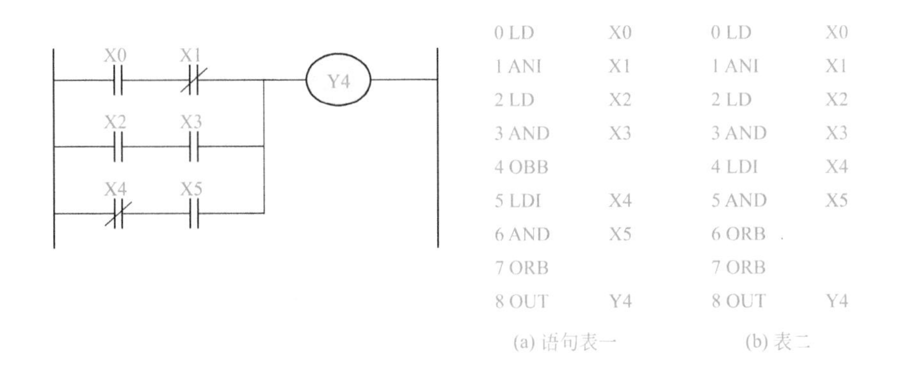

图 8-41　串联电路块的并联连接指令 ORB

两个或两个以上的接点串联连接的电路叫串联电路块。串联电路块并联连接时，分支开始用 LD、LDI 指令，分支结果用 ORB 指令。

（5）并联电路块的串联连接指令 ANB　如图 8-42 所示。

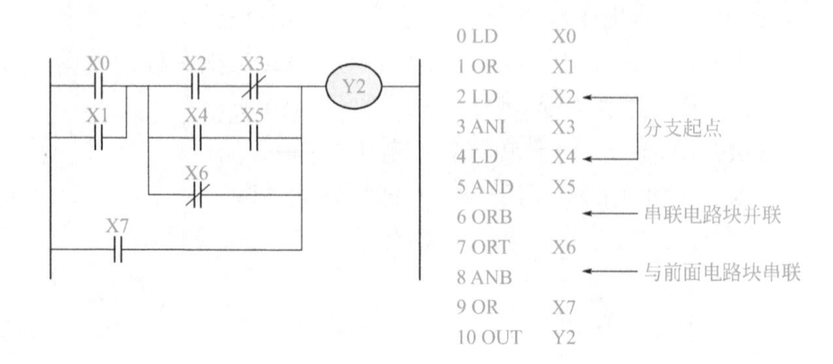

图 8-42 并联电路块的串联连接指令 ANB

两个或两个以上接点并联的电路称为并联电路块，分支电路并联电路块与前面电路串联连接时，使用 ANB 指令。分支的起点用 LD、LDI 指令。

7．指令语言

三菱 FX 系列 PLC 编程指令功能说明可扫上方二维码学习。

第四节

PLC控制电路接线与调试、检修

一、PLC控制三相异步电动机启动电路

1．电路原理

PLC 控制电动机启动电路如图 8-43 所示。

控制过程：通过启动控制按钮 SB1 给西门子 S7-200 PLC 启动信号，在未按下停止控制按钮 SB2 以及热继电器常闭触点 FR 未断开时，西门子 S7-200 PLC 输出信号控制接触器 KM 线圈带电，其主触头吸合使电动机启动，按下启动按钮 HL1 灯亮，按下停止按钮 HL2 灯亮。

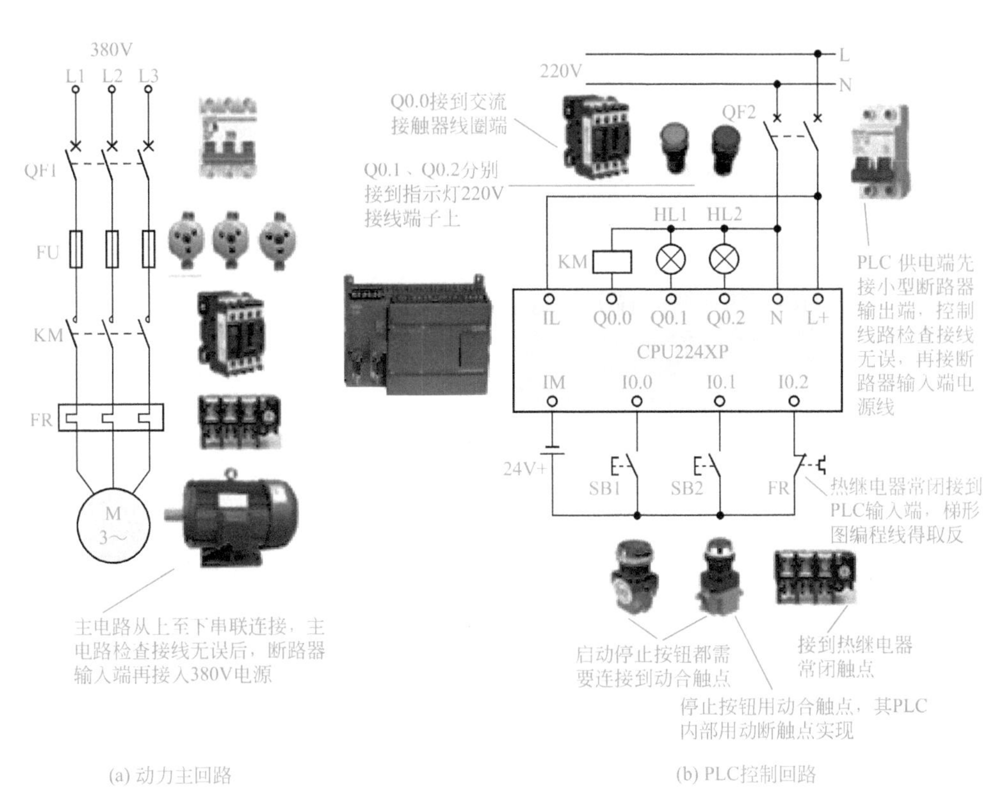

(a) 动力主回路

(b) PLC控制回路

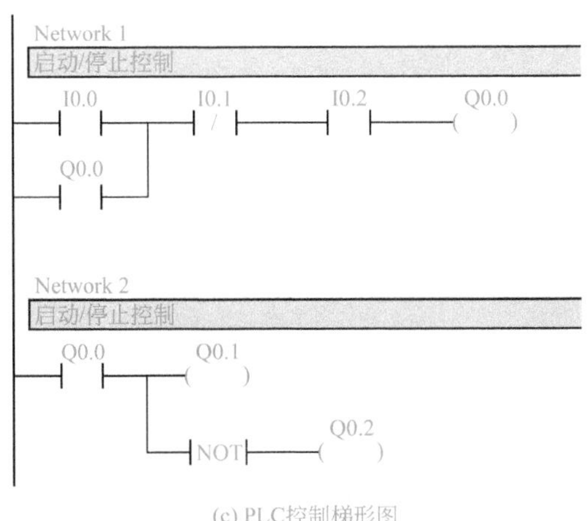

(c) PLC控制梯形图

图 8-43 PLC 控制三相异步电动机启动电路

2．输入/输出元件及控制功能

根据原理及控制要求，列出 PLC 的 I/O 资源分配表（表 8-3）。

表8-3 I/O资源分配表

名称	序号	位号	符号	说明
输入点	1	I0.0	SB1	启动按钮信号
	2	I0.1	SB2	停止按钮信号
	3	I0.2	FR	热继电器辅助触点
输出点	1	Q0.0	KM	接触器
	2	Q0.1	HL1	启动指示灯
	3	Q0.2	HL2	停止指示灯

3．电路接线与调试

按照图 8-43 所示正确接线：先接动力主回路，它是从 380V 三相交流电源小型断路器 QF1 的输出端开始（出于安全考虑，L1、L2、L3 最后接入），经熔断器、交流接触器 KM 的主触头，热继电器 FR 的热元件到电动机 M 的三个接线端 U、V、W 的电路，用导线按顺序串联起来。

主电路连接完整无误后，再连接 PLC 控制回路。它是从 220V 单相交流电源小型断路器 QF2 输出端（L、N 电源端最后接入）供给 PLC 电源，同时 L 亦作为 PLC 输出公共端。常开按钮 SB1、SB2 以及热继电器的常闭辅助触点均连至 PLC 的输入端。PLC 输出端直接连到接触器 KM 的线圈与启动指示灯 HL1、停止指示灯 HL2 相连。

接好线路，必须再次检查无误后，方可进行通电操作。顺序如下：

① 合上小型断路器 QF1、QF2，按柜体电源启动按钮，启动电源。

② 连接好电脑和 PLC 的传输电缆，将编好的程序下载到 PLC 中。

③ 按启动按钮 SB1，对电动机 M 进行启动操作。

④ 按停止按钮 SB2，对电动机 M 进行停止操作。

二、PLC控制三相异步电动机串电阻降压启动

1．电路原理

PLC 控制三相异步电动机串电阻降压启动电路如图 8-44 所示。

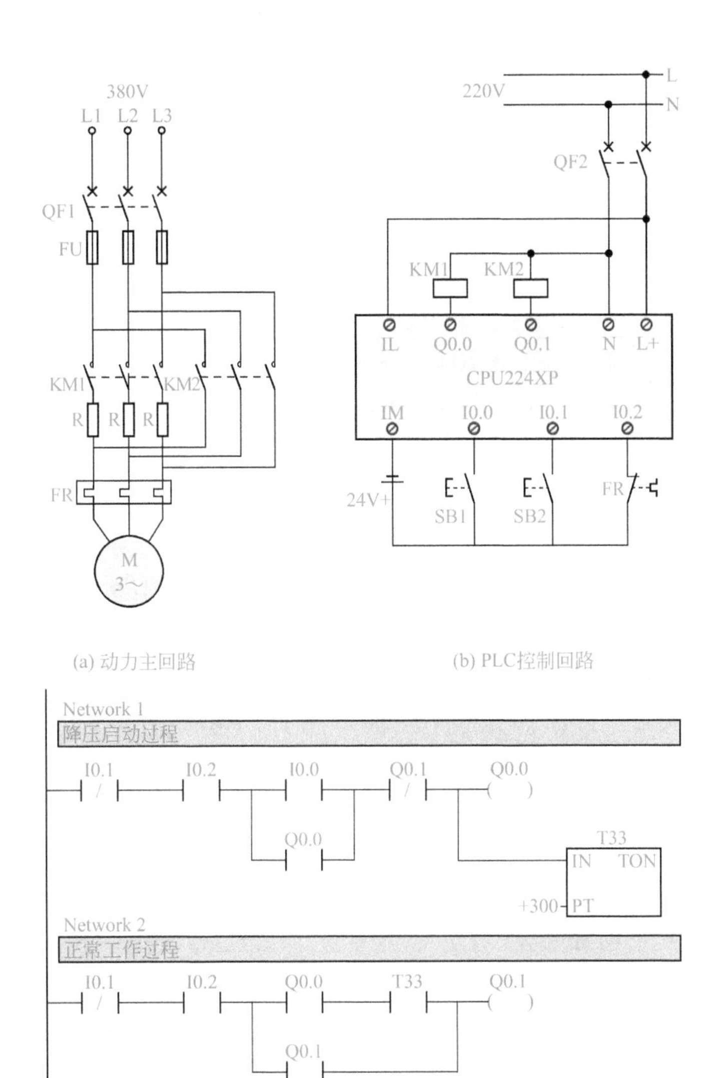

(a) 动力主回路　　(b) PLC控制回路

(c) PLC控制梯形图

图 8-44　PLC 控制三相异步电动机串电阻降压启动电路

控制过程：通过启动控制按钮 SB1 给西门子 S7-200 PLC 启动信号，在未按下停止控制按钮 SB2 以及热继电器常闭触点 FR 未断开时，西门子 S7-200 PLC 输出信号控制交流接触器 KM1 线圈通电，其主触头吸合使电动机降压启动。到 *N* 秒定时后，交流接触器 KM2 线圈通电，同时使交流接触器 KM1 线圈失电，至此异步电动机正常工作运行，降压启动完毕。

2．输入/输出元件及控制功能

根据原理及控制要求，列出 PLC 的 I/O 资源分配表（表 8-4）。

表8-4 I/O资源分配表

名称	序号	位号	符号	说明
输入点	1	I0.0	SB1	启动按钮信号
	2	I0.1	SB2	停止按钮信号
	3	I0.2	FR	热继电器辅助触点
输出点	1	Q0.0	KM1	接触器 1
	2	Q0.1	KM2	接触器 2
定时器	1	T33	KT	延时 *N* 秒

3．电路接线与调试

按照图 8-44 所示正确接线：主回路电源接三极小型断路器输出端 L1、L2、L3，供电线电压为 380V，PLC 控制回路电源接二极小型断路器 L、N，供电电压为 220V。接线时，先接动力主回路，它是从 380V 三相交流电源小型断路器 QF1 的输出端开始（L1、L2、L3 最后接入），经熔断器、交流接触器的主触头（KM1、KM2 主触头各相分别并联）、板式电阻、热继电器 FR 的热元件到电动机 M 的三个线端 U、V、W 的电路，用导线按顺序串联起来。

主电路连接完整无误后，再连接 PLC 控制回路，它是从 220V 单相交流电源小型断路器 QF2 输出端 L、N 供给 PLC 电源（L、N 电源端最后接入），同时 L 亦作为 PLC 输出公共端。常开按钮 SB1、SB2 以及热继电器的常闭辅助触点均连至 PLC 的输入端。PLC 输出端直接和接触器 KM1、KM2 的线圈相连。

接好线路，经再次检查无误后即进行通电操作。顺序如下：

① 合上小型断路器 QF1、QF2，按柜体电源启动按钮，启动电源。

② 连接好电脑和 PLC 的传输电缆，将编好的程序下载到 PLC 中。

③ 按启动按钮 SB1，对电动机 M 进行启动操作，注意电动机和接触器的 KM1、KM2 的运行情况。

④ 按停止按钮 SB2，对电动机 M 进行停止操作，注意电动机和接触器的 KM1、KM2 的运行情况。

三、PLC控制三相异步电动机Y-△启动

1．电路原理

PLC 控制三相异步电动机 Y- △启动电路如图 8-45 所示。

控制原理：电动机启动时，把定子绕组接成星形，以降低启动电压，减小启动电流；待电动机启动后，再把定子绕组改成三角形，使电动机全压运行，Y-△启动只能用于正常运行时为△接法的电动机。

控制过程：当按下启动按钮SB1，系统开始工作，接触器KM、KMY的线圈同时得电，接触器KMY的主触点将电动机接成星形并经过KM的主触点接至电源，电动机降压启动。当PLC内部定时器KT定时时间到*N*秒时，控制KMY线圈失电，KMD线圈得电，电动机主回路换成三角形接法，电动机投入正常运转。

2．输入/输出元件及控制功能

根据原理及控制要求，列出PLC的I/O资源分配表（表8-5）。

3．电路接线与调试

按照图8-45所示正确接线，主回路电源接三极小型断路器输出端，供电线电压为380V，PLC控制回路电源接二极小型断路器L、N，供电电压为220V。

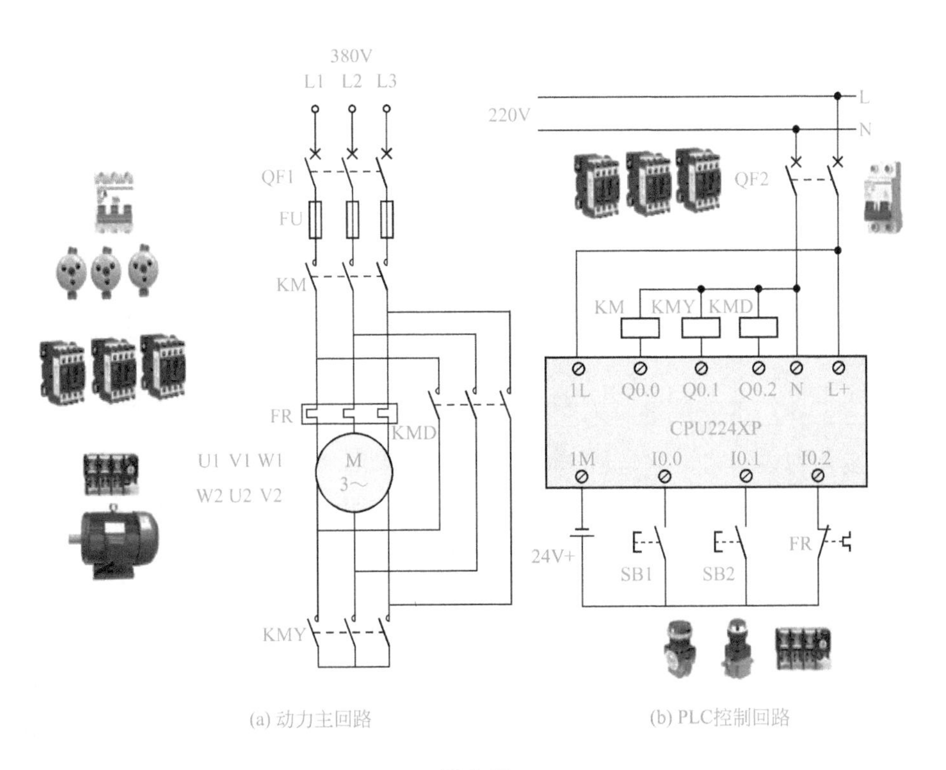

(a) 动力主回路　　(b) PLC控制回路

图8-45

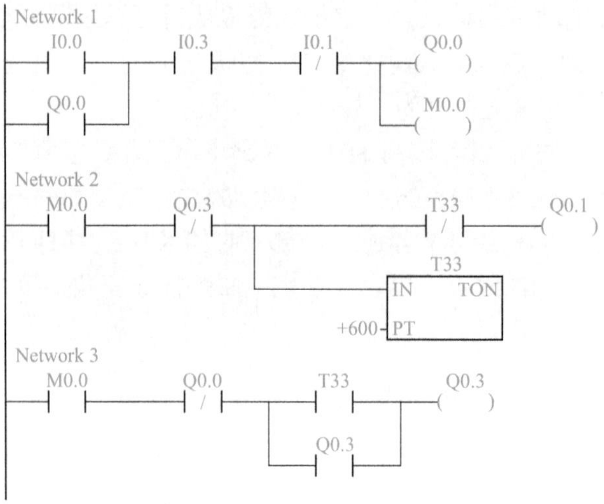

(c) PLC控制梯形图

图 8-45 PLC 控制三相异步电动机 Y-△ 启动电路

表8-5 I/O资源分配

名 称	序 号	位 号	符 号	说 明
输入点	1	I0.0	SB1	启动按钮
	2	I0.1	SB2	停止按钮
	3	I0.3	FR	热继电器辅助触点
输出点	1	Q0.0	KM	正常工作控制接触器
	2	Q0.1	KMY	Y 形启动控制接触器
	3	Q0.3	KMD	△形启动控制接触器
定时器	1	T33	KT	延时 *N* 秒
辅助位	1	N0.0	M0.0	启动控制位

先接动力主回路，它是从 380V 三相交流电源小型断路器 QF1 的输出端开始（L1、L2、L3 最后接入），经熔断器、交流接触器的主触头、热继电器 FR 的热元件到电动机 M 的六个线端 U1、V1、W1 和 W2、U2、V2 的电路，用导线按顺序串联起来。

主电路连接完整无误后，再连接 PLC 控制回路，它是从 220V 单相交流电源小型断路器 QF2 输出端供给 PLC 电源，同时 L 亦作为 PLC 输出公共端。常开按钮 SB1、SB2 均连至 PLC 的输入端。PLC 输出端直接和接触器 KM、KMY、KMD 的线圈相连。

接好线路，再次检查接线无误，方可进行通电操作。顺序如下：

① 合上小型断路器 QF1、QF2，按柜体电源启动按钮，启动电源。

② 连接好电脑和 PLC 的传输电缆，将编好的程序下载到 PLC 中。

③ 按启动按钮 SB1，需注意电动机和接触器的 KM、KMY、KMD 的运行情况。

④ 按停止按钮 SB2，注意电动机和接触器的 KM、KMY、KMD 的停止运行情况。

四、PLC控制三相异步电动机顺序启动

1．电路原理

利用 PLC 定时器来实现控制电动机的顺序启动，电路原理如图 8-46 所示。

控制过程：按下启动按钮 SB1，系统开始工作，PLC 控制输出接触器 KM1 的线圈得电，其主触点将电动机 M1 接至电源，M1 启动。同时定时器开始计时，当定时器 KT 定时到 N 秒时，PLC 输出控制接触器 KM2 的线圈得电，其主触点将电动机 M2 接至电源，M2 启动。当按下停止按钮 SB2，电机 M1、M2 同时停止。

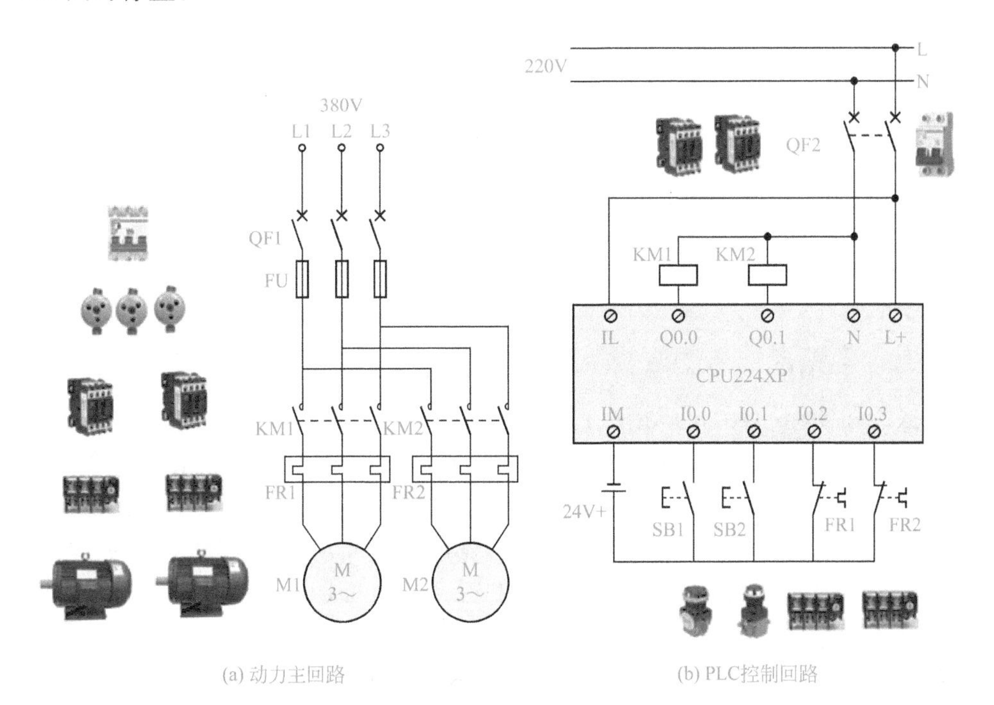

(a) 动力主回路　(b) PLC控制回路

图 8-46

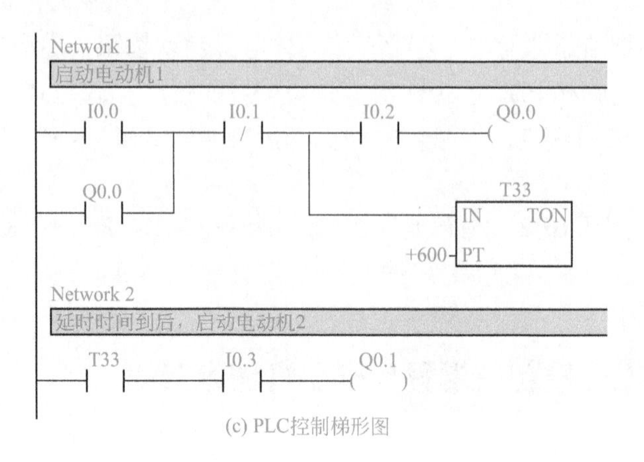

(c) PLC控制梯形图

图 8-46　PLC 控制三相异步电动机的顺序启动电路

2. 输入/输出元件及控制功能

根据原理及控制要求，列出 PLC 的 I/O 资源分配表（表 8-6）。

表8-6　I/O资源分配表

名称	序号	位号	符号	说明
输入点	1	I0.0	SB1	启动按钮
	2	I0.1	SB2	停止按钮
	3	I0.2	FR1	热继电器 1 辅助触点
	4	I0.3	FR2	热继电器 2 辅助触点
输出点	1	Q0.0	KM1	接触器 1
	2	Q0.1	KM2	接触器 2
定时器	1	T33	KT	延时 *N* 秒

3. 电路接线与调试

按照图 8-46 所示正确接线：主回路电源接三极小型断路器输出端，供电线电压为 380V，PLC 控制回路电源接二极小型断路器，供电电压为 220V。接线时，先接动力主回路，它是从 380V 三相交流电源小型断路器 QF1 的输出端开始（L1、L2、L3 最后接入），经熔断器、交流接触器的主触头、热继电器 FR 的热元件到电动机 M1、M2 的三个线端 U、V、W 的电路，用导线按顺序串联起来。

主电路连接完整无误后，再连接 PLC 控制回路。它是从 220V 单相交流电源小型断路器 QF2 输出端 L、N 供给 PLC 电源，同时 L 亦作为 PLC 输出公共端。

常开按钮SB1、SB2以及热继电器FR1、FR2的常闭触点均连至PLC的输入端。PLC输出端直接和接触器KM1、KM2的线圈相连。

接好线路，再次检查无误后，进行通电操作。顺序如下：

① 合上小型断路器QF1、QF2，按柜体电源启动按钮，启动电源。

② 连接好电脑和PLC的传输电缆，将编好的程序下载到PLC中。

③ 按启动按钮SB1，注意电动机和接触器的KM1、KM2的运行情况。

五、PLC控制三相异步电动机反接制动

1. 电路原理

PLC控制三相异步电动机反接制动电路原理如图8-47所示。

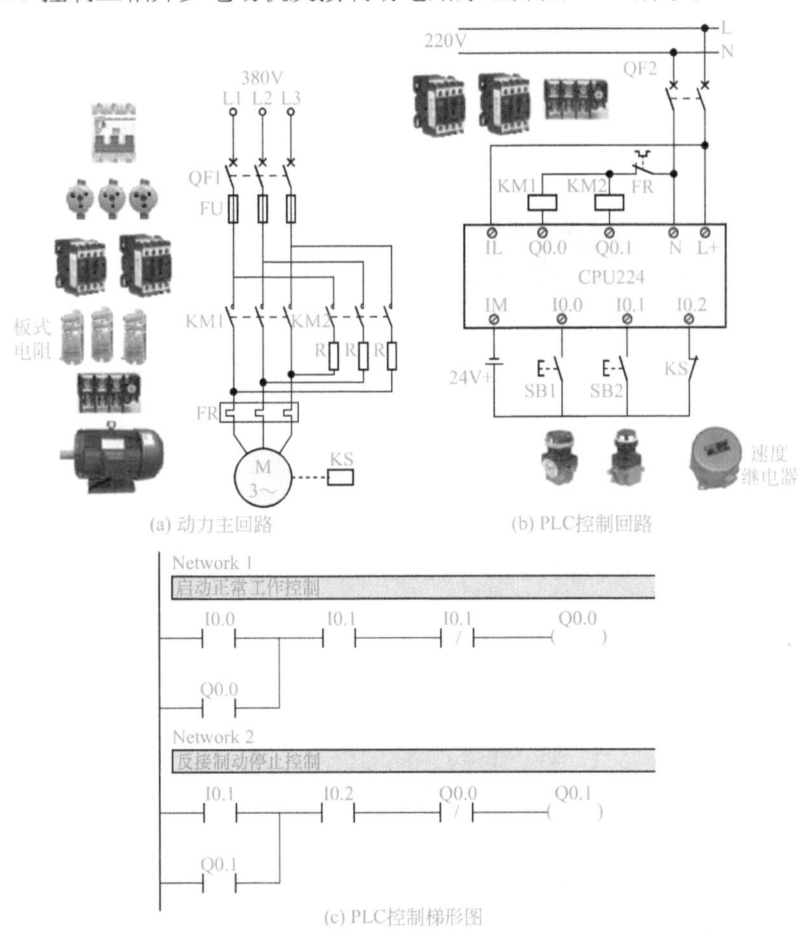

图8-47 PLC控制三相异步电动机反接制动电路

控制原理：反接制动是利用改变电动机电源的相序，使定子绕组产生相反方向的旋转磁场，因而产生制动转矩的一种制动方法，因为电动机容量较大，在电动机正反转换接时，如果操作不当会烧毁接触器。

控制过程：按下启动按钮 SB1，系统开始工作，在电动机正常运转时，速度继电器 KS 的常开触点闭合，停车时，按下停止按钮 SB2，PLC 控制 KM1 线圈断电，电动机脱离电源，由于此时电动机的惯性还很高，KS 的常开触点依然处于闭合状态，PLC 控制反接制动接触器 KM2 线圈通电，其主触点闭合，使电动机定子绕组得到与正常运转相序相反的三相交流电源，电动机进入反接制动状态，电动机转速下降，当电动机转速低于速度继电器动作值时，速度继电器常开触点复位，此时 PLC 控制 KM2 线圈断电，反接制动结束。

2. 输入/输出元件及控制功能

根据原理及控制要求，列出 PLC I/O 资源分配表（表 8-7）。

表8-7 I/O资源分配表

名称	序号	位号	符号	说明
输入点	1	I0.0	SB1	启动按钮
	2	I0.1	SB2	停止按钮
	3	I0.2	KS	速度继电器触点
输出点	1	Q0.0	KM1	正常工作控制接触器
	2	Q0.1	KM2	反接制动控制接触器

3. 电路接线与调试

按照图 8-47 所示正确接线：主回路电源接三极小型断路器输出端，供电线电压为 380V，PLC 控制回路电源接二极小型断路器，供电电压为 220V。接线时，先接主回路，它是从 380V 三相交流电源小型断路器 QF1 的输出端开始（L1、L2、L3 最后接入），经熔断器、交流接触器的主触头（KM2 主触头与电阻串接后与 KM1 主触头两相相反并接）、热继电器 FR 的热元件到电动机 M 的三个线端 U、V、W 的电路，用导线按顺序串联起来。

主电路连接完整无误后，再连接 PLC 控制回路。它是从 220V 单相交流电源小型断路器 QF2 输出端 L、N 供给 PLC 电源，同时 L 亦作为 PLC 输出公共端。常开按钮 SB1、SB2 均连至 PLC 的输入端，速度继电器连接至 PLC 的 I0.2 输入点。PLC 输出端直接和接触器 KM1、KM2 的线圈相连。

接好线路，经再次检查无误后，进行通电操作。顺序如下：

① 合上小型断路器 QF1、QF2，按柜体电源启动按钮，启动电源。

② 连接好电脑和 PLC 的传输电缆，将编好的程序下载到 PLC 中。

③ 按启动按钮 SB1，注意观察按下 SB1 前后电动机和接触器的 KM1、KM2 的运行情况。

④ 按停止按钮 SB2，注意观察按下 SB2 前后电动机和接触器的 KM1、KM2 的运行情况。

六、PLC控制三相异步电动机往返运行

1. 电路原理

PLC 控制三相异步电动机往返运行电路如图 8-48 所示。

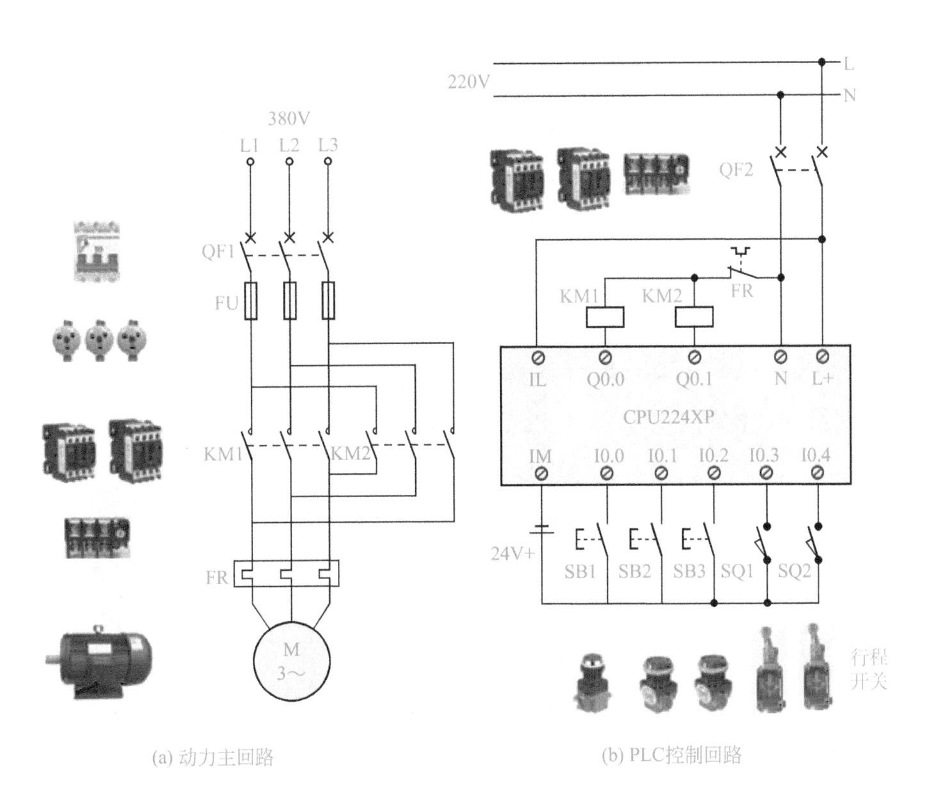

(a) 动力主回路　　(b) PLC控制回路

图 8-48

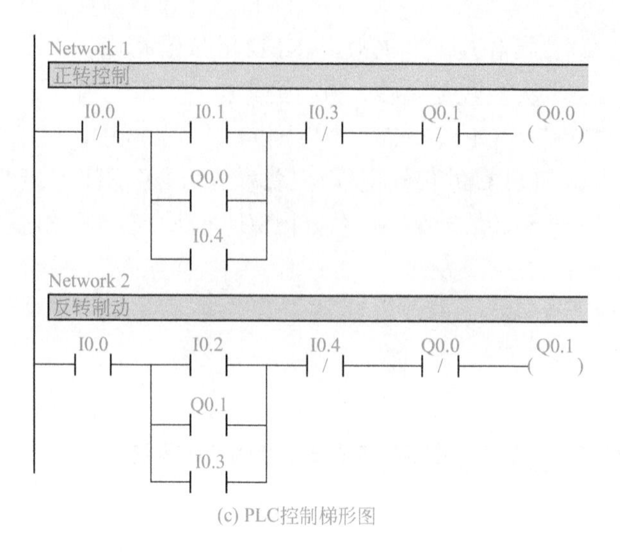

(c) PLC控制梯形图

图 8-48　PLC 控制三相异步电动机往返运行电路

控制过程：限位开关 SQ1 放在左端需要反向的位置，SQ2 放在右端需要反向的位置。当按下正转按钮 SB2，PLC 输出控制 KM1 通电，电动机作正向旋转并带动工作台左移。当工作台左移至左端并碰到 SQ1 时，将 SQ1 压下，其触点闭合后输入 PLC，此时，PLC 切断 KM1 接触器线圈电路，同时接通反转接触器 KM2 线圈电路，此时电动机由正向旋转变为反向旋转，带动工作台向右移动，直到压下 SQ2 限位开关电动机由反转变为正转，这样驱动运动部件进行往复循环运动。若按下停止按钮 SB1，KM1、KM2 均失电，电动机作自由运行至停车。

2. 输入/输出元件及控制功能

根据原理及控制要求，列出 PLC I/O 资源分配表（表 8-8）。

表8-8　I/O资源分配表

名　称	序　号	位　号	符　号	说　明
输入点	1	I0.0	SB1	停止按钮
	2	I0.1	SB2	正转按钮
	3	I0.2	SB3	反转按钮
	4	I0.3	SQ1	左端行程开关
	5	I0.4	SQ2	右端行程开关
输出点	1	Q0.0	KM1	正转控制接触器
	2	Q0.1	KM2	反转控制接触器

3．电路接线与调试

按照图 8-48 所示正确接线：主回路电源接三极小型断路器输出端，供电线电压为 380V，PLC 控制回路电源接二极小型断路器，供电电压为 220V。

接线时，先接动力主回路，它是从 380V 三相交流电源小型断路器 QF1 的输出端开始（L1、L2、L3 最后接入），经熔断器、交流接触器的主触头（KM1、KM2 主触头两相反并接）、热继电器 FR 的热元件到电动机 M 的三个线端 U、V、W 的电路，用导线按顺序串联起来。

主电路连接完整无误后，再连接 PLC 控制回路。控制回路是从 220V 单相交流电源小型断路器 QF2 输出端 L、N 供给 PLC 电源，同时 L 亦作为 PLC 输出公共端。常开按钮 SB1、SB2、SB3、SQ1、SQ2 均连至 PLC 的输入端。PLC 输出端直接和接触器 KM1、KM2 的线圈相连。

接好线路，经再次检查无误后，可进行通电操作。顺序如下：

① 合上小型断路器 QF1、QF2，按柜体电源启动按钮，启动电源。

② 连接好电脑和 PLC 的传输电缆，将编好的程序下载到 PLC 中。

③ 按下正转按钮SB2，注意观察电动机和接触器的KM1、KM2的运行情况。

④ 按停止按钮 SB2，对电动机 M 进行停止操作，再按下反转按钮 SB3，此时需要观察电动机和接触器的 KM1、KM2 的运行情况。

七、用三个开关控制一盏灯PLC电路

1．电路原理

用三个开关控制一盏灯 PLC 电路如图 8-49 所示。

控制过程：用三个开关在三个不同地点控制一盏照明灯。任何一个开关都可以控制照明灯的亮与灭。

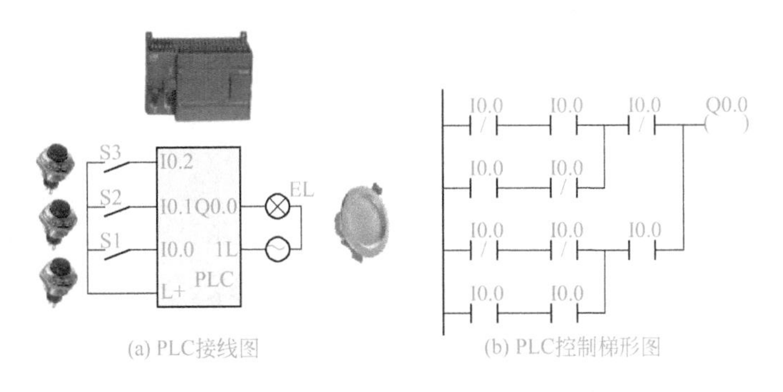

(a) PLC接线图　(b) PLC控制梯形图

图 8-49　用三个开关控制一盏灯 PLC 电路

2．输入/输出元件及控制功能

根据原理及控制要求，列出 PLC I/O 资源分配表（表 8-9）。

表8-9　I/O资源分配表

名　称	PLC软元件	元件文字符号	元件名称	控制功能
输入	I0.0	S1	开关 1	控制灯
	I0.1	S2	开关 2	控制灯
	I0.2	S3	开关 3	控制灯
输出	Q0.0	EL	灯	照明

八、PLC与变频器组合控制电路

1．PLC与变频器组合实现电动机正反转控制电路工作原理

PLC 与变频器连接构成的电动机正、反转控制电路如图 8-50 所示。

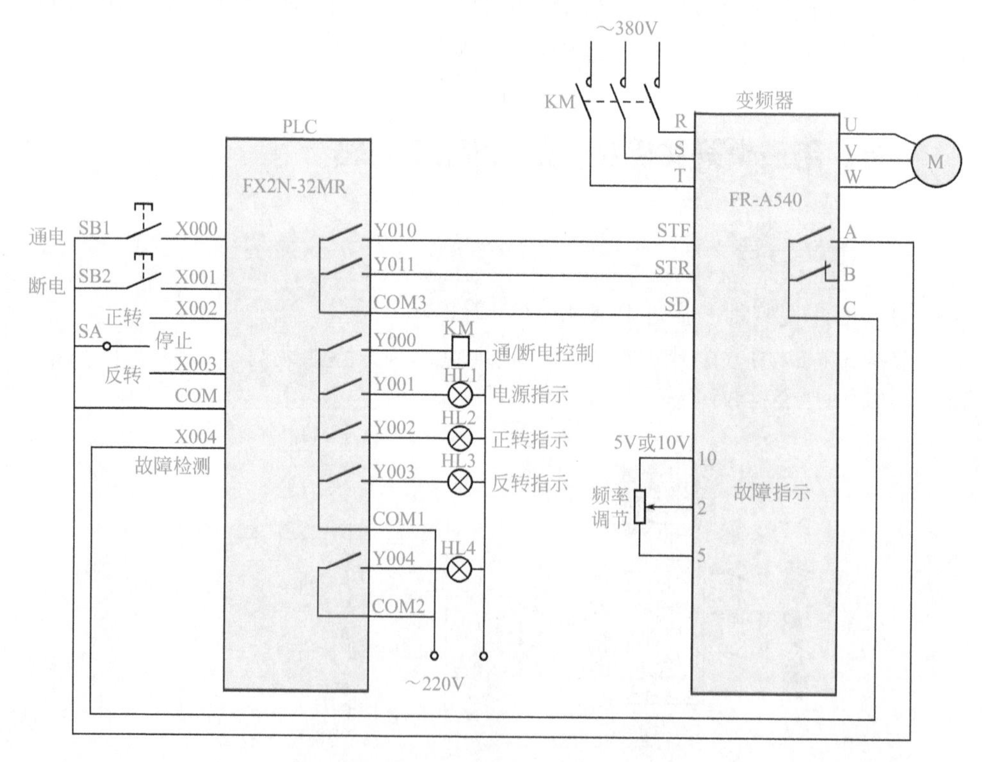

图 8-50　PLC 与变频器连接构成的电动机正、反转控制电路图

2. 参数设置（不同变频器设置不同，以下设置仅供参考）

在用PLC连接变频器进行电动机正、反转控制时，需要对变频器进行有关参数设置，具体见表8-10。

表8-10 变频器的有关参数及设置值

参数名称	参数号	设置值
加速时间	Pr.7	5s
减速时间	Pr.8	3s
加、减速基准频率	Pr.20	50Hz
基底频率	Pr.3	50Hz
上限频率	Pr.1	50Hz
下限频率	Pr.2	0 Hz
运行模式	Pr.79	2

3. 编写程序

变频器有关参数设置好后，还要给PLC编写控制程序。电动机正、反转控制的PLC程序如图8-51所示（变频器不同程序有所不同，以下程序仅供参考）。

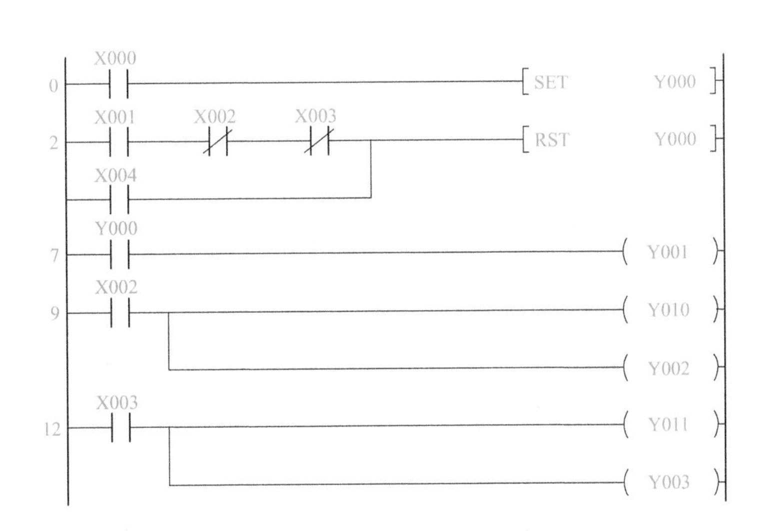

图8-51 电动机正、反转的控制PLC程序

下面说明PLC与变频器实现电动机正、反转控制的工作原理。

（1）通电控制 当按下通电按钮SB1时，PLC的X000端子输入为ON，它使程序中的［0］X000常开触点闭合，“SET Y000”指令执行，线圈Y000

被置1，Y000端子内部的硬触点闭合，接触器KM线圈得电，KM主触点闭合，将380V的三相交流电源送到变频器的R、S、T端，Y000线圈置1还会使[7]Y000常开触点闭合，Y001线圈得电，Y001端子内部的硬触点闭合，HL1指示灯通电点亮，指示PLC作出通电控制。

（2）正转控制 当三挡开关SA置于“正转”位置时，PLC的X002端子输入为ON，它使程序中的[9]X002常开触点闭合，Y010、Y002线圈均得电，Y010线圈得电使Y010端子内部硬触点闭合，将变频器的STF、SD端子接通，即STF端子为ON，变频器输出电源使电动机正转，Y002线圈得电后使Y002端子内部硬触点闭合，HL2指示灯通电点亮，指示PLC作出正转控制。

（3）反转控制 将三挡开关SA置于“反转”位置时，PLC的X003端子输入为ON，它使程序中的[12]X003常开触点闭合，Y011、Y003线圈均得电。Y011线圈得电使Y011端子内部硬触点闭合，将变频器的STR、SD端子接通，即STR端子输入为ON，变频器输出电源使电动机反转，Y003线圈得电后使Y003端子内部硬触点闭合，HL3灯通电点亮，指示PLC作出反转控制。

（4）停转控制 在电动机处于正转或反转时，若将SA开关置于“停止”位置，X002或X003端子输入为OFF，程序中的X002或X003常开触点断开，Y010、Y022或Y011、Y003线圈失电，Y010、Y002或Y011、Y003端子内部硬触点断开，变频器的STF或STR端子输入为OFF，变频器停止输出电源，电动机停转，同时HL2或HL3指示灯熄灭。

（5）断电控制 当SA置于“停止”位置使电动机停转时，若按下断电按钮SB2，PLC的X001端子输入为ON，它使程序中的[2]X001常开触点闭合，执行“RST Y000”指令，Y000线圈被复位失电，Y000端子内部的硬触点断开，接触器KM线圈失电，KM主触点断开，切断变频器的输入电源，Y000线圈失电还会使[7]Y000常开触点断开，Y001线圈失电，Y001端子内部的硬触点断开，HL1灯熄灭。如果SA处于“正转”或“反转”位置，[2]X002或X003常闭触点断开，无法执行“RST Y000”指令，即电动机在正转或反转时，操作SB2按钮是不能断开变频器输入电源的。

（6）故障保护 如果变频器内部保护功能动作，A、C端子间的内部触点闭合，PLC的X004端子输入为ON，程序中的X004常开触点闭合，执行“RST Y000”指令，Y000端子内部的硬触点断开，接触器KM线圈失电，KM主触点断开，切断变频器的输入电源，保护变频器。

4．电路接线组装

（1）电路原理图 如图8-52所示。

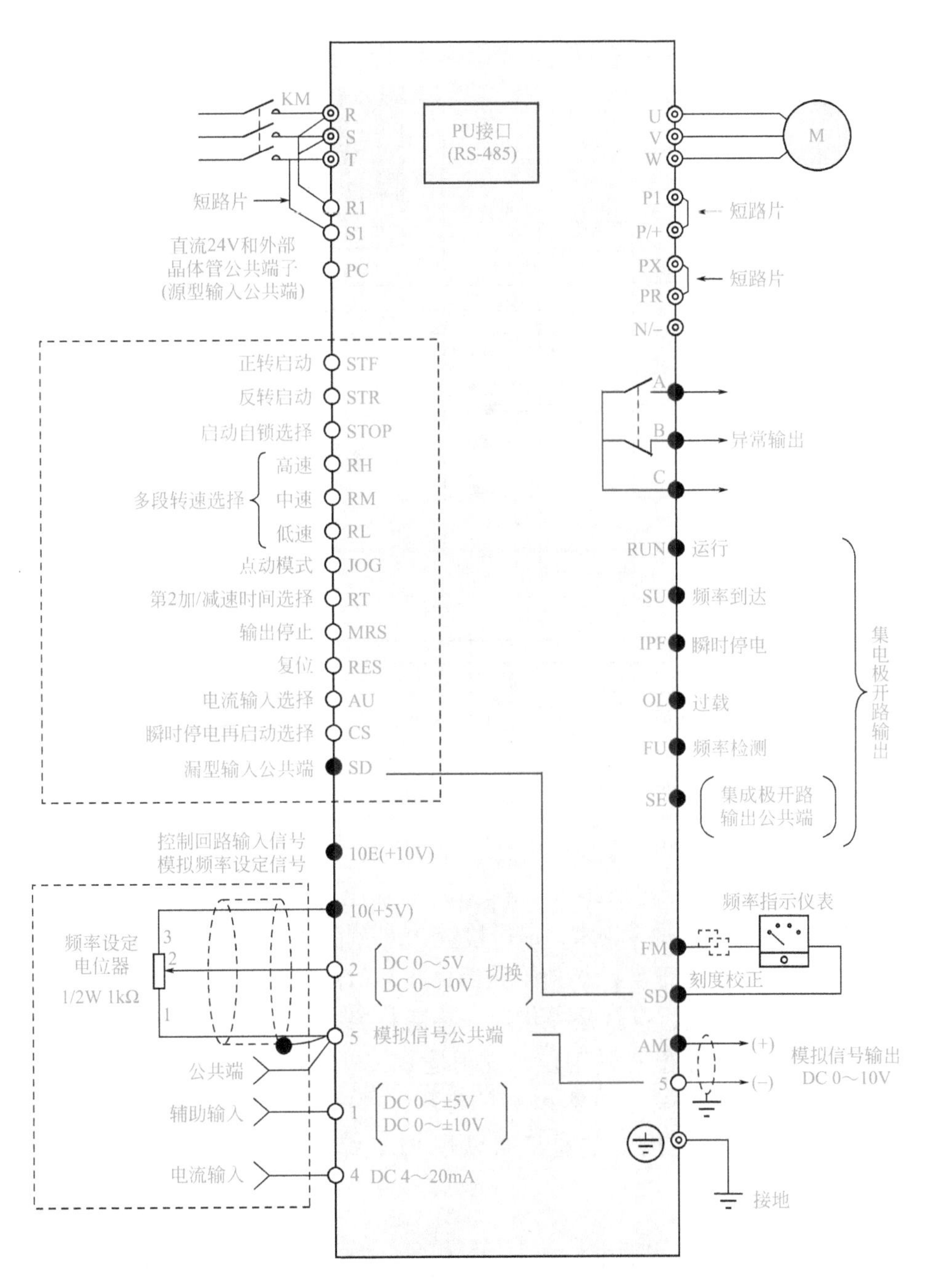

图 8-52　三菱 FR-540 系列变频器接线端子

（2）实际接线图　如图 8-53 所示。

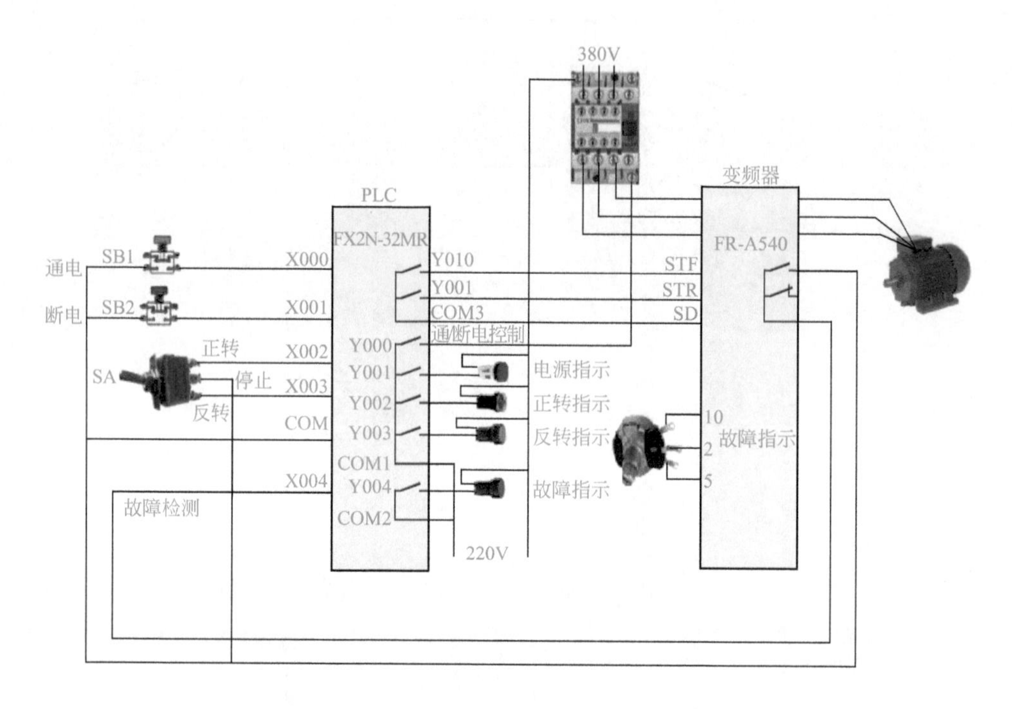

图 8-53　实际接线图

5．电路调试与检修

当 PLC 控制的变频器正反转电路出现故障时，可以采用电压跟踪法进行检修，首先确认输入电路电压是否正常，检查变频器的输入点电压是否正常，检查 PLC 的输出点电压是否正常，最后检查 PLC 到变频器控制端电压是否正常。检查外围元器件是否正常，如外围元器件正常故障应该是变频器或 PLC，可以用代换法进行更换，也就是先代换一个变频器，如果能正常工作，说明是变频器故障，如果不能正常工作，说明是 PLC 的故障，这时检查 PLC 的程序、供电是否出现问题，如果 PLC 的程序、供电没有问题，应该是 PLC 的自身出现故障，一般 PLC 的程序可以用 PLC 编程器直接对 PLC 进行编程进行试验。

注意： 普通电工一般是直接使用 PLC，对编程不理解时不要改变其程序，以免发生其他故障或损坏 PLC。

九、PLC、变频器、触摸屏组合实现多挡转速控制

1．PLC 与变频器组合实现多挡转速控制电路工作原理

变频器可以连续调速，也可以分挡调速，FR-A540 变频器有 RH（高速）、RM（中速）和 RL（低速）三个控制端子，通过这三个端子的组合输入，可以实现七挡转速控制。

2．控制电路图

PLC 与变频器连接实现多挡转速控制的电路如图 8-54 所示。

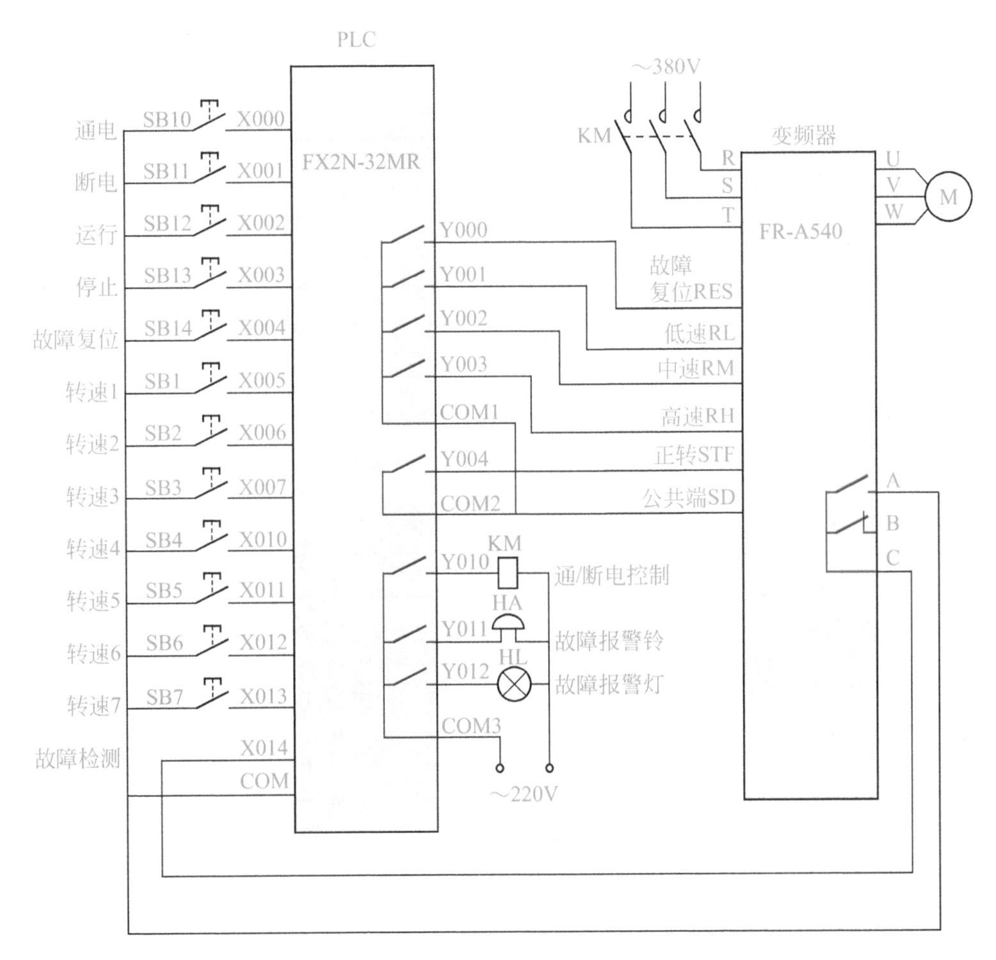

图 8-54　PLC 与变频器连接实现多挡转速控制的电路图

3. 参数设置（变频器不同设置有所不同，以下设置仅供参考）

在用 PLC 对变频器进行多挡转速控制时，需要对变频器进行有关参数设置，参数可分为基本运行参数和多挡转速参数，具体见表 8-11。

表8-11 变频器的有关参数及设置值

分类	参数名称	参数号	设定值
基本运行参数	转矩提升	Pr.0	5%
	上限频率	Pr.1	50Hz
	下限频率	Pr.2	5Hz
	基底频率	Pr.3	50Hz
	加速时间	Pr.7	5s
	减速时间	Pr.8	4s
	加、减速基准频率	Pr.20	50Hz
	操作模式	Pr.79	2
多挡转速参数	转速 1（RH 为 ON 时）	Pr.4	15Hz
	转速 2（RM 为 ON 时）	Pr.5	20Hz
	转速 3（RL 为 ON 时）	Pr.6	50Hz
	转速 4（RM、RL 均为 ON 时）	Pr.24	40Hz
	转速 5（RH、RL 均为 ON 时）	Pr.25	30Hz
	转速 6（RH、RM 均为 ON 时）	Pr.26	25Hz
	转速 7（RH、RM、RL 均为 ON 时）	Pr.27	10Hz

4. 编写程序

多挡转速控制的 PLC 程序如图 8-55 所示（变频器不同程序有所不同，以下程序仅供参考）。

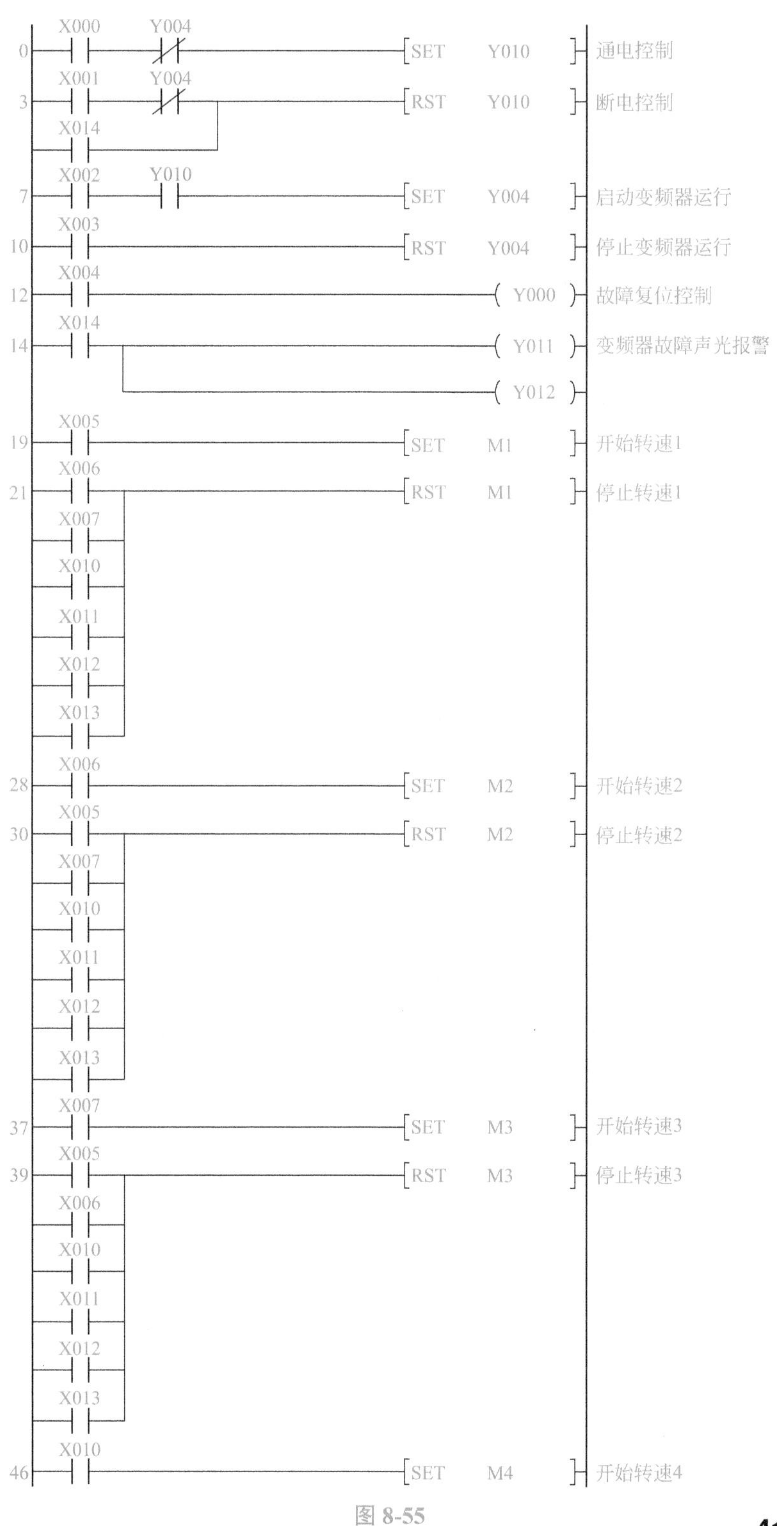
X000
Y004
0
SET
Y010
通电控制
X001
Y004
3
RST
Y010
断电控制
X014
X002
Y010
7
SET
Y004
启动变频器运行
X003
10
RST
Y004
停止变频器运行
X004
12
Y000
故障复位控制
X014
14
Y011
变频器故障声光报警
Y012
X005
19
SET
M1
开始转速1
X006
21
RST
M1
停止转速1
X007
X010
X011
X012
X013
X006
28
SET
M2
开始转速2
X005
30
RST
M2
停止转速2
X007
X010
X011
X012
X013
X007
37
SET
M3
开始转速3
X005
39
RST
M3
停止转速3
X006
X010
X011
X012
X013
X010
46
SET
M4
开始转速4

图 8-55

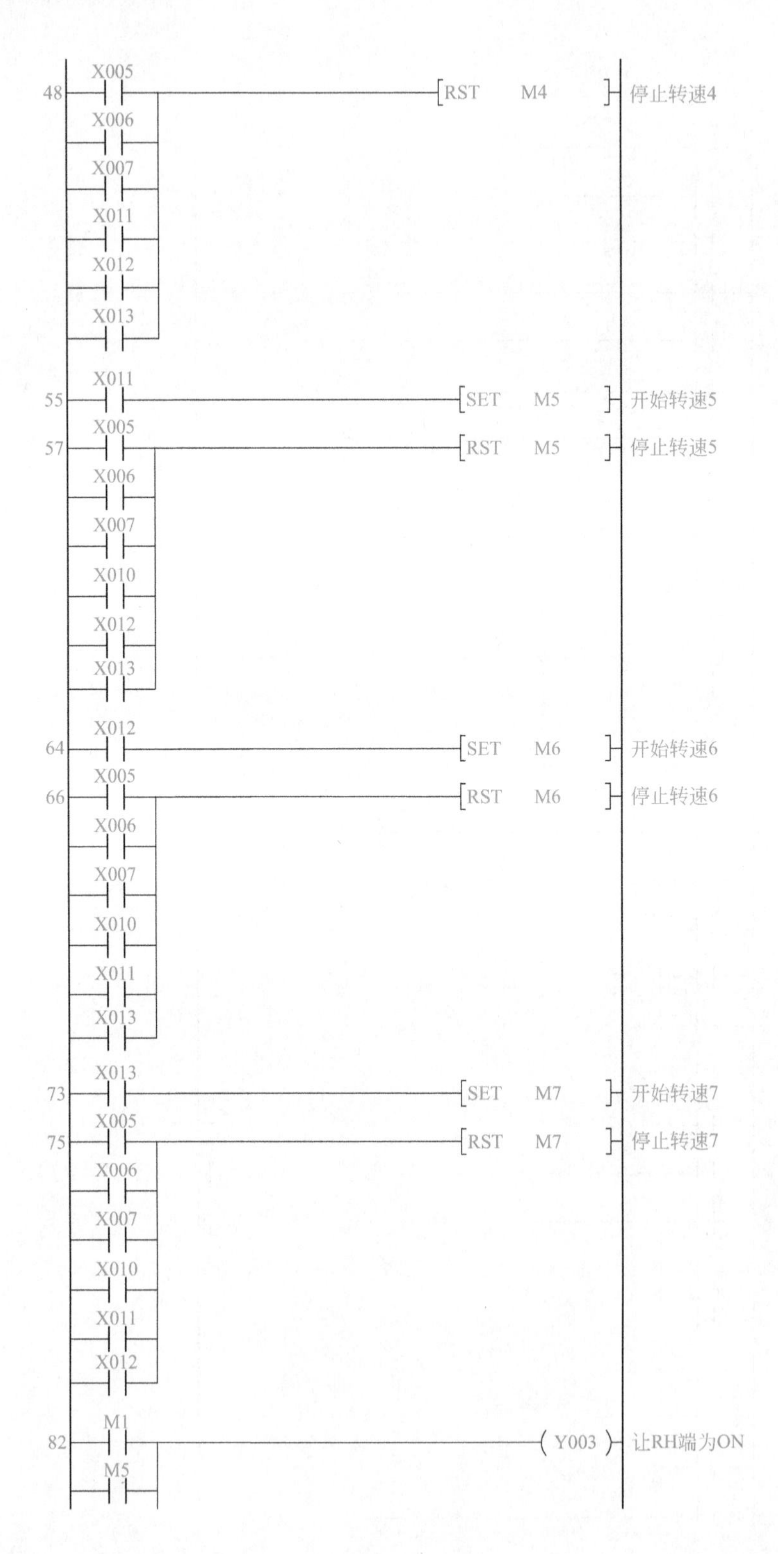
48
X005
X006
X007
X011
X012
X013
RST M4
停止转速4
55
X011
SET M5
开始转速5
57
X005
X006
X007
X010
X012
X013
RST M5
停止转速5
64
X012
SET M6
开始转速6
66
X005
X006
X007
X010
X011
X013
RST M6
停止转速6
73
X013
SET M7
开始转速7
75
X005
X006
X007
X010
X011
X012
RST M7
停止转速7
82
M1
M5
Y003
让RH端为ON

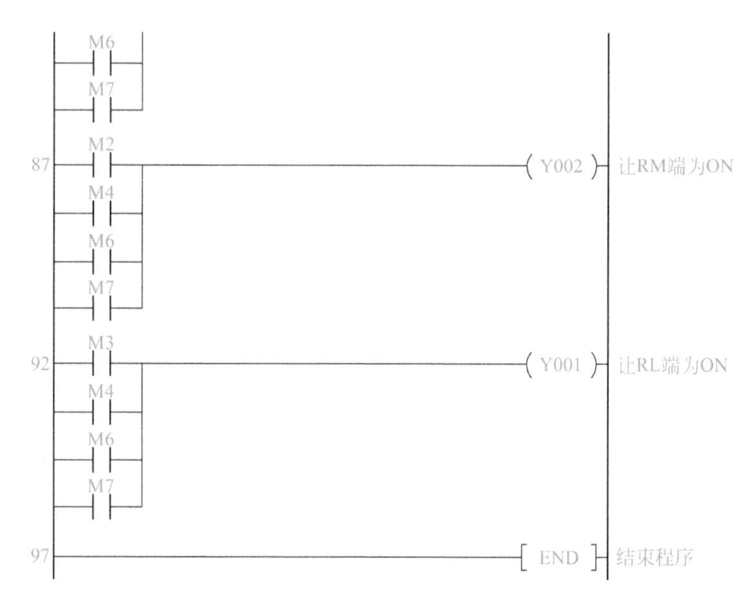

图 8-55　多挡转速控制的 PLC 程序

5．程序详解

下面说明 PLC 与变频器实现多挡转速控制的工作原理。

（1）通电控制　当按下通电按钮 SB10 时，PLC 的 X000 端子输入为 ON，它使程序中的［0］X000 常开触点闭合，“SET Y010”指令执行，线圈 Y010 被置 1，Y010 端子内部的硬触点闭合，接触器 KM 线圈得电，KM 主触点闭合，将 380V 的三相交流电源送到变频器的 R、S、T 端。

（2）断电控制　当按下断电按钮 SB11 时，PLC 的 X001 端子输入为 ON，它使程序中［3］X001 常开触点闭合，“RST Y010”指令执行，线圈 Y010 被复位失电，Y010 端子内部的硬触点断开，接触器 KM 线圈失电，KM 主触点断开，切断变频器 R、S、T 端的输入电源。

（3）启动变频器运行　当按下运行按钮 SB12 时，PLC 的 X002 端子输入为 ON，它使程序中的［7］X002 常开触点闭合，由于 Y010 线圈已得电，它使 Y010 常开触点处于闭合状态，“SET Y004”指令执行，Y004 线圈被置 1 而得电，Y004 端子内部硬触点闭合，将变频器的 STF、SD 端子接通，即 STF 端子输入为 ON，变频器输出电源启动电动机正向运转。

（4）停止变频器运行　当按下停止按钮 SB13 时，PLC 的 X003 端子输入为 ON，它使程序中的［10］X003 常开触点闭合，“RST Y004”指令执行，Y004 线圈被复位而失电，Y004 端子内部硬触点断开，将变频器的 STF、SD 端子断开，即 STF 端子输入为 OFF，变频器停止输出电源，电动机停转。

（5）故障报警及复位 如果变频器内部出现异常而导致保护电路动作时，A、C 端子间的内部触点闭合，PLC 的 X004 端子输入 ON，程序中的［14］X014 常开触点闭合，Y011、Y012 线圈得电，Y011、Y012 端子内部硬触点闭合，报警铃和报警灯均得电而发出声光报警，同时［3］X014 常开触点闭合，“RST Y010”指令执行，线圈 Y010 被复位失电，Y010 端子内部的硬触点断开，接触器 KM 线圈失电，KM 主触点断开，切断变频器 R、S、T 端的输入电源。变频器故障排除后，当按下故障按钮 SB14 时，PLC 的 X004 端子输入为 ON，它使程序中的［12］X004 常开触点闭合，Y000 线圈得电，变频器的 RES 端输入为 ON，解除保护电路的保护状态。

（6）转速 1 控制 变频器启动运行后，按下按钮 SB1（转速 1），PLC 的 X005 端子输入为 ON，它使程序中的［19］X005 常开触点闭合，“SET M1”指令执行，线圈 M1 被置 1，［82］M1 常开触点闭合，Y003 线圈得电，Y003 端子内部的硬触点闭合，变频器的 RH 端输入为 ON，让变频器输出转速 1 设定频率的电源驱动电动机运转。按下 SB2-SB7 的某个按钮，会使 X006-X013 中的某个常开触点闭合，“RST M1”指令执行，线圈 M1 被复位失电，［82］M1 常开触点断开，Y003 线圈失电，Y003 端子内部的硬触点断开，变频器的 RH 端输入为 OFF，停止按转速 1 运行。

（7）转速 4 控制 按下按钮 SB4（转速 4），PLC 的 X010 端子输入为 ON，它使程序中的［46］X010 常开触点闭合，“SET M4”指令执行，线圈 M4 被置 1，［87］、［92］M4 常开触点均闭合，Y002、Y001 线圈均得电，Y002、Y001 端子内部的硬触点均闭合，变频器的 RM、RL 端输入均为 ON，让变频器输出转速 4 设定频率的电源驱动电动机运转。按下 SB1-SB3 或 SB5-SB7 中的某个按钮，会使 Y005-Y007 或 Y011-Y013 中的某个常开触点闭合，“RST M4”指令执行，线圈 M4 被复位失电，［87］、［92］M4 常开触点均断开，Y002、Y001 线圈失电，Y002、Y001 端子内部的硬触点均断开，变频器的 RM、RL 端输入均为 OFF，停止按转速 4 运行。

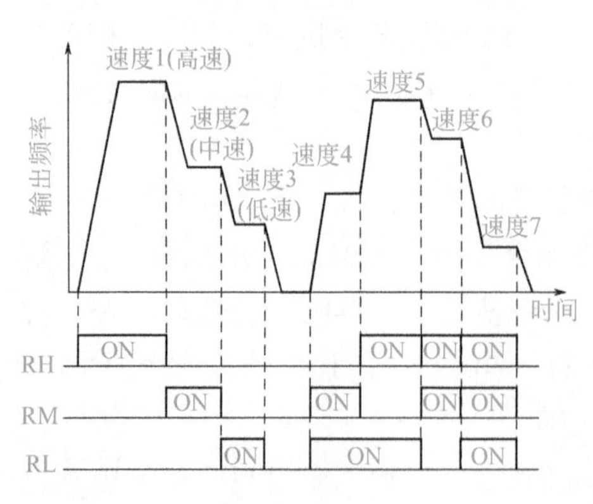

图 8-56 RH、RM、RL 端输入状态与对应的速度关系

其他转速控制与上述转速控制过程类似，这里不再叙述。RH、RM、RL 端输入状态与对应的速度关系如图 8-56 所示。

6．电路接线组装

如图 8-57 所示为电路接线组装。

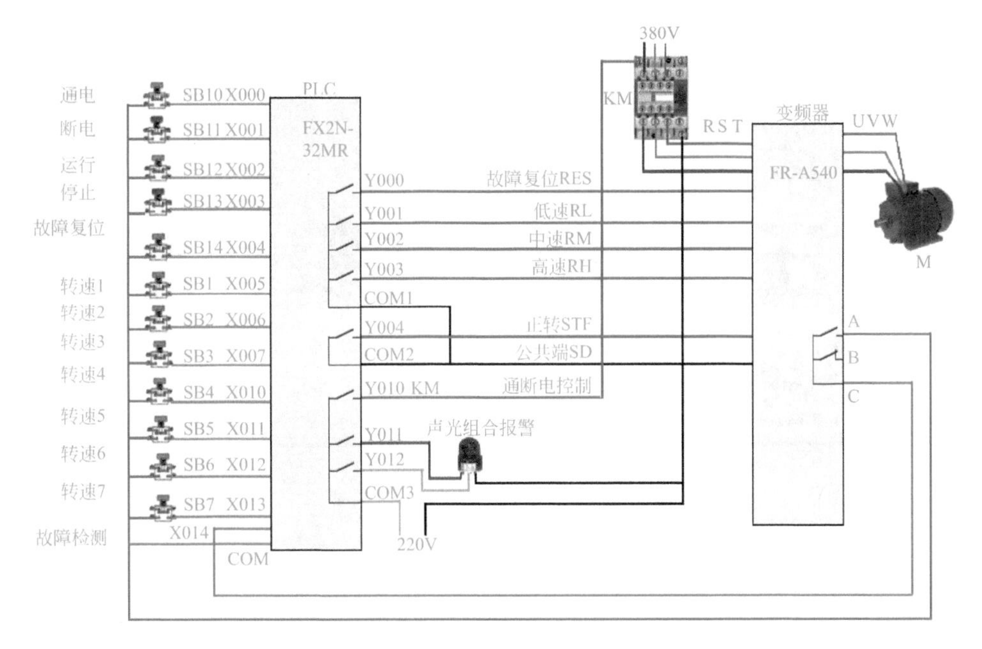

图 8-57 电路接线组装

7．电路调试与检修

在这个电路当中，PLC 通过外接开关，实现电动机的多挡速旋转，出现故障后，直接用万用表去检查外部的控制开关是否毁坏，连接线是否有断路的故障，如果外部器件包括接触器毁坏应直接更换。如果 PLC 的程序没有问题，应该是变频器出现故障。如果 PLC 没有办法输入程序，故障应该是 PLC 毁坏，更换 PLC 并重新输入程序。对于变频器毁坏，可以更换或维修变频器。

另外在 PLC 电路当中还设有报警和故障指示灯，当报警和故障指示灯出现故障，只要检查外围的电铃及指示灯没有毁坏，应去查找 PLC 的程序或 PLC 是否毁坏。

高压变压器安装、应用与维护

第一节 变压器的结构、技术参数及安装

一、电力变压器的结构、型号及铭牌

1．电力变压器的结构

输配电系统中使用的变压器称为电力变压器。电力变压器主要由铁芯、绕组、油箱（外壳）、变压器油、套管以及其他附件构成，如图 9-1 所示。

图 9-1　电力变压器

（1）变压器的铁芯　电力变压器的铁芯不仅构成变压器的磁路作导磁用，而且作为变压器的机械骨架。铁芯由芯柱和铁轭两部分组成。芯柱用来套装绕组，而铁轭则连接芯柱形成闭合磁路。

按铁芯结构，变压器可分为芯式和壳式两类。芯式铁芯的芯柱被绕组所包围，如图 9-2 所示；壳式铁芯包围着绕组顶面、底面以及侧面，如图 9-3 所示。

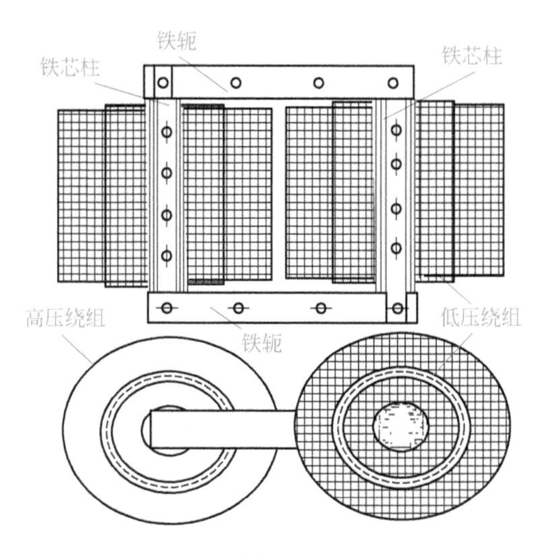

图 9-2　单相芯式变压器

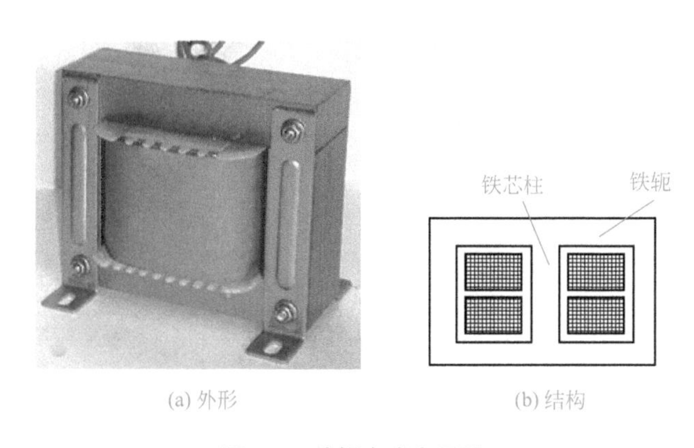

(a) 外形　　(b) 结构

图 9-3　单相壳式变压器

芯式结构用铁量少，构造简单，绕组安装及绝缘容易，电力变压器多采用此种结构。壳式结构机械强度高，用铜（铝）量（即电磁线用量）少，散热容易，但制造复杂，用铁量（即硅钢片用量）大，常用于小型变压器和低压大电流变压器（如电焊机、电炉变压器）中。

为了减少铁芯中磁滞损耗和涡流损耗和提高变压器的效率，铁芯材料多采用高硅钢片，如0.35mm的D41～D44热轧硅钢片或D330冷轧硅钢片。为加强片间绝缘，避免片间短路，每张叠片两个面四个边都涂覆0.01mm左右厚的绝缘漆膜。

为减小叠片接缝间隙（即减少磁阻，从而降低励磁电流），铁芯装配采用叠接形式（错开上下接缝，交错叠成）。

近年来，国内出现了渐开线式铁芯结构。它是先将每张硅钢片卷成渐开线状，再叠成圆柱型芯柱；铁轭用长条卷料冷轧硅钢片卷成三角形，上、下轭与芯柱对接。这种结构具有使绕组内圆空间得到充分利用、轭部磁通减少、器身高度降低、结构紧凑、体小量轻、制造检修方便、效率高等优点。如一台容量为10000kV·A的渐开线铁芯变压器，要比目前大量生产的同容量冷轧硅钢片铝线变压器的总质量轻14.7%。

对装配好的变压器，其铁芯还要可靠接地（在变压器结构上是首先接至油箱）。

（2）变压器的绕组 绕组是变压器的电路部分，由电磁线绕制而成，通常采用纸包扁线或圆线。近年来，在变压器生产中铝线变压器所占比重越来越大。

变压器绕组结构有同芯式和交叠式两种，如图9-4所示。大多数电力变压器（1800kV·A以下）都采用同芯式绕组，即它的高低压绕组套装在同一铁芯芯柱上。为了便于绝缘，一般低压绕组放在里面（靠近芯柱），高压绕组套在低压绕组的外面（离开芯柱），如图9-4（a）所示。但对于容量较大而电流也很大的变压器，由于低压绕组引出线工艺上的困难，将低压绕组放在外面。

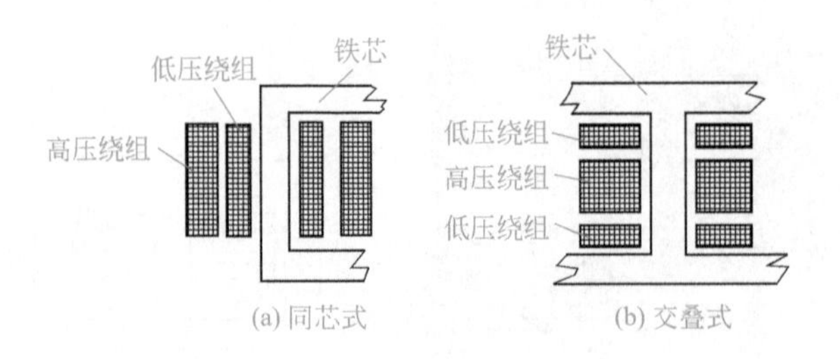

图9-4 变压器绕组的结构形式

交叠式绕组的线圈做成饼式，高低压绕组彼此交叠放置。为了便于绝缘，通常靠铁轭处即最上和最下的两组绕组都是低压绕组。交叠式绕组的主要优点是漏抗小、机械强度好、引线方便，主要用于低压大电流的电焊变压器、电炉变压器和壳式变压器中，如大于400kV·A的电炉变压器绕组就是采用这样的布置。

同芯式绕组结构简单，制造方便。按绕组绕制方式的不同又分为圆筒式、螺旋式、分段式和连续式四种。不同的结构具有不同的电气特性、机械特性及热特性。

图 9-5 所示为圆筒式绕组，其中图 9-5（a）的线匝沿高度（轴向）绕制，如螺旋状。这种绕组制造工艺简单，但机械强度、承受短路能力都较差，所以多用在电压低于 500V、容量为 10 ～ 750kV・A 的变压器中。图 9-5（b）所示为多层圆筒绕组，可用在容量为 10 ～ 560kV•A、电压为 10kV 以下的变压器中。

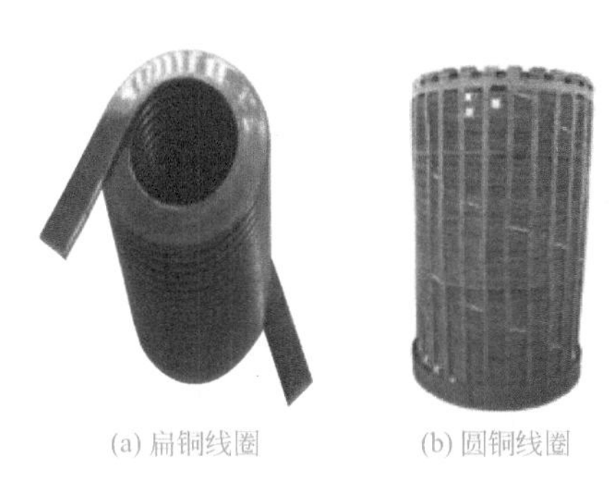

(a) 扁铜线圈　　(b) 圆铜线圈

图 9-5　变压器绕组

绕组引出的出头标志，规定采用表 9-1 所示的符号。

表9-1　绕组引出的出头标志

绕组	单相变压器		三相变压器		
	起头	末头	起头	末头	中性点
高压绕组	A	X	A、B、C	X、Y、Z	O
中压绕组	Am	Xm	Am、Bm、Cm	Xm、Ym、Zm	Om
低压绕组	a	x	a、b、c	x、y、z	o

（3）油箱及变压器油　变压器油在变压器中不但起绝缘作用，而且有散热、灭弧作用。变压器油按凝固点不同可分为 10 号油、25 号油和 45 号油（代号分别为 DB-10、DB-25、DB-45）等。10 号油表示在 -10℃开始凝固，45 号油表示在 -45℃开始凝固。各地常用 25 号油。新油呈淡黄色，投入运行后呈淡红色。这些油不能随便混合使用。变压器在运行中对绝缘油要求很高，每隔六个月要采样分析试验其酸价、闪光点、水分等是否符合标准（见表 9-2）。变压器油绝缘耐压强度很高，但混入杂质后将迅速降低，因而必须保持纯净，并应尽量避免与外界空气，尤其是水汽或酸性气体接触。

表9-2 变压器油的试验项目和标准

序号	试验项目	试验标准	
		新油	运行中的油
1	5℃时的外状	透明	—
2	50℃时的黏度	不大于 1.8 恩格勒（1.8Et）	—
3	闪光点	不低于 135℃	与新油比较不应低于 5℃以上
4	凝固点	用于室外变电所的开关（包括变压器带负载调压接头开关）的绝缘油，其凝固点不应高于下列标准：①气温不低于 10℃的地区，-25℃；②气温不低于 -20℃的地区，-35℃；③气温低于 -20℃的地区，-45℃。凝固点为 -25℃的变压器油用在变压器内时，可不受地区气温的限制。在月平均最低气温不低于 -10℃的地区，当没有凝固点为 -25℃的绝缘油时，允许使用凝固点为 -10℃的油	—
5	机械混合物	无	无
6	游离碳	无	无
7	灰分	不大于 0.005%	不大于 0.01%
8	活性硫	无	无
9	酸价	不大于 0.05（KOHmg/g 油）	不大于 0.4（KOHmg/g 油）
10	钠试验	不应大于 2 级	—
11	氧化后酸价	不大于 0.35（KOHmg/g 油）	—
12	氧化后沉淀物	不大于 0.1%	—
13	绝缘强度试验：①用于 6kV 以下的电气设备；②用于 6～35kV 的电气设备；③用于 35kV 及以上的电气设备	① 25kV ② 30kV ③ 40kV	① 20kV ② 25kV ③ 35kV
14	酸碱反应	无	无
15	水分	无	无
16	介质损耗角正切值（有条件时试验）	20℃时不大于 1%，70℃时不大于 4%	20℃时不大于 2%，70℃时不大于 70%

油箱（外壳）用于装变压器铁芯、绕组和变压器油。为了加强冷却效果，往往在油箱两侧或四周装有很多散热管，以加大散热面积。

（4）套管及变压器的其他附件　变压器外壳与铁芯是接地的。为了使带电的高、低压绕组能从中引出，常用套管绝缘并固定导线。采用的套管根据电压等级决定，配电变压器上都采用纯瓷套管；35kV 及以上电压采用充油套管或电容套管以加强绝缘。高、低压侧的套管是不一样的，高压套管高而大，低压套管低而小，一般可由套管来区分变压器的高、低压侧。

变压器的附件还包括：

① 油枕（又称储油柜）。形如水平旋转的圆筒。油枕的作用是减小变压器油与空气接触面积。油枕的容积一般为总油量的 10% ～ 13%，其中保持有一半油、一半气，使油在受热膨胀时得以缓冲。油枕侧面装有借以观察油面高度的玻璃油表。为了防止潮气进入油枕，并能定期采取油样以供试验，在油枕及油箱上分别装有呼吸器、干燥箱和放油阀门、加油阀门、塞头等。

② 安全气道（又称防爆管）。800kV・A 以上变压器箱盖上设有 ϕ80mm 圆筒管弯成的安全气道。气道另一端用玻璃密封做成防爆膜，一旦变压器内部绕组短路，防爆膜首先破碎泄压以防油箱爆炸。

③ 气体继电器（又称瓦斯继电器或浮子继电器）。800kV・A 以上变压器在油箱盖和油枕连接管中，装有气体继电器。气体继电器有三种保护作用：当变压器内故障所产生的气体达到一定程度时，接通电路报警；当由于严重漏油而油面急剧下降时，迅速切断电路；当变压器内突然发生故障而导致油流向油枕冲击时，切断电路。

④ 分接开关。为调整二次电压，常在每相高压绕组末段的相应位置上留有三个（有的是五个）抽头，并将这些抽头接到一个开关上，这个开关就称作“分接开关”。分接开关的接线原理如图 9-6 所示。利用分接开关能调整的电压范围在额定电压的 ±5% 以内。电压调节应在停电后才能进行，否则有发生人身和设备事故的危险。

任何一台变压器都应装有分接开关，因为当外加电压超过变压器绕组额定电压的 10% 时，变压器磁通密度将大大增加，使铁芯饱和而发热，增加铁损，所以不能保证安全运行。因此，变压器应根据电压系统的变化来调节分接头以保证电压不致过高而烧坏用户的电机、电器，避免电压过低引起电动机过热或其他电器不能正常工作等情况。

⑤ 呼吸器。呼吸器的构造如图 9-7 所示。

在呼吸器内装有变色硅胶，油枕内的绝缘油通过呼吸器与大气连通，内部干燥剂可以吸收空气中的水分和杂质，以保持变压器内绝缘油的良好绝缘性能。呼吸器内的硅胶在干燥情况下呈浅蓝色，当吸潮达到饱和状态时渐渐变为淡红色。这时，应将硅胶取出在 140℃高温下烘焙 8h，即可以恢复原特性。

2. 电力变压器的型号与铭牌

（1）电力变压器的型号 电力变压器的型号由两部分组成：拼音符号部分表示其类型和特点；数字部分斜线左方表示额定容量，单位为 kV・A，斜线右方表示一次电压，单位为 kV。如 SFPSL-31500/220 表示三相强迫油循环三绕组铝线 31500kV・A/220kV 电力变压器；又如 SL-800/10（旧型号为 SJL-800/10）表示三相油浸自冷式双绕组铝线 800kV・A/10kV 电力变压器。电力变压器型号中所用拼音代表符号含义见表 9-3。

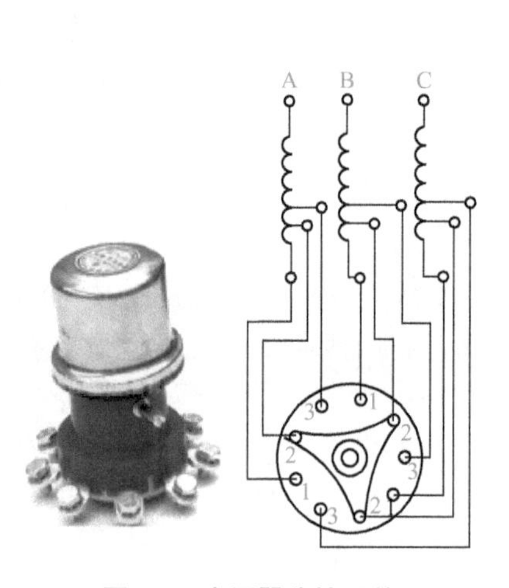

图 9-6 变压器分接开关

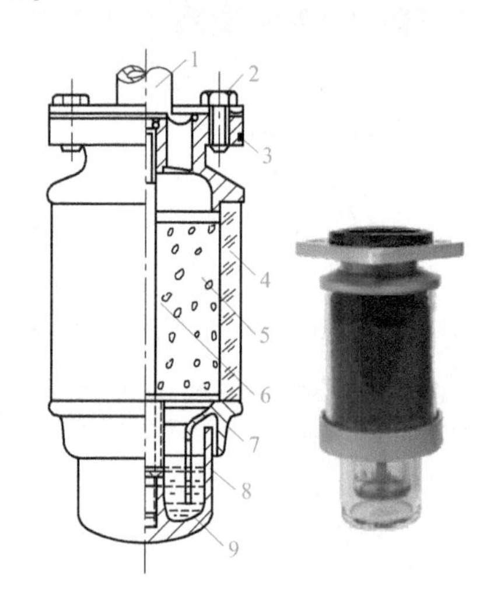

图 9-7 呼吸器的构造

1—连接管；2—螺钉；3—法兰盘；4—玻璃管；5—硅胶；6—螺杆；7—底座；8—底罩；9—变压器油

表9-3 电力变压器型号中所用拼音代表符号含义

项 目	类 别	代表符号	
		新型号	旧型号
相数	单相 三相	D S	D S
绕组外冷却介质	矿物油 不燃性油 气体 空气 成型固体	不标注 B Q K C	J 未规定 未规定 G 未规定
箱壳外冷却方式	空气自冷 风冷 水冷	不标注 F W	不标注 F S

续表

项　目	类　别	代表符号	
		新型号	旧型号
循环方式	油自然循环 强迫油循环 强迫油导向循环 导体内冷	不标注 P D N	不标注 P 不标注 N
线圈数	双绕组 三绕组 自耦（双绕组及三绕组）	不标注 S O	不标注 S O
调压方式	无微磁调压 有载调压	不标注 Z	不标注 Z
导线材质	铝线	不标注	L

注：为最终实现用铝线生产变压器，新标准中规定铝线变压器型号中不再标注“L”字样。但在由用铜线过渡到用铝线的过程中，事实上生产厂在铭牌所示型号中仍沿用以“L”代表铝线，以示与铜线区别。

（2）电力变压器的铭牌　电力变压器的铭牌见表9-4。下面对铭牌所列各数据的意义作简单介绍。

表9-4　变压器的铭牌

铝线圈电力变压器

产品标准			型号　SJL-650/10		
额定容量 650kV·A		相数 3	额定频率　50Hz		
额定电压	高压	10000V	额定电流	高压	32.3A
	低压	400～230V		低压	808A
使用条件	户外式	绕圈温升　65℃		油面温升　55℃	
阻抗电压		%（75℃）	冷却方式	油浸自冷式	

油重70kg　　器身重1080kg　　总重1200kg

绕组连接图		向量图		连接组标号	开关位置	分接电压
高压	低压	高压	低压			
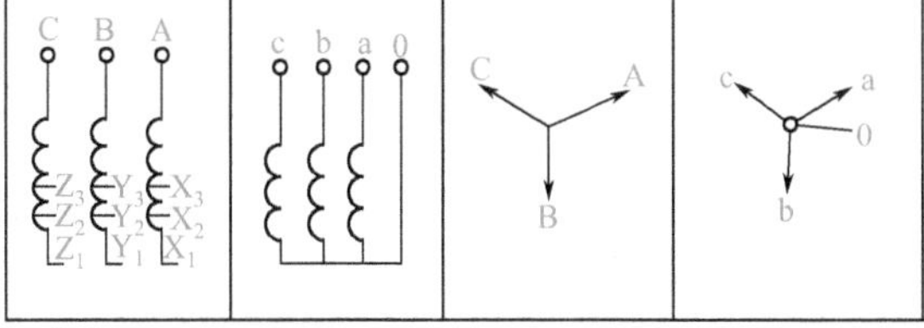 C B A Z_3 Z_2 Z_1 Y_3 Y_2 Y_1 X_3 X_2 X_1	c b a 0	C A B	c a 0 b	Y/Y0-12	Ⅰ	10500V
					Ⅱ	10000V
					Ⅲ	9500V

出厂序号　　　　20　年　月　出品

××　二厂

① 型号含义：

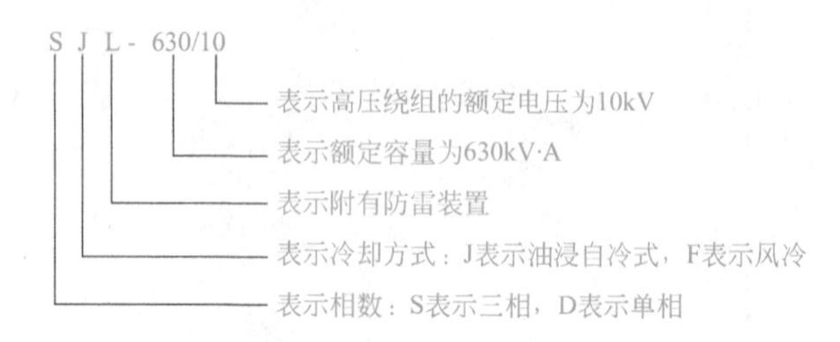

此变压器使用在室外，故附有防雷装置。

② 额定容量。额定容量表示变压器可能传递的最大功率，用视在功率表示，单位为 kV·A。

$$三相变压器额定容量=\sqrt{3}\times额定电压\times额定电流$$

$$单相变压器额定容量=额定电压\times额定电流$$

③ 额定电压。一次绕组的额定电压是指加在一次绕组上的正常工作电压值，它是根据变压器的绝缘强度和允许发热条件规定的。二次绕组的额定电压是指变压器在空载时，一次绕组加上额定电压后二次绕组两端的电压值。

在三相变压器中，额定电压是指线电压，单位为 V 或 kV。

④ 额定电流。变压器绕组允许长时间连续通过的工作电流，就是变压器的额定电流，单位为 A。在三相变压器中系指线电流。

⑤ 温升。温升是指变压器在额定运行情况时允许超出周围环境温度的数值，它取决于变压器所用绝缘材料的等级。在变压器内部，绕组发热最厉害。这台变压器采用 A 级绝缘材料，故规定绕组的温升为 65℃，箱盖下的油面温升为 55℃。

⑥ 阻抗电压（或百分阻抗）。阻抗电压通常以 % 表示，表示变压器内部阻抗压降占额定电压的百分数。

二、变压器的保护装置

（1）变压器的熔断器选择

① 对容量在 100kV·A 及以下的三相变压器，熔断器型号的选择如下：

a. 室外变压器选用 RW3-10 或 RW4-10 型熔断器。

b. 室内变压器选用 RN10-10 型熔断器。容量在 100kV·A 及以下的三相变压器的熔丝或熔管，按照变压器额定电流的 2 ～ 3 倍选择，但不能小于 10A。

② 对容量 100kV·A 以上的三相变压器，熔断器型号的选择如下：

a. 与 100kV·A 及以下的三相变压器相同。

b. 熔丝的额定电流按照变压器额定电流的 1.5 ～ 2 倍选择。变压器二次侧熔丝的额定电流可根据变压器的额定电流选择。

（2）变压器的继电保护　额定电压为 10kV、容量在 560kV·A 以上或装于变配电所的容量 20kV·A 以上时，由于使用高压断路器操作，故而应配置相适应的过电流保护和速断保护。

① 变压器的瓦斯保护。对于容量较大的变压器，应采用瓦斯保护作为主要保护。一般规定变配电所中、容量在 800kV·A 及以上的车间变电站，其变压器容量为 400kV·A 及以上应安装瓦斯保护。

变压器中气体继电器的构造如图 9-8 所示。

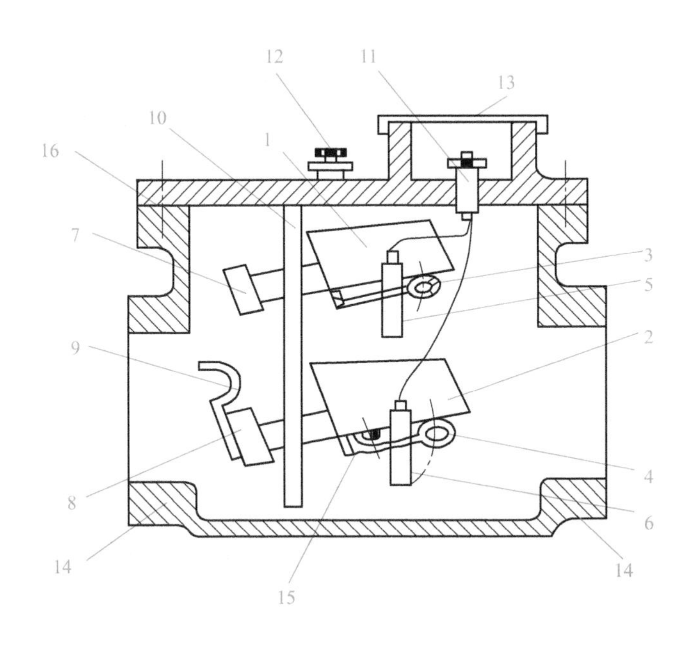

图 9-8　FJ-80 型挡板式气体继电器

1—上油杯；2—下油杯；3，4—磁铁；5，6—干簧接点；7，8—平衡锤；9—挡板；10—支架；11—接线端头；12—放气塞；13—接线盒盖板；14—法兰；15—螺钉；16—橡胶衬垫

② 气体继电器的工作原理。当变压器内部发生微小故障时，故障点局部发热引起变压器油的膨胀；与此同时，变压器油分解出大量气体聚集在气体继电器上部，迫使变压器油面降低。气体继电器的上油杯与永久磁铁随之下降，逐渐靠近干簧触点，当磁铁距干簧触点达到一定距离时，吸动干簧触点闭合，接通外部瓦斯信号电路，使轻瓦斯信号继电器动作跳闸或接通警报电路。

如果变压器故障比较严重，变压器内要产生大量气体，使得急速的油流从变压器内上升至油枕，油流冲击气体继电器的挡板，气体继电器的下油杯带动磁铁，使磁铁接近干簧触点，干簧触点被吸合，接通重瓦斯的掉闸回路，使变压器的断路器掉闸；与此同时，重瓦斯信号继电器动作跳闸，并发出跳闸警报。

三、变压器的安装与接线

变压器室内安装时应安装在基础的轨道上，轨距与轮距应配合；变压器室外安装时一般安装在平台上或杆上组装的槽钢架上。轨道、平台、钢架应水平；有滚轮的变压器轮子应转动灵活，安装就位后应用止轮器将变压器固定；装在钢架上的变压器滚轮悬空，并用镀锌铁丝将器身与杆绑扎固定；变压器的油枕侧应有 1% ～ 1.5% 的升高坡度。在变压器安装过程中，吊装作业应由起重工配合作业，任何时候都不得碰击套管、器身及各个部件，不得发生严重的冲击和振动，要轻起轻放。吊装时钢索必须系在器身供吊装的耳环上。吊装及运输过程中应有防护措施和作业指导书。

1．杆上变压器台的安装与接线

杆上变压器台有以下三种形式：

① 双杆变压器台（见图 9-9）。将变压器安装在线路方向上单独增设的两根杆的钢架上，再从线路的杆上引入 10kV 电源。如果低压是公用线路，则再把低压用导线送出去与公用线路并接或与其他变压器台并列；如果是单独用户，则再把低压用硬母线引入低压配电室内的总柜上或低压母线上。

② 单杆变压器台（见图 9-10）。在原线路的电杆旁再另立一根电杆，并将变压器安装在这两根电杆间的钢架上，其他同上。由于只增加了一根电杆，因此称为单杆变压器台。

③ 本杆变压器台（见图 9-11）。将容量在 100kV·A 以下的变压器直接安装在线路的单杆上，不需要增加电杆，又常设在线路的终端，为单台设备供电（如深井泵房或农村用电）。

（1）杆上变压器台 安装方便，工艺简单，主要有立杆、组装金具构架及电气元件、吊装变压器、接线、接地等工序。

① 变压器支架通常用槽钢制成，用 U 形抱箍与杆连接；变压器安装在平台横担的上面，应使油枕侧偏高，有 1% ～ 1.5% 的坡度；支架必须安装牢固，一般钢架应有斜支撑。

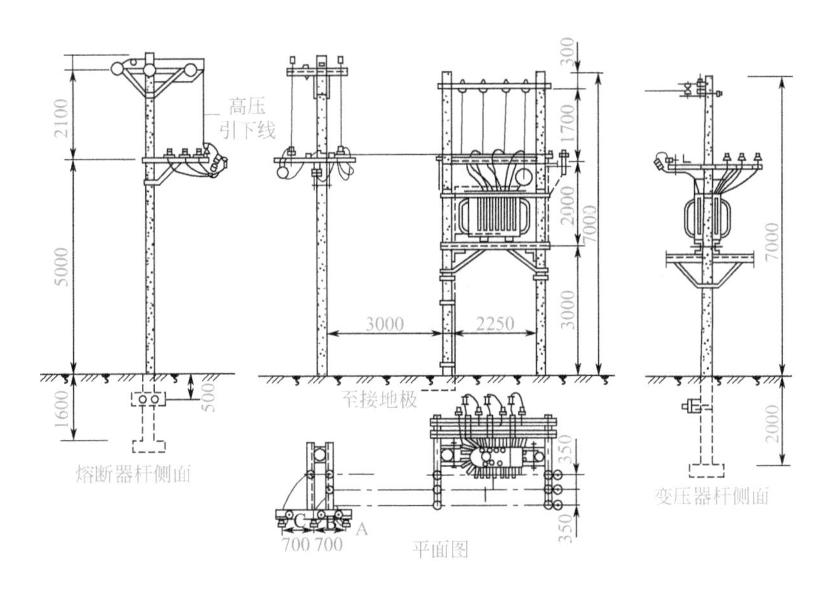

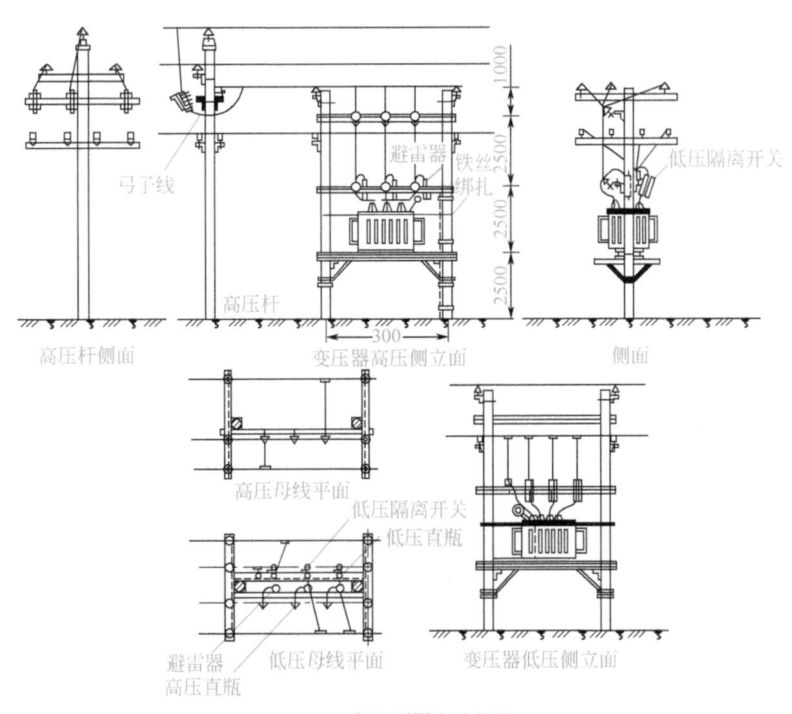

(a) 双杆变压器台示意图

图 9-9

(b) 双杆变压器安装实物

图 9-9 双杆变压器台

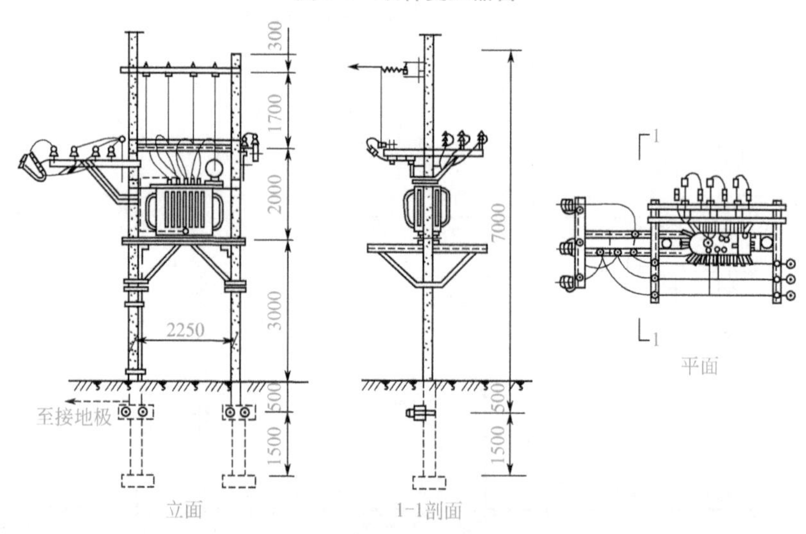

图 9-10 单杆变压器台示意图

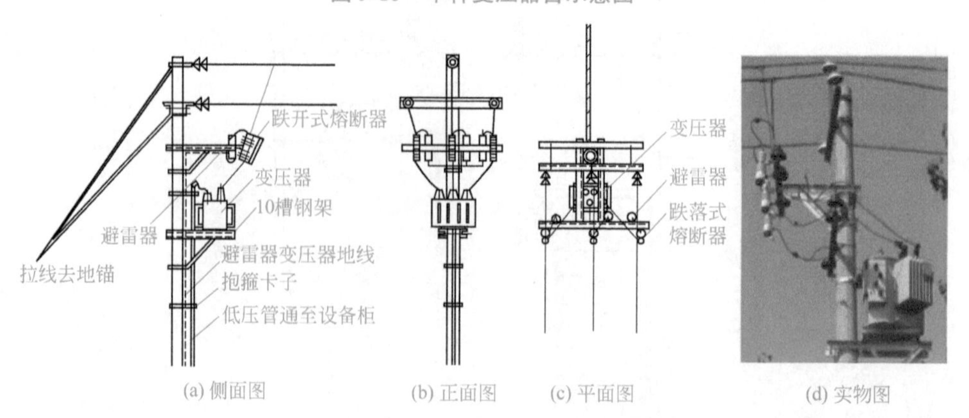

图 9-11 本杆变压器台示意图

② 跌落式熔断器的安装。跌落式熔断器安装在高压侧丁字形的横担上，用针式绝缘子的螺杆固定连接，再把熔断器固定在连板上，如图 9-12 所示。其间隔不小于 500mm，以防弧光短路，熔管轴线与地面的垂线夹角为 15° ～ 30° ，排列整齐，高低一致。

跌落式熔断器安装前应检查其外观零部件齐全，瓷件良好，瓷釉完整无裂纹、无破损，接线螺钉无松动，螺纹与螺母配套，固定板与瓷件结合紧密无裂纹，与上端的鸭嘴和下端挂钩结合紧密无松动；鸭嘴、挂钩等铜铸件不应有裂纹、砂眼，鸭嘴触头接触良好紧密，挂钩转轴灵活无卡，用电桥或数字式万用表测其接触电阻应符合要求；放置时鸭嘴触头一经由下向上触动鸭嘴即断开，一推动熔管或上部合闸挂环即能合闸，且有一定的压缩行程，接触良好（即一捅就开，一推即合）；熔管不应有吸潮膨胀或弯曲现象，与铜件的结合紧密；固定熔丝的螺钉螺纹完好，与元宝螺母配套；装有灭弧罩的跌落式熔断器，其灭弧罩应与鸭嘴固定良好，中心轴线应与合闸触头的中心轴线重合；带电部分和固定板的绝缘电阻必须用 1000 ～ 2500V 的兆欧表测试（其值不应小于 1200MΩ），35kV 的跌落式熔断器必须用 2500V 的兆欧表测试（其值不应小于 3000MΩ）。

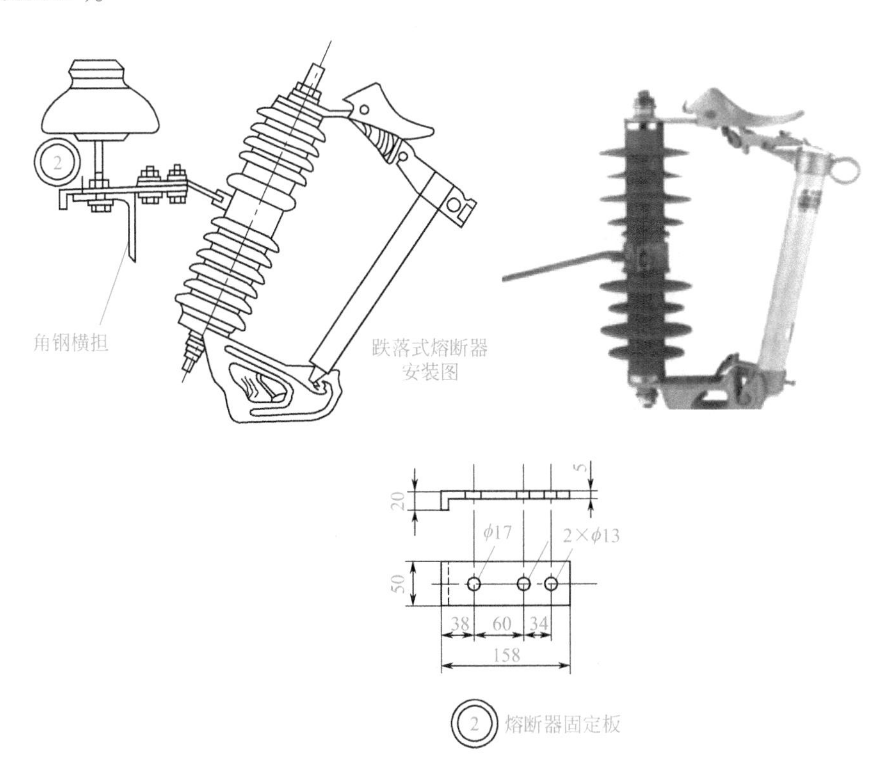

图 9-12　跌落式熔断器安装示意图

③ 避雷器的安装。避雷器通常安装在距变压器高压侧最近的横担上，可用直瓶螺钉或单独固定，如图 9-13 所示。其间隔不小于 350mm，轴线应与地面垂直，排列整齐，高低一致，安装牢固，抱箍处要垫 2 ～ 3mm 厚耐压胶垫。

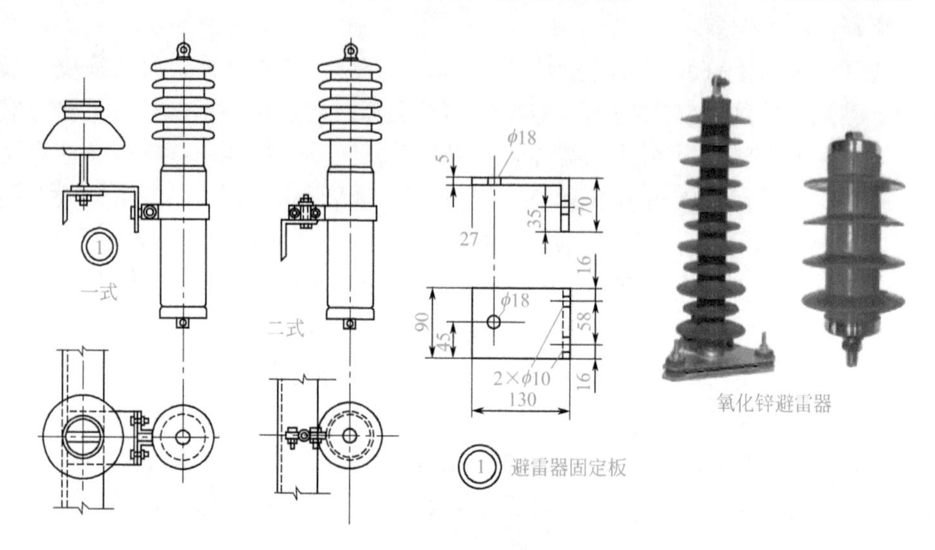

图 9-13　避雷器安装示意图

避雷器安装前的检查与跌落式熔断器基本相同，但无可动部分，瓷套管与铁法兰间的结合良好，其顶盖与下部引线处的密封物未出现龟裂或脱落，摇动器身应无任何声响。用 2500V 兆欧表测试其带电端与固定抱箍的绝缘电阻应不小于 2500MΩ。

避雷器和跌落式熔断器必须有产品合格证，没有试验条件的，应到当地供电部门进行试验。避雷器和跌落式熔断器的规格型号必须与设计相符，不得使用额定电压小于线路额定电压的避雷器和跌落式熔断器。

④ 低压隔离开关的安装。有的设计在变压器低压侧装有一组隔离开关，通常装设在距变压器低压侧最近的横担上，有三极的，也有三只单极的，目的是更换低压熔断器方便。低压隔离开关的外观检查和测试基本与低压断路器相同，但要求瓷件良好，安装牢固，操作机构灵活无卡，隔离刀刃合闸后应接触紧密，分闸时有足够的电气间隙（≥ 200mm），三相联动动作同步，动作灵活可靠。500V 兆欧表测试绝缘电阻应大于 2MΩ。

（2）变压器的安装　变压器安装必须经供电部门认可的试验单位试验合格，并有试验报告。室外变压器台的安装主要包括变压器的吊装、绝缘电阻的测试和接线等作业内容。

① 变压器的吊装。

a. 吊装要点如下：

• 卸车地点的土质必须坚实；用汽车吊吊装时，周围应无障碍物，否则应无载试吊观察吊臂和吊件能否躲过障碍物。

• 变压器整体起吊时，应将钢丝绳系在专供起吊的吊耳上，起吊后钢丝绳不得和钢板的棱角接触，钢丝绳的长度应考虑双杆上的吊高。

• 吊装前应核对高低压套管的方向，避免吊放在支架上之后再调换器身的方向。

• 在吊装过程中，高低压套管都不应受到损伤和应力，器身的任何部位不得有与他物碰撞现象。

• 起吊时应缓慢进行，当吊钩将钢丝绳撑紧即将吊起时应停止起吊，检查各个部位受力情况、有无变形、吊车支撑有无位移塌陷，杆上支架和安装人员是否已准备就绪。

• 全部准备好后，即可正式起吊。就位时应减到最慢速度，并按测定好的位置落放在型钢架上，吊钩先稍微松动，但钢丝绳仍撑直；首先检查高低压侧是否正确，坡度是否合适，然后用 8 号镀锌铁丝将器身与电杆绑扎并紧固，最后松钩且将钢丝绳卸掉。

b. 吊装方法。有条件时应用汽车吊进行吊装，方法简便且效率高。无吊车时，一般用人字抱杆吊装，下面介绍常用的吊装方法。

• 吊具布置如图 9-14 所示。

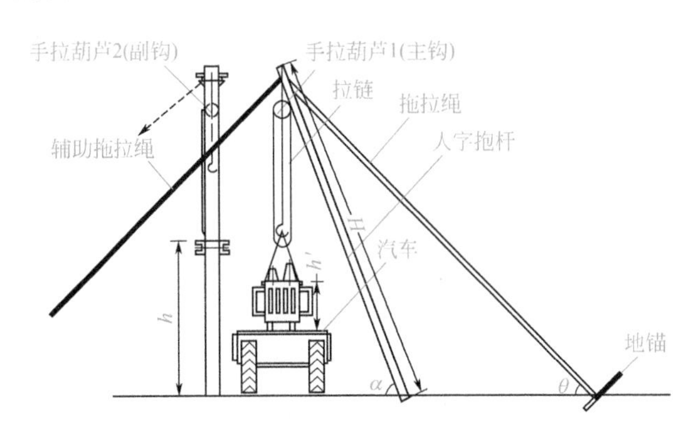

图 9-14　吊具的布置示意图

抱杆可用杆头 ϕ150mm 的杉杆或 ϕ159mm 的钢管，长度 H 由下式决定：

$$H=\frac{h+4h'}{\sin\alpha}$$

式中　h —— 变压器安装高度，m；

h' —— 变压器高度，m；

α ——人字抱杆与地面的夹角（α 一般取 70°），(°)。

其中，吊具可用手拉葫芦或绞磨，手拉葫芦的规格应大于变压器重量；绞磨、滑轮、钢丝绳及吊索应能承受变压器的质量并有一定的安全系数。拖拉绳一般可用 $\phi 16 \sim 20$mm 钢丝绳，地锚要可靠牢固，不得用电杆或拉线地锚。

• 吊装工艺。所有受力部位检查无误后即可起吊，吊装注意事项可参照立杆的部分内容。

当变压器底部起吊高度超过变压器放置构架 $1.5 \sim 1.7h$ 时，即停止起吊。接着用电杆上部横担悬挂的副钩（手拉葫芦 2）吊住变压器的吊索，同时拉动其吊链使变压器向放置构架方向倾斜位移。然后主吊钩缓慢放松，而手拉葫芦则将变压器缓慢吊起，且主钩放松和副钩起吊收紧应同步，逐渐将变压器的质量移至副钩，当到一定程度时副钩再缓慢下降，直至副钩将变压器的全部质量吊起时（副钩的吊链与地面垂直时）再将副钩缓慢下降，同时松开主钩，即可将变压器放落在构架上，如图 9-15 所示。必要时应在电杆的另一侧设辅助拉线，防止电杆倾斜。按图 9-15 进行吊装时，还可将副钩去掉，把拖拉绳换成由绞磨控制，当主钩将变压器起吊到一定高度时，由绞磨慢慢将拖拉绳放松，人字抱杆前斜，即可把变压器降落在构架上。这种方法对人字抱杆、拖拉绳、绞磨、地锚及抱杆的支点要求很高，要正确选择，并有一定的安全系数。

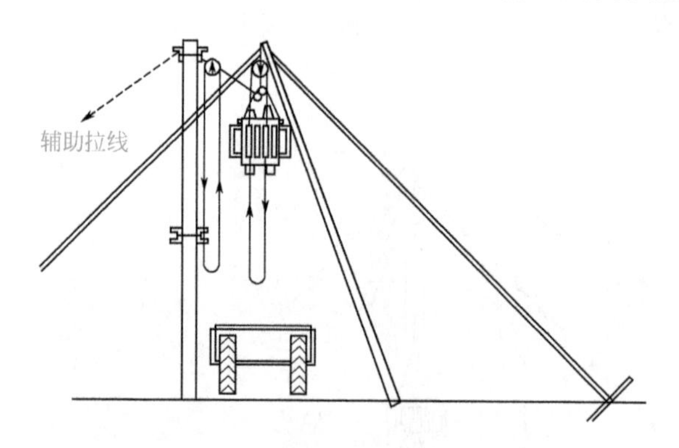

图 9-15　吊装就位示意图

将变压器放稳找正，并用铅丝绑扎好后，才可将副钩拆开取下。取下时，不得碰击变压器的任何部位。

下面再介绍另一种简便的吊装方法。首先把两杆顶部的横担装好（必要时应附上一根 $\phi 100$mm 的圆木或钢管，以防横担压弯），并且垂直横担方向在两根杆上作临时拉线或装置拖拉绳，其余杆上器具暂不安装；然后分别在两杆同一高度（应满足变压器安装高）上挂一只手拉葫芦，挂手拉葫芦时应先在杆上绑扎一横木，以防吊装时挤压水泥杆。简易吊装变压器布置示意图如图 9-16 所示。

将手拉葫芦的吊钩分别与变压器用钢索系好，并同时起吊，一直将变压器提升到略高于安装高度。这时将预先装配合适的型钢架由四人分别从杆的外侧合梯上（不得在变压器下方）抬于电杆的安装高度处，并迅速将其用穿钉与电杆紧固好，油枕侧应略高一些，并把斜支撑装好。最后将变压器缓慢落放在型钢架上，找正后再用铅丝绑扎牢固，如图 9-17 所示。

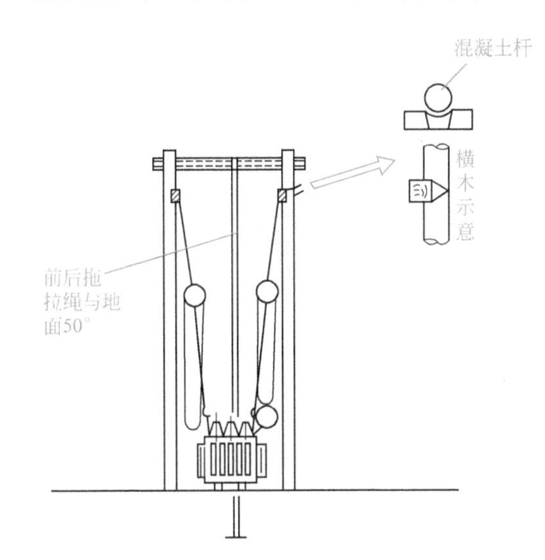

图 9-16　简易吊装变压器布置示意图

图 9-17　装变压器落在槽钢架上

② 变压器的简单检查与测试。变压器在接线前要进行简单的检查与测试，虽然变压器是经检查和试验的合格品，但是要以防万一。

a. 外观无损伤，无漏洞，油位正常，附件齐全，无锈蚀。

b. 高低压套管无裂纹、无伤痕，螺栓紧固，油垫完好，分接开关正常。

c. 铭牌齐全，数据完整，接线图清晰。高压侧的线电压与线路的线电压相符。

d.10kV 高压绕组用 1000V 或 2500V 兆欧表测试绝缘电阻应大于 300MΩ，35kV 高压绕组用 2500V 或 5000V 兆欧表测试绝缘电阻应大于 400MΩ；低压 220/380V 绕组用 500V 兆欧表测试绝缘电阻应大于 2.0MΩ；高压侧与低压侧的绝缘电阻用 500V 兆欧表测试绝缘电阻应大于 500MΩ。

③ 变压器的接线。

a. 接线要求。

• 和电器连接必须紧密可靠，螺栓应有平垫及弹垫。其中与变压器和跌落式熔断器、低压隔离开关的连接，必须压接线鼻子过渡连接，与母线的连接应用 T 形线夹，与避雷器的连接可直接压接连接。与高压母线连接时，如采用绑扎法，绑扎长度不应小于 200mm。

• 导线在绝缘子上的绑扎必须按前述要求进行。

• 接线应短而直，必须保证线间及对地的安全距离，跨接弓子线在最大风摆时要保证安全距离。

• 避雷器和接地的连接线通常使用绝缘铜线，避雷器上引线不小于16mm²，下引线不小于25mm²，接地线一般为25mm²。若使用铝线，上引线不小于25mm²，下引线不小于35mm²，接地线不小于35mm²。

b. 接线工艺。下面介绍接线工艺过程。

• 将导线撑直，绑扎在原线路杆顶横担上的直瓶上和下部丁字横担的直瓶上，与直瓶的绑扎应采用终端式绑扎法，如图9-18所示。同时将下端压接线鼻子，与跌落式熔断器的上闸口接线柱连接拧紧，如图9-19所示。导线的上端暂时团起来，先固扎在杆上。

• 高压软母线的连接。

Ⅰ. 将导线撑直，一端绑扎在跌落式熔断器丁字横担上的直瓶上，另一端水平通至避雷器处的横担上，并绑扎在直瓶上，与直瓶的绑扎方式如图9-18所示。同时丁字横担直瓶上的导线按相序分别采用弓子线的形式接在跌落式熔断器的下闸口接线柱上（弓子线要做成铁链自然下垂的形式）。其中U相和V相直接由跌落式熔断器的下闸口翻至丁字横担的下方直瓶上（用图9-18的方法绑扎），而W相则由跌落式熔断器的下闸口直接上翻至T形横担上方的直瓶上（并按图9-20的方法绑扎）。

而软母线的另一侧均应上翻，接至避雷器的上接线柱，方法如图9-21所示。

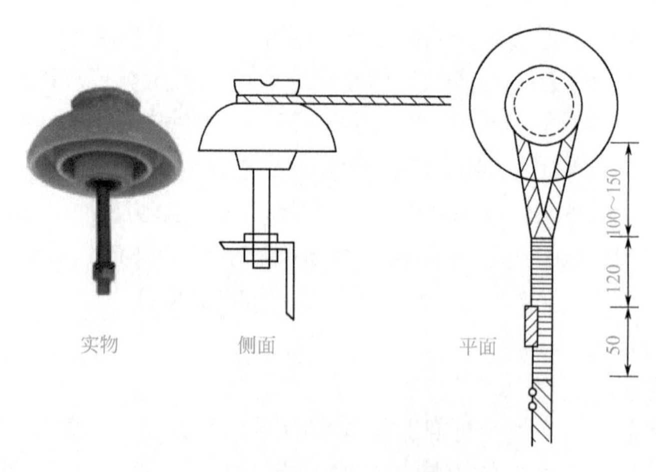

图9-18　导线在直瓶上的绑扎

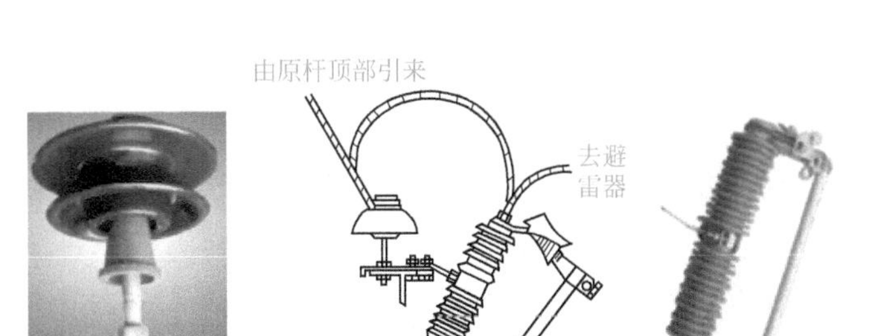

图 9-19　导线与跌落式熔断器的连接

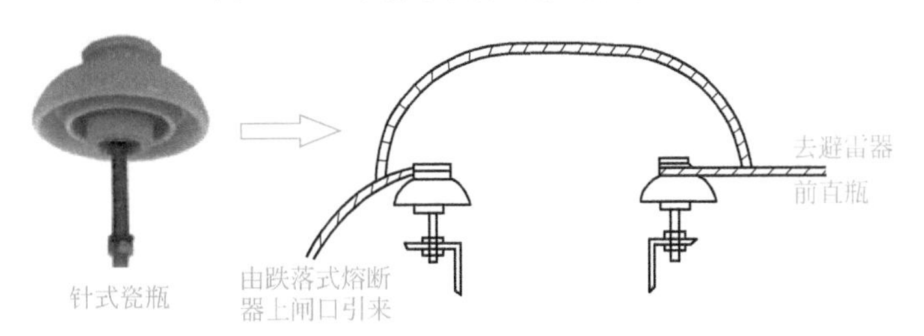

图 9-20　导线在变压器台上的过渡连接示意图

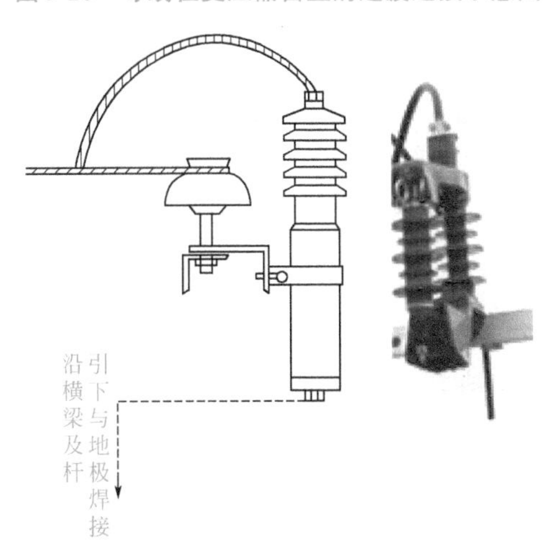

图 9-21　导线与避雷器的连接示意图

Ⅱ. 将导线撑直，按相序分别用 T 形线夹与软母线连接，连接处应包缠两层铝包带，另一端直接引至高压套管处，压接线鼻子，按相序与套管的接线柱接好，这段导线必须撑紧。

• 低压侧的接线。将低压侧三只相线的套管，直接用导线引至隔离开关的下闸口（注意，这全是为了接线的方便，操作时必须先验电后操作），导线撑直，必须用线鼻子过渡。

将线路中低压的三根相线及一根零线，经上部的直瓶直接引至隔离开关上方横担的直瓶上，绑扎如图 9-21 所示，直瓶上的导线与隔离开关上闸口的连接如图 9-22 所示，其中跌落式熔断器与导线的连接可直接用上面的元宝螺栓压接，同时按变压器低压侧额定电流的 1.25 倍选择与跌落式熔断器配套的熔片，装在跌落式熔断器上，其中零线直接压接在变压器中性点的套管上。

如果变压器低压侧直接引入低压配电室，则应安装硬母线将变压器二次侧引入配电室内。如果变压器专供单台设备用电，则应设管路将低压侧引至设备的控制柜内。

• 变压器台的接地。变压器台的接地共有三个点，即变压器外壳的保护接地、低压侧中性点的工作接地和避雷器下端的防雷接地，三个接地点的接地线必须单独设置，接地极则可设一组，但接地电阻应小于 4Ω。接地极的设置同前述架空线路的防雷接地，并将其引至杆处上翻 1.20m 处，一杆一根，一根接避雷器，另一根接中性点和外壳。

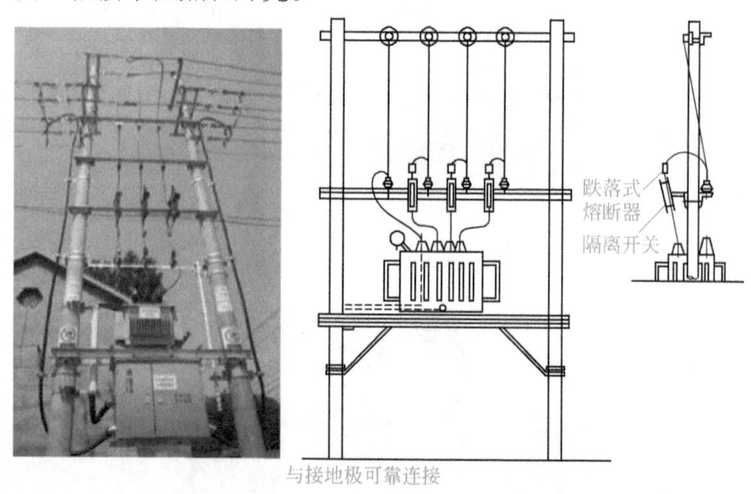

图 9-22 低压侧连接示意图

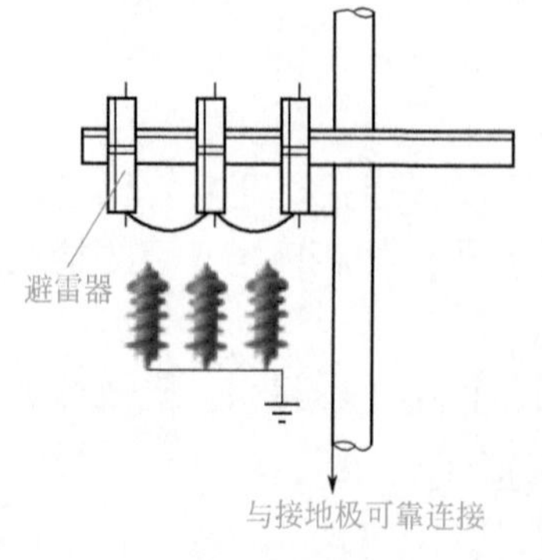

图 9-23 杆上变台避雷器的接地示意图

接地引线应采用 $25mm^2$ 及以上的铜线或 4mm × 40mm 镀锌扁钢。其中，中性点接地应沿器身翻至杆处，外壳接地应沿平台翻至杆处，与接地线可靠连接；避雷器下端可用一根导线串接而后引至杆处，与接地线可靠连接，如图 9-23 所示。其他同架空线路。装有低压隔离开关时，其接地螺钉也应另外接线并与接地体可靠连接。

• 变压器台的安装要求。变压器应安装

牢固，水平倾斜不应大于 1/100，且油枕侧偏高，油位正常；一、二次接线应排列整齐，绑扎牢固；变压器完好，外壳干净，试验合格；可靠接地，接地电阻符合设计要求。

全部装好接线完毕后，应检查有无不妥，并把变压器顶盖、套管、分接开关等用棉丝擦拭干净，重新测试绝缘电阻和接地电阻应符合要求。将高压跌落式熔断器的熔管取下，按表 9-5 选择高压熔丝，并将其安装在熔管内。高压熔丝安装时必须伸直，且有一定的拉力，然后将其挂在跌落式熔断器下边的卡环内。

表9-5　高压跌落式熔断器的选择

变压器容量/kV	100/125	160/200	250	315/400	500
熔断器规格/A	50/15	50/20	50/30	50/40	50/50

与供电部门取得联系，在线路停电的情况下，先挂好临时接地线，然后将三根高压电源线与线路连接（通常用绑扎或 T 形线夹的方法进行连接），要求同前。接好后再将临时接地线拆掉，并与供电部门联系，请求送电。

（3）合闸试验　合闸试验是分以下几步进行的：

① 将低压隔离开关断开，如未设低压隔离开关，应将低压熔断器的熔丝先拆下。

② 再次测量绝缘电阻，如在当天已测绝缘电阻，且一直有人看护，则可不测。

③ 与供电部门取得联系，说明合闸试验的具体时间，必要时应请有关人员参加，合闸前必须征得供电部门的同意。

④ 在无风天气，则先合两个边相的跌落式熔断器，后合中间相的跌落式熔断器；如有风，则按顺序先合上风头的跌落式熔断器，后合下风头的跌落式熔断器。合闸必须用高压拉杆，戴高压手套，穿高压绝缘靴或辅以高压绝缘垫。

⑤ 合闸后，变压器应有轻微的均匀“嗡嗡”声（可用细木棒或螺钉旋具测听），温升应无变化，无漏油、无振动等异常现象。应进行 5 次冲击合闸试验，且第一次合闸持续时间不得少于 10min，每次合闸后变压器应正常。然后用万用表测试低压侧电压，应为 220/380V，且三相平衡。

⑥ 悬挂警告牌，空载运行 72h，无异常后即可带动负载运行。

2．落地变压器台的安装与接线

落地变压器台与杆上变压器台的主要区别是将变压器安装在地面上的混凝土台上，其标高应大于 500mm，上面装有与主筋连接的角钢或槽钢滑道，油枕侧偏高。安装时将变压器的底轮取掉或装上止轮器。其他有关安装、接线、测试、送电合闸、运行等与杆上变压器台相同。

安装好后，应在变压器周围装设防护遮栏，高度不小于1.70m，与变压器距离应大于或等于2.0m并悬挂警告牌“禁止攀登，高压有电”。落地变压器台布置如图9-24所示，其安装方法基本同前。

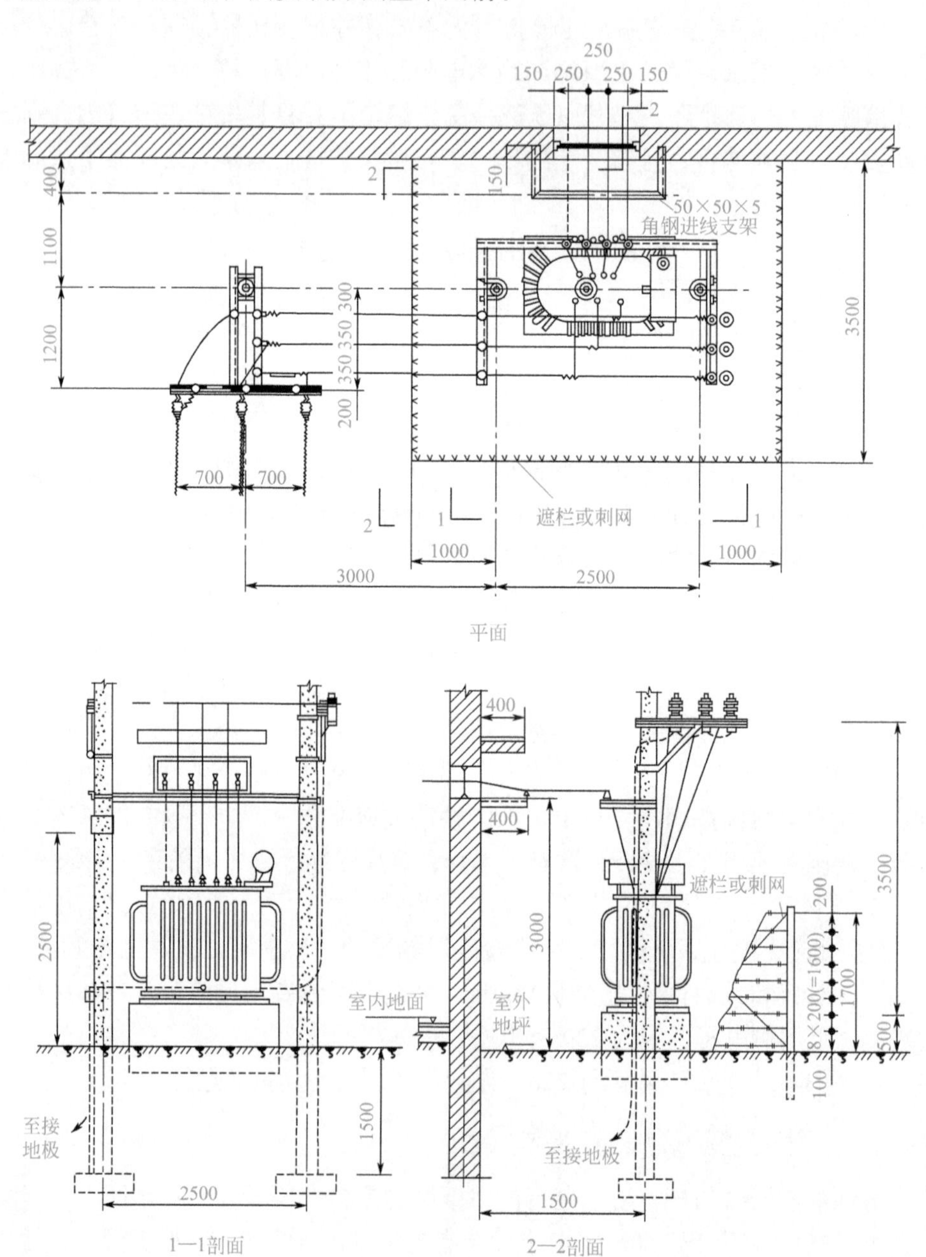

图 9-24　室外落地变压器台布置

注：如无防雨罩时，穿墙板改为室外穿墙套管

四、变压器的试验与检查

电力变压器在运输、安装及运行过程中，可能会造成结构性故障隐患和绝缘老化，其原因复杂，如外力的碰撞、振动和运行中的过电压，机械力、热作用以及自然气候变化等都是影响变压器正常运行的因素。因此，新装投入运行前和正常运行中的变压器应有定期的试验和检查。

1. 变压器油

（1）变压器油在变压器中的作用　变压器油是一种绝缘性能良好的液体介质，是矿物油。变压器油的主要作用有以下三方面：

① 使变压器芯子与外壳及铁芯有良好的绝缘作用。变压器油是充填在变压器芯子和外壳之间的液体绝缘。变压器油充填于变压器内各部空隙间，加强了变压器绕组的层间和匝间的绝缘强度。同时，对变压器绕组绝缘起到了防潮作用。

② 使变压器在运行中加速冷却，变压器油在变压器外壳内，通过上、下层间的温差作用，构成油的对流循环。变压器油可以将变压器芯子的温度，通过对流循环作用经变压器的散热器与外界低温介质（空气）间接接触，再把冷却后的低温绝缘油经循环作用回到变压器芯子内部。如此循环，达到冷却的目的。

③ 变压器油除能起到上述两种作用外，还可以在某种特殊运行状态时起到加速变压器外壳内的灭弧作用。由于变压器油是经常运动的，当变压器内有某种故障而引起电弧时，能够加速电弧的熄灭。例如，变压器的分接开关接触不良或绕组的层间与匝间短路引起了电弧的产生，这时变压器油通过运动冲击了电弧，使电弧拉长，并降低了电弧温度，增强了变压器油内的去游离作用，熄灭电弧。

（2）变压器油的技术性能

① 变压器油的牌号，是按照绝缘油的凝固点而确定的。

常用变压器油的牌号有：10 号油，凝固点在 -10℃，北京地区室内变压器常采用这种变压器油；25 号油，凝固点为 -25℃，室外变压器常采用 25 号油；45 号油，凝固点为 -45℃，在气候寒冷的地区被广泛使用，北京地区的个别山区室外变压器常采用这种变压器油。

② 变压器油的技术性能指标。

a. 耐压强度。耐压强度是指单位体积的变压器油承受的电压强度。往往采用油杯进行油耐压试验。在油杯内，电极直径为 25mm，厚为 6mm，间隙为 2.5mm 时的击穿电压值为变压器油的耐压强度。一般交接试验中的变压器油耐压为 25kV，新油耐压为 30kV。新标准规定，对于 10kV 运行中的变压器绝缘油，耐压放宽至 20kV。

b. 凝固点。变压器油达到某一温度时，使变压器油的黏度达到最大，该点的温度即为变压器油的凝固点。

c. 闪点。变压器油达到某一温度时，油蒸发出的气体如果临近火源即可引起燃烧，该时变压器油所达到的温度称为闪点。变压器油的闪点不能低于 135℃。

d. 黏度。黏度是指变压器油在 50℃时的黏度（条件度或运动黏度 mm^2/s）。为便于发挥对流散热作用，黏度小一些为好，但是黏度影响变压器油的闪点。

e. 密度。变压器油密度越小，说明油的质量好，油中的杂质及水分容易沉淀。

f. 酸价。变压器油的酸价是表示每克油所中和氢氧化钠的数量，用 KOHmg/g 油表示。酸价表明变压器油的氧化程度，酸价出现表示变压器油开始氧化，所以变压器油的酸价越低对变压器越有利。

g. 安定度。变压器油的安定度是抗老化程度的参数。安定度越大，说明变压器油质量越好。

h. 灰分。灰分表明变压器油内含酸、碱硫、游离碳、机械混合物的数量，也可说是变压器的纯度。因此，灰分含量越小越好。

（3）取变压器油样 为了监测变压器的绝缘状况，每年需要取变压器油进行试验（变压器油的试验项目和标准见表 9-2），这就要求采取一系列的措施，保证反映变压器油的真实绝缘状态。

① 变压器取油样的注意事项：

a. 取油样使用的瓶子，需经干燥处理。

b. 运行中变压器取油样，应在干燥天气时进行。

c. 油量应一次取够。根据试验的需要，做耐压试验时油量不少于 0.5L，做简化试验时油量不少于 1L。

② 变压器取油样的方法。变压器取油样应注意方法正确，否则将影响试验结果的正确性。

a. 取油样时，在变压器下部放油截门处进行。可先放出 2L 变压器油，并擦净截门，再用变压器油冲洗若干次。

b. 用取出的变压器油冲洗样瓶两次，才能灌瓶。

c. 灌瓶前把瓶塞用净油洗干净，将变压器油灌入瓶后立即盖好瓶盖，并用石蜡封严瓶口，以防受潮。

d. 取油样时，先检查油标管；变压器是否缺油，变压器缺油不能取油样。

e. 启瓶时要求室温与取油样温度不能温差过大，最好在同一温度下进行，否则会影响试验结果。

（4）变压器补油　变压器补油应注意以下各方面：

① 补入的变压器油，要求与运行中变压器油的牌号一致，并经试验合格（含混合试验）。

② 补油应从变压器油枕上的注油孔处进行，补油要适量。

③ 补油如果在运行中进行，补油前首先将重瓦斯掉闸改接信号。

④ 不能从下部油门处补油。

⑤ 在补油过程中，注意及时排放油中气体；运行 24h 之后，才能将重瓦斯投入掉闸位置。

2．变压器分接开关的调整与检查

运行中系统电压过高或过低影响设备的正常运行时，需要将变压器分接开关进行适当调整，以保持变压器二次侧电压的正常。

10kV 变压器分接开关有三个位置，调压范围为 ±5%。当系统的电压变化不超过额定电压的 ±5% 时，可以通过调节变压器分接开关的位置解决电压过高或过低的问题。

对于无载调压的配电变压器，分接开关有三挡，即 Ⅰ 挡时，为 10500/400V；Ⅱ挡时，为 10000/400V；Ⅲ挡时，为 9500/400V。

如果系统电压过高超过额定电压，反映于变压器二次侧母线电压高，需要将变压器分接开关调到 Ⅰ 挡位置；如果系统电压低达不到额定电压，反映变压器二次侧电压低，则需要将变压器分接开关调至Ⅲ挡位置。即所谓的“高往高调，低往低调”。但是，变压器分接开关的调整，要注意相对地稳定，不可频繁调整，否则将影响变压器运行寿命。

（1）变压器吊芯检查，对变压器分接开关的检查

① 检查变压器分接开关（无载调压变压器）的触点与变压器绕组的连接，应紧固、正确，各接触点应接触良好，转换触点应正确连在某确定位置上，并与手把指示位置相一致。

② 分接开关的拉杆、分接头的凸轮、小轴销子等部件应完整无损，转动盘应动作灵活、密封良好。

③ 变压器分接开关传动机械的固定应牢靠，摩擦部分应有足够的润滑油。

（2）变压器绕组直流电阻的测试要求 下面介绍在调整变压器分接开关时，对绕组直流电阻的测试要求和电阻值的换算方法。

对绕组直流电阻的测试要求调节变压器分接开关时，为了保证安全，需要通过测量变压器绕组的直流电阻。具体了解分接开关的接触情况，因此应按照以下要求进行：

① 测量变压器高压绕组的直流电阻应在变压器停电后，并且履行安全工作规程有关规定以后进行。

② 变压器应拆去高压引线，以避免造成测量误差，并且要求在测量前后对变压器进行人工放电。

③ 测量直流电阻所使用的电桥，误差等级不能小于 0.5 级，容量大的变压器应使用 0.05 级 QJ-5 型直流电桥。

④ 测量前应查阅该变压器原始资料，做到预先掌握数据。为了可靠，在调整分接开关的前、后分别进行测量绕组的直流电阻。每次测量之前，先用万用表的电阻挡对变压器绕组的直流电阻进行粗测，同时按照测量数值的范围对电桥进行“预置数”，即将电桥的校臂电阻旋钮按照万能表测出的数值调好。注意电桥的正确操作方法不能损坏设备。

⑤ 测量变压器绕组的直流电阻应记录测量时变压器的温度。测量之后应换算到 20℃时的电阻值，一般可按下式计算：

$$R_{20}=\frac{T+20}{T+T_a}R_a$$

式中 R_{20}——折算到20℃时，变压器绕组的直流电阻；

R_a——温度为 a 时，变压器绕组的直流电阻；

T——系数（铜为 235，铝为 225）；

T_a——测量时变压器绕组温度。

⑥ 变压器绕组 Y 接线时，按下式计算每相绕组的直流电阻：

$$R_{\mathrm{U}}=\frac{R_{\mathrm{UW}}+R_{\mathrm{UV}}-R_{\mathrm{VW}}}{2}$$

$$R_{\mathrm{V}}=\frac{R_{\mathrm{UV}}+R_{\mathrm{VW}}-R_{\mathrm{UW}}}{2}$$

$$R_W = \frac{R_{VW} + R_{UW} - R_{UV}}{2}$$

⑦ 按照变压器原始报告中的记录数值与变压器测量后换算到同温度下进行比较，检查有无明显差别。所测三相绕组直流电阻的不平衡误差按下式计算，其误差不能超过 ±2%：

$$\Delta R\% = \frac{R_D - R_C}{R_C} 100\%$$

式中 $\Delta R\%$——三相绕组直流电阻差值百分数；

R_D——电阻值最大一相绕组的电阻值；

R_C——电阻值最小一相绕组的电阻值。

试验发现有明显差别时分析原因，或倒回原挡位再次测量。

⑧ 试验合格后，将变压器恢复到具备送电的条件，送电观察分接开关调整之后的母线电压。

3．变压器的绝缘检查

变压器的绝缘检查主要是指交接试验、预防性试验和运行中的绝缘检查。

变压器的绝缘检查主要包含绝缘电阻摇测、吸收比、绝缘油耐压试验和交流耐压试验。下面介绍运行中对变压器绝缘检查的要求和影响变压器绝缘的因素以及变压器绝缘在不同温度时的换算。

（1）变压器绝缘检查的要求

① 变压器的清扫、检查应当摇测变压器一、二次绕组的绝缘电阻。

② 变压器油要求每年取油样进行油耐压试验，10kV 以上的变压器油还要做油的简化试验。

③ 运行中的变压器每 1 ～ 3a（年）应进行预防性绝缘试验（又称绝保试验）。

（2）影响变压器绝缘的因素 电气绝缘试验，是通过测量、试验、分析的方法，检测和发现绝缘的变化趋势，掌握其规律，发现问题。通过对电力变压器的绝缘电阻测量和绝缘耐压等试验，决定变压器能否继续运行并作出正确判断。为此，应准确测量，排除对设备绝缘影响的诸因素。

通常影响变压器绝缘的因素有以下方面：

① 温度的影响。测量时，由于温度的变化将影响绝缘测量的数值，所以进行试验时应记录测试时的温度，必要时进行不同温度下的绝缘测量值的换算。变压器绝缘电阻的数值随变压器绕组的温度不同而变化，因此对运行变压器绝缘电阻的分析应换算至同一温度时进行。通常温度越高，变压器的绝缘电阻值越低。

② 空气湿度的影响。对于油浸自冷式变压器，由于空气湿度的影响，使变压器绝缘子表面的泄漏电流增加，导致变压器绝缘电阻数值的变化，当湿度较

大时绝缘电阻显著降低。

③ 测量方法对变压器绝缘的影响。测量方法的正确与否直接影响变压器绝缘电阻的大小。例如，使用兆欧表测量变压器绝缘电阻时，所用的测量线是否符合要求，仪表是否准确等。

④ 电容值较大的设备（如电缆及容量大的变压器、电机等）需要通过吸收比试验来判断绝缘是否受潮，取 R_{60}/R_{15}：温度在 10 ～ 30℃时，绝缘良好值为 1.3 ～ 2，低于该数值说明绝缘受潮，应进行干燥处理。

（3）变压器绕组的绝缘电阻在不同温度时的换算 对于新出厂的变压器可按表 9-6 进行换算。

表9-6 变压器绕组不同温差绝缘电阻换算系数表

温度差 t_2-t_1/℃	5	10	15	20	25	30	35	40	45	55	60
绝缘电阻换算系数	1.23	1.5	1.84	2.25	2.75	3.4	4.15	5.1	6.2	7.5	11.2

注：t_2——出厂试验时温度；t_1——试验时温度。

变压器运行中绝缘电阻温度系数，可按下式计算（换算为 120℃）：

$$K = 10\left(\frac{t-20}{40}\right)$$

式中 K——绝缘电阻换算系数；

t——测定时的温度。

如果要将绝缘电阻换算至任意温度时，可按下式计算：

$$M\Omega_{t_R} = M\Omega_t \times 10\left(\frac{t_R - t}{40}\right)$$

式中 $M\Omega_{t_R}$——换算到任意温度时的绝缘电阻值；

$M\Omega_t$——试验时实测温度时的绝缘电阻值；

t——试验时实测温度；

t_R——换算到的温度。

例如，将变压器绕组绝缘电阻，换算为 20℃时，则上式即为：

$$M\Omega_{20} = M\Omega_t \times 10\left(\frac{20-t}{40}\right)$$

五、变压器的并列运行

（1）变压器并列运行的条件

① 变压器容量比不超过 3 ∶ 1。

② 变压器的电压比要求相等，其变比最大允许相差为 ±0.5%。

③ 变压器短路电压百分比（又称阻抗电压）要求相等，允许相差不超过 ±10%。

④ 变压器应接线组别相同。

变压器的并列运行，应根据运行负荷的情况，应该考虑经济运行。对于能满足上述条件的变压器，在实际需要时可以并列运行。如不能满足并列条件，则不允许并列运行。

（2）变压器并列运行条件的含义

① 变压器接线组号。变压器接线组号表示三相变压器一、二次绕组接线方式的代号。

在变压器并列运行的条件中，最重要的一条就是要求并列的变压器接线组号相同，如果接线组号不同的变压器并列后，即使电压的有效值相等，在两台变压器同相的二次侧可能会出现很大的电压差（电位差）。由于变压器二次阻抗很小，将会产生很大的环流而烧毁变压器，因此接线组号不同的变压器是不允许并列运行的。

② 变压器的变比差值百分比。它是指并列运行的变压器实际运行变比的差值与变比误差小的一台变压器的变比之比的百分数，依照规定不应超过 ±0.5%。如果两台变压器并列运行，变比差值超过规定范围时，两台变压器的一次电压相等的条件下，两台变压器的二次电压不等，同相之间有较大的电位差，并列时将会产生较大环流，会造成较大的功率损耗，甚至会烧毁变压器。

③ 变压器的短路电压百分比（又称为阻抗电压的百分比）。这个技术数据是变压器很重要的技术参数，是通过变压器短路试验得出来的。也就是说，把变压器接于试验电源上，变压器的一次侧电压通过调压器逐渐升高，当调整到变压器一次侧电流等于额定电流时，测量一次侧实际加入的电压值为短路电压，将短路电压与变压器额定电压之比再乘以百分之百，即为短路电压的百分比。因为是在额定电流的条件下测得的数据，所以短路电压被额定电流来除即为短路阻抗，因此又称为百分阻抗。

变压器的阻抗电压与变压器的额定电压和额定容量有关，所以不同容量的变压器短路阻抗也各不相同。一般说来，变压器并列运行时，负荷分配与短路电压的数值大小成反比，即短路电压大的变压器分配的负荷小，而短路电压小的变压器分配的负荷大。如果并列运行的变压器短路电压百分比之差超过规定值，造成负荷的分配不合理（即容量大的变压器带不满负载，而容量小的变压器要过负载运行），这样运行很不经济，达不到变压器并列运行的目的。

④ 运行规程规定两台并列运行的变压器的容量比不允许超过 3 ∶ 1。这也是从变压器经济运行方面考虑的，因为容量比超过 3 ∶ 1，阻抗电压也相差较

大，同样也满足不了第三个条件，并列运行还是不合理。

（3）变压器并列运行应注意事项 变压器并列运行除应满足并列运行条件外，还应注意安全操作，往往要考虑下列各方面：

① 新投入运行和检修后的变压器在并列运行之前，首先要进行核相，并在变压器空载状态时试并列后，方可正式并列运行带负荷。

② 变压器的并列运行必须考虑并列运行的合理性，不经济的变压器不允许并列运行，同时注意不应频繁操作。

③ 进行变压器的并列或解列操作时，不允许使用隔离开关和跌落式熔断器。保证并列和解列运行正确操作，不允许通过变压器倒送电。

④ 需要并列运行的变压器，在并列运行之前应根据实际情况，核算变压器负荷电流的分配，在并列之后立即检查两台变压器的运行电流分配是否合理。在需解列变压器或停用一台变压器时，应根据实际负荷情况，预计是否有可能造成一台变压器的过负荷。而且应检查实际负荷电流，在有可能造成变压器过负荷的情况下，变压器不能进行解列操作。

六、变压器的检修与验收

（1）变压器的检修周期 变压器的检修一般分为大修、小修，其检修周期规定如下。

① 变压器的小修。

a. 线路配电变压器至少每两年小修两次。

b. 室内变压器至少每年小修一次。

② 变压器的大修。对于10kV及以下的电力变压器，假如不经常过负荷运行，可每10年左右大修一次。

（2）变压器的检修项目 变压器小修的项目如下：

① 检查引线、接头接触有无问题。

② 测量变压器二次绕组的绝缘电阻值。

③ 清扫变压器的外壳以及瓷套管。

④ 消除巡视中所发现的缺陷。

⑤ 填充变压器油。

⑥ 清除变压器油枕集泥器中的水和污垢。

⑦ 检查变压器各部位油截门是否堵塞。

⑧ 检查气体继电器引线绝缘，受腐蚀者应更换。

⑨ 检查呼吸器和出气瓣，清除脏物。

⑩ 采用熔断器保护的变压器，检查熔丝或熔体是否完好，二次侧熔丝的额定电流是否符合要求。

⑪ 柱上配电变压器应检查变台杆是否牢固，木质电杆有无腐朽。

（3）变压器大修后的验收检查 变压器大修后，应检查实际检修质量是否合格，检修项目是否齐全。同时，还应验收试验资料以及有关技术资料是否齐全。

① 变压器大修后应具备的资料。

a. 变压器出厂试验报告。

b. 交接试验和测量记录。

c. 变压器吊芯检查报告。

d. 干燥变压器的全部记录。

e. 油、水冷却装置的管路连接图。

f. 变压器内部接线图、表计及信号系统的接线图。

g. 变压器继电保护装置的接线图和整个设备的构造图等。

② 变压器大修后应达到的质量标准。

a. 油循环通路无油垢，不堵塞。

b. 铁芯夹紧螺栓绝缘良好。

c. 线圈、铁芯无油垢，铁芯的接地应良好无问题。

d. 绕组绝缘良好，各部固定部分无损坏、松动。

e. 高、低压绕组无移动、变位。

f. 各部位连接良好，螺栓拧紧，部位固定。

g. 紧固楔垫排列整齐，没有发生变形。

h. 温度计（扇形温度计）的接线良好，用 500V 兆欧表测量绝缘电阻应大于 1MΩ。

i. 调压装置内清洁，触点接触良好，弹力符号标准。

j. 调压装置的转动轴灵活，封油口完好紧密，转动触点的转动正确、牢固。

k. 瓷套管表面清洁，无污垢。

l. 套管螺栓、垫片、法兰和填料等完好、紧密，没有渗漏油现象。

m. 油箱、油枕和散热器内清洁，无锈蚀、渣滓。

n. 本体各部的法兰、触点和孔盖等紧固，各油门开关灵活，各部位无渗漏油现象。

o. 防爆管隔膜密封完整，并有用玻璃刀刻画的十字痕迹。

p. 油面指示计和油标管清洁透明，指示准确。

q. 各种附件齐全，无缺损。

第二节 高压变压器技术参数

一、S系列变压器

SL7 系列变压器为铝绕组变压器，S7 系列变压器则为铜绕组变压器。其设计结构一样，性能参数也基本相同。另外还有相应的SZL7和SZ7的有载调压系列变压器。

SL7 系列变压器是全国统一设计产品；S7 系列变压器则是各厂参照 SL7 图纸自行设计（或省内联合设计）的产品，因此各厂产品部件的具体尺寸不尽相同。

SL7、S7 系列中小型节能变压器的铁芯采用 DQ166-35 或 DQ151-35 冷轧晶粒取向硅钢片，全斜接无冲孔结构，芯柱为胶带绑扎，容量在 630kV・A 及以下的为不断轭结构，630kV・A 以上的为断轭结构。绕组分别采用连续式和圆筒式。10kV、800kV・A 及以下，35kV、630kV・A 及以下采用圆筒式，圆筒式绕组层间及高、低压绕组间采用瓦楞纸板。

技术数据见表 9-7 所示。

表9-7　S系列三相油浸变压器技术数据

<table>
<tr><th rowspan="2">规格容量/（kV・A）</th><th colspan="2">额定电压/V</th><th rowspan="2">连接组</th><th rowspan="2">阻抗电压/%</th><th colspan="3">主要性能</th><th colspan="3">油箱尺寸/mm</th></tr>
<tr><th>输入</th><th>输出</th><th>P_0/kW</th><th>P_k/kW</th><th>I_0/%</th><th>长</th><th>宽</th><th>高</th></tr>
<tr><td>50</td><td rowspan="10">10000±5%
或
±2×2.5%</td><td rowspan="10">400
或
3300</td><td rowspan="6">Yyn-12
Yd11</td><td rowspan="6">4</td><td>0.2</td><td>1.3</td><td>2.4</td><td>920</td><td>740</td><td>950</td></tr>
<tr><td>100</td><td>0.3</td><td>2.2</td><td>2.1</td><td>1050</td><td>800</td><td>1050</td></tr>
<tr><td>200</td><td>0.5</td><td>3.5</td><td>1.8</td><td>1210</td><td>1000</td><td>1100</td></tr>
<tr><td>300</td><td>0.7</td><td>4.9</td><td>1.6</td><td>1210</td><td>1050</td><td>1300</td></tr>
<tr><td>400</td><td>0.82</td><td>6.0</td><td>1.5</td><td>1250</td><td>1150</td><td>1400</td></tr>
<tr><td>500</td><td>0.98</td><td>7.0</td><td>1.4</td><td>1450</td><td>1200</td><td>1680</td></tr>
<tr><td>630</td><td rowspan="4">Yyn12
Dyn11</td><td rowspan="4">4.5</td><td>1.20</td><td>8.2</td><td>1.3</td><td>1450</td><td>1200</td><td>1680</td></tr>
<tr><td>1000</td><td>1.70</td><td>12.0</td><td>1.1</td><td>1560</td><td>1400</td><td>1700</td></tr>
<tr><td>1500</td><td>2.30</td><td>16.5</td><td>1.0</td><td>1600</td><td>1400</td><td>1800</td></tr>
<tr><td>1600</td><td>2.40</td><td>17.0</td><td>0.9</td><td>1750</td><td>1450</td><td>1900</td></tr>
</table>

上列表中大写 Y 和 D 表示一次侧绕组星形和三角形连接，小写 y 和 d 表示二次侧绕组星形和三角形连接，n 表示有中线连接。

二、常用三相油浸电力变压器

常用三相油浸电力变压器的技术数据，见表 9-8 和表 9-9。

表9-8　10kV、50Hz三相双绕组油浸式电力变压器标准技术数据

额定容量范围和调压方式	额定容量/kV·A	电压组合			连接组标号	空载损耗/kW	负载损耗/kW	空载电流/%	阻抗电压/%	备注
		高压/kV	高压分接范围	低压/kV						
30～1600kV·A无励磁调压配电变压器	30	6；6.3；10；10.5；11	±5%	0.4	Y，yn0	0.15	0.8	2.8	4	表中斜线左方数值为Y，ynO连接组变压器用，右方数值为Y，m11连接组变压器用 高压分接范围可供±2×2.5%
	50				Y，yn0或Y，m11	0.19/0.19	1.15/1.25	2.6/2.8		
	63					0.22/0.225	1.40/1.50	2.5/2.7		
	80					0.27/0.275	1.65/1.80	2.4/2.6		
	100					0.32/0.325	2.00/2.15	2.3/2.5		
	125					0.37/0.38	2.45/2.50	2.2/2.4		
	160					0.46/0.47	2.85/3.10	2.1/2.3		
	200					0.54/0.55	3.40/3.60	2.1/2.3		
	250					0.64/0.66	4.00/4.30	2.0/2.2		
	315					0.76/0.78	4.80/5.20	2.0/2.2		
	400					0.92/0.94	5.80/6.20	1.9/2.0		
	500					1.08/1.10	6.90/7.40	1.9/2.0		
	630				Y，yn0	1.30	8.10	1.8	4.5	
	800					1.54	9.90	1.5		
	1000					1.80	11.60	1.2		
	1250					2.20	13.80	1.2		
	1600					2.65	16.50	1.1		
630～6300kV·A无励磁调压变压器	630	6；6.3；10；10.5；11	±5%	3.15；6.3	Y，d11	1.30	8.1	1.8	4.5	高压分接范围可供±2×2.5%
	800					1.54	9.9	1.5	5.5	
	1000					1.80	11.6	1.2		
	1250					2.20	13.8	1.2		
	1600					2.65	16.5	1.1		
	2000					3.10	19.8	1.0		
	2500					3.65	23.0	1.0		
	3150					4.40	27.0	0.9		
	4000	10；10.5；11				5.30	32.0	0.8		
	5000					6.40	36.7	0.8		
	6300					7.50	41.0	0.7		
200～1600kV·A有载调压变压器	200	6；6.3；10	±4×2.5%	0.4	Y，yn0	0.54	3.4	2.1	4	高压绕组可供10.5kV和11kV
	250					0.64	4.0	2.0		
	315					0.76	4.8	2.0		
	400					0.92	5.8	1.9		
	500					1.08	6.9	1.9		
	630					1.40	8.5	1.8	4.5	
	800					1.66	10.4	1.8		
	1000					1.93	12.18	1.7		
	1250					2.35	14.49	1.6		
	1600					3.00	17.3	1.5		

表9-9 35kV、50Hz三相双绕组油浸式电力变压器标准技术数据

额定容量范围和调压方式	额定容量/kV·A	电压组合			连接组标号	空载损耗/kW	负载损耗/kW	空载电流/%	阻抗电压/%	备注
		高压/kV	高压分接范围	低压/kV						
50～1600 kV·A无励磁调压配电变压器	50	35	±5%	0.4	Y，yn0	0.265	1.35	2.8	6.5	高压分接范围可供±2×2.5%，$^{+1}_{-3}$×2.5%，$^{+3}_{-1}$×2.5% 在-7.5%分接时额定容量应降低2.5%
	100					0.37	2.25	2.6		
	125					0.42	2.65	2.5		
	160					0.47	3.15	2.4		
	200					0.55	3.70	2.2		
	250					0.64	4.40	2.0		
	315					0.76	5.30	2.0		
	400					0.92	6.40	1.9		
	500					1.08	7.70	1.9		
	630					1.30	9.20	1.8		
	800					1.54	11.00	1.5		
	1000					1.80	13.50	1.4		
	1250					2.20	16.30	1.2		
	1600					2.65	19.50	1.1		
800～31500 kV·A无励磁调压变压器	800	35	±5%	3.15；6.3；10.5	Y，d11	1.54	11.0	1.5	6.5	
	1000					1.80	13.5	1.4		
	1250					2.20	16.3	1.3		
	1600					2.65	19.5	1.2		
	2000					3.40	19.8	1.1		
	2500					4.00	23.0	1.1		
	3150	35或38.5				4.75	27.0	1.0	7	
	4000					5.65	32.0	1.0	7	
	5000					6.75	36.7	0.9	7	
	6300					8.20	41.0	0.9	7.5	
	8000		±2×2.5%	3.15；3.3；6.3；6.6；10.5；11	YN，d11	11.5	45.0	0.8	7.5	
	10000					13.6	53.0	0.8	7.5	
	12500					16.0	63.0	0.7	8	
	16000					19.0	77.0	0.7	8	
	20000					22.5	93.0	0.7	8	
	25000					26.6	110.0	0.6	8	
	31500					31.6	132.0	0.6	8	
2000～12500 kV·A有载调压变压器	2000	35	±3×2.5%	6.3；10.5	Y，d11	3.6	20.80	1.4	6.5	应保证在-7.5%分接额定容量时变压器的温升
	2500					4.25	24.15	1.4		
	3150	35或38.5				5.05	28.90	1.3	7	
	4000					6.05	34.10	1.3	7	
	5000					7.25	40.00	1.2	7	
	6300					8.80	43.00	1.2	7.5	
	8000			6.3；6.6；10.5；11	YN，d11	12.30	47.50	1.1	7.5	
	10000					14.50	56.20	1.1	7.5	
	12500					17.10	66.50	1.0	8	

三、DN/SN系列变压器

DN8-M、SN7、SN8 系列农用变压器是全国统一设计产品，可满足农村用户对变压器的小容量、多品种、空载损耗小、成本低、防盗等多方面需求，是目前农用变压器的更新换代产品。

单相变压器采用芯式叠片铁芯结构、三相变压器采用新截面图叠装，接缝采用多级接缝形式，进一步降低了空载损耗。

绕组采用半油道圆筒式绕组，可缩小绝缘距离和铁芯中心距，并采用了真空浸油新工艺。

三相变压器采用新型 ±5% 中性点无励磁调压三相立式分接开关，定位准确，开关有效高度降低 60mm，从而降低了油箱的高度。

单相变压器为全密封无储油柜结构，三相变压器为不吊芯结构，并采取了防盗措施。

该系列变压器损耗比 P_K/P_O 大。在保证总损耗不超过现行国家标准的前提下，适当降低了空载损耗，提高了负载损耗，可显著减少农村用户的电力损耗。

DN8-M、SN7、SN8 系列农用变压器的主要技术数据见表 9-10。

表9-10　DN8-M、SN7、SN8系列农用变压器的主要技术数据

型号	额定容量/(kV·A)	额定电压/kV		连接组标号	空载电流/%	阻抗电压/%	损耗/W		质量/kg		
		高压	低压				空载	负载	铁芯	油	总
	5				5.0		40	160	21.2	30	105
	10	6	2×0.24		4.0		60	275	30.2	30	125
DN8-M	16	10	0.24	I I0	3.5	2.5/3.5	85	400	41.4	35	150
	20	10.5			3.0		100	480	41.4	40	170
	30				2.7		135	680	—	—	—
	20				3.1		125	650	55.5	60	225
	30				2.8	4.0	145	850	76.4	65	270
	50				2.5		180	1250	103.2	70	340
	63				2.4		205	1500	131	85	400
	80	6			2.2		255	1800	151	100	470
	100	6.3			2.1		305	2150	171	105	530
SN7	125	9.5	0.4	Yyn0	2.0		350	2550	207	125	625
	160	10			1.9		435	3100	256	145	730
	200	10.5			1.8		505	3680	—	—	—
	250				1.7		590	4300	—	—	—
	315				1.6	4.5	695	5100	—	—	—
	400				1.5		855	6100	—	—	—
	500				1.4		1000	7500	—	—	—

续表

型号	额定容量/（kV·A）	额定电压/kV		连接组标号	空载电流/%	阻抗电压/%	损耗/W		质量/kg		
		高压	低压				空载	负载	铁芯	油	总
SN8	20	6 6.3 9.5 10 10.5	0.4	Yyn0	3.1	4.0	105	600	52.2	60	230
	30				2.8		125	800	71.3	65	270
	50				2.5		170	1150	97.8	70	345
	63				2.4		200	1400	112.4	80	380
	80				2.2		240	1650	140.6	90	455
	100				2.1		280	2050	160.3	100	515
	125				2.0		320	2450	182.5	110	585
	160				1.9		380	2850	228	135	710
	200				1.8	4.5	445	3680	280.4	160	830
	250				1.7		530	4300	321.4	180	950
	315				1.6		645	5100	384	230	1170
	400				1.5		770	6100	463	265	1375
	500				1.4		910	7500	539.5	295	1575

四、干式节能变压器

随着变压器用户对变压器防火性能要求的提高，干式变压器得到了十分广泛的应用。近年来，我国各变压器制造厂通过消化吸收国外先进技术，引进先进的工装设备，有了批量生产干式节能变压器的能力。目前国内已能生产包括浸渍绝缘、厚绝缘树脂浇注、薄绝缘树脂浇注、包绕绝缘在内的各种干式变压器。

1．浸渍绝缘干式变压器

这种干式变压器将绕制完工的绕组浸渍耐高温的绝缘漆，并进行加热干燥处理。根据需要选用不同耐热等级的绝缘材料，分别制成 B 级、F 级和 H 级绝缘变压器。春中最近推出的 SG3 系列干式变压器，选用内包双层聚酯薄膜，外包双纱玻璃丝的漆包线，提高了导线的绝缘耐压强度。同时采用固体含量高的无溶剂树脂连续浸渍绕组 2 ～ 3 次，以提高浸渍绕组的防潮能力。铁芯采用优质冷轧硅钢片、全斜接缝无孔结构，芯柱用绝缘胶带绑扎，并加涂黏结剂，从而降低了空载损耗和噪声。全密封式低损耗电力变压器的主要技术数据见表 9-11。

表9-11　全密封式低损耗电力变压器的主要技术数据

额定容量/(kV·A)	额定电压/kV		连接组标号	阻抗电压/%	空载电流/%	损耗/W		质量/kg	
	高压	低压				空载	负载	油	总
315	6 6.3 10 10.5 11	0.4	Yyn0	4	1.8	720	3450	310	1410
400				4	1.5	870	4200	385	1695
500				4	1.5	1030	4950	420	1910
630				4.5	1.0	1025	5800	520	2340
800				4.5	1.3	1400	7500	595	2750
1000				4.5	1.0	1700	9200	700	3115
1250				4.5	1.0	2000	11000	790	3645
1600				4.5	1.0	2400	14000	955	4326

2．厚绝缘树脂浇注干式变压器

国内引进了日本富士电机公司的技术和设备。3kV 及以上的绕组均为铝箔绕制，套装入模，在真空下浇注环氧树脂混合料后固化成型。1kV 及以下绕组则是在用铝箔绕制完毕后，再用环氧树脂封两端，固化成型。其铁芯采用全斜接缝，铁芯表面涂防腐漆。该变压器具有很强的耐雷电冲击能力和很强的过负载能力，节能效果比较显著。

3．薄绝缘树脂浇注干式变压器

国内引进的薄绝缘树脂浇注干式变压器主要有两种类型，一种是从德国梅•克果斯特（May & Christe）公司引进的，一种是从葡萄牙 EFACEC 公司引进的。

后一种变压器铁芯采用优质冷轧硅钢片，45° 全斜接缝，无冲孔结构，铁芯表面涂以耐高温涂料。1600kV • A 及以下变压器的高压绕组，2000kV • A 及以上变压器的低压绕组，均采用 H 级漆包铜导线，绕组层间用玻璃纤维方格布包绕，薄绝缘浇注。在高真空下除湿脱气并浇注环氧树脂。

200 ～ 1600kV • A 变压器低压绕组采用钢箔绕制，用半干性环氧树脂预浸布作层间绝缘，经加温固化和环氧树脂端封而成为一坚固整体。

这种变压器质量轻，抗突发短路和抗雷电冲击能力强，局部放电量小，不会开裂，损耗低。

4．包绕绝缘干式变压器

这种干式变压器的全称是缠绕玻璃纤维丝加强树脂包封干式变压器。国内从 ABB 公司和 BSD 公司引进了该变压器的技术和有关设备。其低压绕组采用铜箔绕制，在绕制过程中箔材经过加温后和半固化的层间绝缘牢固地粘合在一起。高压绕组用漆包扁铜线绕制而成。层间和外表面缠绕浸有树脂的玻璃丝。绕在一起的高、低绕组在非真空的旋转式固化炉内干燥，这种变压器绕组树脂层坚韧，不会开裂、成本较低，经济性比较好。

该变压器损耗比较低，总的来说，低于德国标准 DIN42523 所规定的负载损耗标准值和我国专业标准 ZBK41003 所规定的 1 组空载损耗标准值。以 1000kV·A 变压器为例，其空载损耗 PD=2000W，负载损耗 PK=8530W，而 DIN 标准的 PD=2000W，PK=10000W，ZBK 标准的 PD=2450W，PK=8531W。表 9-12 所示为 Dg 系列单相干式变压器技术数据。

表9-12 Dg系列单相干式变压器技术数据

<table>
<tr><th rowspan="2">型号</th><th rowspan="2">变压器容量/（kV·A）</th><th colspan="2">额定电压/V</th><th rowspan="2">空载损耗/W</th><th rowspan="2">负载损耗/W</th><th rowspan="2">空载电流/%</th><th rowspan="2">阻抗电压/%</th><th rowspan="2">连接组标号</th><th rowspan="2">外形尺寸 $L \times b \times h$/mm</th><th rowspan="2">质量/kg</th></tr>
<tr><th>初级</th><th>次级</th></tr>
<tr><td>Dg-5</td><td>5</td><td rowspan="13">650
400
380
220</td><td rowspan="13">380
220
110
36</td><td>60</td><td>190</td><td>12</td><td rowspan="13">3.5</td><td rowspan="13">I，I0</td><td>330×240×390</td><td>60</td></tr>
<tr><td>Dg-8</td><td>8</td><td>80</td><td>250</td><td rowspan="4">10</td><td>360×280×410</td><td>70</td></tr>
<tr><td>Dg-10</td><td>10</td><td>100</td><td>280</td><td>380×280×455</td><td>80</td></tr>
<tr><td>Dg-12.5</td><td>12.5</td><td>100</td><td>350</td><td>430×280×450</td><td>95</td></tr>
<tr><td>Dg-16</td><td>16</td><td>130</td><td>430</td><td>430×300×530</td><td>105</td></tr>
<tr><td>Dg-20</td><td>20</td><td>160</td><td>450</td><td rowspan="5">8</td><td>450×300×530</td><td>140</td></tr>
<tr><td>Dg-25</td><td>25</td><td>200</td><td>500</td><td>470×330×530</td><td>160</td></tr>
<tr><td>Dg-30</td><td>30</td><td>230</td><td>600</td><td>480×340×570</td><td>180</td></tr>
<tr><td>Dg-40</td><td>40</td><td>300</td><td>750</td><td>530×380×660</td><td>230</td></tr>
<tr><td>Dg-50</td><td>50</td><td>320</td><td>950</td><td>560×380×680</td><td>290</td></tr>
<tr><td>Dg-63</td><td>63</td><td>380</td><td>1000</td><td rowspan="3">6</td><td>560×420×680</td><td>320</td></tr>
<tr><td>Dg-80</td><td>80</td><td>460</td><td>1200</td><td>620×500×720</td><td>400</td></tr>
<tr><td>Dg-100</td><td>100</td><td>550</td><td>1500</td><td>680×500×780</td><td>540</td></tr>
</table>

5. 主要技术数据

这里仅列出了代表性的引进葡萄牙技术生产的薄绝缘树脂绝缘干式变压器的主要技术数据，见表 9-13 所示。

表9-13　薄绝缘树脂绝缘干式变压器的主要技术数据

额定容量/（kV·A）	额定电压/kV		阻抗电压/%	损耗/W		噪声水平/dB	质量/kg	外形尺寸（长×宽×高）/mm
	高压	低压		空载	负载			
50	10	0.4	4	370	920	48	450	960×680×920
80			4	490	1230	48	600	980×680×1050
100			4	570	1500	50	680	1020×680×1100
125			4	600	1785	50	740	1030×680×1150
160			4	740	2100	52	860	1050×680×1200
200			4	770	2500	52	1150	1100×680×1250
250			4	900	2950	52	1200	1120×680×1300
315			4	1080	3500	52	1300	1150×740×1370
400			4	1210	4200	54	1450	1200×740×1400
500			4	1440	5100	54	1750	1300×740×1460
630			4	1620	5900	56	2050	1320×740×1600
800			6	1900	7480	58	2400	1360×920×1750
1000			6	2200	9000	58	2700	1400×920×1900
1250			6	2600	10750	60	3350	1510×920×1990
1600			6	3100	13000	60	4070	1610×920×2070

6．空气绝缘三相干式电力变压器技术数据（表9-14）

表9-14　SG7-30-2000/10空气绝缘三相干式变压器技术数据

额定容量/（kV·A）	连接组标号	额定电压/kV		损耗/W		阻抗电压/%	空载电流/%	器身质量/kg	耐热等级	安装距离/mm
		高压	低压	空载	负载					
30	Y，yn0 或 D，yn11	6 6.3 10 ±5%	0.693 或 0.400	220	640	4	2.9	430	B	660×660
50				290	970	4	2.6	530		660×660
80				400	1310	4	2.2	640		660×660
100				460	1660	4	2.2	750		660×660
125				540	1950	4	1.8	900		660×660
160				650	2240	4	1.8	1060		660×660
200				760	2670	4	1.8	1220		820×820
250				900	3120	4	1.2	1400		820×820
315				1080	3700	4	1.8	1660		820×820
400				1260	4470	4	1.3	1900		820×820
500				1490	5580	4	1.3	2100		820×820
630				1710	6570	6	1.3	2600		1070×1070
800				2120	7680	6	1.3	2910		1070×1070
1000				2480	8950	6	1.3	3670		1070×1070
1250				2980	10500	6	1.3	4420		1070×1070
1600				3420	12540	6	1.3	5310		1070×1070
2000				4150	14700	6	1.3	6280		1070×1070

7．空气绝缘单相干式变压器技术数据（表9-15所示）

表9-15　空气绝缘单相干式变压器技术数据

型号	额定容量/（kV·A）	额定电压		损耗/W		阻抗电压/%	空载电流/%	连接组	质量/kg		
		高压/kV	低压/V	空载	负载				器身	油箱及附件	总重
DG-25/20	25	20	230	484	230	5.23					680
-30/20	30	20	230	484	320	6.28		1.10			680
-50/20	50	5、10、15、20	200、400、600、800	400	1200	4.7			605		720
-100/0.5	100	2×0.38	2×200	420	995	3.1					470
-180/4×0.25	180	4×0.25	2×100	850	3600	8		1.10	3220		4370
-300/0.5	300	2×0.4	30、60、90	820	6900	7		1.10			1320
DG_3-10/0.38	10	0.38、0.22	220、127、111	80	305	4	8				70
-20/0.38	20			145	536						85
-30/0.38	30			190	720		5				135
-40/0.38	40			225	915						175
-50/0.38	50			260	1030						200
-60/0.38	63			320	1290		4				220
-80/0.38	80			370	1600			1.10			270
-100/0.38	100			445	1830						340
-125/0.38	125			555	2200						435
DG_3-160/0.38	160	0.38；0.22	230、127、111	690	2430	4	4				545
-200/0.38	200			830	2750		3				710
-250//0.38	250			965	3280						770
-315/0.38	315			1110	4020						960
DG_4-5/0.38	5		2.7～10.8	60	200		8				70
-10/0.38	10		4～16	80	305	3.5	8				85
-20/0.38	20		6～24	145	535						135
-30/0.38	30		7～28	180	720						175
-40/0.38	40		8～32	220	915		5				200
-50/0.38	50		9～36	250	1030						220

续表

型号	额定容量/（kV·A）	额定电压		损耗/W		阻抗电压/%	空载电流/%	连接组	质量/kg		
		高压/kV	低压/V	空载	负载				器身	油箱及附件	总重
-63/0.38	63		10 ～ 40	300	1290						270
-80/0.38	80		11 ～ 44	355	1600		4				310
-100/0.38	100		12 ～ 48	430	1830						435
-125/0.38	125		14 ～ 56	540	2240						545
-160/0.38	160		16 ～ 64	670	2430						710
-200/0.38	200		20 ～ 80	810	2750		3				770
-250/0.38	250		21 ～ 84	940	3280						960
-315/0.38	315		24 ～ 96	1080	4030						1115
SG-5/0.4	5	0.66、0.4	23 ～ 117	75	200	4	15	Y，y0			65
-10/0.4	10	0.38、0.4	36 ～ 40	170	300	3.5	15	D，y11			80
-12/0.38	12	0.38	24 ～ 33	133	374	4		Y，y0			170
-15/0.4	15	0.38、0.4	40 ～ 230	190	470	6.5	10	Y，yn0			150
-20/0.65	20	0.65	375	250		6.5					210
-25/0.38	25	0.38	220	250	600	3.2	10	D，y11			180
-30/0.38	30	0.38	72 ～ 380	240	750	3.7	10	D，y11；Dd12			180
-30/0.38	30	0.38	485	240	640	3.61		D，y11			180
-50/0.38	50	0.38	91 ～ 108	450	1110	3.4	10	Y，y0；Y，y110			300
-60/0.38	60	0.38	150	550	1110	3	9	Y，y0			370
-75/0.4	75	0.4	200	600	1600	10	9	D，ynll			420

五、三相环氧树脂浇注干式变压器（表9-16）

表9-16　三相环氧树脂浇注干式变压器技术数据

型号	空载损耗/W	负载损耗/W（120℃）	空载电流/%	阻抗电压/%	质量/kg	噪声/dB
SC-30/10	215	750	2	4	450	46
SC-50/10	310	1050	2	4	500	46

续表

型号	空载损耗/W	负载损耗/W（120℃）	空载电流/%	阻抗电压/%	质量/kg	噪声/dB
SC-80/10	420	1460	1.8	4	650	47
SC-100/10	450	1670	1.8	4	850	47
SC-125/10	530	1950	1.8	4	1050	49
SC-160/10	610	2250	1.8	4	1150	49
SC-200/10	700	2670	1.8	4	1200	49
SC-250/10	810	2920	1.5	4	1300	50
SC-315/10	990	3670	1.5	4	1750	50
SC-400/10	1100	4220	1.5	4	2100	52
SC-500/10	1305	5160	1.5	4	2300	52
SC-630/10	1510	6220	1.5	4	2680	53
SC-630/10	1460	6310	1	6	2780	53
SC-800/10	1710	7360	1	6	2900	54
SC-1000/10	1990	8600	1	6	3300	55
SC-1250/10	2350	10260	1	6	3750	56
SC-1600/10	2750	12420	1	6	4500	56
SC-2000/10	3735	15300	1	6	5300	
SC-2500/10	4500	18180	1	6	6000	58

第十章

电力电容器安装与应用

第一节

电力电容器的结构与补偿原理

一、电力电容器的种类

电力电容器的种类很多，按其运行的额定电压，分为高压电容器和低压电容器，额定电压在1kV以上的称为高压电容器，1kV以下的称为低压电容器。

在低压供电系统中，应用最广泛的是并联电容器（也称为移相电容器），本章以并联电容器为主要学习对象。

二、低压电力电容器的结构

低压电力电容器主要由芯子、外壳和出线端等几部分组成。芯子由若干电容元件串并联组成，电容元件用金属箔（作为极板）与绝缘纸或塑料薄膜（作为绝缘介质）叠起来一起卷绕后和紧固件经过压装构成，并浸渍绝缘油。电容极板的引线经串、并联后引至出线瓷套管下端的出线连接片。电容器的金属外壳用密封的钢板焊接而成，外壳上装有出线绝缘套管、吊攀和接地螺钉，外壳内充以绝缘介质油。出线端由出线套管、出线连接片等元件构成。

三、电力电容器的型号

电力电容器的型号含义按照以下方式表示：

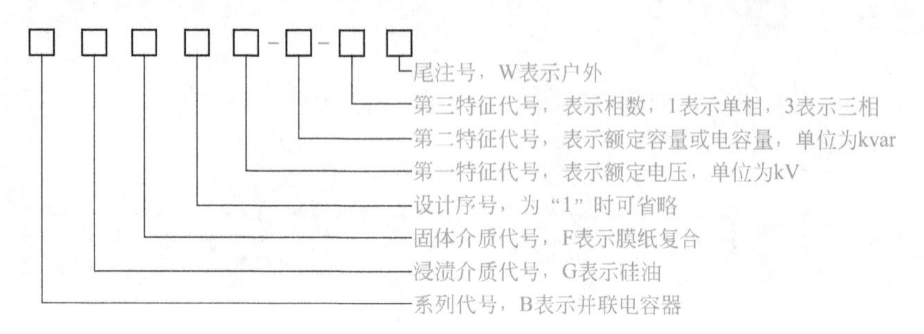

举例如下：

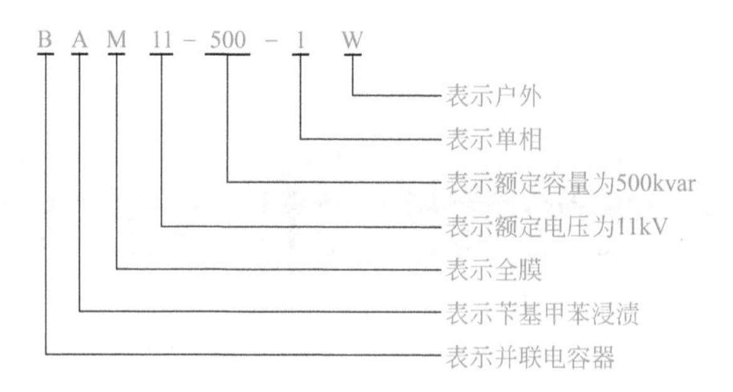

当电容器在交流电路中使用时，常用其无功功率表示电容器的容量，单位为乏尔（var）或千乏（kvar）；其额定电压用 kV 表示，通常有 0.23kV、0.4kV、6.3kV 和 10.5kV 等。

四、并联电容器的补偿原理

在实际电力系统中，异步电动机等感性负载使电网产生感性无功电流，无功电流产生无功功率，引起功率因数下降，使得线路产生额外的负担，降低线路与电器设备的利用率，还增加线路上的功率损耗、增大电压损失、降低供电质量。

电流在电感元件中做功时，电流超前于电压 90° ；而电流在电容元件中做功时，电流滞后电压 90° ；在同一电路中，电感电流与电容电流方向相反，互差 180° ，如果在感性负载电路中有比例地安装电容元件，可使感性电流和容性电流所产生的无功功率相互补偿。因此在感性负荷的两端并联适当容量的电容器，利用容性电流抵消感性电流，将不做功的无功电流减小到一定的范围内，这就是无功功率补偿的原理。

五、补偿容量的计算

补偿容量计算公式如下：

$$Q_C = P\left(\sqrt{\frac{1}{\cos^2\varphi_1}-1}-\sqrt{\frac{1}{\cos^2\varphi_2}-1}\right)$$

式中　Q_C——需要补偿电容器的无功功率；

P——负载的有功功率；

$\cos\varphi_1$——补偿前负载的功率因数；

$\cos\varphi_2$——补偿后负载的功率因数。

六、查表法确定补偿容量

电力电容器的补偿容量可根据表 10-1 进行查找。

表10-1　每1kW有功功率所需补偿容量　　单位：kvar/kW

改进前的功率因数	改进后的功率因数											
	0.8	0.82	0.84	0.85	0.86	0.88	0.9	0.92	0.94	0.96	0.98	1
0.4	1.54	1.6	1.65	1.67	1.7	1.75	1.81	1.87	1.93	2	2.09	2.29
0.42	1.41	1.47	1.52	1.54	1.57	1.62	1.68	1.74	1.8	1.87	1.96	2.16
0.44	1.29	1.34	1.39	1.41	1.44	1.5	1.55	1.61	1.68	1.75	1.84	2.04
0.46	1.18	1.23	1.28	1.31	1.34	1.39	1.44	1.5	1.57	1.64	1.73	1.93
0.48	1.08	1.12	1.18	1.21	1.23	1.29	1.34	1.4	1.46	1.54	1.62	1.83
0.5	0.98	1.04	1.09	1.11	1.14	1.19	1.25	1.31	1.37	1.44	1.53	1.73
0.52	0.89	0.94	1	1.02	1.05	1.1	1.16	1.21	1.28	1.35	1.44	1.64
0.54	0.81	0.86	0.91	0.94	0.97	1.02	1.07	1.13	1.2	1.27	1.36	1.56
0.56	0.73	0.78	0.83	0.86	0.89	0.94	0.99	1.05	1.12	1.19	1.28	1.48
0.58	0.66	0.71	0.76	0.79	0.81	0.87	0.92	0.98	1.04	1.12	1.2	1.41
0.6	0.58	0.64	0.69	0.71	0.74	0.79	0.85	0.91	0.97	1.04	1.13	1.33
0.62	0.52	0.57	0.62	0.65	0.67	0.73	0.78	0.84	0.9	0.98	1.06	1.27
0.64	0.45	0.5	0.56	0.58	0.61	0.66	0.72	0.77	0.84	0.91	1	1.2
0.66	0.39	0.44	0.49	0.52	0.55	0.6	0.65	0.71	0.78	0.85	0.94	1.14

续表

改进前的功率因数	改进后的功率因数											
	0.8	0.82	0.84	0.85	0.86	0.88	0.9	0.92	0.94	0.96	0.98	1
0.68	0.33	0.38	0.43	0.46	0.48	0.54	0.59	0.65	0.71	0.79	0.83	1.08
0.7	0.27	0.32	0.38	0.4	0.43	0.48	0.54	0.59	0.66	0.73	0.82	1.02
0.72	0.21	0.27	0.32	0.34	0.37	0.42	0.48	0.54	0.6	0.67	0.76	0.96
0.74	0.16	0.21	0.26	0.29	0.31	0.37	0.42	0.48	0.54	0.62	0.71	0.91
0.76	0.1	0.16	0.21	0.23	0.26	0.31	0.37	0.43	0.49	0.56	0.65	0.85
0.78	0.05	0.11	0.16	0.18	0.21	0.26	0.32	0.38	0.44	0.51	0.6	0.8
0.8	—	0.05	0.1	0.13	0.16	0.21	0.27	0.32	0.39	0.46	0.55	0.75
0.82	—	—	0.05	0.08	0.1	0.16	0.21	0.27	0.34	0.41	0.49	0.7
0.84	—	—	—	0.03	0.05	0.11	0.16	0.22	0.28	0.35	0.44	0.65
0.85	—	—	—	—	0.03	0.08	0.14	0.19	0.26	0.33	0.42	0.62
0.86	—	—	—	—	—	0.05	0.11	0.17	0.23	0.3	0.39	0.59
0.88	—	—	—	—	—	—	0.06	0.11	0.18	0.25	0.34	0.54
0.9	—	—	—	—	—	—	—	0.06	0.12	0.19	0.28	0.49

第二节

电力电容器的安装

一、安装电力电容器的环境与技术要求

① 电容器应安装在无腐蚀性气体及无蒸气、没有剧烈震动、冲击、爆炸、易燃等危险的安全场所。电容器室的防火等级不低于二级。

② 装于户外的电容器应防止日光直接照射，装在室内时，受阳光直射的窗户玻璃应涂成白色。

③ 电容器室的环境温度应满足制造厂家规定的要求，一般规定为 -35 ～ +40℃之间。

④ 电容器室每安装 100kvar 的电容器应有 $0.1m^2$ 以上的进风口和 $0.2m^2$ 以上

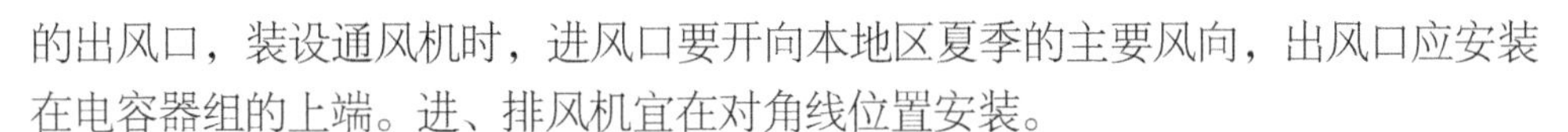

的出风口，装设通风机时，进风口要开向本地区夏季的主要风向，出风口应安装在电容器组的上端。进、排风机宜在对角线位置安装。

⑤ 电容器室可采用天然光，可用人工照明，不需要装设采暖装置。

⑥ 高压电容器室的门应向外开。

⑦ 为了节省安装面积，高压电容器可以分层安装于铁架上，但垂直放置层数不应多于三层，层与层之间不得装设水平层间隔板，以保证散热良好。上、中、下三层电容器的安装位置要一致，铭牌面向通道。

⑧ 两相邻低压电容器之间的距离不小于 50mm。

⑨ 每台电容器与母线相连的接线应采用单独的软线，不要采用硬母线连接的方式，以免安装或运行过程中对瓷套管产生装配应力，损坏密封造成漏油。

⑩ 电容器安装之前，要分配一次电容量，使其相间平衡，偏差不超过总容量的 5%。装有继电保护装置时，还应满足运行平衡电流误差不超过继电保护动作电流的要求。

⑪ 安装电力电容器时，电容器回路和接地部分的接触面要良好。因为电容器回路中的任何不良接触，均可能产生高频振荡电弧，造成电容器的工作电场强度增高和发热损坏。

⑫ 安装电力电容器时，电源线与电容器的接线柱螺钉必须要拧紧，不能有松动，以防松动引起发热而烧坏设备。

⑬ 应安装合格的电容器放电装置，电容器组与电网断开后，极板上仍然存在电荷，两出线端存在一定的残余电压。由于电容器极间绝缘电阻很高，自行放电的速度会很慢，残余电压要延续较长的时间，为了尽快消除电容器极板上的电荷，对电容器组要加装与之并联的放电装置，使其停电后能自动放电。低压电容器可以用灯泡或电动机绕组作为放电负荷。放电电阻阻值不宜太高。不论电容器额定电压是多少，在电容器从电网上断开 30s 后，其端电压应不超过特低安全电压，以防止电容器带电荷再次合闸和运行，值班人员或检修人员工作时，触及有剩余电荷的电容器而发生危险。

二、电力电容器搬运的注意事项

① 若将电容器搬运到较远的地方，应装箱后再运。装箱时电容器的套管应向上直立放置。电容器之间及电容器与木箱之间应垫松软物。

② 搬运电容器时，应用外壳两侧壁上所焊的吊环，严禁用双手抓电容器的

套管搬运。

③ 在仓库及安装现场，不允许将一台电容器置于另一台电容器的外壳上。

三、电容器的接线

单相电容器外部回路一般有星形和三角形两种连接方式。单相电容器的接线方式应根据其额定电压与线路电压的额定电压确定接线方式，当电容器的额定电压与网络额定电压相等时，应将电容器外部回路连接为三角形并接于网络中。当电容器的额定电压低于网络额定电压时，应将电容器的外部回路连接为星形，经过串并联组合后，再按三角形或星形并接于网络中。

为获得良好的补偿效果，在电容器连接时，应将电容器分成若干组后再分别接到电容器母线上。每组电容器应能分别控制、保护和放电。电容器的接线方式有低压集中补偿[如图10-1(a)所示]、低压分散补偿[如图10-1(b)所示]和高压补偿[如图10-1（c）所示]。

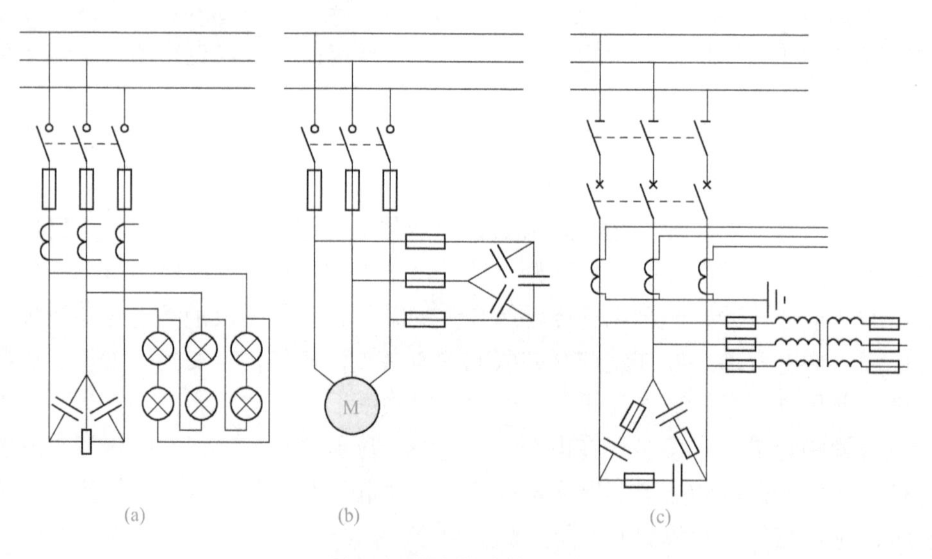

图10-1 电容器补偿接线图

电容器采用三角形连接时，任何一个电容器击穿都会造成三相线路中两相短路，短路电流有可能造成电容器爆炸，这是非常危险的，因此GB50053—2013《20kV及以下变电所设计规范》中规定：高压电容器组宜接成中性点不接地的星形接线，低压电容器组可接成三角形或星形。

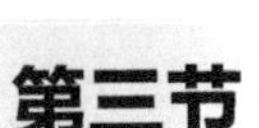

第三节 电力电容器的安全运行

电力电容器安全运行至关重要，在新装和维护运行中的电容器过程中要进行详细的检查和监视，以保证安全运行。

一、新装电容器组投运条件

① 新装电容器组投运前按交接试验项目试验，并合格；
② 电容器及放电设备外观检查良好，无渗漏油现象；
③ 电容器组的接线正确，其额定电压与电网额定电压相符合；
④ 三相电容器的容量应平衡，其误差不应超过一相总容量的 5% ；
⑤ 电容器组的外壳及框架接地与接地网的连接应牢固可靠；
⑥ 放电电阻的阻值和功率应符合规程要求，并经试验合格；
⑦ 与电容器组连接的电缆、断路器、熔断器等附件应该试验合格；
⑧ 电容器组的保护与监视回路必须完整且校验合格，才能投入使用；
⑨ 电容器安装场所的建筑结构、通风设施应符合规程规定。

二、电力电容器组的投入和退出运行

正常情况下，电力电容器组的投入和退出运行应根据系统的无功电流、负荷的功率因数和电压等情况确定。

1．投入条件

在电力电容器组的各接点保持良好，没有松动和过热现象，套管清洁没有放电痕迹，外壳没有明显变形、漏油，控制电器、保护电器和放电装置保持完好的前提下，当功率因数低于 0.85 时，要投入电容器组；系统电压偏低时，可以投入电容器组。

2．退出条件

当电力电容器运行参数异常，超出电容器的工作条件时，在下列情况下应退出电容器组。

① 当功率因数高于 0.95 且仍有上升的趋势时；

② 电容器组所接的母线电压超过电容器额定电压的 1.1 倍或电容器的电流超过其额定电流的 1.3 倍时；

③ 电容器室的温度超过 ±40℃范围时；

④ 电容器爆炸；

⑤ 电容器喷油或起火；

⑥ 瓷套管发生严重放电；

⑦ 连接点烟熏过热或熔化；

⑧ 电容器内部或放电设备有严重异常响声；

⑨ 电容器外壳有异形膨胀。

三、电容器组运行检查

1. 运行前检查

① 电容器组投入运行前，先检查其铭牌等内容，再按交接试验项目检查，电容器是否完好，试验是否合格。

② 电容器外观良好，外壳无凸出或渗、漏油现象，套管无裂纹。

③ 放电回路完整，放电装置的电阻值和容量均应符合要求。

④ 接线应正确无误，其电压与电网电压相符。

⑤ 三相电容器相间应保持平衡，误差不超过一相总容量的 5%。

⑥ 各部件连接牢靠，触动接触良好，外壳接地与接地网的连接应牢固可靠。

⑦ 电容器组保护装置的整定值正确，并将保护装置投入运行位置。监视回路应完善，温度计齐全。

⑧ 开关设备应符合要求，投入运行前处于断开位置。

⑨ 电容器室的建筑结构、通风设施应符合规程要求。

2. 巡视检查

（1）日常巡视检查 电容器日常巡视检查的主要内容有：观察电容器外壳有无膨胀变形现象；各种仪表的指示是否正常；电容器有无过热现象；瓷套管是否松动和发热，有无放电痕迹；熔体是否完好；接地线是否牢固，放电装置是否完好，放电回路有无异常，放电指示灯是否熄灭；运行中的线路接点是否有火花；电容器内部有无异常响声等。

（2）定期检查 电容器运行中的定期检查内容主要有：用兆欧表逐个

检查电容器端头与外壳之间有无短路现象，两极对外壳绝缘电阻不应低于1000MΩ；测量电容器电容量的误差，额定电压在1kV以上时不能超过1%；检查外壳的保护接地线、保护装置的动作情况，断路器及接线是否完好；检查各螺栓的松紧和接触情况，放电回路的熔体是否完好，风道是否有积尘，清扫电容器周围的灰尘。

（3）运行监视

① 检测运行参数，第一是环境温度，电容器安装处的环境温度超过规定温度时，应采取措施，无论是低温还是高温都容易击穿。第二是使用电压，电容器允许在1.1倍额定电压下短时运行，但不能和最高允许温度同时出现，当电容器在较高电压下运行时，必须采取有效的降温措施。第三是使用电流，不能长时间超过1.3倍额定电流。

② 电力电容器的保护熔断器突然熔断时，在未查明原因之前，不可更换熔体恢复送电，应查明原因，排除故障后再重新投入运行。

③ 电容器重新投入运行前，必须充分放电，禁止带电合闸。如果电容器本身有存储电荷，将它接入交流电路中，电容器两端所承受的电压就会超过其额定电压。如果电容器刚断电又合闸，因电容器本身有存储的电荷，电容器所承受的电压可以达到2倍以上的额定电压，会产生很大的冲击电流，这不仅有害于电容器，更可能烧断熔断器或断路器跳闸，造成事故。因此，电力电容器严禁带电荷合闸，以防产生过电压。电力电容器组再次合闸，应在其断电3min后进行。

④ 如果发现电容器外壳膨胀、漏电或出现火花等异常现象，应立即退出运行。为保证安全，电容器在断电后检修人员接近之前，无论该电容器是否装有放电装置，都必须用可携带的专门的放电负载进行人工放电。必要时应用装在绝缘棒上的接地金属棒对电容器进行单独放电。

（4）异常运行 电容器在运行过程中可能会出现下面几种异常情况：

① 外壳渗漏油。搬运、接线不当，温度剧烈变化，外壳漆层脱落、锈蚀等原因都会造成渗漏油现象。应及时修复补油，严重时需要更换电容器；

② 外壳膨胀变形。运行中的电容器在电压作用下内部介质析出气体或击穿部分元件的绝缘，电极对外壳放电而产生更多的气体使外壳膨胀，这是电容器发生故障的前兆，发现外壳膨胀时应及时采取措施。

③ 电容器爆炸起火。电容器内部元件发生极间或者电极对外壳绝缘击穿时，会导致电容器爆炸，因此要加强运行中的巡视检查和保护。

④ 电容器内部有异常响声。如果听见电容器有“吱吱”声或“咕咕”声，这是内部局部放电的声音，应立即停止运行，查找故障。

⑤ 温升过高。长期过电压运行、内部元件击穿、短路与介质老化、损耗不

断增加都会引起温升过高，应有效控制。

⑥ 开关掉闸。电容器组在内部发生故障时会导致开关掉闸，在没有查明原因、排除故障之前，不准强行送电。

四、电力电容器的保护

1. 短路保护

电力电容器在运行中最严重的故障是短路故障，所以必须进行短路保护，不同电压等级的电容器组选用不同的短路保护装置，对于低压电容器和容量不超过400kvar的高压电容器，可装设熔断器作为电容器的相间短路保护；对于容量较大的高压电容器，选用高压断路器控制，装设过电流继电器作为相间短路保护。

2. 过载保护

在含有高次谐波的电压加在电容器两端时，由于电容器对高次谐波的阻抗很小，所以电容器很容易发生过载现象。安装在大型整流设备和大型电弧炉等附件的电容器组，需要有限制高次谐波的措施，保证电容器有过载保护。

3. 过压保护

为避免电网电压波动影响电容器两端电压的波动，凡是电容器装设处可能超过其额定电压10%时，应当对电容器进行过电压保护，避免长期过电压运行导致电容器寿命减少或介质击穿。

五、电力电容器的常见故障和排除

1. 电力电容器组在运行中的常见故障和处理（见表10-2）。

表10-2　电力电容器常见故障的原因与排除方法

现象	产生原因	处理方法
渗漏油	搬运方法不当，使瓷套管与外壳交接处碰伤；在旋转接头螺栓时用力太猛造成焊接处损伤；原件质量差、有裂纹	更正搬运方法，出现裂纹后，应更新设备
	保养不当，使外壳漆脱落。铁皮生锈	经常巡视检查，发现油漆脱落，应及时补修
	电容器投运后，温度变化剧烈，内部压力增加，使渗油现象严重	注意调节运行中电容的温度

续表

现象	产生原因	处理方法
外壳膨胀	内部发生局部放电或过电压	对运行中的电容器应进行外观检查，发现外壳膨胀应采取措施。如降压使用，膨胀严重的应立即停用使用
	期限已过或本身质量有问题	立即停用
电容器爆炸	电容器内部发生相间短路或相对外壳的击穿（这种故障多发生在没有安装内部元件保护的高压电容器组）	安装电容器内部元件保护，使电容器在酿成爆炸事故前及时从电网中切出。一旦发生爆炸事故，首先应切断电容器与电网的连接。另外，也可用熔断器对单台电容器保护
发热	电容器室设计、安装不合理，通风条件差，环境温度高	注意通风条件、增大电容之间的安装距离
	接头螺钉松动	停电时，检查并拧紧螺钉
	长期过电压，造成过负荷	调换为额定电压高的电容器
	频繁投切使电容器反复受到浪涌电流的影响	运行中不要频繁投切电容器
瓷绝缘表面闪络	由于清扫不及时，使瓷绝缘表面污秽，在天气条件较差或遇到各种内外过电压时，即可发生闪络	经常清扫，保持其表面干净无灰尘。对于污秽严重的地区，要采取反污秽措施
异常响声	有“吱吱”或“咕咕”声时一般为电容器内部有局部放电	经常巡视，注意声响
	有“咕咕”声时，一般为电容器内部崩溃的前兆	发现有声响应立即停运，检修并查找故障

2．排除故障方面的注意事项

① 修理故障电容器时应设专人监护，且不得在现场对电容器进行内部检修，保证满足真空净化条件；

② 应确认故障电容器已停电，并确保不会误送电；

③ 应对电容器进行充分的人工发电，确保不残余电荷，处理故障时还应戴绝缘手套；

④ 处理故障时，应先拉开电容器组的断路器及上下隔离开关，如果采用熔断器保护，还应取下熔管；

⑤ 处理以氯化联苯为浸渍介质的电容器故障时，必须佩戴防毒面罩与橡胶手套，并注意避免皮肤和衣服沾染氯化联苯液体；

⑥ 电容器如果内部断线、熔管或引线接触不良，在两级间还可能有残余电荷，此类情况通过自动放电和人工放电都放不掉残余电荷，因此在接触故障电容器前，还应戴好绝缘手套，用短路线短路故障电容器的两极，使其放电。

第十一章

常用高压电器及故障检修

第一节

高压电器的作用与选用

一、高压电器作用、特点与分类

高压电器是在高压（电压高于 3kV）线路中用来实现关合、开断、保护、控制、调节、测量作用的电器设备。按照高压电器功能的不同，可以分成三大类，详见表 11-1。

表11-1　高压电器的分类及作用

高压电器的分类		作用
开关电器	高压断路器	它能关合与开断正常情况下的各种负载电路（包括空载变压器、空载输电线路等），也能在线路中出现短路故障时关合与开断短路电流，而且还能实现自动重合闸的要求。它是开关电器中性能最全面的一种电器
	熔断器	俗称保险。当线路中负荷电流超过一定限度或出现短路故障时能够自动开断电路。电路开断后，熔断器必须更换部件后才能再次使用
	负荷开关	只能在正常工作情况下关合和开断电路。负荷开关不能开断短路电流
	隔离开关	用来隔离电路或电源。隔离开关只能开断很小的电流，如长度很短的母线空载电流、容量不大的变压器的空载电流等
	接地开关	供高压与超高压线路检修电气设备时，为确保人身安全而进行接地用。接地开关也可人为地造成电力系统的接地短路，达到控制保护的目的

续表

高压电器的分类		作用
测量电器	电路互感器	用来测量高压线路中的电流，供计量与继电保护用
	电压互感器	用来测量高压线路中的电压，供计量与继电保护用
限流与限压电器	电抗器	实质上就是一个电感线圈，用来限制故障时的短路电流
	避雷器	用来限制过电压。使电力系统中的各个电气设备免受大气过电压和内部过电压等的危害

二、高压电器选用原则

高压电器的选用原则见表 11-2。选择高压电器和导体的环境温度见表 11-3。

表11-2　高压电器的选用原则

选用分类		选用原则
按工作条件选择	按工作电压选择	选用高压电器及开关柜，其额定电压应符合所在回路的系统标称电压，其高压电器及开关柜的最高电压 U_{max} 应不小于所有回路的系统最高电压 U_y，即 $U_{max} \geqslant U_y$ 注意：限流式熔断器不宜使用在标称电压低于其额定电压的系统中
	按工作电流选择	高压电器及导体的额定电流 I_r 不应小于该回路的最大持续工作电流 I_{max}，即 $I_r \geqslant I_{max}$ 注意：①由于高压开断电器没有持续过载的能力，在选择额定电流时，应满足各种可能运行方式下回路持续工作的电流要求。②当高压电器、开关柜、导体的实际环境温度与额定环境温度不一致时，高压电器和导体的最大允许工作电流应进行修正
	按开断电流选择	用短路电流校验开断设备的开断能力时，应选择在系统中流经开断设备的短路电流最大的短路点进行校验（在可能发生的正常最大运行方式下、最严重的短路情况下，应计入具有反馈作用的电动机和电容补偿装置放电电流的影响；部分情况下，可能出现单相、两相短路电流大于三相短路电流，最好能按设计规划容量并考虑电力系统的远景发展规划），按 GB 50060—2008 规定，宜取断路器实际开断时间的短路电流作为校验条件

续表

<table>
<tr><th colspan="2">选用分类</th><th>选用原则</th></tr>
<tr><td rowspan="5">按环境条件选择</td><td rowspan="2">正常使用</td><td>户内正常使用条件：
① 周围空气温度不超过 40℃，且在 24h 内测得的平均值不超过 35℃
② 海拔不超过 1000m
③ 周围空气无明显地受到尘埃、烟、腐蚀性和（或）可燃性气体、蒸气或盐雾的污染
④ 月相对湿度平均值不超过 90%（在这样的条件下偶尔会出现凝露）
⑤ 在二次系统中感应的电磁干扰的幅值不超过 1.6kV</td></tr>
<tr><td>户外正常使用条件：
① 周围空气温度不超过 40℃，且在 24h 内测得的平均值不超过 35℃
② 太阳光的辐射，晴天中午可按 1000W/m² 考虑
③ 海拔不超过 1000m
④ 周围空气可以受到尘埃、烟、腐蚀性气体、蒸气或盐雾的污染，但污染等级不得超过相关国家标准中的Ⅱ级
⑤ 覆冰时Ⅰ级不超过 1mm，10 级不超过 10mm，20 级不超过 20mm
⑥ 风速不超过 34m/s
⑦ 在二次系统中感应的电磁干扰的幅值不超过 1.6kV</td></tr>
<tr><td>特殊使用</td><td>按特殊使用条件考虑，并由电气设备制造厂满足使用条件的特殊要求</td></tr>
<tr><td>环境温度</td><td>高压电器的正常使用环境条件为周围空气温度不高于 40℃，当周围空气温度高于或低于 40℃时，其额定电流应相应减少或增加。选择高压电器和导体的环境温度见表 11-3</td></tr>
<tr><td>环境湿度</td><td>应根据当地湿度最高月份的平均相对湿度选择高压电器和导体用的相对湿度。相对湿度较高的场所，应采用该处实际相对湿度。当湿度超过一般产品标准时，应采取改善环境的措施（如通风或除湿设备）。湿热带地区应采用可在湿热带使用的电器产品，亚湿热带地区可采用普通型电器产品，但应根据当地运行经验加强防潮、防水、防锈、防霉及防虫害等措施</td></tr>
</table>

表11-3　选择高压电器和导体的环境温度

<table>
<tr><th rowspan="2">类　别</th><th rowspan="2">安装场所</th><th colspan="2">环境温度</th></tr>
<tr><th>最　高</th><th>最　低</th></tr>
<tr><td rowspan="2">裸导体</td><td>屋外</td><td>最热月平均最高温度</td><td>—</td></tr>
<tr><td>屋内</td><td>该处通风设计温度。当无资料时，可取最热月平均最高温度加 5℃</td><td>—</td></tr>
</table>

续表

类　别	安装场所	环境温度	
		最　高	最　低
电缆	室外电缆沟	最热月平均最高温度	年最低温度
	室内电缆沟	屋内通风设计温度。当无资料时，可取最热月平均最高温度加5℃	—
	电缆隧道	有机械通风时，取该处通风设计温度；无机械通风时，可取最热月平均最高温度加5℃	—
	土中直埋	最热月的平均地温	—
高压电器	屋外	年最高温度	年最低温度
	屋内电抗器	该处通风设计最高排风温度	—
	屋内其他处	该处通风设计温度。当无资料时，可取最热月平均最高温度加5℃	—

注：1. 年最高（最低）温度为多年所测得的最高（最低）温度平均值。
2. 最热月平均最高温度为最热月每日最高温度的月平均值，取多年平均值。

第二节 高压断路器

一、高压断路器的作用、特点与分类

（1）高压断路器的作用　高压断路器是高压电路中最重要的设备，是一次电力系统中控制和保护电路的关键设备。它在电网中的作用：一是控制作用；二是保护作用。

（2）高压断路器的基本要求　根据以上所述，断路器在电力系统中承担着非常重要的任务，不仅能接通或断开负荷电流，而且还能断开短路电流。因此，断路器必须满足以下基本要求。

① 工作可靠。

② 具有足够的开断能力。

③ 具有尽可能短的切断时间。

④ 具有自动重合闸性能。

⑤ 具有足够的机械强度和良好的稳定性能。

⑥ 结构简单、价格低廉。

（3）高压断路器的分类 高压断路器按安装地点可分为屋内式和屋外式两种；按所采用的灭弧介质可以分为油断路器（多油、少油）、压缩空气断路器、真空断路器、SF_6 断路器。

（4）高压断路器的特点 高压断路器的特点见表11-4。

表11-4 各种类型高压断路器的特点

类 别	结构特点	技术性能特点	运行维护特点
多油断路器	结构简单，制造方便，便于在套管上加装电流互感器，配套性强	额定电流不易做得很大，开断小电流时燃弧时间较长，开断速度较慢	运行维护简单，噪声低，检修周期短，需配备一套油处理装置
少油断路器	结构简单，制造方便，可配用各种操动机构	开断电流大，全开断时间较短	运行经验丰富，易于维护，噪声低，油质容易劣化，需配油处理装置
压缩空气断路器	结构复杂，工艺和材料要求高，需要装设专用的空气压缩系统	额定电流和开断电流较大，动作快，全开断时间短，快速自动重合闸时断流容量不降低，无火灾危险	维修周期长，噪声较大，需配气源装置，运行费用大
真空断路器	灭弧室材料及工艺要求高，体积小、质量轻，触头不易氧化，灭弧室的机械强度比较差，不能承受较大的冲击振动	可连续多次操作，开断性能好，灭弧迅速，开断时间短，开断电流及断口电压不易做得很高，目前只生产35kV及以下电压等级的产品；开距小，所需操作能量小，开断时产生的电弧能量小，灭弧室的机械寿命和电气寿命都很高	运行维护简单，灭弧室不需要检修，噪声低，运行费用低，无火灾和爆炸危险
SF_6 断路器	结构简单，工艺及密封要求严格，对材料要求高，体积小，重量轻；用于封闭式组合电器时，可大量节省占地面积	额定电流和开断电流都可以做得很大；开断性能好，适合于各种工况开断；SF_6 气体灭弧、绝缘性能好，故断口电压可做得较高；断口开距小	维护工作量小，噪声低，检修周期长，运行稳定，安全可靠，寿命长，可频繁操作

二、高压断路器技术参数与常用型号

（1）技术参数　高压断路器的技术参数见表 11-5。图 11-1 为断路器开断时间。

表11-5　高压断路器的技术参数

技术参数	描　述
额定电压 U_m	额定电压是指断路器长时间运行时能承受的正常工作电压
最高工作电压	由于电网不同地点的电压可能高出额定电压 10% 左右，故制造厂规定了断路器的最高工作电压。220kV 及以下设备，其值为额定电压的 1.15 倍；对于 330kV 的设备，规定为 1.1 倍
额定电流 I_n	额定电流是指铭牌上标明的断路器可长期通过的工作电流。断路器长期通过额定电流时，各部分的发热温度不会超过允许值。额定电流也决定了断路器触头及导电部分的截面
额定开断电流 I_{nbr}	额定开断电流是指断路器在额定电压下能正常开断的最大短路电流的有效值。它表征断路器的开断能力。开断电流与电压有关。当电压不等于额定电压时，断路器能可靠切断的最大短路电流有效值，称为该电压下的开断电流。当电压低于额定电压时，开断电流比额定开断电流有所增大
额定断流容量 S_{nbr}	额定断流容量也表征断路器的开断能力。在三相系统中，它和额定开断电流的关系为 $$S_{nbr}=\sqrt{3}U_nI_{nbr}$$ 式中，U_n 为断路器额定电压，I_{nbr} 为断路器的额定开断电流，由于 U_n 不是残压，故额定断流容量不是断路器开断时的实际容量
关合电流 i_{nct}	保证断路器能关合短路而不致发生触头熔焊或其他损伤，所允许接通的最大短路电流
动稳定电流 i_{en}	动稳定电流是指断路器在合闸位置时，允许通过的短路电流最大峰值。它是断路器的极限通过电流，其大小由导电和绝缘等部分的机械强度所决定，也受触头结构形式的影响
热稳定电流 i_t	热稳定电流是指在规定的某一段时间内，允许通过断路器的最大短路电流。热稳定电流表明了断路器承受短路电流热效应的能力
全开断（分闸）时间 t_{kd}	全开断时间是指断路器接到分闸命令瞬间起到各相电弧完全熄灭为止的时间间隔，它包括断路器固有分闸时间 t_{gf} 和燃弧时间 t_h，即 $t_{kd}=t_{gf}+t_h$，断路器固有分闸时间是指断路器接到分闸命令瞬间到各相触头刚刚分离的时间；燃弧时间是指断路器触头分离瞬间到各相电弧完全熄灭的时间。图 11-1 为断路器开断单相电路时的示意图，图中时间 t_b 为继电保护装置动作时间。全开断时间 t_{kd} 是表征断路器开断过程快慢的主要参数。t_{kd} 越小，越有利于减小短路电流对电气设备的危害，缩小故障范围，保持电力系统的稳定

续表

技术参数	描　述
合闸时间	合闸时间是指从操动机构接到合闸命令瞬间起到断路器接通为止所需的时间。合闸时间取决于断路器的操动机构及中间传动机构
操作循环	操作循环也是表征断路器操作性能的指标。我国规定断路器的额定操作循环如下。 ① 自动重合闸操作循环：分—θ—合分—t—合分 ②非自动重合闸操作循环：分—t—合分—t—合分 式中，分表示分闸操作：合分表示合闸后立即分闸的动作：θ表示无电流间隔时间，标准值为 0.3s 或 0.5s；t 表示强送电时间，标准时间为 180s

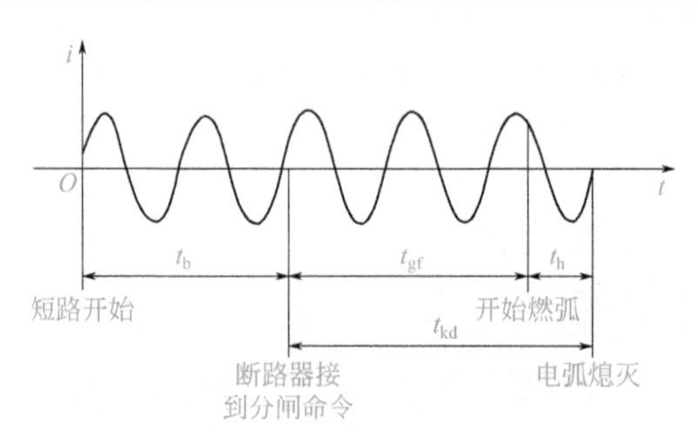

图 11-1　断路器开断时间示意

（2）型号　高压断路器型号主要由以下七个单元组成。

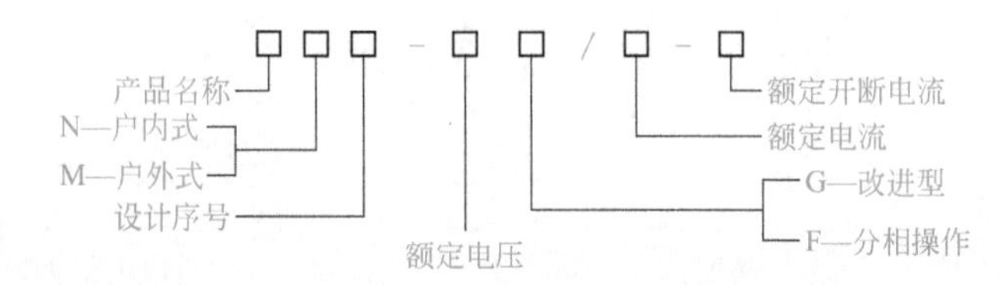

① 第一单元是产品名称的代号。S—少油断路器；D—多油断路器；K—空气断路器；L—六氟化硫断路器；Z—真空断路器；Q—自产气断路器；C—磁吹断路器。

② 第二单元是装设地点代号：N—户内式；W—户外式。

③ 第三单元是设计序号，以数字表示。

④ 第四单元是额定电压（kV）。

⑤ 第五单元是其他补充工作特性标志：G—改进选；F—分相操作。

⑥ 第六单元是额定电流（kA）。

⑦ 第七单元是额定开断电流（kA）。

⑧ 第八单元是特殊环境代号。

例如：型号为 SN10-10/3000-750 的断路器，其含义表示：少油断路器、户内式、设计序号 10，额定电压为 10kV，额定电流为 3000kA，开断容量为 750MV·A。

常用高压断路器的技术数据见表 11-6。

表11-6　常用高压断路器的技术数据

型号	额定电压/V	额定电流/A	额定开断电流/kA	配用机构
LW3-10	10	400	6.3	手动机构，电动机构
LW5-10	10	630	6.3	手动机构
LW8-35	35	1000	25.0	CT14
LN2-10	10	1250	25.0	CT14 Ⅰ
LN2-35	35	1250	16.0	CT14 Ⅱ
SN10-10 系列	10	630	16.0	CT8,CD10
		1000	16.0	
		1000	31.5	
		1250	40.0	
		2000	40.0	
		3000	40.0	
SN10-15	15	1000	25.0	CD10
SN10-35	35	1250	16.0	CD10N
			20.0	
SW2-35	35	1000	16.0	CT2-XG
		1500	25.0	CT3-XG
		2000	25.0	CY5
DN1-10	10	600	5.8	CD2-40
DW1-35	35	600	6.3	CD2-40
			6.3	CD2-40XG
DW2-35	35	630	16	CD3-X
		1000		CD3-XG
DW2-35 Ⅱ	35	1250	25	CD3- Ⅵ，CT14

续表

型号	额定电压/V	额定电流/A	额定开断电流/kA	配用机构
DW4-10	10	50	2.9，3.15	手动机构
		100		
		200		
		400		
DW5-10	10	50	3.15	手动机构
		100		
		200		
DW6-35	35	400	5.8	CS2、CD2、CT10
			6.6	
DW7-10	10	30	1.73，1.8	本身机构手动
		50		
		75		
		100		
		200		
		400		
DW8-35	35	600	16.5	CD11-XⅠ
		800		CD11-XⅡ
		1000		CD11-XⅢ
DW10-10	10	50	1.8，2.9，3.15	本身机构手动
		100		
		200		
		400		
DW11-10	10	800	25	CD15-X
DW12-35	35	1600	25	
DW13-35	35	1250	20	CD11-X
		1600	31.5	

三、高压断路器常见故障检修

高压断路器的常见故障及其检修方法见表 11-7。

表11-7　高压断路器的常见故障及其检修

常见故障	可能原因	检修方法
断路器不能合闸	传动机构卡住或安装、调整不当	检修传动机构。正确地安装、调整
	辅助开关接点接触不良	检修辅助开关
	铁芯顶杆松动变位	检修、调整铁芯顶杆
	合闸回路断线或熔丝熔断	修复断线或更换熔断片
	合闸线圈内部钢套不光滑或铁芯不光滑，导致卡涩现象	修磨钢套和铁芯
断路器不能跳闸	参照断路器不能合闸的原因	参照断路器不能合闸的检修方法
	继电保护装置失灵	检查测试继电保护装置及二次回路
油断路器缺油（油位计见不到油）	漏油使油面过低	立即断开操作电源，在手动操作把上挂上“不准拉闸”的告示牌，将负荷从其他方面切断，停电检修漏油部位
	油位计堵塞	此时油断路器只能当刀闸使用，清除油位计中的脏物，使其指示正常

第三节 高压熔断器

一、高压熔断器的作用与特点

跌开式熔断器，在中、小型企业的高压系统中，广泛地用作变压器和线路的过载和短路保护及控制电器，并对被检修及停电的电器设备或线路作业起隔离作用。

户外型高压熔断器又称为跌开式熔断器，也称为跌落保险。目前常用的是 RW3-10 型和 RW4-10 型两种。图 11-2 和图 11-3 所示是它们的外形图。

它们的结构大同小异，一般由以下几个部分组成。

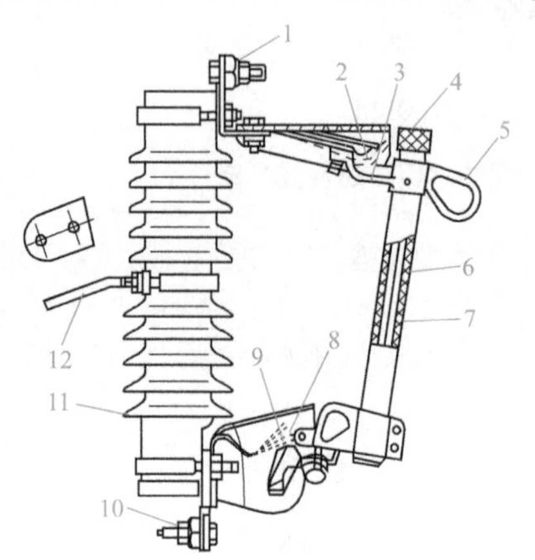

图 11-2 RW3-10 型跌开式熔断器外形图

1—接线端子；2—上静触头；3—上动触头；4—管帽（带薄膜）；5—操作环；
6—熔管（外层为酚醛纸管或环氧玻璃布管，内衬纤维质消弧管）；7—铜熔丝；8—下动触头；
9—下静触头；10—下接线端子；11—绝缘子；12—固定安装板

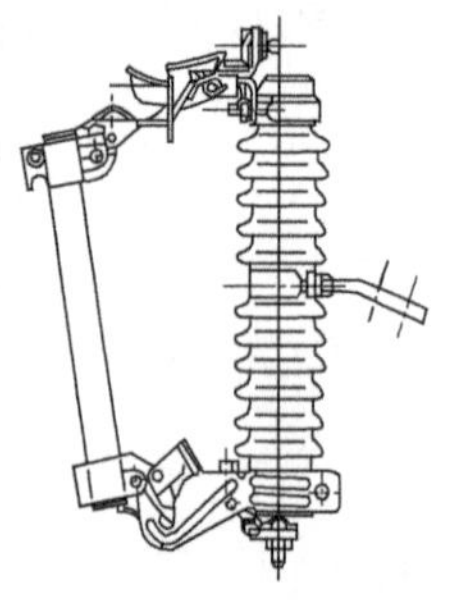

图 11-3 RW4-10 型跌开式熔断器外形图

1．导电部分

上、下接线板，串联接于被保护的电路中；上静触头、下静触头，用来分别与熔丝管两端的上、下动触头相接触，来进行合闸，接通被保护的主电路，下静触头与轴架组装在一起。

2．熔丝管

由熔管、熔丝、管帽、操作环、上动触头、下动触头、短轴等组成。熔管外层为酚醛纸管或环氧玻璃布管，管内壁套以消弧管，消弧管的材质是石棉，它的作用是防止熔丝熔断时产生的高温电弧烧坏熔管，另一作用是方便灭弧。熔丝的结构如图 11-4 所示。熔丝在中间，两端以软、裸、多股铜绞线作为引

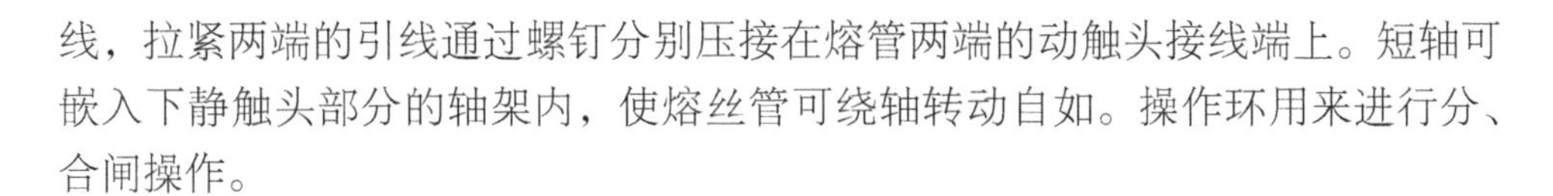

线，拉紧两端的引线通过螺钉分别压接在熔管两端的动触头接线端上。短轴可嵌入下静触头部分的轴架内，使熔丝管可绕轴转动自如。操作环用来进行分、合闸操作。

3．绝缘部分

绝缘瓷瓶。

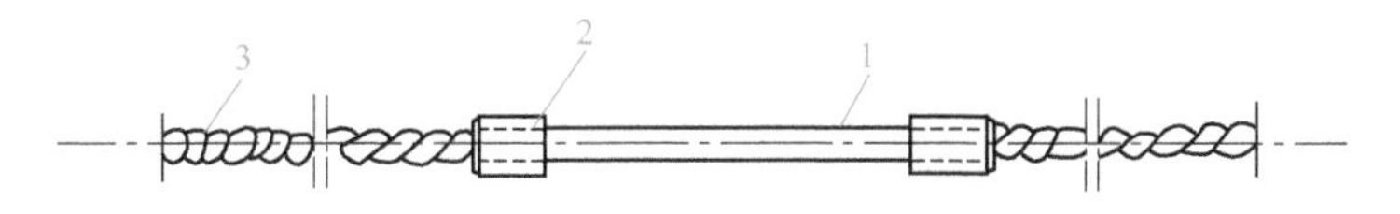

图 11-4　RW-10 型熔断器的熔丝外形图

1—熔体；2—套圈；3—绞线

4．固定部分

在绝缘瓷瓶的腰部有固定安装板。

跌开式熔断器的工作原理是：将熔丝穿入熔管内，两端拧紧，并使熔丝位于熔管中间偏上的地方，上动触头会因为熔丝拉紧的张力而垂直于熔丝管向上翘起，用绝缘拉杆将上动触头推入上静触头内，成闭合状态（合闸状态）并保持这一状态。当被保护线路发生故障，故障电流使熔丝熔断时，形成电弧，消弧管在电弧高温作用下分解出大量气体，使管内压力急剧增大，气体向外高速喷出，对电弧形成强有力的纵向吹弧使电弧迅速拉长熄灭。与此同时，由于熔丝熔断，熔丝的拉力消失，使锁紧机构释放，熔丝管在上静触头的弹力及其自重的作用下，会绕轴翻转跌落，形成明显的断开距离。

二、高压熔断器的技术参数与常用型号

1．高压熔断器的技术参数

（1）**额定电压**　高压熔断器正常工作的工作电压。

（2）**熔断器额定电流**　熔断器最大工作电流。

（3）**熔体额定电流**　熔体熔化的电流。

2．高压熔断器的型号

（1）**一般高压熔断器的型号表示方法**　见图 11-5。

（2）**电动机保护用高压熔断器的型号表示方法**　见图 11-6。

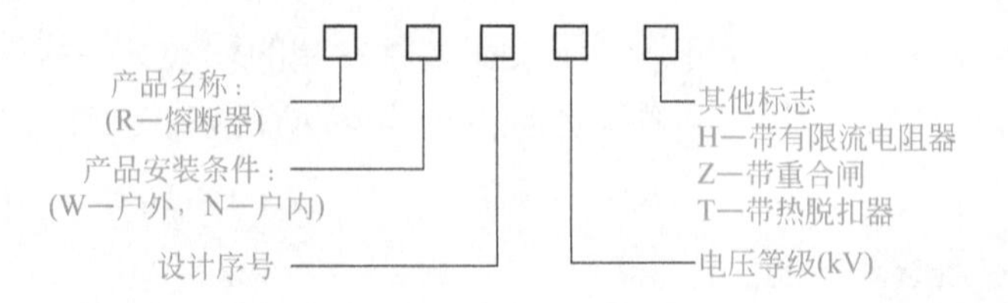

图 11-5　一般高压熔断器的型号表示方法

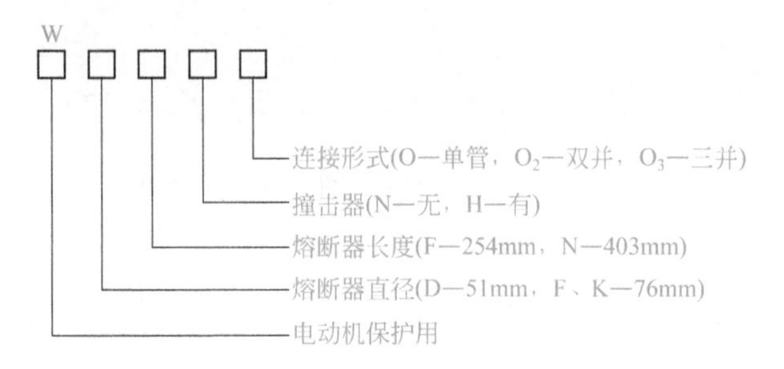

图 11-6　电动机保护用高压熔断器的型号表示方法

（3）全范围保护用高压熔断器的型号表示方法　见图 11-7。

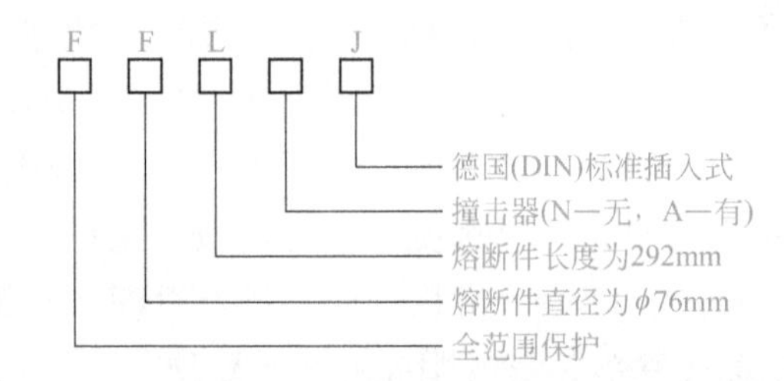

图 11-7　全范围保护用高压熔断器的型号表示方法

（4）变压器保护高压熔断器的型号表示方法（符合美国 BS 标准尺寸）　见图 11-8。

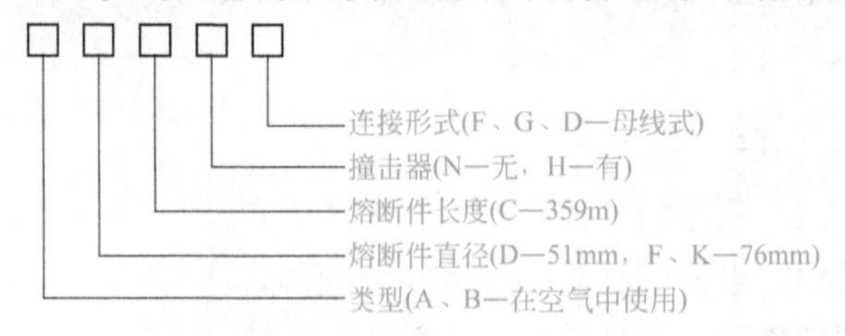

图 11-8　变压器保护高压熔断器的型号表示方法

常用高压熔断器的技术数据见表 11-8 ～表 11-14。

表11-8　常用高压熔断器的技术数据

名称	型号	额定电压/kV	额定电流/A	最大断流容量/（MV·A）
户内高压熔断器	RN1-3	3	20，100，200，400	200
	RN1-6	6	20，75，200，300	200
	RN1-10	10	20，50，100，200	200
	RN1-35	35	7.5，40	200
	RN2-3	3	0.5	1000
	RN2-6	6		
	RN2-10	10		
	RN2-35	35	10，20，40	1000
	RN3-3	3	50，75，200	200
	RN3-6	6	50，75，200	200
	RN3-10	10	50，75，150	200
	RN3-35	35	75	200
户外跌落式高压熔断器	RW3-10	10	100	75
	RW4-10	10	100	200
	RW5-35	35	100	400

表11-9　电动机保护用高压熔断器的技术数据

型号	额定电压/kV	熔断器额定电流/A	熔体额定电流/A
WDF	3.6	125	50，63，80，100，125
WFF	3.6	200	125，160，200
WEF	3.6	400	250，315，355，400
WFN	7.2	160	25，31.5，40，50，63，80，100，125，160
WKN	7.2	224	200，224

表11-10　全范围保护用高压熔断器的技术数据

额定电压/kV	熔断器额定电流/A	熔体额定电流/A
12	63	10，16，20，25，31.5，40，50，63

表11-11　变压器保护高压熔断器（美国BS标准）的技术数据

型号	额定电压/kV	熔断器额定电流/A	熔体额定电流/A
BDG	12	50	6.3，10，16，20，22.4，25，31.5，40，45，50
BFG	12	100	56，63，71，80，90，100
AKG	12	125	112，125

表11-12　用于高压器初级端熔断器的一般选用法则（美国BS标准）

变压器容量/（kV·A）	变压器初级电压			
	6.6kV		10kV	
	熔断器型号	熔断器额定电流/A	熔断器型号	熔断器额定电流/A
200	12KV BDGHC	31.5	12KV BDGHC	20
250	12KV BDGHC	40	12KV BDGHC	25
300/315	12KV BDGHC	50	12KV BDGHC	31.5
400	12KV BFGHD	63	12KV BDGHC	40
500	12KV BFGHD	80	12KV BDGHC	50
630	12KV BFGHD	90	12KV BFGHD	63
750/800	—	—	12KV BFGHD	71
1000	—	—	12KV BFGHD	90
1250	—	—	12KV BFGHD	112
1500/1600	—	—	12KV BFGHD	125

表11-13　变压器保护用高压限流熔断器（德国DIN标准）的技术数据

型号	额定电压/kV	熔断器额定电流/A	熔体额定电流/A
SDL-J	12	40	6.3、10、16、20、25、31.5、40
SFL-J	12	100	50、63、71、80、100
SKL-J	12	125	125

表11-14　用于变压器初级端熔断器的一般选用法则（德国DIN标准）

变压器容量/（kV·A）	变压器初级电压 10 kV	
	熔断器型号	熔断器额定电流/A
100	12KV SDL-J	16
125	12KV SDL-J	16
160	12KV SDL-J	16
200	12KV SDL-J	20
250	12KV SDL-J	25
300/315	12KV SDL-J	31.5
400	12KV SDL-J	40

续表

变压器容量/（kV·A）	变压器初级电压 10 kV	
	熔断器型号	熔断器额定电流/A
500	12KV SFL-J	50
630	12KV SFL-J	63
750/800	12KV SFL-J	80
1000	12KV SFL-J	80
1250	12KV SFL-J	100

三、高压熔断器的安装、操作与检修

1．跌开式熔断器的安装

对跌开式熔断器的安装应满足产品说明书及电器安装规程的要求：

① 对下方的电器设备的距离，不能小于 0.5m。

② 相间距离，室外安装时不应小于 0.7m，室内安装时，不能小于 0.6m。

③ 熔丝管底端对地面的距离，装于室外时以 4.5m 为合适，装于室内时，以 3m 为宜。

④ 熔丝管与垂线的夹角一般应为 15° ～ 30° 。

⑤ 熔丝应位于消弧管的中部偏上处。

2．跌开式熔断器的操作与运行

操作跌开式熔断器时，应有人监护，使用合格的绝缘手套，穿戴符合标准。

操作时动作应果断、准确而又不要用力过猛、过大。要用合格的绝缘杆来操作。对 RW3-10 型，拉闸时应往上顶鸭嘴；对 RW4-10 型，拉闸时应用绝缘杆金属端钩，穿入熔丝管的操作环中拉下。合闸时，先用绝缘杆金属端钩穿入操作环，令其绕轴向上转动到接近上静触头的地方，稍加停顿，看到上动触头确已对准上静触头，果断而迅速地向斜上方推，使上动触头与上静触头良好接触，并被锁紧机构锁在这一位置，然后轻轻退出绝缘杆。

运行中，触头接触处兹火，或一相熔丝管跌落，一般都属于机械性故障（如熔丝未上紧，熔丝管上的动触头与上静触头的尺寸配合不合适，锁紧机构有缺陷，受到强烈振动等），应根据实际情况进行维修。如由于分断时的弧光烧蚀作用使触头出现不平，应停电并采取安全措施后，进行维修，将不平处打平、打光，消除缺陷。

3．高压熔断器的检修

高压熔断器在电路中发生短路或在过载保护运行中发生熔丝熔断，应立即进行检修。在检修过程中应首先判断、检查熔丝熔断的原因并予以处理。在更换熔丝操作时，应严格执行保证安全的技术措施和组织措施，使用基本安全用具和辅助安全用具，在有专人监护下操作，将低压负荷全部停掉。高压熔断器只能在允许的操作范围内操作，更换熔丝前应查出熔丝熔断的原因。一般情况下，高压熔断器熔丝熔断的原因主要有以下几种：

① 高压熔断器负荷侧至变压器一次绕组引线瓷套管、二次出口线瓷套管等短路。

② 变压器内部出现一、二次绕组相间短路，相对地短路，层间短路，或严重的匝间短路及铁芯的磁路短路。

③ 变压器二次侧低压开关电源短路，低压开关负荷侧短路及开关抖动。

④ 变压器采用“三位”“一体”接线，避雷器发生爆炸造成相间或相对地短路。

⑤ 三相金属性短路。

⑥ 两相金属性短路。

⑦ 单相金属性短路（小容量变压器一次熔丝可能熔断）。

⑧ 三相电弧短路。

⑨ 两相电弧短路。

⑩ 单相电弧接地及辉光放电。

⑪ RW 型熔断器熔体压接过程中有机械损伤。

⑫ RW 型熔断器的静、动触头接触不良，或过热造成熔丝熔断。

⑬ RN 型熔断器在合闸时，冲击合闸电流有时也会造成熔体熔断。

⑭ RN 型熔断器在中性点不接地系统中，发生一相金属性接地，供电系统产生铁磁饱和谐振过电压时，也会造成熔体熔断。

⑮ 户内式 RN 型高压熔断器的瓷绝缘闪络放电，主要原因是瓷绝缘表面有污秽。

⑯ 户外式 RW 型高压熔断器的瓷绝缘闪络放电，主要原因是瓷绝缘表面有污秽或型不适应。

⑰ RW 型高压熔断器瓷绝缘断裂的主要原因是瓷绝缘有机械外力损伤，或操作时用力过猛造成外力损坏及过电压瓷绝缘击穿等。

第四节

高压隔离开关

一、高压隔离开关的用途与结构

室外型的，包括单极隔离开关以及三极隔离开关，常用作把供电线路与用户分开的第一断路隔离开关；室内型的，往往与高压断路器串联连接，配套使用，用以保证停电的可靠性。

此外，在高压成套配电设备装置中，隔离开关往往用作电压互感器、避雷器、配电所用变压器及计量柜的高压控制电器。

常用的高压隔离开关有 GNl9-10、GNl9-10c，相对应类似的老产品有 GN 6-10、GN 8-10。以 GN 6-10T 为例，如图 11-9 所示，主要有下述部分。

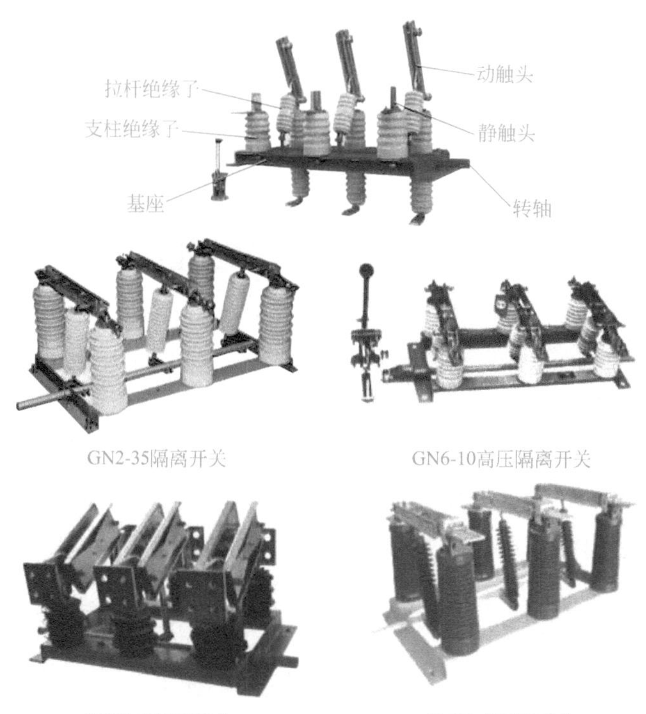

图 11-9 多种型号高压隔离开关

1. 导电部分

由一条弯成直角的铜板构成静触头，其有孔的一端可通过螺钉和母线相连接，叫连接板，另一端较短，合闸时它与动力片（动触头）相接触。

两条铜板组成接触条，又称为动触头，可绕轴转动一定的角度，合闸时它吸合静触头。两条铜板之间有夹紧弹簧用以调节动、静触头间的接触压力，同时两条铜板在流过相同方向的电流时，它们之间产生相互吸引的电动力，增大了接触压力，提高了运行可靠性。在接触条两端安装有镀锌钢片叫磁锁，它保证在流过短路故障电流时，磁锁磁化后产生相互吸引的力量，加强触头的接触压力，来提高隔离开关的动、热稳定性。

2. 绝缘部分

动、静触头分别固定在支持瓷瓶或套管瓷瓶上。为了能够使动触头与金属的、接地的传动部分绝缘，采用了瓷质绝缘的拉杆绝缘子。

3. 传动部分

有主轴、拐臂、拉杆绝缘子等。

4. 底座部分

由钢架组成。支持瓷瓶或套管瓷瓶以及传动主轴都固定在底座上。底座应接地。

总之，隔离开关结构简单，无灭弧装置，处于断开位置时有明显的断开点，其分、合状态很直观。

二、高压隔离开关的技术参数与常用型号

1. 高压隔离开关的技术参数

（1）额定电压 是指隔离开关最高工作电压，是线电压，也表示其承受绝缘支撑强度。

（2）额定电流 是指隔离开关在40℃时最大工作承载电流。

（3）额定短时耐受电流（热稳定电流） 是指隔离开关触头在流过短路电流3～4s内，抗拒这一短路电流造成的热熔焊而不损坏的能力。

（4）额定峰值耐受电流（动稳定电流） 反映隔离开关在承受短路电流所造成的斥动力而不发生损坏的能力，指隔离开关瞬时能承受的峰值电流。

（5）回路接触电阻 是指隔离开关导电回路中各接触形式下的导电性能，是检验及设计、制造工艺装配的技术能力。在高压电器（包括隔离开关、断路

器等）中，能够影响回路接触电阻或对导电性能有制约的因素有以下几方面。

① 接触件材质因素：各种材质均有不同的导电电阻率。电阻率越低越有利于导电；反之，则不利于导电。常用于高压电器的导电材料有银（0.016）、铝（0.029）、铜（0.017）、锡（0.113）、镍（0.053）、镍铜合金（0.06）和镍银合金（0.037）等（括号内数值为电阻率，单位为 $10^{-6}\Omega/m$）。

② 电接触形式：高压电器导体回路各部位的接触形式可分为点接触、线接触、面接触三种形式。三种形式下所产生的接触电阻是不同的，一般来说，点接触部位最小（少），收缩电阻最大，接触电阻大；面接触部位很大（多），收缩电阻最小，接触电阻最小，线接触部位适中，故接触电阻在前两者之间。

③ 接触点压力：各接触形式下的压力大小将直接改变点、线、面接触电阻的效果，三种形式中铜触头的接触电阻 R_c 与压力 F 的关系见表 11-15。

表11-15　铜触头的接触电阻与压力的关系

接触形式	接触电阻 $R_C/\mu\Omega$	
	F=10N	F=1000N
点接触	230	23
线接触	330	15
面接触	1900	1

表 11-15 说明，一定的压力将改变一定形式下电接触的接触电阻。也就是说，电接触形式的采用，应结合压强能否配置到位，否则单一的加大接触面或强调电接触的某种形式是不够的。

④ 接触面（表面）的工艺情况：各电接触形式下的导流接触面被称为工作面，这一工作面的表面加工（工艺）精与粗，也制约接触电阻的大小，见表 11-16。

表 11-16 说明，单纯的过细、过精加工对降低接触电阻并不有利，要结合压力压强的配置进行参考。

表11-16　不同加工精度下的接触电阻与压力关系

加工方式	接触电阻 $R_C/\mu\Omega$	
	F=10 N	F=1000 N
机加工（粗）	430	4
机加工（精）	340	3
研精加工	1900	1
研精加工、加涂油	2800	6

2. 高压隔离开关的技术数据

常用高压隔离开关的技术数据见表11-17。

表11-17 常用高压隔离开关的技术数据

型号系列	主要规格		特点	操作机构
	额定电压/kV	额定电流/A		
GN1（户内）	6～35	200～400	单极式，用绝缘操作棒操作。现仅用作电压互感器的中性点接地闸刀	用绝缘钩棒或CS9-2T
GN2（户内）	10～35	200～3000	三项联动，额定电压为35kV级和10kV级、额定电流在1000A以上的应用广泛，10kV和1000A及以下的因尺寸太大、笨重而被GN6、GN19系列代替	CS6-1、CS6-2T、CS7
GN6（户内）	6～10	200～1000	为GN2系列的改进型，尺寸小，质量轻，但额定电流不大	CS6-1T
GN8（户内）	6～10	200～1000	将GN6系列的一侧或两侧的支持绝缘子改为穿墙套管后而成，用于需穿墙的场合	CS6-1T
GN19（户内）	10	400～1000	系联合设计的新产品，尺寸小、质量轻、散热好、机械强度高、三相联动，有相当于GN6、GN8系列的各种形式	CS6-1T
GW1（户外）	6～10	200～600	三相联动	CS8-1
GW2（户外）	35～110	600～1000	为仿苏联产品的改进形式，35kV的仍广泛采用，110kV的已被淘汰，单极三柱式，可三相联动	CS8-2，CS8-3，CS8-2D，CS8-3D

续表

型号系列	主要规格		特点	操作机构
	额定电压/kV	额定电流/A		
GW4（户外）	35 ～ 110	400 ～ 1000	单极双柱式，可三相联动，质量轻、绝缘子少、运行可靠。110kV 的已被广泛使用，35kV 的已显现广泛的使用前景	CS11-G，CS15，CS8-6D
GW5（户外）	35 ～ 110	600 ～ 1000	两支持绝缘子底座向里倾斜，与铅垂线呈 25° 的 V 形结构。单极式，可三相联动。体积小、质量轻，110kV 的已被广泛使用	CS17，CS1-XG，CS-G

三、高压隔离开关的安装、维护与检修

1．高压隔离开关的安装

户外型的隔离开关，露天安装时应水平安装，使带有瓷裙的支持瓷瓶确实能起到防雨作用，户内型的隔离开关，在垂直安装时，静触头在上方，带有套管的可以倾斜一定角度安装。一般情况下，静触头接电源，动触头接负荷，但安装在配电柜里的隔离开关，采用电缆进线时，电源在动触头侧，这种接法俗称“倒进火”。

隔离开关两侧与母线及电缆的连接应牢固，如有铜、铝导体，接触时，应采用铜铝过渡接头，以防电化腐蚀。

隔离开关的动、静触头应对准，否则合闸时就会出现旁击现象，合闸后动、静触头接触面压力不均匀，会造成接触不良。

隔离开关的操作机构、传动机构应调整好，使分、合闸操作能正常进行，没有抗劲现象。还要满足三相同期的要求，即分、合闸时三相动触头同时动作，不同期的偏差应小于 3mm。此外，处于合闸位置时，动触头要有足够的切入深度，以保证接触面积符合要求；但又不能合过头，要求动触头距静触头底座有 3 ～ 5mm 的空隙，否则合闸过猛时将敲碎静触头的支持瓷瓶。处于拉开位置时，动、静触头间要有足够的拉开距离，以便有效地隔离带电部分，这个距离应不小于 160mm，或者动触头与静触头之间拉开的角度不应小于 65° 。

2．高压隔离开关的操作与运行

隔离开关都配有手力操动机构，一般采用CS6-1型。操作时要先拔出定位销，分、合闸动作要果断、迅速，终了时注意不可用力过猛，操作完毕一定要用定位销销住，并目测其动触头位置是否符合要求。

用绝缘杆操作单极隔离开关时，合闸应先合两边相，后合中相，分闸时，顺序与此相反。

必须强调，不管合闸还是分闸的操作，都应在不带负荷或负荷在隔离开关允许的操作范围之内时才能进行。为此，操作隔离开关之前，必须先检查与之串联的断路器，应确定处于断开位置。如隔离开关带的负荷是规定容量范围内的变压器，则必须先停掉变压器的全部低压负荷，令其空载之后再拉开该隔离开关，送电时，先检查变压器低压侧主开关确在断开位置，才能合隔离开关。

如果发生了带负荷分或合隔离开关的误操作，则应冷静地避免可能发生的另一种反方向的误操作。就是，已发现带负荷误合闸后，不得再立即拉开，当发现带负荷分闸时，若已拉开，不得再合（若刚拉开一点，发觉有火花产生时，可立即合上）。

对运行中的隔离开关应进行巡视。在有人值班的配电所中应每班一次，在无人值班的配电所中，每周至少一次。

日常巡视的内容主要是，观察有关的电流表，其运行电流应在正常范围内，根据隔离开关的结构，检查其导电部分接触应良好，无过热变色，绝缘部分应完好，以及无闪络放电痕迹，再就是传动部分应无异常（无扭曲变形、销轴脱落等）。

3．高压隔离开关的检修

隔离开关连接板的连接点过热变色，说明接触不良，接触电阻大，检修时应打开连接点，将接触面锉平再用砂纸打光（但开关连接板上镀的锌不要去除），然后将螺钉拧紧，并要用弹簧垫片防松。

动触头存在旁击现象时，可旋动固定触头的螺钉，或稍微移动支持绝缘子的位置，以消除旁击；三相不同期，则可通过调整拉杆绝缘子两端的螺钉，通过改变其有效长度来克服。

触头间的接触压力可通过调整夹紧弹簧来实现，而夹紧的程度可用塞尺来检查。

触头间一般可涂中性凡士林以减少摩擦阻力，延长使用寿命，还可防止触头氧化。

隔离开关处于断开位置时，触头间拉开的角度或其拉开距离不符合规定时，应通过拉杆绝缘子来调整。

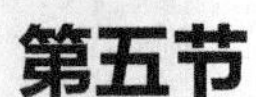

第五节

高压负荷开关

一、高压负荷开关的作用与结构

负荷开关可分、合额定电流及以内的负荷电流，可以分断不大的过负荷电流。因此可用来操作一般负荷电流、变压器空载电流、长距离架空线路的空载电流、电缆线路及电容器组的电容电流。配有熔断器的负荷开关，可分开短路电流，对中、小型用户，可当作断流能力有限的断路器使用。

此外，负荷开关在断开位置时，像隔离开关一样无显著的断开点，因此也能起到隔离开关的隔离作用。

负荷开关主要有FN12-10及FN3-10两种。图11-10所示是FN12型高压负荷开关外形。

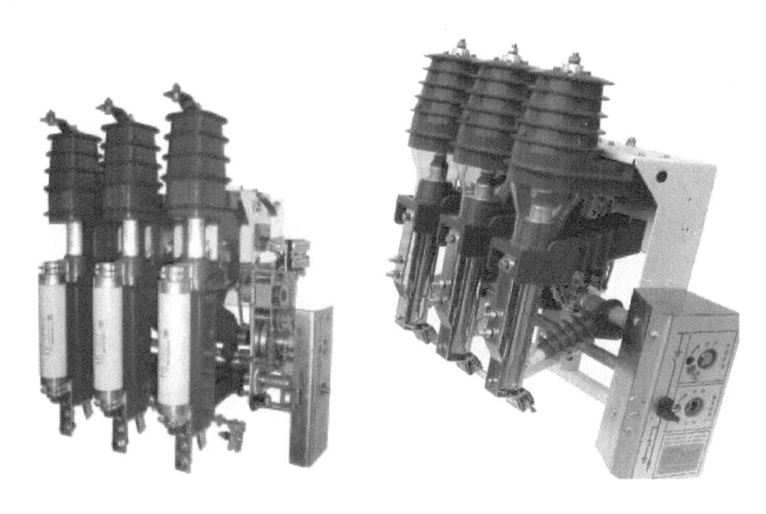

图11-10　FN12型高压负荷开关外形

现就FN12-10的结构及工作原理简介如下。

1．导电部分

出线连接板、静主触头及动主触头，接通时，流过大部分电流，而与之并联的静弧触头与动弧触头则流过小部分电流：动弧触头及静弧触头的主要任务是在分、合闸时保护主触头，使它们不受电弧烧坏。因此，合闸时弧触头先接触，然后主触头才闭合，分闸时主触头先断开，这时弧触头尚未断开，电路尚未切断，不会有电弧。待主触头完全断开后，弧触头才断开，这时才燃起电弧。然而动、静弧触头已迅速拉开，且又有灭弧装置的配合，电弧很快熄灭，电路被彻底切断。

2．灭弧装置

气缸、活塞、喷口等。

3．绝缘部分

支持瓷瓶，借以支持动触头；气缸绝缘子，借以支持静触头并作为灭弧装置的一部分。

4．传动部分

主轴、拐臂、分闸弹簧、传动机构、绝缘拉杆，分闸缓冲器等。

5．底座

钢制框架。

总之，负荷开关的结构虽比隔离开关要复杂，但仍比较简单，且断开时有明显的断开点。由于它具有简易的灭弧装置，因而有一定的断流能力。

现在再简要地分析一下其分闸过程：分闸时，通过操动机构，使主轴转90°，在分闸弹簧迅速收缩复原的爆发力作用下，主轴的这一转动完成的非常快，主轴转动带动传动机构，使绝缘拉杆向上运动，推动动主触头与静主触头分出，此后，绝缘拉杆继续向上运动，又使动弧触头迅速与静弧触头分离，这是主轴做分闸转动引起的一部分联动动作。同时，还有另一部分联动动作，主轴转动，通过连杆使活塞向上运动，从而使气缸内的空气被压缩，缸内压力增大，当动弧触头脱开静弧触头引燃电弧时，气缸内强有力的压缩空气从喷嘴急速喷出，使电弧很快熄灭，弧触头之间分离速度快，压缩空气吹弧力量强，使燃弧持续时间不超过0.03s。

二、高压负荷开关的技术参数与常用型号

高压负荷开关的型号见图11-11所示。高压负荷开关的技术数据见表11-18。

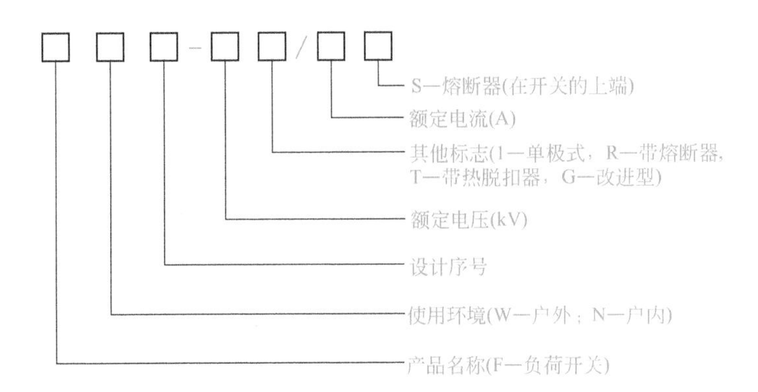

图 11-11 高压负荷开关的型号

表11-18 高压负荷开关的技术数据

型号	额定电压/kV	额定电流/A	最大开断电流/A	操动机构型号
FN1-6（户内）	6	400	800	CS3-T，CS3
FN1-6R（户内）	6	400	800	CS3-T，CS3
FN1-10（户内）	10	200	400	CS3-T，CS3
FN1-10R（户内）	10	200	400	CS3-T，CS3
FN2-10（户内）	10	400	1200	CS4，CS4-T
FN2-10R（户内）	10	400	1200	CS4，CS4-T
FN3-6（户内）	6	400	1450	CS2，CS3
FN3-6R（户内）	6	400	1450	CS2，CS3
FN3-10（户内）	10	400	1450	CS2，CS3，CS4，CS4-T
FN3-10（户内）	10	400	1450	CS2，CS3，CS4，CS4-T
FN4-10（户内）	10	600	3000	直流电磁操动机构
FW-10（户外）	10	400	800	CS8-5
FW2-10（户外）	10	100 200 400	1500	用绝缘钩棒或绳索操作
FW4-10（户外）	10	200 400	800	用绝缘钩棒或绳索操作
FW5-10（户外）	10	200	1800	用绝缘钩棒或绳索操作

续表

型号	额定电压/kV	额定电流/A	最大开断电流/A	操动机构型号
FW6-10（户外）	10	200	1800	本身机构
		400	2900	
FW7-10（户外）	10	20	400	
FW9-10（户外）	10	6.3	400	本身机构
FW10-10（户外）	10	31.5	20000	

三、高压负荷开关常见故障检修（表11-19）

表11-19　高压负荷开关的常见故障及其检修方法

常见故障	可能原因	检修方法
三相触头不能同时分断	传动机构失灵	检修传动机构，调整弹簧压力
触头损坏	由电弧烧损而引起	修整或更换触头
灭弧装置损坏	由电弧烧损而引起	更换灭弧装置

第六节　电压互感器

一、电压互感器的型号与技术数据

1．电压互感器的型号

电压互感器按其结构形式，可分为单相、三相，从结构上可分双绕组、三绕组以及户外装置、户内装置等。通常型号用横列拼音字母及数字表示，各部位字母含义见表11-20。

表11-20　电压互感器的型号含义

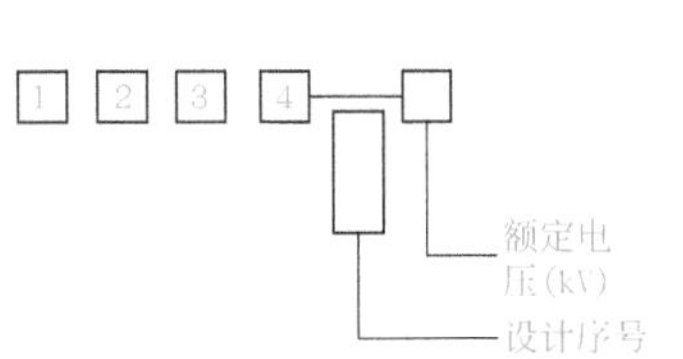

字母排列顺序	代号含义
1	J—电压互感器
2（相数）	D—单相，S—三相
3（绝缘形式）	J—油浸式，G—干式 Z—浇注式，C—瓷箱式
4（结构形式）	B—带补偿绕组 W—五柱三绕组 J—接地保护

电压互感器数据型号：

- JDZ-10　单相双绕组浇注式绝缘的电压互感器，额定电压 10kV。
- JSJW-10　三相三绕组五铁芯柱油浸式电压互感器，额定电压 10kV。
- JDJ-10　单相双绕组油浸式电压互感器，额定电压 10kV。

2．电压互感器的额定技术数据

常用电压互感器的额定技术数据见表 11-21。

表11-21　常用电压互感器的额定技术数据

型号	额定电压/V			额定容量/（V•A）			最大容量/（V•A）	绝缘形式	附注
	原线圈	副线圈	辅助线圈	0.5级	1级	3级			
JDJ-10	10000	100	42	80	150	320	640	油浸式	单相户内
JSJB-10	10000	100		120	200	480	960	油浸式	三相户内
JSJW-10	10000	100	$100/\sqrt{3}$	120	200	480	960	油浸式	三相五柱式、户内
JDZ-10	10000	100		80	150	320	640	环氧树脂浇注	单相户内
JDZJ-10	$10000/\sqrt{3}$	$100/\sqrt{3}$	$100/\sqrt{3}$	40				环氧树脂浇注	单相户内
JSZW-10	10000	100	$100/\sqrt{3}$	120	180	450	720	环氧树脂浇注	三相五柱户内

（1）变压比 电压互感器常常在铭牌上标出一次绕组和二次绕组的额定电压，变压比是指一次与二次绕组额定电压之比 $k=U_{1e}/U_{2e}$。

（2）误差和准确度级次 电压互感器的测量误差形式可分为两种：一种是变比误差（电压比误差），另一种是角误差。

变比误差决定于下式：

$$\Delta U\%=\frac{KU_2-U_{1N}}{U_{1N}}\times 100\%$$

式中 K——电压互感器的变压比；

U_{1N}——电压互感器一次额定电压；

U_2——电压互感器二次电压实测值。

所谓角误差是指二次电压的相量与一次电压相量间的夹角 δ，角误差的单位是分。当二次电压相量超前于一次电压相量时，规定为正角差，反之为负角差。正常运行的电压互感器角误差是很小的，最大不超过 4° ，一般都在 1° 以下。电压互感器的两种误差与下列因素有关。

① 与互感器二次负载大小有关，二次负载加大时，误差加大。

② 与互感器绕组的电阻、感抗以及漏抗有关，阻抗和漏抗加大同样会使误差加大。

③ 与互感器励磁电流有关，励磁电流变大时，误差也变大。

④ 与二次负载功率因数（$\cos\varphi$）有关，功率因数减小时，角误差将显著增大。

⑤ 与一次电压波动有关，只有当一次电压在额定电压（U_{1e}）的 ±10% 的范围内波动时，才能保证不超过准确度规定的允许值。

电压互感器的准确等级，是以最大变比误差（简称比差）和相角误差（简称角差）来区分的，见表 11-22，准确度级次在数值上就是变比误差等级的百分限值，通常电力工程上常把电压互感器的误差分为 0.5 级、1 级和 3 级三种。另外，在精密测量中尚有一种 0.2 级试验用互感器。准确等级的具体选用，应根据实际情况来确定，例如用来馈电给电度计量专用的电压互感器，应选用 0.5 级，用来馈电给测量仪表用的电压互感器，应选用 1 级或 0.5 级，用来馈电给继电保护用的电压互感器应具有不低于 3 级次的准确度。实际使用中，经常是测量用电压表、继电保护以及开关控制信号用电源混合使用一个电压互感器，这种情况下，测量电压表的读数误差可能较大，因此不能作为计算功率或功率因数的准确依据。

由于电压互感器的误差与二次负载的大小有关，所以同一电压互感器对应不同的二次负载容量，在铭牌上标注几种不同的准确度级次，而电压互感器铭牌上所标定的最高的准确级次，称为标准正确级次。

表11-22 电压互感器准确级次和误差限值

准确级次	误差限值		一次电压变化范围	二次负荷变化范围
	比差/%	角差/（′）		
0.5	±0.5	±20	（0.85～1.15）U_{1e}	（0.25～1）S_{2e}
1	±1.0	±40		
3	±3.0	不规定		

注：① U_{1e} 为电压互感器一次绕组额定电压。
② S_{2e}为电压互感器相应级次下的额定二次负荷。

（3）容量 电压互感器的容量，是指二次绕组允许接入的负荷功率，分为额定容量和最大容量两种，以 V·A 值表示。由于电压互感器的误差是随二次负载功率的大小而变化的，容量增大，准确度降低，所以铭牌上每一个给定容量是和一定的准确级次相对应的，通常所说的额定容量，是指对应于最高准确级次的容量。

最大容量是允许发热条件规定的最大容量，除特殊情况及瞬时负荷需用外，一般正常运行情况下，二次负荷不能到这个容量。

（4）接线组别 电压互感器的接线组别，是指一次绕组线电压与二次绕组线电压间的相位关系。10kV 系统常用的单相电压互感器，接线组别为 1/1-12，三相电压互感器接线组别为 Y/Y0-12（Y，yn12）或 Y/Y0-12（YN，yn12）。

3．10kV系统常用电压互感器

（1）JDJ-10 型电压互感器

① 用途及结构概述。这种类型电压互感器为单相双绕组、油浸式绝缘、户内安装，适用于 10kV 配电系统中，供给电压、电能和功率的测量以及继电保护用。目前在 10kV 配电系统中应用最为广泛。该种互感器的铁芯采用壳式结构，由条形硅钢片叠成，在中间铁芯柱上套装一次及二次绕组，二次绕组绕在靠近铁芯的绝缘纸筒上，一次绕组分别绕在二次绕组外面的胶纸筒上，胶纸筒与二次绕组间设有油道。器身利用铁芯夹件固定在箱盖上，箱盖上装有带呼吸孔的注油塞。

② 外形及参考安装尺寸。外形及安装尺寸如图 11-12 所示。

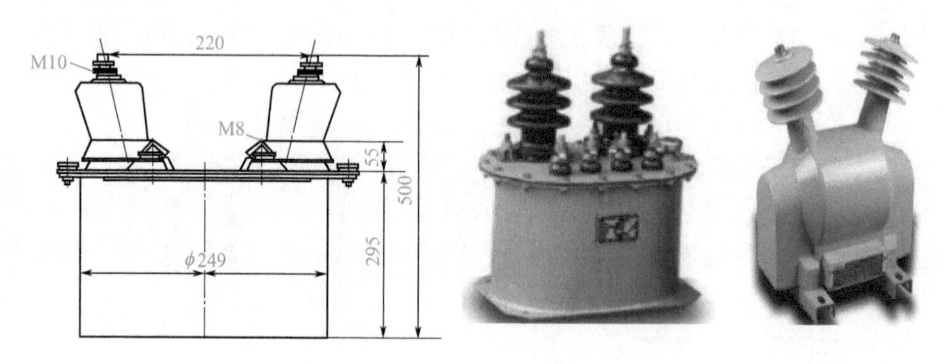

图 11-12　JDJ-10 电压互感器外形及安装尺寸

（2）JSJW-10 型电压互感器　这种类型电压互感器为三相三绕组五铁芯柱式油浸电压互感器，适用于户内。在 10kV 配电系统中供测量电压（相电压和绕电压）、电能、功率、继电保护、功率因数以及绝缘监察使用。该互感器的铁芯采用旁铁轭（边柱）的芯式结构（称五铁芯柱），由条形硅钢片叠成。每相有三个绕组（一次绕组、二次绕组和辅助二次绕组），三个绕组构成一体，三相共有三组线圈分别套在铁芯中间的三个铁芯柱上，辅助二次绕组。绕在靠近铁芯里侧的绝缘纸筒上，外面包上绝缘纸板，再在绝缘纸板外面绕制二次绕组，一次绕组分段绕在二次绕组外面；一次和二次绕组之间置有角环，以利于绝缘和油道畅通。三相五柱电压互感器铁芯结构示意图及线圈接线图如图 11-13 所示。

这种类型互感器的器身用铁芯夹件固定在箱盖上，箱盖上装有高低压出线瓷套管、铭牌、吊攀及带有呼吸孔的注油塞，箱盖下的油箱呈圆筒形，用钢板焊制，下部装有接地螺栓和放油塞。JSJW-10 电压互感器外形尺寸如图 11-14 所示。

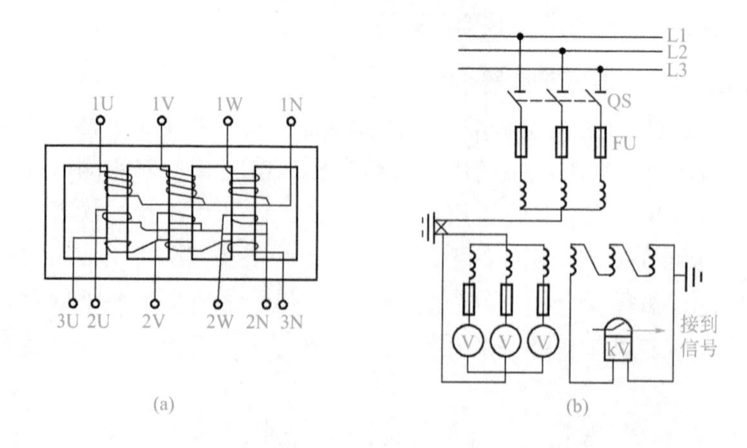

图 11-13　三相五柱电压互感器铁芯结构示意图及线圈接线图

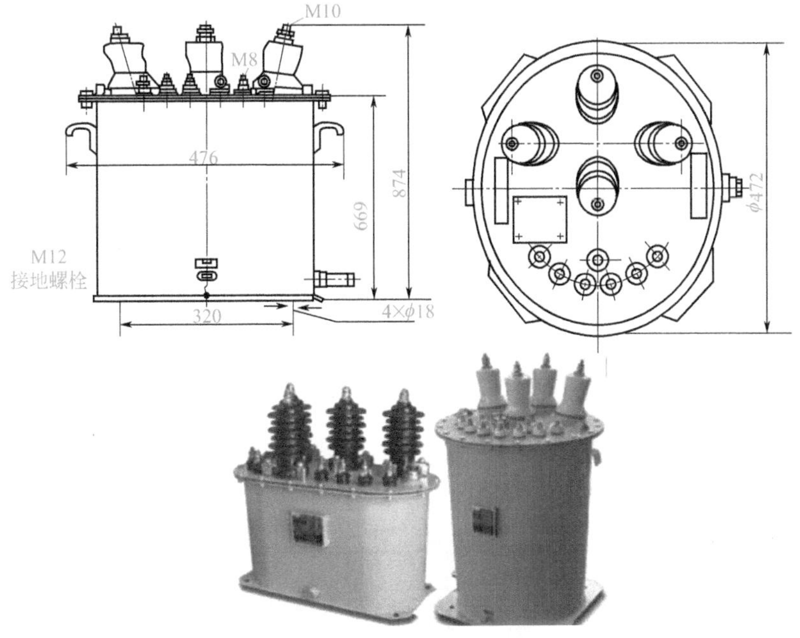

图 11-14　JSJW-10 型电压互感器外形尺寸

（3）JDZJ-10 型电压互感器　这种类型电压互感器为单相三绕组浇注式绝缘户内用设备，在 10kV 配电系统中可供测量电压、电能、功率及接地继电保护等使用，可利用三台这种类型的互感器组合来代替 JSJW 型电压互感器，但不能作单相使用。该种互感器体积较小，气候适应性强，铁芯采用硅钢片卷制成 C 形或叠装成方形，外露在空气中。其一次绕组、二次绕组及辅助二次绕组同心绕制在铁芯中，用环氧树脂浇注成一体，构成全绝缘结构，绝缘浇注体下部涂有半导体漆并与金属底板及铁芯相连，以改善电场的性能。

（4）JSZJ-10 型电压互感器　这种类型电压互感器为三相双绕组油浸式户内用电压互感器。铁芯为三柱内铁芯式，三相绕组分别装设在三个柱上，器身由铁芯件安装在箱盖上，箱盖上装有高、低压出线瓷套管以及铭牌、吊攀及带有呼吸孔的注油塞，油箱为圆筒形，下部装有接地螺栓和放油塞。图 11-15 所示为 JSZJ-10 型电压互感器外形及安装尺寸，图 11-16 所示为 JSZJ-10 型电压互感器接线方式。

该种电压互感器，一次高压侧三相共有六个绕组，其中三个该种电压互感器是主绕组，三个是相角差补偿绕组，互相接成 z 形接线，即以每相线圈与匝数较少的另一相补偿线圈连接。为了能更好补偿，要求正相序连接，即 U 相主绕组接 V 相补偿绕组，V 相主绕组接 W 相补偿绕组，W 相主绕组接 U 相补偿绕组。这样的接法减小了互感器的误差，提高了互感器的准确级次。

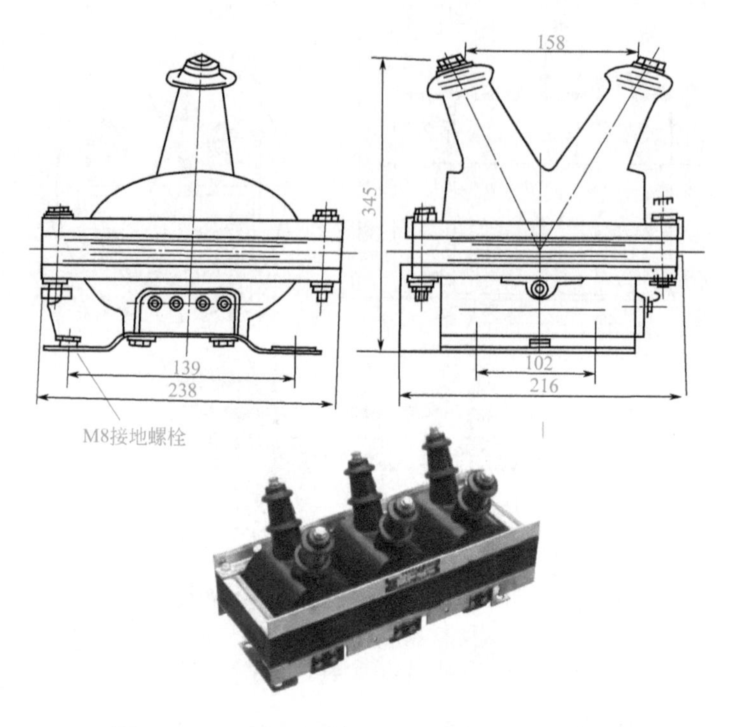

图 11-15 JSZJ-10 型电压互感器外形及安装尺寸

JSZJ-10 型电压互感器，在 10kV 配电系统中，可供测量电压（相电压及线电压），电能和功率以及继电保护用。由于采用了补偿线圈减小了角误差，因此更适宜供给电度计量使用。

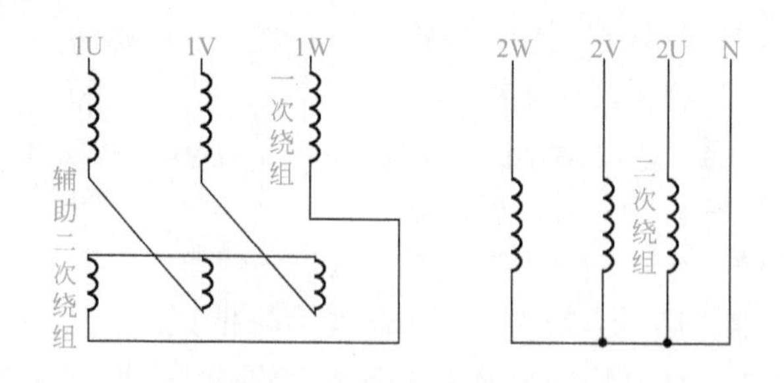

图 11-16 JSZJ-10 型电压互感器接线

二、电压互感器的接线

电压互感器的接线方式有以下几种。

1. 一台单相电压互感器的接线

如图 11-17 所示，这种接线在三相线路上，只能测量其中两相之间的线电压，用来连接电压表、频率表及电压继电器等。为安全起见，二次绕组有一端（通常取 x 端）接地。

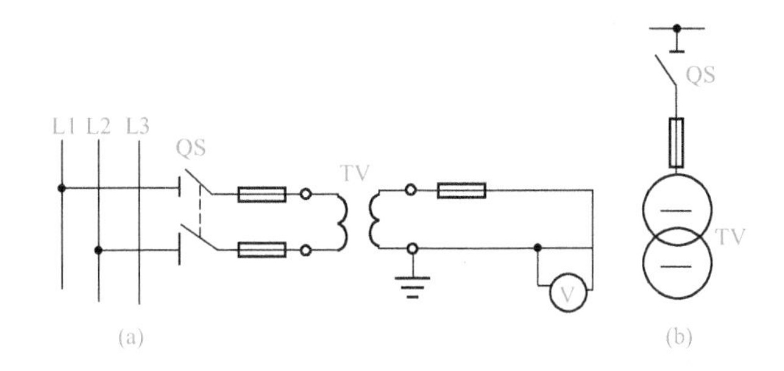

图 11-17 一台单相电压互感器的接线图

2. 两台单相电压互感器 V/V 形接线

V / V 形接线称为不完全三角形接线，如图 11-18 所示，这种接线主要用于中性点不接地系统或经消弧电抗器接地的系统，可以用来测量三个线电压，用于连接线电压表、三相电度表、电力表和电压继电器等。它的优点是接线简单、易于应用，且一次线圈设有接地点，减少系统中的对地励磁电流，避免产生过电压。但是由于这种接线只能得到线电压或相电压，因此，使用存在局限性，它不能测量相对地电压，不能起绝缘监测作用以及接地保护用。

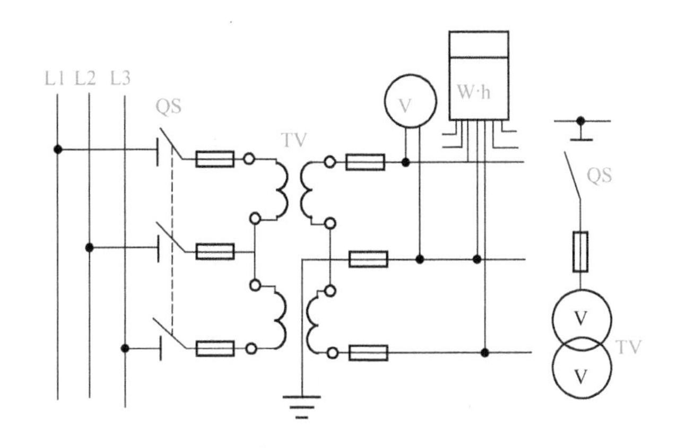

图 11-18　两台单相电压互感器 V/V 形接线

V/V 形接线为安全起见，通常将二次绕组 V 相接地。

3．三台单相电压互感器Y/Y形接线

如图11-19所示，这种接线方式可以满足仪表和继电保护装置取用相电压和线电压的要求。在一次绕组中性点接地情况下，也可装配绝缘监察电压表。

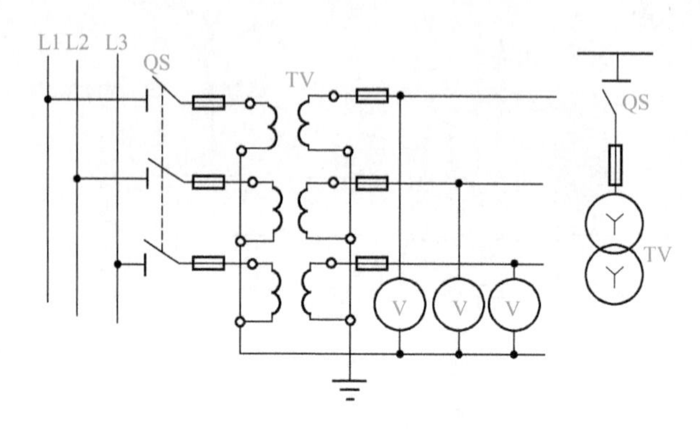

图11-19　三台单相电压互感器Y/Y形接线

4．三相五柱式电压互感器或三台单相三绕组电压互感器Y/Y/L形接线

如图11-20所示，这种互感器接线方式，在10kV中性点不接地系统中应用广泛，它既能测量线电压、相电压，也能组成绝缘监察装置和供单相接地保护用。两套二次绕组中，Y形接线的二次绕组称作基本二次绕组，用来接仪表、继电器及绝缘监察电压表，开口三角形（△）接线的二次绕组，被称作辅助二次绕组，用来连接监察绝缘用的电压继电器。系统正常工作时，开口三角形两侧的电压接近于零，当系统发生一相接地时，开口三角形两端出现零序电压，使电压继电器得电吸合，发出接地预告信号。

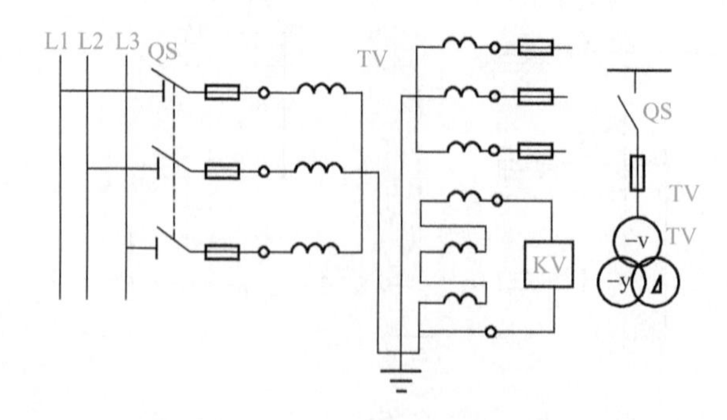

图11-20　三相五柱式电压互感器或三台单相三绕组电压互感器接成Y/Y/L形

第七节

电流互感器

一、电流互感器的型号与技术数据

1．电流互感器的型号

电流互感器的形式多样，按照用途、结构形式、绝缘形式及一次绕组的形式来分类，通常型号用横列拼音字母及数字来表达，各部位字母含义见表 11-23。

表11-23　电流互感器型号字母含义

字母排列次序	代号含义
1	L—电流互感器
2	A—穿墙式　Y—低压的　R—装入式 C—瓷箱式　B—支持式　C—手车式 F—贯穿复匝式　D—贯穿单匝式 M—母线式　J—接地保护 Q—线圈式　Z—支柱式
3	C—瓷绝缘　C—改进式　X—小体积柜用 K—塑料外壳　L—电缆电容型　Q—加强式 D—差动保护用　M—母线式　P—中频的 S—速饱和的　Z—浇注绝缘 W—户外式　J—树脂浇注
4	B—保护级　Q—加强式　D—差动保护用 J—加大容量　L—铝线

电流互感器型号举例：

• LQJ-10 电流互感器，线圈式树脂浇注绝缘，额定电压为 10kV。
• LZX-10 电流互感器，浇注绝缘小体积柜用，额定电压为 10kV。
• LFZ2-10 电流互感器，复匝贯穿式，树脂浇注绝缘，额定电压为 10kV。

2．电流互感器的额定技术数据

常用电流互感器的额定技术数据见表 11-24。

表11-24 常用电流互感器的额定技术数据

型号	额定电流比	级次组合	准确度	二次负荷/Ω				10%倍数		1s稳定倍数	动稳定倍数
				0.5级	1级	3级	D级10级	Ω	倍数		
LFC-10	10/5	0.5/5	3	—	—	1.2	2.4	1.2	7.5	75	90
LFC-10	50 ~ 150/5	0.5/0.5	0.5	0.6	1.2	3	—	0.6	14	75	165
LFC-10	400/5	1/1	1	—	0.6	1.6	—	0.6	1.2	80	250
LFCQ-10	30 ~ 300/5	0.5/0.5	0.5	0.6	—	—	—	0.6	12	110	250
LFCD-10	200 ~ 400/5	D/0.5	0.5	0.6	—	—	—	0.6	14	175	165
LDCQ-10	100/5	0.5/0.5	0.5	0.8	—	—	—	0.8	38	120	95
LQJ-10	5 ~ 100/5	0.5/3	0.5	0.4	—	—	—	0.4	> 5	90	225
LQZ_1-10	600 ~ 1000/5	0.5/3	0.5	0.4	0.6	—	—	0.4	≥ 25	50	90
LMZ_1-10	2000/5	0.5/D	0.5	1.6	2.4	—	—	1.6	≥ 2.5	—	—

（1）变流比 电流互感器的变流比，是指一次绕组的额定电流与二次绕组额定电流之比。由于电流互感器二次绕组的额定电流都规定为5A，所以变流比的大小主要取决于一次额定电流的大小。目前电流互感器的一次额定电流等级有：5、10、15、20、80、40、50、75、100、150、200、（250）、300、400、（500）、600、（750）、800、1000、1200、1500、2000、3000、4000、5000 ~ 6000、8000、10000、15000、20000、25000（A）。

目前，在10kV用户配电设备装置中，电流互感器一次额定电流选用规格，一般在15 ~ 1500A范围内。

（2）误差和准确度级次 电流互感器的测量误差可分为两种：一种是相角误差（简称角差），另一种是变比误差（简称比差）。

变比误差由下式决定：

$$I=\frac{k-I_2}{I_{1e}}\times 100\%$$

式中 K——电流互感器的变比；

I_{1e}——电流互感器一次额定电流；

I_2——电流互感器二次电流实测值。

电流互感器相角误差，是指二次电流的相量与一次电流相量间的夹角之间的误差，相角误差的单位是分。并规定，当二次电流相量超前于一次电流相量时，为正角差，反之为负角差。正常运行的电流互感器的相角差一般都在2°以下。电流互感器的两种误差，具体与下列条件有关。

① 与二次负载阻抗大小有关，阻抗加大，误差加大。

② 与一次电流大小有关，在额定值范围内，一次电流增大，误差减小，当一次电流为额定电流的100%～120%时，误差最小。

③ 与励磁安匝（I_0N_1）大小有关，励磁安匝加大，误差加大。

④ 与二次负载感抗有关，感抗加大，电流误差将加大，而角误差相对减小。

电流互感器的准确级次，是以最大变比误差和相角差来区分的，准确级次在数值上就是变比误差限值的百分数，见表11-25。电流互感器准确级次有0.2级、0.5级、1级、3级、10级和D级几种。其中0.2级属精密测量用。工程中电流互感器准确级次的选用，应根据负载性质来确定，如电度计量一般选用0.5级；电流表计量选用1级，继电保护选用3级；差动保护选用D级。用于继电保护的电流互感器，为满足继电器灵敏度和选择性的要求，根据电流互感器的10%倍数曲线进行校验。

（3）电流互感器的容量　电流互感器的容量，是指它允许接入的二次负荷功率S_n（V•A），由于$S_n=I^2{}_{2e}I_{f2}$，其I_{f2}为二次负载阻抗，I_{2e}为二次线圈额定电流（均为5A），因此通常用额定二次负载阻抗（Ω）来表示。根据国家标准规定，电流互感器额定二次负荷的标准值，可为下列数值之一：5、10、15、20、25、30、40、50、60、80、100（V•A）。那么，当额定电流为5A时，相应的额定负载阻抗值为：0.2、0.4、0.6、0.8、1.0、1.2、1.6、2.0、2.4、3.2、4.0（Ω）。

表11-25　电流互感器的准确级次和误差限值

准确级次	一次电流为额定电流的百分数/%	误差限值		二次负荷变化范围
		比差/%	相角差/′	
0.2	10	±0.5	±20	（0.25～1）S
	20	±0.35	±15	
	100～120	±0.2	±10	
0.5	10	±1	±60	（0.25～1）S^n
	20	±0.75	±45	
	100～120	±0.5	±30	
1	10	±2	±120	（0.25～1）S^n
	20	±1.5	±90	
	100～120	±0.5	±60	
3	50～120	±3.0	不规定	（0.5～1）S^n
10	50～120	±10	不规定	
D	10	±3	不规定	S^n
	100*n*	±10		

注：① *n* 为额定10%倍数。

② 误差限值是以额定负荷为基准的。

由于互感器的准确级次与功率因数有关，因此，规定上列二次额定负载阻抗是在负荷功率因数为0.8（滞后）的条件下给定。

（4）保护用电流互感器的10%倍数 由于电流互感器的误差与励磁电流I_0有着直接关系，当通过电流互感器的一次电流成倍增长时，使铁芯产生饱和磁通，励磁电流急剧增加，引起电流互感器误差迅速增加，这种一次电流成倍增长的情况，在系统发生短路故障时是客观存在的。为了保证继电保护装置在短路故障时可靠动作，要求保护用电流互感器能比较正确地反映一次电流情况，因此，对保护用的电流互感器提出一个最大允许误差值的要求，即允许变比误差最大不超过10%，角差最大不超过7°。所谓10%倍数，就是指一次电流倍数增加到*n*倍（一般规定6～15倍）时，电流误差达到10%，此时的一次电流倍数*n*称为10%倍数，10%倍数越大表示此互感器的过电流性能越好。

影响电流互感器误差的另一个因素是二次负载阻抗。二次阻抗增大，使二次电流减小，去磁安匝减少，同样使励磁电流加大和误差加大。为了使一次电流和二次阻抗这两个影响误差的主要因素互相制约，控制误差在10%范围以内。各种电流互感器产品规格给出了10%误差曲线。所谓电流互感器的10%误差曲线，就是电流误差为10%的条件下，一次电流对额定电流的倍数和二次阻抗的关系曲线（图11-21给出LQJC-10型电流互感器10%倍数曲线）。利用10%误差曲线，可以计算出与保护计算用一次电流倍数相适应的最大允许二次负载阻抗。

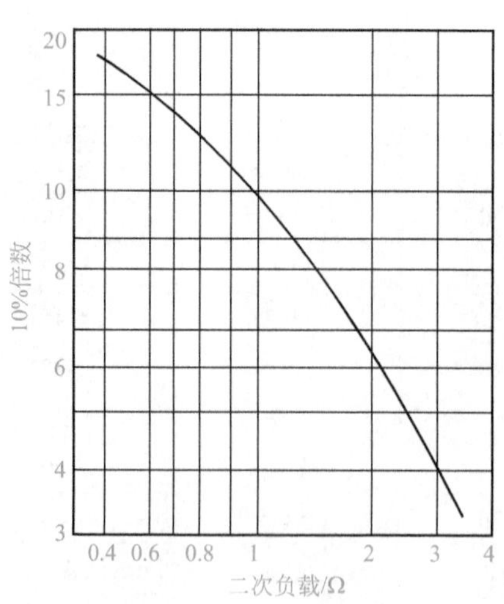

图11-21 LQJC-10型电流互感器10%倍数曲线

（5）热稳定及动稳定倍数 电流互感器的热稳定及动稳定倍数，是表征互感器能够承受短路电流热作用和机械力的能力。

热稳定电流，是指互感器在1s内承受短路电流的热作用而不会损伤的一次电流有效值。所谓热稳定倍数，就是热稳定电流与电流互感器额定电流之比。

动稳定电流，是指一次线路发生短路时，互感器所能承受的无损坏的最大一次电流峰值。动稳定电流，一般为热稳定电流的2.55倍。所谓动稳定倍数，就是动稳定电流与电流互感器额定电流的比值。

3．10kV系统常用电流互感器

（1）LQJ-10、LQJC-10型电流互感器　这种类型的电流互感器为线圈式、浇注绝缘、户内型。在10kV配电系统中，可供给电流、电能和功率测量以及继电保护用。互感器的一次绕组和部分二次绕组浇注在一起，铁芯是由条形硅钢片叠装而成，一次绕组引出线在顶部，二次接线端子在侧壁上。外形及安装尺寸如图11-22所示。

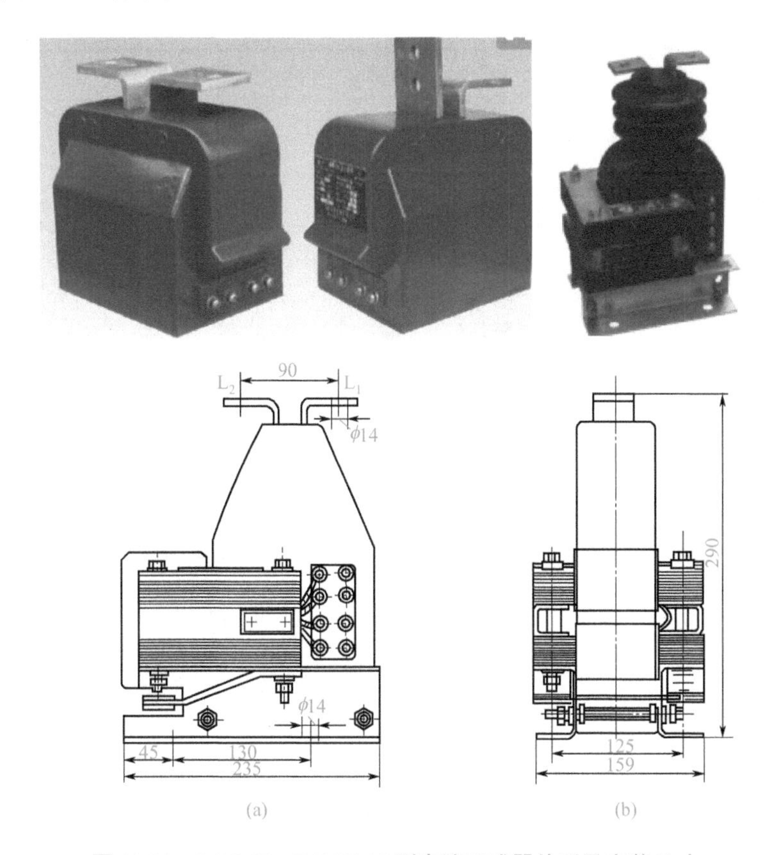

图11-22　LQJ-10、LQJC-10型电流互感器外形及安装尺寸

（2）LFZ2-10、LFZD2-10型电流互感器　这种类型的电流互感器，在10kV配电系统中可供电流及电能和功率测量以及继电保护用。结构为半封闭式，

一次绕组为贯穿复匝式，一、二次绕组浇注为一体，叠片式铁芯和安装板夹装在浇注体上。LFZ2-10 外形及尺寸如图 11-23，LFZD2-10 安装尺寸如图 11-24 所示。

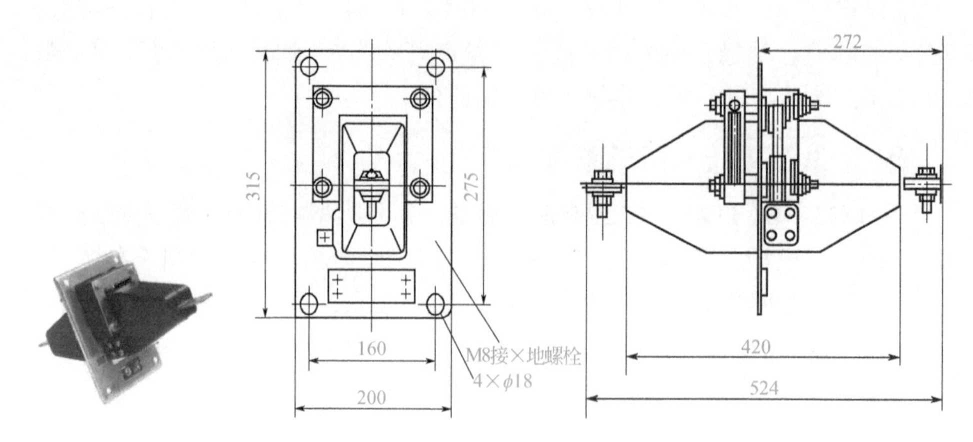

图 11-23　LFZ2-10 型电流互感器外形及尺寸

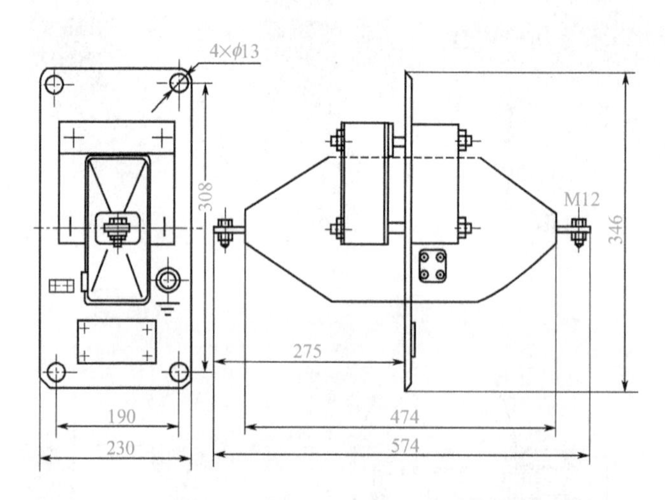

图 11-24　LFZD2-10 型电流互感器安装尺寸

（3）LDZ1-10、LDZJ1-10 型电流互感器　这种类型的电流互感器为单匝式、环氧树脂浇注绝缘、户内型，用于 10kV 配电系统中，可以测量电流、电能和功率以及继电保护用。这种互感器铁芯用硅钢带卷制成环形，二次绕组沿环形铁芯径向绕制，一次导电杆为铜棒（800A 及以下）或铜管（1000A 及以上）制成，外形及安装尺寸如图 11-25 所示。

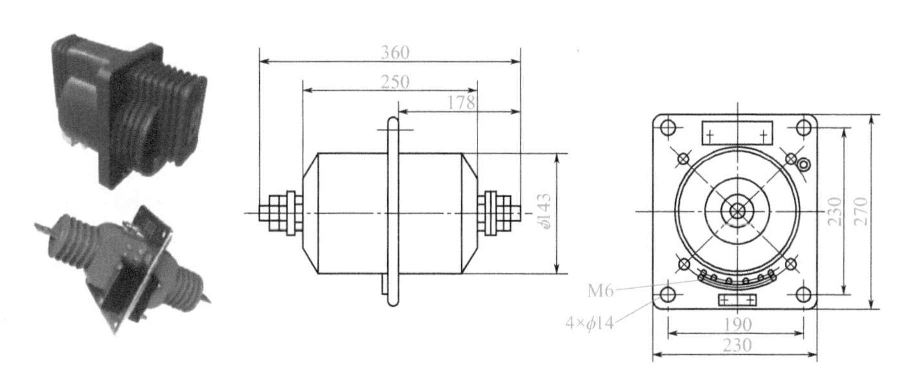

图 11-25　LDZ1-10、LDZJ1-10 型电流互感器外形及安装尺寸

二、电流互感器的接线

互感器的接线方式有下列几种。

1．一台电流互感器接线

如图 11-26（a）所示，这种接线是用来测量单相负荷电流或三相系统负荷中某一相电流。

2．三台电流互感器组成星形接线

如图 11-26（b）所示，这种接线可以用来测量负荷平衡或不平衡的三相电力供电系统中的三相电流。这种三相星形接线方式组成的继电保护电路，可以保证对各种故障（三相、两相短路及单相接地短路）具有相同的灵敏度，所以，可靠性稳定。

3．两台电流互感器组成不完全星形接线方式

如图 11-26（c）所示，这种接线在 6～10kV 中性点不接地系统中广泛应用。从图中可以看出，通过公共导线上仪表中的电流，等于 U、W 相电流的相量和，即等于 V 相的电流。即：

$$\dot{I}_{\text{U}}+\dot{I}_{\text{V}}+\dot{I}_{\text{W}}=0$$

$$\dot{I}_{\text{V}}=-\left(\dot{I}_{\text{U}}+\dot{I}_{\text{W}}\right)$$

不完全星形接线方式构成的继电保护电路，可以对各种相间短路故障进行保护，灵敏度一般相同，与三相星形接线比较，灵敏度较差。由于不完全星形接线方式比三相星形接线方式少了 1/3 的设备，因此，节省了投资费用。

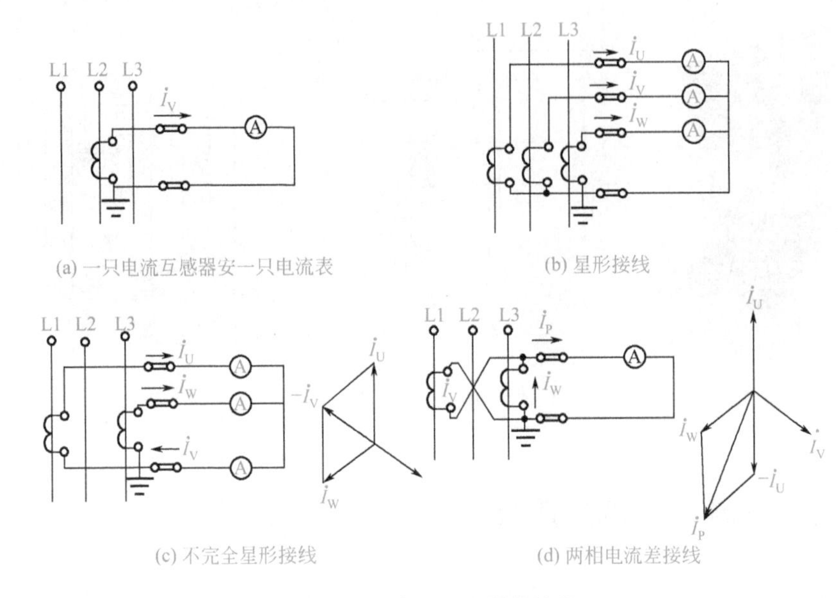

图 11-26　电流互感器的接线

4．两台电流互感器组成两相电流差接线

如图 11-26（d）所示，这种接线方式通常适用于继电保护线路中。例如，线路或电动机的短路保护及并联电容器的横联差动保护等，它能用作各种相间短路，但灵敏度各不相同。这种接线方式在正常工作时，通过仪表或继电器的电流是 W 相电流和 U 相电流的相量差，其数值为电流互感器二次电流的 $\sqrt{3}$ 倍：

$$\dot{I}_P=\dot{I}_W-\dot{I}_U$$

即

$$I_P=\sqrt{3}I_U$$

三、电压、电流组合式互感器接线

电压、电流组合式互感器，是由单相电压互感器和单相电流互感器组合成三相，组合在同一油箱体内，如图 11-27（a）所示。目前，国产 10kV 标准组合式互感器型号为 JLSJW-10 型，具体接线方式如图 11-27（b）所示。

这种组合式互感器，具有结构简单、使用方便、体积小的优点，通常在户外小型变电站及高压配电线路上作电能计量及继电保护用。

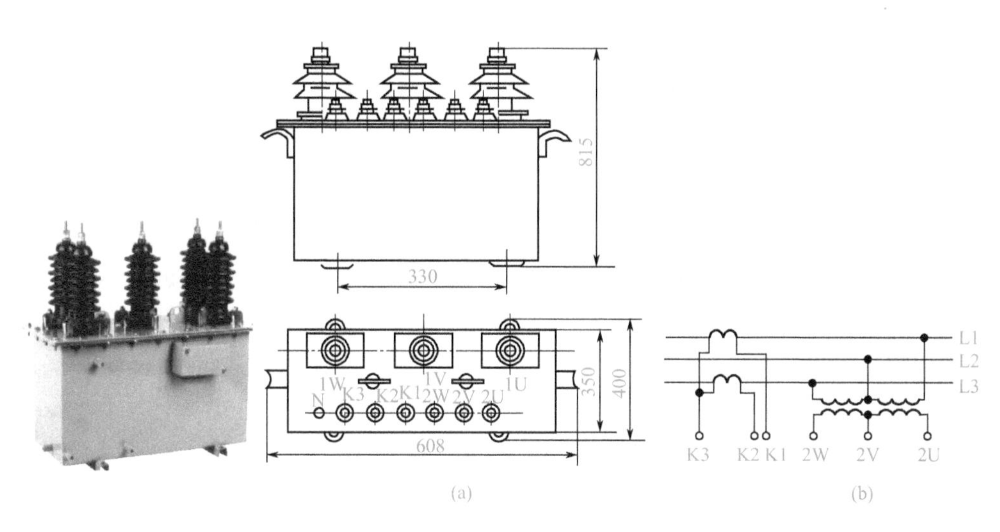

图 11-27　JLSJW-10 型电压、电流组合互感器外形及安装尺寸

四、仪用互感器及极性测试方法

仪用互感器是一种特殊的变压器，它的结构和形式与普通变压器相同，绕组之间利用电磁相互联系。在铁芯中，交变的主磁通在一次和二次绕组中感应出交变电势，这种感应电势的大小和方向随时间在不断地做周期性变化。所谓极性，就是指在某一瞬间，一次和二次绕组同时达到高电位的对应端，称之为同极性端，通常用注脚符号“。”或“+”来表示，如图 11-28 所示。由于电流互感器是变换电流用的，因此，一般以一次绕组和二次绕组电流方向确定极性端。极性标注有加极性和减极性两种标注方法，在电力供电系统中，常用互感器都按减极性标注。减极性的定义是：当电流同时从一次和二次绕组的同极性端流入时，铁芯中所产生的磁通方向相同，或者当一次电流从极性端子流入时，互感器二次电流从同极性端子流出，称为减极性。

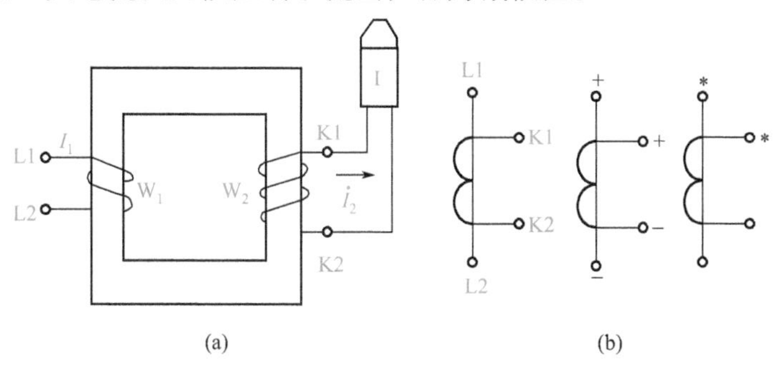

图 11-28　电流互感器极性标注

在实际连接中，极性连接是否正确，会影响到继电保护能否正确可靠动作以及计量仪表的准确计量。因此，互感器投入运行前必须进行极性检验。测定互感器的极性有交流法和直流法两种，在现实测定中，常用简单的直流法，如图 11-29 所示。它是在电流互感器的一次侧经过一个开关 SA 接入 1.5V、3V 或 4.5V 的干电池。在电流互感器二次侧接入直流毫安表或毫伏表（也可用万用表的直流毫伏或毫安挡）。在测定中，当开关 SA 接通时，如电表指针正摆，则 L1 端与 K1 端是同名端，如果电表指针反摆就是异名端了。

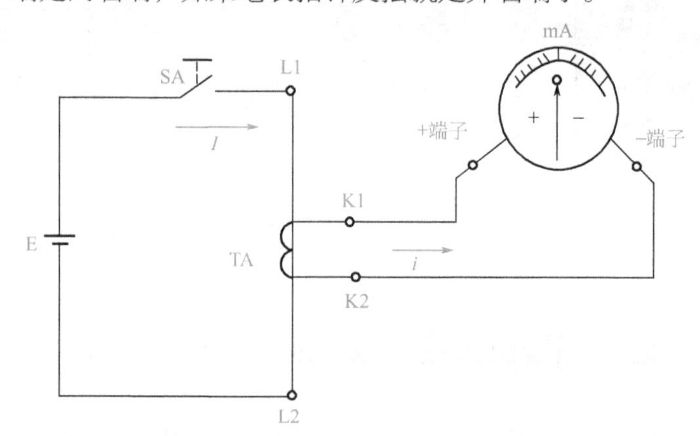

图 11-29　校验电流互感器绕组极性的接线图

mA—中心零位的毫安表；E—干电池；SA—刀开关；TA—被试电流互感器

第八节 高压电器用继电器保护装置

一、高压电器用继电器保护装置的作用与特点

1. 作用

在低压配电系统中，熔断器、自动开关内的电磁脱扣器作为短路保护元件，热继电器、自动开关内的热脱扣器作为过负荷元件；漏电开关作为漏电保护元件；断相继电器作为缺相保护元件。这些元件均有一个共同的特点，就是在正常情况下，均流过保护元件的负荷电流，监视被保护元件的运行状态，当

发生不正常情况或短路事故时，保护元件动作，切断故障电路。

在电力系统发电、输电、高压变配电系统中，随着电压的升高、电器元件的增多、系统容量的增大以及接线的日趋复杂，简单的保护元件已经无法满足快速、准确、有选择地切除故障的要求。所以作用于断路器跳闸机构的继电保护装置获得了广泛的应用。

2．任务

继电保护是保护被保护元件的装置，其主要任务如下：

① 在正常运行情况下，继电保护通过高压测量元件（电流互感器、电压互感器等变换元件）接入电路，流过被保护元件的负荷电流，监视发电、输电、变电、配电、用电等环节电器元件的正常运行。

② 当电力系统发生各种不正常的运行方式时，如中性点不接地系统发生单相接地故障、变压器过负荷、轻瓦斯动作、油面下降、温度升高、电力系统振荡、非同期运行等，继电保护应可靠动作，瞬时或延时发出预告信号，告诉值班人员尽快处理。

③ 当电力系统发生各种故障时，如电力系统单相接地短路、两相短路、三相短路；设备线圈内部发生匝间、层间短路等，继电保护应可靠动作，使故障元件的断路器跳闸，切除故障点，防止事故扩大，确保非故障部分继续运行。

④ 为使故障切除后，被切除部分尽快投入运行，可借助继电保护和自动装置来实现自动重合闸、备用电源自动投入和自动减负荷。

⑤ 继电保护装置可实现电力系统的遥讯、遥测、遥控等。

3．要求

电力系统发生各种短路故障时，所引起的后果相当严重。短路电流的瞬时冲击值会产生一个很大的电动力，使电器设备遭受机械力的破坏；短路引起的电弧及短路电流的热效应，使电器设备绝缘损坏；短路时，系统电压急剧下降，使用户的正常用电遭受破坏，造成停产停电；在电力系统关键部位发生短路时，若处理不及时，会使整个电力系统瓦解。为保证电力系统的安全运行，使电器元件免遭破坏，对动作于断路器跳闸的继电保护装置做出如下要求。

① 要具有选择性。当电力系统发生事故时，继电保护装置应能迅速将故障设备切除（断开距离事故点最近的断路设备），从而保证电力系统的其他部分正常运行。为了保证继电保护装置的动作有选择性，上、下两级保护在整定值上要进行配合。

例如：同一个系统的上级断路器保护整定值除比下级断路器保护的整定值大 1.1 倍以上外，在动作时限上还应有一个时间差，通常取 0.5 ～ 0.7s。

② 要具有快速性。故障的快速切除可以缩小事故范围，减轻事故的影响，因此一般要求继电保护装置应快速动作。在某些情况下，快速动作与选择性的要求是矛盾的。这时，为了使继电器保护装置具有选择性，继电保护的动作必须具有时限。

此外，有些作为反映电力系统不正常工作状态的保护装置，也不要求快速动作，例如过负荷保护等都是具有较长动作时限的。

③ 要具有灵敏性。指在保护装置的保护范围内，对发生事故和不正常运行方式的反应能力。各种类型保护装置的灵敏性可用灵敏度（或灵敏系数）来衡量，以过电流保护为例：

$$灵敏度系数=\frac{保护区域末端的短路电流}{一次侧动作电流}$$

④ 要具有可靠性。继电保护装置应经常地处于准备动作状态。在电力系统发生事故时，相应的保护装置应可靠动作，不应拒动。在电力系统正常运行情况下也不应误动，以免造成用户不必要的停电。为了使保护装置动作可靠，除正确地选用保护方案、正确计算整定值以及选用质量好的继电器等电器元件外，还应对继电保护装置进行定期校验和维护，加强对继电保护装置的运行管理工作。

4．种类

10kV 配电系统常用的继电保护主要有以下几类。

（1）电流速断保护 电力系统的发电机、变压器和线路等电器元件发生故障时，将产生很大的短路电流，故障点距离电源越近，则短路电流越大。为此，可以利用电流大于电流继电器的最大整定值时，保护装置动作，使断路器跳闸，将故障段切除。

（2）过电流保护 过电流保护一般是按避开最大负荷电流来整定的。为了使上、下级过流保护有选择性，在时限上也应相差一个级差。而电流速断保护是按被保护设备的短路电流来整定的，因此一般它没有时限。两者常配合使用作为设备的主保护和后备保护。

（3）瓦斯（气体）保护 瓦斯继电器接在变压器油箱与油枕之间，如图 11-30 所示为瓦斯继电器的实物图，如图 11-31 所示为瓦斯继电器的构造图。瓦斯保护是针对油浸式变压器内部故障的一种保护装置，当变压器内发生故障时，故障点局部发生高热，引起附近变压器油的膨胀，分解出大量气体迫使瓦斯继电器动作。

当发出轻瓦斯信号时，值班员应立即对变压器及瓦斯继电器进行检查，注意电压、电流、温度及声音的变化，同时迅速收集气体做点燃试验。如果气体可燃，说明内部有故障，应及时分析故障原因，如气体不可燃，应对气体及变压器油进行化学分析以做出正确判断。

重瓦斯动作（瓦斯动作掉闸）后，值班员在未判明故障性质以前，变压器不得投入运行。重瓦斯如接信号时，则应根据当时变压器声响、气味、喷油、冒烟、油温急剧上升等异常情况，证明其内部确有故障时，立即将变压器停止运行。

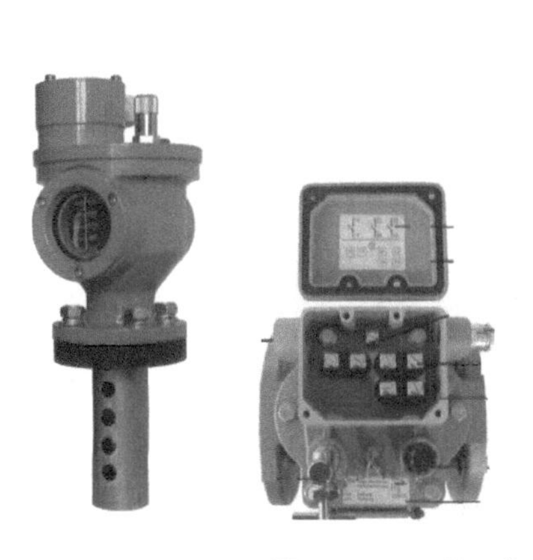

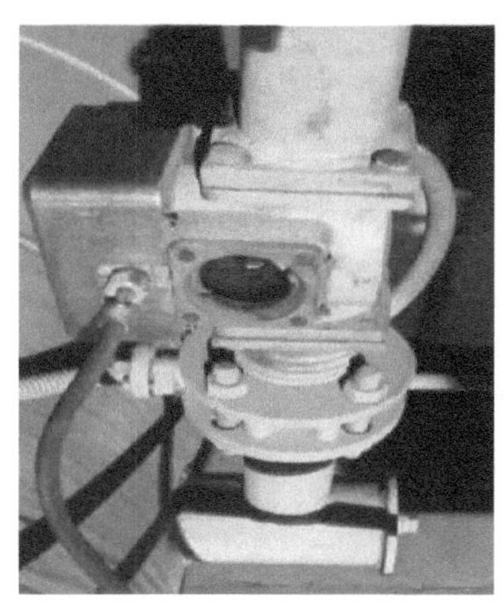

图 11-30　几种瓦斯继电器的实物图

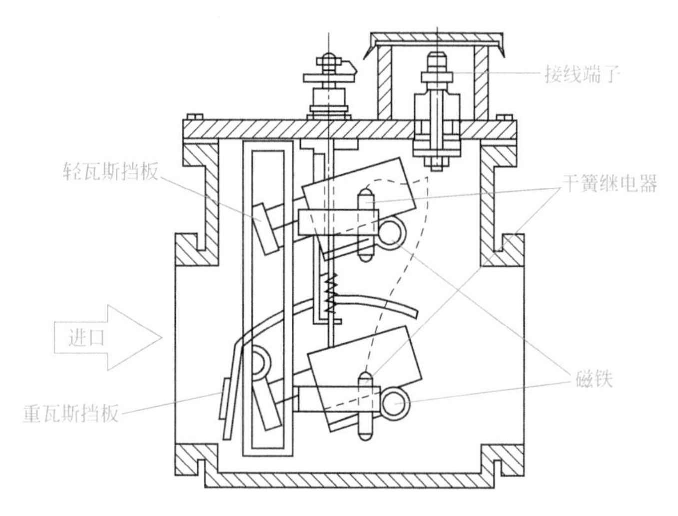

图 11-31　瓦斯继电器的构造图

（4）单相接地（零序）保护　零序保护是针对 10kV 中性点经低电阻接地系统而采用的一种高压对地绝缘监视的保护装置。

零序电流保护是让三相导线一起穿过一个零序电流互感器，如图 11-32 所示。零序电流保护的基本原理是基于基尔霍夫电流定律：流入电路中任一节点的复电流的代数和等于零。在线路与电器设备正常的情况下，各相电流的矢量和等于零，因此，零序电流互感器的二次侧绕组无信号输出，执行元件不动作。当发生接地故障时，各相电流的矢量和不为零，故障电流使零序电流互感器的环形铁芯中产生磁通，零序电流互感器的二次侧感应电压使执行元件动作，带动脱扣装置，切换供电网络，达到接地故障保护的目的。

图 11-32　零序电流互感器实物图

（5）温度保护　变压器的温度计是一种电接点温度计，如图 11-33 所示，直接监视变压器上层油温并可以发出控制信号，一般变压器上层油温比中、下层油温高，因此，通过监视上层油温来控制变压器绕组的最高点温度，按 A 级绝缘考虑，由于绕组平均温度比油温高 10℃，因此一般规定上层油温不允许超过 95℃，这样绕组的最高温度不会超过 105℃，这与 A 级绝缘的允许温度是一致的。变压器绕组的最高允许温度为 105℃，并不是说绕组可以长期处在这个温度下运行。如果连续在这个温度下运行，绝缘会很快老化，寿命将大大降低。根据试验，如绕组的运行温度保持在 95℃时，使用寿命为 20 年；温度为 105℃时，使用寿命为 7 年；温度为 120℃时，使用寿命为 2 年，可见变压器的使用年限主要取决于绕组的运行温度。

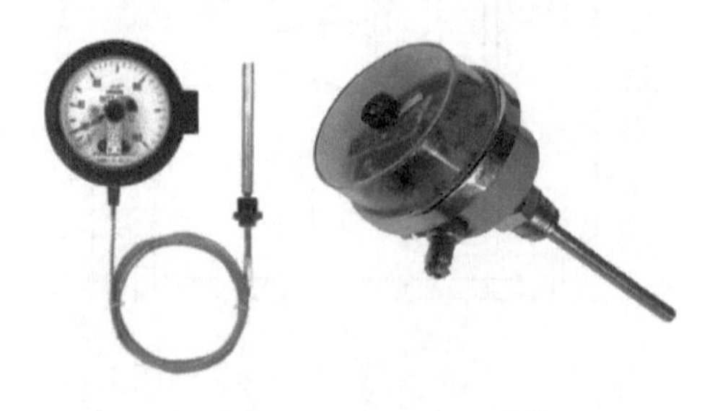

图 11-33　电接点温度控制计

监视变压器上层油温，也就是监视变压器绕组的绝缘温度，因此保证变压器绕组温度不超过允许值，也就保证了变压器一定的使用寿命。

（6）过负荷保护 过负荷保护是监视变压器运行状态，保证变压器在正常负荷范围内运行。当负荷大于规定值时，继电保护装置发出报警信号，提示值班人员应加紧巡视并采取措施降低变压器负荷，以保证安全运行。

（7）柜闭锁 柜闭锁电路是保证断路器在运行位置、试验位置时，开关柜的其他门和变压器门是不可以打开的，以防发生危险。柜闭锁是装在门内的限位开关，门关闭良好时开关压下，接点断开，当门打开时限位接通发出跳闸命令。

不是所有继电保护都发出跳闸指令的，只有电流速断保护、过电流保护、单相接地保护、重瓦斯保护发出跳闸指令，而轻瓦斯保护、过负荷保护、温度保护只发出报警信号。

继电保护的整定工作应由供电部分的专职人员负责，用电单位不可随意改动继电保护的整定值。运行值班人员必须熟悉本单位继电保护装置的种类、工作原理、保护特性、保护范围、整定值。

电流速断保护的整定原则：其整定电流应躲过变压器低压侧母线的最大短路电流。

过电流保护的整定原则：整定电流应躲过线路的最大负荷电流。线路最大负荷电流即线路全部的负荷电流加上最大设备的启动电流。

过流保护的范围：过流保护作为被保护线路主保护的后备保护，能保护线路的全长，还应作为下一级相邻线路保护的后备保护，作为配电变压器过渡保护主要是保护变压器的低压侧。

速断保护的保护范围：电流速断保护作为变压器的主保护，以无时限动作切除故障点，减少了事故持续时间，防止了事故扩大。为了实现保护的选择性，电流速断保护不能保护变压器的全部，只能保护变压器一次侧高压设备。电流速断保护对被保护元件有保护死区。

二、10kV系统常用的保护继电器

继电器是构成继电保护的最基本元件，10kV变、配电所常用的保护继电器的种类繁多，按照不同的分类方法可分成许多类别。主要有电流继电器、电压继电器、时间继电器、中间继电器、信号继电器、瓦斯继电器、综合保护装置等。下面将一一介绍它们的使用。

1. GL型过电流继电器

GL型过电流继电器（图11-34）是利用电磁感应原理工作的，主要由圆盘感应部分和电磁瞬动部分构成，由于继电器既有感应原理构成的反时限特性部分，又有电磁式瞬动部分，所以又称为有限反时限电流继电器，具有速断保护和过流保护的功能。这种继电器是以反时限保护特性为主，GL 系列过电流继电器的构造如图 11-35 所示，GL 型过电流继电器的辅助接点动作特点是常开接点先闭合、常闭接点后断开，以保证在过流保护电流中不会因接点切换造成电流互感器二次开路的事故。接点动作如图 11-36 所示。

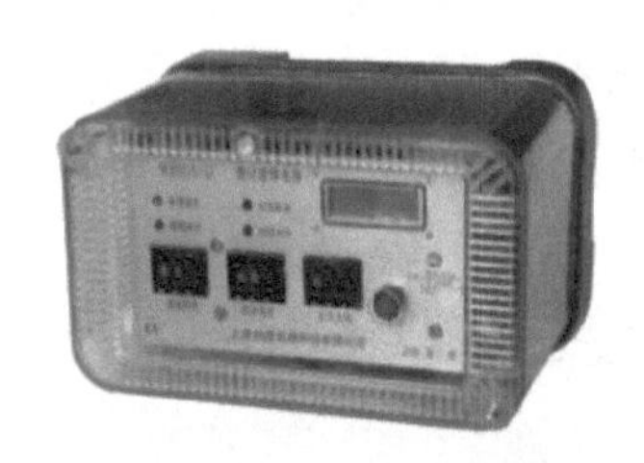

图 11-34　GL 型过电流继电器外形

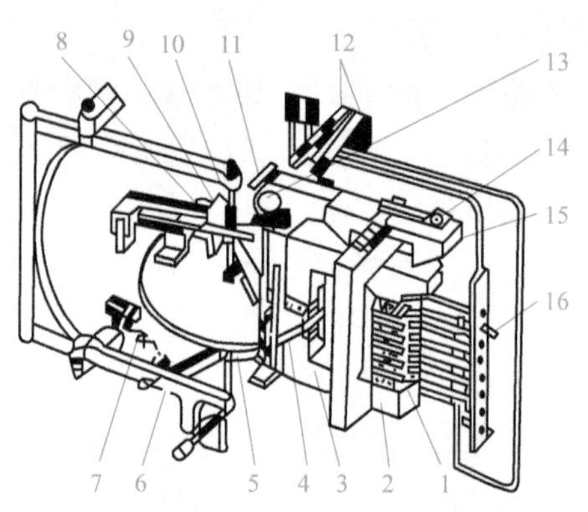

图 11-35　GL 系列过电流继电器的构造

1—线圈；2—电磁铁；3—短路环；4—铝盘；5—钢片；6—铝框架；7—调节弹簧；8—制动永久磁铁；9—扇形齿轮；10—蜗杆；11—扁杆；12—继电器触点；13—时限调节螺杆；14—继电器电流调节螺杆；15—衔铁；16—动作电流调节插销

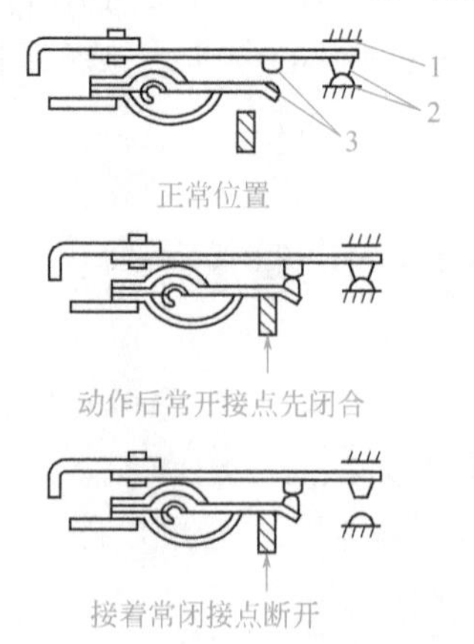

图 11-36　GL 系列电流继电器接点动作过程

1—上止挡；2—常闭接点；3—常开接点

2. DL 型电流继电器

电流继电器是继电保护电路中重要的电器元件，在继电保护装置中作为电路的启动元件，电流继电器的文字符号为 KA，变配电系统常用的电流继电器有 DL 系列。如图 11-37 所示是 DL 型电流继电器外形和图形符号，如图 11-38 所示为 DL 系列电流继电器内部接线图。

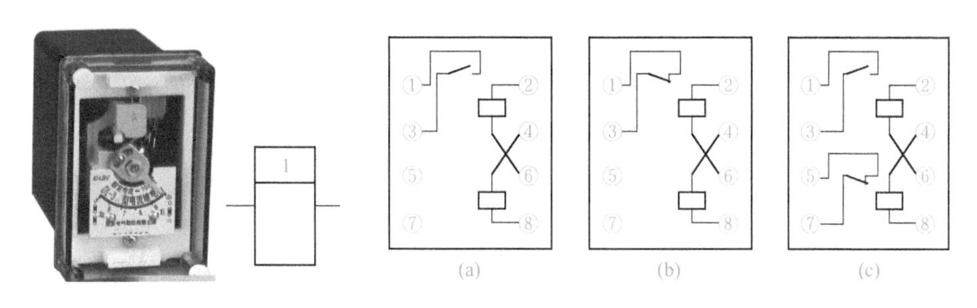

图 11-37 DL 型电流继电器外形和图形符号

图 11-38 DL 系列电流继电器内部接线图

DL 型电流继电器有两个电流线圈，利用连接片可以接成串联或并联，当由串联改为并联时，动作电流增大一倍。动作电流的调整分为粗调和细调。粗调是靠改变两个线圈的串并联连接，细调是靠改变螺旋弹簧的构紧力，DL 型电流继电器构造如图 11-39 所示。

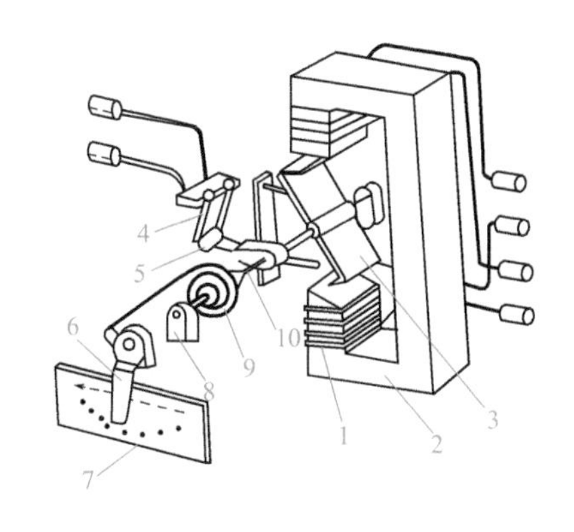

图 11-39 DL 型电流继电器构造图

1—线圈；2—电磁铁；3—钢舌片；4—静触点；5—动触点；6—启动电流调节螺杆；7—标度盘（铭牌）；8—轴承；9—反作用弹簧；10—轴

3. 信号继电器

信号继电器在继电保护中用来发出指示信号，因此又称指示继电器，信号继电器的文字符号为 KS。10kV 系统中常用的 DX 型、JX 电磁式信号继电器，有电流型和电压型两种。电流型信号继电器的线圈为电流线圈，阻抗小，串联在二次回路内，不影响其他元件的动作；电压型信号继电器的线圈为电压线圈，阻抗大，必须并联使用，信号继电器外形如图 11-40 所示。

(a) DX型信号继电器

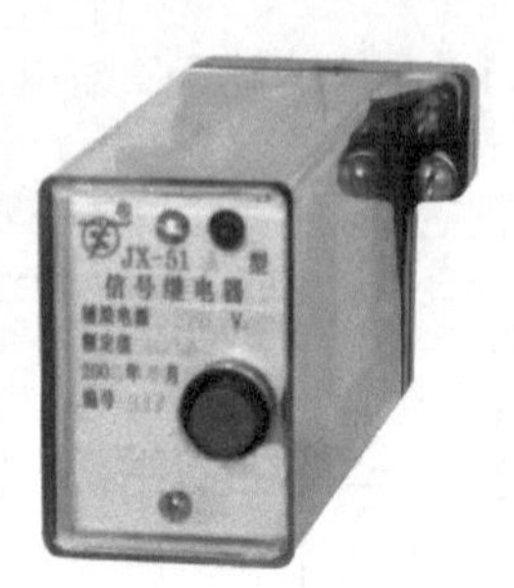

(b) JX型信号继电器

图 11-40　信号继电器外形

DX 系列信号继电器在继电保护装置中主要有两个作用：一是机械记忆作用，当继电器动作后，信号掉牌落下，用来判断故障的性质和种类，信号掉牌为手动复位式；二是继电器动作后，信号接点闭合，发出事故预告或灯光信号，告诉值班人员，尽快处理事故。

DX-11 型信号继电器的内部接线如图 11-41 所示，图形符号为 GB4728 规定的机械保持继电器线圈符号，其触点上的附加符号表示非自动复位触点。信号继电器的构造如图 11-42 所示。

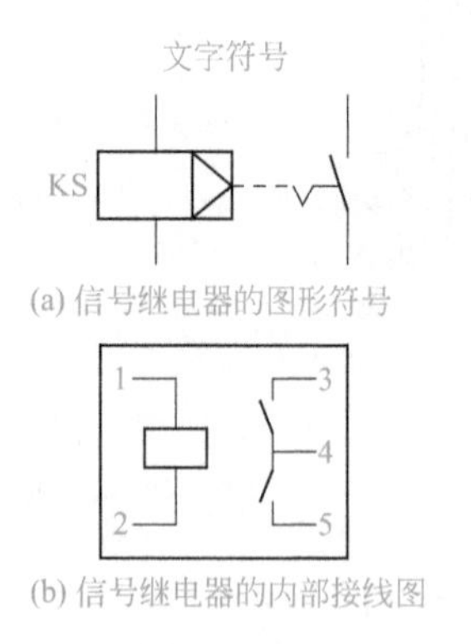

(a) 信号继电器的图形符号

(b) 信号继电器的内部接线图

图 11-41 DX-11 型信号继电器的内部接线

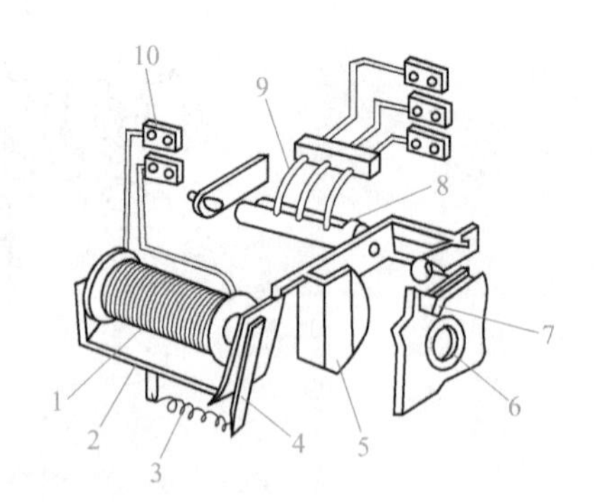

图 11-42　信号继电器构造图

1—线圈；2—电磁铁；3—弹簧；4—衔铁；5—信号牌；6—玻璃窗口；7—复位旋钮；8—动触点；9—静触点；10—接线端子

4．电磁型DZ系列交直流中间继电器

这种继电器是继电保护中起到辅助和操作作用的继电器，也称为辅助继电器，起到增加接点容量和数量的作用，它是一种执行元件。它通常在保护装置的出口回路中接通断路器的跳闸回路，也称为出口（发出控制指令）继电器。

图 11-43 常用的中间继电器外形

应用的型号比较多，接点的数量也比较多，有常开和常闭接点，继电器的额定电压应与操作电源的额定电压一致，常用的中间继电器外形如图 11-43 所示，中间继电器的图形符号和内部接线如图 11-44 所示。

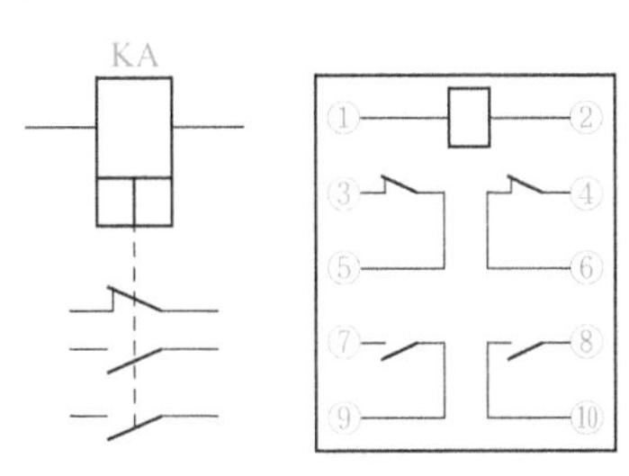

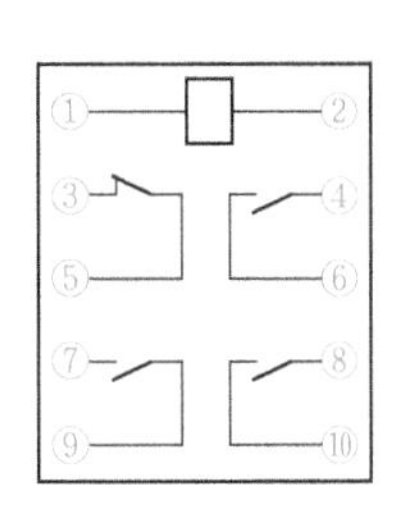

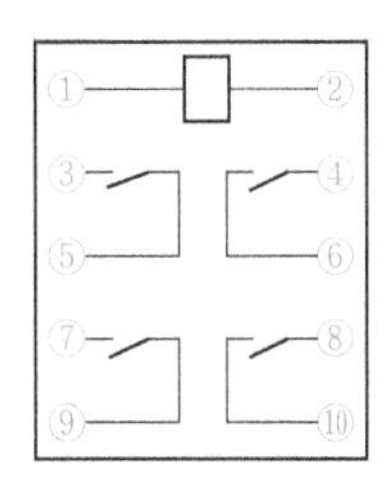

图 11-44 中间继电器的图形符号和内部接线

变配电系统中常用的 DZ 系列中间继电器的基本结构如图 11-45 所示，它一般采用引衔铁式结构，当线圈通电时，衔铁被快速吸合，常闭触点断开，常开触点闭合。当线圈断电时，衔铁又被快速释放，触点全部返回起始位置。其中线圈符号为 GB4728 规定的快吸和快放线圈符号。

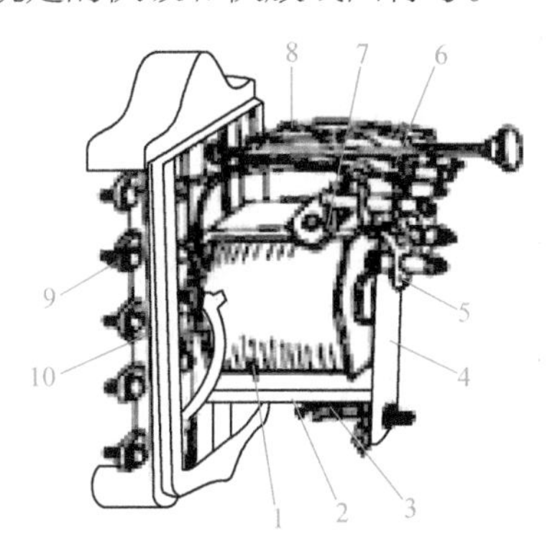

图 11-45 变配电系统中常用的 DZ 系列中间继电器的基本结构

1—线圈；2—电磁铁；3—弹簧；4—衔铁；5—动触点；6、7—静触点；8—连接线；9—接线端子；10—底座

5．DS型时间继电器

电磁型时间继电器在继电器保护装置中是用来使保护装置获得所需要的延时（时限）的元件，可根据整定值的要求进行调整，是过电流和过负荷保护中的重要组成部分。

继电保护常用的时间继电器如图 11-46 所示。

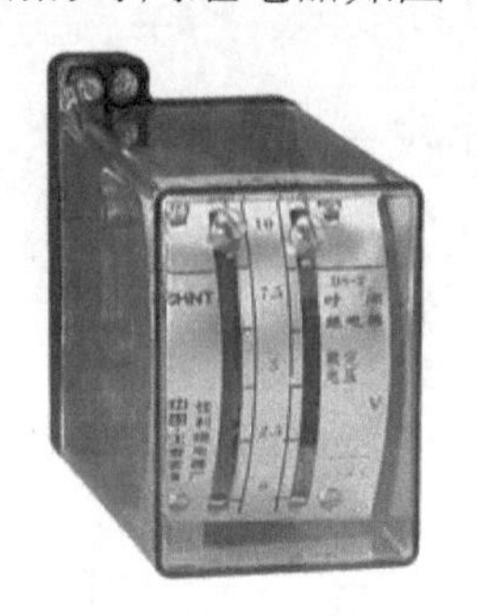

图 11-46　继电保护常用的时间继电器

时间继电器的图形文字符号如图 11-47 和图 11-48 所示。

图 11-47　通电延时的线圈及延时闭合触点　　图 11-48　继电延时的线圈及延时断开触点

DS 型时间继电器内部接线如图 11-49 所示。

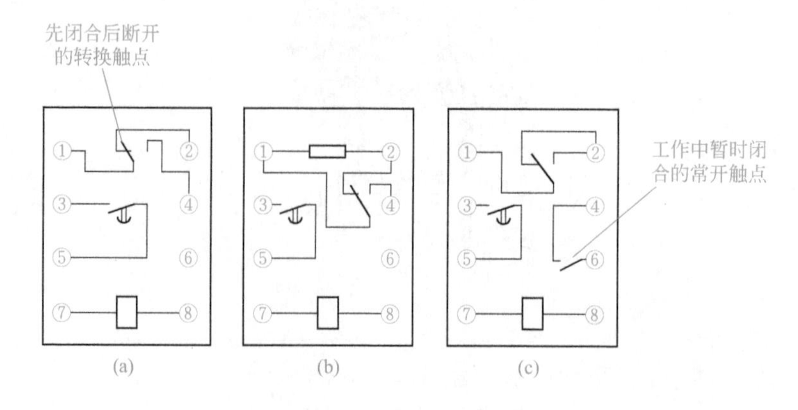

图 11-49　DS 型时间继电器内部接线图

DS 系列时间继电器有交流、直流之分，DS-110 系列用于直流操作继电保护回路，DS-120 系列用于交流操作继电保护回路，该继电器的接点容量放大，可直接接于跳闸回路。

6．电压继电器

电压继电器是继电保护电路中重要的电气元件，在继电保护装置中是一种过电压和低电压及零序电压保护的重要继电器，电压继电器的文字符号为 KA，变配电系统常用电压继电器有 DJ 系列。

常用的电压继电器外形如图 11-50 所示。

图 11-50　常用的电压继电器外形

DJ 系列电压继电器的内部接线如图 11-51 所示。

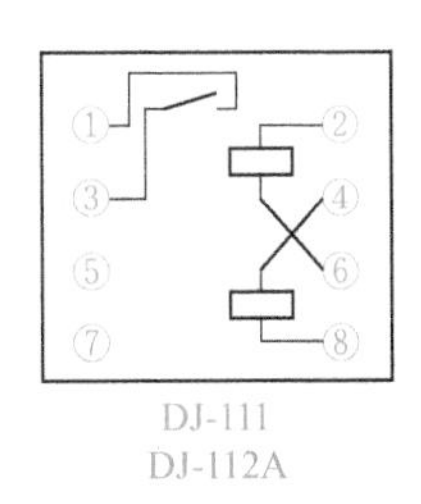

DJ-111
DJ-112A

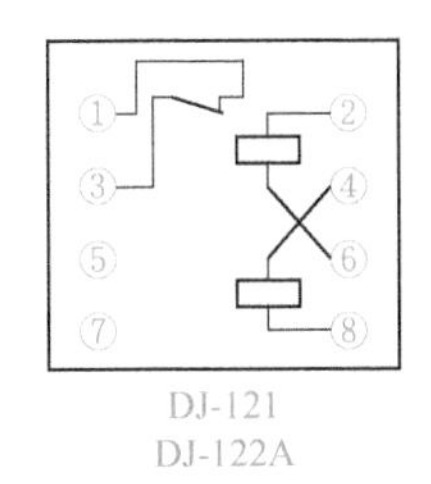

DJ-121
DJ-122A

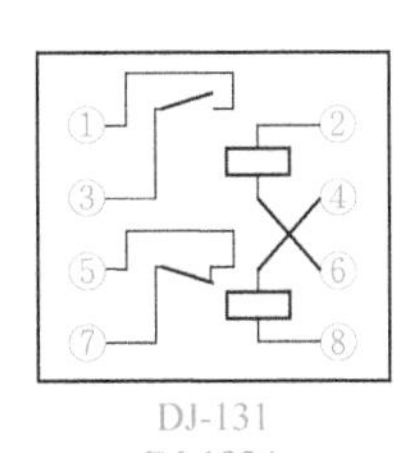

DJ-131
DJ-132A

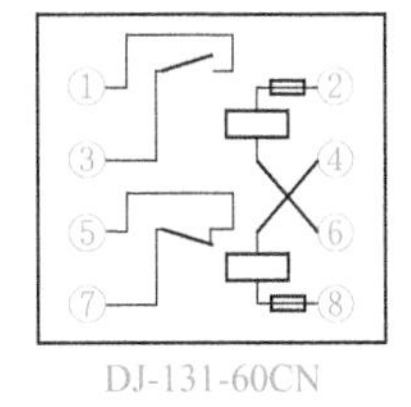

DJ-131-60CN

图 11-51　DJ 系列电压继电器的内部接线图

DJ 型电压继电器有两个电压线圈，利用连接片可以接成串联或并联，当由并联改为串联时，动作电压提高一倍，动作电压的调整分为粗调和细调，粗调是靠改变两个线圈的串并联连接，细调是靠改变螺旋弹簧的松紧力。

DJ 系列电压继电器分为过电压继电器和低电压继电器。

DJ-111、DJ-121、DJ-131 为过电压继电器。

DJ-112A、DJ-122A、DJ-132A 为低电压继电器。

DJ-131-60CN为过电压继电器，每个线圈上串一个电阻，一般接于三相五柱电压互感器开口三角形中，作为绝缘监视用，反映接地时系统的零序电压。

7. DZB系列保持中间继电器

DZB继电器（图11-52）是一种具有自保持绕组功能的特殊继电器，主要用于直流操作的继电保护回路系统中的防跳跃保护电路，与其他的继电器不同，DZB继电器有两种功能线圈，即电压线圈和电流线圈，接线如图11-53所示，电压线圈有24V、48V、110V、220V四个电压等级，电流线圈有0.5A、1A、2A、4A、8A等级，DZB-115型保持继电器是电流线圈工作电压线圈保持型，CZB-127保持继电器是有一个电压线圈工作两个电流线圈保持型。

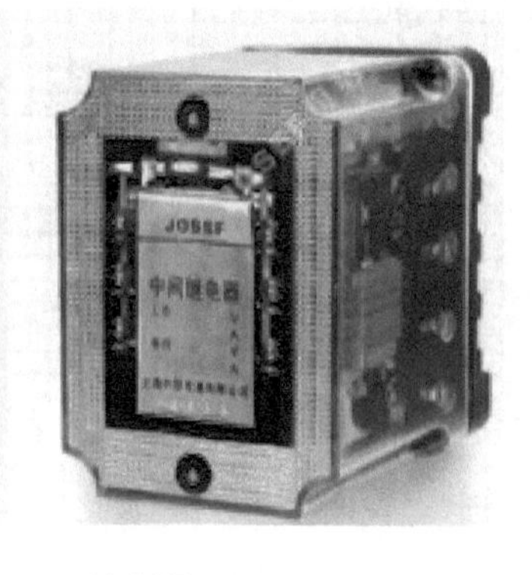

图11-52　DZB继电器

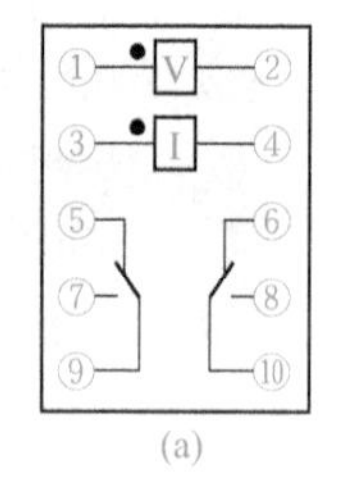

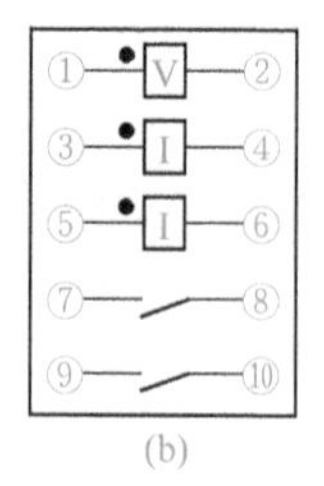

图11-53　DZB接线图

8. 过电流综合保护器

过电流综合保护器与传统继电保护电路相比，具有接线简单、保护功能多、灵敏度高等特点，是一种保护、测量、控制、监视、通信以及电能质量分析为一体的综合保护器，可以设定成为不同用途的综合保护装置，应用于输变电架空线路、地下电缆、配电变压器、高压电机、电力电容器等不同的回路的保护监视。

目前广泛使用的主要有ABB的SPAJ-140C，施耐德的SEPAM-1000，芬兰瓦萨的VAMP40、Mpac-3，国产NAS-9210等。

综合保护继电器的名词解释。

（1）电流保护一般分为三段

① 过流保护。一般指电路中的电流超过额定电流值后，断开断路器进行保护。分为：定时限过电流保护，是指保护装置的动作时间不随短路电流的大小而变化的保护；反时限过电流保护，是指保护装置的动作时间随短路电流的增

大而自动减小的保护。

② 延时速断。为了弥补瞬时速断保护不能保护线路全长的缺点，常采用带时限的速断保护，即延时速断保护。这种保护一般与瞬时速断保护配合使用，其特点与定时限过电流保护装置基本相同，所不同的是其动作时间比定时限过电流保护的整定时间短。

③ 速断保护。速断保护是电力设备的主保护，动作电流为最大短路电流的 K 倍（无选择性的瞬时跳闸保护）。

（2）重合闸保护　用于线路发生瞬态故障保护动作后，故障马上消失的再一次合闸，也可以二次（或三次）用在线路上，出现永久性故障则不能重合闸，重合闸不能用在终端变压器或电动机上。

（3）后加速　指重合闸后加速保护。重合闸故障线路上的一种无选择性的瞬时跳闸保护。

（4）前加速　指重合闸前加速保护。

（5）低周减载保护　一般指线路发生故障后，频率下降时的一种保护。

（6）差动保护　一种变压器和电动机的保护（利用前后级的电流差进行保护）。

（7）非电量保护　一般指变压器温度（高温警告，超高温跳闸）、瓦斯（轻瓦斯警告，重瓦斯跳闸）、变压器门误动作等外部因素的保护。

（8）方向保护　一般指用于发电机组并列运行，对两个不同方向电流差别的一种保护。

（9）低电流保护　采用定时限电流保护，欠电流功能用于检测负荷丢失，如排水泵或传输带。

（10）负序电流保护　任何不平衡的故障状态都会产生一定幅值的负序电流，因此，相间负序过电流保护元件能动作于相间故障和接地故障。

（11）热过负荷保护　根据正序电流和负序电流计算出等效电流，从而获得两者的热效应电流。

（12）接地电流保护　是三相电流不平衡的一种保护，通常称零序保护。

（13）低电压保护　利用相电压或线电压的定值，当线路发生故障时，电压低于这个定值的一种保护。

（14）过电压保护　利用相电压或线电压的定值，当线路在减少负荷的情况下，供电电压的幅度会增大，使系统出现过电压的一种保护。

（15）零序电压保护　电压不平衡的一种保护。

（16）不平衡保护　有电流不平衡保护和电压不平衡保护两种，当线路发生故障后，是用不断出现在线路上不平衡的电流、电压使开关跳闸的一种保护。

综合保护继电器的基本工作原理如图 11-54 所示。

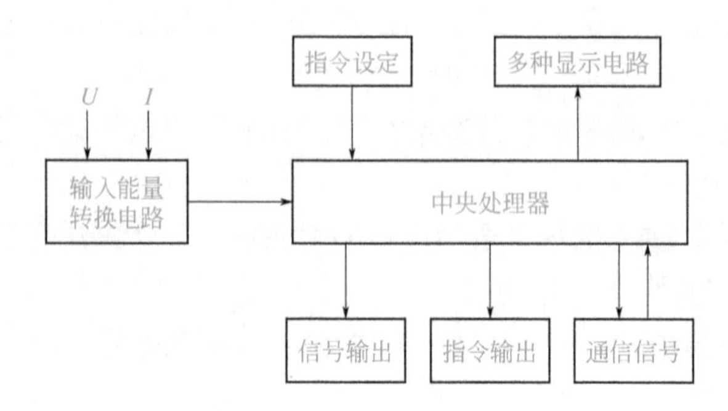

图 11-54　综合保护继电器的基本工作原理

9．施奈德 SEPAM 综合保护继电器

施奈德 SEPAM 系列综合保护继电器适用于作为大电流接地、电阻接地和中性点不接地系统中局部短路的保护，它包括带时限过电流和高定值、低定值接地故障保护。保护装置还含有一套完整的断路器失灵保护。施奈德 SEPAM 采用了最新的 PLC 可编程序控制器微处理器技术，构成了一套完整的单相、三相过流保护，带和不带方向的接地保护，零序过电压保护，单相、三相组合式过电压、欠电压保护，可用作配电系统中的主保护，也可作为保护的后备。该系列馈线终端集保护、控制和测量功能于一身，适用于配电、变电站馈线开关屏的保护和控制，同时也负责开关柜与控制室之间的联系工作。SEPAM-1000 综合保护继电器面板功能如图 11-55 所示。

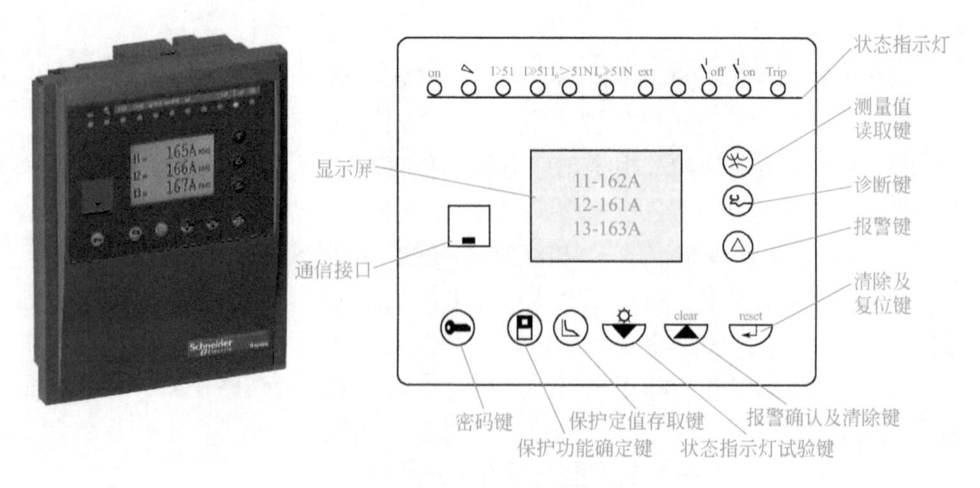

图 11-55　SEPAM-1000 综合保护继电器面板功能

（1）状态指示灯

① on 指示灯：绿色，表示综合保护器通电。

② 指示灯：红色，表示设备不可使用、正在初始化状态或检测到内部有故障。

③ I > 51 指示灯：黄色，表示相电流低定值跳闸。

④ I ≫ 51 指示灯：黄色，表示相电流高定值跳闸。

⑤ I_o > 51N 指示灯：黄色，表示接地故障低定值跳闸。

⑥ I_o ≫ 51N 指示灯：黄色，表示接地故障高定值跳闸。

⑦ off 指示灯：黄色，表示断路器处于分闸状态。

⑧ on 指示灯：黄色，表示断路器处于保护跳闸状态。

⑨ Trip 指示灯：黄色，表示断路器处于保护跳闸状态。

（2）功能键的应用

① 测量值读取键：按动此键可依次读取监测电路的各项电流值。

② 诊断键：按动此键可读取跳闸时的电流值及附加测量值。

③ 报警键：当出现系统报警时，按动此键可显示报警信息。

④ reset 清除及复位键：信号灯熄灭、故障排除后对神经元合保护器功能复位。

⑤ clear 报警确认及清除键：出现报警时按动此键可显示报警前的各种信息（平均电流、峰值电流、运行时间和报警复位）。

⑥ 状态指示灯试验键：按住 5s，将依次检验并点亮状态指示灯。

⑦ 保护定值存取键：在设定时使用，可显示整定以及允许 / 禁止保护功能。

⑧ 保护功能确定键：在设定时使用，用以输入保护器的常规参数的整定（语言、频率、输入电流及功能模块）。

⑨ 密码键：在保护整定、参数设定时使用。

（3）SEPAM 综合保护继电器背板接线　如图 11-56 所示。

SEPAM 综合保护继电器的接线是由多种功能插接件组成的；A 为基本功能插件，在电源输入、继电器控制接点输出、继电保护指令输出；B 为电流输入模块，与电流互感器二次连接；M、K 为多功能输入模块插件；L 为多功能输出模块。

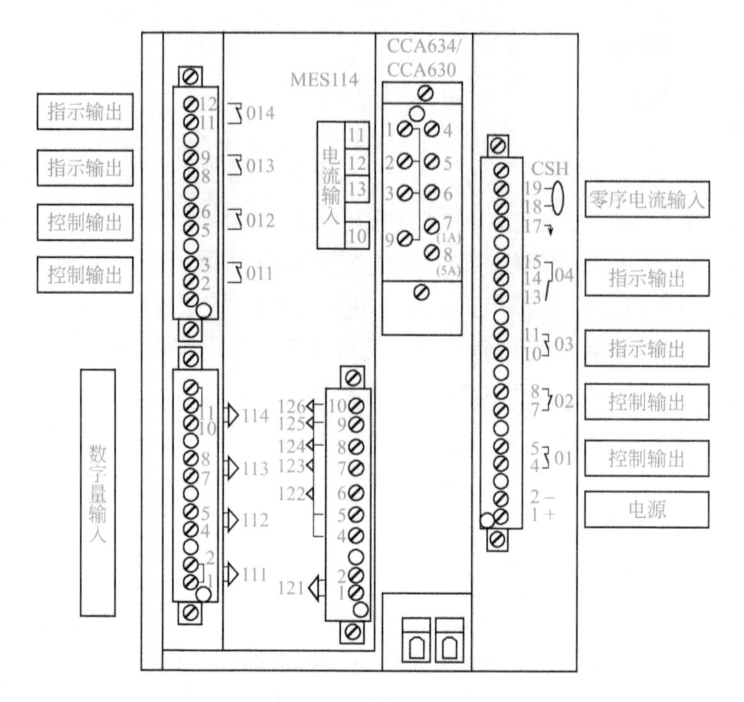

图 11-56　SEPAM 综合保护继电器背板接线

10．Mpac-3可编程序综合保护装置

Mpac-3 可编程序综合保护装置具有 PLC 逻辑可编程功能，可将变、配电站自动化系统所需要的自动化功能和逻辑控制功能集成到一个装置中，具有保护、测量、控能和状态监视功能，可以设定成不同用途的综合保护装置，适用于 35kV 及以下电压等级保护监视。丰富的通信接口，可对装置进行参数设定、远程监视控制。Mpac-3 面板功能如图 11-57 所示。

Mpac-3 可编程序综合保护装置具有丰富的测量和保护功能，能够对线路进行三相（线）电压、零序电压、电压平均值、三相相电流、零序电流、电流平均值、三相功率因数、平均功率因数、有功电能、无功电能、频率进行精确的测量和计量保护。

（1）液晶显示屏　可以显示 4 行英文或 2 行中文字符，显示测量、计量、开关状态、定值设定、通信设定、时间设定等界面。

（2）状态指示灯

① 运行指示灯：绿色，可编程序综合保护装置正常运行时闪烁。

② 告警指示灯：黄色，有告警信号输出时闪烁，同时显示屏显示故障代码。

③ 保护跳闸指示灯：红色，发出跳闸输出时长亮。

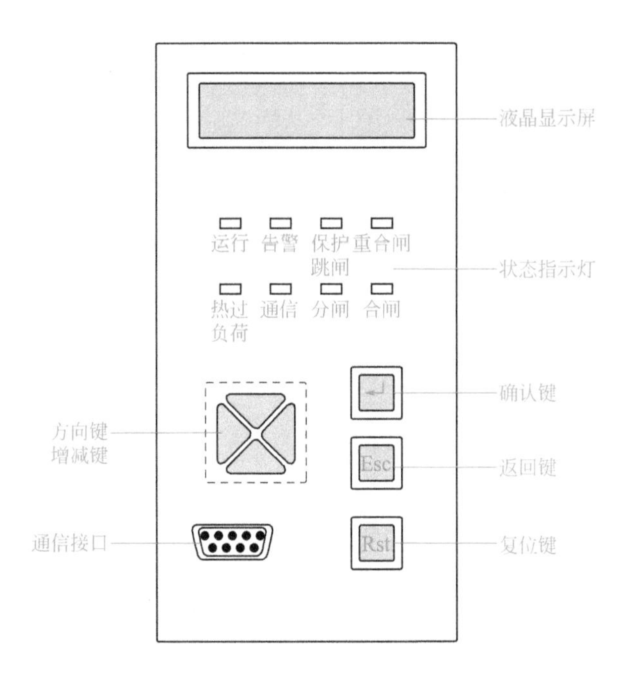

图 11-57 Mpac-3 面板功能

④ 热过负荷指示灯：黄色，出现异常运行时闪烁。

⑤ 通信指示灯：绿色，通信接口工作时闪烁。

⑥ 分闸指示灯：绿色，断路器处于分闸状态时亮。

⑦ 合闸指示灯：红色，断路器处于合闸状态时亮。

（3）显示屏故障代码

① 50P1：瞬时速断电流保护。

② 50P2：限时速断电流保护。

③ 50P3：过电流保护。

④ 51P ：反时限过流保护。

⑤ 50N1：零序定时限保护。

⑥ 50N ：零序反时限保护。

⑦ 79：重合闸动作。

⑧ 59N ：零序过电压保护。

⑨ 60：PT 断线（缺相）保护。

（4）按键功能

① ▽△：上下移动显示屏光标或编程时增减数值。

② ▷◁：左右移动光标或显示画面切换。

③ ↵：确认键，对显示屏所显示的内容进行确定。

④ [Esc]：返回 / 取消键，编程时返回上一级菜单 / 对所修改的内容不保存。

⑤ [Rst]：复位键，保护装置跳闸指令复位。

（5）Mpac–3 可编程序综合保护装置接线 Mpac-3 可编程序综合保护装置有完整的接线端子，可以适用于各种保护电路和监测元件，Mpac-3 可编程序综合保护装置接线端子如图 11-58 所示。

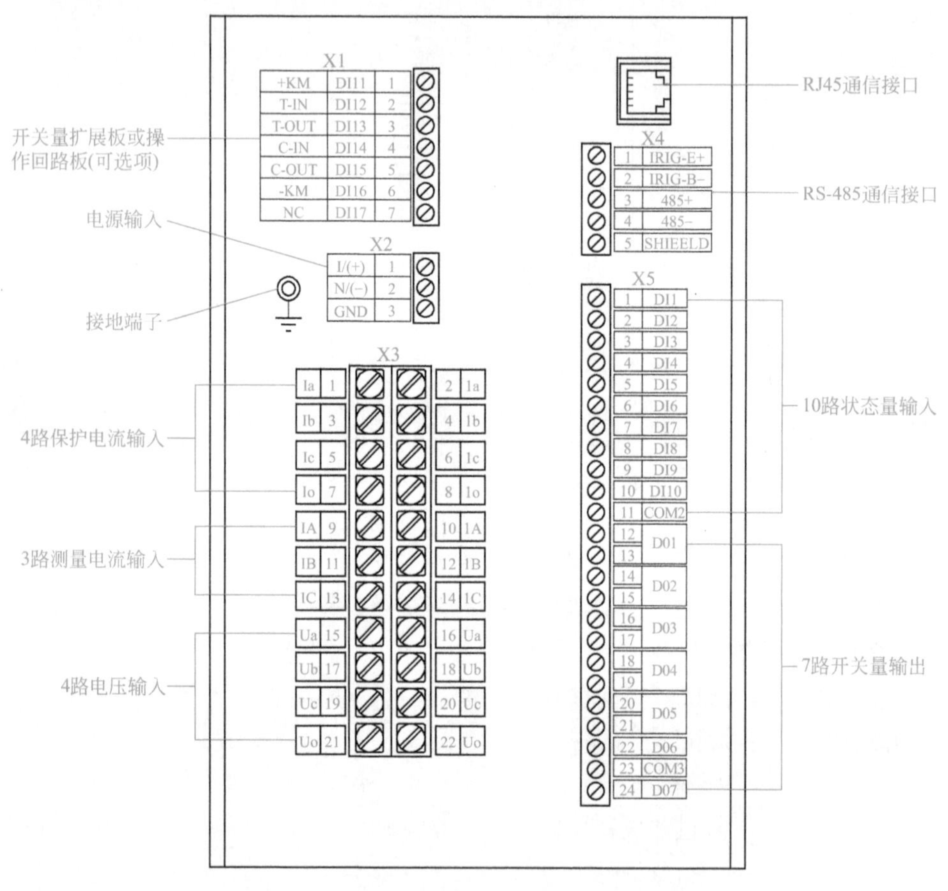

图 11-58 Mpac-3 可编程序综合保护装置接线端子

三、高压电器用继电器保护装置的接线技术

电流保护的接线，根据实际情况和对继电保护装置保护性能的要求，可采用不同的接线方式。凡是需要根据电流的变化而动作的继电保护装置，都需要经过电流互感器，把系统中的电流变换后传送到继电器中去。实际上电流保护的电流回路的接线，是指变流器（电流互感器）二次回路的接线方式。为说明

不同保护接线的方式对系统中各种短路故障电流的反应，进一步说明各种接线的适用范围，对每种接线的特点特做以下介绍。

1．三相完整星形接线

三相完整星形接线如图 11-59 所示。电流保护完整星形接线的特点。

① 是一种合理的接线方式，用于三相三线制供电系统的中性点不接地、中性点直接接地和中性点经消弧电抗器接地的三相系统中，也适用三相四线制供电系统。

② 对于系统中各种类型短路故障的短路电流，灵敏度较高，保护接线系数等于 1。因而对系统中三相短路、两相短路、两相对地短路及单相短路等故障，都可起到保护作用。

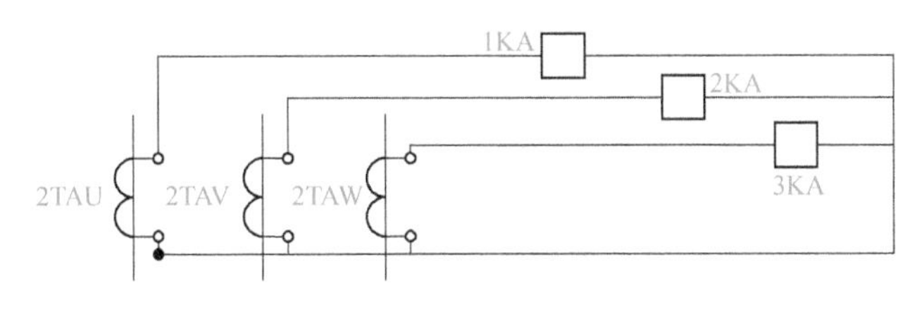

图 11-59　三相完整星形接线

③保护装置适用于 10 ～ 35kV 变、配电所的进、出线保护和变压器。

④这种接线方式，使用的电流互感器和继电器数量较多、投资较高、接线比较复杂、增加了维护及试验的工作量。

⑤保护装置的可靠性较高。

2．三相不完整星形接线（V 形接线）

V 形接线是三相供电系统中 10kV 变、配电所常用的一种接线，如图 11-60 所示。

电流保护不完整星形接线的特点：

① 应用比较普遍，主要是 10kV 三相三线制中性点不接地系统的进、出线保护。

② 接线简单、投资省，维护方便。

③ 这种接线不适宜作为大容量变压器的保护，V 形接线的电流保护主要是一种反应多相短路的电流保护，对于单相短路故障不起保护作用，当变压器为 Y，Y ／ Y。接线，未装电流互感器的相当于发生单相短路故障，保护不动作。用于 Y，Y ／ A 接线的变压器中，如保护装置设于 Y 侧，而 A 侧发生 U、V 两相短路，则保护装置的灵敏度将要降低，为了改善这种状态，可以采

用改进型的V型接线，即两相装电流互感器，采用三只电流继电器的接线，如图11-61所示。

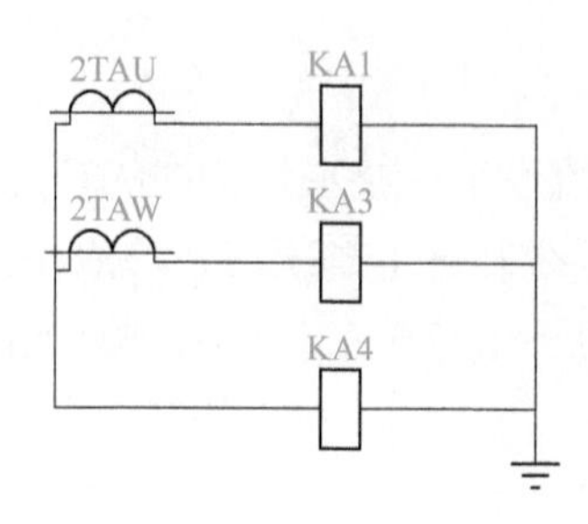

图 11-60　不完整星形接线

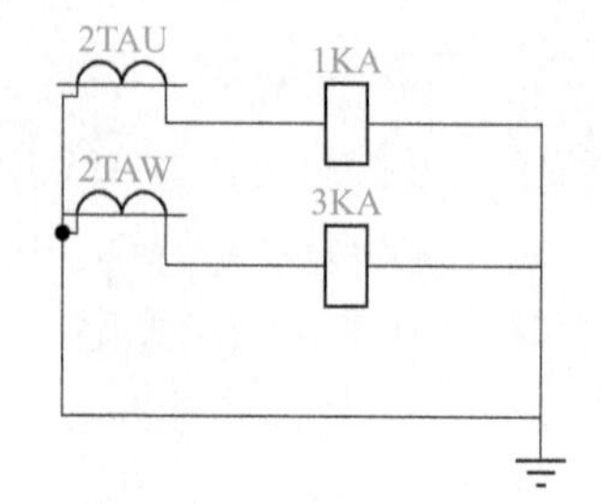

图 11-61　改进型 V 形接线

④ 采用不完整星形接线（V形接线）的电流保护，必须用在同一个供电系统中，不装电流互感器的相应该一致。否则，在本系统内发生两相接地短路故障（恰恰在两路配电线路中没有保护的两相上），保护装置将拒绝动作，就会造成越级掉闸事故，延长了故障切除时间，使事故影响面扩大。

3．两相差接线

这种保护接线是采用两相接电流互感器，只能用一只电流继电器的接线方式；其接线如图11-62所示。

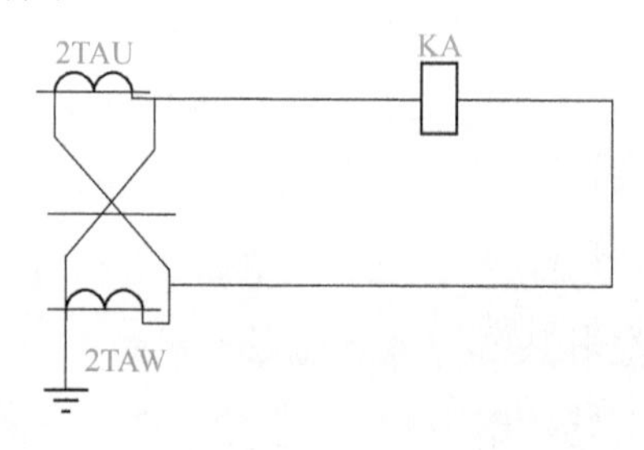

图 11-62　两相差接线

这种接线的电流保护其特点为：

① 保护的可靠性差、灵敏度不够，不适于所有形式的短路故障。

② 投资少、使用的继电器最少、结构简单，可以用作保护系统中多相短路的故障。

③ 只适用于10kV中性点不接地系统的多相短路故障，因此，常用作10kV系统的一般线路和高压电机的多相短路故障的保护。

接线系数大于完整星形接线和V形接线，接线系数为$\sqrt{3}$。

接线系数是指故障时电流继电器绕组中的电流值与电流互感器二次绕组中的电流比值，即：

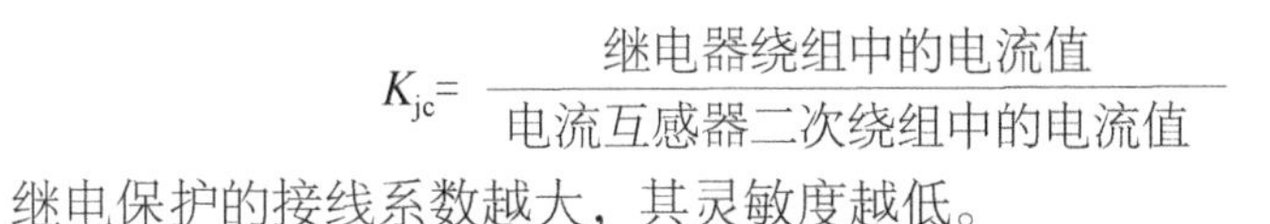

$$K_{jc}=\frac{\text{继电器绕组中的电流值}}{\text{电流互感器二次绕组中的电流值}}$$

继电保护的接线系数越大，其灵敏度越低。

四、高压电器用继电器保护装置常见故障检修

1．继电保护动作中断路器掉闸的分析、检查、处理

值班人员应迅速做出分析、判断并及时处理，以减少事故造成的损失，使停电时间尽量缩短。可参照以下步骤进行：

① 继电保护动作断路器掉闸，应根据继电保护的动作信号立即判明故障发生的回路。如果是主进线断路器继电保护动作掉闸，立即通知供电局的用电监察部门，以便进一步掌握系统运行的状况。如果属于各路出线的断路器或变压器的断路器继电保护动作掉闸，则立即报告本单位主管领导以便迅速处理。

② 继电保护动作断路器掉闸，必须立即查明继电保护信号、警报的性质、观察有关仪表的变化以及出现的各种异常现象，结合值班运行经验，尽快判断出故障掉闸的原因、故障范围、故障性质，从而确定处理故障的有效措施。

③ 故障排除后，在恢复供电前将所有信号指示、音响等复位。在确认设备完好的情况下才可以恢复供电。

④ 进行上述工作须由两人执行，随时有监护人在场，将事故发生、分析、处理的过程详细记录。

2．变压器继电保护动作、断路器掉闸的故障判断、分析与检查处理

容量较大的变压器，有过流、速断和瓦斯保护，对于一般 10kV、800kV•A 以上的变压器有时采用瓦斯保护和反时限过流保护。运行中如有变压器故障、继电保护动作，首先应根据继电保护动作的信号指示和变压器运行中反映出的一系列异常现象，判断和分析变压器的故障性质和故障范围。

主要进行以下各方面的检查：

① 继电保护动作后经检查确认速断保护动作，可解除信号音响。

② 因为是变压器速断保护动作（速断信号有指示），已说明了故障性质严重，如有瓦斯保护，再检查瓦斯保护是否动作，如瓦斯保护未动说明故障点在变压器外部，重点检查变压器及高压断路器向变压器供电的线路、电缆、母线有无相间短路故障。此外，还应重点检查变压器高压引线部分有无明显的故障

点，有无其他明显异常现象，如变压器喷油、起火、温升过高等。

③ 如确定高压设备或变压器故障，应立即上报，属于主变压器故障应报告供电局，同时做好投入备用变压器和将重要负荷倒出的准备工作。

④ 未查明原因并消除故障以前，不准再次给变压器合闸送电。

⑤ 必要时对变压器的继电保护进行事故校验，以证实继电保护的可靠性，还要填写事故调查报告，提出反事故方案。

3．变压器瓦斯保护动作后的检查与处理

变压器的瓦斯保护是保护变压器内部故障的主保护。当变压器内部故障不大时，变压器油内产生气体，使轻瓦斯动作，发出信号。例如，变压器绕组匝间与层间局部短路、铁芯绝缘不良以及变压器严重漏油、油面下降，轻瓦斯均可起到保护作用。

当变压器内部发生严重故障，如一次绕组故障造成相间短路，故障电流使变压器内产生强烈的气流和油污冲击重瓦斯挡板，使重瓦斯动作，断路器掉闸并发出信号。

运行中，发现瓦斯保护动作并发出信号时，应做以下几方面的检查处理：

① 只要瓦斯保护动作，就应判明故障发生在变压器内部。

② 如当时变压器运行无明显异常，可收集变压器内瓦斯气体，分析故障原因。

③ 取变压器瓦斯气时应在停电后进行，可采用排水取气法，将瓦斯气取至试管中。

④ 根据瓦斯气体的颜色和进行点燃试验，观察有无可燃性气体，以判断故障部位和故障性质。

⑤ 收集到的气体若无色、无味且不可燃，说明瓦斯继电器动作是油内排出的空气引起的；如果收集到的气体是黄色、不易燃烧，说明是变压器内木质部分故障；如气体是淡黄色，带强烈臭味并且可燃，则为绝缘纸或纸板故障；当气体为灰色或黑色、易燃，则是绝缘油出现问题。

对于室外变压器，可以打开瓦斯继电器的放气阀，检验气体是否可燃。如果气体可燃，则开始燃烧并发出明亮的火焰。当油开始从放气阀外溢时，立即关闭放气阀门。

注意：室内变压器，禁止在变压器室内进行点燃试验，应将收集到的瓦斯气，拿到安全地方去进行点燃试验。判断气体颜色要迅速进行，否则气体颜色很快会消失。

⑥ 瓦斯保护动作未查明原因，为了证实变压器的良好状态，可取出变压器油样作简化试验，看油耐压是否降低和油闪点下降的情况，如仍然没有问题，应进一步检查瓦斯保护二次回路，看是否可能造成瓦斯保护误动作。

⑦ 变压器重瓦斯动作时，断路器掉闸，未进行故障处理并不能证明变压器无故障时，不可重新合闸送电。

⑧ 变压器发生故障，立即上报，确定更换和大修变压器的方案。提出调整变压器负荷的具体措施及防止类似事故的反事故措施。

高压电气的供电系统图与高压电器线路安装

第一节

高压电气的供电系统图

一、箱式变电站配电系统图

环网柜（箱式变电站）配电系统如图 12-1 所示。

系统说明如下。

① 电源是由供电架空线路接入，与供电部门的分界开关由 101 控制（GW9-10/400 型户外隔离开关）。

② 电源接户线路设有接户杆，接户杆上装有跌落式熔断器 21，用于与供电线路的保护和分断。

③ 跌落式熔断器下端接有阀型避雷器，防止雷电过电压的侵入，并由 185mm² 交联聚乙烯电缆引入箱式变电站内。

④ 箱式变电站内有三相带电指示器用于监视电源和避雷器。

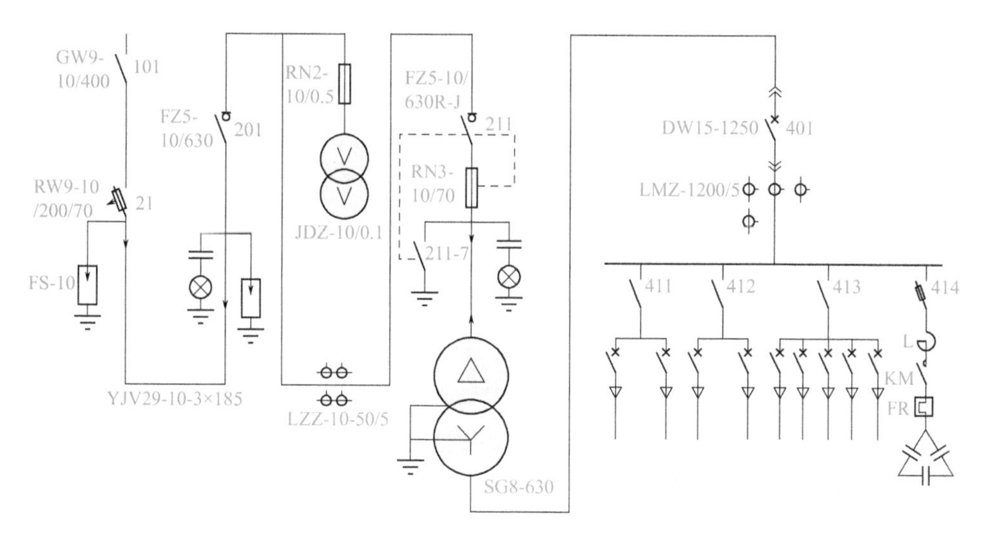

图 12-1 环网柜（箱式变电站）配电系统

⑤ 高压计量柜内装有 JDZ 型干式电压互感器呈 V/V 接线，为电能表和电压表提供电源，LZZ 型电流互感器可为电能表提供计量电流和监视电流，RN2 型熔断器用于保护电压互感器，熔断器额定电流 0.5A。

⑥ 211 为馈线柜（出线柜），用于控制变压器，211 为真空负荷开关，负荷侧装有保护变压器的高压熔断器，211 开关带有接地刀闸功能，高压熔断器与负荷开关装有熔断激发装置，熔丝熔断负荷开关跳闸，以防止变压器缺相运行，211 的负荷侧也装有三相带电指示器，用以指示开关运行状态。

⑦ 变压器为 SG8 型容量 630kV•A 干式变压器。

⑧ 低压总断路器 401（DW15）为抽开式安装。

⑨ 低压断路器 401 负荷侧装有 LMZ 型电流互感器监视运行电流，A 相另装有一个电流互感器是为了给功率因数补偿器提供电流。

⑩ 414 为 HR 型导熔开关用以保护电容器组，L 电抗器是防止因系统出现谐振而造成电容器电流太大而毁坏。

⑪ KM 是用于电热器投入和退出。

⑫ FR 可防止电容器过电流。

二、固定式10kV开关柜单电源系统图

10kV 移开式（KYN）开关柜（单电源单变压器系统）如图 12-2 所示。

系统说明如下。

① 设备是 KYN 型中置式高压开关柜，本系统有四个开关柜：进线 PT 柜

201-2、主进开关柜 201、计量柜 39 和出线柜 211。

② 电源是从供电系统的电缆分接箱 1# 电源 3# 闸接入的。

③ 进线电柜上接有 LXK 型零序电流互感器，用于监视高压对地绝缘，表明 10kV 供电系统为中性点经低电阻接地系统，站内高压对地绝缘损坏时能发出跳闸指令。

④ 进线 PT 柜 201-9 为电源侧电压互感器手车，手车上装有 LDZ 型干式电压互感器，接线形式为 V/V 接线，电压互感器采用 RN2 型熔断器用于保护，熔断器额定电流 0.5A。

⑤ 电源侧装有三相带电指示器，201-2 隔离手车。

⑥ 201 主进柜采用 ZN28 型真空断路器控制，断路器两侧的三相带电指示器，用以指示线路有无电压。

⑦ 39 计量柜，计量使用的电流互感器和电压互感器全安装在手车上，确保计量的可靠性。

⑧ 211 出线柜使用 ZN28 型真空断路器，额定电流 630A。

⑨ 断路器负荷侧的 HY 型氧化锌避雷器，用于消除因真空断路器分、合操作时的过电压。

⑩ 211-7 出线侧接地刀闸，211-7 与 211 之间的联锁装置，保证只有 211 在检修状态时才能操作。

⑪ 变压器为 SG 型干式变压器，容量 500kV•A。

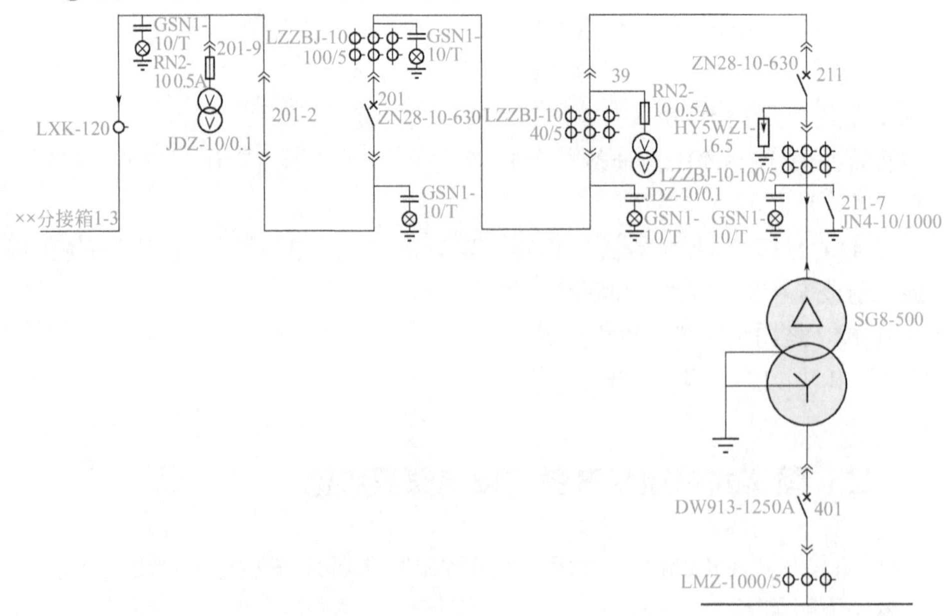

图 12-2　10kV 移开式（KYN）开关柜（单电源单变压器系统）

⑫ GSN1-10/T 为 10kV 三相带电显示器，三相带电显示器指示灯灭表示线路无电。

⑬ 低压采用 DW91 型断路器作为电源的总保护。

三、固定式10kV开关柜单电源双变压器系统图

固定式开关柜（GG1A）10kV 单电源双变压器系统如图 12-3 所示。

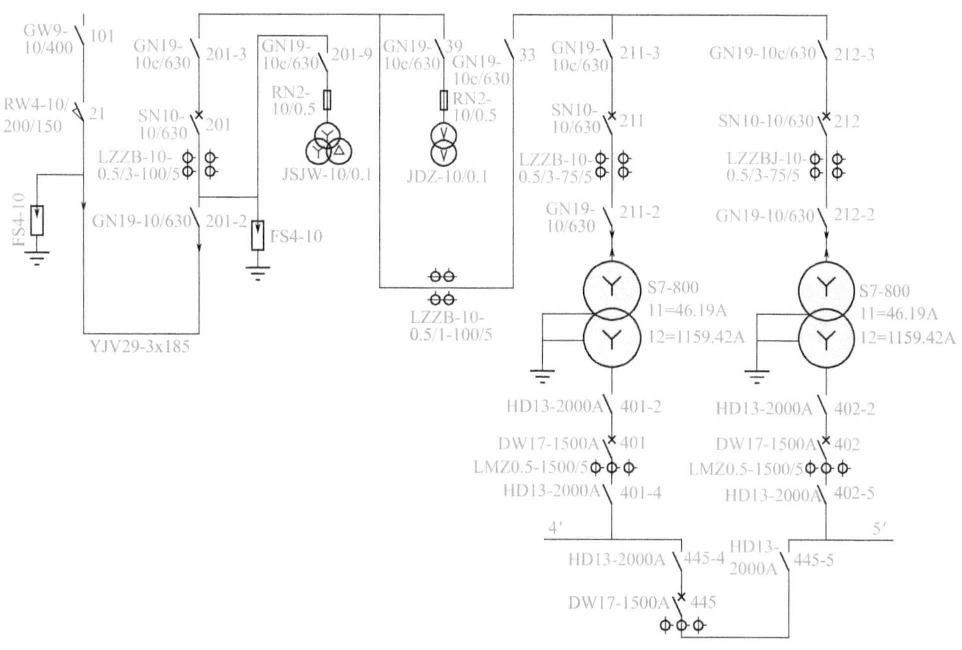

图 12-3　固定式开关柜（GG1A）10kV 单电源双变压器系统

系统说明如下。

① 电源是由供电架空线路接入，与供电部门的分界开关由 101 控制。

② 电源接户线路设有接户杆，接户杆上装有 RW4 型跌落式熔断器编号 21，用于供电线路的保护。

③ 跌落式熔断器下端接有 FS 型阀型避雷器，防止雷电过电压的侵入，并由 185mm² 交联聚乙烯电缆进入变电站内。

④ 201-9 电压互感器是 JSJW 型油浸式三相五柱式，能提供相电压和线电压供开关柜进行控制、测量，并有绝缘监视功能，表明 10kV 系统为中性点不接地系统。

⑤ 系统为两台 S7 型油浸式变压器，共计 1600kV•A，双变压器系统，可根据不同的运行状态，低负荷时使用一台变压器，高负荷时使用两台变压器，保

证经济运行，适合用电负荷季节性波动较大的单位。

⑥ GG1A 型开关柜断路器与隔离开关之间应具有可靠的“五防”功能。

⑦ 断路器为 SN10 型少油断路器，额定电流 630A。

⑧ GN19-10c 为 GG1A 型开关柜的上隔离开关，c 表示有磁套管。

⑨ GN19-10 为 GG1A 型开关柜的下隔离开关，没有磁套管。

⑩ 低压隔离开关采用 HD13 为开启中央杠杆操作刀开关。

⑪ 低压总断路器采用 DW17 智能型，可实现速断保护、过流短延时、过流长延时、接地和失压保护。

四、双电源高压开关柜系统图

双电源单母线移开式（KYN）高压开关柜系统如图 12-4 所示。

系统说明如下：

① KYN 型 s 开关为中置式开关柜，本系统有十个开关柜，进线 PT 柜 201-9、202-9；Y 主进开关柜 201 和 202；计量柜 49 和 59；BM XG SAN 211、221；高压联络柜 245、245-5。

② 电源分别是从供电系统的电柜分接箱接入的。

③ 进线电柜上接有零序电流互感器 KLX，用于监视高压对地绝缘，表明 10kV 供电系统为中性点经低电阻接地系统，站内高压对地绝缘损坏时能发出跳闸指令。

④ 进线 PT 柜 201-9（202-9）为电源侧电压互感器，接线形式为 V/V 接线，电源侧装有三相带电指示器。

⑤ 开关柜采用 ZN28 型真空断路器控制，断路器两侧的三相带电指示器，用以指示线路有无电压。

⑥ 49、59 计量柜。计量使用的电流互感器和电压互感器安装在手车上，确保计量的可靠性。

⑦ 出线柜断路器负荷侧的避雷器，是用于消除真空断路器分、合变压器操作时的过电压的。

⑧ 出线柜断路器负荷侧装有接地刀闸 211-7（221-7），用于在变压器维护检修时使用，接地刀闸只有在断路器拉至检修位置时才可以操作。

⑨ GSN1-10/T 为三相带电显示器。

⑩ ZN28-10/630 为真空断路器，额定电流 630A。

⑪ 低压断路器为抽插式，型号为 DW913 智能型断路器，具有速断保护、过流短延时、过流长延时、失压保护功能。

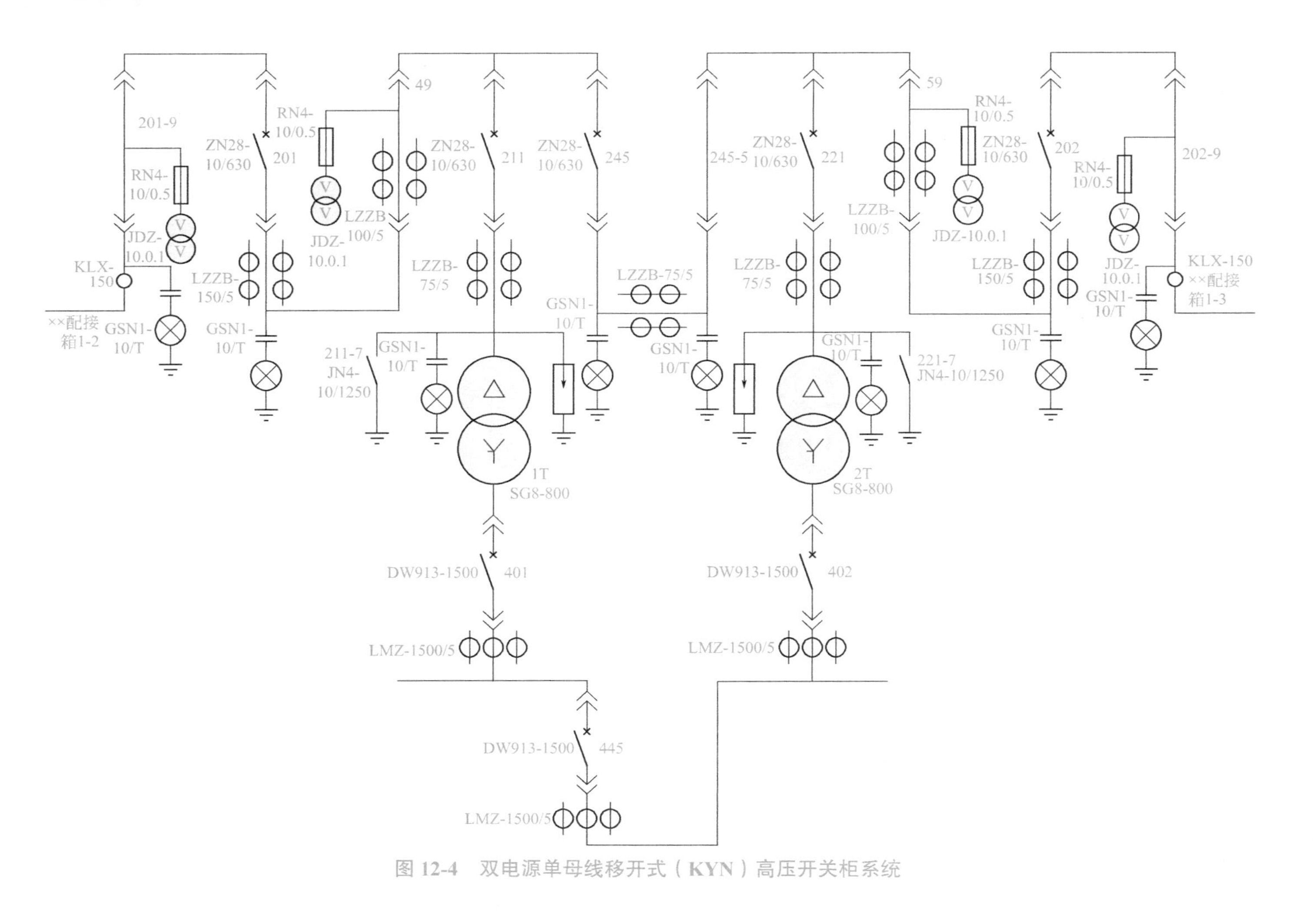

图 12-4　双电源单母线移开式（KYN）高压开关柜系统

第二节

高压电器线路安装

一、安装程序（图12-5）

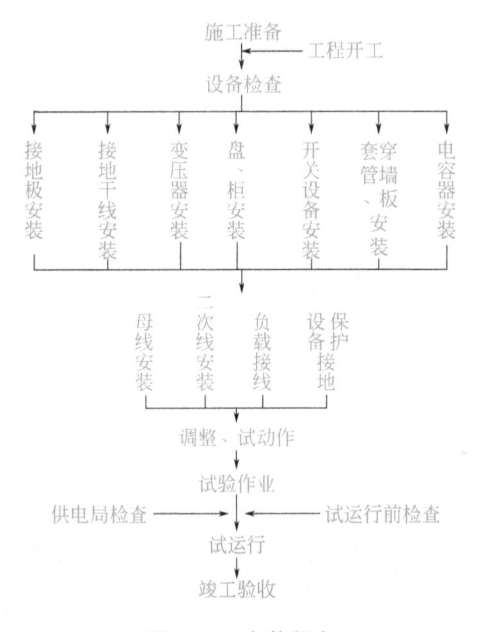

图 12-5　安装程序

二、安装工艺

接地系统安装：

① 接地体和接地线的规格尺寸和敷设位置应符合施工图规定。图纸无标注时：

a. 接地体应采用 50mm × 50mm × 50mm 镀锌角钢，单根长度为 2.5m，间距不小于 5m，距建筑物不小于 1.5m，接地体顶端埋深不小于 0.6m；b. 地下接地干线应采用 40mm × 4mm 镀锌扁钢; c. 明敷接地干线应采用 25mm × 4mm 镀锌扁钢。

② 接地体和接地干线的连接采用手工电弧焊，焊接附件时要三面焊接牢固。焊后即在焊接处满涂沥青，稍凉后再涂第二遍沥青，非焊接处不得涂沥青

或刷防腐油漆。

③ 接地体和接地线施工工序如下：a. 挖沟，要求按图纸位置挖 800mm 深 600mm 宽的沟；b. 打入接地体，要求按图纸位置将接地体打入地下，留 300mm 长外露；c. 焊接地干线、涂沥青，要求三面焊接，扁钢搭接长度为宽度的 2 倍；d. 继续将接地体打入到规定深度；e. 隐蔽工程验收；f. 回填，夯实；g. 接地电阻测试。

④ 接地体和接地干线施工，必须会同质量检查部门及建设单位进行隐蔽工程验收，并会签验收单，否则不得回填。隐检验收单应作为竣工资料，于竣工交接时提交建设单位。

⑤ 明设接地干线的安装：a. 用 25mm × 4mm 扁钢制固定卡子，用 ϕ 8mm 膨胀螺栓固定在墙上，卡子的间距，对 40mm × 4mm 扁钢接地干线不大于 1m，对 25mm × 4m 扁钢接地干线不大于 700mm；b. 镀锌扁钢调直后，点焊于固定卡子上；c. 明设接地干线和地下接地干线之间应备有测接地电阻用的断接点；接地干线过建筑物的伸缩缝处，必须做补偿弯；d. 接地螺钉采用 M8mm × 35mm 镀锌螺钉，配齐垫圈、弹簧垫圈及蝶形螺母，钉头应点焊在接地线背面；e. 接地干线应刷黑漆，但接地螺钉处要留出 10mm 不刷漆；f. 接地干线应横平竖直，水平及垂直误差不大于 5mm/m。

⑥ 变压器的工作零线：a. 从变压器低压侧中性端子到低压屏中性母线这一段称为工作零线，安装中必须给予足够的重视，必须严格按图纸要求施工，不得任意改变材质、截面及走向；b. 变压器的工作零线和中性点接地线应分别敷设。

⑦ 设备的接零保护。a. 接零保护的范围：设备的金属基础和支架；设备的金属外壳和底座，瓷套管的法兰及穿墙隔板外框；电缆保护管，电缆支架和母线支架；金属网门、栅栏；电缆的金属护套和铠装、电缆头的金属外壳等。b. 设备接零保护支线的规格按施工图规定。图纸无标注时，采用 ϕ 8mm 圆钢紧贴封面敷设，固定卡子间距不大于 700mm。c. 接零支线和设备的连接可以焊接在设备的金属基础或支架上，或焊接扁钢后紧固在设备的专用接地螺钉上，但不得直接焊接在设备上。d. 每台设备必须用单独的接零支线接到干线。但对于母线支架、穿墙隔板、电缆支架、电缆保护管等，可以多个设备共用一根接零支线。

⑧ 接地系统安装完毕，做接地电阻测试，其数值不应大于施工图规定的数值。接地电阻测试结果如达不到要求时，可与设计单位研究采取改进措施，并向建设单位办理签证手续。

⑨ 接地系统隐检验收单及接地电阻试验报告应作为竣工资料，在竣工交接时提交建设单位。

⑩ 关于各种设备安装（如变压器、配电柜、断路器等）参见本书相关部分章节内容。

三、工程试验运行

① 变压器：a. 吊芯符合变压器安装的规定；b. 绕组直流电阻；c. 绕组绝缘电阻及吸收比；d. 变比，两台及以上变压器时应试验连接组别；e. 油的绝缘强度；f. 绕组工频耐压。

② 高压电缆及电缆头：a. 绝缘电阻；b. 直流耐压及泄漏电流。

③ 油断路器：a. 绝缘电阻；b. 触头接触电阻；c. 合闸时间及固有分闸时间；d. 高低操作电压下合闸的分闸动作；e. 油的绝缘强度；f. 断路器本体的工频耐压。

④ 负荷开关、隔离开关、高压熔断器、穿墙套管、高压母线及支持绝缘子：a. 绝缘电阻；b. 工频耐压。

⑤ 阀型避雷器：a. 绝缘电阻；b. 泄漏电流；c. 工频击穿电压。

⑥ 高压电容器：a. 绝缘电阻及吸收比；b. 工频耐压；c. 电容量。

⑦ 二次回路：继电保护整定。

⑧ 仪用互感器及仪表：a. 互感器绝缘电阻；b. 电压互感器初级绕组直流电阻；c. 变比、接线组别、特性；d. 油的绝缘强度；e. 互感器工频耐压；f. 主要仪表精度校验。

⑨ 接地系统：接地电阻。

⑩ 安全工具（建设单位购置）：拉杆、验电器、绝缘手套及绝缘靴的工频耐压。

1．试验准备工作

① 准备全套施工图纸（特别是根据洽商后修改的图纸）；

② 准备主要设备的出厂合格证、使用说明书及出厂试验报告等；

③ 三相四线试验用电源；

④ 常用工具、仪表及辅料。

此外，如变压器需要吊芯时，还要准备吊芯工具及材料。

所有项目的试验报告均应作为竣工资料保存，于竣工交接时提交建设单位。

2．试运行竣工验收

（1）试运行前的准备工作

① 清扫全部设备及变压器室、配电室、控制室等场所，除试运行必需的仪表、工具、备件外，不得堆放工具箱、安装材料、工作服及下脚废料等。

② 配齐试验合格的安全工具，如拉杆、验电器、绝缘手套、绝缘靴及临时接地线等，配电室的操作走廊必须铺设橡皮地毯。

③ 准备足够数量的消防器材。变电室必须使用二氧化碳灭火器及四氯化碳灭火弹，不得使用泡沫灭火器，最好不使用干粉灭火器。

④ 准备警告标志牌如“高压危险”“有人工作，禁止合闸”等。应准备变配电系统模拟板。

⑤ 准备好备品、备件及专用工具，如熔断器拉杆、油断路器手动操作工具等。

⑥ 检查各部位接地良好，主回路相线正确无误，螺钉紧固良好，高低压主回路（包括接到负载的回路）绝缘良好无异常，并将低压空气断路器的灭弧罩装好。

⑦ 将试运行方案，其中应包括事故应急措施，向参加试运行人员交底。

⑧ 做好试运行组织工作。确定试运行指挥人、操作人及监护人、值班人。试运行指挥必须由施工单位指派。

（2）试运行必须具备的条件

① 安装作业全部完成。

② 试验项目全部合格。

③ 工程质量根据国家建委《质量检验评定标准》检查全部合格。

④ 试运行准备工作全部完成。

试运行前的预备操作及试运行程序随工程具体情况而有所不同，现以无中央控制室的中小型变配电工程为例，说明一般情况下试运行前的预备操作及试运行程序。

（3）试运行前的预备操作

① 全部开关设备（除接电源的第一级开关外）合闸、分闸三次，确认动作正常。

② 用 500V 兆欧表再次检查高、低电缆的绝缘，确认无异常情况。

③ 将全部主回路开关（包括油断路器、负荷开关、隔离开关及空气断路器等）置于分闸位置。

④ 将所有变压器的无载调压开关一律置于“Ⅱ”挡，或有载调压开关置于中挡，其控制器置于手动调压位置。

（4）试运行程序

① 合室外跌落式熔断器或上一级变电站的油断路器，将高压电送到本变电站的进线开关。合跌落式熔断器时，必须穿绝缘靴，戴绝缘手套，用拉杆操作。最好先合边相、后合中相。

② 验电，操作人在监护人的监护下，穿绝缘靴，戴绝缘手套，用高压验电器对进线开关上端验电，应三相有电。观察进线柜应无异常现象。

③ 先合进线柜的上、下隔离开关（手车式柜则将手车推入工作位置），后合进线油断路器，将高压电送到母线，观察该段母线应无异常现象。

④ 合电压互感器隔离开关或推入手车、检查三相电压指示是否正常，电压互感器应无异常现象。

⑤ 合避雷器柜隔离开关或推入手车，避雷器应无异常现象。

⑥ 如有两路或两路以上高压进线，则在确认母联柜隔离开关断路（或手车拉出）以后，按上述①至⑤的次序，逐路送上其他回路高压电源，经检查电压指示正常后，必须在两组电压互感器次级电压小母线处，用万用表250V交流挡，核对两路高压电源的相序。

两组电压小母线的同名相（即a-a、b-b和c-c）电压指示必须近似为零，而异名相（即a-b、a-c、b-c、b-a、c-a和c-b）电压指示必须近似为电压小母线的额定电压（一般为100V）。如相序不对，必须按合闸的相反次序停电，并切断前级电源，将母线及电缆对地放电后，接入临时接地线，然后换接高压进线的相序使其正确无误。

⑦ 检视变压器室，确认无异常情况，然后根据高压电压表指示值调整变压器的有载或无载调压开关的位置，挂上警告牌后，合上变压器柜的隔离开关，再闭合油断路器，检查变压器应无异常情况，变压器空载电流指示应正常。

变压器在合闸时，由于瞬变电流而产生的短时间（一般不超过1～2s）声音异常及电流冲击，不应认为是异常情况。

⑧ 按次序合低压进线柜隔离开关及空气断路器，检查低压进线柜上电压表，各相电压指示应正常。

⑨ 如果系统有两台或两台以上变压器，相应的低压柜有两段或两段以上母线，则在确认低压母线隔离开关断路后，按上述⑦到⑧的次序，逐台、逐段投入变压器及送上低压电源后，必须在低压母线开关处核对各段母线的相序是否正确。

用万用表交流450V或500V挡，测量各段母线同名相的电压必须接近零，各异名相的电压必须接近额定线电压。

⑩ 如测量值不正常，必须按合闸的相反次序停掉全部变压器柜后，放电挂地线，然后查明原因，予以改正。

如施工说明书规定高压各段母线或低压各段母线可以并联运行时，则在按上述⑥或⑨核对相序无误后，再检查各段母线电压相差不超过2.5%时，按次序合母联柜的隔离开关及油断路器（或空气断路器），进行多路并联试运行。

如施工说明书规定两路电源为一备一用或双路互为备用，则不得进行并联试运行操作，如两段母线电压相差超过2.5%，也不得进行并联试运行操作。

⑪ 高压负载的试送电：

a. 检查负载情况是否正常（如电动机及设备盘车，风机及泵类负载进出口阀门位置、介质的来源、通路、排放、润滑油量等），在负载处有人监视的情况下，合高压柜的隔离开关（或推入手车）及油断路器，对负载设备送电试运行；

b. 合闸后应立即观察负载电流表的指示是否正常，负载的运行情况是否正常，如不正常，应立即停车。

⑫ 低压负载的试送电：除上述 ⑪ 的内容外，还必须检查负载的控制设备绝缘是否良好，动作是否正常，一切正常方可试运行。

上述 ⑪ 及 ⑫ 所述的负载的试运行，应按有关标准工艺进行，不在变配电工程试运行范围之内。

（5）试运行值班

① 按试运行程序正常完成以后，即移交试运行值班人员进行定时值班巡视。

② 试运行值班每班至少两人，其中至少有一人必须是三级或三级以上电工。

③ 值班人员必须经常巡视变配电工程各有关部位，检查有无异常声响、闪光、气味及温度等，检查表针指示有无异常。如有异常情况，必须及时处理，必要时按正确步骤拉闸停电。

④ 值班人员每 2h 抄表一次。主要记录项目有：高压电压、低压电压、高压电流、低压电流、变压器电流、变压器温度、有功功率、无功功率、环境温度及有无异常情况等。

⑤ 试运行值班 24h 无异常情况，即可交付正式投入运行。试运行值班记录应作为竣工资料之一，随工程一起交接。

四、继电器保护电路及控制电路安装

1. 继电保护的基本要求

为了保证供电系统的可靠工作和安全运行，对于供电系统中可能发生的各种非正常运行状态和过载、短路、接地故障等必须采用相应的继电保护装置，以便判断故障，并及时将故障从供电系统中迅速切除，从而保证非故障部分能继续正常工作。

对继电保护的基本要求，主要有以下几方面。

（1）选择性 当供电系统发生故障时，继电保护装置应能正确判断，有选择地切除故障部分，并保证非故障部分仍能继续正常工作，绝对不允许越级跳闸。实现继电保护的选择性的方法是：①时间配合，上、下级继电保护动作时间要有 0.5s 以上的时间差；②整定值配合，上、下级继电保护整定值应基本上符合下列要求：

$$I_{dz1}=K_1\frac{I_{dz2}}{k_1}$$

式中　K_1——可靠系数，考虑到继电器动作误差和短路电流的计值误差，取值1.1～1.15；

k_1——最小分支系数，等于“总的短路电流除以通过本保护电路的短路电流”；

I_{dz1}——上一级开关的动作电流；

I_{dz2}——下一级开关的动作电流。

$$U_{dz1}=\frac{\sqrt{3}I_{dz2}Z_x+U_{dz2}}{K_u}$$

式中　K_u——可靠系数，取值1.2～1.3；

U_{dz1}——上一级开关的动作电压；

U_{dz2}——下一级开关的动作电压；

I_{dz2}——上一级开关的动作电流；

Z_x——上、下级开关间的线路阻抗。

（2）快速性　发生短路后，应尽快消除故障，缩小故障范围，减小短路电流所引起的破坏、提高系统的稳定性。因此，在可能的条件下，继电保护装置应力求快速动作。目前，高压油断路器的跳闸时间为0.10～0.15s。低压空气断路器的跳闸时间为0.05～0.08s。

（3）灵敏性　继电保护装置对被保护系统和设备可能发生的故障及非正常运行，应能很灵敏地感受并动作。继电保护装置的灵敏性用灵敏系数K_1来衡量。

$$K_1=\frac{I_{dl}}{I_{dz}}$$

式中　I_{dl}——保护范围运行方式最小二相短路电流；

I_{dz}——继电保护装置的动作电流。

一般的电流保护装置，要求K_1=1.2～1.5；反时限电流保护，则要求$K_1>1.5$。

（4）可靠性　继电保护装置对其所保护范围内所发生的各种故障和非正常运行，均应保证可靠工作，既不能误动作，也不能有拒绝动作。为了保证继电保护装置能有足够的可靠性，应注意：

① 选用质量好的继电器，继电器应结构简单、工作可靠；

② 设计继电保护接线时，应力求简化，继电器和继电器接点的使用数量要尽量少；

③ 正确确定继电器的整定值。

整定值的可靠性以可靠系数K_k来表示：

$$K_k=I_{dz}/I_{FM}$$

式中　I_{dz}——继电保护装置的动作电流；

I_{FM}——最大负荷电流。

2．工厂常用继电保护的接线

工厂常用的过电流保护接线如图 12-6 和图 12-7 所示，供使用参考。表 12-1 为定时限过电流保护接线图的主要设备表。

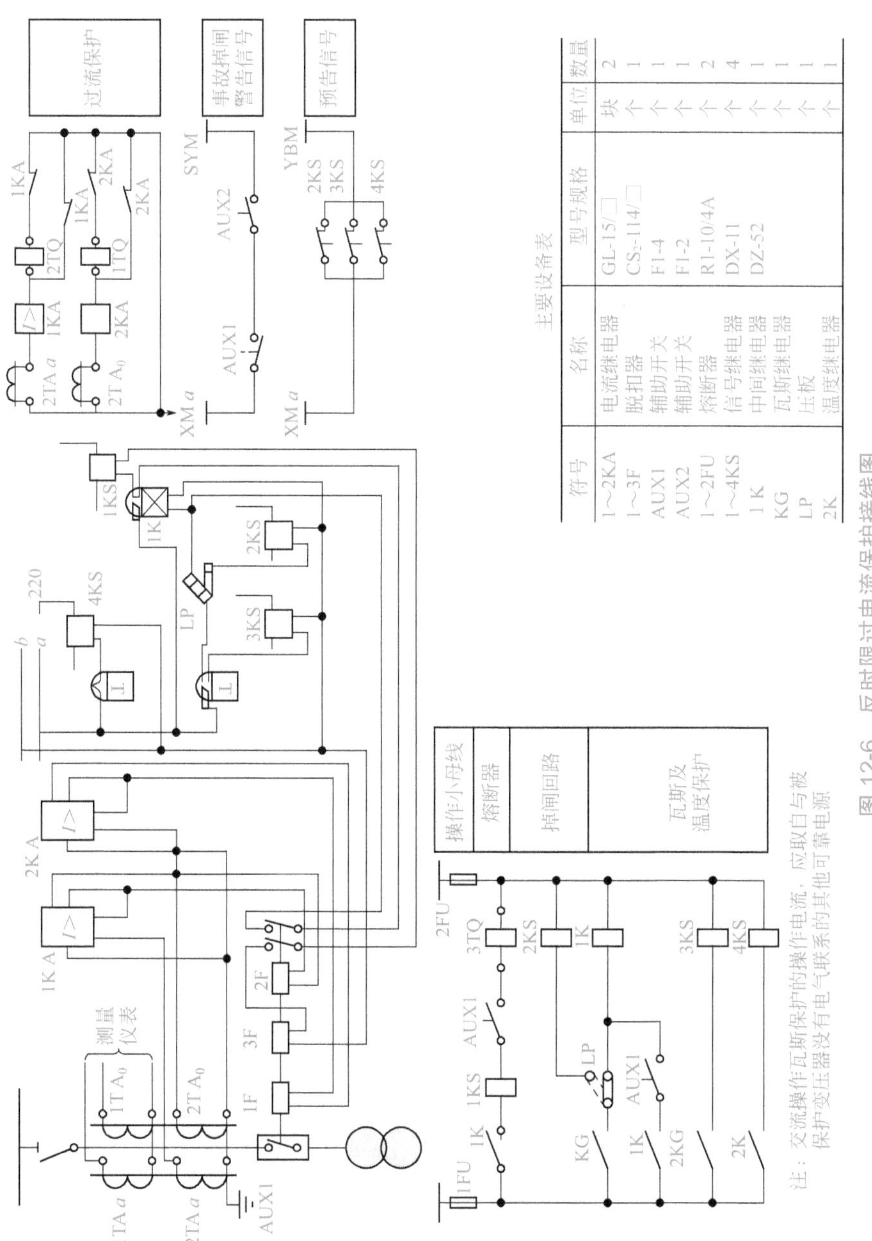

主要设备表

符号	名称	型号规格	单位	数量
1～2KA	电流继电器	GL-15/□	块	2
1～3F	脱扣器	CS_2-114/□	个	1
AUX1	辅助开关	F1-4	个	1
AUX2	辅助开关	F1-2	个	1
1～2FU	熔断器	R1-10/4A	个	2
1～4KS	信号继电器	DX-11	个	4
1K	中间继电器	DZ-52	个	1
KG	瓦斯继电器		个	1
LP	压板		个	1
2K	温度继电器		个	1

图 12-6　反时限过电流保护接线图

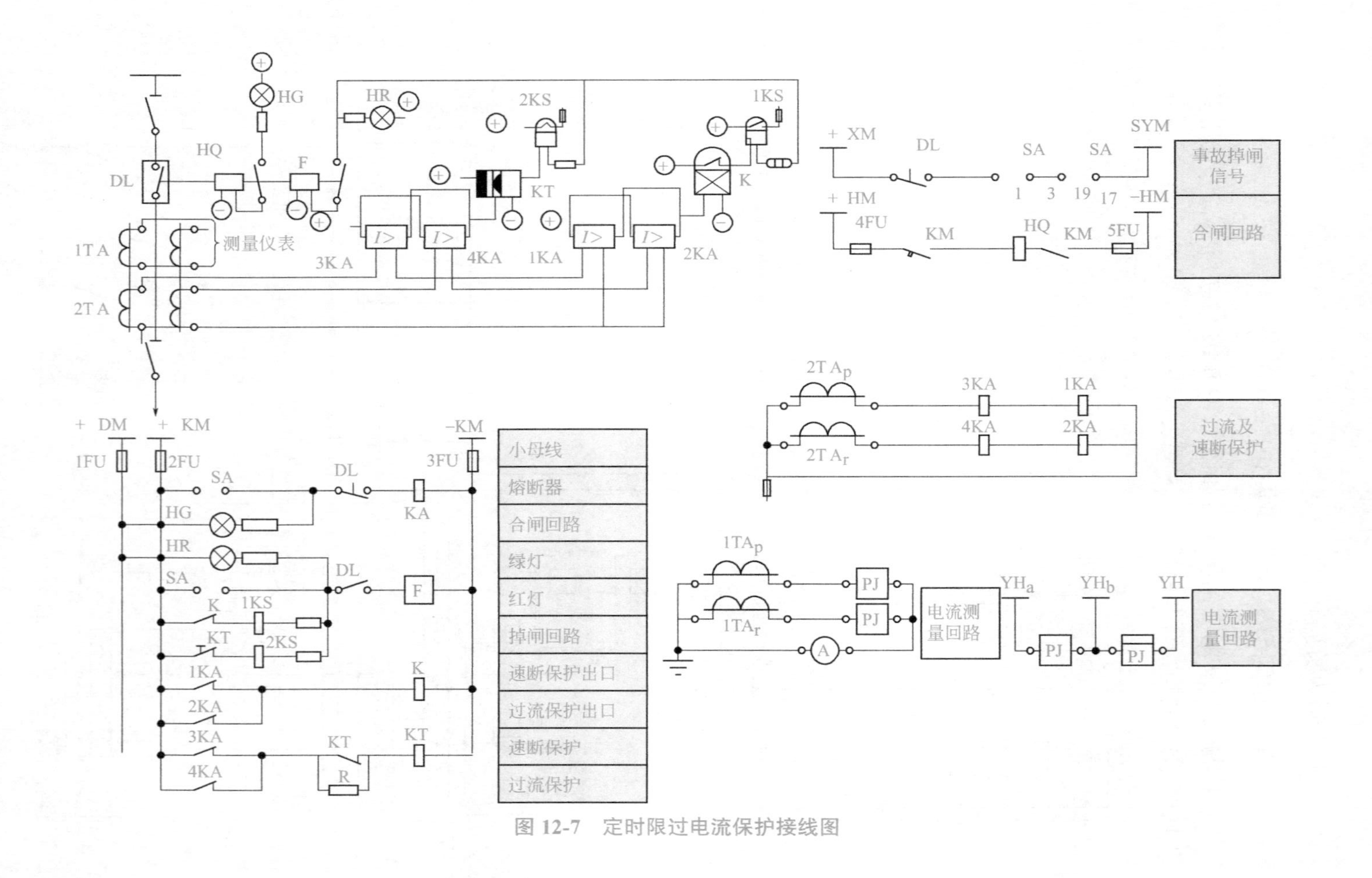

图 12-7 定时限过电流保护接线图

表12-1　主要设备表

符号	名称	型号规格	单位	数量	符号	名称	型号规格	单位	数量
1～2KA	电流继电器	DL-11/□	块	2	SA	控制开关	LW_2-1a46a40。20″F8	个	1
3～4KA	电流继电器	DL-11/□	块	2	A	电流表	ITI-A/□	个	1
KT	时间继电器	DS-113/220V	块	1	PJ	有功电度表	DS_1-□/□	个	1
K	中间继电器	DZ-17/220V	块	1	1～3FU	熔断器	R1-10/4A	个	3
1～2KS	信号继电器	DX-11/1A	块	2	4～5FU	熔断器	RM_3-60/25A	个	2
HR、HG	红、绿信号灯	ZSD-38/220V	个	各1	KM	接触器	C29/220V	个	1
R	电阻	10kΩ10W	个	1	F	脱扣器	CD2/220V	个	1

注：1.本图为直流操作的定时限过电流保护，一般用于容量较大、设备较复杂的单位。

2.直流操作电源采用220V硅整流电源。

3.时间继电器KT应并串R及其常闭接点，以减少电压补偿装置的能量消耗。

高压电工的倒闸操作

第一节

倒闸操作要求

一、倒闸操作的定义与技术要求

倒闸操作主要是指拉开或合上断路器或隔离开关、拉开或合上直流操作回路、拆除和装设临时接地线及检查设备绝缘等。它直接改变电气设备的运行方式，是一项重要而又复杂的工作。如果发生错误操作，就会导致发生事故或危及人身安全。

倒闸操作就是将电气设备由一种状态转换到另一种状态，即接通或断开断路器、隔离开关、直流操作回路，推入或拉出断路器小车，投入或退出继电保护，给上或取下二次插件以及安装和拆除临时接地线等。

倒闸操作的安全要求有以下几点。

① 倒闸操作应由两人进行，一人操作，一人监护。特别重要和复杂的倒闸操作，应由电所负责人监护，高压倒闸操作应戴绝缘手套，室外操作应穿绝缘靴、戴绝缘手套。

② 重要的或复杂的倒闸操作，值班人员操作时，应由值班负责人监护。

③ 倒闸操作前，应根据操作票的顺序在模拟板上进行核对性操作。操作

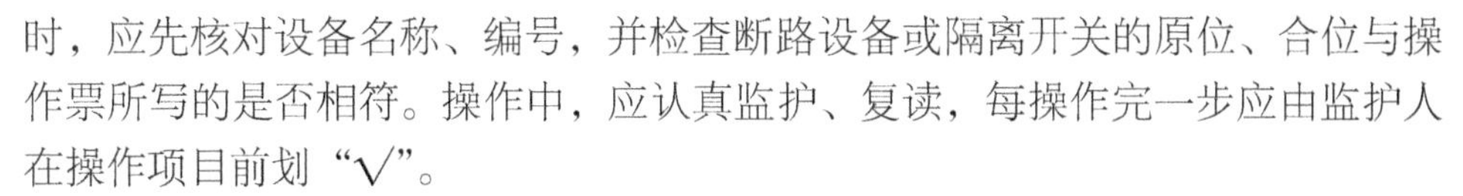

时，应先核对设备名称、编号，并检查断路设备或隔离开关的原位、合位与操作票所写的是否相符。操作中，应认真监护、复读，每操作完一步应由监护人在操作项目前划“√”。

④ 操作中发生疑问时，必须向调度员或电气负责人报告，弄清楚后再进行操作。不准擅自更改操作票。

⑤ 操作电气设备的人员与带电导体应保持规定的安全距离，同时应穿防护工作服和绝缘靴，并根据操作任务采取相应的安全措施。

a. 如逢雨、雪、大雾天气在室外操作，无特殊装置的绝缘棒及绝缘夹钳禁止使用，雷电时禁止室外操作。

b. 装卸高压保险时，应戴防护镜和绝缘手套，必要时使用绝缘夹钳并站在绝缘垫或绝缘台上。

⑥ 在封闭式配电间操作时，对开关设备每一项操作均应检查其位置指示装置是否正确，发现位置指示有错误或怀疑时，应立即停止操作，查明原因，排除故障后方可继续操作。

⑦ 停送电操作顺序要求如下：

a. 送电时应从电源侧逐向负荷侧，即先合电源侧的开关设备，后合负荷侧的开关设备。

b. 停电时应从负荷侧逐向电源侧，即先拉负荷侧的开关设备，后拉电源侧的开关设备。

c. 严禁带负荷拉、合隔离开关，停电操作应按先分断断路器、后分断隔离开关，先断负荷侧隔离开关、后断电源侧隔离开关的顺序进行；送电操作的顺序与此相反。

d. 变压器两侧断路器的操作顺序规定如下：停电时，先停负荷侧断路器，后停电源侧断路器；送电时顺序相反。变压器并列操作中应先并合电源侧断路器，后并合负荷侧断路器；解列操作顺序相反。

⑧ 双路电源供电的非调度用户，严禁并路倒闸。

⑨ 倒闸操作中，应注意防止通过电压互感器、所用变压器、微机、UPS 等电源的二次侧返送电源到高压侧。

二、电气设备运行状态的定义

电气设备运行状态有四种，为了安全管理四种状态有明确的定义，四种状态开关位置如图 13-1 所示。

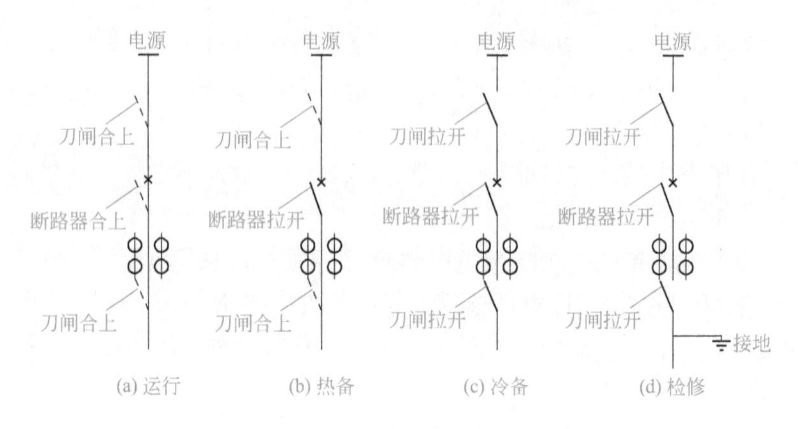

图 13-1　四种状态开关位置

（1）运行状态　是指某个电路中的一次设备（隔离开关和断路器）均处于合闸位置，电源至受电端的电路得以接通而呈运行状态。

（2）热备用状态　是指某电路中的断路器已断开，而隔离开关（隔离电器）仍处于合闸位置。

（3）冷备状态　是指某电路中的断路器及隔离开关（隔离电器）均处于断开位置。

（4）检修状态　是指某电路中的断路器及隔离开关均已断开，同时按照保证安全的技术措施的规定悬挂了临时接地线（或合上了接地刀闸），并悬挂标示牌和装设临时遮栏，处于停电检修的状态。

三、倒闸操作票的填写内容及执行操作方法

1. 倒闸操作票应填写的内容

① 分、合断路器；

② 分、合隔离开关；

③ 断路器小车的拉出、推入；

④ 检查开关和刀闸的位置；

⑤ 检查带电显示装置指示；

⑥ 投入或解除自投装置；

⑦ 检验是否确无电压；

⑧ 检查接地线是否装设或拆除；

⑨ 装、拆临时接地线；

⑩ 挂、摘标示牌；

⑪ 检查负荷分配；

⑫ 安装或拆除控制回路或电压互感器回路的保险；

⑬ 切换保护回路；

⑭ 检查电压是否正常。

2. 供电系统中的倒闸操作

供电系统各式各样，但倒闸操作的原则是一样的。

① 停电操作时，按电源分应先停低压，后停高压；按开关分应先拉开断路器，然后拉开隔离开关。如断路器两侧各装一组隔离开关，当拉开断路器后，应先拉开负荷侧（线路侧）隔离开关，再拉开电源侧隔离开关。合闸送电时，操作顺序与此相反。

② 拉开三相单极隔离开关或配电变压器高压跌落式熔断器时，应先拉开中相，然后拉开处于下风的边相，最后再拉开另一边相。合三相单级隔离开关或配电变压器高压跌落式熔断器时，操作顺序与此相反。

③ 在装设临时携带型接地线时，经检验确实无电压后应先接接地端，后接导体端。拆除时，应先拆导体端，后拆接地端。

④ 配电变压器停送电操作顺序：停电时先停负荷侧，然后停电源侧，送电时先送电源侧，后送负荷侧。

⑤ 低压停电时应先停补偿电容器组，再停低压负荷，以防止电容器组没有退出的情况下负荷已经减下，出现过补偿现象。

3. 执行倒闸操作的方法

在执行倒闸操作时，值班人员接到倒闸操作的命令且经复述无误后，应按下列步骤及顺序进行：

① 操作准备，必要时应与调度联系，明确操作目的、任务和范围，商议操作方案，草拟操作票，准备安全用具等；

② 值班员传达命令，正确记录并复述核对；

③ 操作人填写操作票；

④ 监护人审查操作票；

⑤ 操作人、监护人签字；

⑥ 操作前，应根据操作票内容和顺序在模拟图板上进行核对性模拟操作，监护人在操作票的操作项目右侧内打蓝色“√”；

⑦ 按操作项目、顺序逐项核对设备的编号及设备位置；

⑧ 监护人下达操作命令；

⑨ 操作人复述操作命令；

⑩ 监护人下达“准备执行”命令；

⑪ 操作人按操作票的操作顺序进行倒闸操作；

⑫ 共同检查操作电气设备的结果，如断路器、刀闸的开闭状态，信号及仪表变化等；

⑬ 监护人在该操作项目左端格内打红色“√”；

⑭ 整个操作项目全部完成后，向调度回“已执行”令；

⑮ 按工作票指令时间开始操作，按实际完成时间填写操作终了时间；

⑯ 值班负责人、值班人签字并在操作票上盖“已执行”令印；

⑰ 操作票编号、存档；

⑱ 清理现场。

4. 调度操作编号的作用

为了便于倒闸操作，避免对设备理解错误，防止误操作事故的发生，凡属变配电所变压器、高压断路器、高压隔离开关、自动开关、母线等电气设备，均应进行统一调度操作编号。调度操作编号有母线编号、断路器编号、隔离开关编号、特殊设备编号等。

（1）母线类编号

① 单母线不分段为 3# 母线，如图 13-2 所示。

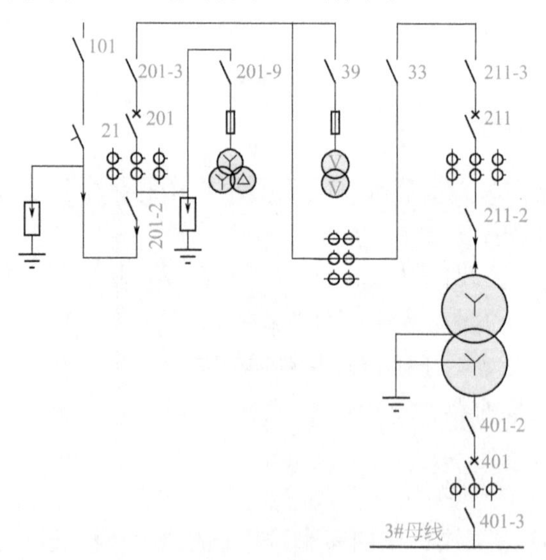

图 13-2　单母线不分段为 3# 母线

② 单母线分段或双母线为 4# 母线和 5# 母线，如图 13-3 所示。

母线的段是指供电线段，不分段母线是由一个电源供电，分段母线是由两个电源供电，4# 母线为一号电源供电，5# 母线为二号电源供电。

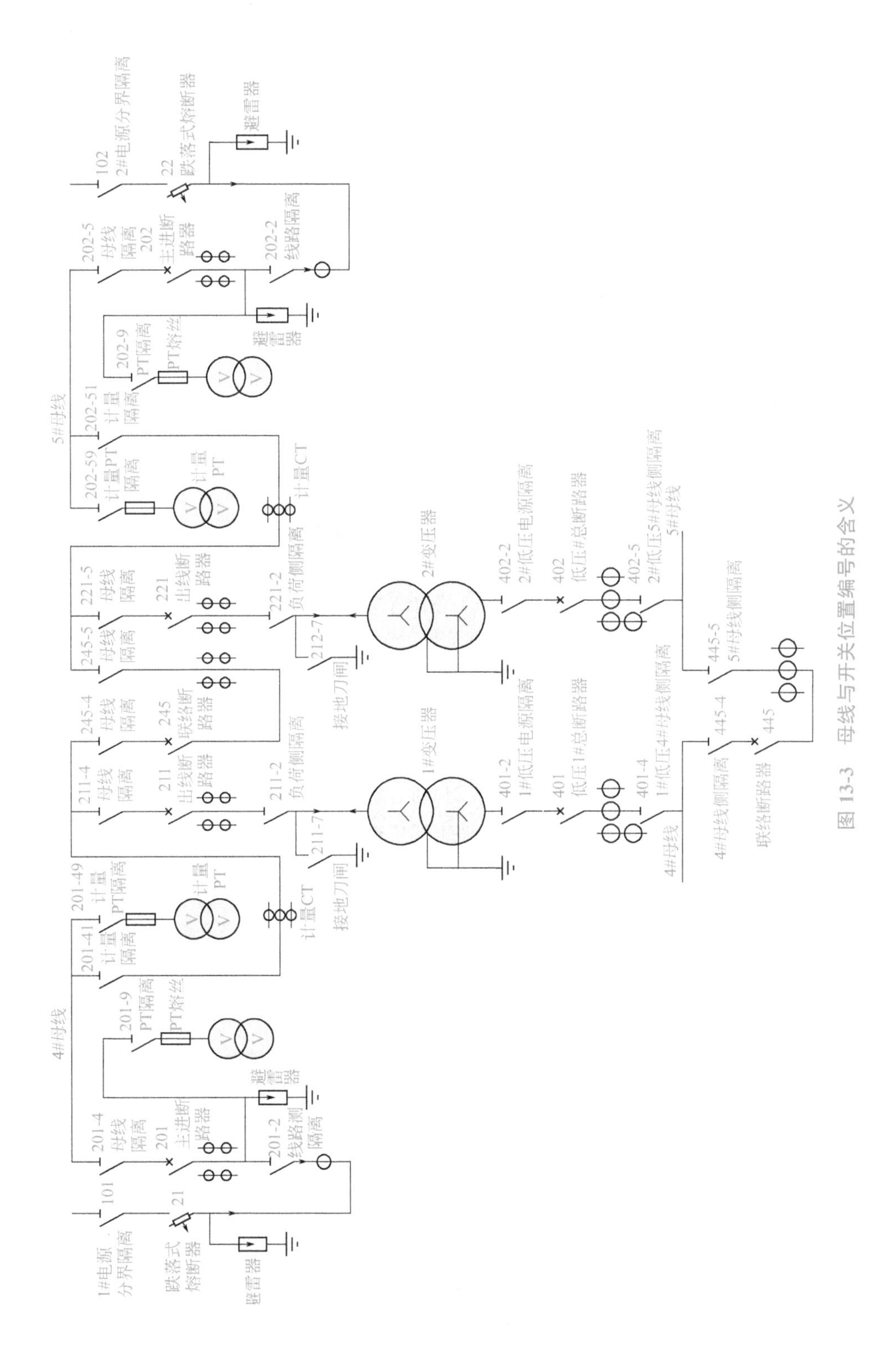

图 13-3　母线与开关位置编号的含义

（2）断路器编号 用三个数字表示断路器的位置和功能。

① 10kV，字头为2。进线或变压器开关为01、02、03…（如201为10kV的1路开关或1#变压器总开关）。

出线开关为11、12、13…（如211为10kV的4#母线上的出线开关）;21、22、23…（如222为10kV 5#母线上的第2个出线开关）。

② 6kV，字头为6。进线或变压器开关为01、02、03…（如601为6kV的1路进线开关或1#变压器总开关）。

出线开关为11、12、13…（如612为6kV的4#母线上的第一台开关）;21、22、23…（如621为6kV的5#母线上的第一台开关）。

③ 0.4kV，字头为4。进线或变压器开关为01、02、03…（如401为0.4kV的1路进线开关或1#变压器总开关）。

出线开关为11、12、13…（如411为0.4kV的4#母线上的开关）;21、22、23…（如423为0.4kV的5#母线上的第3个开关）。

④ 联络开关，字头与各级电压的代号相同，后面两个数字为母线号，如：

- 10kV的4#和5#母线之间的联络开关为245；
- 6kV的4#和5#母线之间的联络开关为645；
- 0.4kV的4#和5#母线之间的联络开关为445。

（3）隔离开关编号

① 线路侧和变压器侧为2，如201-2、211-2、401-2…。

② 母线侧随母线号，如201-4、211-4、221-5、402-5…。

③ 电压互感器隔离开关为9，前面加母线号或断路器号。如：201-49为4#母线上的电压互感器隔离开关（旧标为49）; 201-9为201开关线路侧电压互感器隔离开关。

④ 避雷器隔离开关为8，原则上与电压互感器隔离开关相同。

⑤ 电压互感器与避雷器合用一组隔离开关时，编号与电压互感器隔离开关相同。

⑥ 所用变压器隔离开关为0，前面加母线号或开关号。如40为4#母线上所用变压器的隔离开关。

⑦ 线路接地隔离开关为7，前面加断路器号，如211-7为出线开关211线路侧接地隔离开关。

（4）几种设备的特殊编号

① 与供电局线路衔接处的第一断路隔离开关（位于供电局与用户产权分界电杆上方），在10kV系统中编号为101、102、103…。

② 跌落式熔断器在10kV系统中编号为21、22、23…。

③ 10kV 系统中的计量柜上装有隔离开关一台或两台，编号要参考以下原则。

接通与断开本段母线用的隔离开关，4# 母线上的为 201-41（旧标为 44）；5# 母线上的为 202-51（旧标为 55）；3# 母线上的为 201-31（旧标为 33）。

计量柜中电压互感器隔离开关直接连接母线上的为 201-39、201-49、202-59。

（5）高压负荷开关的编号　高压负荷开关在系统中用于变压器的通断控制，其编号同断路器。

（6）移开式高压开关柜、抽出式低压配电柜的调度操作编号命名规定

① 10kV 移开式高压开关柜中断路器两侧的高压一次隔离触头相当于固定高压开关柜母线侧、线路侧的高压隔离开关，但不再编号。而进线的隔离手车仍应编号，开关编号同前。

② 抽出式低压配电柜的馈出线路采用一次隔离触头，而无刀开关，应以纵向排列顺序编号，面向柜体从电源侧向负荷侧顺序编号，如 4# 母线的 1# 柜，从上到下依次为 411-1、411-2、411-3…，其余类同。

现在越来越多的 10kV 用户变电站都采用电缆进户方式，电源前方为供电局闭站。作为运行值班人员，应对开闭站的操作编号规律有所了解。

（7）供电局开闭站开关操作编号

① 电源进线开关：1-1、2-1、3-1。

② 出线开关第一路电源出线 1-2、1-3、1-4、1-5；第二路电源出线 2-2、2-3、2-4、2-5。

5. 填写操作票的用语

操作票的用语不可以随意地填写，应使用标准术语，操作任务采用调度操作编号下令，操作票每一个项目栏只准填写一个操作内容。

（1）固定式高压开关柜倒闸操作标准术语

① 高压隔离开关的拉合。

合上。例：合上 201-2（操作时应检查操作质量，但不填票）。

拉开。例：拉开 201-2（操作时应检查操作质量，但不填票）。

② 高压断路器拉合。

合上。分为两个序号项目栏填写，例如：a 合上 201；b 检查 201 应合上。

拉开。分为两个序号项目栏填写，例如：a 拉开 201；b 检查 201 应拉开。

③ 全站由运行转检修的验电、挂地线。验电、挂地线的具体位置以隔离开关位置为准（图 13-4），称“线路侧”“断路器侧”“母线侧”“主变侧”。

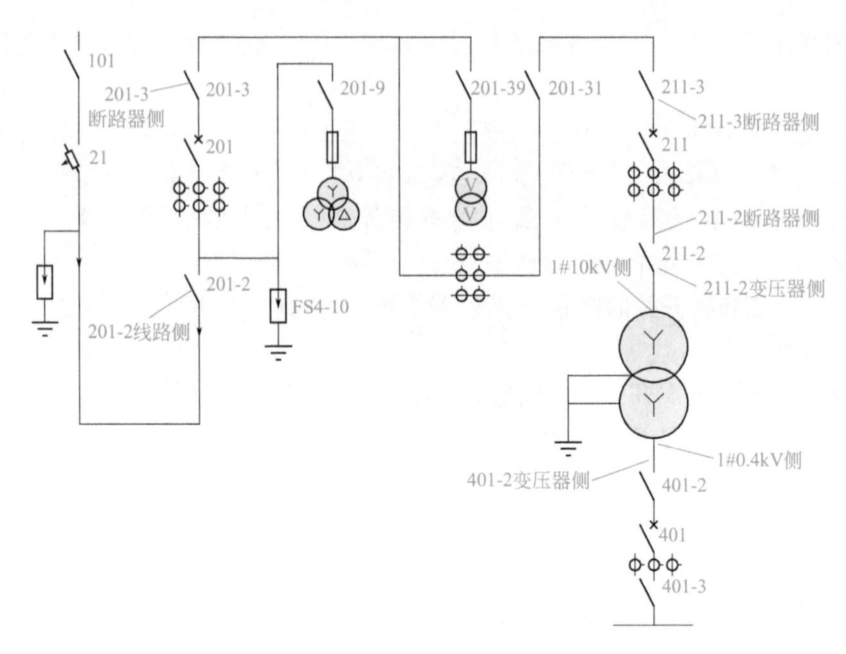

图 13-4　隔离开关位置

例：在 201-2 线路侧验电确无电压；

在 201-2 线路侧挂 1# 地线。

④ 全站同检修转运行时拆地线。

例：拆 201-2 线路侧 1# 地线；

检查待恢复供电范围内接地线，短路线已拆除。

⑤ 出线开关由运行转检修验电、挂地线。

例：在 211-4 开关侧验电应无电；

在 211-4 开关侧挂 1# 接地线；

在 211-2 开关侧验电应无电；

在 211-2 开关侧挂 2# 接地线；

取下 211 操作保险；

取下 211 合闸保险（CDIO）。

⑥ 出线开关由检修转运行拆地线。

例：拆 211-4 开关侧 1# 地线；

拆 211-2 开关侧 2# 地线；

检查待恢复供电范围内接地线，短路线已拆除；

给上 211 操作保险；

给上 211 合闸保险（CDIO）。

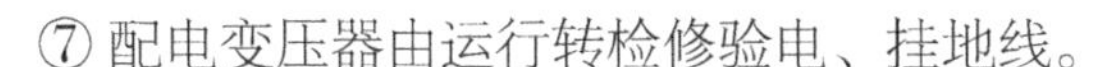

⑦ 配电变压器由运行转检修验电、挂地线。

例：在 1T 10kV 侧验电应无电；

在 1T 10kV 侧挂 1# 地线；

在 1T 0.4kV 侧验电应无电；

在 1T 0.4kV 侧挂 2# 地线。

⑧ 配电变压器由检修转运行拆地线。

例：拆 1T 10kV 侧 1# 接地线；

拆 1T 0.4kV 侧 2# 接地线；

检查待恢复供电范围内接地线、短路线已拆除。

（2）手车式高压开关柜倒闸操作标准术语

① 手车式开关柜的三个工况位置。

工作位置。指小车上、下侧的插头已经插入插嘴（相当于高压隔离开关合好），开关拉开，称热备用，开关合上，称运行。

试验位置。指小车上、下插头离开插嘴，但小车未全部拉至柜外，二次回路仍保持接通状态，称为冷备用。

检修位置。指小车已全部拉至柜外，一次回路和二次回路全部切断。

② 小车式断路器操作术语——“推入、拉至”。

例：将 211 小车推入试验位置；

将 211 小车推入工和位置；

将 211 小车拉至试验位置；

将 211 小车拉至检修位置。

③ 小车断路器二次插件种类及操作术语。

二次插件种类：当采用 CD 型直流操作机构时，有控制插件、合闸插件、TA 插件；当采用 CT 型交流操作机构时，有控制插件、TA 插件。

操作术语：“给上、取下”。

四、配电室的开关操作技术

变配电室的开关有两类用户是不能操作的：一类是分界刀闸 101、102；另一类是计量柜的刀闸 44（新 201-41）、49（新 201-49）、55（新 202-51）、59（新 205-59）。当发现异常需要操作时，应及时与供电管理部门说明情况，由供电管理部门处理。

第二节 常用开关柜的倒闸操作

一、高压开关柜倒闸操作票

1. 固定式开关柜

固定式开关柜的型号是GG-1A（F），这种固定式高压开关柜柜体宽敞，内部空间大，间隙合理、安全，具有安装、维修方便，运行可靠等特点，主回路方案完整，可以满足各种供配电系统的需要。固定式高压开关柜其特点是有上下隔离开关，断路器固定在柜子中间，体积大，有观察设备状态的窗口，隔离开关与断路器之间装有联锁机构；合闸时先合上隔离开关，再合下隔离开关，最后合断路器。拉闸时先拉断路器，再拉下隔离开关，最后拉上隔离开关。

GG-1A（F）型固定式高压开关柜是GG-1A型高压开关柜的改型产品，具有“五防”功能。高压开关柜适用于三相50Hz、额定电压3.6～12kV的单母线系统，作接受和分配电能之用，高压开关柜内主开关为真空断路器和少油断路器。GG-1A开关柜外形如图13-5所示，KYN28五防连锁开关柜外形如图13-6所示。

图13-5　GG-1A开关柜外形

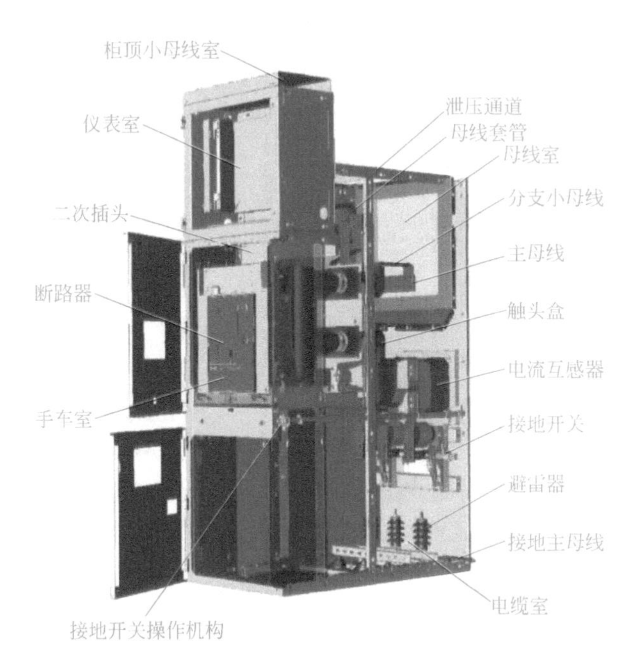

图 13-6　KYN28 五防连锁开关柜外形

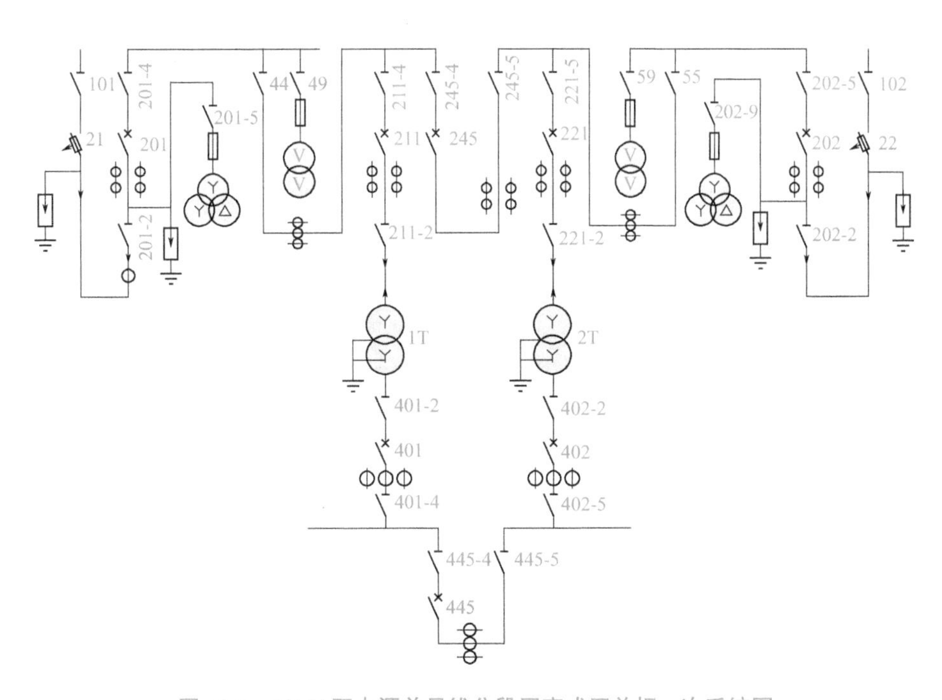

图 13-7　10kV 双电源单母线分段固定式开关柜一次系统图

以图 13-7 为例的 10kV 双电源单母线固定式开关柜一次系统常用操作票为

例介绍如下。

2.10kV固定式开关柜倒闸操作票（表13-1）

操作任务：全站送电操作（冷备用）。

运行方式：1# 电源带 1T 运行，2# 电源带 2T 运行。

如图 13-8 所示为操作票操作后的运行状态。

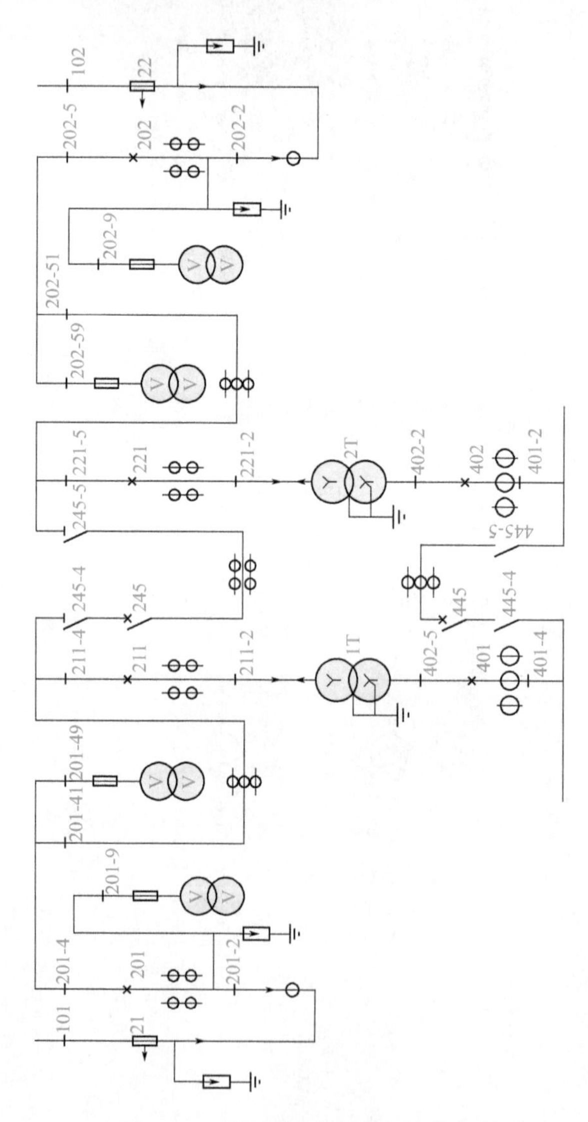

图 13-8　操作票操作后的运行状态

表13-1　操作票

√	操作顺序	操作项目	√	操作顺序	操作项目
	1	查 201、211、245、221、202 确在断开位置		22	合上 202-2
	2	合上 21		23	合上 202-9
	3	合上 201-2		24	查 2# 电源 10kV 电压正常
	4	合上 201-9		25	合上 202-5
	5	查 1# 电源 10kV 电压正常		26	合上 202 开关
	6	合上 201-4		27	查 202 确已合上
	7	合上 201 开关		28	合上 221-5
	8	查 201 确已合上		29	合上 221-2
	9	合上 211-4		30	查 402 确在断开位置
	10	合上 211-2		31	合上 221 开关
	11	查 401、445 确在断开位置		32	查 221 确已合上
	12	合上 211 开关		33	听 2T 变压器声音，充电 3min
	13	查 211 确已合上		34	合上 402-2
	14	听 1T 变压器声音，充电 3min		35	查 2T 0.4kV 电压正常
	15	合上 401-2		36	合上 402-5
	16	查 1T0.4KV 电压正常		37	合上 402 开关
	17	合上 401-4		38	查 402 确已合上
	18	合上 401 开关		39	合上低压 5# 母线侧负荷
	19	查 401 确已合上		40	全面检查操作质量，操作完毕
	20	合上低压 4# 母线侧负荷		41	
	21	合上 22		42	
操作人			监护人		

注：全站停电（冷备用）时户外跌落熔断器是拉开的；注意运行方式为分列运行，1# 电源带 1T 即 201、211、401 合上，2# 电源带 2T 即 202、221、402 合上，245、445 应拉开；送电时注意检查电源电压是否正常。

二、高压变电室倒闸操作票

1. 预装式变电站

预装式变电站俗称箱式变，是由高压配电装置、变压器及低压配电装置连接而成，分成三个功能隔室，即高压室、变压器室和低压室，高、低压室功能齐全。高压侧一次供电系统，可布置成多种供电方式。高压多采用环网柜控制方式（图 13-9），配有主进柜、计量柜（图 13-10），装有高压计量元件，满足高压计量的要求。出线柜（图 13-11）的变压器室可选择 S7、S9 以及其他低损耗油浸式变压器和干式变压器；变压器室设有自启动强迫风冷系统，低压室根据用户要求可采用面板或柜装式结构组成用户所需供电方案，有动力配电、照明配电、无功功率补偿、电能计量和电量测量等多种功能。

图 13-9　10kV 预装式变电站

图 13-10　环网柜计量柜实物

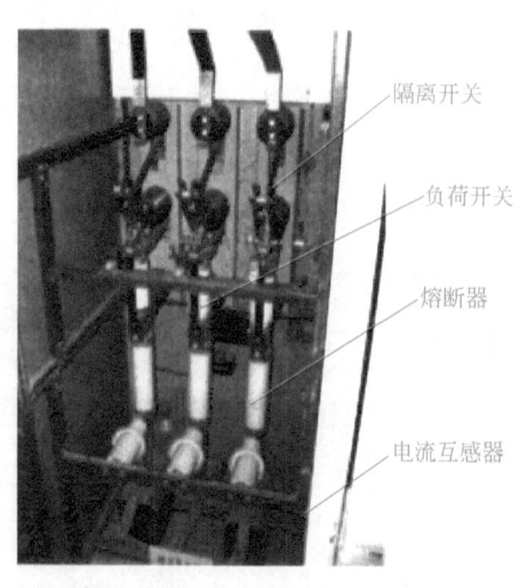

图 13-11　环网柜出线柜实物

高压室结构紧凑合理并具有全面防误操作联锁功能，各室均有自动照明装置。预装式变电站采用自然通风和强迫通风两种方式，使通风冷却良好，变压器室和低压室均有通风道，排风扇有温控装置，按整定温度能自动启动和关闭，保证变压器满负荷运行。

预装式变电站的高压配电装置采用环网柜作为高压控制元件，柜内装有真空负荷开关或六氧化硫负荷开关，出线柜配有熔断器作为变压器的保护元件，为了便于监视运行，开关柜装有三相带电显示装置，出线柜内的负荷开关为双投刀闸，当变压器检修时刀闸扳向接地状态，负荷开关为一个操作机构，有三个位置，即接地—拉开—合闸，有效防止误操作的发生。

2. 环网柜的操作与其他开关柜操作的差别

环网柜的操作与其他开关柜不同，是由手动操作分合闸控制，而且是由一个可以插拔的操作手柄完成合闸、分闸、接地的操作的。

操作挡板只有断路器分闸时才可以打开，送电操作时打开操作隔离开关操作孔，向上扳动使隔离开关合上，合上后拔出操作手柄再插入下面的负荷开关操作孔，向下用力扳即可合上负荷开关，分合指示窗口内的字牌翻向合，负荷开关合上后操作挡板立即弹回挡住隔离开关操作孔以防止误操作。

分闸时，按动分闸钮，负荷开关分闸，分闸钮上有锁孔，插入锁销可禁止分闸操作，负荷开关分闸后操作挡板才自动打开，插入操作手柄向下扳隔离开关分闸，需要接地操作时，将操作手柄拔出再插入上一个操作孔，再向下用力扳动即可将隔离开关负荷侧接地。

3. 预装式变电站系统的特点

预装式变电站（箱式变）系统如图 13-12 所示。主进柜 201 电压侧装有三相带电显示器监视线路电源，主进柜只有负荷开关，不装熔断器，计量柜为直通式，计量柜上的电压互感器为电能表和监视用电压表提供电压，出线柜 211 负荷侧装有熔断器、接地刀闸、三项互锁操作机构。表 13-2、表 13-3 为预装式变电站系统操作票。

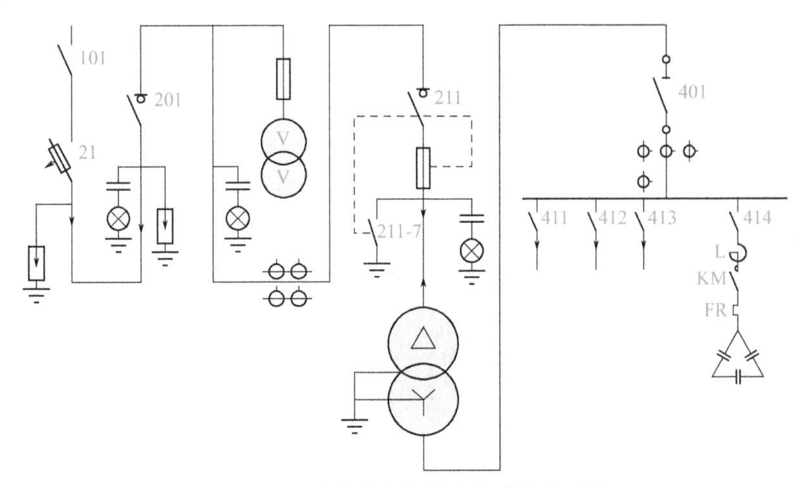

图 13-12　预装式变电站（箱式变）系统

表13-2　预装式变电站系统操作票（一）

发令人		下令时间	年　月　日　时　分
		操作开始	年　月　日　时　分
受令人		操作终了	年　月　日　时　分

操作任务：全站送电操作

运行方式为：201 受电带 3# 母线，211、401 合上

√	操作顺序	操作项目	√	操作顺序	操作项目
	1	查 201、211、401 应在断开位置		14	合上低压各出线开关
	2	合上 21		15	合上低压电容器组开关
	3	查 201 柜三相带电指示器灯亮		16	全面检查工作质量，操作完毕
	4	合上 201		17	
	5	查 201 确已合上		18	
	6	查计量柜三相带电指示器灯亮		19	
	7	合上 211		20	
	8	查 211 确已合上		21	
	9	查 211 柜三相带电指示器灯亮		22	
	10	听变压器声音，充电 3min		23	
	11	查变压器低压侧应电压正常		24	
	12	合上 401		25	
	13	查 401 确已合上		26	

表13-3　预装式变电站系统操作票（二）

发令人		下令时间	年　月　日　时　分
		操作开始	年　月　日　时　分
受令人		操作终了	年　月　日　时　分

操作任务：全站停电操作

运行方式为：201 受电带 3# 母线，211、401 合上

√	操作顺序	操作项目	√	操作顺序	操作项目
	1	拉开低压各出线开关		14	
	2	拉开低压电容器组开关		15	

续表

√	操作顺序	操作项目	√	操作顺序	操作项目
	3	拉开 401		16	
	4	查 401 确已拉开		17	
	5	拉开 211		18	
	6	查 211 确已拉开		19	
	7	查 211 柜三相带电指示器灯应灭		20	
	8	拉开 201		21	
	9	查 201 确已拉开		22	
	10	查计量柜三相带电指示器灯应灭		23	
	11	拉开 21		24	
	12	查 201 柜三相带电指示器灯应灭		25	
	13	全面检查工作质量，操作完毕		26	
操作人			监护人		

常用低压电器设备电气控制技术

第一节

车床电气控制电路

车床的种类很多，比较代表性的车床为CA6140型普通车床，本节讲解CA6140型普通车床电气控制电路，电路如图14-1所示。

一、主电路分析

主电路中有3台控制电动机。

① 主轴电动机M1，完成主轴主运动和刀具的纵横向进给运动的驱动。该电动机为三相电动机。主轴采用机械变速，正反向运行采用机械换向机构。

② 冷却泵电动机M2，提供冷却液用，为防止刀具和工件的温升过高，用冷却液降温。

③ 刀架电动机M3，为刀架快速移动电动机，根据使用需要，手动控制启动或停止。

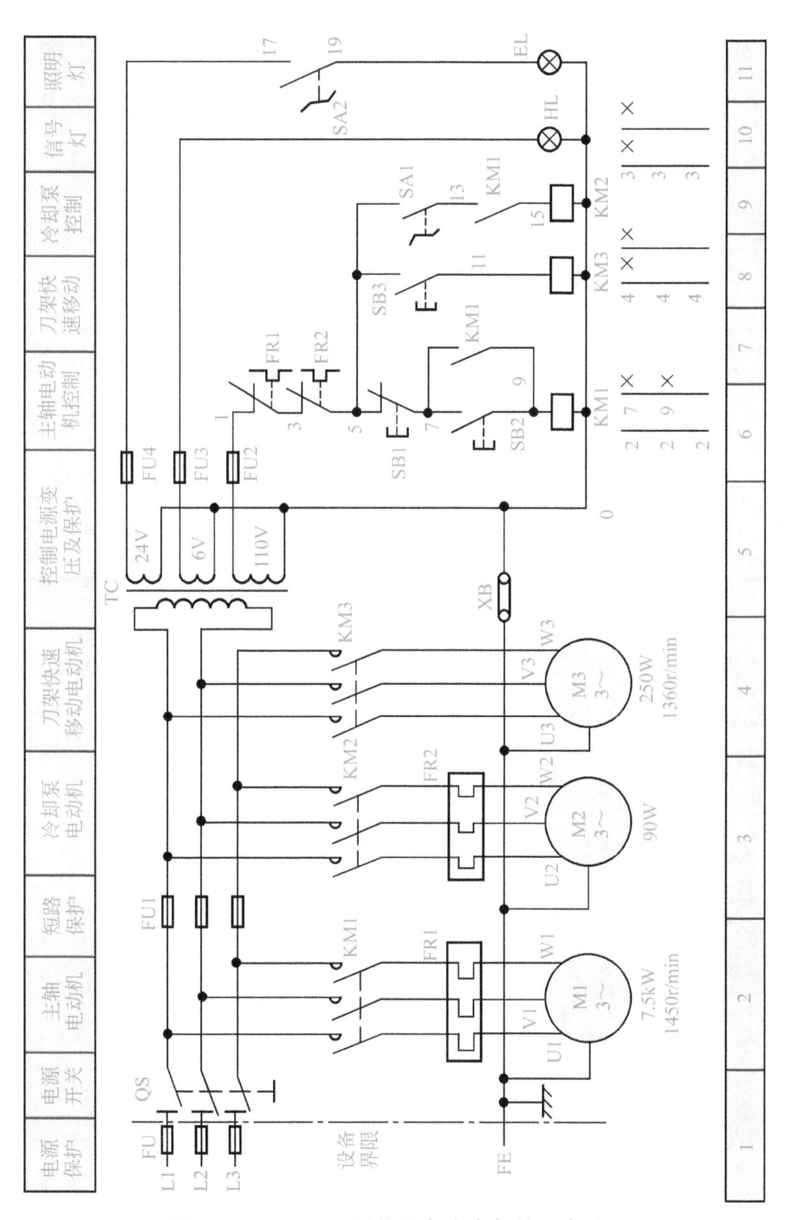

电路原理与检修

图 14-1 CA6140 型普通车床电气控制电路

电动机 M1、M2、M3 容量都小于 10kW，均采用全压直接启动。三相交流电源通过转换开关 QS 引入，接触器 KM1 控制 M1 的启动和停止。接触器 KM2 控制 M2 的启动和停止。接触器 KM3 控制 M3 的启动和停止。KM1 由按钮 SB1、SB2 控制，KM3 由 SB3 进行点动控制，KM2 由开关 SA1 控制。主轴正反向运行由机械离合器实现。

M1、M2为连续运动的电动机，分别利用热继电器FR1、FR2作过载保护，M3为短期工作电动机，因此未设过载保护。熔断器FU1～FU4分别对主电路、控制电路和辅助电路实行短路保护。

二、控制电路分析

控制电路的电源为由控制变压器TC次级输出的110V电压。

① 主轴电动机M1的控制：采用了具有过载保护全压启动控制的典型电路。按下启动按钮SB2，接触器KM1得电吸合，其动合触头KM1（7-9）闭合自锁，KM1的主触点闭合，主轴电动机M1启动；同时其辅助动合触头KM1（13-15）闭合，作为KM2得电的先决条件。按下停止按钮SB1，接触器KM1失电释放，电动机M1停转。

② 冷却泵电动机M2的控制：采用两台电动机M1、M2顺序控制的典型电路，主轴电动机启动后，冷却泵电动机才能启动；当主轴电动机停止运行时，冷却泵电动机也自动停止运行。主轴电动机M1启动后，接触器KM1得电吸合，其辅助动合触头KM1（13-15）闭合，因此合上开关SA1，使接触器KM2线圈得电吸合，冷却泵电动机M2才能启动。

③ 刀架快速移动电动机M3的控制：采用点动控制。按下按钮SB3，KM3得电吸合，对M3电动机实施点动控制，电动机M3经传动系统，驱动溜板带动刀架快速移动。松开SB3，KM3失电，电动机M3停转。

④ 照明和信号电路：控制变压器TC的副绕组分别输出24V和6V电压，作为机床照明灯和信号灯的电源。EL为机床的低压照明灯，由开关SA2控制；HL为电源的信号灯。

三、CA6140常见故障分析

1. 主轴电动机不能启动

① 电源部分故障，先检查电源的总熔断器FU的熔体是否熔断，接线头是否有脱落松动或过热，因为这类故障易引起接触器不吸或时吸时不吸，还会使接触器的线圈和电动机过热等，若无异常，则用万用表检查电源开关QS是否良好。

② 控制电路故障，如果电源和主电路无故障，则故障必定在控制电路中。

可依次检查熔断器 FU2 热继电器 FR1、FR2 的常闭触头，停止按钮 SB1、启动按钮 SB2 和接触器 FM1 的线圈是否断路。

2. 主轴电动机不能停车

这类故障的原因多数是因接触器 KM1 的主触头发生熔焊或停止按钮 SB1 击穿所致。

3. 冷却泵不能启动

冷却泵不能启动故障在笔者实际维修过程中多数为 SA1 接触不良导致，用万用表进行检查，同时电动机 M2 因与冷却液接触，绕组容易烧毁，用万用表或兆欧表测量绕组电阻即可判断。

第二节

磨床电气控制电路

磨床的种类很多，根据其用途不同可分为：内圆磨床、外圆磨床、平面磨床、专用磨床等。本节以常用磨床 M7130 的电气控制线路为例讲解。M7130 型卧轴矩台平面磨床适应于加工各种机械零件的平面且操作方便，磨削精度及光洁度较高。

M7130 型卧轴矩台平面磨床电气控制线路原理如图 14-2 所示。

一、主电路分析

1. M7130型卧轴矩台平面磨床主电路的划分

从图 14-2 中容易看出，电路图中 1 ～ 5 区为 M7130 型卧轴矩台平面磨床的主电路部分。其中 1 ～ 2 区为电源开关和保护部分，3 区为砂轮电动机 M1 主电路，4 区为冷却泵电动机 M2 主电路，5 区为液压泵电动机 M3 主电路。

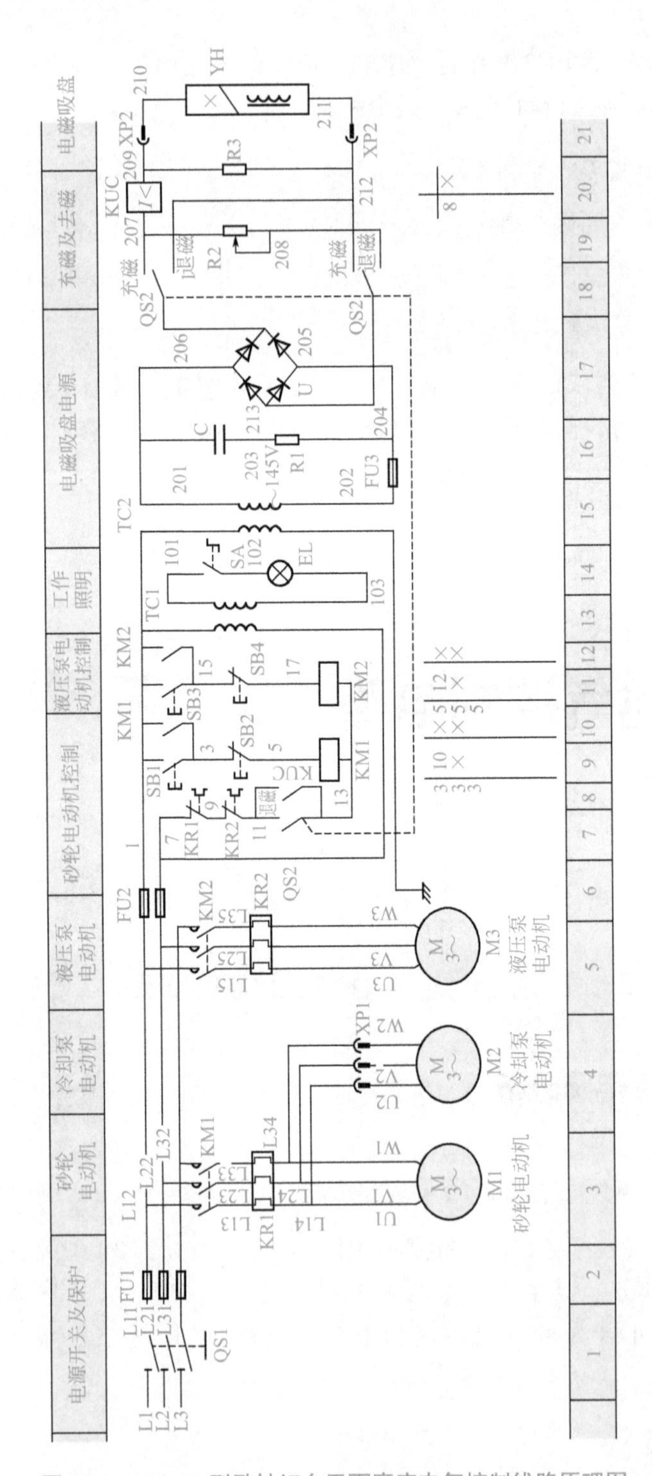

图 14-2 M7130 型卧轴矩台平面磨床电气控制线路原理图

2. M7130型卧轴矩台平面磨床主电路的识图

① 砂轮电动机 M1 主电路。砂轮电动机 M1 主电路位处 3 区，是一个典型的“单向运转单元主电路”，由接触器 KM1 主触头控制砂轮电动机 M1 电源的通断，热继电器 KR1 为其的过载保护。

② 冷却泵电动机 M2 主电路。冷却泵电动机 M2 主电路位处 4 区，实际上它是受控于接触器 KM1 的主触头，所以只有当接触器 KM1 吸合，砂轮电动机 M1 启动运转后，冷却泵电动机 M2 才能启动运转。XP1 为冷却泵电动机 M2 的插件，当砂轮电动机 M1 启动运转后，将接插件 XP1 接通，冷却泵电动机 M2 即可运转，拔掉 XP1，冷却泵电动机 M2 即可停止。

③ 液压泵电动机 M3 控制主电路。液压泵电动机 M3 的控制主电路位处 5 区，由接触器 KM2 主触头控制液压泵电动机 M3 电源的通断，热继电器 KR2 为它的过载保护。

二、控制电路分析

合上电源总开关 QS1，380V 交流电源经过熔断器 FU1、FU2 加在控制电路的控制元件上。其中 8 区中电流继电器 KUC 在 11 号线与 13 号线间的动合触头在合上电源总开关 QS1 时闭合。

1. 砂轮电动机M1的控制电路

① 砂轮电动机 M1 控制电路的划分。砂轮电动机 M1 电源的通断由接触器 KM1 的主触头控制，故其控制电路是由 9 区和 10 区中各电器元件组成的电路及 7 区和 8 区中各元件组成的电路组成。其中 7 区和 8 区中各元件组成的电路为砂轮电动机 M1 控制电路和液压泵电动机 M2 控制电路的公共部分。

② 砂轮电动机 M1 控制电路识图。从 9 区和 10 区的电路来看，砂轮电动机 M1 控制电路是一个典型的“单向运转单元控制电路”。其中按钮 SB1 为砂轮电动机 M1 的启动按钮，按钮 SB2 为砂轮电动机 M1 的停止按钮。合上电源总开关 QS1，21 区中电磁吸盘 YH 充磁，20 区欠电流继电器 KUC 在 8 区中 11 号线与 13 号线间的动合触头吸合。当需要砂轮电动机 M1 启动运转时，按下启动按钮 SB1，接触器 KM1 线圈通过以下方式得电：熔断器 FU2—1 号线—按钮 SB1 动合触头—3 号线—按钮 SB2 动断触头—5 号线—接触器 KM1 线圈—13 号线—欠电流继电器 KUC 动合触头—11 号线—热电器 KR2 动断触头—9 号线—热继电器 KR1 动断触头—7 号线—熔断器 FU2。接触器 KM1 通电闭合，其在

3 区中的主触头闭合，接 M1 的电源，砂轮电动机 M1 启动运转。此时，如果要冷却泵电动机 M2 启动运转，只需将接插件 XP1 插好，冷却泵电动机 M2 即可启动运转。拔下接插件 XP1，冷却泵电动机 M2 停转；按下砂轮电动机 M1 的停止按钮 SB2，砂轮电动机 M1 和冷却泵电动机 M2 均停止。

在砂轮电动机 M1 的控制电路中，如果砂轮电动机 M1 不能启动，则应重点考虑 9 区中按钮 SB2 在 3 号线与 5 号线间动断触头是否接触不良，热继电器 KR1、KR2 在 7 号线与 9 号线间及 9 号线与 11 号线间的动断触头是否接触不良，及欠电流继电器 KUC 在 11 号线与 13 号线间的动合触头闭合时是否接触不良；如果砂轮电动机 M1 只能点动，则重点考虑接触器 KM1 在 1 号线与 3 号线间的动合触头是否接触不良等。

2. 液压泵电动机M3控制电路

① 液压泵电动机 M3 控制电路的划分。同理，液压泵电动机 M3 的控制电路由 11 区和 12 区电路中元件组成的电路及 7 区和 8 区中电路元件组成的电路组成。

② 液压泵电动机 M3 控制电路的识图。在 11 区和 12 区的电路中，液压泵电动机 M3 的控制电路也是一个典型的“单向运转单元控制电路”。其中按钮 SB3 为液压泵电动机 M3 的启动按钮，按钮 SB4 为液压泵电动机 M4 的停止按钮。其他的分析与砂轮电动机 M1 的控制电路相同。

三、其他电路分析

M7130 型卧轴矩台平面磨床其他电路包括电磁吸盘充、退磁电路，机床工作照明电路。

1. 电磁吸盘充、退磁电路

① 电磁吸盘充、退磁电路的划分。在图 14-2 中，电磁吸盘充、退磁电路位处 15 ～ 21 区。

② 电磁吸盘充、退磁电路识图。在电磁吸盘的充、退磁电路中，15 区变压器 TC2 为电磁吸盘充、退磁电路的电源变压器。17 区中的整流器 U 为供给电磁吸盘直流电源的整流器。18 区中的转换开关 QS2 为电磁吸盘的充、退磁状态转换开关，当 QS2 扳到“充磁”位置时，电磁吸盘 YH 线圈正向充磁；当 QS2 扳到“退磁”位置时，电磁吸盘 YH 线圈则反向充磁。20 区欠电流继电器 KUC 线圈为机床运行时电磁吸盘欠电流的保护元件，只要合上电源总开关 QS1 它就会通电闭合，使得 8 区中的动合触头吸合，接通机床拖动电动机控制电路

的电源通路，机床才能启动运行；机床在运行过程中是依靠电磁吸盘将工件吸住，否则会发生在加工过程中砂轮的离心力将工件抛出而造成人身伤害或设备事故的现象。在加工过程中，若 17 区中整流器 U 损坏或有断臂现象及电磁吸盘 YH 线圈有断路故障等，流过 20 区欠电流继电器 KUC 线圈中的电流减少，欠电流继电器 KUC 由于欠电流不能吸合，8 区中的动合触头要断开，所以机床不能启动运行，或正在运行的也会因 8 区中欠电流继电器 KUC 动合触头的断开而停止下来，从而起到电磁吸盘 YH 的欠电流保护作用。21 区中 YH 为电磁吸盘，它的作用是在机床进行加工过程中将工件牢固吸合。16 区中的电容器 C 和电阻 R1 为整流器 U 的过电压保护元件，当合上电源总开关或断开电源总开关 QS1 的瞬间，变压器 TC2 会在二次绕组两端产生一个很高的自感电动势，电容器 C 和电阻 R1 为吸收这个很高自感电动势的元件，以保证整流器 U 不受这个很高的自感电动势的冲击而损坏。19 区和 20 区中的电阻 R2 和 R3 为电磁吸盘 YH 充、退磁时电磁吸盘线圈自感感应电动势的吸收元件，以保护电磁吸盘线圈 YH 不受自感电动势的冲击而损坏。

机床正常工作时，220V 交流电压经过熔断器 FU2 加在变压器 TC2 一次绕组的两端，经过降压变压器 TC2 降压后在它二次绕组中输出约 145V 的交流电压，经过整流器 U 整流输出约 130V 的直流电压作为电磁吸盘 YH 线圈的电源。当需要对加工工件进行磨削加工时，将充、退磁转换开关 QS2 扳至“充磁”位置，电磁吸盘 YH 线圈通过以下途径通电将工件牢牢吸合：整流器 U—206 号线—充、退磁转换开关 QS2—207 号线—欠电流继电器 KUC 线圈—209 号线—接插件 XP2—210 号线—电磁吸盘 YH 线圈—211 号线—接插件 XP2—212 号线—充、退磁转换开关 QS2—213 号线—回到整流器 U。电磁吸盘正向充磁，此时机床可进行正常的磨削加工。当工件加工完毕需将工件取下时，将电磁吸盘充、退磁转换开关 QS2 扳至“退磁”位置，此时电磁吸盘反向充磁，经过一定的时间后，即可将工件取下。

在电磁吸盘充、退磁电路中，如果电磁吸盘吸力不足，则应考虑 15 区中变压器 TC2 是否损坏、17 区中整流器 U 是否有断臂现象（即有一个整流二极管断路）、21 区中接插件 XP2 是否插接松动、电磁吸盘 YH 线圈是否短路等。如果电磁吸盘出现无吸力则应考虑熔断器 16 区中 FU3 是否断路、电磁吸盘 YH 线圈是否断路等。

2. 机床工作照明电路

机床工作照明电路位处 13、14 区，由变压器 TC1、工作照明灯 EL 及照明灯开关 SA 组成。其中变压器 TC1 一次电压为 380V，二次电压为 36V。

四、M7130型平面磨床常见故障分析

1.砂轮升降电动机正反向均不能启动

故障原因一般是主电路熔断器断，另外按钮触点接触不良老化是另外一个原因，可用万用表测量其常开点。

2.电磁吸盘没吸力

首先检查保险是否熔断，其次检查YH吸盘两个出线头是否脱落，并用万用表测量吸盘两端电压判断吸盘是否有短路或断路性故障。因为切削液容易造成吸盘绝缘损坏。

第三节 数控机床控制电路

数控机床是一种用于精度高、零件形状复杂的单件和小批生产的自动化机床，它不仅能进行程序控制和辅助功能控制，而且能进行坐标控制，并且以数字指令信息的形式达到加工的全过程控制，是一种用电子计算机或专用电子计算装置控制的高效自动化机床。

一、CK6163D数控机床

基本结构如图14-3所示。

1.3T-F控制箱

3T-F箱是一个SNC（顺序控制）系统，它把FAPT（数控自动编程语言）装入了CNC（计算机数控）系统。利用这个系统，编程人员可根据CRT（图形显示器）上的指令，操作相应的按钮，

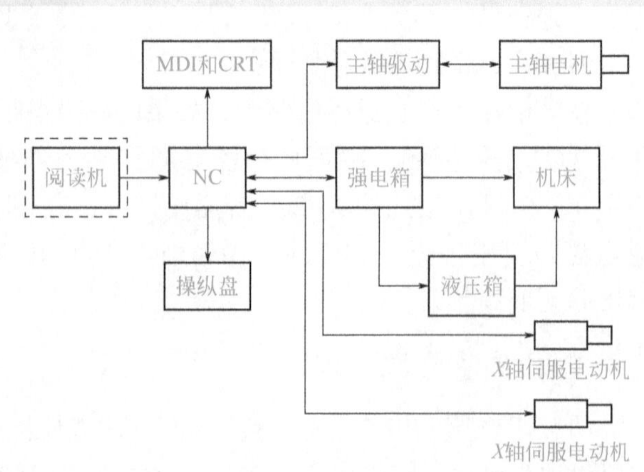

图14-3 CK6163D数控车床基本结构框图

编制出工件加工程序，而且编程人员也可以在机床加工过程中，利用 FAPT 功能编写下一个工件加工程序。

SNC 是一个高精度、高性能、固化软件的车床系统。控制电路中使用了高速微处理器、专用 LSI（大规模集成电路）和半导体存储器，不仅提高了机床工作的可靠性，并且大大地改善了性能价格比。

控制箱内有 CNC 系统 PAPT 板、电源单元、PC（可编程序控制器）控制单元、电池盒、*X* 轴伺服单元板、伺服变压器等。

NC（数字控制）控制箱是整个数控车床的指挥中心，所有的输出指令都从这里发出，是数控车床的关键组成部分。

2.MDI（手动数据输入）和CRT板

板上有 35cm（14#）彩色显示屏幕，可显示各种加工坐标值、工件程序的刀尖加工轨迹、刀具补偿值、加工时间、主轴给定转数及实际转数、设定参数的内容、输入输出接口的状态、中间寄存器地址单元的内容、报警内容等。MDI 和 CRT 板上还有功能键和数字键，可进行各种操作及自动、手动编程。

3. 阅读机

穿在纸带上的工件程序可通过阅读机输入 NC 控制机中。阅读机的接口插座装在控制箱上，用户如果需要使用阅读机，只需要将阅读机的连接电缆插头分别插在控制箱和阅读机上即可。

4. 操纵盘

上面装有开关、按钮、手摇脉冲发生器和指示灯等，用来进行操作控制并显示操作状态和故障状态。

5. 强电箱

装有交流盘、直流盘、插座板、变压器、接触器和稳压电源等。强电箱的作用是进行信号转换和放大，加接 NC 控制箱、液压箱和机床，为电气元件提供电源。

6. 液压箱

用来控制车床动作。装有液压马达、液压泵、液压阀、电接点压力表和其他压力表，能控制机械变挡、卡盘卡紧和卡盘松开，台尾顶尖前进和后退。

3T-F 系统的 PC 属于 FANU、C-P 型，有三块印制电路板，即 PC 板、附加板和 PAM（随机存取存储器）板。存储器的元件采用两块 EPROM，存储容量为4KB（约1000步）。控制继电器有256个；用于参数和保持继电器24个；用于数据表存储器BCD二位 ×32；定时器50ms-3276.7s 2个，50ms-12.7s 16个；计数器（十进制四位数）2个；指令34个。输入：96点，高速输入：8点。输出：72点。

在3T-F控制箱内装有PC板，PC是NC和车床之间的中间环节，NC发出的指令经过PC送到车床，而从车床方面来的信号也要通过PC送到NC。控制系统装上PC后，能大大减少强电箱里继电器的数量，从而提高了数控车床的可靠性和工作效率。

二、安装与调试

数控车床安装、调试的步骤如下。

1. 外观检查

车床运抵安装现场后，用钥匙打开控制箱，依次检察箱内的主控制板、FAPT板等有无异常，两块伺服板是否完好，各插头是否松动或脱落，变压器的连接线有无松动，PC板是否插牢。检查箱内电气元件是否受潮，印刷板上的元件有无生锈，如果发现有锈，应立即用干净的棉球蘸酒精擦拭干净，再用吹风机将箱内潮气排除，将元器件吹干。

检查强电箱的直流配电盘上的继电器是否插牢，变流盘上的接触器、变压器、热继电器、阻容吸收器等电器元件的接线情况如何。检查箱内的两排接线端子上的信号线情况如何，最好是先用螺钉旋具把每个端子上的螺钉都旋紧，以便发现由于装配时螺钉没拧紧或运输等原因造成松动的导线，可以避免以后在这方面出故障。观察电器的标牌是否脱落，若有脱落，一定要重新粘好，否则，假如掉在危险的位置，通电时可能造成短路。

打开液压箱的门，观察各液压阀和电接点压力表的接线是否良好，检查液压阀有无生锈，各液压回路是否完好。液压泵电动机应当能用手旋转，并且电动机轴受力在一周之内应是均匀的。检查各个压力表和两个电接点压力表是否破损，表上的航空抽头是否已经打紧，油箱是否有油等。

检查操纵盘上的各个按钮、开关、手摇脉冲发射器等是否完整，指示灯有无破损，MDI和CRT的屏幕及按键是否正常，检查固定操纵盘的螺钉是否完整，盘上的接地线有无松动。检查操纵箱内的插头是否插牢，各电器元件上的接线是否牢固。把操纵盘的开关一律置在不起作用的位置上。

观察两个脚踏开关及其加接电源是否完好，床头上的几个变速压合开关有无问题，电子泵箱内是否已加足了油。

检查伺服电机及电缆是否完好，电机插头是否插牢。主轴电动机是否完好。主轴伺服电源和主轴位置编码器及其电缆是否正常。

最后，检查床身、导轨、防护板、卡盘、台尾和排屑器等有无损坏。

2.通电前的测量

在通电前一定要用万用表测量下面几处：

① 测量强电箱内的 +24V 稳压电源，其电源正确输出的对地电阻应大于几十欧，其电源负端的输出应接地；

② 测量强电箱内变压器的一、二次侧，它们都不能接地；

③ 测量控制箱里的 +24V 稳压电源，电源的正极输出和地之间的电阻应为 80Ω 左右，电源的负极输出和地相接。

3.强电箱送电

送电要分步进行，不可同时给电。

① 把车床电源开关的三根动力线和地线接好，把强电箱内所有的自动开关一律置于断开的位置。

② 把电源开关合上，用万用表测量箱内的稳压电源的输出应为 24V。主轴伺服板上的报警灯都应不亮。测量输入主轴伺服板上的电压为 380V。

③ 把液压泵电动机的断路器合上，液压泵电动机应均匀转动，液压箱上的压力表应指示出正常的压力。如果压力表上没有压力显示，说明外部进入车床的动力线相序不对，交换三根动力线中的任意两根的接线位置即可。液压箱内的压力如果不对，应进行相应的检查调整。调整时要按说明书给出的标准调整。

④ 把润滑电动机的断路器合上。润滑电动机应正常运转，并能从车床头的观察窗上看到油管喷出润滑油。如果没有油从管内喷出，应立即断开开关查找故障。该故障产生的原因可能是润滑电动机没有转，或是润滑泵坏了，或是油管堵了，也可能是由于油箱里无油造成的。

⑤ 合上排屑电动机的断路器，将操纵盘上的排屑开关合上，排屑履带就应该运动起来，不允许有碰撞、摩擦床身的声音。

⑥ 合上冷却电动机的断路器，当把操纵盘上控制手动冷却液的开关合上时，冷却液应当由冷却管中喷出。

⑦ 合上刀架电动机的断路器，以备后面试验选刀时用。

⑧ 合上电子泵的开关，两个电子泵都应当正常工作。

到此为止，强电箱、液压箱和主轴伺服驱动箱的送电过程基本结束。

4.NC控制箱送电

送电前打开NC控制箱的门，用专用钥匙合上箱门上的开门断电保护开关，电压表接在+5V电源上；按下MDI和CRT板上的ON按钮，在10s之内应连续显示三个画面。

按下NC键，转到NC控制页面上，并观察有无报警显示，用PARAM键和PAGE键查看参数是否存在。在一切都正常的情况下进行下面步骤。

5.调试机床动作

（1）试验超程开关 超程保护线路要先试验，用手分别压下+X、-X、+Z、-Z超程开关，应产生报警，如果压下超程开关时不产生报警，应先查找故障，使超程保护功能正常，才能移动刀架。

（2）刀架进给试调 将车床锁住开关置于锁住的位置，状态开关置于HS位置，旋转手摇脉冲发生器盘，观察屏幕上*X*正方向数值和*X*负方向灵敏值的变化是否正常，观察屏幕上*Z*正方向数值和*Z*负方向数值的变化是否正常。状态开关置于J的位置，十字开关分别打在+X方向和+Z方向，从屏幕上看车床点动是否正常；最后再试车床快速是否正常。如果以上都正常，将车床锁住开关置于非锁住位置，然后顺次地用手摇脉冲发生器、十字开关试验手摇进给、点动进给和快速进给（注意：车床开关打在非锁住位置时要先打开车床导轨防护板，洗去防锈油，加上润滑油）。

（3）返回参考点试验 将返回参考点开关合上，状态开关打在RJ的位置，方向选择开关打在+X方向。这时刀架快速向*X*的参考点运动，在到达参考点后*X*轴的参考点指示灯亮。用相同的方式试验*Z*轴是否能返回参考点。

（4）试验操纵盘上的开关 操纵盘上的开关需要一个一个地试验，当把一个开关的状态改变时，可以从屏幕上观察输入口的状态是否变化。通过试验可以发现其中是否有开关损坏或接线错误。

（5）试验卡盘和台尾 用脚踏一下控制卡盘的脚踏开关，卡盘应卡紧。再踏一下，卡盘松开。用脚踩控制台尾的脚踏开关，台尾的顶尖应能进或退。

（6）手动选刀 在MDI方式下依次选1～8把刀，每把刀应能准确无误地选上，并且相应的刀号指示灯亮。

（7）试机械变挡 在MDI方式下，分别输入M21、M22、M23、M24四个机械变挡信号。观察变挡的情况及变挡指示灯显示情况。

（8）调试手动旋转主轴 在MDI方式下将机械挡变到电动挡M21上，将卡盘卡紧，把手动调带按钮调到最低位置。按下主轴正转按钮，主轴应正向旋转起来。旋动调速电位器，使主轴旋转速度加大到该挡的最大值。按主轴停止按

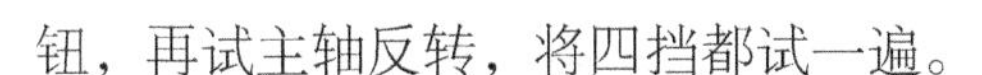

钮，再试主轴反转，将四挡都试一遍。

（9）程序试验　将前面的调试步骤都进行完后，把一个全机能的综合试验程序输入到 NC 的控制中。把车床锁住，先空运行一遍程序，从屏幕上观察各条指令执行的情况及数据正确与否。打开车床锁住开关，使单程序段开关起作用，使程序一段一段执行，检查车床的实际运动情况。最后置于单程序开关不起作用，使整个程序自动地从头至尾执行完毕。车床的安装调试便结束。

三、一般故障检测与排除方法

1.PC 故障检测与检修

（1）EPROM 故障　编好的程序通过编程机写到 EPROM 元件里，一般地说，存在 EPROM 元件里的程序是永久存在的，在长期运行中一般不会发生问题。但是，由于有的元件质量有问题，在工作一段时间后，芯片存储的信息有了变化，造成 PC 程序混乱。此外，由于维修人员打开控制箱检修时用的照明灯光很亮，或是开着门用有闪光灯的照相机拍照，都有可能抹去 EPROM 元件的内容。还有，EPROM 元件的窗口有时没有封闭好，也会产生问题。

如果希望把 EPROM 元件里的程序去掉，重新写入新内容时，将 EPROM 元件窗口的封条拿掉，用擦写器擦去原内容，或把元件放在紫外线灯下照射 20min 以上，照过的元件如果没有把握是否擦去原内容，把元件放在写入器上读一下，看里面是否还有内容。

（2）定时器故障　定时器是设置在 PC 里的，地址：第 1 定时器占 204（低字节）、205（高字节）两个字节；第 2 定时器占 206（低字节）、207（高字节）两个字节；第 3 ～ 18 定时器占 208 ～ 223 共 16 个字节（每个定时器占一个字节）。这些定时器存在控制机的 RAM 片子里，在控制机停电时靠内部电池供电。维修人员要注意的是：在控制机进行总清后，主控制板更换后，或是换电池时不小心把设定都清除了，而重新设置参数时，往往会忘记设置定时器，假如重新设置参数后，发现刀具选择不正常，应当考虑到定时器是否忘记了设置。

出厂时，PC 程序已经调整好，维修人员在没有看懂程序之前不要随意改动，如果想改动，最好事先和制造厂家联系。

（3）利用梯形图维修数控车床　这种方法很重要。因为操作面板的输入输出信号、强电箱在部分直流继电器信号等都要经过 PC 送往 NC，或者在 PC 内部组合后又送回车床，因此在维修过程中常常用梯形图去查找故障。

以车床发生紧急停机故障为例，说明如何利用梯形图来查找，如图 14-4 所示。

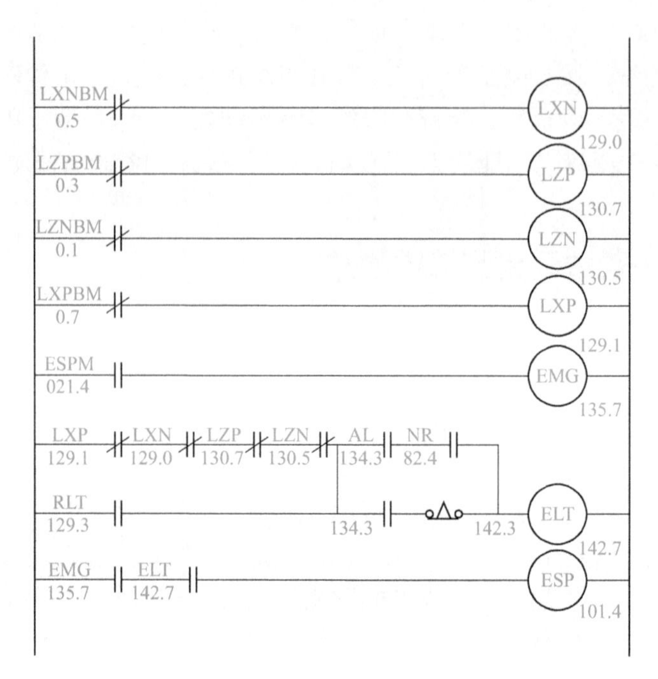

图 14-4 紧急停机梯形图

当车床紧急停止报警的红灯亮后，车床停止了一切动作，这时屏幕上显示 NOTREADY。引起该故障的原因有 *X* 轴的正负向超程和 *Z* 轴正负向超程，也可能是急停按钮这一通道产生的。

按下 PGNOS 键，分别看 0.5、0.3、0.1 和 0.7 的地址是什么状态。假如 0.5 地址为“0”状态，其他三个地址为“1”状态，说明车床 *X* 轴负向超程。造成 *X* 轴负向超程的外部原因有：

① *X* 负向超程开关常闭触头没闭合好；

② 滑板到达了床身 *X* 轴负向极限位置（真正的超程了）；

③ +24V 电压没有加到超程开关上。

如果 0.5、0.3、0.1 和 0.7 都是“1”状态。看 129.0、130.7、130.5 和 129.1 位应全为“0”状态。假设 129.0 位为“1”状态，说明 129.0 位有问题了。如果 129.0、130.7、130.5 和 129.1 都为“0”状态，看 142.7 位是否为“1”状态，如果为“0”状态，说明该故障不是由超程通道产生的。这时看 134.3，若是“0”状态，说明紧急停机故障是由主轴通道来的，进一步去检查主轴伺服系统和主轴电动机的故障。

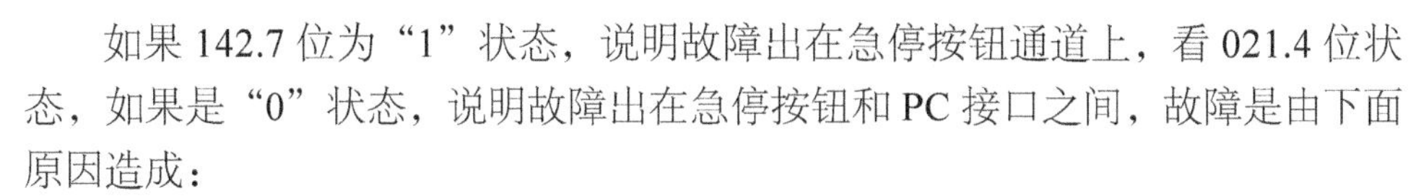

如果 142.7 位为“1”状态，说明故障出在急停按钮通道上，看 021.4 位状态，如果是“0”状态，说明故障出在急停按钮和 PC 接口之间，故障是由下面原因造成：

① 紧急停止按钮压下了；

② 紧急停止按钮的常闭触头有故障；

③ +24V 电压没有加到紧急停止按钮上；

④ 由紧急停止按钮到 PC 接口之间的信号线断了。

如果 021.4 位的状态为“1”状态，则 135.7 位若为“1”状态，则表示该位有问题，查找其他故障的方法照此类推。

2.3T-F 数控箱的维修

（1）电源　检查稳压电源对大多数人来讲比较容易，3T-F 数控箱内的稳压电源为 +5V 和 +24V。一般情况下是由元件器件自然损坏和输出短路造成故障，有时也可能是由高压误接入而造成故障。当发现电源发生故障时，可用仪表检查电源的各个元器件，找出损坏的元器件，然后予以更换。有条件的用户，也可以用无故障的备用电源板来更换。

（2）印制电路板上的集成块损坏　前面讲过，CPU 等主要芯片质量比较好，一般情况下不易损坏，其他的元件（如接口芯片等）如果损坏了，可以买新的换上，有时，为了尽快排除故障，使车床恢复正常，可以用电路板上备用的芯片（必须和损坏的芯片同型号）来代替。

维修条件较好的用户，可以把有故障的板块放在调试台上，用万用表、逻辑笔或示波器等仪器逐一地检查每个元件的输入和输出，如果查到某一个元件输入不对，而输出正确（相对于来讲是正确的），问题则出在该元件的后一个元件上。假如某一个元件输入正确，而输出不正确，则有两种可能：一种可能是该元件本身坏了，另一种可能是元件后面所连接的负载元件坏了。确定的办法是把该元件的输出断开，重新测量该元件的输入输出，输出仍不对，可确定该元件已坏。如果输出正确，也不能给予肯定该元件是好的，因为有的元件由于质量有问题，负载能力下降，带不了后面几路元件，这时，只有更换元件试试，如果怀疑该元件后面的某一元件坏了时，可将该元件的几路负载元件全断开，然后一路一路的接能，并用仪器监视该元件的输出，在哪一路上恢复时，该元件的输出变坏，可断定是哪一路的负载元件坏了。

总之，自己动手维修印制线路板时，先要弄懂该印制板的控制原理和元件实际位置。电源和时钟脉冲不能错，否则，会把故障扩大。

3. 常见故障的排除方法

下面举一些维修数控车床经常会遇到的故障，供维修人员在工作中借鉴。

（1）功能不同的信号线相碰 在 MDI 方式，用键盘输入换刀和变速指令，按下循环启动按钮后，换刀和变速都不能执行，CRT 上又没有任何报警显示。该情况经查诊断口，查到虽然没按进给保持按钮，但该接口中一直给出一个“1”信号。造成错误原因不是进给保持按钮常开和常闭触头接错，而是该按钮的一根控制线未固定住，掉下来正巧与其他按钮的 +24V 相碰，造成系统一直处在停止状态，故其他功能不能正常执行。

快速启动、刀架不走。用手摇脉冲发生器调试，刀架也不走，机床未处在锁住状态，CRT 上也无报警显示。该情况经查找发现存储信号与程序保护钥匙开关线相碰，程序保护开关虽未打开，但仍接有 +24V 电压，因此，控制系统始终处于存储状态，存储状态属于自动方式，状态开关置于点动和手摇状态（手动方式）造成自动、手动同时存在，经 PC 控制后，刀架在自动和手动都不能走。

（2）短路棒接触不好 维修中会遇到这种情况：用手动和用自动启动，主轴都启动不了。卡盘处在卡紧状态，液压正常，操作方式也正常，没有任何报警信号。用万用表查找，控制系统送到主轴伺服单元上的几个信号都正确。主轴伺服变压器的电压正常，主轴伺服驱动单元的各指示灯也正常，但主轴伺服单元没有输出。这时，应考虑到 S 短路棒是否有问题而造成 NC 信号传递不到主轴伺服单元内，若是这样，把主轴伺服单元 S 短路棒正确短接后，主轴便能正常运转起来。

（3）电阻烧坏 选刀盘上的某一把刀，无论用什么方法都选不上。经查找，NC 的该刀译码信号已译出，外部电路信号既未断开也未误连，该刀刀座悬空。+2V 和地线亦都正常。此时应怀疑并接在无触点开关上的电阻是否断路或者阻值太大，用万用表测量后即可做出判断。该电阻是 0.25W、2.4kΩ 的金属膜电阻，因体积很小，在装配时如果焊接的时间过长，很容易使电阻的引线与电阻脱开。电阻的烧坏导致无触点开关动作不正常，从而选刀选不上。

（4）接触器触头闭合（断开）不好 走刀时，发现 X 轴伺服电机发热，检查滑板并不紧，电机的连线正常，X 轴伺服驱动板正常。后测得 X 轴电机电流很大，怀疑电机制动线圈是否有问题。用万用表测量线圈未断，问题可能是在制动部分。通电后制动用的接触器虽然已动作，但接触器触头未吸合好，接触器前面电压正常，后面电压很低，制动线圈的电压不正常，造成 X 轴电机在制动状态下工作，电机发热。

（5）进给率为零使刀架不移动　运行程序时，刀架不移动。检查程序编制都正确，机床并未处于锁住状态，系统也无报警。诊断查看操作面板上的开关和按钮送 PC 的状态时，发现开关在零位置，使进给输出 F 值为零，没有输出，导致程序中有刀架移动指令，而刀架实际不移动。

（6）驱动板上的频率转换开关位置不对　机床送电后，X 轴伺服电机震动，把制动线圈断开后还震动。经查找，发现 X 轴伺服驱动板上的频率转换开关置于 60Hz 的位置（应置于 50Hz）。机床出厂时，一般都已置于 50Hz，但机床到用户后，安装时有可能有意无意地扳动开关位置而造成此故障。

（7）慢速点动时刀架快速移动　慢速点动时，机床快速移动，而且进给倍率开关也不起作用。经查找慢速点动按钮及进给倍率开关都正常。试验观察到刀架只能快速向 $+X$ 或 $+Z$ 方向移动，而不能向 $-X$ 或 $-Z$ 方向移动。又检查输入接口 +Z、-X、+Z、-Z J（点动）、RT（快速）都正常，而操作面板上的返回参考点开关状态不正常。不管将返回参考点的开关置于何位置，开关都是接通的，从而使机床总是处于返回参考点状态。故慢速点动，刀架快速移动。

（8）加工工件时进给速度比程序段给定的速度慢　此时，测量实际进线速度恰巧是指令值的一半，同时测量两个轴的速度都一样。这样便排除了直径编程和半径编程的问题，于是考虑是否是主轴脉冲发生器有问题，经检查果真是主轴脉冲发生器出了问题，主轴脉冲发生器有一路信号无输出。

（9）机床送电后 CRT 上出现 11 号报警　由于该报警信号内容为 X 轴线轴误差寄存器的误差过大，采取措施是先停电，然后压下 RESET 和 DLET 键再接通控制机的电源，便可清除掉。

（10）送电后未给进指令，伺服电机快速转角　对此，经查找电机反馈线虽正常，但因 X 轴和 Z 轴伺服控制板之间的连接电缆 CN6 和 CN7 没有插牢而造成该故障。

（11）按 DMI 和 CRT 面板上的 ON 按钮后屏幕不亮　先检查电源，接通 ON 按钮，连线都正常。最后发现是对控制箱内进行过维修，门上装有开关联锁装置，以保证开门断电，开门维修将门锁用钥匙合上，维修完把钥匙打开。此时由于控制箱门未关紧，而使控制都送不上电。对控制箱送电时一定勿忘把门关紧。

（12）接通电源后 CRT 上出现“NOT READY”而无其他报警信号　利用控制机的诊断功能发现输入口总是有紧急停机信号。沿着急停线路查找，发现 +24V 直流电压没能加到控制机的输入口内，使控制机一直处于紧急停机状态。其原因是急停按钮的常闭触头未接触上。

4.3T-F系统的故障报警及处理

由于 3T-F 系统有报警显示功能，一旦 NC 控制系统和伺服系统有故障，在 CRT 上能够显示报警号，便于维修人员排除故障。

第四节 起重机控制电路

一、十六吨桥式天车主电路原理

十六吨桥式天车外形结构，如图 14-5 所示。

大型天车与龙门吊电气原理与检修

图 14-5　十六吨桥式天车外形结构

1.主电路分析

如图 14-6 所示，该台起重机配置 3 台线绕式电动机 M1、M2 和 M3，它们分别是大车电动机、小车电动机和葫芦吊钩电动机，三台电动机均采用串接电阻（1R、2R、3R）的方法实现启动和逐级调速。M1、M2 和 M3 三台线绕式电动机的正反转和电阻 1R1、2R1、3R1 的逐级切除，分别利用凸轮控制器 QC1、QC2、QC3 控制。

YB1、YB2、YB3 作为三台电动机制动用的电磁铁，分别与电动机 M1、

M2、M3 的定子绕组并联，用来实现得电松闸、失电抱闸的制动作用。这样就保证在电动机定子绕组失电时，制动电磁铁失电，电磁抱闸抱紧，避免重物自由下落而造成的事故发生。

主电路中的电流继电器 KI1、KI2、KI3，作为电动机的过流保护，分别起到电动机 M1、M2、M3 的过电流保护的作用。主电源电路采用 KI0 电流继电器实现过电流保护的作用。

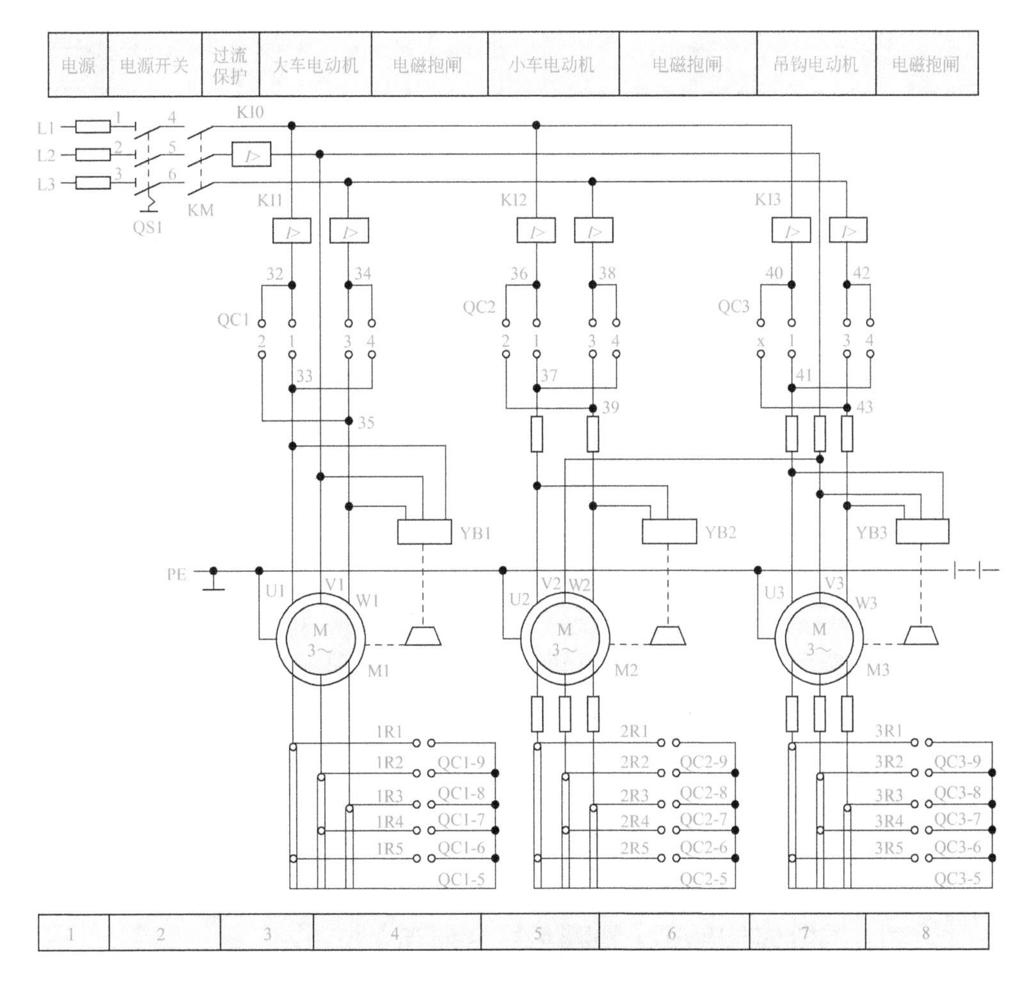

图 14-6　十六吨桥式起重机电气控制电路

2. 凸轮控制器的作用和原理

凸轮控制器的外形和结构如图 14-7 所示。

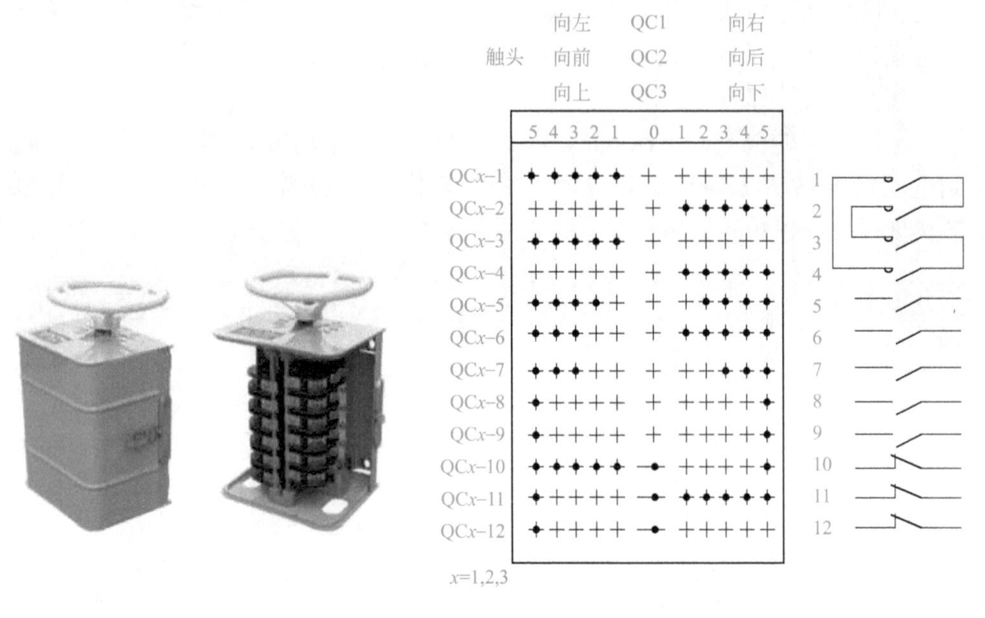

图 14-7 凸轮控制器的外形、结构和触头工作状态

由图 14-7 可以看出只有三个凸轮控制器 QC1、QC2、QC3 都在“0”位时，才可以接通交流电源，合上开关 QS1，使 QS1 开关闭合，按动启动按钮 QS1，接触器 KM 得电吸合并自锁，然后便可通过 QC1 ～ QC3 分别控制各电动机，凸轮控制器触头状态如图 14-7 所示。

凸轮控制器是一种多触头、多位置的转换开关。凸轮控制器 QC3、QC2、QC1 分别对大车、小车、吊钩电动机 M3 ～ M1 实行控制。各凸轮控制器的位数为 5-0-5，共有 11 个操作位，共有 12 副触头，其中 4 副触头（1、2、3、4）控制各相对应电动机的正反转，5 副触头（5-9）控制电动机的启动和分级短接相应电阻，两副触头（10、11）和限位开关配合，用于大车行车、小车行车和吊钩提升极限位置的保护，另一副触头（12）用于零位启动保护。

二、控制电路原理（如图 14-8 所示）

1. 天车运行准备工作

合上开关 QS1，把凸轮控制器 QC1、QC2、QC3 的手柄置于零位，把驾驶室上的舱口门和桥架两端的门关好，合上紧急开关 SA。按下启动按钮 SB[11]，使交流接触器 KM[10] 得电吸合，其辅助常开触头 KM（21-22）、KM（17-21）

闭合自锁，其主触头 [2] 闭合，接通总电源，为各电动机的启动作好准备。

大车、小车及葫芦提升凸轮控制器触头 QC1-10、QC1-11、QC2-10、QC2-11、QC3-10、QC3-11 和大车、小车及葫芦提升机构的限位开关 SQ4 ～ SQ8 接成串并联电路与接触器 KM 辅助触点构成自锁电路使大车、小车等到极限位置，相应限位开关断开电机停止转动，当凸轮控制器归“0”后，再次反向运动，即可退出极限位置。

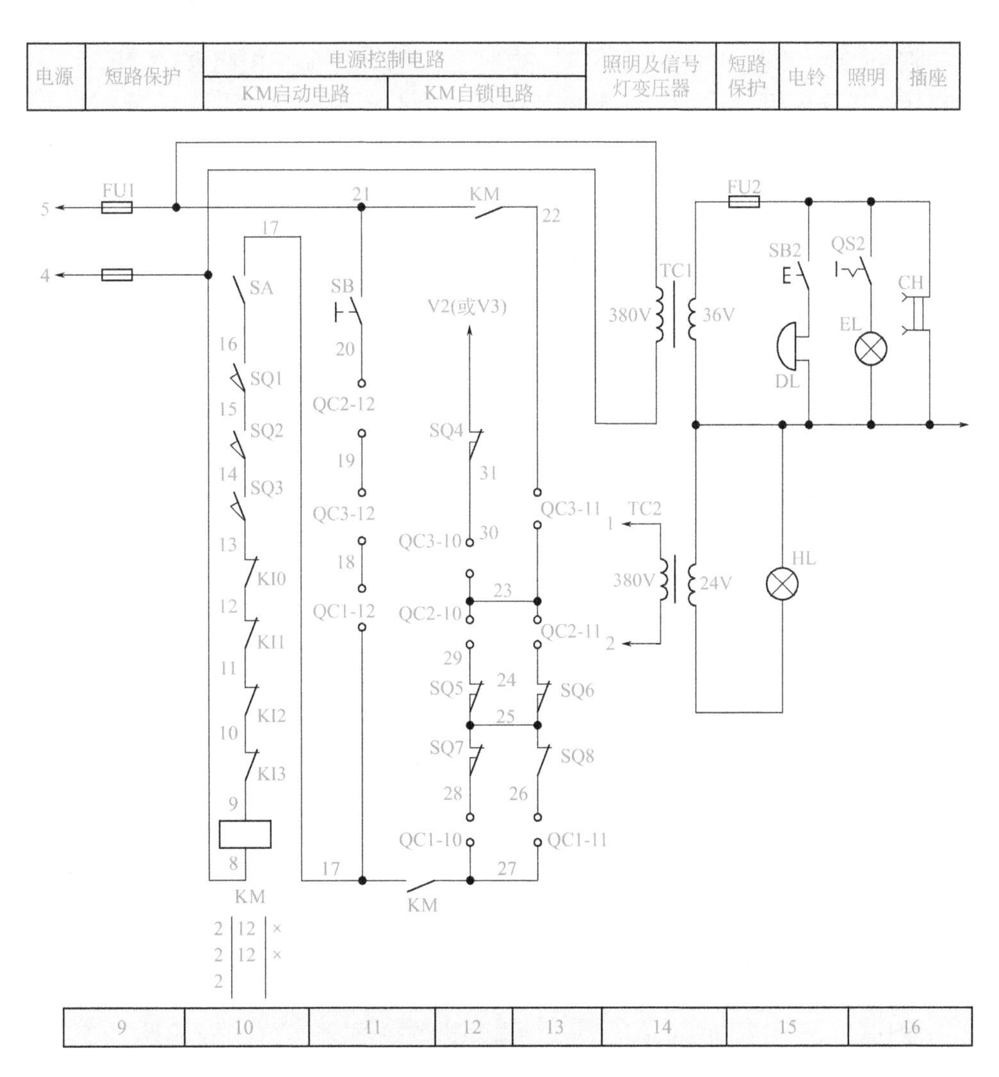

图 14-8　控制电路原理图

2. 小车控制、凸轮控制器触头状态

下面结合图 14-7 凸轮控制器的触头工作状态分析图 14-8 所示的小车控制

电路。

小车向前：

把 QC2 手柄在向前方向转到“1”位，则 380V 交流电压，经过 QC2 到 M2 电机和 YB2 电磁抱闸线圈，小车向前移动。

$$\text{QC2手柄向前方向转到“1”位}\begin{cases}\text{QC2(36-37)(即QC2-1)[5]}\\ \text{QC2(38-39)(即QC2-3)[5]M2、YB小车向前移动}\\ \text{QC2-10(自锁)}\end{cases}$$

把 QC2 手柄在“向前”从“1”转到“2”位，则是把电阻 R5 短接，小车电机由于电压的提升加快了移动速度。

$$\text{QC2手柄向前方向转到“2”位}\left\{\begin{array}{l}\text{QC2-10(自锁)}\rightarrow\\ \text{QC2(36-37)}\rightarrow\\ \text{QC2(38-39)}\rightarrow\\ \text{QC2-5}\rightarrow\text{短接电阻R5}\rightarrow\text{M2加速小车向前加快移动}\end{array}\right\}M2^{+}$$

如此继续，把 QC2 手柄在“向前”从“2”转到“3”“4”“5”位时，其触头 QC2（36-37）[5]、QC2（38-39）[5] 和 QC2-5 继续保持闭合，而在“3”“4”“5”位时，触头 QC2-5、QC2-5—QC2-6、QC2-5—QC2-7、QC2-5—QC2-9 分别接通，相应短接电阻 2R5、2R4、2R3、2R2、2R1，小车速度逐渐加快。

小车向后：

把 QC2 手柄转到“向后”方向的位置上，其工作原理与小车“向前”控制相似。小车便向相反方向运动。

3. 大车控制

大车“向左”“向右”控制，把 QC 手柄转到“向左”“向右”方向的位置上，大车分别向左或向右运动。控制原理和小车控制相同。

4. 葫芦吊钩“向上”“向下”控制

当把 QC3 手柄转到“向上”“向下”位置上，葫芦升降电机分别正转和反转，带动吊钩分别向上和向下运动，其工作原理与小车“向前”控制相似。

安全保护措施：

（1）过电流保护 每台电动机的 U、W 两相电路中，都串联接入电流继电器，这样只要一台电动机超过电流整定值，过流继电器就动作，切断控制电源，并将主电源切断，所有电动机抱闸制动。使电动机停在原处。只有排除电路故障天车才能重新启动。

（2）短路保护 在每个电路中，每条控制回路都由熔断器作为短路保护。

（3）零位保护 控制回路中设定零位联锁，只有凸轮控制器 QC1、QC2、QC3 处于零位天车才能启动。

（4）停车保护 为使天车及时准确的停车，在电路中采用电磁制动器YB1、YB2、YB3作为停车保护。

（5）应急触电保护 桥式起重机的驾驶室内，在天车操作员便于操作的位置，安装SA开关，当发生意外情况时操作员立即迅速断开SA开关，就可以断开系统电源，使天车停下，避免事故的发生。

三、常见故障分析

1. 合上电源开关QS1按下SB启动按钮，主接触器KM不吸合

① 线路无电压，用万用表电压挡测量QS1进线处。如没有电压，检查电源保险是否烧断，如断，更换。

② 过流继电器动作，用万用表电阻挡检查过流继电器的动断连锁触点，应为导通状态，否则可判断该分路过流。

③ 紧急开关SA未合上。

④ 凸轮控制器没在零位，则QC1-12、QC3-12、QC2-12断开。应将控制器手柄扳在零位。

2. 按下SB1按钮过流继电器动作

当按下SB1按钮过流继电器动作，一般故障为凸轮控制器QC1、QC2、QC3或线绕电动机M1、M2、M3接地或短路，在故障处理上可分别断开进行分断检查，以便于排除故障。

3. 在操纵凸轮控制器时，控制器内部有火花产生

凸轮控制器冒火花主要为控制器触点与铜片接触不良、触点脏污。处理方法是调整触点间距，并用砂纸打磨。

4. 制动电磁铁过热

制动电磁铁过热的故障，主要是制动电磁铁线圈匝间短路，一般予以更换。而制动电磁铁过热的故障另外一个原因就是制动电磁铁的摩擦盘调整的太紧。只要把调整螺栓调到合适位置就可以了。

5. 照明和信号电路故障

照明和信号电路故障在实践的维修中主要是短路保护保险烧断，照明灯泡和指示信号灯泡断丝，变压器线圈匝间短路。一般处理方法是更换。

第五节 搅拌机控制电路

一、主电路分析

位置开关：搅拌机的料斗要沿斜轨上下运动进行加料，当设备做直线运动时，如不加以限制，工作台有可能冲出界外，因此要使用位置开关来限制设备直线运动的区间。当设备运行到一端边界时要停止运行或改为反向运行。位置开关也叫行程开关、限位开关。搅拌机的上料电动机电路中就加入了位置开关。

位置开关种类很多，实际上是一个带有金属外壳的按钮开关，按钮不用手按，而是由设备的某凸出部位推动位置开关上的连杆机构带动按钮动作，这样就避免了设备对按钮的机械冲击。

按钮式位置开关常用于安全门控制，门正面触动开关停止运动。滚轮式位置开关常用于机械运动部分如工作台，由于惯性较大，触动开关后不能立刻停止，可以滑过开关位置。用位置开关控制工作台往复运动的电路，如图 14-9 所示。

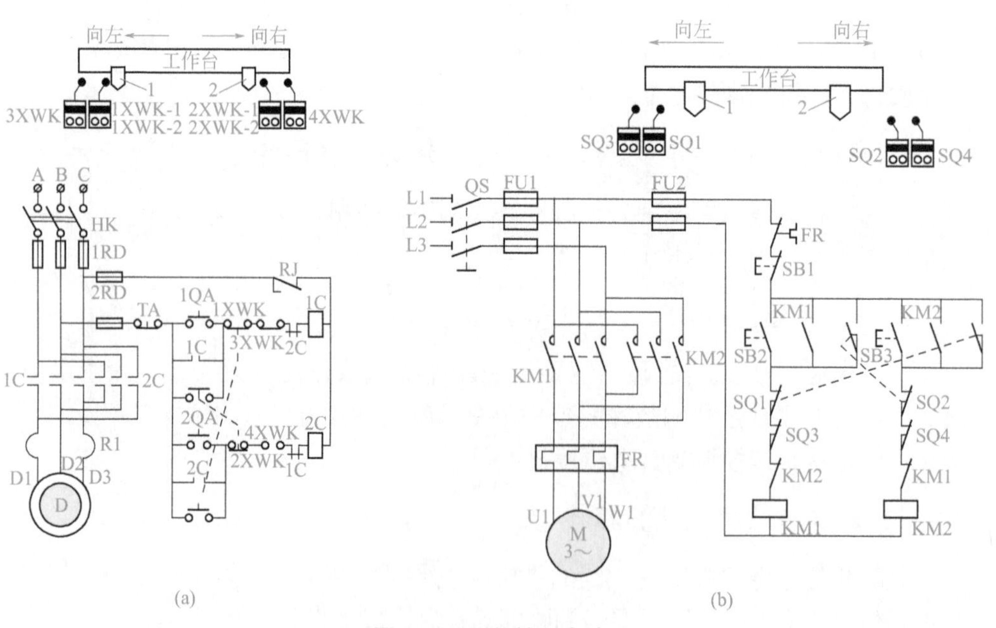

图 14-9 限位控制电路

图中左右各有两只位置开关，靠内侧的两只是控制工作台往复运动的，作用相当于按钮联锁的正反转电路，外侧两只是极限位置开关，是用来防止内侧两只开关出故障时工作台冲出工作范围时用。当工作台触及这两只开关时，电动机停转，工作台停止运动。这两只位置开关有停止按钮的作用。

二、控制电路分析

JZ350 型搅拌机控制电路如图 14-10 所示。

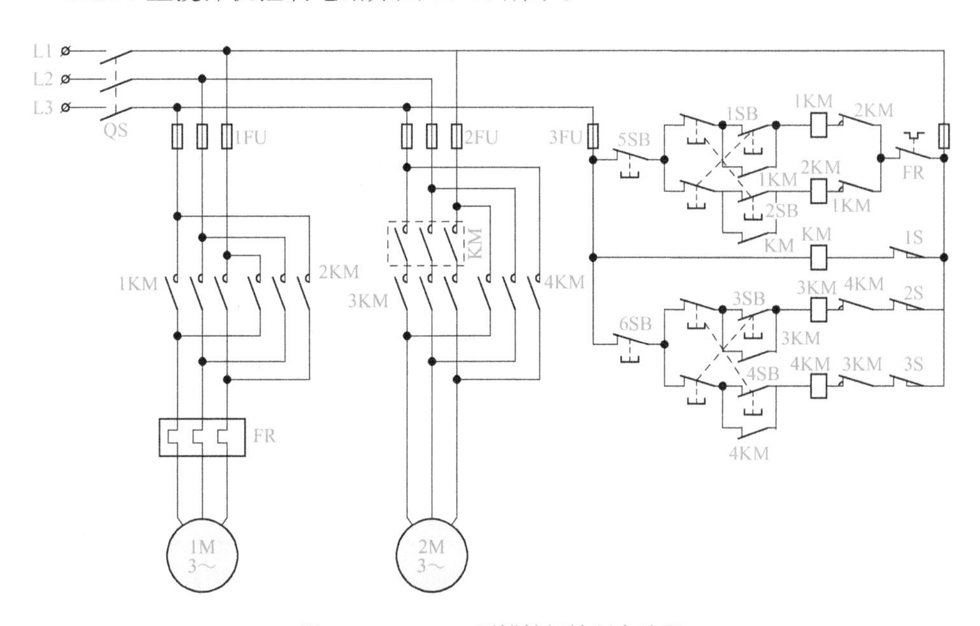

图 14-10　JZ350 型搅拌机控制电路图

1. 搅拌电动机 1M 的控制电路

电动机 1M 的控制电路就是一个典型的按钮、接触器复合联锁正反转控制电路。图中 1FU 是电动机短路保护，FR 是电动机过载保护，1KM 为正转接触器，2KM 为反转接触器。按启动按钮 1SB，1M 正转，搅拌机开始搅拌。

搅拌好后，按反转按钮 2SB，搅拌机反转出料，停止出料按停止按钮 5SB。

在新型的 JZ 系列搅拌机上，为了提高工作效率，加入了时间控制电路，搅拌到时后自动反转出料。

2. 进料斗提升电动机 2M 的控制电路

料斗提升电动机 2M 的工作状态也是正反转状态，控制电路与 1M 基本相同，在1M电路基础上增加了位置开关1S、2S、3S的常闭触头，在电源回路增加一只接触器KM。位置开关1S、2S装在斜轨顶端，2S在下，1S在上；3S装在斜轨下端，开关位置可以调整，搅拌机及料斗安好后，调整上下行程位置，使下行位置正好是料斗到坑底，上行位置料斗正好到顶部卸料位置。

运行过程中，料斗上升到顶部卸料位置，触动位置开关2S，电动机停转，同时电磁抱闸（图中未画出）工作，使料斗停止运行。

卸料后按反转按钮4SB，料斗下行到坑底，触动位置开关3S，电动机停转。

1S是极限位置开关，在2S开关上部，如果2S出现故障，料斗继续上行，触及1S，接触器KM线圈断电，主触头释放切断2M电源，防止料斗向上出轨。

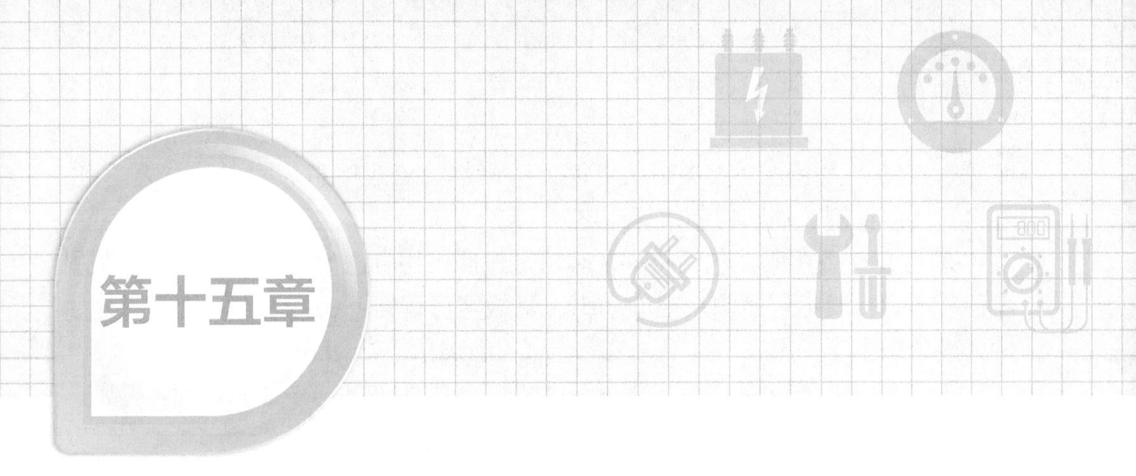

物业低压电工技术

第一节 备用电源技术

一、发电机设备电气控制

自备电源的发电机组有柴油发电机组和燃气发电机组，但一般均选用柴油发电机组，因为柴油发电机组操作、维修简便，运行可靠，使用的燃料柴油贮存方便、安全，机组效率较高，体积较小。

1. 装设自备应急柴油发电机组

符合下列情况之一，宜装设自备应急柴油发电机组。

① 为保证一级负荷中特别重要的负荷用电。

② 有一级负荷，但大电网取得第二电源有困难或不经济合理时。

③ 重要建筑或部门，当电网中断供电时会造成重大经济损失或影响的。

2. 应急柴油发电机组的供电负荷

应急柴油发电机组供电的主要负荷有：

① 消防设备用电。包括消防水泵、消防电梯、防排烟设施、火灾自动报警

装置、自动灭火装置、火灾事故照明、障碍灯、疏散标志灯和自动防火门窗、卷帘、阀门控制、消防控制室等用电。

② 应急疏散照明。包括楼梯及客房走道照明用电的50%，公共场所照明用电的15%，一般走道照明用电的20%，高级客房确保一盏灯用电，进出口处照明，应急插座等。

③ 电梯设备和生活水泵。能保证大楼一台生活水泵、一台或几台客梯、一台服务电梯等用电。

④ 中央控制室及电脑系统用电。

⑤ 保安设施、报警装置、通信设施、自动门等设备用电。

⑥ 具有重要政治经济影响场所的有关动力、照明、空调等设备用电。

⑦ 附属设施，如多功能厅、音乐茶室、健身房等的部分用电。

3.发电机组的选择

机组的容量与台数应根据应急负荷大小和投入顺序以及单台电动机最大的启动容量等因素综合考虑确定。机组总台数不宜超过两台。

在方案或初步设计阶段，可按供电变压器容量的10%～20%估算柴油发电机的容量。在施工图设计阶段，可根据一级负荷、消防负荷，以及某些重要的二级负荷容量，按下述方法计算选择其最大值：

① 按稳定负荷计算发电机容量。

② 按最大的单台电动机或成组电动机启动的需要，计算发电机容量。

③ 按启动电动机时母线容许电压降计算发电机容量。

柴油机的额定功率是指外界大气压为100kPa（760mmHg）、环境温度为20℃、空气相对湿度为50%的情况下，能以额定方式连续运行12h的功率（包括超负荷10%运行1h）。如果连续运行时间超过12h，则应按90%额定功率使用。如气温、气压、湿度与上述规定不同，则应对柴油机的额定功率进行修正。

应急柴油发电机组宜选用高速柴油发电机组和无刷型自动励磁装置。选用的机组装设快速自动启动和电源自动切换装置。

4.技术要求

① 应急柴油发电机组在全压启动最大容量笼型电动机时，发电机母线电压不应低于额定电压的80%；当无电梯负荷时，其母线电压不应低于额定电压的75%。为减小发电机组装机容量，在条件允许时，可对电动机采取降压启动。

② 应急柴油发电机组及机房设备布置应符合下列规定：

a. 机组宜横向布置。

b. 机房与控制室、配电室毗邻布置时，发电机出线端及电缆沟宜布置在靠控制室及配电室侧。

c. 机组之间、机组外廊至墙的距离应满足搬运设备、就地操作、维护检修或布置辅助设备的需要。机房内有关尺寸不应小于表 15-1 中数值，机组布置如图 15-1 所示。

表15-1　机组外廊与墙壁的净距最小尺寸　　单位：m

项目		64以下/kW	75 ~ 150/kW	200 ~ 400/kW	500 ~ 800/kW
机组操作面	a	1.60	1.70	1.80	2.20
机组背面	b	1.50	1.60	1.70	2.00
柴油机端①	c	1.00	1.00	1.20	1.50
机组间距	d	1.70	2.00	2.30	2.60
发电机端	e	1.60	1.80	2.00	2.40
机房净高	h	3.50	3.50	4.00 ～ 4.30	4.30 ～ 5.00

①表中柴油机距排风口百叶窗间距，是根据国产封闭式自循环水冷却方式机组而定。当机组冷却方式与本表不同时其间距应按实际情况选定。若机组设在地下层，其间距可适当加大。

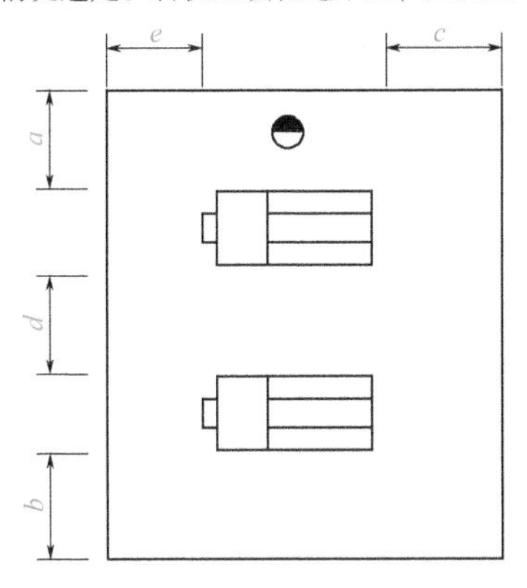

图 15-1　机组布置图

d. 当不需设控制室时，控制屏和配电屏宜布置在发电机端或发电机侧，供操作检修通道不应小于下列数值：屏前距发电机端为 2m；屏前距发电机侧为 1.5m。

e. 辅助设备宜布置在柴油机侧或靠机房侧墙，蓄电池宜靠近所属柴油发电机。

f. 机房设置在地下层时，至少应有一侧靠外墙。热风和排烟管道应伸出室外，机房内应有足够的新风进口，气流分布应合理。

g. 机组热风管设置应符合以下要求：热风出口宜靠近且正对柴油机散热器；热风管与柴油机散热器连接处，应采用软接头；热风出口的面积应为柴油机散热器面积的 1.5 倍；热风出口不宜设在主导风向一侧；机组设在地下层，热风管不能平直敷设需拐弯引出时，其热风管弯头不宜超过两处。

h. 机房进风口设置应符合以下要求：出风口设在正对发电机端或发电机端两侧；进风口面积应大于柴油机散热器面积的 1.8 倍。

i. 应合理确定烟道位置。提高发电机组效率，减少对建筑物外观的影响和对周围环境的污染。机组排烟管的敷设应符合以下要求：每台柴油机的排烟管应单独引到室外，排烟管弯头不宜过多，并能自由伸缩。水平敷设的排烟管道应有 0.3% ～ 0.5% 的坡度，坡向室外，并在管道最低点装排污阀；机房内的排烟管采用架空敷设时，室内部分应设隔热保护层，距地面 2m 以下部分隔热层厚度不应小于 60mm ；排烟管与柴油机排烟口连接处，应装设弹性波纹管；排烟管过墙时应加保护套。

j. 机房设计时应采取机组消音及机房隔音综合治理措施。

k. 机房配电设备选择应符合以下要求：设于地下层的柴油发电机组，其控制屏、配电屏及其他电气设备均应选择防潮型产品；设置在贮油间的电气设备，应按 H ～ I 级火灾危险场所选型。

l. 机房配电导线选择及敷设应符合下列要求：机房、贮油间宜按潮湿环境选择电力电缆或绝缘电线；发电机至配电屏的引出线宜采用铜芯电缆或封闭式母线；强电控制，测量回路、励磁回路均应选用铜芯控制电缆或铜芯电线；控制回路、励磁回路和电力配电线路宜穿钢管埋地敷设或沿电缆沟敷设。

③ 单台机组单机容量在 500kW 及以下者一般可不设控制室；多台机组单机容量在 500kW 及以上者宜设控制室。

a. 控制室应便于观察、操作和调度，通风采光应良好，进出线方便、线路短。

b. 控制室内不应有油、水等管道通过，不应安装其他无关设备。

c. 控制室长度超过 8m 时，应有两个出口，出口宜在控制室两端，门应向外开。

d. 控制室内的控制屏（台）的安装距离和通道宽度不能小于以下数值：控制屏正面操作通道宽度，单列布置时 1.5m，双列布置 2m ；屏后维护通道宽度 0.8 ～ 1m。

④ 发电机的自启动。

a. 机组应处于准备启动状态，当市电中断时，机组应立即启动，并在 15s 内能投入正常带负荷运行。当市电恢复时，机组应自动退出工作并延时停机。

b. 自启动机组的操作电源、热力系统、燃料油、润滑油、冷却水等均应保证机组随时启动，水源及能源必须具有足够的独立性，不受工作电源停电的影响。

c. 电启动设备应按下列要求设置：电启动用蓄电池组电压宜用 24V，容量应保证柴油机组能连续启动不少于6次；蓄电池组应尽量靠近启动电动机设置；应设整流充电设备，其输出电压应高于蓄电池组电动势的50%，输出电流不小于蓄电池10h放电率的电流。

⑤ 发电机中性点接地方式，只有单台接线时，发电机中性点应直接接地。当两台机组并列运行时，在任何情况下至少应保持一台发电机中性点接地。

⑥ 柴油发电机组应按规定装设发电机短路、过负荷、接地故障及过、欠电压等保护。

二、不间断电源UPS电路

对于一些特别重要的负荷，如在大厦、计算机中心、气象预报、科学研究等部门的电子计算机系统；高级宾馆、饭店、大型商场的经营管理计算机系统；电信、电视、新闻情报、监控中心的信息处理系统及重要建筑的通信网络等负荷，除应配设应急发电机组作为备用电源外，还应设置不间断电源装置（UPS装置），以确保重要负荷用电。

正常情况时，市电作为供电电源的同时，对不间断电源装置的蓄电池组充电。在市电停电的情况下，蓄电池所蓄电能通过逆变器逆变后，输出正弦交流电，供给重要负荷用电。

1. 设置不间断电源

凡符合下列情况之一时，应设置不间断电源装置。

① 当用电负荷不允许中断供电时，如用于实时性计算机的电子数据处理装置等。

② 当用电负荷允许中断供电时间要求在1.5s以内时。

③ 重要场所（如监控中心等）的应急备用电源。

2. 不间断电源装置选择

① 不间断电源装置的选型，应按负荷大小、运行方式、电压及频率波动范围、允许中断供电时间、波形畸变系统及切换波形是否连续等各项指标确定。

② 不间断电源装置输出功率，应按下列条件选择：

a. 不间断电源装置对电子计算机供电时，其输出功率应大于电子计算机各设备额定功率的1.5倍；对其他用电设备供电时，为最大计算负荷的1.3倍。

b. 负荷的最大冲击电流不应大于不间断电源装置额定电流的150%。

c. 不间断电源装置配套的整流器容量，应大于或等于逆变器需要容量与蓄电池直供的应急负荷之和。

d. 不间断电源装置应按有关规程装设过电压、过电流等保护。

③ 不间断电源装置的交流电源。

a. 不间断电源装置应采用两路交流电源供电。

b. 不间断电源装置的交流输入应符合规定。交流输入电压的持续波动范围不超过 10%，谐波含量不超过有关规定。

c. 不间断电源装置的交流电源不宜与其他冲击性负荷由统一的变压器及母线供电。

d. 不间断电源装置的输入、输出回路宜采用电缆。

3. 蓄电池选择

① 蓄电池组容量应根据市电停电后由其维持供电时间长短的要求选定。不间断电源装置用的蓄电池需在常温下能瞬时启动，宜选用碱性或酸性蓄电池。

② 蓄电池的额定放电时间按下列条件确定：

a. 不间断电源装置在交流输入发生故障后，为保证用电设备按照操作顺序进行停机时，其蓄电池的额定放电时间可按停机所需最长时间来确定，一般可取 8 ～ 15min。

b. 如有特殊要求，其蓄电池额定放电时间要根据负荷特性确定。

第二节 建筑标志设备

一、户外彩灯控制电路

1. 固定式彩灯安装

固定安装的彩灯采用定型的彩灯灯具，灯具的底座有溢水孔，雨水可自然排出。常用的安装方式如图 15-2 所示。

彩灯采用橡胶铜芯导线穿金属管配线。金属管应与避雷带（网）连接。灯具底座及连接钢管在安装位置用膨胀螺栓固定。灯具间距一般为 600mm，灯泡

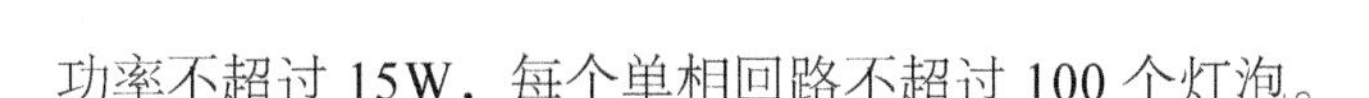
功率不超过15W，每个单相回路不超过100个灯泡。

2. 悬挂式彩灯安装

悬挂式彩灯多用于建筑物的四角无法采用固定式彩灯安装的部位。一般采用防水吊线灯头连同线路一起悬挂在钢丝绳上。悬挂式彩灯的导线截面积不应小于4mm²，并应采用额定电压不低于500V的橡胶铜芯导线。灯头与干线必须连接牢固，绝缘包扎紧密。导线所载的灯具质量不应超过该导线的机械强度。灯的间距一般为700mm，在离地3m以下位置不允许装设灯头。

悬挂式彩灯的安装方法，如图15-3所示。

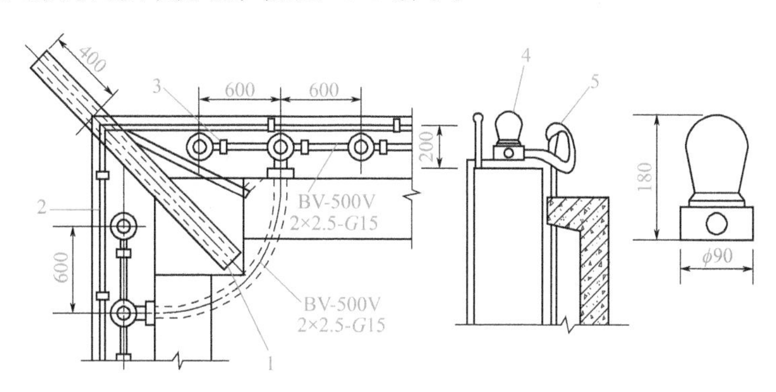

图15-2　固定式彩灯装置做法图

1—10号槽钢垂直彩灯挑臂；2—避雷带；3—管卡；4—彩灯；5—防水弯头

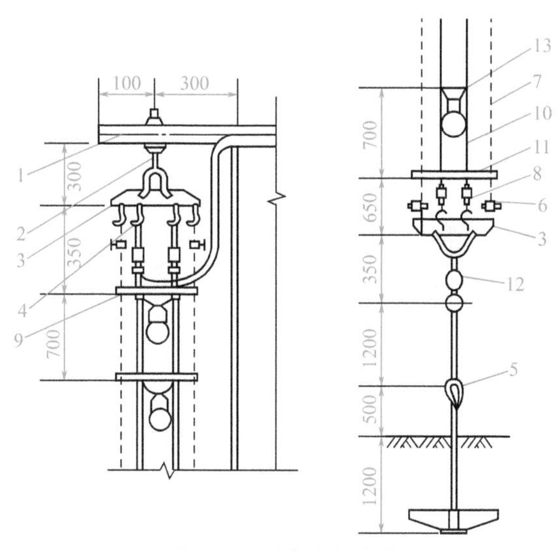

图15-3　垂直彩灯安装

1—角钢；2—拉紧螺栓；3—拉板；4—拉钩；5—地循环；6—钢丝绳扎头；7—钢丝绳；8—绝缘子；9—绑扎线；10—铜导线；11—硬塑管；12—螺栓；13—接头

二、疏散通道灯设备

1.疏散照明标志灯分类

① 疏散照明标志灯按功能分类如下：

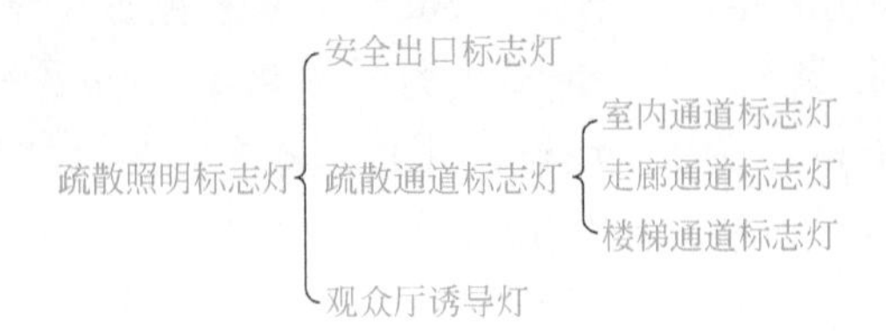

② 按规格尺寸分类见表 15-2。

表15-2　标志灯按规格尺寸分类

类别	标志灯规格		采用荧光灯时的光源功率 /W	类别	标志灯规格		采用荧光灯时的光源功率 /W
	长边 / 短边	长边长度 / mm			长边 / 短边	长边长度 / mm	
1 型	4 ∶ 1 或 5 ∶ 1	＞ 1000	≥ 30	3 型	2 ∶ 1 或 3 ∶ 1	360 ～ 500	≥ 10
2 型	3 ∶ 1 或 4 ∶ 1	500 ～ 1000	≥ 20	4 型	2 ∶ 1 或 3 ∶ 1	250 ～ 350	≥ 6

2.疏散照明标志灯的选择

选择疏散照明标志灯的规格型号时，可参考表 15-3 的要求。

表15-3　疏散照明标志灯的型式选择

建筑物类别	安全出口标志灯		疏散标志灯	
	建筑总面积 /m²		每层建筑面积 /m²	
	＞ 10000	＜ 10000	＞ 1000	＜ 1000
旅馆	1 或 2 型	2 或 3 型	3 或 4 型	
医院	1 或 2 型	2 或 3 型	3 或 4 型	
影剧院	1 或 2 型	2 或 3 型	3 或 4 型	
俱乐部	1 或 2 型	2 或 3 型	2 或 3 型	3 或 4 型
商店	1 或 2 型	2 或 3 型	2 或 3 型	3 或 4 型
餐厅	1 或 2 型	2 或 3 型	2 或 3 型	3 或 4 型
地下街	1 型		2 或 3 型	
车库	1 型		2 或 3 型	

3. 疏散照明标志灯设置

（1）安全出口标志灯　安全出口标志灯是引导人们由室内走向室外或安全部位的指示标志。其设置要求如下：

① 安全门标志灯。一般设置在室内通向室外的安全门的上边，如图 15-4 所示，其亮度应在直线距离 30m 以内能辨别标志灯的符号和色彩。影剧院、会堂、大型集会场所的观众厅内的安全出口标志灯宜选用可调式（演出时减光 40%，正常进出观众时减少 20%，事故情况时全亮）。

② 避难口标志灯。有些建筑物，如剧场、影剧院、观众厅内需通过走廊疏散至室外，则观众厅通向走廊的安全门上应设置标志灯，如图 15-5 所示。在超高层建筑中，垂直相隔不超过 15 层需按规范要求设置避难层。避难层入口上方应设置明显的标志灯，如图 15-6 所示。

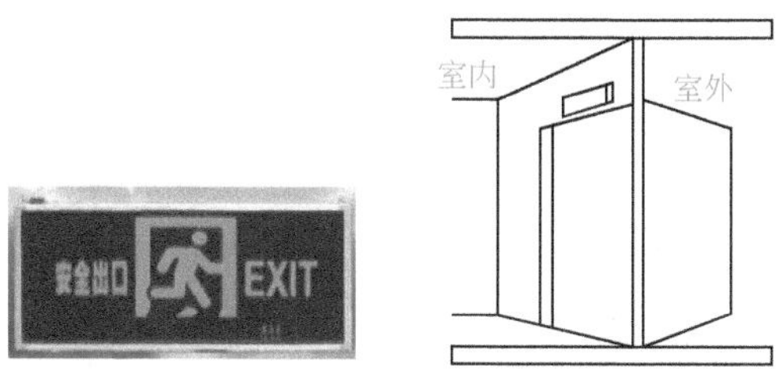

图 15-4　安全门标志灯

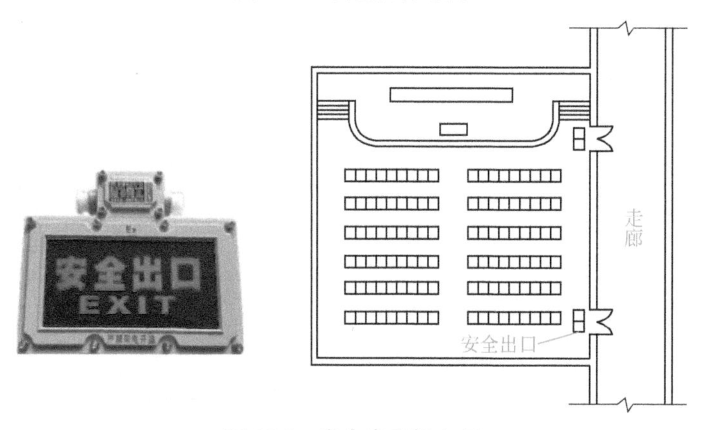

图 15-5　安全出口标志灯

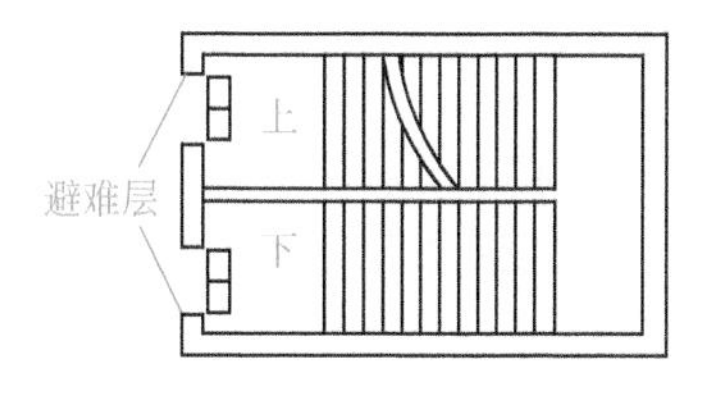

图 15-6　避难层出入口标志灯

③ 安全楼梯出入口标志灯。大型商场、高层宾馆办公楼等的安全疏散楼梯，一般为防烟楼梯或封闭楼梯，在防烟楼梯前室或封闭楼梯门上方，均应设置应急出口标志灯。该楼梯一层通向室外安全区域处，应急出口标志灯应设置在防烟楼梯前室或封闭楼梯门内侧上方，如图 15-7 所示。

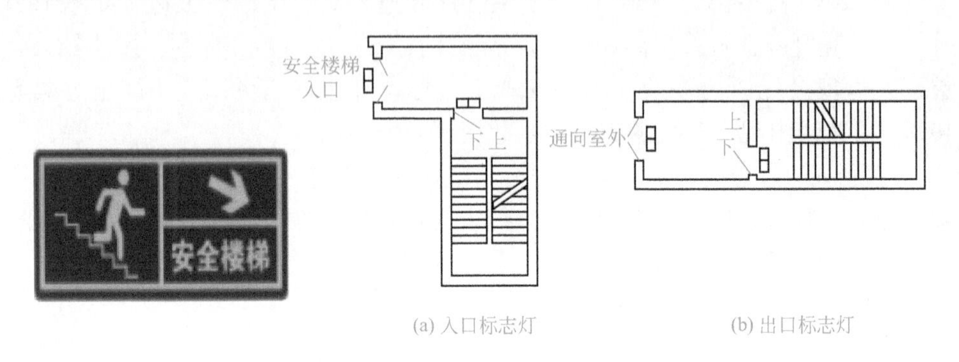

图 15-7　安全楼梯出入口标志灯

（2）疏散指示标志灯

① 通道疏散指示标志灯。在大型商场、大面积的人员集中场所等处，可结合功能标志的设置，布置疏散指示标志灯，以便事故情况下指示人们疏散方向或安全出口方向，如图 15-8 所示。标志灯一般安装在顶板下，标志灯应带指示疏散方向的箭头标志。疏散指示标志灯的间距不宜大于 20m。

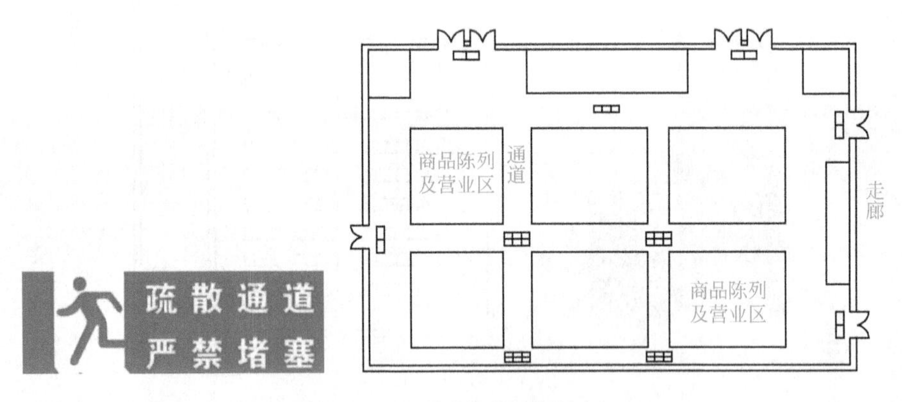

图 15-8　通道疏散指示标志灯

② 走廊通道指示灯。在走廊上设置疏散指示标志灯，可以在事故情况下，引导人们走向安全出口，如图 15-9 所示。疏散指示灯宜装在离地面 1m 以下高度，间距不大于 20m，在疏散指示标志灯下方 0.5m 范围内的地面上照度不应低于 0.51x。

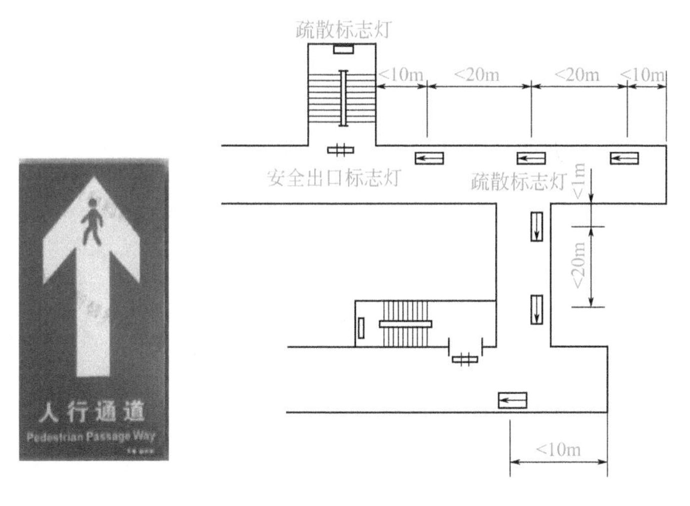

图 15-9　走道疏散指示标志灯

③ 楼梯间疏散指示标志灯。楼梯间是人员疏散的重要通道。因此楼梯间必须设置明显的疏散指示标志灯。楼梯间疏散指示标志灯宜安装在休息平台上方墙上。并应用箭头及数字清楚标明楼层层号，如图 15-10 所示。

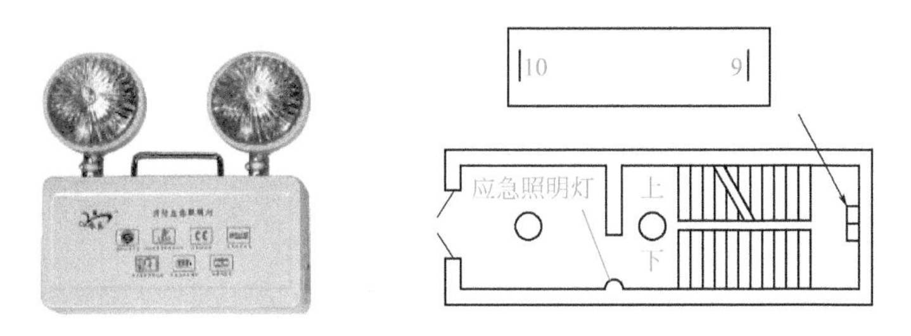

图 15-10　楼梯间应急照明及楼层指示

④ 观众席疏散指示标志灯。影剧院、会堂、大型集会场所的观众席应设置座位排号灯，并兼作疏散标志灯。其通道地面上照度不应低于 0.2lx，电源电压不应超过 36V。

4. 疏散照明标志灯的安装

疏散照明标志灯的安装有：明装直附式、明装悬挂式和暗装式等。

① 明装直附式。这种安装方式在土建施工时将有关线路预埋到位，安装时只要做好灯具固定和线路连接。如楼梯间等疏散照明标志灯就是用这种安装方式。标志灯一般是单面指示灯具，如图 15-11 所示。

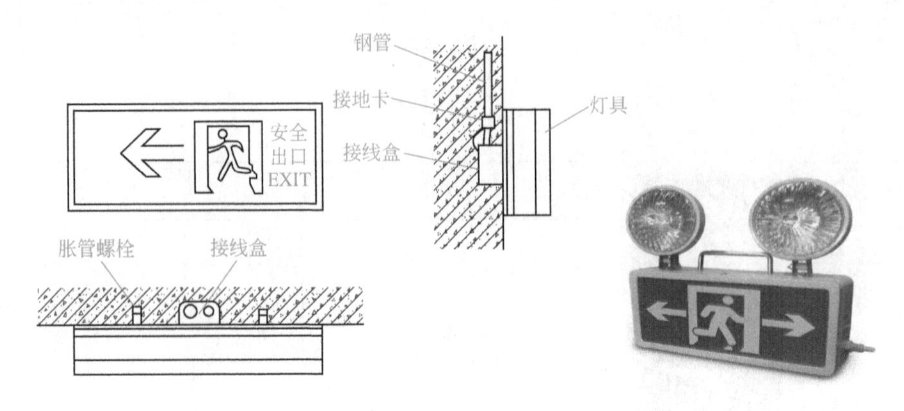

图 15-11　明装疏散指示灯

② 明装悬挂式。这种安装方式适宜用于大型商场内的通道疏散指示标志灯等的安装。灯具是双面指示的灯具。安装一般结合建筑物室内装修和装璜设计及施工进行。

③ 暗装式。这种安装方式必须与土建和装修施工密切配合。如走廊疏散指示标志灯安装一般采用这种安装方式，灯具一般为单面指示，如图 15-12 所示。

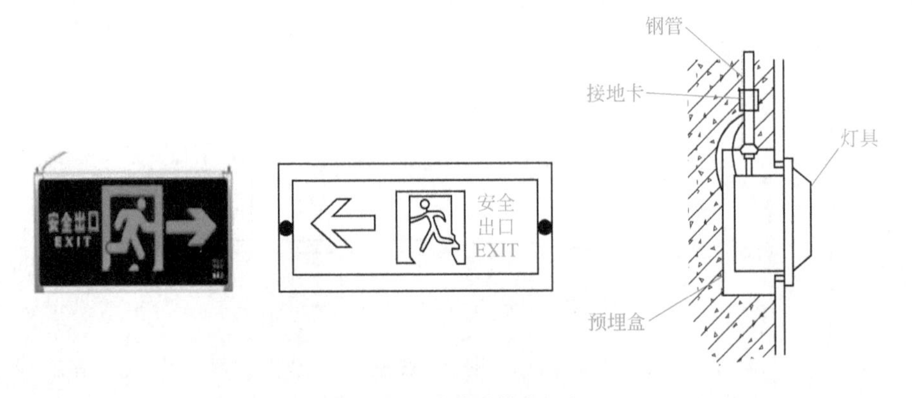

图 15-12　暗装疏散指示灯

5. 疏散照明标志灯的电源和控制

疏散照明标志灯的电源和控制要求比较严格，要保证在非正常情况下能引导人们从危险场所或危险区域迅速疏散到安全地带。疏散照明标志灯的电源应采用消防电源。一类高层建筑应按一级负荷要求供电；二类高层建筑应按二级负荷要求供电。对其他民用建筑和公共建筑也应根据用电负荷的等级要求配置。疏散照明标志灯的电源可采用以下供电方式：

① 双电源供电，在末端自动切换方式。

② 一路市电，一路自发电，在末端自动切换方式。

③ 一路市电，另一路集中直流备用电源方式。

④ 一路市电，另一路分散直流备用电源方式。

直流备用电源用的蓄电池容量应在紧急状态下保证连续供电时间不少于20min，当高层建筑的高度超过100m时，连续供电的时间不得少于30min。

（1）双路电源自动切换疏散照明标志灯的控制　在供电负荷等级较高的大型民用建筑或高层建筑中，疏散照明标志灯的电源可采用两路自动切换专用电源分回路控制每层标志灯的方式。每只配电箱控制的楼层一般不超过3～4层。配电箱内两路专用电源能自动切换时，对各回路疏散照明标志灯均能进行集中控制，如发生火警时，在切除非消防电源的同时，能通过消防报警系统的联动功能或大楼自动化（BAS）系统的控制功能或其他遥控功能，打开相应部位的疏散照明标志灯，引导人员安全疏散，如图15-13、图15-14所示。

图15-14电路平时可由灯开关就近控制灯具投入，达到节电目的。在需要灯具全部投入运行时，不论应急灯是处在开或关状态，通过遥控均可以使灯具全部点亮。

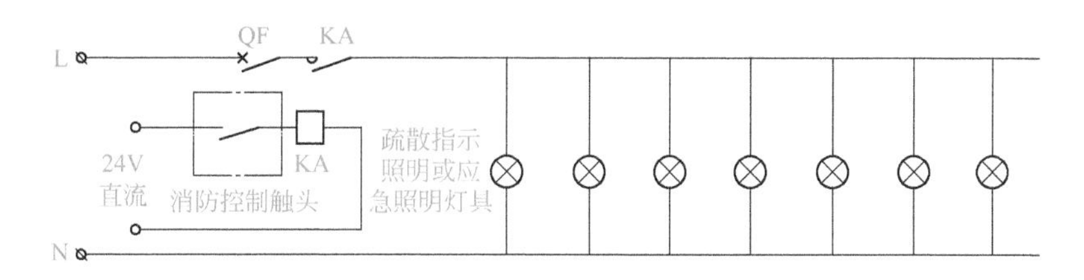

图15-13　疏散照明标志灯的集中控制

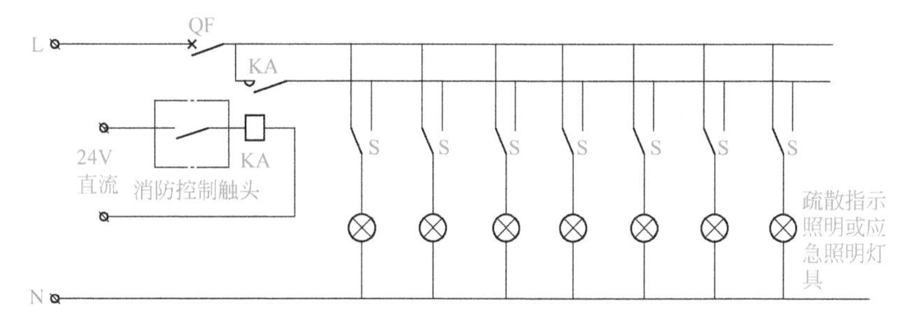

图15-14　应急灯具的就地集中控制

（2）一路市电和一路集中直流备用电源供电方式　此种供电方式可用于高层建筑的应急备用照明和疏散照明标志灯，也可用于商场的应急备用照明和疏散照明标志灯系统。其特点是在一路常规电源的基础上，集中设置直流备用电源，在常规电源停电时，直流备用电源能够自动向应急备用照明回路和疏散照明标志灯回路提供电源，维持必要的照明。由于直流备用电源供的是直流电，所以必须采用交直流两用光源如白炽灯。

三、航空障碍指示灯电路

一般高层建筑都应装设航空障碍标志灯。障碍标志灯应装设在建筑物或构筑物的最高部位。当制高点平面较大或为建筑群时，除在最高端装设障碍标志灯外，还应在建筑物或构筑物外侧转角的顶端也装设障碍标志灯。最高端装设的障碍标志灯光源不应少于2个。障碍标志灯的水平、垂直距离不应大于45m。

在烟囱顶上设置障碍标志灯时，宜将灯具安装在低于烟囱口1.5～3.0m处，并呈三角形水平排列布置。

在距地面60m以上装设标志灯时，应采用恒定光强的红色低光强障碍标志灯；距地面90m以上装设时，应采用红色中光强障碍标志灯，其有效光强应大于1600cd；距地面150m以上装设时，应采用白色高光强障碍标志灯。

障碍标志灯电源应按主体建筑中最高负荷等级要求供电，并采用自动通断电源的控制装置。

障碍标志灯的开关可采用光电自动控制，根据室外自然环境照度进行自动控制。也可通过建筑物的管理电脑进行控制。

表15-4所列为国产高重复率脉冲氙航标灯规格。

表15-4 国产高重复率脉冲氙航标灯规格

型号	电压/功率/（V/W）	闪光特性	灯光视距/海里	外形尺寸/mm
HXF-1-6	6/10	单闪	＞5	138×86×14.5
HXF-2-6	6/10	联闪	＞5	138×86×14.5
HXF-1-12	12/20	单闪	＞8	138×86×14.5
HXF-2-12	12/20	联闪	＞8	138×86×14.5
HXF-1-24	24/60	单闪、联闪	＞12	ϕ250×120
HXF-1-32	32/100	单闪、联闪	＞19	ϕ250×120
HXF-1	32/100	单闪、联闪	＞19	ϕ330×150
HXF-500	220/500	单闪、联闪	＞21	ϕ330×150

图 15-15 所示为航空标志灯系统，由双电源供电，电源能自动切换，每处装设两只灯，由室外光电控制器控制灯的开闭，也可由大楼管理电脑按时间程序控制开闭。

图 15-16 所示为层顶障碍标志灯安装示例。安装金属支架应与建筑物防雷装置焊接。

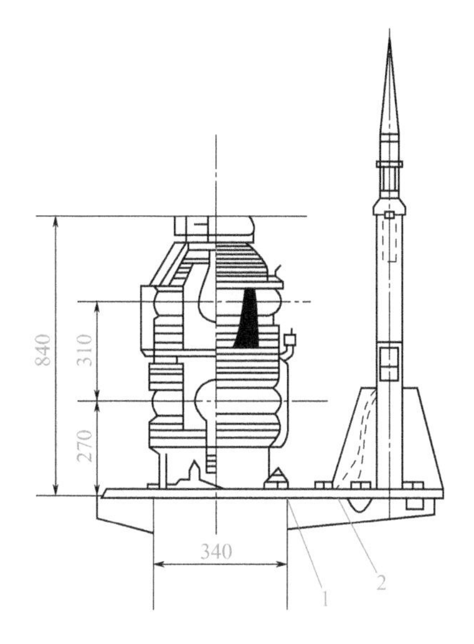

图 15-15　航空标志灯系统

1—不锈钢螺杆；2—铁架接地金属件

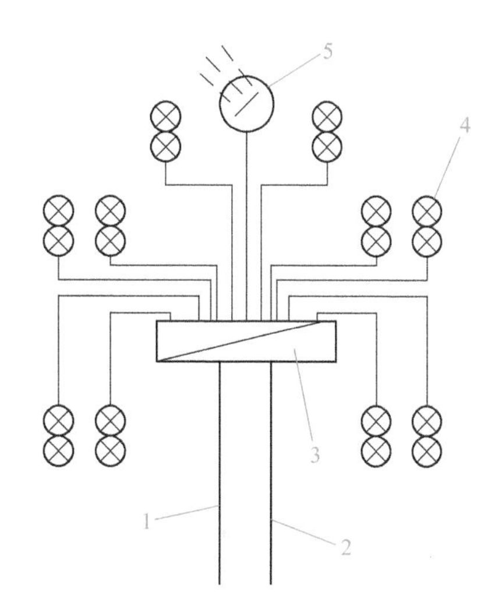

图 15-16　障碍标志灯安装示例

1—市电；2—应急电源；3—电源切换箱；4—障碍灯；5—光电控制器

第三节

建筑电气的安装

一、高层建筑电气的安装

在我国，根据《高层民用建筑设计防火规范》的规定，建筑总高度超过 24m 的非单层民用建筑和 10 层及以上的住宅建筑（包括底层设置商业服务网点的住宅楼）称为高层建筑。

高层建筑与一般建筑相比，其建筑高度高、建筑面积大、用电设备多，而且要求有专门的消防洒水设备、事故用电梯、事故照明及事故电源插座等防火设备，因此对供电网络设计安装有其特殊的要求。

1. 高层建筑供电系统要求

（1）高压供电系统 高层建筑中有不少一、二级重要负荷，例如消防水泵、事故照明等，所以一般都要求有两路独立的高压电源进线，并设置自备发电机作为应急电源。

高压供电系统接线一般是采用单母线分段接线，二回高压进线分别接互母线的两段，由母线分段断路器联络，正常分列运行，即分段断路器断开，二回进线独立，分别带一半负荷。当一回进线停电时，通过自动投入装置，自动合上分段断路器，全部负荷改由一回正常运行的进线供电，供电可靠性高。

（2）低压配电系统 低压配电系统常采用一级负荷集中接在一段母线上，一般负荷接在另一母线上，母线之间用低压断路器作为联络。自备发电机仅对一级负荷母线提供备用电源。由于一级负荷集中接在一段母线供电，所以在火灾切除一般负荷时不会误将一级负荷停电。

（3）自备发电机组 高层建筑自备发电机组常采用柴油发电机组。其优点是：启动迅速、控制操作方便、柴油供应运输方便。自备应急用柴油发电机输出电压一般为400/230V，其供电负荷如下：

① 消防设备用电。

② 楼梯及走廊事故照明。

③ 重要场所的动力、照明用电。

④ 电梯设备，生活水泵。

⑤ 冷冻室及冷藏室的有关负荷。

⑥ 中央控制室及经营管理电脑系统。

⑦ 保安、通信设施和航空障碍系统用电。

⑧ 重要会议厅堂和演出场所用电。

⑨ 其他不能停电的负荷。

自备发电机组容量一般按一级负荷的容量确定。对于一些重要的民用高层建筑，可按一级负荷和部分二级负荷来确定装机容量。另外，自备发电机组容量确定时还应考虑保证消防水泵能可靠启动。

（4）高层建筑楼层配电方式 图15-17是一个典型的楼层低压配电系统方案。方案中a、b、c为混合式配电。它是将楼层分成几个供电区，例如每2～6层作为一个供电区，每区采用一个配电回路或采用照明和动力分开的配电回路一起供电，电源线接到每层的配电箱，由配电箱供电给本层的用电设备。方案a和b不同之处是方案b多一共用的备用回路。方案b适用于楼层数量多、负荷大的高层建筑，采用这种大树干式配电方式，可以减少低压配电屏数量，安装维修及寻找故障较方便。

采用图15-17分区树干式配电时，一般采用电缆配线。配电分区的楼层数量，主要根据用电负荷的情况及防火要求和维修管理等条件确定。

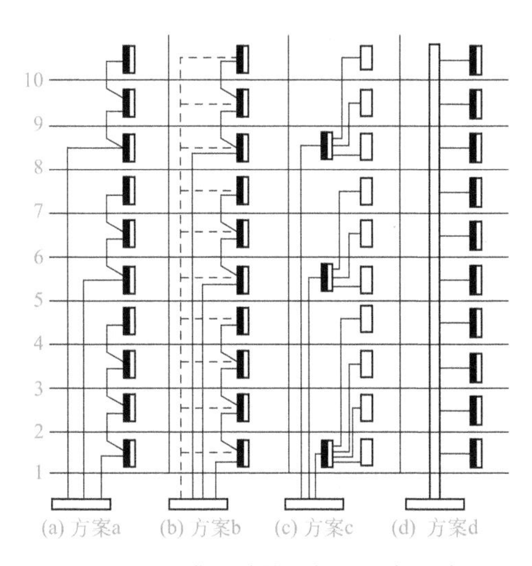

图15-17　典型的楼层低压配电系统

2.竖井配电要求

在高层建筑内电气主干线配线一般敷设在竖井内，在竖井内配线有下列安全要求。

① 竖井位置和数量除根据用电负荷性质、供电半径、建筑物沉降缝设置和防火区划分等因素布置外，还应考虑以下几点：

a. 与电梯间、管道间不能共用一竖井。

b. 应避开邻近热力管道、烟囱等散热量大或潮湿设施。

c. 靠近负荷中心，尽可能减少配线干线长度。

② 竖井井壁应采用耐火极限不低于1h的非燃烧材料。竖井在每层楼应设维修门，门应向公共走廊开，耐火等级不低于三级。楼层间应采用防火密封隔离。电缆和绝缘线在楼层间穿钢管时，两端管口应密封。

③ 在竖井内配线的导线采用电缆或钢管配线或封闭母线，导线载流量应留有一定裕度。

④ 竖井内敷设导线时，应将不同用途的回路分开，并要考虑垂直敷设的特

殊要求。

a. 竖井内的高、低压和应急电源回路相互距离不小于 300mm 或采用隔离措施。高压回路应设置标志。

b. 敷设在同一竖井内的电力线路和通信线路应考虑抗干扰措施。

c. 为了保证垂直敷设导线不因自重而断线，当导线截面在 $50mm^2$ 以上、长度大于 20m 时，或导线截面在 $50mm^2$ 以下、长度大于 30m 时应装接线盒，在接线盒内用线夹将导线固定牢靠。

3. 高层建筑电梯供电要求

① 高层建筑内的乘客电梯，轿厢内应有应急照明，连续供电时间不少于 20min。轿厢内的工作照明灯数不应少于两个，轿厢底面的照度不应小于 5lx。

② 电梯井道内应设置永久性电气照明。

a. 距井道最高点和最低点 0.5m 以内各装一盏灯，中间每隔一定距离（一般不超过 7m）分设若干盏灯。对于井道周围有足够照明条件的非封闭式井道，井道中可不设置照明装置。

b. 轿顶及井道照明电源电压宜为 36V。

③ 在桥顶、机房、滑轮间、坑底应装设单相三孔保安插座。电压不同的电源插座应有明显区别，不能互相插入。

④ 向电梯供电的电源线路，不应敷设在电梯井道内。除电梯的专用线路外，其他线路不得沿电梯井道敷设。

4. 高层建筑的消防系统

高层建筑楼层多、规模大、人员密集、设备多而分散，因此对防火要求极高。在高层建筑设计时，对平面布置、建筑和装饰材料选用，机电设备选择与配置等都必须严格按照防火规范并满足消防要求。

目前，一般高层建筑的消防系统有两种类型：自动报警、人工消防及自动报警、自动消防。

自动报警一般是利用火灾探测器，当火情发生时，火灾探测器通过火灾报警装置向值班人员发出火灾报警信号，消防队员立即采取措施灭火或自动灭火装置动作自动喷淋灭火。

常用的火灾探测器有：感烟式火灾探测器、感温式火灾探测器、光电式火灾探测器，可燃气体探测器等。

高层民用建筑及其有关部位的火灾探测器类型及灵敏度级别的选择，如表 15-5 所示。

表15-5　高层民用建筑及其有关部位的火灾探测器类型的选择表

项目	设置场所	火灾探测器的类型											
		差温式			差定温式			定温式			感烟式		
		Ⅰ级	Ⅱ级	Ⅲ级	Ⅰ级	Ⅱ级	Ⅲ级	Ⅰ级	Ⅱ级	Ⅲ级	Ⅰ级	Ⅱ级	Ⅲ级
1	剧场、电影院、礼堂、会场、百货公司、商场、旅馆、饭店、集体宿舍、公寓、住宅、医院、图书馆、博物馆等	△	○	○	△	○	○	○	△	△	×	○	○
2	厨房、锅炉房、开水间、消毒室等	×	×	×	×	×	×	△	○	○	×	×	×
3	进行干燥、烘干的场所	×	×	×	×	×	×	△	○	○	×	×	×
4	有可能产生大量蒸汽的场所	×	×	×	×	×	×	△	○	○	×	×	×
5	发电机室、立体停车场、飞机库等	×	○	○	×	○	○	○	×	×	×	△	○
6	电视演播室、电影放映室	×	×	△	×	×	△	○	○	○	×	○	○
7	在第一项中差温式及差定温式有可能不预报火灾发生的场所	×	×	×	×	×	×	○	○	○	○	○	○
8	发生火灾时温度变化缓慢的小间	×	×	×	○	○	○	○	○	○	△	○	○
9	楼梯及倾斜路	×	×	×	×	×	×	×	×	×	△	○	○
10	走廊及通道										△	○	○
11	电梯竖井、管道井	×	×	×	×	×	×	×	×	×	△	○	○
12	电子计算机房、通信机房	△	×	×	△	×	×	△	×	×	△	○	○
13	书库、地下仓库	△	○	○	△	○	○	○	×	×	△	○	○
14	吸烟室、小会议室等	×	×	○	○	○	○	○	×	×	×	×	○

注：○表示适于使用；
　　△表示根据安装场所等状况，限于能够有效地探测火灾发生的场所使用；
　　× 表示不适于使用。

自动灭火系统包括消防控制及联动功能系统和自动灭火装置。根据消防要求，楼宇自救能力应维持10min以上。当火灾探测器报警后，首先停止报警区域有关的空调机、送风机工作，关闭管道上防火阀；同时启动报警区域内有关的排烟风机、防烟垂壁及管道上的排烟阀。在火灾被确认后，关闭有关部位的电动防火门、防火卷帘门。同时按防火分区和疏散顺序切断非消防用电源，接通火灾事故照明灯及疏散标志灯；向电梯控制屏发出信号并强行使全部电梯下行并停于底层，除消防电梯外，其余电梯全部停止使用。消防控制中心设有与值班室、消防水泵房、总配电室、空调机房、电梯机房直通的对讲电话统一进行指挥，同时设有向当地公安消防部门直接报警的专用电话线，可以向公安消防部门及时报警。

自动灭火装置在接到控制器的指令信号后，立即自动启动灭火系统，喷洒灭火介质进行灭火。为保证发生火灾时，对消防设备供电安全可靠，对消防设备配电应采用下列安全措施：

① 从配电箱至设备应采用放射式配电，每个回路的保护应分开。

② 配电应遵循防火规程，配电箱及器件应为耐火耐热型。

③ 电源回路应采用阻燃型绝缘导线穿钢管暗敷设在耐火构造内；指示灯、报警装置、控制回路要采用耐热型绝缘导线，穿金属管敷设。导线截面积选择应有适当裕度。

④ 消防用电设备的两个电源应在末端切换。

⑤ 配电电源应有单相接地报警装置。

二、公共建筑电气的安装

公共建筑用电量大，用电设备种类多，而且用电设备对供电要求很高。公共建筑发生事故除造成重大经济损失和发生人员触电伤亡外还会造成恶劣的政治影响，所以必须确保公共建筑的电气安全，保证安全可靠供电。

1. 公共建筑用电负荷级别

根据JGJ-16-2008《民用建筑电气设计规范》，民用建筑中常用重要电力负荷的分级如表15-6所示。

表15-6　常用重要电力负荷的分级

序号	建筑物名称	电力负荷名称	负荷级别
1	高层普通住宅	客梯、生活水泵电力，楼梯照明	二级
2	高层宿舍	客梯、生活水泵电力，主要通道照明	二级

续表

序号	建筑物名称	电力负荷名称	负荷级别
3	重要办公建筑	客梯电力，主要办公室、会议室、总值班室、档案室及主要通道照明	一级
4	部、省级办公建筑	客梯电力，主要办公室、会议室、总值班室、档案室及主要通道照明	二级
5	高等学校教学楼	客梯电力，主要通道照明	二级①
6	二级旅馆	经营管理用及设备管理用电子计算机系统电源	一级④
		宴会厅电声、新闻摄影、录像电源，宴会厅、餐厅、娱乐厅、高级客房、康乐设施、厨房及主要通道照明、地下室污水泵、雨水泵电力，厨房部分电力，部分客梯电力	一级
		其余客梯电力，一般客房照明	二级
7	科研院所重要实验室	—	一级②
8	市（地区）级及以上气象台	主要业务用电子计算机系统电源	一级
		气象雷达、电报及传真收发设备、卫星云图接收机及语言广播电源、天气绘图及预报照明	一级
		客梯电力	二级
9	高等学校重要实验室	—	一级②
10	计算中心	主要业务用电子计算机系统电源	一级
		客梯电力	二级
11	大型博物馆、展览馆	防盗信号电源，珍贵展品展室的照明	一级④
		展览用电	二级
12	甲等剧场	调光用电子计算机系统电源	一级⑥
		舞台、贵宾室、演员化妆室照明，舞台机械电力，电声、广播及电视转播、新闻摄影电源	一级
13	甲等电影院	—	二级
14	重要图书馆	检索用电子计算机系统电源	一级④
		其他用电	二级
15	省、自治区、直辖市及以上体育馆、体育场	计时记分用电子计算机系统电源	一级④
		比赛厅（场）、主席台、贵宾室、接待室及广场照明、电声、广播及电视转播、新闻摄影电源	一级
16	县（区）级及以上医院	急诊部用房、监护病房、手术部、分娩室、婴儿室、血液病房的净化室、血液透析室、病理切片分析、CT 扫描室、区域用中心血库、高压氧舱、加速器机房和治疗室及配血室的电力和照明、培养箱、冰箱、恒温箱的电源	一级
		电子显微镜电源，客梯电力	二级

续表

序号	建筑物名称	电力负荷名称	负荷级别
17	银行	主要业务用电子计算机系统电源，防盗信号电源	一级④
		客梯电力，营业厅、门厅照明	二级③
18	大型百货商店	经营管理用电子计算机系统电源	一级①
		营业厅、门厅照明	一级
		自动扶梯、客梯电力	二级
19	中型百货商店	营业厅、门厅照明、客梯电力	二级
20	广播电台	电子计算机系统电源	一级④
		直接播出的语言播音室、控制室、微波设备及发射机房的电力和照明	一级
		主要客梯电力，楼梯照明	二级
21	电视台	电子计算机系统电源	一级④
		直接播出的电视演播厅、中心机房、录像室、微波机房及发射机房的电力和照明	一级
		洗印室、电视电影室、主要客梯电力，楼梯照明	二级
22	火车站	特大型站和国境站的旅客站房、站台、天桥、地道的用电设备	一级
23	民用机场	航行管制、导航、通信、气象、助航灯光系统的设施和台站；边防、海关、安全检查设备；航班预报设备；三级以上油库；为飞行及旅客服务的办公用房；旅客活动场所的应急照明	一级④
		候机楼、外航驻机场办事处、机场宾馆及旅客过夜用房、站坪照明、站坪机务用电	一级
		其他用电	二级
24	水运客运站	通信枢纽、导航设施、收发信台	一级
		港口重要作业区，一等客运站用电	二级
25	汽车客运站	一、二级站	二级
26	市话局、电信枢纽、卫星地面站	载波机、微波机、长途电话交换机、市内电话交换机、文件传真机、会议电话、移动通信及卫星通信等通迅设备的电源；载波机室、微波机室、交换机室、测量室、转换台室、传输室、电力室、电池室、文件传真机室、会议电话室、移动通信室、调度机室及卫星地面站的应急照明，营业厅照明，用户电传机	一级⑤
		主要客梯电力、楼梯照明	二级
27	冷库	大型冷库、有特殊要求的冷库的一台氨压缩机及其附属设备的电力，电梯电力，库内照明	二级
28	监狱	警卫照明	一级

注：① 仅当建筑物为高层建筑时，其客梯电力、楼梯照明为二级负荷。

② 此处系指高等学校、科研院所中一旦中断供电将造成人身伤亡或重大政治影响，经济损失的实验室，例如生物制品实验室等。

③ 在面积较大的银行营业厅中，供暂时工作用的应急照明为一级负荷。

④ 该一级负荷为特别重要负荷。

⑤ 重要通信枢纽的一级负荷为特殊重要负荷。

⑥ 各种建筑物的分级见现行的有关设计规范。

表 15-6 中列为一级负荷的电子计算机，其机房及已记录的媒体存放间的应急照明亦为一级负荷。当主体建筑中有一级负荷时，与其有关的主要通道照明也为一级负荷。当主体建筑中有大量一级负荷时，其附属的锅炉房、冷冻站、空调机房的动力和照明为二级负荷。在公共建筑电气设计时，应根据用电负荷级别保证其可靠供电。

对于公共建设中的消防水泵、防排烟设施、火灾自动报警装置、自动灭火装置、火灾应急照明装置、电动防火门窗、卷帘、阀门等消防用电设备的负荷等级，应符合国家现行的《高层民用建筑设计防火规范》和《建筑设计防火规范》的规定。

2. 一般公共建筑的电气安装

（1）公共建筑中事故照明及疏散指示标志装设场所

① 事故照明的设置地点。在下列场所应装置事故照明：配电室、消防值班室、常设警卫点、调度室、主要现金出纳台、儿童活动室、300 个以上存衣处的存衣间、大型商店柜台、大型自选商场营业厅、大旅馆及大饭店的门厅、设有一级负荷的房间以及楼道、出口等处。不同用处的公共建筑对设置事故照明的要求不同，凡是不能失去电力和照明的场所以及人员疏散场所（包括疏散指示标志）、消防指挥场所、警卫值班场所都应设置事故应急照明。事故应急照明系统应为独立供电网络。

② 疏散指示标志装设地点。在电影院、剧场、车站、体育馆、展览馆、大礼堂、大教室、大的宾馆、餐厅、大商场营业厅、图书馆等人员集中的地方均应设置紧急疏散标志，在楼道、走廊以及大型活动场所的出入口都应设置“出口”标志，要比较醒目，以便在发生火灾等紧急情况时，人员可有秩序地迅速疏散。

（2）供电系统安装要求　公共建筑电气安装要求与一般建筑相同，电气设计应满足和符合一般建筑对电气安全的要求和规定。对一些特定的安装要求介绍如下：

① 公共建筑中事故照明与疏散指示标志的供电应与工作照明分开。

② 对较大公共建筑的门厅、走道、楼梯等照明应采用单独供电线路。商业等建筑的陈列橱窗照明、广告照明、装饰照明应从配电屏单独引出线路供电。

值班照明可引自正常照明电源，但需要有单独控制。

③ 舞台、观众厅、书库、大型商场百货营业厅、电梯、自动扶梯、计算机房等供电应采用铜芯绝缘导线穿管敷设或采用阻燃护套电缆。

④ 剧场的乐池、化妆室的局部照明、观众厅的座位排号灯应采用36V安全供电电压。

⑤ 疏散指示的照明器颜色应按国家标准规定。例如：红色表示禁止或停止，绿色表示通行。火车站、汽车站等人员集中的公共场所，在其进、出口应有文字、灯光标明的“进口”“出口”标志。

⑥ 供电系统应有总的电源切断装置和保护装置，每层楼及每个供电区都应设置电源切断装置和保护装置。保护装置之间要相互配合，有选择性。

⑦ 电声、电视转播设备等弱电装置接地应采用屏蔽接地装置。所有电气设备金属外壳均有保护接地或保护接零等安全保护。

第四节 电梯应用技术

电梯常用分类与名词术语

电梯电气系统详解

电梯和自动扶梯在各类建筑中已广泛应用，它作为垂直方向上的交通工具，在人们生活和生产活动中已不可缺少。保证电梯和自动扶梯的安全运行，做好操纵控制和运行维护是物业管理工作的重要职责。电梯和自动扶梯的结构、控制方式、安全要求以及日常管理等可扫二维码学习。

第五节 给排水控制电气系统

一、供水水泵控制电气系统

为了保证建筑物内高位水箱和供水管网有一定的水位和压力，往往需要安装加压水泵。水泵的控制一般要求能实现自动控制或远距离控制。根据要求不同，可分为水位控制、压力控制等。下面介绍几种常见的控制方式及电路。

1.水位控制器

水位控制一般用在高位水箱给水和污水池排水。将水位信号转换为电信号控制水泵开停的设备称为水（液）位控制器。常用的水（液）位控制器有干簧管水位控制器、浮球磁性开关液位控制器、电极式水位控制器、压力式水位控制器等。

（1）干簧管水位控制器　干簧管水位控制器由干簧管开关和永久磁铁组成。适用于工业和民用建筑中的水箱、水塔及水池等开口容器的水位控制或水位报警。图 15-18 为干簧管水位控制器的安装和接线图。其工作原理如下：在塑料管内固定有上、下水位干簧开关 SL1 和 SL2，塑料管下端密封，连线在上端接出。塑料管外面套一个能随水位移动的浮标，浮标中固定一个永久磁环，当浮标移到上或下水位时，对应的干簧管开关接受磁信号而动作，发出水位电信号。用于报警或启动水泵工作。

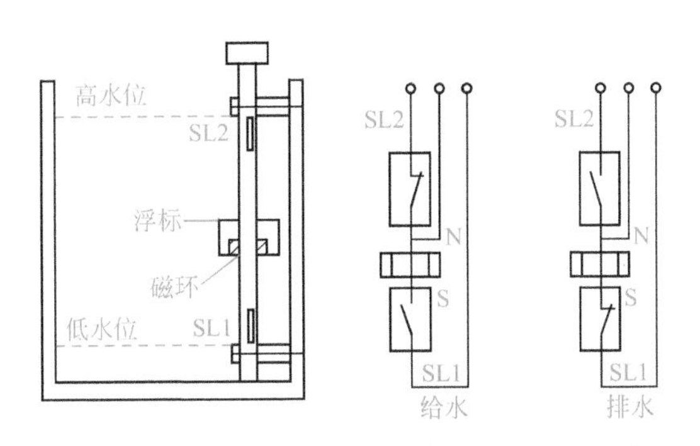

图 15-18　干簧管水位控制器的安装和接线图

（2）浮球磁性开关液位控制器　浮球磁性开关液位控制器（UQK-611/612/613/614 型）是利用浮球内置干簧开关动作而发出水位信号。因外部无任何可动机构，因此特别适用于含有固体、半固体浮游物的液体，如生活污水、工厂废水等液体的液位自动报警和控制。

图 15-19 为浮球磁性开关外形结构示意图，它由工程塑料浮球、外接导线和密封在浮球内的开关装置组成。开关装置由干簧管、磁环和动锤组成。其安装示意图如图 15-20 所示。当液位在下限时浮球正置，动锤在浮球下部，浮球因为动锤在下部，重心向下，基本保持正置状态，发出开泵信号。开泵后液位上升，当液位接近上限时，由于浮球被支持点和导线拉住，便逐渐倾斜。当浮

球刚超过水平测量位置时，浮球内的动锤因自重向下滑动使浮球迅速翻转而倒置，使干簧管触点吸合，发出停泵信号。当液位下降到接近下限时，浮球又重新翻转回去，又发出开泵信号。

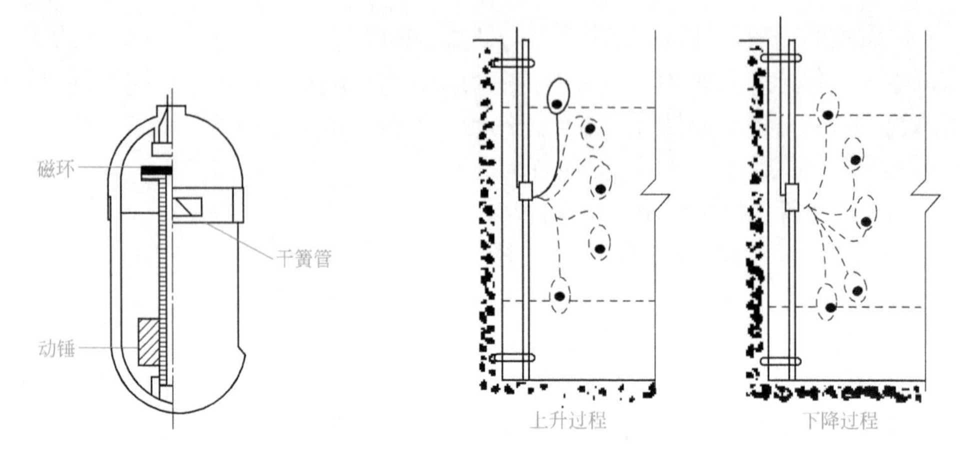

图 15-19　浮球磁性开关外形结构示意图　图 15-20　浮球磁性开关液位控制器安装示意图

（3）电极式水位控制器　电极式水位控制是利用水或者液体的导电性能，在水箱高水位或低水位时，使相互绝缘的电极导通或不导通。发出信号使晶体管灵敏继电器动作，发出指令控制水泵开停。

图 15-21 是一种三电极式水位控制原理图。当水位低于 DJ2 和 DJ3 以下时，DJ2 和 DJ3 之间不导电，晶体三极管 VT2 截止、VT1 导通，灵敏继电器 KE 吸合，其触头线柱 2-3 发出开泵指令。当水位上升使 DJ2 和 DJ3 导通时，因线柱 5-7 不通，VT2 继续截止、VT1 继续导通；当水位上升到使 DJ1、DJ2 和 DJ3 均导通时，线柱 5-7 通，VT2 导通、VT1 截止，灵敏继电器 KE 释放，发出停泵指令。

（4）压力式水位控制器　水箱的水位也可以通过压力来检测，因为水位高压力也高，水位低压力也低。常用的 XYC-150 型电触点压力表，既可以作为压力控制又可作为压力检测，如图 15-22 所示。当被测介质的压力进入弹簧管时，弹簧产生位移，经传动机构放大后，使指针绕固定轴转动。转动的角度与弹簧中的压力成正比，并在压力表刻度盘上指示出来，同时它又带动电触点指针动作。在低水位时，指针与下限整定值触点接通，发出低水位信号；在高水位时，指针与上限整定值触点接通；在水位处于高低水位整定值之间时，指针与上下限触点均不接通，所以可以通过反应水箱供水压力而发出开泵和停泵信号，如将电触点压力表安装在供水管网中，可以通过反应管网供水压力而发出开泵和停泵信号。

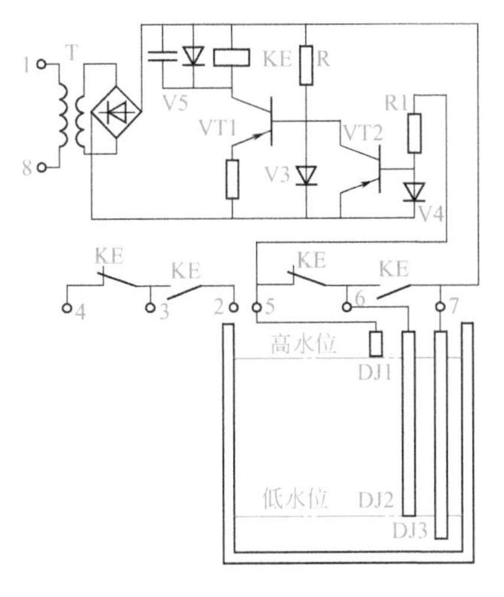

图 15-21　三电极式水位控制原理图

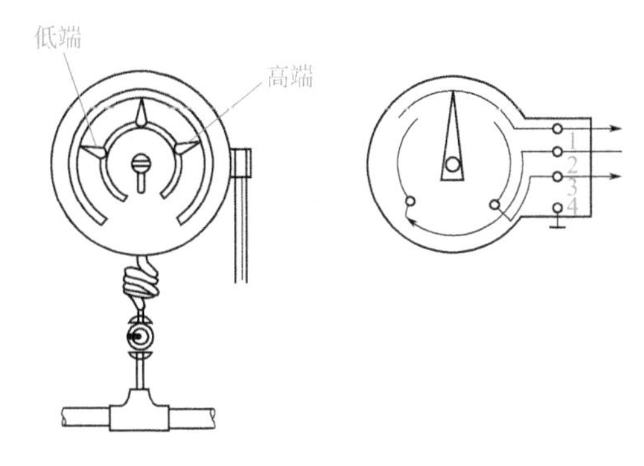

图 15-22　电触点压力表示意图

2. 水泵控制电路

（1）两台泵互为备用，备用泵手动投入控制　图 15-23 为两台泵互为备用，备用泵手动投入控制的电路图。图中 SA1 和 SA2 是万能转换开关（LW5 系列），其触点的开闭，在图上用虚线上黑圆点表示，有黑圆点的触点表示开关操作把手转到此虚线位置时，该触点接通，没有黑圆点的触点表示开关操作把手转到此虚线位置时，该触点不通。

图 15-23 中的 SA1 和 SA2 操作把手各有两个位置（Z 和 S）。把手向左转到“Z”位置时，触点 1-2、3-4 闭合，触点 5-6 断开，此时为自动控制位置，即由水位控制器发出的触点信号来控制水泵电动机的启动和停运。把手向右转动到“S”位置时，触点 5-6 闭合，触点 1-2、3-4 断开，此时为手动控制位置，即由人按动启动和停止按钮（SB2 和 SB1）来控制水泵电动机开和停。

水泵需要运行时，电源开关 QS1、QS2 合上；因为是互为备用，所以转换开关 SA1 和 SA2 总是一个放在自动控制位，另一个放在手动控制位。设 SA1 放在自动控制位（Z），此时触点 1-2 接通、3-4 接通、5-6 断开，1 号泵为常用机组（工作机组）；SA2 放在手动控制位（S），2 号泵为备用机组。

工作原理分析：若高位水箱（或水池）水位在低水位时，浮标磁铁下降，对应于 SL1 处，SL1 动合触点闭合，水位信号电路的中间继电器 KA 线圈通电而动作，其动合触点闭合，一对用于自锁（自保持），一对通过 $SA1_{1-2}$ 使接触器 KM1 通电动作，使 1 号泵投入运行，加压送水，当浮标离开 SL1 时，SL1 断开。当水位到达高水位时，浮标磁铁使 SL2 动断触点断开，继电器 KA 失电返回，使接触器 KM1 也失电，水泵电动机停止运行。

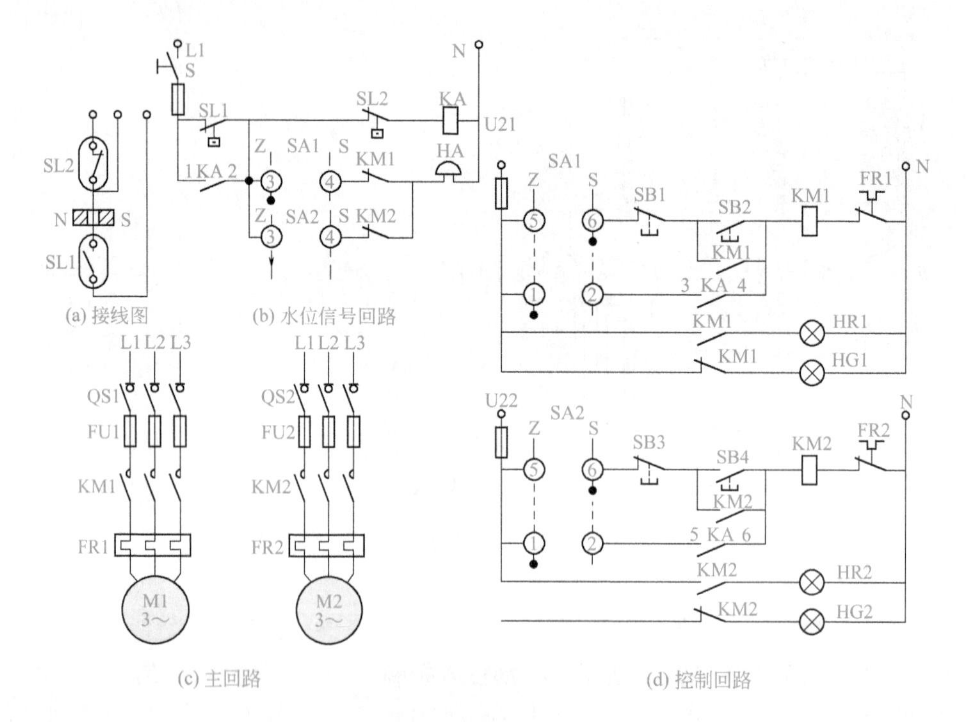

(a) 接线图　(b) 水位信号回路

(c) 主回路　(d) 控制回路

图 15-23　备用泵手动投入控制电路图

如果 1 号泵在投入运行时过载或者接触器 KM1 拒动等故障，KM1 的辅助动断触点闭合，通过 $SA1_{3\text{-}4}$ 使警铃 HA 响，值班人员知道后，将 SA1 放到手动控制位，准备检修；将 SA2 放到自动控制位，按收水位信号控制。警铃 HA，在 $SA1_{3\text{-}4}$ 断开后不响。

图 15-23 中 FU1、FU2 为熔断器，起短路保护用；FR1 和 FR2 为热继电器，起过负荷保护用。HR1、HG1、HR2、HG2 为两台泵工作状态指示灯。

（2）两台泵互为备用，备用泵自动投入控制　图 15-24 为两台泵互为备用，备用泵自动投入的控制电路图，其工作原理如下：正常工作时，电源开关 QS1、QS2、S 均合上。万能转换开关 SA（LW5 系列）的把手在中间挡时 11-12、19-20 两对触点闭合，为手动操作启动按钮控制，水泵不受水位控制器控制。当 SA 把手向左转 45° 时，15-16、7-8、9-10 三对触点闭合，1 号泵为常用的工作机组，2 号泵为备用机组。当水位在低水位时，浮标磁铁下降对应于 SL1 处，SL1 闭合，水位信号电路的中间继电器 KA1 线圈通电，其动合触点闭合，一对用于自锁，一对通过 $SA_{7\text{-}8}$ 使接触器 KM1 通电，1 号泵投入运行，加压送水，当浮标离开 SL1 时，SL1 断开。当水位到达高水位时，浮标磁铁使 SL2 动作，KA1 失电，KM1 失电，水泵停止运行。

如果 1 号泵在投入运行时发生过载或接触器 KM1 拒动，则时间继电器 KT

和警铃 HA 通过 $SA_{15\text{-}16}$ 长时间通电，警铃响，KT 延时 5 ～ 10s 后使中间继电器 KA2 通电，经 $SA_{9\text{-}10}$ 使接触器 KM2 通电，2 号泵自动投入运行，同时 KT 和 HA 失电。

若 SA 把手向右转 45°，5-6、1-2、3-4 三对触点闭合，2 号泵为常用机组（工作机组），1 号泵为备用机组。

图 15-24 中 FU1 和 FU2 为熔断器，起短路保护用；FR1 和 FR2 为热继电器，起过负荷保护用。HR1、HR2、HG1、HG2 为两台泵工作状态指示灯。SB1 和 SB3 为启动按钮；SB2 和 SB4 为停止按钮。

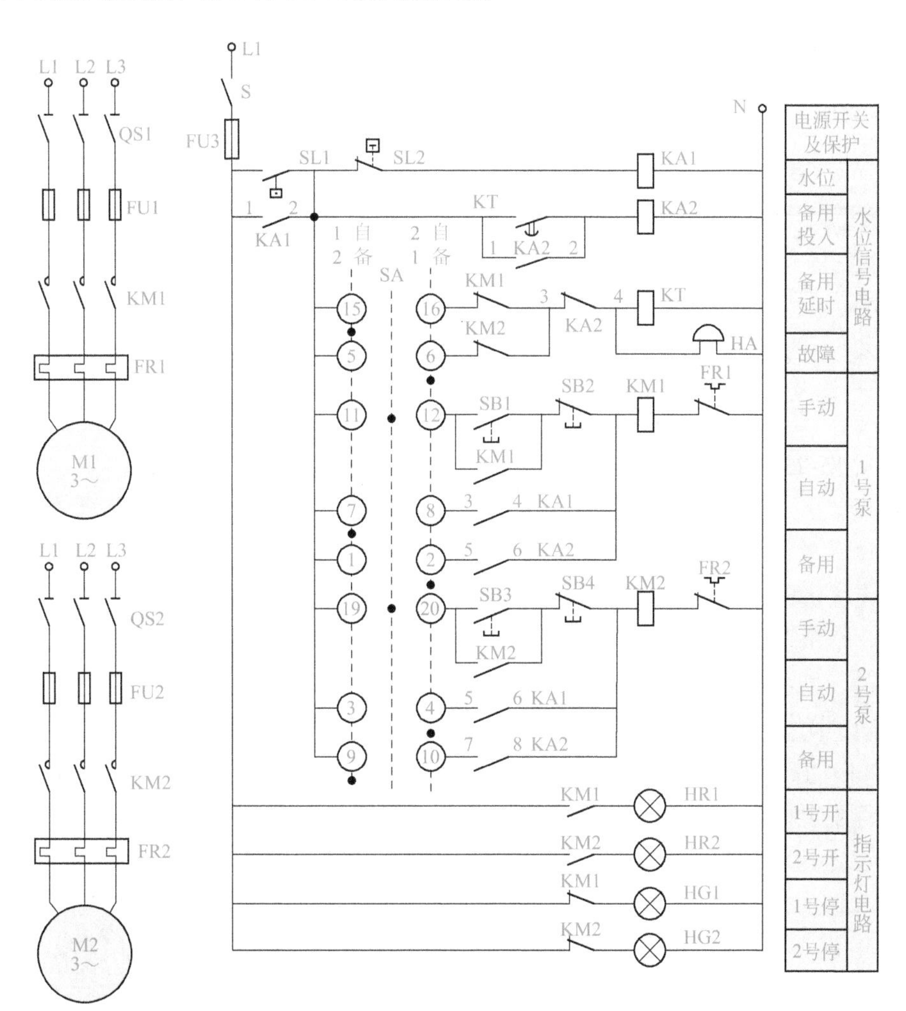

图 15-24　备用泵自动投入的控制电路图

水泵控制电路种类较多，除上面介绍的两种外，还有单台泵控制电路和多台泵控制电路，较大的泵又有降压启动电路等，还有单台泵（或多台泵）变频调速恒压给水系统控制电路等。

变频调速控制系统是通过改变给水水泵电源频率来调节水泵的转速，改变供水量，从而维持水压恒定。供水管网压力信号经压力变送器送到变频控制器，当水压下降时，变频控制器输出频率提高，使水泵的转速增快，使供水量增大，维持水压恒定；反之，当供水管网水压升高时，压力变送器迅速将压力升高信号传送给变频控制器，变频控制器输出频率迅速下降，使水泵转速减慢，供水量减少，使管网水压恢复正常。如果变频控制器发生故障，水泵便转入全速运行，全压供水。变频调速供水方式节省了普通给水系统中的高位水箱，既节能，又减少了建筑物载荷，但对电源可靠性要求很高，而且价格较贵。

二、消防泵电气控制系统

消防灭火方式有人工灭火和自动灭火。人工灭火常用的是室内消火栓，喷水灭火时需要启动加压水泵；自动喷水灭火时，也需要自动启动加压水泵。

1. 室内消火栓加压水泵的电气控制

图 15-25 为消火栓水泵电气控制的一种方案，两台水泵互为备用，备用泵自动投入。正常运行时电源开关 QS1、QS2、S1、S2 均合上，S3 为水泵检修用双投开关，不检修时放在运行位置。SB10 ～ SB*n* 为各消火栓箱消防启动按钮，无火灾时，按钮被玻璃面板压住，其动合触点已经闭合，中间继电器 KA1 通电，消火栓泵不会启动（KA1 通电—KA2 断电—KM1 断电）。SA 为万能转换开关，把手放在中间时，为泵房和消防控制中心控制水泵启动，不接受消火栓箱内消防按钮控制。当 SA 的操作把手转向左 45° 时，SA 的触点 1 和 6 闭合，1 号泵自动，2 号泵备用。

若发生火灾时，打开消火栓箱门，用硬物击碎消防按钮的面板玻璃，这时消防按钮的动合触点恢复断开，使 KA1 断电，KA1 动断触点闭合，使时间继电器 KT3 线圈通电，经数秒延时后其动合触点接通 KA2，KA2 动作并自锁，其串在 KM1 线圈回路中的动合触点闭合，经 SA 的触点 1 接通 KM1 线圈，1 号泵电动机启动运行，加压喷水。

如果 1 号泵发生故障或过载，热继电器 FR1 的动断触点断开，KM1 断电释放，其动断触点恢复闭合，使 KT1 通电，其动合触点延时闭合，经 SA 的触点 6 使 KM2 通电，2 号泵便投入运行。

当消防给水管网中水的压力过高时，管网压力继电器触点 BP 闭合，使 KA3 通电，KA2 线圈回路中的 KA3 动断触点断开，使 KA2 线圈断电释放，使 KM1 断电，使工作泵停运并发出声光报警。

当消防水池处于低水位，低水位控制器 SL 触点闭合，使 KA4 通电，发出消防水池缺水的声光报警信号。

当水泵需要检修时，将检修开关 S3 扳到检修位置，KA5 通电，发出声、光报警信号。S2 为消除铃声开关。

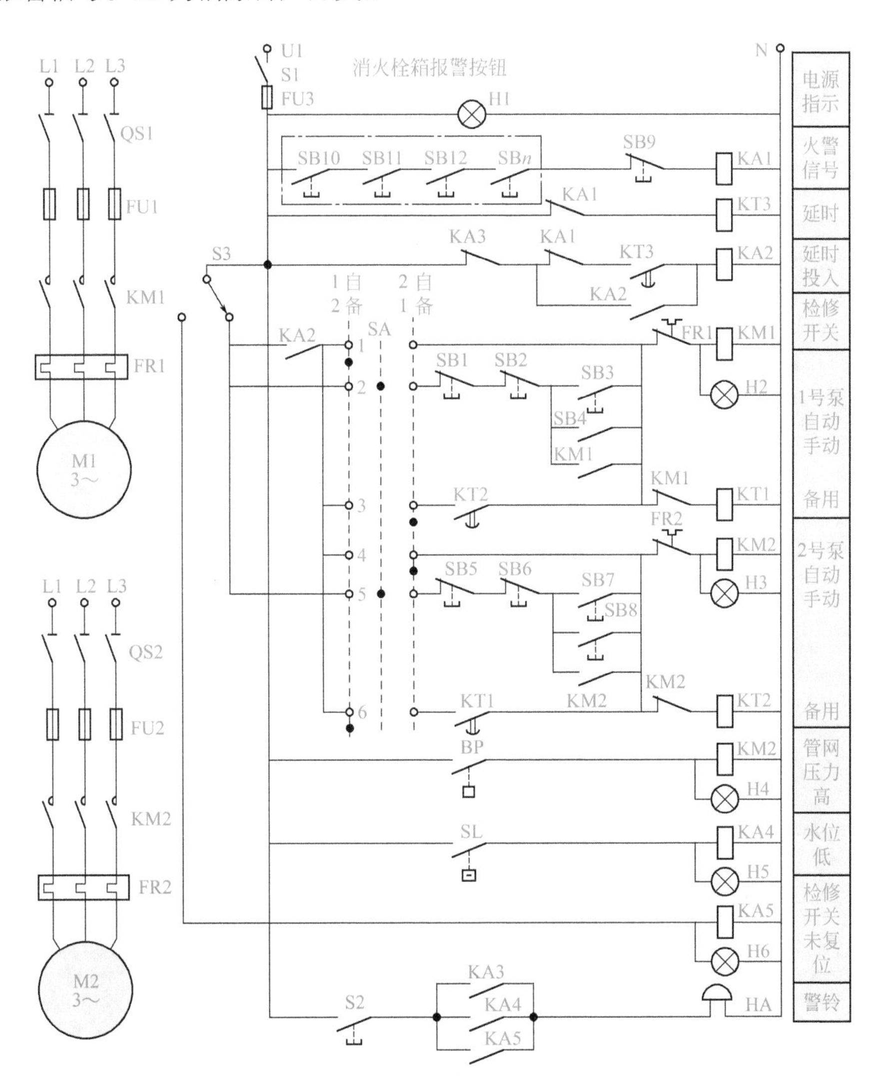

图 15-25　消火栓水泵电气控制电路图

2. 自动喷水灭火系统加压水泵的电气控制

自动喷水灭火系统在火灾时能自动动作进行喷水灭火，同时能发出火警信号，在自动喷水灭火系统中，湿式喷水灭火系统应用最广泛。该系统管道内始终充满着压力水。当火灾发生时，高温火焰或高温气流使闭式喷头的玻璃球炸开或易熔元件熔化而自动喷水灭火。此时，管网中的水从静止状态变为流动，安装在上管道各分支处对应的水流开关触点闭合，给出启动泵的电信号。根据水流开关以及管网压力开关等信号，消防控制电路自动启动消防水泵向管网加压供水，达到持续自动喷水灭火的目的。

图 15-26 为一种湿式自动喷水灭火系统加压水泵电气控制的电路图。两台

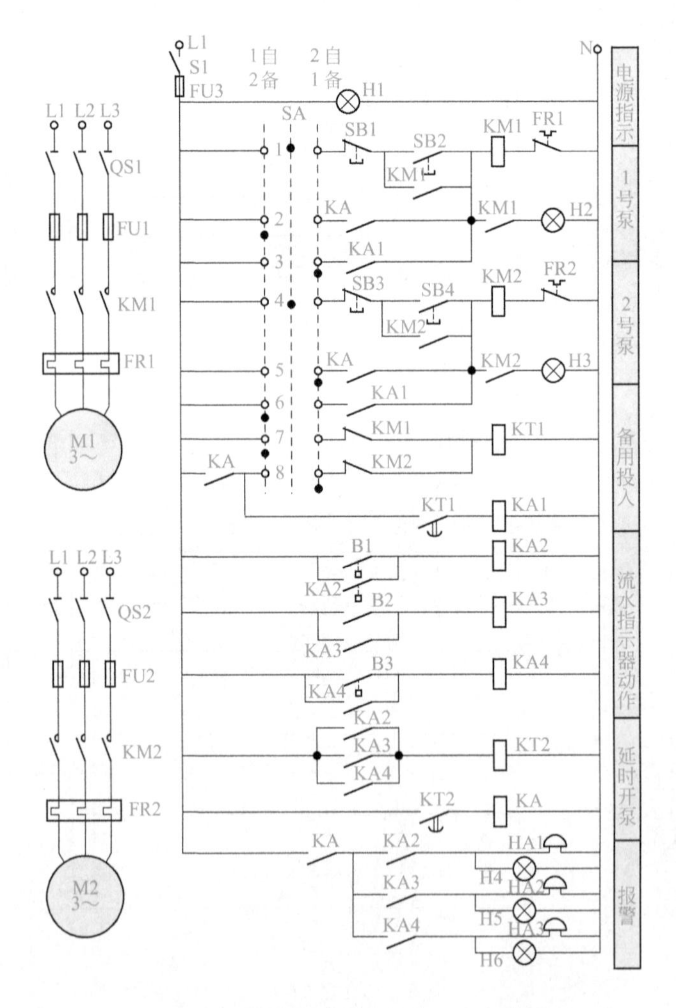

图 15-26 湿式自动喷水灭火系统电路图

泵互为备用，备用泵自动投入运行。正常运行时，电源开关QS1、QS2、S1均合上，发生火灾时，当闭式喷水玻璃球炸裂喷水时，水流开关B1～B*N*触头中有一个闭合，对应的中间继电器通电动作，发出启动消防水泵的指令。例如，现在B2动作，使KA3通电动作并自锁，KA3动合触点闭合使KT2通电动作，经延时使KA通电动作，发出声光报警。如果转换开关SA向右扳45°，对应的三对触点3、5、8闭合，这时KA的动合触点经SA的触点5接通KM2线圈，接触器KM2的动合主触点接通2号泵电动机，2号泵投入运行，若2号泵发生故障或过载，热继电器FR2的动断触点断开，接触器KM2断电释放，其主触点切断2号泵电动机主电路，2号泵停运。与此同时KM2的动断辅助触点闭合，经转换开关触点8使KT1通电，经延时使KA通电动作，KA1动合触点闭合，经S的触点3接通KM1接触器线圈，KM1的动合主触点接通1号泵电动机主电路，备用1号泵自动投入运行。

第十六章 智能电气控制技术

本章结合施工实例重点介绍智能家居的控制方式与组网、远程无线 Wi-Fi 手机 app 控制模块的安装与应用技术、多路远程控制接线、智能门禁系统、监控系统与报警系统的安装、布线、接线与控制技术，可以扫描二维码详细学习。

一、智能家居的控制方式与组网

二、远程无线 Wi-Fi 手机 app 控制模块的安装与应用

三、多路远程控制接线

四、智能门禁系统

五、监控系统

六、智能安防报警系统

电工常用电子元件的检测与应用

附录二

电工常用进制换算与定义、公式

附录三　电动机常用计算

附录四　变压器常用计算

附录五　供配电和低压电器常用计算

附录六　动力控制线路识读

附录七　机床电气线路检修常见问题解答

参考文献

[1] 郑凤翼，杨洪升．怎样看电气控制电路图．北京：人民邮电出版社，2003.
[2] 刘光源．实用维修电工手册．上海：上海科学技术出版社，2004.
[3] 王兰君，张景皓．看图学电工技能．北京：人民邮电出版社，2004.
[4] 徐第，等．安装电工基本技术．北京：金盾出版社，2001.
[5] 蒋新华．维修电工．沈阳：辽宁科学技术出版社，2000.
[6] 曹振华．实用电工技术基础教程．北京：国防工业出版社，2008.
[7] 曹祥．工业维修电工通用教材．北京：中国电力出版社，2008.
[8] 孙艳．电子测量技术实用教程．北京：国防工业出版社，2010.
[9] 张冰．电子线路．北京：中华工商联合出版社，2006.
[10] 杜虎林．用万用表检测电子元器件．沈阳：辽宁科学技术出版社，1998.
[11] 华容茂．数字电子技术与逻辑设计教程．北京：电子工业出版社，2000.
[12] 王永军．数字逻辑与数字系统．北京：电子工业出版社，2000.
[13] 祝慧芳．脉冲与数字电路．成都：电子科技大学出版社，1995.
[14] 王延才．变频器原理及应用．北京：机械工业出版社，2011.
[15] 徐海，等．变频器原理及应用．北京：清华大学出版社，2010.
[16] 李方圆．变频器控制技术．北京：电子工业出版社，2010.
[17] 白公，苏秀龙．电工入门．北京：机械工业出版社，2005.
[18] 王勇．家装预算我知道．北京：机械工业出版社，2008.
[19] 张伯龙．从零开始学低压电工技术．北京：国防工业出版社，2010.
[20] 张校铭．从零开始学电梯维修技术．北京：国防工业出版社，2009.
[21] 曹祥．电梯安装与维修实用技术．北京：电子工业出版社，2012.
[22] 曹振华．实用电工技术基础教程．北京：国防工业出版社，2008.
[23] 孙华山，等．电工作业，北京：中国三峡出版社，2005.
[24] 曹祥．智能楼宇弱电工通用培训教材．北京：中国电力出版社，2008.
[25] 徐第，等．安装电工基本技术．北京：金盾出版社，2001.
[26] 教富智．电工计算100例．北京：化学工业出版社，2007.
[27] 周希章．实用电工手册．北京：金盾出版社，2010.
[28] 徐博文．中国电力百科全书：输电与配电卷．北京：中国电力出版社，1995.
[29] 朱德恒．中国电力百科全书：高电压技术基础．北京：中国电力出版社，1995.
[30] 肖达川．中国电力百科全书：电工技术基础．北京：中国电力出版社，1995.
[31] 鲁铁成，关根志．高电压工程．北京：中国电力出版社，2006.
[32] 黄海平，黄海明．电工电子计算一点通．北京：科学技术出版社，2008.